《防止电力生产事故的二十五项重点要求》

辅导教材

（2014 年版）

国家能源局电力安全监管司
中国电机工程学会 编

中国电力出版社
CHINA ELECTRIC POWER PRESS

内 容 提 要

为进一步加强电力生产安全风险预防控制，提高电力安全生产工作水平，有效防止电力生产事故的发生，国家能源局编制并于 2014 年 4 月 15 日印发了《防止电力生产事故的二十五项重点要求》（国能安全〔2014〕161 号）。

为了便于电力企业学习和贯彻《防止电力生产事故的二十五项重点要求》，受国家能源局电力安全监管司委托，中国电机工程学会组织编写了《〈防止电力生产事故的二十五项重点要求〉辅导教材（2014 年版）》一书。本书针对各项防止电力生产事故的要求，重点介绍了相关反事故措施的编制原则、重点内容以及主要反事故措施条文提出的理由和依据，并列举了具体事故案例。

本书内容详实、重点突出、针对性强，可供电力企业以及相关单位有关工作人员在规划设计、安装调试、运行维护、隐患排查、风险管控、教育培训等工作中参考使用。

图书在版编目（CIP）数据

《防止电力生产事故的二十五项重点要求》辅导教材（2014年版）/国家能源局电力安全监管司，中国电机工程学会编. —北京：中国电力出版社，2015.1（2019.5重印）
ISBN 978-7-5123-6755-5

Ⅰ. ①防… Ⅱ. ①国… ②中… Ⅲ. ①电力工业-安全事故-事故预防-教学参考资料 Ⅳ. ①TM08

中国版本图书馆 CIP 数据核字（2014）第 256648 号

中国电力出版社出版、发行
（北京市东城区北京站西街 19 号 100005 http://www.cepp.sgcc.com.cn）
三河市百盛印装有限公司印刷
各地新华书店经售

*

2015 年 1 月第一版 2019 年 5 月北京第八次印刷
710 毫米×980 毫米 16 开本 33 印张 639 千字
印数21001—23000册 定价 88.00 元

《〈防止电力生产事故的二十五项重点要求〉辅导教材（2014 年版）》编委会

主 任 委 员 黄学农

副主任委员 池建军　谢明亮　陈小良　李　睨　毕湘薇
　　　　　　　吴茂林

主　　　编 黄幼茹　王金萍

副 主 编 张章奎　陈冀平

编 写 人 员（按姓氏笔画）

马继先	马　琳	邓　磊	王　丰	王天君
王　刚	王金萍	王茂海	冯小雅	白亚民
田　杰	司派友	付昊旻	白　恺	刘亚萍
刘　苗	吕　忠	孙浩源	苏为民	李凤祁
何长利	沈丙申	沈　宇	陈羽飞	宋江平
张建军	陈泽萍	陈忠雄	余荣杰	吴　涛
陈　原	张章奎	张清峰	李群炬	陈冀平
李曙辉	杨永福	郑向智	林祎斌	林　原
杨振勇	赵立新	赵　宇	赵振宁	赵海廷
胡湘燕	郝　震	徐党国	黄幼茹	夏代清
曹红加	梁　杰	谌斐鸣	康静秋	黄鹤鸣
彭　珑	谢　频	蔡文河	熊文明	蔡　巍
潘　剑				

　　为进一步加强电力生产安全风险预防控制，提高电力生产工作水平，有效防止电力生产事故的发生，国家能源局在原国家电力公司《防止电力生产重大事故的二十五项重点要求》的基础上，结合近年来电力企业反事故工作实际，编制并于 2014 年 4 月 15 日印发了《防止电力生产事故的二十五项重点要求》（国能安全〔2014〕161 号）（以下简称《二十五项重点要求》）。

　　《二十五项重点要求》印发实施后，广大电力企业非常重视，积极响应与落实，部分电力企业已开始组织相关教育培训。为便于全行业统一理解、学习和贯彻《二十五项重点要求》，受国家能源局电力安全监管司委托，中国电机工程学会会同华北电力科学研究院有限责任公司编制了《〈防止电力生产事故的二十五项重点要求〉辅导教材（2014 年版）》〔以下简称《二十五项重点要求辅导教材（2014 年版）》〕。

　　《二十五项重点要求辅导教材（2014 年版）》对应《二十五项重点要求》分为二十五章，各章又细分为"总体情况说明"和"条文说明"两个部分。各章的"总体情况说明"部分主要是介绍相关反事故措施的编制原则、重点内容以及与以前反事故措施的区别。"条文说明"部分在结构上按照"条文"、"条文解释"、"案例"三方面内容进行编写："条文"部分列出了《二十五项重点要求》中重点要解释的相应条文；"条文解释"部分介绍了反事故措施相关条文提出的理由和依据，指出了相关条文在执行过程中应当注意的问题并明确了对应措施；"案例"部分主要是在收集分析 2000 年以来电力生产事故的基础上，选取与反事故措施相关条文对应的事故作为案例，便于对反事故措施进一步理解。

　　《二十五项重点要求辅导教材（2014 年版）》编制过程中，中国电机工程学会组织了相应的试培训。此外，在神华集团有限责任公司、广东省粤电集团有限公司、国家开发投资公司及中国石油化工集团公司等单位组织的有关培训班上，中国电机工程学会也试用了辅导教材初稿。针对试培训过程中发现的问题及以上单位提出的意见和建议，中国电机工程学会均进行了相应的补充和修改。

《二十五项重点要求辅导教材（2014年版）》编写工作也得到了其他各电力企业及相关专家的大力支持，在此一并表示感谢。

鉴于作者水平和时间所限，书中难免有疏漏、不妥或错误之处，恳请广大读者批评指正。

编　者

2014 年 11 月

目 录

1

防止人身伤亡事故

总体情况说明：

国家能源局关于防范电力人身伤亡事故的指导意见〔国能安全（2013）427 号文〕指出：要以科学发展观为指导，牢固树立"以人为本、生命至上"的安全理念，营造"关爱生命、安全发展"的安全氛围，切实保障员工的生命安全。为此，本次"二十五项重点要求"将防止人身伤亡事故放在第一项，从十个方面：防止高处坠落事故、防止触电事故、防止物体打击事故、防止机械伤害事故、防止灼烫伤害事故、防止起重伤害事故、防止烟气脱硫设备及其系统中人身伤亡事故、防止液氨储罐泄漏、中毒、爆炸伤人事故、防止中毒与窒息伤害事故、防止电力生产交通事故详实地制订了杜绝重大及以上人身伤亡事故，降低了人身伤亡事故起数和死亡人数的防范措施。

措施中着重强调各级人员的安全责任，严格执行操作规程，全面开展安全教育培训，强化现场作业的安全管控，从源头减少"三违"现象等方面提出了组织、技术及管理等防范措施。

条文说明：

条文 1.1　防止高处坠落事故

一、高处作业

凡在坠落高度基准面 2m（含 2m）以上，有可能坠落的高处进行的作业，称为高处作业。高处作业主要包括临边、洞口、攀登、悬空、交叉五种基本类型。

1. 临边作业

临边作业是指施工现场中，工作边沿无围护设施或维护设施低于 80cm 时的高处作业。例如井架、施工电梯和脚手架等的通道两侧面作业。

2. 洞口作业

洞口作业是指孔、洞的旁边的高处作业。包括施工现场及通道旁深度在 2m 及 2m 以上的桩孔、沟槽与管道孔洞等边沿作业。例如施工预留的上料口、通道口、施工口等。

3. 攀登作业

攀登作业是指借助建筑结构或脚手架上的登高设施或采用梯子或其他登高设施在登高条件下进行的高处作业。例如建筑物周围搭设脚手架、张挂安全网。

4. 悬空作业

悬空作业是指周边临空状态下进行高处作业。例如，在吊篮内进行的高处作业。

5. 交叉作业

交叉作业是指施工现场的上下不同层次、于空间贯通状态下同时进行的高处作业。例如脚手架平台上有人作业的同时，脚手架下地面也有人作业。

二、高处坠落的类型

（1）高处作业行走，失稳或踏空坠落。

（2）承重物体的强度不够，被压断裂坠落。

（3）作业人员站位不当或操作失误，被外力碰撞坠落。

三、高处坠落的原因

（1）作业人员缺乏高处作业的安全知识。

（2）作业人员患有高血压、心脏病、癫痫病、精神病等。

（3）作业人员产生胆怯心理手忙脚乱。

（4）高空作业未系好安全带或安全带低挂高用。

（5）防高处坠落的安全设施不完善。

（6）脚手架、吊篮、平台等不合格。

（7）室外高处作业受风、雨、雪、冰等气象条件的影响。

四、高处坠落的起因

（1）站乘物损坏坠落。

（2）站乘物摇晃、失稳坠落。

（3）站乘物倒塌、失稳坠落。

（4）行走失足、踩空坠落。

（5）脚打滑、失稳坠落。

（6）操作失误、失控坠落。

针对高空坠落原因（2），条文1.1.1对高空作业人员提出了要求。

条文1.1.1 高处作业人员必须经县级以上医疗机构体检合格（体格检查至少每两年一次），凡不适宜高空作业的疾病者不得从事高空作业，防晕倒坠落。

针对高处坠落原因（5）（防高处坠落的安全设施不完善），在条文1.1.4、1.1.5、1.1.6、1.1.7对防高处坠落的安全设施作了明确的规定。

条文1.1.4 登高用的支撑架、脚手架材质合格，并装有防护栏杆、搭设牢固并经验收合格后方可使用，使用中严禁超载，防止发生架体坍塌坠落，导致人员踏

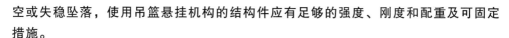

空或失稳坠落，使用吊篮悬挂机构的结构件应有足够的强度、刚度和配重及可固定措施。

条文 1.1.5　基坑（槽）临边应装设由钢管 $\phi 48mm \times 3.5mm$（直径×管壁厚）搭设带中杆的防护栏杆，防护栏杆上除警示标示牌外不得拴挂任何物件，以防作业人员行走踏空坠落。作业层脚手架的脚手板应铺设严密、采用定型卡带进行固定。

条文 1.1.6　洞口应装设盖板并盖实，表面刷黄黑相间的安全警示线，以防人员行走踏空坠落，洞口盖板掀开后，应装设刚性防护栏杆，悬挂安全警示板，夜间应将洞口盖实并装设红灯警示，以防人员失足坠落。

条文 1.1.7　登高作业应使用两端装有防滑套的合格的梯子，梯阶的距离不应大于 40cm，并在距梯顶 1m 处设限高标志。使用单梯工作时，梯子与地面的斜角度为 60°左右，梯子有人扶持，以防失稳坠落。

针对高处坠落起因（4）（行走失足、踩空坠落）在条文 1.1.9 做出了明确规定。

条文 1.1.9　对强度不足的作业面（如石棉瓦、铁皮板、采光浪板、装饰板等），人员在作业时，必须采取加强措施，以防踏空坠落。

针对高处坠落原因（7）（气象条件影响），在条文 1.1.10 做出了明确规定。

条文 1.1.10　在 5 级及以上的大风以及暴雨、雷电、冰雹、大雾等恶劣天气，应停止露天高处作业。特殊情况下，确需在恶劣天气进行抢修时，应组织人员充分讨论必要的安全措施，经本单位分管生产的领导（总工程师）批准后方可进行。

针对高处坠落原因（1）（缺乏安全意识），在条文 1.1.11 中做出了明确规定。

条文 1.1.11　登高作业人员，必须经过专业技能培训，并应取得合格证书方可上岗。

【案例 1】　高处不系安全带，工作人员把命丧。

某年 6 月 12 日上午，某厂脱硝改造工作中，作业人员王某和周某站在空气预热器上部钢结构上进行起重挂钩作业，工人在挂钩时因失去平衡同时跌落。周某安全带挂在安全绳上，坠楼后被悬空在半空，王某未将安全带挂在安全绳上，从标高 21m 坠落至 5m 的吹灰管道上，抢救无效死亡。

【案例 2】　临边未系安全带，三人坠落死亡。

某年 2 月 20 日上午，某厂安装主厂房屋顶面板。工作班成员张某、罗某、贺某等 5 人，在施工中未按施工组织设计要求（即铺设压型钢板一块后，应首先对压型钢板进行锚固、再翻板）进行，实施施工中，既未固定第一张板，也未翻板。施工作业属临边作业，作业人员未系安全带，作业中采取平堆方式向外安装钢板，在推动钢板过程中，压型钢板两端（张、罗、贺在一端，另 2 位施工人员在另一端）用力不均致使钢板一侧突然向外滑移，带动张、罗、贺三人坠落至平台（落差19.4m）造成三人死亡。

【案例3】 起吊孔无护栏，不慎坠落死亡。

某年1月17日上午，某电厂检修人员更换输煤皮带打开吊跨间起吊孔，工作负责人于某带领岳某等人到达吊跨间，进行疏通落煤筒工作，虽然发现起吊孔未装围栏，仍未采取防护措施，便开始作业。1名工作人员用大锤砸落煤筒，岳某为躲避大锤后退时，从起吊孔坠落至地面（落差25m），抢救无效死亡。

条文1.2 防止触电事故

一、电压与电流

（1）高电压和低电压。凡对地电压大于1000V者称为高电压，例如10、110、220、330、500、1000kV等；凡对地电压为1000V以下的为低电压，例如：380、220、36、24V等。

（2）安全电压。我国确定的安全电压标准为42、36、24、12、6V。当带电体超过24V的安全电压时，必须采取防止直接接触带电体的保护措施。在工作地点狭窄、行动不便以及周围有大面积接地导体的环境（如汽包、加热器、发电机定子、隧道内等）作业时，手提照明灯应采用12V安全电压。

（3）安全电流。交流电10mA、直流电5mA为人的安全电流。当带电体超过安全电流时，必须采用防止直接接触带电体的保护措施。

二、触电伤害的类别

（1）电击。电流通过人体时，作用于控制心脏工作的神经中枢，使正常的生理活动受到破坏，人体的肌肉强制收缩，会使人体倒向一边，往往触电身亡。这时电流所造成的伤害属于内伤。

（2）灼伤。电流的热效应对人体外部所造成的伤害。当人体与带电体的距离小于或等于放电距离时，就会放电产生电弧，电弧通过人体形成回路，灼伤人体。

（3）电烙印。电流化学效应和机械效应引起的伤害。例如：手被电灼伤后，会形成僵死。

（4）皮肤金属化。在电流作用下，熔化和蒸发金属微粒渗入皮肤表面，造成的伤害。伤害部位皮肤会变得粗糙，日久逐渐剥落。

（5）放射性伤害。在电流作用下，金属粉末或电弧放射使眼睛受到伤害或使人体丧失知觉。

三、触电常见形式

（1）单相触电。指人体某一部分触及一相带电体。这类人体发生单相触电事故占触电事故的95%以上。

（2）两相触电。人体的两个部分同时触及两相带电体。这时，施加人体的电压为全部工作电压，造成的后果最为严重。

（3）跨步电压触电。若电力系统一相接地或电流自接地体向大地流散时，将在地面上呈现不同的电位分布，当人的两脚站在不同电位的地面上时，两脚之间承受电位差，称为跨步电压。人的跨距一般取 0.8m，在沿接地点向外的射线方向，距接地点越近，跨步电压越大，距接地点越远，跨步电压越小，距接地点 20m 外，跨步电压接近于 0。当电流通过人的两腿时，两腿会发生抽筋，使人跌倒。

（4）接触电压触电。当电气设备接地短路时，不仅会发生跨步电压触电，也会发生触电电压触电。例如，运行中的电动机，因故障使外壳带电，当人体接触电动机时，就会触电。

（5）雷击触电。接触因雷击产生的感应电荷的电伤害。雷雨天高耸物体（如旗杆、高树、塔尖、烟囱、电线杆等）是闪电通道，所带的感应电荷比地面大，人在下面会被击伤。

四、触电的主要原因及防范措施

（1）非电工任意从事电气工作。

（2）使用漏电的电动工器具或不合格的绝缘用具，并且作业人员未穿戴合格的个人防护用品。

（3）电气线路或设备安装时，不符合安全要求，电气线路或设备检修时，未落安全设施。移动长、高金属物体触碰高压线。

（4）跨步电压及接触电压导致触电。

（5）作业中误伤、误碰带电导线或带电体，误送电。

针对触电原因（1），条文 1.2.1 作了明确规定。

条文 1.2.1 凡从事电气操作、电气检修和维护人员（统称电工）必须经专业技术培训及触电急救培训并合格方可上岗，其中属于特种工作的需取得"特种作业操作证"（电工作业，不含电力系统进网作业；进入电网作业的，还必须取得"电工进网作业许可证"）。带电作业人员还应取得"带电作业资格证"。

针对触电原因（2），条文 1.2.2、1.2.3、1.2.4 作了明确规定。

条文 1.2.2 凡从事电气作业人员应佩戴合格的个人防护用品：高压绝缘鞋（靴）、高压绝缘手套等必须选用具有国家"劳动防护品安全生产许可证书"资质单位的产品且在检验有效期内。作业时必须穿好工作服、戴安全帽，穿绝缘鞋（靴）、戴绝缘手套。

条文 1.2.3 使用绝缘安全用具——绝缘操作杆、验电器、携带型短路接地线等必须选用具有"生产许可证"、"产品合格证"、"安全鉴定证"的产品，使用前必须检查是否贴有"检验合格证"标签及是否在检验有效期内。

条文 1.2.4 选用的手持电动工具必须具有国家认可单位发的"产品合格证"，使用前必须检查工具上贴有"检验合格证"标识，检验周期为 6 个月。使用时必须接在装有动作电流不大于 **30mA**、一般型（无延时）的剩余电流动作保护器的电源上，并不得提着电动工具的导线或转动部分使用，严禁将电缆金属丝直接插入插座内使用。

针对触电原因（3），条文1.2.5、1.2.6、1.2.7、1.2.8作了明确规定。

条文1.2.5 现场临时用电的检修电源箱必须装自动空气开关、剩余电流动作保护器、接线柱或插座，专用接地铜排和端子、箱体必须可靠接地，接地、接零标识应清晰，并固定牢固。对氢站、氨站、油区、危险化学品间等特殊场所，应选用防爆型检修电源箱，并使用防爆插头。

条文1.2.6 在高压设备作业时，人体及所带的工具与带电体的最小安全距离，应符合表1-1要求。

表1-1 人体与带电体的最小安全距离

电压等级（kV）	10及以下	20~35	66~110	220	330	500	750	±800	1000
最小安全距离（m）	0.35	0.6	1.5	3.0	4.0	5.0	8.0	9.3	8.7

在低压设备作业时，人体与带电体的安全距离不低于0.1m。

当高压设备接地故障时，室内不得接近故障点4m以内，室外不得接近故障点8m以内。进入上述范围的人员必须穿绝缘靴，接触设备的外壳和构架应戴绝缘手套。

条文1.2.7 高压电气设备带电部位对地距离不满足设计标准时周边必须装设防护围栏，门应加锁，并挂好安全警示牌。在做高压试验时，必须装设围栏，并设专人看护，非工作人员禁止入内。操作人员应站在绝缘物上。

条文1.2.8 电气设备必须装设保护接地（接零），不得将接地线接在金属管道上或其他金属构件上。雨天操作室外高压设备时，绝缘棒应有防雨罩，还应穿绝缘靴。雷电时严禁进行就地倒闸操作。

针对触电形式（3）与（4），在有跨步电压时，在条文1.2.9中作了明确规定。

条文1.2.9 当发觉有跨步电压时，应立即将双脚并在一起或用一条腿跳着离开导线断落地点。

针对触电原因（5），条文1.2.10、1.2.11、1.2.12、1.2.13作了明确规定。

条文1.2.10 在地下敷设电缆附近开挖土方时，严禁使用机械开挖。

条文1.2.11 严禁用湿手去触摸电源开关以及其他电器设备。

条文1.2.12 为防止发生电气误操作触电，操作时应遵循以下原则：

（1）停电： 断路器在"分闸"位置时，方准拉开隔离开关。

（2）验电： 先检验验电器是否完好，并设监护人，方准进行验电操作。

（3）装设地线： 先挂接地端，再挂导体端。拆除时，则顺序相反。严禁带电挂（合）接地线（接地刀闸）。

条文 1.2.13 严禁无票操作及擅自解除高压电器设备的防误操作闭锁装置，严禁带接地线（接地开关）合断路器（隔离开关）及带负荷合（拉）隔离开关，严禁误入带电间隔。

【案例 1】 某年 5 月 2 日下午，某厂一名非电工接临时照明电源，使用验电笔验电时，不会操作，使验电笔与电源两相相碰，造成短路，右手被短路电流灼伤。

【案例 2】 2012 年 3 月 31 日，某电厂在进行锅炉磨煤机开关由冷备用转热备用的操作过程中，检修人员未拆除短路线，遗留在母线侧静触头上（检修人员进行耐压试验操作时，使用短接线将开关母线侧的静触头三相短接，试验结束后，没有仔细检查试验短接线是否清理完毕，造成短接线遗留在开关内，就将开关送至试验位置），运行人员未做检查就将开关送至热备用装置，造成母线侧高压相间短路，瞬间电弧产生的高热量及巨大冲击性爆炸力，将操作人员李某、监护人于某和一名现场学习人员刘某，人体造成严重冲击伤和灼伤，李某抢救无效死亡，另两人重伤。

【案例 3】 2012 年 2 月 27 日，某实业公司在未到供电部门办理"外单位工作任务许可单"，未与设备运行部门取得联系，就擅自派工作人员陈某独自一人，在未经当班值班人员同意就进入 10kV 煤矿线开关柜进行勘查作业。当时该开关柜的断路器及母线侧隔离开关处于断开状态，并挂有"禁止合闸、有人工作"的警示牌，实际上此线路由某一 35kV 变经 10kV 线反供给此断路器。但陈某以为该开关柜无电，用手触碰到开关柜 A 相电流触头，导致触电，抢救无效死亡。

条文 1.3 防止物体打击事故
物体打击是指失控物体重力或惯性力造成的人身伤害。

一、物体打击的类型
（1）物体（如工具、零件……）从高处掉落砸伤人。

（2）起重作业时，吊物坠落砸伤人。

（3）正在运行的设备突然故障，零部件飞出击中伤人。

（4）人为从高处乱扔废物、杂物砸伤过路人。

（5）用工器具误碰运转设备，工器具反弹伤人。

（6）各类容器爆炸的飞出击中伤人。

二、物体打击的原因及防范措施
（1）进入现场不戴安全帽或佩戴不规范。

1）为应付检查随意戴安全帽、未扣紧下颚带。

2）在现场休息时，安全帽当板凳使用，坐在安全帽上。

3）现场上方无交叉作业时，认为不用戴安全帽。

4）安全帽质量差不符合要求。

《防止电力生产事故的二十五项重点要求》辅导教材

防范措施明确规定：

条文 1.3.1　进入生产现场人员必须进行安全培训教育，掌握相关安全防护知识，从事手工加工的作业人员，必须掌握工器具的正确使用方法及安全防护知识，从事人工搬运的作业人员，必须掌握撬杠、滚杠、跳板等工具的正确使用方法及安全防护知识。

条文 1.3.2　进入现场的作业人员必须戴好安全帽。人工搬运的作业人员必须戴好安全帽、防护手套，穿好防砸鞋，必要时戴好披肩、垫肩、护目镜。

（2）高处作业的防落物措施不完善。

1）高处平台上的底脚无护板。

2）脚手架搭设不规范，脚手架不铺满等。

3）高处物堆放不稳、过多、过高或乱堆放。

4）防护网的防护不严，不能封闭坠落物体。

5）高处作业下方未设警戒区域，未设专人看护。

6）随意抛掷物件。

防范措施：针对上述原因，特规定了条文 1.3.3、1.3.4。

条文 1.3.3　高处作业时，必须做好防止物件掉落的防护措施，下方设置警戒区域，并设专人监护，不得在工作地点下面通行和逗留。上、下层垂直交叉同时作业时，中间必须搭设严密牢固的防护隔板、罩栅或其他隔离设施。

高处作业必须佩带工具袋时，工具袋应拴紧系牢，上下传递物件时，应用绳子系牢物件后再传递，严禁上下抛掷物品。高处作业下方，应设警戒区域，设专人看护。

条文 1.3.4　高处临边不得堆放物件，当空间小必须堆放时，必须采取防坠落措施，高处场所的废弃物应及时清理。

【案例 1】　某年 3 月 5 日下午，某厂清理旧输煤皮带时，从 32m 往 0m 通道口处，抛掷一捆皮带（重 75kg），将途径通道口的 2 名人员之一直接砸死。

【案例 2】　某年 5 月 8 日，某厂除尘器改造交叉作业中，未采取任何防止高处落物措施，且上方人员未对切割下的阴极打外圈绑缚（圆形，直径为 70cm，重约 5kg）切割物件掉落至下方步行道（落差 16m）反弹后，击到步道上工作人员的头部，幸好该工作人员戴有安全帽，造成轻伤。

【案例 3】　某年 6 月 9 日，某厂锅炉 26m 层搭设脚手架，下方一名焊工在焊接冲灰水箱，因水箱漏水，影响焊接，让另一名工作人员用破布擦水，该工作人员在伸手拿破布时，上方架子工传递架杆，把持不牢失手，掉下一根 3m 多长的毛竹，正打在下方工作人员手上，造成重伤。

条文 1.4　防止机械伤害事故

一、机械伤害

机械伤害是指机械设备运动（静止）、部件、工具、加工件直接与人体接触引起的挤压、碰撞、冲击、剪切、卷入、绞绕、甩出、切割、切断、刺扎等伤害，不包括车辆、起重机械引起的伤害，其危险因素如下。

（1）卷绕和绞缠的危险。旋转运动的机械部件将人的头发、饰物（如项链）、手套、衣袖等卷绕伤害。

（2）挤压、剪切和冲击的危险。直线运动的机械、两部件相对运动，或运动部件与静止部件对人的夹挤、冲撞或剪切伤害。

（3）引入或卷入碾轧的危险。齿合的齿轮之间，带与带轮之间、链与链轮齿合之间，辊与辊之间等滚动碾轧伤害。

（4）切割和擦伤的危险。切割工具的锋刀、零件表面的毛刺、工件或废屑的锋利飞边，机械设备的尖棱、利角、锐边、粗糙的表面（如砂轮、毛坯）等潜在的危险。

（5）碰撞和剐蹭的危险。机械结构上的凸出、悬挂部分，如机床的手柄，长、大加工件伸出机床的部分等危险。

二、机械伤害的原因

（1）未按规定穿戴好个人防护用品就从事作业。

（2）未经技术培训的人员操作机械。

（3）易伤害人体部位的机械设备上未装设安全装置或安全装置不起作用。

（4）机械移动部位未装设安全防护措施，或安全防护设施损坏不起作用。

（5）多台机械的启动按钮安装在一起，易误碰按钮，机器突然启动。

（6）使用不符合安全要求的机械设备，如自制或任意改造机械设备。

（7）机械设备运行中，清理卡料、杂物或给皮带上蜡等作业。

三、机械伤害的防范措施

针对原因（1）、（2）：条文1.4.1、1.4.2作了明确规定。

条文1.4.1 操作人员必须经过专业技能培训，并掌握机械（设备）的现场操作规程和安全防护知识。

条文1.4.2 操作人员必须穿好工作服，衣服、袖口应扣好，不得戴围巾、领带，女同志长发必须盘在帽内，操作时必须戴防护眼镜，必要时戴防尘口罩、穿绝缘鞋。操作钻床时，不得戴手套，不得在开动的机械设备旁换衣服。

针对原因（3）、（4），条文1.4.3、1.4.4作了明确规定。

条文1.4.3 机械设备各转动部位（如传送带、齿轮机、联轴器、飞轮等）必须装设防护装置。

机械设备必须装设紧急制动装置，一机一闸一保护。周边必须划警戒线，工作场所应设人行通道，照明必须充足。

条文1.4.4 输煤皮带的转动部分及拉紧重锤必须装设遮栏，加油装置应接在遮栏外面。两侧的人行通道必须装设固定防护栏杆，并装设紧急停止拉线开关。

运行或停运备用侧皮带上严禁站人、越过、爬过及传递各种用具。皮带运行过程中严禁清理皮带中任何杂物。

针对原因（5）～（7），条文1.4.5、1.4.6作了明确规定。

条文1.4.5 严禁在运行中清扫、擦拭和润滑设备的旋转和移动部分，严禁将手伸入栅栏内。严禁将头、手脚伸入转动部件活动区内。

条文1.4.6 给料（煤）机在运行中发生卡、堵时，应停止设备运行，做好设备防转动措施后方可清理塞物。严禁用手直接清理塞物。钢球磨煤机运行中，严禁在传动装置和滚筒下部清除煤粉、钢球、杂物等。

【案例1】 某年11月9日6时，某电厂一名未经过培训的转岗检修人员检查给料机堵粉情况，擅自打开给料机检查孔（250mm×160mm），检查堵塞情况，右小臂被绞断。

【案例2】 某年7月12日下午，某电厂输煤运行班班长站在没有停电的输煤皮带上检查缺陷，1名运行人员在启动皮带前，违反规定未按警铃，开启皮带，导致运行班长被皮带挤碰致死。

【案例3】 某年6月7日，某厂土建人员将搅拌机电源线接在检修电源箱总开关上，该电源箱上还接有电焊机（未按搅拌机试转正常后，土建人员切断即拉开）按规定可装设单独控制的电源开关。搅拌机试转子正常后，土建人员切断（即拉开）检修电源总开关，清理搅拌机内浇铸料，但未采取防止他人送电措施。一名焊工因焊接工作需要，合上检修箱电源总开关，搅拌机通电转动，土建人员双手被严重挤伤。

条文1.5 防止灼烫伤害事故

一、灼烫伤害

灼伤伤害是指人体接触高温、电或化学物质造成的损伤。

（1）热灼伤。人体接触高温物体所引起的伤害。

（2）电灼伤。人体接触带电物体产生电弧引起的伤害。

（3）化学烫伤。人体接触腐蚀性化学药品所引起的伤害。

二、灼烫伤害防范原则

（1）作业人员必须经培训合格、持证上岗。

（2）防止能量积蓄。防止压力容器超温超压，控制爆炸性气体的浓度。

（3）控制能量释放。例如，压力容器安装安全阀，安全阀应定期校验和排气试验。

（4）开辟释放能量新渠道。例如使用接地线、锅炉、制粉系统加装防爆门等。

（5）人与设备之间加设屏蔽。例如，接触带电设备穿绝缘鞋、戴绝缘手套等。

（6）人与能源之间加设屏蔽。例如安装防火门、遮栏、密闭门等。

（7）延长能量释放时间。如垂角炉检修等到冷却后再作业等。

（8）距离防护。采用遥控方法使人员远离释放能量地点。

三、灼烫伤害事故的防范措施

按照上述原则，明确规定了条文 1.5.1～1.5.5。

条文 1.5.1　电工、电（气）焊人员均属于特种作业人员，必须经专业技能培训，取得《特种作业操作证》。电工作业、焊接与热切割作业、除灰（焦）人员、热力作业人员必须经专业技术培训，符合上岗要求。

条文 1.5.2　除焦作业人员必须穿好防烫伤的隔热工作服、工作鞋，戴好防烫伤手套、防护面罩和必须的安全工具。

电（气）焊作业人员必须穿好焊工工作服、焊工防护鞋，戴好工作帽、焊工手套，其中电焊须戴好焊工面罩，气焊须戴好防护眼镜。

化学作业人员［配置化学溶液，装卸酸（碱）等］必须穿好耐酸（碱）服，戴好橡胶耐酸（碱）手套、防护眼镜（面罩）以及戴好防毒口罩。

条文 1.5.3　捞渣机周边应装设固定的防护栏杆，挂"当心烫伤"警示牌。循环流化床锅炉的外置床事故排渣口周围必须设置固定围栏。循环流化床排渣门须使用先进、可远方操作的电动锤型阀，取消简易的插板门。

条文 1.5.4　电（气）焊作业面应铺设防火隔离毯，作业区下方设置警戒线并设专人看护，作业现场照明充足。

条文 1.5.5　发电厂锅炉运行时，工作需要打开的门孔应及时关闭。不得在锅炉人孔门、炉膛连接的膨胀节处长时间逗留。

观察炉膛燃烧情况时，必须站在看火孔的侧面；同时佩戴防护眼镜或用有色玻璃遮盖眼睛。

除焦时，原则应停炉进行。确需不停炉除焦（渣）时，应设置警戒区域，挂上安全警示牌，设专人监护。循环流化床除焦时，必须指定专门的现场指挥人员，开工前必须制订好除焦方案，并进行安全和技术交底，确保除焦人员安全。除焦人员严禁站在楼梯、管子或栏杆等上面。

【案例1】　某年3月，某发电有限公司，在进行锅炉磨煤机开关操作过程中，检修人员在未拆短路线的情况下［违反了原则（3）］，就将开关送至实验位置，运行人员未做检查就将开关送至热备用位置，导致因带地线合闸机组停运和电弧灼伤事故，造成1人死亡，1人重伤。

【案例2】　某年6月，某电力公司农电局作业人员在进行10kV低压配电箱位移作业时，由于跌落或熔断器绝缘体内部绝缘损坏［违反了原则（4）］，加之又没有接地线［违反了原则（3）］，人员违章作业，造成1人触电死亡。

【案例3】 某年11月23日，某电力公司水电站在进行110kV开关站设备检修时，指派没有经培训取得特种作业证，就去高压设备上操作，作业现场又没有按照《电力安全工作规程》要求的程序进行停电、验电、装设接地线、悬挂标志牌和装设遮栏（围栏）等保护安全的技术措施［违反了原则（1）、（4）、（5）、（6）条］，致使吴某误入带点区域作业，且在距地面2.5m的开关架构上作业，没有使用安全带，以致造成吴某被电弧灼伤后，从高处坠落，全身大面积电弧灼伤50%，变型颅脑外伤形成脑疝，抢救无效死亡。

条文1.6 防止起重伤害事故

一、起重作业

这项作业属特种作业，它是运用起重机械进行起升、搬运、运输、装卸、安装的作业，从事起重作业的人员包括其中指挥人员、起重司机和起重工。

二、起重设备

（1）起重机：是能够实现垂直升降和水平运动的起重机械，动力由电动机提供，起重机分为桥式起重机和臂架式起重机。

1）桥式起重机：桥架在高架轨道上运行的一种起重机，又称天车，如龙门式起重机等。

2）臂架式起重机：取物装置悬挂在臂架顶端，或挂在沿臂架运行的起重小车上的起重机，如塔式起重机、门座式起重机、浮式起重机等。

（2）起重工具：吊运或顶举重物的物料搬运工具，一种间歇工作、提升重物的工具。如起重滑车、吊具、千斤顶、手拉葫芦、电葫芦等。

三、起重伤害的原因

1. 违章指挥

（1）原起重作业方案或作业方案错误。

（2）组织协调不力。

（3）安全措施不落实，强令职工冒险作业。

（4）指挥起吊程序考虑欠妥，判断失误，错下指挥命令。

2. 违章操作

（1）未严格执行操作规程。

（2）机械设备带"病"运行。

（3）安全措施不落实，冒险作业。

（4）缺乏起吊知识和经验，造成起重物摆动或脱钩等。超载起重、捆绑方式错误或捆绑不牢。

（5）作业人员处在危险区域内而不知。

3. 设备缺陷

（1）起重设备未检验或检验超期。

（2）起重机械钢丝绳有断股、锈蚀等隐患。吊具失效，重物坠落。

（3）电气保护或操作系统失灵，安全闭锁装置失效，紧固件松动。

（4）塔身的倾覆力矩超过稳定力矩，起重机倾倒。

四、起重伤害的防范措施

针对上述起重设备及起重工具缺陷造成的人身伤害，本反措规定了条文 1.6.1、1.6.4、1.6.5、1.6.7、1.6.8。

条文 1.6.1 起重设备经检验检测机构监督检验合格，并在特种设备安全监督管理部门登记。

条文 1.6.4 起重工具使用前，必须检查完好、无破损。工作起吊时严禁超负荷或歪斜拽吊。

条文 1.6.5 起重吊物之前，必须清楚物件的实际重量，不准起吊不明物和埋在地下的物件。当重物无固定死点时，必须按规定选择吊点并捆绑牢固，使重物在吊运过程中保持平衡和吊点不发生移动。工件或吊物起吊时必须捆绑牢靠。

条文 1.6.7 起吊现场照明充足，视线清晰。

条文 1.6.8 带棱角、缺口的物体无防割措施不得起吊。

针对起重作业违章指挥造成的人身伤害，本反措规定了条文 1.6.3、1.6.11。

条文 1.6.3 吊装作业必须设专人指挥，指挥人员不得兼做司索（挂钩）以及其他工作，应认真观察起重作业周围环境，确保信号正确无误，严禁违章指挥或指挥信号不规范。

条文 1.6.11 遇大雪、大雨、雷电、大雾、风力 5 级以上等恶劣天气，严禁户外或露天起重作业。

针对起重作业中因违章操作造成的人身伤害，本反措规定了条文 1.6.2、1.6.6、1.6.9、1.6.10。

条文 1.6.2 从事起吊作业及其安装维修的人员必须经专业技能培训，从事起吊作业人员应取得"特种作业操作证"。安装维修人员也应取得相应"特种作业操作证"，考试合格后方可上岗。并经县级以上医疗机构体检合格，合格的（含矫正视力）双目视力不低于 0.7，无色盲、听觉障碍、癫痫病、高血压、心脏病、眩晕、突发性昏厥等疾病及生理缺陷方可上岗。

条文 1.6.6 严禁吊物上站人或放有活动的物体。吊装作业现场必须设警戒区域，设专人监护。严禁吊物从人的头上越过或停留。

条文 1.6.9 在带电的电气设备或高压线下起吊物体，起重机应可靠接地，注意与输电线的安全距离，必要时制订好防范措施，并设电气监护人监护。

条文 1.6.10 起吊易燃、易爆物（如氧气瓶、煤气罐）时，必须制订好安全技术措施，并经主管生产负责人批准后，方可吊装。

【案例】 起重伤害事故案例

【案例1】 野蛮起吊作业，坠物砸死行人。

某年12月7日上午，某电厂在设备改造中，1名未经培训无证的非起重人员，使用未经检验的电动葫芦，并擅自拆除其上升限位装置，当吊物（重761kg）提升到顶时，钢丝绳过卷扬被拉断，吊物坠落。且当起重作业点位于通道上，未设围栏及警告标志，也未设专人看护，吊物将一名途径人员当场砸死。

【案例2】 起吊物下站人，吊篮滑下伤人。

某年8月7日，某电厂进行煤仓封堵作业，须将地面物料用吊篮运至30m高的煤仓处。在吊运过程中，吊篮碰到墙壁发生旋转倾斜，钢丝绳脱钩，吊篮跌落，将一名还在起吊物下方的工作人员严重砸伤。

【案例3】 起吊作业违章两人指挥，盲目起吊伤人。

某年11月21日，某电厂吊装空气预热器三角板时，司某开卷扬机，王某、吴某两人担任起吊指挥。当三角板快吊装到位时，有障碍物影响了就位。王某发启升指令，卷扬机动了一下，三角板仍被挡住，王某用手扳动三角板，此时，吴某又发启升指令，三角板摆动，将王某手挤伤。

条文1.7 防止烟气脱硫设备及其系统中人身伤亡事故

条文1.7.1 新建、改建和扩建电厂的吸收塔及内部支撑架、烟道、浆液箱罐、烟气挡板、浆液管道、烟囱做防腐处理时，应选择耐腐蚀、耐磨损的材料，对浆液泵及搅拌器、浆液管道、旋流器、膨胀节要做防磨处理，并加强日常监视、检查、检修、维护，防止由于设备腐蚀、卡涩带来的安全隐患。

脱硫系统的主要工作介质有烟气与浆液组成，内部工作环境复杂且恶劣。烟气中的粉尘颗粒及经吸收塔被浆液洗涤脱硫后温度降至露点以下的湿烟气，对流经烟道、烟气挡板、烟囱等造成较强磨损与低温腐蚀。浆液中含有20％～40％的石灰石和石膏固体颗粒，且存在强腐蚀性的 H_2SO_4、H_2SO_3、HCl、HF 等，在系统中形成低 pH 值（4.5～6.5）的腐蚀环境，对设备造成较强的冲刷磨损及各种类型的化学与电化学腐蚀。

在脱硫系统中，根据不同区域和设备的腐蚀与磨损特点，较常采用的防护材料主要有耐蚀合金、玻璃鳞片树脂、橡胶衬里、玻璃钢、耐蚀塑料、人造铸石、耐蚀硅酸盐材料等。

脱硫相关设备、部件长期工作在烟气和浆液环境中，不可避免地遭受到物理性和化学性的磨损与腐蚀，从而造成烟囱、烟道、浆液箱罐、浆液管路、浆液泵、搅拌器、膨胀节、烟气挡板等设备因磨损和腐蚀的协同作用而出现泄漏、断裂、卡涩，甚至坍塌等故障的出现，为电力安全生产带来隐患。所以应加强对易腐蚀、磨损部位的检查、检修与维护。如每次停运应检查吸收塔、烟道内部玻璃鳞片或衬胶

是否出现鼓包、分层、剥离、龟裂等破坏，日常应注意检查浆液管路是否出现衬胶脱落剥离的现象。

条文 1.7.2 防止脱硫塔进口烟气温度过高损坏防腐层。及时修复损坏的防腐层和更换损坏的衬胶管。

吸收塔通常采用玻璃鳞片树脂及丁基橡胶作为防腐层。因玻璃鳞片树脂的耐温性及物理性能优于橡胶，所以吸收塔内壁普遍采用碳钢内衬玻璃鳞片树脂进行防腐，而各浆液管路基本采用橡胶衬里进行防腐。

玻璃鳞片树脂分为低温鳞片与高温鳞片，使用在吸收塔内部不同部位，各种鳞片树脂一般长期使用温度均在 80～150℃ 之间。通常设计进入吸收塔内部烟气极限温度为 180℃，如进入塔内烟气温度超过 180℃ 时间较长，即使塔内喷淋系统正常工作，也会对防腐层造成大面积破坏，造成防腐层起泡、剥离、脱落。从而对吸收塔壁造成腐蚀破坏。

如出现吸收塔局部防腐层损坏，衬胶管路部分衬胶脱落的故障，应及时进行修复，避免吸收塔腐蚀穿孔泄漏、浆液管路泄漏断裂的故障的出现。甚至进一步延伸，造成大面积的泄漏。

条文 1.7.3 加强石灰石粉输送系统防尘措施，防止粉尘飞扬对作业人员造成职业健康伤害。在脱硫石膏装载作业时，必须在确认运输车厢（罐）内无人后才能进行装载作业。

目前烟气脱硫一般采用石灰石—石膏湿法脱硫技术，使用石灰石作为吸收剂，而石灰石浆液制备系统有干法制浆与湿法制浆两种形式，均可能造成石灰石粉的飞扬，较长时间吸入，有可能造成"尘肺"等肺部疾病，影响作业人员的身体健康，同时对环境也造成一定污染。所以应采取密闭尘源、排风除尘等防尘措施。

在进行脱硫石膏装载作业时，由于涉及工程车辆交叉作业，应加强作业人员的安全培训，杜绝作业期间出现人身伤害。

条文 1.7.4 加强浆液池等盛装液体的沟池的安全防护，有淹溺危险的场所必须设置盖板，并做到盖板严密，以防作业人员落入沟池。

脱硫系统设置有较多浆液箱罐，吸收塔区域与脱水区域一般均设置有地坑，用于盛装各浆液泵、浆液管路排空浆液及冲洗水等，并设地坑泵与地坑搅拌器。存在掉入箱罐与地坑后淹溺、触电、机械伤害等危险。因此，脱硫系统所有地坑应设置严密盖板，防止作业人员落入，造成人身伤害。

条文 1.7.5 进入脱硫塔前，必须打开人孔门进行通风，在有毒气体浓度降低到允许值以下才能进入。进入脱硫塔检修，必须在外设专人监护。

吸收塔停运后，塔内最高温度一般在 70℃ 左右，塔内潮气较重，氧量较低，且存在烟气未完全排净或有烟气窜入导致吸收塔内存有一定量 SO_2 有毒气体的风险。所以进入吸收塔前必须进行自然通风，待塔内温度降低至 40℃ 以下，氧量≥19.5％以上，无 SO_2 有毒气体气味，不存在窒息、中毒危险时，才允许人员进入作业。

吸收塔是一相对封闭空间，进入吸收塔内作业存在高空坠落风险，在塔内使用电动工具、进行焊接、气割、钻孔等检修工作时极容易发生火灾或触电事故，所以必须在吸收塔外设专人监护。

条文 1.7.6　加强保安电源的维护，发生全厂停电或者脱硫系统突然停电时，保安电源能确保及时启动并向脱硫系统供电。

脱硫系统工艺水泵、冷却水泵、增压风机润滑油站、部分浆液搅拌器、事故喷淋水泵与事故喷淋电动门电源均应接自保安电源。未拆除旁路挡板的脱硫系统，旁路挡板电源也应接自保安电源。

对拆除脱硫旁路的机组，如出现脱硫系统停电，保安电源及时向脱硫系统供电可以避免以下事故出现：

（1）因工艺水泵、冷却水泵跳闸造成设备损坏或停运，进而造成机组非停。

（2）因增压风机润滑油站停运造成增压风机跳闸，进而造成机组降负荷或非停。

（3）因搅拌器跳闸导致浆液沉淀，浆液无法循环，最终导致脱硫与主机停运。

（4）因事故喷淋水泵无法启动、事故喷淋水门无法打开，造成高温烟气对吸收塔防腐层、除雾器造成不可修复的损坏。

对未拆除旁路挡板机组，可以确保旁路挡板顺利开启，避免"非停"。

如全厂停电，浆液循环泵全部跳闸，锅炉 MFT，锅炉自然通风过程中的高温烟气进入吸收塔，如事故喷淋无法启动对烟气进行降温，将会造成吸收塔内部分玻璃鳞片、衬胶及除雾器损坏。

条文 1.7.7　加强对脱硫系统工作人员，尤其是施工人员的安全教育，强化工人安全意识，加强施工现场和运行作业时的安全管理、巡检到位，确保设备及人身安全。

脱硫系统的检修作业存在的安全风险较多，近几年，电厂脱硫检修作业已多次发生火灾，检修人员高空坠亡等不安全事件。脱硫旁路挡板拆除后，也多次出现过因脱硫系统故障造成人员机组非停。所以应加强脱硫系统施工现场和运行作业时的安全管理、巡检到位，确保设备及人身安全。

条文 1.8　防止液氨储罐泄漏、中毒、爆炸伤人事故

氨属于易燃、易爆、有毒物质，危险类别为 2.3 类。将气态的氨气通过加压或冷却得到液态氨，液氨属于危险化学品，具有腐蚀性且容易挥发，在储存、装卸、运输过程中，都有可能造成泄漏，进而气化扩散，发生中毒、爆炸、污染环境及其

他次生事故，为此特制定反事故措施。

条文 1.8.1 液氨储罐区须由具有综合甲级资质或者化工、石化专业甲级设计资质的化工、石化设计单位设计。储罐、管道、阀门、法兰等必须严格把好质量关，并定期检验、检测、试压。

综合甲级资质是我国工程设计资质等级最高、涵盖业务领域最广、条件要求最严的资质。由国家住房和城乡建设部统一审批和管理。持工程设计综合甲级资质的企业可承接我国工程设计全部 21 个行业的所有工程设计业务。

液氨储罐属于压力容器，应按照《锅炉压力容器使用登记管理办法》（国质检锅〔2003〕207 号）注册登记，并按照《固定式压力容器安全技术监察规程》（TSG R0004—2009）规定监督管理。

应做好液氨储罐日常监督检查。每月进行一次安全检查，每年进行一次年度检查，新安装压力容器投运满 3 年内必须进行首次定期检验。下次定期检验周期，由检验机构根据容器安全状况等级确定，一般 3～6 年进行一次。定期检查、检验内容和要求，按照《压力容器定期检验规则》（TSG R7001—2004）规定进行。

液氨系统相关压力管道应按照《压力管道安全技术监察规程—工业管道》（TSG D0001—2009）规定监督管理，对管道进行经常性维护保养，每年至少进行一次在线检验（年度检查），新投用管道首次全面检验周期一般不超过 3 年，下次全面检验周期由检验机构根据管道安全状况等级确定，一般 3～6 年进行一次。定期检查、检验内容和要求，按照《在用工业管道定期检验规程》（国质检锅〔2003〕108 号）规定进行。

【**案例 1**】 2007 年 5 月 4 日，安徽某化工集团有限公司 2 号氨罐进口管的截止阀突然破裂，致使液氨泄漏，造成 33 人住院治疗。该阀门由上海宏翔空调设备厂（原朱行阀门厂）生产，经事故初步鉴定为阀门制造选用的材料、压力等级的确定和阀体的壁厚均不符合要求。

【**案例 2**】 2006 年 5 月 31 日，河北某化工集团有限公司液氨储罐区发生阀门破裂液氨泄漏事故，造成 1 人死亡，1 人重伤。事故原因同样是选用的阀门型号和材质不符合标准的要求。

条文 1.8.2 防止液氨储罐意外受热或罐体温度过高而致使饱和蒸汽压力显著增加。

氨具有较高的膨胀系数，满装的液氨罐在 0～60℃范围内，每升高 1℃，压力升高 1.32～1.8MPa，高温季节液氨储存容器必须采取防晒、喷淋等降温等安全措施。

当液氨储罐表面温度高于 40℃或罐内温度高于 38℃时，降温喷淋系统应自动启动，对罐体自动喷淋降温，或手动启动降温喷淋系统，对罐体进行喷淋降温。

【**案例**】 2005 年 7 月 4 日中午 12 时，一辆沪牌照的货车装载着 10 个液氨钢瓶从芦潮港出发行至惠南镇惠东路时，司机和押运员违章将车停放在路边吃午餐。当时气温已超过 38℃，在烈日的曝晒下，其中一只液氨钢瓶经毒辣阳光的烘烤，瞬间发生爆裂而散发出强烈刺激的氨气导致周围居民及行人百余人出现不同程度的畏光、流泪、咳嗽、胸闷、气促等上、下呼吸道刺激症状。60 多名伤者被送往医院。事故原因：货车虽然有危险品处置证，但驾驶员在运输液氨钢瓶过程中违反了危险品运输规定，将车擅自停在马路边，且未采取遮阳措施、未指使专人看管，导致装有液氨残液的钢瓶在太阳下长时间曝晒后爆裂，大量气体外泄，导致 60 多人不同程度中毒。

条文 1.8.3　加强液氨储罐的运行管理，严格控制液氨储罐充装量，液氨储罐的储存体积不应大于 50%～80% 储罐容器，严禁过量充装，防止因超压而发生罐体开裂或阀门顶脱、液氨泄漏伤人。

液氨储罐内上部为氨气，下部为液氨。储罐内液氨储存越多罐体所承受压力就越大。如过量充装，液氨随环境温度升高会产生气化现象，促使罐内压力升高，极易导致阀门泄漏或安全阀动作。

条文 1.8.4　在储罐四周安装水喷淋装置，当储罐罐体温度过高时自动淋水装置启动，防止液氨罐受热、曝晒。

在四周安装自动水喷淋装置，可将水进行雾化处理，均匀喷散在罐体各部位，达到降温效果。因氨气极易溶于水，喷水是防止罐体超温，避免事故扩大的最有效措施。

条文 1.8.5　设置安全警示标志，严禁吸烟、火种和穿带钉皮鞋进入罐区和有火灾爆炸危险原料储存场所。

氨气易燃，其蒸气混合物形成爆炸性混合物，遇明火高温能引起燃烧爆炸（爆炸极限体积比 15.7%～27.4%，引燃温度 651℃）。严禁吸烟、火种和穿带钉皮鞋，都是为了防止发生液氨泄漏时爆炸性混合物遇到明火。因此，在氨区出入口醒目位置设置安全警示标志，提醒进入氨区人员。

条文 1.8.6　检修时做好防护措施，严格执行动火票审批制度，并加强监护和防范措施，空罐检修时，采取措施防止空气漏入管内形成爆炸性混合气体。

进入氨区前应先以手触摸静电消除器，消除人体静电。检修时应使用铜制工具，以防产生火花，必须使用钢制工具时，应涂上黄油。使用的电气工器具应为防爆型，电压应为 24V 以下或为 Ⅱ 类工具。

罐体检修时，首先应转移液氨，然后关闭隔绝阀门上锁并设置"禁止操作　有人工作"警示牌，同时加装带手柄堵板（盲板）。进行氮气置换，加水冲洗，用装置空气置换，合格后打开人孔，用轴流风机强制通风，然后进人检修。工作人员进入空罐内检修时，应穿好防化服，戴好空气呼吸器，做好防护。

罐体检修完毕，应做抽真空或充氮置换处理，严禁直接充装。真空度应不低于

650mmHg（86.7kPa），或罐内氧含量不大于3%。

动火工作票制度是保证安全的组织措施，依据《电力设备典型消防规程》氨区内属于一级动火区。由申请动火部门负责人或技术负责人签发动火工作票，厂安监部门负责人、保卫（消防）部门负责人审核，厂分管生产的领导或总工程师批准，必要时还应报当地公安消防部门批准。首次动火时，各级审批人和动火工作票签发人均应到现场检查防火安全措施是否正确完备，测定可燃气体、易燃液体的可燃蒸气含量是否合格，并在监护下做明火试验，确无问题后方可动火作业。动火部门负责人或技术负责人、消防人员应始终在现场监护。应每隔2～4h测定一次现场可燃性气体、易燃液体的可燃蒸汽含量是否合格，当发现不合格或异常升高时应立即停止动火，在未查明原因或排除险情前不得重新动火。

条文 1.8.7　严格执行防雷电、防静电措施，设置符合规程的避雷装置，按照规范要求在罐区入口设置防静电装置，易燃物质的管道、法兰等应有防静电接地措施，电气设备应采用防爆电气设备。

人体静电是由于人身体上的衣物等相互摩擦产生的附着于人体上的静电。在干燥的季节，人体静电可达几千伏甚至几万伏。有可能因静电火花点燃氨气而发生爆炸。设置防静电装置是让人体与大地相"连接"即"接地"，将人体的静电导入大地。

液氨、氨气在管道输送过程中由于摩擦会产生静电，同样有可能因静电火花点燃氨气而发生爆炸。通常采取搭接（或跨接）、接地的方式，将静电导入大地。

依据《建筑物防雷设计规范》，液氨储罐属于爆炸危险的露天钢质封闭气罐，应划为第二类防雷建筑物。宜采用装设在建筑物上的避雷网（带）或避雷针或由其混合组成的接闪器。引下线不应少于两根，并应沿建筑物四周均匀或对称布置，其间距不应大于18m，每根引下线的冲击接地电阻不应大于10Ω。

液氨在储存或使用过程中，由于操作不当、设备故障等原因，生产现场不可避免地产生氨气泄漏，并与空气混合形成潜在爆炸性危险场所，当浓度达到一定值，遇到足够能量的点燃源，将发生爆炸事故。因此，在设备选型、安装、使用等环节，应严格按照GB 3836系列标准，选用防爆电气设备。

条文 1.8.8　完善储运等生产设施的安全阀、压力表、放空管、氮气吹扫置换口等安全装置，并做好日常维护；严禁使用软管卸氨，应采用金属万向管道充装系统卸氨。

安全阀是当罐体或管道内压力超过安全阀设定压力时，自动开启泄压，保证罐体和管道内介质压力在设定压力之下，防止发生超压泄漏事故。压力表监测罐内压力情况，防止压力过大出现泄漏事故。放空管是为设备工艺要求和制造、安装及检修做试验而设置的排气装置，应防止堵塞。氨气遇空气易形成爆炸性混合气体，管道、容器检修前和检修后均需要进行氮气吹扫置换，氮气吹扫置换口应密封良好，防止氮气泄漏或空气窜入。

液氨卸料过程速度太快，管道内易瞬间产生较大冲力，管道及阀门连接处容易产生泄漏。卸氨用软管一般由内胶层、增强层和外部保护层构成。内胶层由厚为 5mm 的橡胶管构成，工作时与液氨直接接触，起密封作用，防止液氨渗出。增强层由内外两层钢丝编织层构成，一般为直径 3mm 的镀锌钢丝，主要在管子工作时承受管内液氨的压力。保护层由帘子线编织层构成，对钢丝增强层起保护作用。

钢丝外部的帘子线虽然防止了钢丝被碰撞、磨损，但帘子线具有很强的吸水性，容易被外部浸入的雨水等有害介质腐蚀，长时间处于潮湿的腐蚀环境中，加上经常经受周期性的弯曲和内压冲击，易导致钢丝逐根断裂直至整个管子突然断裂。

【案例1】 2002 年 7 月 8 日 2 时 09 分，聊城市某化肥有限责任公司液氨灌装过程中，液氨连接导管突然破裂，发生液氨泄漏事故。共泄漏液氨约 20.1t，造成死亡 13 人，重度中毒 24 人。

【案例2】 2006 年 5 月 8 日，安徽省安庆市某化工厂，装载 10t 液氨的汽车罐车在卸货时，液氨装卸软管突然破裂，导致汽车罐车内的液氨泄漏。液氨泄漏 23min（13：22～13：45），幸当地消防大队及时处置，成功排除险情。

【案例3】 2008 年 5 月 2 日湖南泸溪县一辆运输液氨的槽罐车在卸载液氨过程中，因连接管道破裂导致液氨泄漏，泄漏量约 15t，造成 4 人死亡。

【案例4】 2009 年 8 月 5 日内蒙古赤峰市某制药厂内，一辆外埠液氨槽罐车在卸车过程中卸车金属软管突然破裂，导致液氨发生泄漏，造成 246 人受伤，其中 21 人中毒。

条文 1.8.9　氨储存箱、氨计量箱的排气，应设置氨气吸收装置。

氨气化学式为 NH_3。氨对接触的皮肤组织都有腐蚀和刺激作用，可以吸收皮肤组织中的水分，使组织蛋白变性，并使组织脂肪皂化，破坏细胞膜结构。氨的溶解度极高，所以主要对动物或人体的上呼吸道有刺激和腐蚀作用，常被吸附在皮肤黏膜和眼结膜上，从而产生刺激和炎症。可麻痹呼吸道纤毛和损害黏膜上皮组织，使病原微生物易于侵入，减弱人体对疾病的抵抗力。氨通常以气体形式吸入人体，氨被吸入肺后容易通过肺泡进入血液，与血红蛋白结合，破坏运氧功能。

短期内吸入大量氨气后可出现流泪、咽痛、声音嘶哑、咳嗽、痰带血丝、胸闷、呼吸困难，可伴有头晕、头痛、恶心、呕吐、乏力等，严重者可发生肺水肿、成人呼吸窘迫综合症，同时可能发生呼吸道刺激症状。若吸入的氨气过多，导致血液中氨浓度过高，就会通过三叉神经末梢的反射作用而引起心脏的停搏和呼吸停止，危及生命。

长期接触氨气，部分人可能会出现皮肤色素沉积或手指溃疡等症状。

条文 1.8.10　加强管理、严格工艺措施，防止跑、冒、漏；充装液氨的罐体上严禁实施焊接、防止因罐体内液面以上部位达到爆炸极限的混合气体发生爆炸。

氨具有较高的膨胀系数，液氨储罐属于压力容器，管道属于压力管道，法兰的连接，阀门的安装，垫片的使用不当等，容易产生管道及阀门连接处的跑、冒、漏，造成安全隐患。

【案例】　2006 年 9 月 23 日，10 余名民工在武汉某保健乳品有限公司一废弃厂房内开展拆卸作业时遇险：残留的液氨发生泄漏并引起爆炸。其中 1 人当场死亡，另有 4 人被氨气不同程度灼伤。有关部门启动应急预案，将附近千余名居民紧急疏散。10 余名民工受雇进入废弃厂房拆除废弃设备。8 时 50 分，其中 1 人上到一层楼高的平台上，用氧割切割 1 根与液氨罐相连的管道时，有毒的氨气喷涌而出，随后发生爆炸。泄漏的氨气随后笼罩了厂房四周的居民区。

条文 1.8.11　坚持巡回检查，发现问题及时处理，避免因外环境腐蚀发生液氨泄漏。

多年来对液氨储罐及管路的使用和检验发现，液氨储罐与输送管路很少发生强度破坏，多数是腐蚀破坏。腐蚀破坏的主要形式是储罐与管路焊缝区产生应力腐蚀而出现裂纹。同时对于沿海地区应充分注意储罐与管路直接受海风吹拂而引起的腐蚀破坏。所以应对液氨储罐进行定期检验，尤其应对所有焊缝进行探伤。

【案例】　2013 年 8 月 31 日，上海某实业有限公司生产厂房内液氨管路系统管帽腐蚀后断裂脱落，发生液氨泄漏事故。造成 15 人死亡、5 人重伤、20 人轻伤。

条文 1.8.12　槽车卸车作业时应严格遵守操作规程，卸车过程应有专人监护。

操作规程是指导卸车人员按顺序操作，保证卸氨全过程安全、有效的程序或步骤。卸氨操作复杂，危险性高，企业一般通过执行操作票或操作卡的方式，按顺序逐项执行操作步骤。

卸车操作必须有 2 名操作人员进行，即现场卸车指挥人员和卸车操作人员。安全环保部门和生产设备部人员负责现场监护，监督操作人遵守操作规程和现场安全措施，及时纠正不安全行为，并能指挥处理异常情况。

条文 1.8.13　加强进入氨区车辆管理，严禁未装阻火器机动车辆进入火灾、爆炸危险区，运送物料的机动车辆必须正确行驶，不能发生任何故障和车祸。

阻火器又名防火器，进入氨区的机动车排气筒必须安装阻火器。其主要作用是阻止排气筒内高温烟气及火星窜入氨区，遇液氨泄漏引起燃烧或爆炸。

运氨槽车进入厂区前，应及时通知厂内消防部门。槽车进入厂区应由专人引导，按规定路线行驶，定置停放。车辆停稳后发动机熄火，拉住手刹，并在两个后轮的前后分别放置防溜车止档装置，以有效制动。装卸过程中严禁启动车辆。

【案例1】 某厂进行卸氨作业时，由于司机李某在驾驶室内睡觉，不慎误动车辆手刹，致使车辆溜车而无察觉，卸料管被拽断，大量液氨泄漏，造成司机李某中毒，经抢救无效死亡。

【案例2】 某厂在液氨库区进行液氨卸车时，因车辆停放影响了其他车辆通行，在未停止卸料的情况下，司机黄某将车辆启动，向前移动，导致连接软管断裂，大量液氨泄漏，造成黄某氨气中毒死亡。

条文1.8.14 设置符合规定要求的消防灭火器材，液氨储罐区应设置风向标，及时掌握风向变化；发生事故时，应及时撤离影响范围内的工作人员，氨区作业人员必须佩戴防毒面具，并及时撤离影响范围内的人员。

氨区消防系统主要由防火堤、消火栓、灭火器、消防喷淋系统、消防水炮组成，均为专用设施，不能随意使用。氨区消防设施的主要功能有：对氨区火灾进行预警、扑灭；稀释泄漏到空气中的氨气。

液氨储罐四周应设置高度为1m的防火堤，并设置不少于2个通往大门及逃生门方向的台阶，储罐至防火堤内侧基脚线水平距离不少于3m。液氨蒸发区应设置高度为0.6m的围堰。

液氨储罐组围墙外应布置不少于3只室外消火栓，消火栓间距应根据保护范围计算确定，不宜超过30m。

消防喷淋系统与液氨储罐冷却喷淋系统应分别设置，且采用不同水源，并保证给水流量与压力。消防喷淋水系统应取自高压消防水系统，室外消火栓用水应取自低压消防水系统。当电厂消防水系统为共用一套管路时，消防喷淋系统与室外消火栓用水应分别从消防水母管接入。且其分支母管均应设置带有隔离阀门的分段环形管路，以保证氨区供水的稳定性。

消防炮（固定式万向水枪）的数量不少于"储罐＋1"，应为直流、喷雾两用，且能上下左右调整，以覆盖氨区所有的泄漏点，每只消防炮的给水强度不少于5L/s。围墙外应设置消防炮操作平台。

氨区的风向标数量不少于4个，应在液氨区最高处呈对角布置，且处于避雷设施的保护范围内。一旦出现氨泄漏事故，人员疏散应向上风位置撤离。氨区安装风向标能够明确指示事故发生时的风向，为人员撤离指明方向。液氨泄漏时可根据风向与泄漏扩散范围（分致死浓度区和有害浓度区）对扩散范围内的人员进行紧急疏散与撤离。

条文1.8.15 正确穿戴劳动防护用品，严禁穿戴易产生静电服装，作业人员实施操作时，应按规定佩戴个人防护品，避免因正常工作时或事故状态下吸入过量氨气。

氨区应必备劳动防护用品主要有：防静电工作服、过滤式防毒面具（配氨气专用滤毒罐）、正压式空气呼吸器、隔离式防化服、橡胶防冻手套、胶靴、化学安全防护眼镜、应急喷淋水装置、便携式氨浓度检测仪、应急通信器材、救援绳索、堵漏器、毛巾、急救箱、2％的稀硼酸溶液等，防护用品应在氨区围墙外靠近大门处、集中控制室分别存放2套，以便于使用。

氨区属于易燃、易爆区域，严禁穿戴易产生静电的服装进入氨区，尤其不应在该区穿、脱衣服或用化纤织物擦拭设备。且氨区入口处应设置人体静电导除装置，进入氨区前应先消除人体静电。

【案例】　某厂加氨阀填料压盖破裂，有少量的液氨滴漏。维修工徐某穿戴防化服与过滤式防毒面具对加氨阀门进行填料更换。当他检修完毕后，发现自己的身体不舒服，及时到医院进行检查，结果为氨气中毒。经查证，徐某检修时所佩戴的过滤式防毒面具是损坏的，不具备防护功能，导致徐某中毒。

条文1.8.16　建立氨管理制度，加强相关人员的业务知识培训，使用和储存人员必须熟悉氨的性质；杜绝误操作和习惯性违章。

使用人员应熟悉液氨的物理与化学性质，清楚液氨泄漏造成的危险，氨区操作人员应经过专业培训，考试合格后持证上岗。从目前的氨泄漏发生的原因与频次统计看，卸车管路破裂占大多数，其次是法兰、阀门损坏。目前火电厂液氨区发生严重泄漏的风险部位在卸料接口，以及与液氨储罐直接连接的第一道法兰、阀门。所以操作时，尤其是卸氨操作前，应做好事故预想，并且将将氨系统阀门等设备作为重要设备加强检修和巡检，确保系统无泄漏。一旦发现泄漏，立即进行可靠隔绝，并进行抢修。抢修应在氨气检测装置无报警后进行。

【案例】　1982年1月19日12时40分，浙江省某化肥厂临时停车期间，合成车间4名女工在清扫完卫生后到冷冻岗位室外晒太阳时，其中1名分析工双脚踩氨油分离器进液管上上下下跳动玩耍，不慎将进液阀门连接管丝扣踩断，致使大量氨从断管处外泄，4人中除1人逃离外，其余3人均中毒昏倒，经抢救无效而死亡。

条文1.8.17　液氨厂外运输应加强安全措施，不得随意找社会车辆进行液氨运输。电厂应与具有危险货物运输资质的单位签订专项液氨运输协议。

液氨属危险品，泄漏后易引起火灾、爆炸及人员中毒。应按国家《危险货物规则》的要求，对液氨运输单位的资质，运输槽车、槽车司机及押运员等资质提出明确要求，并签订运输协议。

运输车辆所在运输企业，应具有"道路危险货物运输经营许可证"。车辆应有机动车辆行驶证。与核准经营范围相一致的"道路运输证"，运输车辆与罐体、行驶证照片一致，核定载重量与行驶证标注的核定载重量一致。移动式压力容器使用登记证（承压罐车）最大充装量应不大于行驶证核定载重量。

驾驶液氨槽车的驾驶员应持有驾驶证和"营业性道路运输驾驶员从业资格证"。押运员应持有"道路危险货物运输操作证"。

【案例】 安徽某化肥厂汽车槽车液氨储罐运输中爆炸事故

1987年6月22日14时05分，安徽省阜阳地区某化肥厂，派往另一家化肥厂装运液氨21台储罐车在返厂途中，行驶到仉邱区港集乡时，液氨储罐尾部已向外冒白色氨雾，接着"轰"的一声巨响，液氨储罐发生爆炸。爆炸后重77.4kg的储罐后封头飞出64.4m，直径0.8m、长3m重达770kg的罐体挣断4根由8号钢丝制成的固定绳，向前飞去，先摧毁驾驶室，挤死1名驾驶员，冲出95.7m远时又撞死3人。从罐内泄出的液氨和氨气使87名赶集的农民灼伤、中毒，先后66人住院治疗。液氨和氨气扩散后覆盖约200棵树和约7000m² 的农田作物均被毁。这起爆炸事故共造成10人死亡，49人重伤。

事故原因分析：

（1）液氨储罐制造质量低劣。该储罐的纵、环焊缝均未开坡口，所有的焊缝均未焊透10mm厚的钢板，熔合深度平均为4mm，X光拍片检查，全部不合格。该罐原是一台固定式容器，由某化肥厂自行改制为汽车储罐。但因无整体底座，无法与汽车车厢连接，而且只装了压力表和安全阀，其他附件均未安装。

（2）压力容器使用管理混乱。该罐投入使用后从未进行过检查，厂方对罐体质量情况一无所知。爆炸前，罐体上已出现多处裂纹，有的裂纹距外表面仅1mm。

（3）充装违反规定。充装前未进行检查，充装时也没有进行称重，充装没有记录，计量仅凭估计，不能保证充装量小于规定值。

（4）违反危险品运输规定。未到当地公安部门办理危险品运输许可证，也未遵守严禁危险品运输通过人口稠密地区的规定。

条文1.8.18 由于液氨泄漏后与空气混合形成密度比空气大的蒸气云，为避免人员穿越"氨云"，氨区控制室和配电间出入门口不得朝向装置间。制定应急救援预案，并定期组织演练。

液氨大量泄漏后与空气混合形成密度比空气大的蒸气云，在地表滞留。遇明火、高热会引起火灾、爆炸等重大事故，且对眼、呼吸道黏膜有强烈刺激和腐蚀作用，可导致人体呼吸困难、昏迷、休克甚至死亡。其短时间接触容许浓度为30mg/m³，半致死浓度1390mg/m³，即刻致死浓度为3500mg/m³。

氨区控制室与配电间出入门不朝向装置区域，可以方便在发生氨逃逸与泄漏时作业人员快速撤离至上风处。为了使作业人员熟悉并掌握事故状态下的报告程序、应急处理程序、紧急疏散措施、人员救护措施，电厂应制定应急救援预案，并定期组织演练。

条文1.8.19 氨区所有电气设备、远传仪表、执行机构、热控盘柜等均选用

相应等级的防爆设备，防爆结构选用隔爆型（Ex-d），防爆等级不低于 IIAT1。

氨气在空气中的爆炸极限浓度为 15.7%～27.4%，极易引发火灾、爆炸事故。液氨罐区及泵房等周围 4.5m 范围内属于爆炸危险性 2 区（指一般情形下，不存在易燃气体且即使偶尔发生，其存在时间亦很短；事故状态下存在的危险性 0.1～10h/a 的区域），严禁明火。NH_3 本身在气体爆炸混合物中为 IIAT1 级。据《爆炸和火灾危险环境电力装置设计规范》（GB 50058）的规定要求，氨区所有电气设备、远传仪表、执行机构、热控盘柜等均选用相应等级的防爆设备，防爆结构选用隔爆型（Ex-d），防爆等级不低于 IIAT1。

隔爆型（Ex-d）：能承受已进入外壳内部的可燃性混合物内部爆炸而不受损坏，并且通过外壳上的任何接合面或孔不会引燃由一种或多种气体或蒸汽所形成的外部爆炸性环境的电气设备外壳。

【案例】 2013 年 6 月 3 日吉林某禽业有限公司厂房一车间女更衣室西面和毗连的二车间配电室的上部电气线路短路，引燃周围可燃物。当火势蔓延到氨设备和氨管道区域，燃烧产生的高温导致氨设备和氨管道发生物理爆炸，大量氨气泄漏，介入了燃烧。造成 120 人死亡，70 多人受伤的特别重大火灾事故。

条文 1.9 防止中毒与窒息伤害事故

一、中毒与窒息

中毒是指人体过量或大量接触化学毒物造成的伤害；窒息是指因氧气不足、人体缺氧造成的伤害。

电力企业有可能中毒与窒息的主要场所有：密闭容器内作业、沟道（池）内作业、煤灰斗（仓）作业、危险化学品场所作业、刷（喷）涂作业等。

二、造成中毒、窒息伤害的主要原因

（1）在受限空间内长时期作业时，因通风不良、缺氧窒息。

（2）容器内的有害气体量吹扫不彻底，残留气体使人中毒而受伤害。

（3）在容器内作业，因与其直接管道的阀门关闭不严，有毒气窜入中毒而受伤害。

（4）在电缆沟、烟道内、管道内长期作业时，因通风不良、空气温度升高，缺氧窒息。

（5）中水前池附近因空气流动慢，易积聚氯等有害气体，使人员吸入中毒。

（6）排污管道、化粪池、地沟内易产生硫化氢、沼气等使人员吸入中毒。

（7）长期未打开的各类井坑等，产生、集聚有害气体，使人员吸入中毒。

（8）原煤（粉）仓内有可能会产生一氧化碳气体，使人员吸入中毒。

（9）脱硫塔内有可能产生二氧化硫等有害气体，使人员吸入中毒。

（10）当液氨等危险化学品泄漏时，使人员吸入毒气中毒。

（11）危险化学品储存间、化学实验室长期积存有害气体，因通风不良，使人员吸入中毒。

（12）化学实验人员，因操作和维护不当，吸入有害气体，造成中毒、窒息。

（13）在室内涂刷油漆（涂料）时，因通风不良，人员长期吸入有害气体，造成中毒、窒息。

（14）发生火灾时，尤其是电缆火灾，现场人员防护不当或救火人员未佩戴空气呼吸器进入现场，吸入大量烟气窒息。

三、中毒与窒息的防范措施

针对上述原因（1）～（4），本反措规定了条文1.9.1、1.9.2。

条文1.9.1 在受限空间（如电缆沟、烟道内、管道等）内长时间作业时，必须保持通风良好，防缺氧窒息。

在沟道（池）内作业时〔如电缆沟、烟道、中水前池、污水池、化粪池、阀门井、排污管道、地沟（坑）、地下室等〕，为防止作业人员吸入一氧化碳、硫化氢、二氧化硫、沼气等中毒、窒息，必须做好以下措施：

（1）打开沟道（池、井）的盖板或人孔门，保持良好通风，严禁关闭人孔门或盖板。

（2）进入沟道（池、井）内施工前，应用鼓风机向内进行吹风，保持空气循环，并检查沟道（池、井）内的有害气体含量不超标，氧气浓度保持在19.5%～21%范围内。

（3）地下维护室至少打开2个人孔，每个人孔上放置通风筒或导风板，一个正对来风方向，另一个正对去风方向，确保通风畅通。

（4）井下或池内作业人员必须系好安全带和安全绳，安全绳的一端必须握在监护人手中，当作业人员感到身体不适，必须立即撤离现场。在关闭人孔门或盖板前，必须清点人数，并喊话确认无人。

条文1.9.2 对容器内的有害气体置换时，吹扫必须彻底，不留残留气体，防止人员中毒。进入容器内作业时，必须先测量容器内部氧气含量，低于规定值不得进入，同时做好逃生措施，并保持通风良好，严禁向容器内输送氧气。容器外设专人监护且与容器内人员定时喊话联系。

针对上述原因（8），本反措规定了条文1.9.3。

条文1.9.3 进入粉尘较大的场所作业，作业人员必须戴防尘口罩。进入有害气体的场所作业，作业人员必须佩戴防毒面罩。进入酸气较大的场所作业，作业人员必须戴好套头式防毒面具。进入液氨泄漏的场所作业时，作业人员必须穿好重型防化服。

针对原因（10）～（12），本反措特规定了条文1.9.4、1.9.5、1.9.6、1.9.8。

条文1.9.4 危险化学品应在具有"危险化学品经营许可证"的商店购买，不得购买无厂家标志、无生产日期、无安全说明书和安全标签的"三无"危险化学品。

条文1.9.5 危险化学品专用仓库必须装设机械通风装置、冲洗水源及排水设施，并设专人管理，建立健全档案、台账，并有出入库登记。化学实验室必须装设通风和机械通风设备，应有自来水、消防器械、急救药箱、酸（碱）伤害急救中和用药、毛巾、肥皂等。

条文1.9.6 有毒、致癌、有挥发性等物品必须储藏在隔离房间和保险柜内，保险柜应装设双锁，并双人、双账管理，装设电子监控设备，并挂"当心中毒"警示牌。

条文1.9.8 化验人员必须穿专用工作服，必要时戴防护口罩、防护眼镜、防酸（碱）手套，穿橡胶围裙和橡胶鞋。化学实验时，严禁一边作业一边饮（水）食。

【案例1】 防范毒气意识差，盲目救援伤亡大。

某年4月7日，某污水处理厂厂长带领5名技术员到某电厂污水站测量设备参数。厂长和5名技术员关闭水泵后，未将进水阀门管严，便进入污水池内。在池内测量时，突然大量有毒的硫化氢气体伴随污水进入污水池，在污水处理过程中，会产生大量硫化氢气体，池内6人全部倒下。泵站其他人员见状，立即组织人员抢救，在未测量池内有毒气体的浓度，又未做好防护措施，就进入池内抢救，经抢救5人死亡（事故发生3.5h后，现场监测硫化氢浓度高，超过国家卫生标准近60倍）。

【案例2】 检测失职违章作业，违章抢救多人死亡。

一起非电力企业的中毒死亡事故案例：某年7月28日，某石油化工厂准备维修合成反应罐内喷头，检修前将罐停运加水冲洗，并测量罐内甲醇及一氧化碳浓度，但未检测出一氧化碳浓度严重超标，就颁发了"进罐许可证"。7月20日，2名工人未戴防毒面具进入罐内，导致2人死亡，5人中毒。

条文1.10 防止电力生产交通事故

一、电力生产交通事故

电力生产交通事故是指在从事电力生产活动中使用的机动车辆发生的交通事故。电力生产专用机动车辆是指道路交通农用车辆以外，仅在电力生产特定区域使用的专用机动车辆，其类别如下：

（1）大型客车。指乘员在20人（含20人）以上载客汽车。

（2）大型汽车。指车辆总重量大于4.5t或总长度超过6m的汽车。

（3）小型汽车。指车辆总重量在4.5t（含4.5t）以下或总长度不超过6m（含6m），成员不足20人的汽车。

（4）专用汽车。有专门设备且有专项用途的汽车，如汽车式起重机、液体罐车、工程车、洒水车等。

（5）大型轮式自行车专用机械。总重量 5000kg（含 5000kg）以下，装有充气轮胎，可以自行行驶的专用机械，如小型翻斗车，小型叉车等。

（6）小型轮式自行车专用机械。总重量在 5000kg 以下，装有充气轮胎，可以自行行驶的专用机械，如小型翻斗车、小型叉车等。

（7）电瓶车。以蓄电池为动力源，以电动机驱动行驶的车辆，如平板式电瓶车、箱式电瓶车、电瓶叉车等。

二、电力生产交通事故的原因

（1）违章驾驶车辆。

1）无证驾驶车辆：驾驶员没有驾驶证。

2）有驾驶证但不是电力生产区域内专用驾驶证。

3）有驾驶证，但到期未经过年审。

4）驾驶与驾驶证核准不相符合的车辆。

（2）人货混装。

1）人货混装的车辆，在车辆不稳或紧急制动时，产生的惯性力使车内人和货物碰撞、挤压，造成"货物惯性伤害"。

2）车辆在转弯或急转向时，惯性力和离心力的作用使人货碰撞，造成人身伤害。

3）因路面情况不良，车辆在行驶中摇摆、颠簸，但车内的人和货物产生前后、左右或上下运动，导致人货相接。

4）装载化学药品或危险品（如剧毒、易爆等）人货混装会给乘车人造成伤害。

（3）严重超标装载。指超高、超宽、超重或超长。

（4）车辆带"病"行驶。如机动车的制动器、转向器、喇叭、灯光、雨刷、后视镜等存在缺陷。

（5）驾驶员酒后驾车。

（6）违章超速、超车。

三、电力生产交通事故的防范措施

针对上述原因本反措特规定了条文 1.10.1～1.10.6。

条文 1.10.1　建立健全交通安全管理规章制度，明确责任，加强交通安全监督及考核。严格执行车辆交通管理规章制度。

条文 1.10.2　加强对驾驶员的管理和教育，定期组织驾驶员进行安全技术培训，提高安全行车意识和驾驶技术水平，严禁违章驾驶。叉车、翻斗车、起重机，除驾驶员、副驾驶员座位以外，任何位置在行驶中不得有人坐立；起重

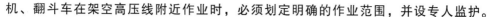

机、翻斗车在架空高压线附近作业时，必须划定明确的作业范围，并设专人监护。

条文 1.10.3 加强对各种车辆维修管理，确保各种车辆的技术状况符合国家规定，安全装置完善可靠。定期对车辆进行检修维护，在行驶前、行驶中、行驶后对安全装置进行检查，发现危及交通安全问题，应及时处理，严禁带病行驶。

条文 1.10.4 加强对多种经营企业和外包工程的车辆交通安全管理。

条文 1.10.5 加强大型活动、作业用车和通勤用车管理，制订并落实防止重、特大交通事故的安全措施。

条文 1.10.6 大件运输、大件转场应严格履行有关规程的规定程序，应制订搬运方案和专门的安全技术措施，指定有经验的专人负责，事前应对参加工作的全体人员进行全面的安全技术交底。

【案例1】 人货混装又超速，甩出车外把命丧。

某年1月23日，某电厂在厂内用汽车运送锅炉预热器元件，车厢内搭载一名焊工和一个乙炔箱，乙炔箱未固定且超出车厢的高度，焊工坐在乙炔罐上。汽车拐弯时，车速快惯性大，焊工和乙炔罐被甩出车外，乙炔罐砸在焊工身上，抢救无效死亡。

【案例2】 占道超速行驶，迎头相撞受伤。

某年12月1日晚，某电厂一名司机驾驶运灰车违章占道，并超速行驶，与对面行驶的推土机相撞，运灰车司机受重伤。

【案例3】 升降汽车平台及驾驶室违章搭乘工作人员造成人身受伤。

某年3月7日上午，某电厂7名工作人员在工作后乘坐升降汽车平台上，3人驾驶室挤了4人（不含司机）导致车门无法关好。途经弯道时，因车速较快，1名工作人员甩出驾驶室摔伤。

2

防 止 火 灾 事 故

总体情况说明：

本章针对电力系统的新特点和暴露出的新问题，结合国家、地方政府、相关部委近年下发的法律、法规、规范、规定、标准和相关文件提出的新要求，修改、补充和完善相关条款。对原条文中已不适应当前电力系统实际情况或已写入新规范、新标准的条款进行删除、调整。

电是国民经济的重要保证。如电厂发生火灾将会造成电源侧停电，直接经济损失不大的情况下却往往会造成巨大的间接经济损失。主要危害是影响生产，使设备遭到破坏或损害，特别是有的化工生产如无二回路供电，一旦停电将会导致反应锅（釜）、冲料、爆炸造成重大损失。发电厂主要火灾危险在哪里？由于火力发电厂发电使用大量的煤、重油、渣油、原油、柴油、汽油、沼气、天然气等可燃、易燃物作为燃料，具有较大的火灾危险性；其次是电厂都存在大量纵横交错的电缆，一旦着火会顺电缆一直延烧，较难扑救和控制。电厂火灾事故造成人员伤害和设备损坏，都是我们要严加防范的事故，严格执行《防止电力生产事故的二十五项重点要求》中"防止火灾事故"，是我们防范电厂火灾事故的基础工作和典型工作。

为了贯彻"预防为主，防消结合"的消防工作方针，防止或减少火灾危害，保障人身和财产安全，按照《防止电力生产事故的二十五项重点要求》中"2 防止火灾事故"部分开展工作，本辅导教材编写了部分条文说明，并收入了部分公开发布的相关典型案例。

条文说明：

条文 2.1　加强防火组织与消防设施管理

条文 2.1.1　各单位应建立健全防止火灾事故组织机构，健全消防工作制度，落实各级防火责任制，建立火灾隐患排查治理常态机制。配备消防专责人员并建立有效的消防组织网络和训练有素的群众性消防队伍。定期进行全员消防安全培训、开展消防演练和火灾疏散演习，定期开展消防安全检查。

目前我国正处在社会转型、经济转轨、企业改制、结构调整过程中，经济成分、经营方式趋于多元化，各类企业大量涌现。由于一些单位内部的消防安全管理工作十分薄弱，导致诱发火灾的因素相应增多，重特大火灾事故时有发生。因此，进一步明确、细化单位的消防安全责任和消防安全管理要求，健全消防工作制度，明确消防安全职责，落实各项防火措施，对于预防和减少火灾事故发生具有重要意义。

我国《消防法》第十六条　机关、团体、企业、事业等单位应履行下列消防安全职责：

（一）落实消防安全责任制，制定本单位的消防安全制度、消防安全操作规程，制定灭火和应急疏散预案。

（五）组织防火检查，及时消除火灾隐患。

（六）组织进行有针对性的消防演练。

（七）法律、法规规定的其他消防安全职责。

同时明确了单位的主要负责人是本单位的消防安全责任人。

建立火灾隐患排查、治理常态机制是指单位组织的对本单位进行的检查，是单位在消防安全方面进行自我管理、自我约束的一种主要形式。这种检查应渗透到生产、经营和各项活动中，不仅要有检查制度，还要责任到人，有检查、有记录，抓好落实。对消防安全检查中发现的不安全问题，要及时解决；本岗位或个人无力解决的，要立即采取措施，并报告上一级消防安全责任人解决。

发电企业除了配备专业消防人员、装备外，还应建立训练有素的群众性消防组织，加强现场工作人员的消防培训，使其熟练掌握消防知识，并能够正确使用各种消防器材、消防设施。以便万一发生火灾时，现场人员就能够及时、正确地进行扑救，把火灾影响尽可能控制在最小范围，不使其扩大造成重大损失，这是防止火灾扩大的最有效措施。同时还要建立消防指挥系统，统一指挥专业人员、现场工作人员有重点地、有序地进行火灾扑救，这是有效地扑灭火灾的重要组织措施。

通过经常性的防火安全教育，明确各级人员的消防责任，使各级领导和职工牢固树立防火意识。

条文 2.1.2　**配备完善的消防设施，定期对各类消防设施进行检查与保养，禁止使用过期和性能不达标消防器材。**

我国《消防法》第十六条　机关、团体、企业、事业等单位应履行下列消防安全职责：

（二）按照国家标准、行业标准配置消防设施、器材，设置消防安全标志，并定期组织检验、维修，确保完好有效；

（三）对建筑消防设施每年至少进行一次全面检测，确保完好有效，检测记录应当完整准确，存档备查。

发电企业在落实好生产设备系统防火措施的同时，还应做好消防工作，完善各项消防设施。要结合生产设备系统的防火需要和现场具体情况，配备相应品种的灭火器材，对现场各处配备的灭火器材应定期检查、补充，保证其处于随时可以正常使用状态。

条文 2.1.3　消防水系统应同工业水系统分离，以确保消防水量、水压不受其他系统影响；消防设施的备用电源应由保安电源供给，未设置保安电源的应按Ⅱ类负荷供电。消防水系统应定期检查、维护。正常工作状态下，不应将自动喷水灭火系统、防烟排烟系统和联动控制的防火卷帘分隔设施设置在手动控制状态。

电力生产企业要根据生产规模，尽可能建立独立的消防水系统。新建、扩建工程的消防水系统应按独立的消防水系统进行设计；现有系统的消防水若与其他用水合用时，应保证各消防栓处（包括最高处的消防栓）的用水压力和用水量。消防水泵房应设两个独立电源；如不可能时，应考虑在泵房内装设备用动力设备，确保生产系统发生火灾时，消防泵电源不受影响，保证正常供水。对于变压器、主油箱的水喷雾灭火装置、燃油区的泡沫灭火设施以及其他设备系统的灭火设施应定期检查、试验，使之处于完好状态，随时可用。

【案例1】　1991年10月18日，某热电厂发生电缆着火事故。由于垂直布置在1号锅炉房0m东侧墙的6层电缆托架最下面两层的低压动力电缆发生短路、着火引起，又因6层电缆托架之间没有特殊的防火措施，导致了布置其上层的高压电缆放炮和着火，然后又波及到上层热控电缆，并经热控电缆竖井烧进电缆夹层，造成了事故的扩大。事故烧坏控制电缆1271根，高压、低压动力电缆50根，总长20km，直接经济损失11万元，并造成正在运行的2台200MW机组停运，其中1号机停运37天10h才恢复发电。事故除了暴露出在电缆防火方面存在的问题外，还暴露出在消防方面存在的一些问题，一是生活、消防共用高位水箱由于未经全面调试，使电厂失去了紧急备用的消防水，而原设计的系统没有保证消防水不作他用的技术措施，因此即使投入使用，紧急情况也无法保证必要的消防用水。二是消防水泵房电源均来自本厂工作和备用电源，一旦发生全厂停电，消防水泵即不能开启，对火灾扑救不利。当时该热电厂装机3台200MW机组，由于事故当天机组的运行方式为1、3号机组运行、2号检修，电缆火灾实际上已造成了全厂停电。

【案例2】　1989年1月6日，某热电厂发生输煤栈桥火灾事故。事故时消防水系统，由于管理上的原因，消防水系统管路冬季经常被冻坏、漏水。因此，48m（事故地点）标高消防水管被关闭。火警初期，因丧失消防能力，火势扩大。

条文 2.1.4　可能产生有毒、有害物质的场所应配备必要的正压式空气呼吸器、防毒面具等防护器材，并应进行使用培训，确保其掌握正确使用方法，以防止人员在灭火中因使用不当中毒或窒息。正压式空气呼吸器和防火服应每月检查一次。

劳动防护用品是具有免受或减轻生产安全事故对从业人员作业的人身伤害的特殊用品。是否配备劳动防护用品，是否配备符合标准的劳动防护用品，是否保证从业人员能够正确地佩戴和使用劳动防护用品，直接关系到从业人员的安危。《安全生产法》第三十七条及三十九条明确要求，一是生产经营单位必须为从业人员提供符合国家标准或行业标准的劳动防护用品，不符合标准的，不准提供。二是生产经营单位应当监督、教育从业人员按照使用规则佩戴、使用劳动防护用品。三是生产经营单位要安排劳动防护用品的经费。同时，正确佩戴和使用劳动防护用品也是从业人员必须履行的法定义务，这是保障从业人员人身安全和生产经营单位安全生产的需要。

条文 2.1.5　检修现场应有完善的防火措施，在禁火区动火应制定动火作业管理制度，严格执行动火工作票制度。变压器现场检修工作期间应有专人值班，不得出现现场无人情况。

大量火灾事故教训表明，不少动火施工人员由于缺乏必要的消防安全常识，违法、违章操作，冒险作业屡禁不止，发生火灾后，既不会报警，也不会扑救初起火灾，往往造成严重后果。

我国《消防法》第二十一条规定：禁止在具有火灾、爆炸危险的场所吸烟、使用明火。因施工等特殊情况需要使用明火作业的，应当按照规定事先办理审批手续，采取相应的消防安全措施；作业人员应当遵守消防安全规定。

进行电焊、气焊等具有火灾危险作业的人员和自动消防系统的操作人员，必须持证上岗，并遵守消防安全操作规程。

2001 年 11 月 14 日由公安部令第 61 号发布，自 2002 年 5 月 1 日起施行的《机关、团体、企业、事业单位消防安全管理规定》第二十条明确规定：单位应当对动用明火实行严格的消防安全管理。禁止在具有火灾、爆炸危险的场所使用明火；因特殊情况需要进行电、气焊等明火作业的，动火部门和人员应当按照单位的用火管理制度办理审批手续，落实现场监护人，在确认无火灾、爆炸危险后方可动火施工。动火施工人员应当遵守消防安全规定，并落实相应的消防安全措施。

【案例】　2007 年 6 月 25 日，施工人员在山东某电厂二期脱硫工程烟囱防腐内筒 110m 平台进行施焊操作，加固内筒止晃装置。15 时 35 分监护人员发现烟囱玻璃钢内筒 95m 左右处的外壁岩棉及化学黏合剂起火，因距离着火点较远，随身携带的灭火器无法将火扑灭（其他施工人员不会使用灭火器），立即通知烟囱内作业人员撤离并报警。由于火势加大，在 175m 平台进行施工作业的 6 名人员，只有 2 人安全撤离到地面，1 人失踪，3 人被困烟囱顶部（利用安全带和钢丝绳捆绑在烟囱顶部避雷针上，将身体吊在烟囱外部）。由于着火距离地面较高，消防人员难以采取有效的灭火措施，只能够从烟囱底部进行喷水。17时许，1名被困烟囱顶部的施工人员，因安全带被烧断，从180m高空坠落地面当场死亡。18时30分，烟囱内部明火熄灭。经多方救援，直到6月26日19时50分，另外2名受困人员被成功解救到地面。原因分析：由于承建单位的施工人员在没有办理动火工作票、没有执行在施焊作业点下部安置石棉布和接焊渣用水桶等防火安全措施的情况下，违章在110m平台进行加固内筒止晃装置的施焊作业，导致焊渣溅落到95m玻璃钢内筒外壁保温层，引燃保温和粘结材料，引发大火。本次事故共造成1人死亡，1人失踪，2人受伤，直接经济损失高达数百万元。

条文2.1.6 电力调度大楼、地下变电站、无人值守变电站应安装火灾自动报警或自动灭火设施，无人值守变电站其火灾报警信号应接入有人监视遥测系统，以便及时发现火警。

目前，我国已经发布的各类标准有《建筑设计防火规范》、《高层民用建筑设计防火规范》、《火力发电厂与变电所设计防火规范》、《火灾自动报警系统设计规范》、《自动喷水灭火系统设计规范》、《建筑灭火器配置设计规范》等涉及建筑防火设计、消防设施设计、自动消防设施施工及验收等方面的国家标准20多部。这些标准都是国家强制性标准，是建设、设计、施工等从事建筑活动的单位和公安消防机构必须遵照执行的。

其中《火力发电厂与变电所设计防火规范》（GB 50229—2006）第11.5.20条规定对上述场所做出了明确规定，下列场所和设备应采用火灾自动报警系统：

（1）主控通信室、配电装置室、可燃介质电容器室、继电器室。

（2）地下变电站、无人值班的变电站，其主控通信室、配电装置室、可燃介质电容器室、继电器室应设置火灾自动报警系统，无人值班变电站应将火警信号传至上级有关单位。

（3）采用固定灭火系统的油浸变压器。

（4）地下变电站的油浸变压器。

（5）220kV及以上变电站的电缆夹层及电缆竖井。

（6）地下变电站、户内无人值班的变电站的电缆夹层及电缆竖井。

条文2.1.7 值班人员（含门卫人员）应经专门培训，并能熟练操作厂站内各种消防设施；应制订具有防止消防设施误动、拒动的措施。

由于值班人员（含门卫人员）往往是火灾发生情况的第一发现人员，这些人员在发现火情后能够在第一时间通知消防人员的同时并能熟练使用厂站内各种消防设施，将会大大降低火灾所造成的损失。

条文2.2 防止电缆着火事故

条文2.2.1 新、扩建工程中的电缆选择与敷设应按有关规定进行设计。严格

按照设计要求完成各项电缆防火措施，并与主体工程同时投产。

电线电缆敷设安装的设计和施工应按《电力工程电缆设计规范》等有关规定进行，并采用必要的电缆附件（终端和接头）。供电系统运行质量、安全性和可靠性不仅与电线电缆本身质量有关，还与电缆附件和线路的施工质量有关。

根据《中华人民共和国安全生产法》规定，单位新建、改建和扩建工程项目时，必须严格落实"三同时"管理，即建设项目中的安全设施设备必须与主体工程同时设计、同时施工、同时投入使用，以确保相关生产经营场所安全设施设备的合理配置和及时到位，为安全生产提供保障。

所以，要搞好电缆防火工作，必须抓好设计、制造、安装、运行、维护、检修各个环节的全过程管理，电缆防火设计是灵魂，严格施工工艺、合理选择防火材料以及落实各项防火措施是关键。过去，由于建设标准不高，防火措施落实力度不够，造成了电缆着火时发生蔓延和事故扩大。因此，要求新建、扩建电力工程的电缆选择与敷设以及防火措施应按有关规范和规程进行设计，并加强施工质量监督及竣工验收，确保各项电缆防火措施的落实，并与主体工程同时投产。

近些年来，我们引进了许多国外机组，有些机组在电缆敷设和设计上有许多优点，值得借鉴。

【案例1】 某电厂（日本引进的2台350MW）电缆设计的特点是：采用托架、吊架，电缆穿管排列的敷设方式，经主通道、主桥架然后分开，整齐地、有规则地通向全厂各处设备。敷设时动力电缆与控制电缆严格分开，高压电缆与低压电缆分开，走向从0m开始，分别到主机、锅炉。厂用系统电缆使用的吊架上有盖板、下有底板，两侧可以通风。电缆进入开关室或接至负载都严格穿管敷设，并用软管封闭防护。进入开关室的电源电缆都单独敷设，进盘时都有铁皮封闭措施。动力电缆和控制电缆敷设中远离热力管道及油管、油箱，靠近蒸汽管道的有石棉等隔热措施。

【案例2】 某电厂（意大利引进，4台320MW燃油机组）电缆设计的特点是：电缆敷设以架空为主，380V厂用系统有部分为电缆沟道。集控室（两机）和6kV厂用系统电缆共用一个夹层，集控室在上层，夹层居中，6kV开关室在下，380V开关室在底层。电缆分散处和电缆支架困难处采用穿管敷设。支架、管子及附件由制造厂成套供应，现场进行组装。电缆电压等级按不同颜色标志，红色为6kV，灰色为380V和控制电线，蓝色为热控电线。

采用上述敷设方法，可以避免外界火源对电缆的影响，一旦局部起火，也不易扩大；避免了电缆沟积水、油、酸、碱、盐、汽等对电缆的腐蚀和影响；大多数电缆处于封闭状态，便于维护；布局整齐美观，投资费用增加不多，但可避免上述火灾事故的70%～80%，经济效益十分明显。

条文 2.2.2 在密集敷设电缆的主控制室下电缆夹层和电缆沟内，不得布置热力管道、油气管以及其他可能引起着火的管道和设备。

《电力工程电缆设计规范》第 5.1.1 条规定，电缆的路径选择应避免电缆遭受机械外力、过热、腐蚀等危害。

若电力电缆过于靠近高温热体又缺乏有效隔热措施，将加速电缆绝缘的老化，容易发生电缆绝缘击穿，造成电缆短路着火。高温管道泄漏、油系统着火及油泄漏到高温管路起火等也将会引起附近电缆着火。因此，要求架空电缆与热体管路要保持一定距离，不得在密集敷设电缆的电缆夹层和电缆沟内布置热力管道、油气管以及其他可能引起着火的管道和设备。

条文 2.2.3 对于新建、扩建的变电站主控室、火电厂主厂房、输煤、燃油、制氢、氨区及其他易燃易爆场所，应选用阻燃电缆。

条文 2.2.4 采用排管、电缆沟、隧道、桥梁及桥架敷设的阻燃电缆，其成束阻燃性能应不低于 C 级。与电力电缆同通道敷设的低压电缆、控制电缆、非阻燃通信光缆等应穿入阻燃管，或采取其他防火隔离措施。

阻燃电缆在附近发生大火的情况下是会燃烧的，但延烧到火势减弱的区域后，即使没有阻燃封堵物，也不会继续燃烧。阻燃电缆具有防止电缆着火和蔓延的特点，与过去采用的辅助防火措施比较，还具有阻燃效果较好、施工维护方便以及不影响电缆载流量等特点，阻燃电缆的价格约比同类普通电缆高 10% 左右。因此，使用阻燃电缆是防止电缆着火和蔓延的一种重要措施之一，建议在大型火电厂主厂房和输煤、燃油及其他易燃易爆场所，可根据重要程度采用 A、B、C 三类阻燃电缆。

《电力工程电缆设计规范》第 7.0.5 条规定，火力发电厂主厂房、输煤系统、燃油系统及其他易燃易爆场所，宜选择阻燃电缆。第 7.0.6 条规定，电缆多根密集配置时的阻燃性，应符合现行国家标准《电缆在火焰条件下的燃烧试验 第 3 部分：成束电线或电缆的燃烧试验方法》（GB/T 18380.3）的有关规定，并应根据电缆配置情况、所需防止灾难性事故和经济合理的原则，选择适合的阻燃性等级和类别。在同一通道中，不宜把非阻燃电缆与阻燃电缆并列配置。

【案例】 1973 年 9 月，某发电厂 1 号 125MW 机组油系统发生泄漏着火，由于当时的电缆还不是采用阻燃电缆，大火沿着汽轮机平台下面的电缆，迅速向集控室蔓延，由于火势猛烈，不到 0.5h，整个集控室被烧毁，汽机房屋架烧塌。

条文 2.2.5 严格按正确的设计图册施工，做到布线整齐，同一通道内不同电压等级的电缆，应按照电压等级的高低从下向上排列，分层敷设在电缆支架上。电缆的弯曲半径应符合要求，避免任意交叉并留出足够的人行通道。

本条按 GB 50217—2007《电力工程电缆设计规范》5.1.3 的规定理解，即

"同一通道内电缆数量较多时，若在同一侧的多层支架上敷设，应符合下列规定：应按电压等级由高至低的电力电缆、强电至弱电的控制和信号电缆、通讯电缆"由上而下"的顺序排列。当水平通道中含有 35kV 以上高压电缆，或为满足引入柜盘的电缆符合允许弯曲半径要求时，宜按"由下而上"的顺序排列。在同一工程中或电缆通道延伸于不同工程的情况，均应按相同的上下排列顺序配置。"

条文 2.2.6　控制室、开关室、计算机室等通往电缆夹层、隧道、穿越楼板、墙壁、柜、盘等处的所有电缆孔洞和盘面之间的缝隙（含电缆穿墙套管与电缆之间缝隙）必须采用合格的不燃或阻燃材料封堵。

条文 2.2.7　非直埋电缆接头的最外层应包覆阻燃材料，充油电缆接头及敷设密集的中压电缆的接头应用耐火防爆槽盒封闭。

条文 2.2.8　扩建工程敷设电缆时，应与运行单位密切配合，在电缆通道内敷设电缆需经运行部门许可。对贯穿在役变电站或机组产生的电缆孔洞和损伤的阻火墙，应及时恢复封堵，并由运行部门验收。

条文 2.2.9　电缆竖井和电缆沟应分段做防火隔离，对敷设在隧道和主控室或厂房内构架上的电缆要采取分段阻燃措施。

《电力工程电缆设计规范》第七章对电缆防火与阻止延燃进行了详细的说明。

发电厂、变电站敷有大量动力电缆和控制电缆，这些电缆分布在电缆隧道、排架、竖井、控制室夹层，分别连接着各个电气设备，并连接到控制室。而电缆着火后具有沿电缆继续延烧的特点，如果不采取可靠的阻燃防火措施，电缆着火后就会延烧到主隧道、竖井、夹层以及控制室，扩大火灾的范围和火灾损失。因此，落实电缆防火的各项措施是预防电缆火灾事故和防止电缆火灾事故扩大的重要手段。

落实好电缆防火措施重点在于：一是对于高温热体附近敷设的电缆（如汽轮机高中压缸附近、点火油枪下部附近的电缆等）、制粉系统防爆门附近的电缆，应采取隔热槽盒和密封电缆沟盖板等措施，防止高温烘烤或油系统泄漏起火引起电缆着火。二是电缆竖井、电缆沟要采取分区、分段隔离封堵措施，对敷设在隧道和厂房内构架上的电缆要采取分段阻燃措施，防止电缆延烧扩大火灾范围。三是电缆孔洞缝隙应封堵严密，确保电缆着火后不延烧到控制室、计算机室、开关室等处，并减少电缆火灾的二次危害。

【案例 1】　1999 年 6 月 28 日，某发电厂室外电缆沟发生电缆着火，将电缆沟内部分电缆烧损，造成 220kV 失灵保护电缆芯线短路，保护出口动作将 220kV 甲、乙母线上的全部元件及运行中的 3 台机组全部跳闸，致使发电厂与系统解列，110kV 系统失去外来电源，最终导致全厂停电事故。电缆着火原因是电缆沟内一条 220kV 动力直流电缆存在着机械损伤或质量缺陷，运行中发生绝缘击穿，短路拉弧并引燃周围电缆。另外，由于 5 号机组厂用 VB 段的电缆沟与室外电缆沟交界处封堵不严，室外电缆沟电缆着火的烟气在风的吹动下窜入VB段母线室，造成室内开关柜内元件严重污染，绝缘大大降低，甚至丧失，大部分需要更换或清洗。事故暴露出电缆防火方面存在的问题以及所导致的严重后果：一是电缆布置混乱，没有分层布置，且没有采取分段阻燃或涂刷防火涂料，导致电缆着火事故的扩大，烧损控制电缆，保护动作使全厂停电；二是室内电缆沟与室外电缆沟交界处封堵不严，扩大了事故损失。电缆着火时产生大量有毒烟气，特别是普通塑料电缆着火后产生氯化氢气体，其通过缝隙、孔洞弥漫到电气装置室内，在电气装置上形成一层稀盐酸的导电膜，从而严重降低了设备、元件和接线回路的绝缘，造成了对电气设备的二次危害。

【案例2】 1994年6月，北京某电厂电缆隧道局部起火，因该厂电缆隧道没有做防火封堵，火势蔓延到整个电缆隧道，大火持续13h，1.5km长电缆隧道全部烧毁；还好因地面盘柜有封堵，该厂地面控制设备完好无损，保住了进口设备4000万美元，国产设备1.7亿元。此次火灾后恢复生产用了18天时间。

【案例3】 1996年8月14日，山西某电厂电缆隧道局部电缆起火，蔓延到整个隧道。因该厂电缆隧道和地面盘柜都没有做防火封堵，隧道电缆全部烧毁，所有地面控制设备全部烧毁，直接经济损失7亿元。恢复生产用了一年半时间。

条文2.2.10 应尽量减少电缆中间接头的数量。如需要，应按工艺要求制作安装电缆头，经质量验收合格后，再用耐火防爆槽盒将其封闭。变电站夹层内在役接头应逐步移出，电力电缆切改或故障抢修时，应将接头布置在站外的电缆通道内。

从以往的火灾案例来看，引起电缆火灾的主要原因是电缆中间头制作质量不良、压接头不紧等导致接触电阻过大，产生大量的热量引起的。据统计，因电缆头故障而导致的电缆火灾、爆炸事故占电缆事故总量的70%左右。

动力电缆中间接头若制作工艺不良，长时间运行后容易产生开裂，接头受进气氧化和受潮，绝缘水平下降，进而发生电缆中间接头接地短路和爆破，损伤和引燃周围其他电缆，造成电缆着火事故。

因此，在电缆敷设时应尽量减少电缆中间接头的数量，并应严格按照电缆接头的工艺要求制作中间接头。

为了防止电缆中间接头爆破时损伤和引燃周围其他电缆，并造成电缆着火事故，应将中间接头用高强度的防爆耐火槽盒进行封闭。

【案例】 富拉尔基某电厂室外电缆沟中一台循环水泵电缆中间接头发生爆破，损伤和引燃周围其他循环水泵的动力和控制电缆，造成了正在运行的5台循环水泵中的4台泵跳闸，致使2台汽轮发电机组由于真空低而被迫停机。

条文2.2.11 在电缆通道、夹层内动火作业应办理动火工作票，并采取可靠的防火措施。在电缆通道、夹层内使用的临时电源应满足绝缘、防火、防潮要求。工作人员撤离时应立即断开电源。

在电缆通道、夹层的附近，必须进行明火作业时，一定要严格执行动火工作票制度，并做好有效的防火措施，准备充足的灭火设备后方可开工，以防止电力电缆遇明火着火。使用临时电源时要防止临时电源因绝缘不合格或防火、防潮没达要求等原因而引起短路冒火花产生明火。工作人员撤离时应立即断开电源，防止持续潮湿或小动物引起线路短路产生火花引起火灾。

条文 2.2.12　变电站夹层宜安装温度、烟气监视报警器，重要的电缆隧道应安装温度在线监测装置，并应定期传动、检测，确保动作可靠、信号准确。

条文 2.2.13　建立健全电缆维护、检查及防火、报警等各项规章制度。严格按照运行规程规定对电缆夹层、通道进行定期巡检，并检测电缆和接头运行温度，按规定进行预防性试验。

条文 2.2.14　电缆通道、夹层应保持清洁，不积粉尘，不积水，采取安全电压的照明应充足，禁止堆放杂物，并有防火、防水、通风的措施。发电厂锅炉、燃煤储运车间内架空电缆上的粉尘应定期清扫。

电缆防火工作，不但要在设计、安装过程中落实好各项措施，还要加强电缆的生产管理，建立健全电缆维护、检查、防火、报警等各项规章制度。重点为：一要加强电缆异动管理，电缆负荷增加一定要进行校核，防止因电缆长期过负荷，而导致寿命缩短和事故率上升；二要按期对电缆进行测试，发现问题及时处理，对于电缆沟内非生产单位的电缆也应纳入生产管理，并按规程进行预防性试验；三要保持电缆沟、隧道内干燥、清洁，避免电缆泡在水中，致使绝缘强度下降；四要加强电缆的清扫，尤其是在锅炉房、燃煤储运车间等场所的架空电缆更要定期进行清扫，防止积粉自燃而引燃电缆；五要加强电缆运行管理和监视，控制电缆载流不要超额定数值运行，尤其是夏季特别要注意散热条件差的部位电缆的发热情况。

为了预防电缆中间接头爆破和防止电缆火灾事故扩大，可加装电缆中间接头温度在线监测和感烟报警系统。对电缆中间接头温度实施在线监测，使人们可根据电缆中间接头温度变化来判定接头是否存在爆破的可能性，起到对电缆接头爆破早期预警的作用；感烟报警系统可即时发现火情，避免事故扩大。

要重视消防工作，对电缆沟等要害部位可安装自动灭火系统，水喷雾扑救电缆火灾效果突出，值得重视和推广使用。

【案例】　牡丹江某发电厂某年 6 月 28 日 01 时 57 分发生电缆起火导致全厂停电事故，事故原因是该厂电缆自 1997 年 9 月投产以来，始终处在无人维护、检查和试验状态，使缺陷逐渐发展到绝缘被击穿，短路电弧将周围电缆引燃造成的。在发生电缆着火导致全厂停电后，牡丹江第二发电厂加装了电缆中间接头温度在线监测和感烟报警系统，结果在运行中发现了 2 次中间接头温度超温报警，经检查发现电缆中间接头处绝缘已开始劣化，因此对电缆中间接头进行重新制作，避免了因电缆接头爆破事故的发生。

条文 2.2.15　靠近高温管道、阀门等热体的电缆应有隔热措施，靠近带油设备的电缆沟盖板应密封。

条文 2.2.16　发电厂主厂房内架空电缆与热体管路应保持足够的距离，控制电缆不小于 0.5m，动力电缆不小于 1m。

条文 2.2.17　电缆通道临近易燃或腐蚀性介质的存储容器、输送管道时，应加强监视，防止其渗漏进入电缆通道，进而损害电缆或导致火灾。

若电力电缆过于靠近高温热体又缺乏有效隔热措施，将加速电缆绝缘的老化，容易发生电缆绝缘击穿，造成电缆短路着火。高温管道泄漏、油系统着火及油泄漏到高温管路起火等也将会引起附近电缆着火。

因此，要求架空电缆与热体管路要保持一定距离，不得在密集敷设电缆的电缆夹层和电缆沟内布置热力管道、油气管以及其他可能引起着火的管道和设备。

【案例】　1977 年 1 月，某电厂高位油箱发生喷油起火，火焰随油流入电缆隧道，引燃电缆，而电缆火势迅速延燃扩大，直到把 2 台 100MW 机组的电缆夹层、热控室、继保室、集控室等全部烧毁。

条文 2.3　防止汽机油系统着火事故

条文 2.3.1　油系统应尽量避免使用法兰连接，禁止使用铸铁阀门。

汽轮机的润滑油和液压调节的高低压油管道大部分布置在高温管道、热体附近，一旦油管道发生泄漏，压力油喷到高温管道、热体上即会引起着火，并且火势发展很快。因此，防止汽轮机油系统着火的重点在于防止油管道泄漏，因此一是尽量减少使用法兰、锁母接头连接，推荐采用焊接连接，以减少火灾隐患。为了便于安装和检修，汽轮机油系统管路一般采用法兰、锁母接头连接，这种连接方式非常容易造成油的泄漏，漏出的油喷溅或渗透到热力管道或其他热体上，将会引起油系统火灾事故。二是油系统禁止使用铸铁阀门，铸铁的含碳量高，脆性大，焊接性很差，一般不能承受高温环境，在焊接过程中易产生白口组织和裂纹。

因此，汽轮机油管道应尽量采用焊接方式进行连接，油管道的焊接要严格按油系统焊接工艺实施，以确保焊缝不夹渣、焊接质量良好。对于采用法兰和锁母连接的油系统，安装和检修人员要正确使用法兰和锁母垫料，锁母接头须具有防松装置，采用软金属垫圈，如紫铜垫等。对小直径压力油管、表管要采取防振、防磨措施，加大薄弱部位（与箱体连接部位）的强度（如局部改用厚壁管），以防止振动疲劳或磨损断裂引起高压油喷出着火。

【案例 1】　2010 年 2 月 24 日，某电厂 1 号汽轮机磁力断路油门管道与母管连

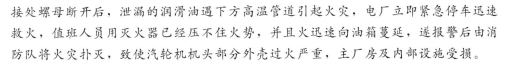

接处螺母断开后，泄漏的润滑油遇下方高温管道引起火灾，电厂立即紧急停车迅速救火，值班人员用灭火器已经压不住火势，并且火迅速向油箱蔓延，遂报警后由消防队将火灾扑灭，致使汽轮机机头部分外壳过火严重，主厂房及内部设施受损。

【案例2】 1981年5月，某电厂3号汽轮机机头前箱下部一根φ32mm的压力油管，在密封接头处爆破，泄漏的压力油经过电缆孔洞喷到二级旁路汽门上着火，此火又把二级旁路汽门周围的电缆引燃，因此火势迅速扩大，现场灭火器材无法扑灭，以致酿成一场损失严重的火灾事故。

条文2.3.2 油系统法兰禁止使用塑料垫、橡皮垫（含耐油橡皮垫）和石棉纸垫。

《电力设备典型消防规程》第6.5.3条规定：汽轮机油系统管道的法兰垫，禁止使用橡胶垫、塑料垫或其他不耐油、不耐高温的垫料。

油系统法兰禁止使用塑料垫、橡皮垫（含耐油橡皮垫）和石棉纸垫，以防止老化滋垫，或附近着火时塑料垫、橡皮垫迅速熔化失效，大量漏油。油系统法兰的垫料，要求采用厚度小于1.5mm的隔电纸、青壳纸或其他耐油、耐热垫料，以减少结合面缝隙。

【案例】 1993年9月，某发电厂发生5号200MW汽轮机组漏氢着火事故。事故原因为机组大修时，错误地将密封油冷油器滤网端盖的石棉垫更换为胶皮垫，机组投入运行后，胶皮垫在压力、温度和腐蚀介质的作用下损坏，致使密封油系统发生泄漏，密封油压下降，虽然直流油泵联起也不能满足发电机氢压的要求，导致氢气从发电机端盖外漏，被励磁机自冷风扇吸进滑环处，引起氢气着火。

条文2.3.3 油管道法兰、阀门及可能漏油部位附近不准有明火，必须明火作业时要采取有效措施，附近的热力管道或其他热体的保温应紧固完整，并包好铁皮。

在油系统管道、法兰、阀门和可能漏油部位的附近，必须进行明火作业时，一定要严格执行动火工作票制度，并做好有效的防火措施，准备充足的灭火设备后方可开工，以防止泄漏的油遇明火着火，或漏出的油蒸发的蒸气与空气混合后遇明火发生燃烧、爆炸。

【案例】 2013年11月22日山东某中石化输油管道与排水暗渠交汇处管道腐蚀变薄破裂，原油泄漏流入排水暗渠，挥发的油气与暗渠当中的空气混合形成易燃易爆的气体，在相对封闭的空间内集聚，现场处置人员使用不防爆的液压破碎锤，在暗渠盖板上进行钻孔粉碎，产生撞击火花，引爆暗渠的油气，燃爆事故造成62人遇难，136人受伤，直接经济损失7.5亿元。

条文2.3.4 禁止在油管道上进行焊接工作。在拆下的油管上进行焊接时，必须事先将管子冲洗干净。

禁止在油管道上进行焊接工作是指禁止在运行或停备状态的油管道进行焊接工作。

若必须在油管道上进行焊接工作，焊接作业前，必须将需要焊接作业的油管道与运行或停备状态的油系统断开（如拆下焊接油管道或加堵板），然后对该段油管道进行冲洗，确保其内部无油、无油气，以防止焊接作业时油气爆燃。

【案例】 2001 年 3 月 8 日，某发电公司进行新油量计的安装工作时，因重油管道中油气爆燃起火，造成 5 人死亡的重大人身死亡事故。事故发生的主要原因是：油管道还在冲洗的情况下，工作负责人在办理工作票许可手续的同时派工人气割法兰螺栓。

条文 2.3.5 油管道法兰、阀门及轴承、调速系统等应保持严密不漏油，如有漏油应及时消除，严禁漏油渗透至下部蒸汽管、阀保温层。

汽轮机油系统由于受设备制造质量、安装工艺和运行维护等因素的影响，可能发生泄漏的点比较多。因此，要求在汽轮机油系统检修时，必须保证检修质量，法兰、阀门和接头的结合面必须认真刮研，做到结合面接触良好，确保不漏、不渗。在轴承箱外油挡检修时，应注意检查其下部回油孔，以防止回油孔堵塞而造成运行中漏油。主机各瓦及密封瓦如果漏油，则应加装回收油的装置，并保证回油管畅通。运行人员应认真巡视、检查设备，对于容易引起火灾的各危险点要重点巡视和检查，如发现问题应及时汇报并联系检修人员进行处理。

条文 2.3.6 油管道法兰、阀门的周围及下方，如敷设有热力管道或其他热体，这些热体保温必须齐全，保温外面应包铁皮。

条文 2.3.7 检修时如发现保温材料内有渗油时，应消除漏油点，并更换保温材料。

汽轮机油系统火灾事故大部分是由于油泄漏到热体面上而引起的，所以，除了要防止油系统发生泄漏外，还要防止漏出的油直接与热体接触着火。

因此，要求在油管道阀门、法兰及可能漏油部位的周围及下方的热力管道或其他热体必须做到保温层坚固完整，外包铁皮或铝皮，保温层表面温度不应超过 50℃，以防止油系统漏出的油滴溅在其上面而着火。

【案例】 1989 年 11 月，某电厂发生 7 号机组调速汽门起火造成机组停运事故。事故原因是由于调速汽门回油碟没有防护罩，飞扬的树绒、昆虫和粉尘飞落到油碟内，造成油碟回油堵塞，使油碟回油溢出到热力管道的保温层上而引起着火，而又由于保温层内部已有渗油着火，无法扑灭，最后被迫打闸停机。

条文 2.3.8 事故排油阀应设两个串联钢质截止阀，其操作手轮应设在距油箱 5m 以外的地方，并有两个以上的通道，操作手轮不允许加锁，应挂有明显的"禁止操作"标识牌。

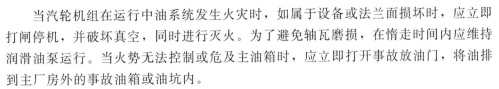

当汽轮机组在运行中油系统发生火灾时，如属于设备或法兰面损坏时，应立即打闸停机，并破坏真空，同时进行灭火。为了避免轴瓦磨损，在惰走时间内应维持润滑油泵运行。当火势无法控制或危及主油箱时，应立即打开事故放油门，将油排到主厂房外的事故油箱或油坑内。

因此，为了在汽轮机油系统发生火灾时，能够准确、迅速地打开事故放油门，要求事故放油门的标志及其开关方向的标志要醒目，操作手轮不允许加锁。为了避免火灾时事故放油门立即被火焰包围，运行人员无法接近事故放油门，要求事故放油门的操作手轮与油箱、油系统设备及密集的油管区应有一定的距离，并且有两个以上通道可以迅速到达。为了使事故放油门开关灵活且不宜损坏，要求事故放油门应采用钢质截止门。同时，为了防止机组在正常运行时检修和运行人员误开事故放油门，要求事故放油门应挂有明显的"禁止操作"标志牌，并且事故放油门应设置两个。

条文 2.3.9 油管道要保证机组在各种运行工况下自由膨胀，应定期检查和维修油管道支吊架。

油系统的管路应有必要的支架和吊架，并且不能有憋劲的地方，以保证油管路在各种工况运行时膨胀畅通无阻。油管路的布置要合理，以便于工作人员的检查、维修和与热力管道或其他热体的隔离。油系统的表管应布置整齐，尽量减少交叉，以防止运行中由于振动而磨损。

【案例】 1993 年 6 月广州某啤酒集团公司热电厂 1 号机（抽汽冷凝式机组）带一定负荷后，在投抽汽时，由于操作不当，引起油系统摆动，负荷摆动，调速汽门摆动，油管道有冲击，一次油油管道法兰接头垫片泄漏，大量一次油喷出，溅到热力管道上，马上明火燃烧，立刻打闸停机。事故原因：一是一次油管道连接对口法兰 8 个螺栓孔，只上了 4 个螺栓，油管道对口法兰紧力不够，引起法兰接头垫片泄漏；二是油管道法兰接头垫片是橡胶垫片，由于主机透平油对橡胶垫片腐蚀迅速融化及老化作用使垫片失效。

条文 2.3.10 机组油系统的设备及管道损坏发生漏油，凡不能与系统隔绝处理的或热力管道已渗入油的，应立即停机处理。

运行人员应加强汽轮机油系统的巡视检查，当发现汽轮机油系统有漏油现象时，必须查明原因，并联系检修人员进行处理，消除泄漏点，漏出的油也应及时清理干净，防止油流到热力管道或其他热体上或渗入保温材料中引起冒烟着火。若运行中无法彻底处理而且可能引起火灾时，应果断停机处理，以避免油系统发生火灾事故。

【案例】 1990 年 6 月，某第二发电厂发生 1 号 200MW 机组轴瓦甩油起火造成机组停运事故。由于机组运行中密封油箱排油电磁阀在开位突然故障、调整失灵，密封油箱油位急剧下降，而运行人员又未及时发现，导致密封油箱油位过低，氢气沿排油管进入回油管产生气塞，从而造成机组轴承回油不畅，使 6～9 号轴承突然甩油着火，机组被迫停运。

条文 2.4　防止燃油罐区及锅炉油系统着火事故

条文 2.4.1　严格执行《电业安全工作规程　第 1 部分：热力和机械)》（GB 26164.1—2010）中第 6 章有关要求。

条文 2.4.2　储油罐或油箱的加热温度必须根据燃油种类严格控制在允许的范围内，加热燃油的蒸气温度，应低于油品的自燃点。

油泵房室内漏出的油蒸发的蒸气与空气混合达到一定的浓度时，就会着火甚至爆炸，所以当装卸和使用燃油时，需要用蒸气对燃油进行加温，但对燃油的加热温度一定要严格控制。一方面油温越高越易蒸发出油气，另一方面燃油温度达到自燃点后没有点火源也会自燃。因此，要求严格储油罐或油箱的加热温度，加热燃油的蒸气温度应低于油品的自燃点。安规规定，卸油加温时，原油应不超过 45℃，重油应不超过 80℃。

条文 2.4.3　油区、输卸油管道应有可靠的防静电安全接地装置，并定期测试接地电阻值。

当导体接近带电物体时产生的电荷分布于导体表面的现象就是静电感应。由于静电感应作用的存在，当人体接近某些敏感的仪器设备时，能造成干扰甚至损坏。工业生产中的某些粉尘，由于摩擦带电及感应带电作用的反复进行，可以出现大量的电荷积累，出现火花放电及导致爆炸事故，因此须事先采取必要的防静电措施，安全管理、健全制度规范，要按照消防工作的标准要求，建立健全整套的规范标准和消防安全制度。掌握安全操作技术，规范安全作业行为。防止静电积聚在油罐、管线和油泵，必须有良好的防静电接地装置，并根据情况接成通路，不准将静电接地与其他接地连在一起。因此在油库、加油站安全管理过程中，防静电危害是一项十分重要的内容。只有在正确、全面认识静电危害的前提下，采取有效、适当的防静电措施才有可能防患于未然，最大限度地减少静电危害产生事故给企业带来的损失。

【案例】　1989 年 8 月 12 日，中国石油总公司某油库发生特大火灾爆炸事故，大火燃烧了 104h 才完全扑灭，烧掉原油 36 000t，烧毁油罐 5 座，死亡 19 人（其中包括 10 余名消防队员），直接经济损失 3540 万元。经事故调查确认此次特大火灾爆炸事故的直接原因是由于非金属油罐（半地下混凝土油罐）本身存在缺陷，遭受对地雷击，产生的感应火花引燃罐内的油气所致。

条文 2.4.4　油区、油库必须有严格的管理制度。油区内明火作业时，必须办理明火工作票，并应有可靠的安全措施。对消防系统应按规定定期进行检查试验。

在防止在油区内产生火源方面，一是对燃油罐区划定明确的禁火区，设置禁火标志，严禁明火。二是要采取防止产生火花或电火花的措施，如禁止穿带铁钉的鞋进入油区，在油区作业要使用防爆工具等，禁火区内使用电气设备要采用防爆电气设备。三是禁止将火种带入油区以及在油区明火作业前必须严格执行明火作业的有关规章制度。油区动火作业时，要注意以下几点：

（1）要办理一级动火工作票。

（2）动火作业时，要严格遵守《电力设备典型消防规程》的有关规定，油库值班员应核对工作票、安全措施的落实、防火措施的落实；油区动火时，消防人员和安监人员必须始终在现场监护，现场必须配备必要、足够、合格的消防设施。

（3）动火检修时，动火监护人应联系油库值班员每两小时对现场进行可燃气体浓度测量。

【案例】 2001 年 3 月 8 日，某发电厂在油码头进行油量计的安装工作中，在重油管道正在吹扫的情况下，作业人员违章采用气割工具切割重油管道法兰螺丝，造成管道内油气爆燃，发生了 5 人死亡的重大事故，这是一起严重的违章操作造成的重大事故。

条文 2.4.5 油区内易着火的临时建筑要拆除，禁止存放易燃物品。

条文 2.4.6 燃油罐区及锅炉油系统的防火还应遵守 2.3.4、2.3.6、2.3.7 的规定。

条文 2.4.7 燃油系统的软管，应定期检查更换。

主要是防止由于软管老化造成燃油泄漏。

【案例】 1991 年 8 月 1 日，某电厂发生 6 号炉燃油系统火灾事故。高井电厂 6 号炉在投油助燃时，由于连接 10 号喷燃器油枪的胶皮管老化、漏油后起火，将 9、11、12 号喷燃器的供油及拌气管烧断，导致大量轻柴油（78℃闪点）从 4 根喷燃器供油管中喷出，将两面热工控制柜烧毁，部分电缆烧断以及其他一些附属设备烧损。由于原电缆通往电缆夹层的孔洞已封堵，火灾发现及时，扑灭得快，才没有使火势蔓延。

条文 2.5 防止制粉系统爆炸事故

条文 2.5.1 严格执行《电业安全工作规程 第 1 部分：热力和机械》（GB 26164.1—2010）中有关锅炉制粉系统防爆的有关规定。

《电业安全工作规程 第 1 部分：热力和机械》（GB 26164.1—2010）中规定：

7.1.3 当制粉设备内部有煤粉空气混合物流动时，禁止打开检查门。开启锅炉的看火门、检查门、灰渣门时，应缓慢小心，工作人员应站在门后，并选好向两旁躲避的退路。

7.6.1 为了防止煤粉爆炸，在起动制粉设备前，必须仔细检查设备内外是否有积粉自燃现象；若发现有积粉自燃时，应予清除，然后方可起动。

7.6.2　运行中的制粉系统不应有漏粉现象。制粉设备的厂房内不应有积粉，积粉应随时清除。发现积粉自燃时，应用喷壶或其他器具把水喷成雾状，熄灭着火的地方。不得用压力水管直接浇注着火的煤粉，以防煤粉飞扬引起爆炸。

7.6.4　禁止在制粉设备附近吸烟或点火，不准在运行中的制粉设备上进行焊接工作。如需在运行中的制粉设备附近进行焊接工作，必须采取必要的安全措施，并得到生产领导的批准。

7.6.5　对给粉机进行清理或掏粉前，应将给粉机电动机的电源切断，挂上警告牌，并注意防止自燃煤粉伤人。

7.6.6　禁止把制粉系统的排气排到不运行（包括热备用）的或正在点火的锅炉内，也不准把清仓的煤粉排入不运行（包括热备用）的锅炉内。

7.6.7　制粉系统应有足够的防爆门，选择防爆门的结构形式和安装地点时，应注意到防爆门动作时不致烫伤工作人员，不应正对电缆或电缆架线。

7.6.8　制粉设备检修工作开始前，须将有关设备内部积粉完全清除，并与有关的制粉系统可靠地隔绝，如需进入内部工作时，须将有关人孔门全部打开（必要时应打开防爆门），以加强通风。

7.6.9　直吹式锅炉制粉系统，在停炉或给粉机切换备用时，应先将该系统煤粉烧尽或清理干净。

条文 2.5.2　及时消除漏粉点，清除漏出的煤粉。清理煤粉时，应杜绝明火。

加强煤粉管道巡查，发现漏粉情况，立即联系运行停磨，办理检修相关流程，同时迅速组织检修人员进行抢修消缺，粉管补焊要采用挖补工艺，避免贴补焊接方式。若无法及时停磨的，应采取临时封堵措施，消除或减少漏粉情况。消缺后要立即对散落在设备和保温上的煤粉进行打扫、清理。所以说及时消除漏粉点，清除漏出的煤粉是防止制粉系统发生火灾的重要措施。

【案例】　2012年，某厂3号炉3号角一次风管发生着火事件。事件的主要原因系一次风管长时间投入运行导致磨穿风管，加之燃烧器平台采用钢板搭建，而不是格栅板，使得漏粉积压在燃烧器周围而自燃。

条文 2.5.3　磨煤机出口温度和煤粉仓温度应严格控制在规定范围内，出口风温不得超过煤种要求的规定。

运行值班员必须及时了解上煤情况，重点掌握煤质发热量、挥发分和含硫量，做好防范措施。发现不明煤源时要及时询问清楚，果断采取相应的措施，防止制粉系统煤粉发生自燃、爆炸。

【案例】　某电厂2010年7月，发生一起4号炉C2、B4、A4燃烧器烧损事件。事件的主要原因系擅自变更上煤方式后未及时告知集控值班负责人，再加上配煤掺烧存在严重不均匀现象，造成运行人员执行燃用高挥煤的反措力度不够，最终造成部分一次风管烧损，幸好发现及时，运行及时采取措施，控制了事态的进一步扩大。

严格控制磨煤机出口温度，$V_{ad}<15\%$ 情况下，运行时磨煤机出口温度应控制在 $80\sim90℃$，最高不得超过 $100℃$。$V_{ad}>15\%$ 时，制粉系统启、停操作必须按高挥煤执行，运行时控制磨煤机出口温度 $60\sim70℃$，最高不得超过 $75℃$；$V_{ad}>20\%$时，运行时控制磨煤机出口温度最高不得超过 $70℃$。给煤机出现断煤现象时，要及时倒换风源，将磨煤机出口温度控制在规定范围内。

【案例】 某电厂 2011 年 8 月 11 日早班，就发生了 3 号炉 D 制粉系统爆炸事件。事件的主要原因系值班员对制粉系统运行参数监视与运行调整操作不及时、不到位，在 3 号炉 D 给煤断煤、原煤仓出现空仓情况下，未立即严格执行防止制粉系统自燃和爆炸的运行反措，将磨煤机冷、热风门及时调整，磨煤机热风温度偏高而导致制粉系统发生火灾爆炸。

条文 2.6 防止氢气系统爆炸事故

条文 2.6.1 严格执行《电业安全工作规程 第 1 部分：热力和机械》（GB 26164.1—2010）中"氢冷设备和制氢、储氢装置运行与维护"的有关规定。

鉴于氢气是易燃易爆气体，爆炸范围宽、点火能量低，比重又小，极易向上扩散，无色无嗅不易察觉。因此氢气站的安全生产十分重要，对它们有特殊的防火要求，如：

制氢站、氢气罐可能发生燃烧和爆炸，为了尽量减少事故的发生以及避免发生爆炸等事故造成较大的人身伤亡及经济损失，因此规定不宜布置在人员密集地段和主要交通要道邻近处。必须严禁烟火，严禁放置易爆易燃物品，并备有必要的消防设备和悬挂"严禁烟火"的警示牌。制氢站周围设有不低于 2m 的围墙。

室内不准排放氢气是防止形成爆炸性混合物气体的重要措施之一。各种制氢系统的氢气中冷凝水排放过程中将不可避免地有少量氢气同时排出，若操作不当或操作人员未及时关好冷凝水排放阀，使氢气排入房间内或在排水管（沟）中形成爆炸混合物，将会造成爆炸事故等严重后果。

【案例】 上海某厂氢气管道积水，在气水分离器处向房间内直接排水，曾在一次排放冷凝水过程中，操作人员违章离开现场，致使氢气排入房间内，氢气浓度达到了爆炸极限，当操作人员开灯时，发生爆炸，塌房 2 间，烧伤 2 人；另一工厂，在排放氢气管道积水时，用胶管接至室外，因胶管脱落，氢气泄漏到房间内，形成了爆炸混合气，在操作人员下班关灯时，发生爆炸，炸坏房屋，2 人轻伤。

水电解制氢系统中的氧气中冷凝水排出时，与氢气一样也有氧气泄漏到房间内的情况，氧气比空气重，又为助燃气体。为了确保安全生产，防止因氧气泄漏、积存引起的着火事故的发生，氧气设备及管道内的冷凝水排放也应经单独设置的疏水装置或氧气排水水封排至室外。这里要强调的是氢气、氧气中冷凝水疏水装置或排水水封应各自设置，不得合用一个疏水装置或排水水封，这是为了避免形成氢气、氧气爆炸混合气。

排出带有压力的氢气、氧气或进行储氢时，应均匀缓慢地打开设备上的阀门和节气门，使气体缓慢放出。禁止剧烈地排送，以防因摩擦引起自燃。

【案例】 上海××厂操作人员在室内打开氢气瓶时，氢气大量喷出，引起爆炸。

检修需在氢侧加装法兰加装金属堵板，并确保法兰不漏气。

【案例】 如某电厂氢冷发电机停下检修，由于没有做好隔绝措施，当检修工在车肚内进行检修时，氢气漏进车肚，因明火引起爆炸，造成 3 人死亡。

氢气实瓶间、空瓶间属于有爆炸危险房间，现行国家标准《乙炔站设计规范》中规定，当实瓶数量不超过 60 瓶时，空、实瓶和灌充架（汇流排）可布置在同一房间内。

氢气钢瓶在储存、运输过程中发生瓶倒事故。不仅会造成操作人员受伤，而且还会诱发着火、爆炸，损坏房屋等严重后果。

【案例】 北京某厂曾发生一个氢气实瓶倒下，瓶阀被打断并飞出 3m 左右把墙打坏，钢瓶冲出 1m 多远；上海某厂曾发生氢气钢瓶倒瓶事故，瓶阀损坏漏出氢气，发生氢气着火；咸阳某厂在氢气灌充时，未将钢瓶固定，引起瓶倒，发生氢气着火事故；宝鸡某厂也因氢气钢瓶倒下，瓶嘴漏气，发生着火爆炸，玻璃窗被振碎。为此，为确保氢气钢瓶灌充、储存、运输中的安全，本条规定应有防止瓶倒的措施。

氢气罐，不论是湿式或固定容积式都用作制氢系统的负荷调节和储存，一旦发生事故，将会造成严重后果。

【案例】 北京某研究所 150m³ 湿式氢气罐，检修时发生爆炸事故，其钟罩整体冲上空中然后落到离原地数米处，部分金属、混凝土配重飞至数百米处。又如天津某电厂设有 6 台容积为 10m³、压力为小于或等于 0.8MPa 的固定容积氢气罐，1989 年 9 月在倒罐操作过程中因氢气纯度不合格，1 号罐发生爆炸事故，罐体炸成 3 块，底部一块重约 1000kg，飞到 29m 处，上半部就地倒下，另一块重约 260kg，爆炸后击破邻近水塔，落入 150m 远的燃油车间罐区，当场炸死值班人员 1 名。再如某厂 8m³ 氢气罐，检修时发生爆炸事故，大碎片飞出 20m，小碎片飞出 40m 以外。鉴于以上实例，为了确保氢气站的安全生产，本条规定：氢气罐不应设在厂房内。

气瓶受阳光强烈直射后，瓶内气体压力随温度升高而升高，会引起超压的不安全性，为此规定应采取防止阳光直射气瓶的措施，一般采用窗玻璃涂白、磨砂玻璃以及遮阳板等方法。

氢气轻，易聚积在房屋上方。屋盖下表面的构造要有利于氢气的排出，屋盖顶部一般设自然通风帽、通风屋脊、天窗或老虎窗等，以保持通风良好，使氢气能从最高通风装置导出。为此，本条规定有爆炸危险房间上部空间应自然通风良好，顶棚平整，避免死角。

根据现行国家标准《爆炸和火灾危险环境电力装置设计规范》及 GB 20164.1—2010 第 1.0.3 条的规定，氢气站、供氢站内部分房间以及氢气罐为 1 区爆炸危险环境。有爆炸危险房间内的较大型金属物（如设备、管道、构架等）应进行良好的接地处理，是防雷电感应的主要措施。在正常环境无锈的情况下，管道接头、阀门、法兰盘等接触电阻一般均在 0.03Ω 以下。但若管道接头生锈，会使接触电阻增大。根据试验，螺栓连接的法兰盘之间如生锈腐蚀，在雷电流幅值相当低（10.7kA）的情况下，法兰盘间也能发生火花。氢气站如不注意经常检查并测试管道接头等的过渡电阻，一旦接头处生锈，则十分危险。为此，规定所有管道，包括暖气管及水管法兰盘、阀门接头等均应采用金属线跨接。每年进行一次检测防雷装置，确保接地电阻满足要求。

条文 2.6.2　氢冷系统和制氢设备中的氢气纯度和含氧量必须符合《氢气使用安全技术规程》（GB 4962—2008）。

氢气是一种易燃易爆的可燃性气体。它的爆炸极限值（燃烧极限体积百分数）在空气中为 $4.0\%\sim75\%$，在氧气中为 $4.5\%\sim95\%$，爆炸范围极广，点火能量小，容易引起火烧爆炸事故。加上氢气无色、无味，它的存在不能被人的感觉发觉，从而增加了它的危险性，因此氢冷发电机及其氢冷系统、制氢设备的任何部分漏氢，都有极大的燃烧爆炸危险。

因此，要求在氢冷系统和制氢设备运行时，按照有关规程对氢气纯度和含氧量进行分析化验，氢纯度和含氧量必须符合规定的标准是：氢冷系统中氢气纯度需不低于 96%，含氧量不应超过 2%；制氢设备中，气体含氢量不应低于 99.5%，含氧量不应超过 0.5%。如不能达到标准应立即进行处理，直到合格处理。

条文 2.6.3　在氢站或氢气系统附近进行明火作业时，应有严格的管理制度，并应办理一级动火工作票。

各类制氢系统在检修、开车、停车时，都应进行吹扫置换，将系统中的残留氢气或空气吹除干净，尤要注意死角末端残留气，并分析系统内氢中氧的含量，达到规定值，方可进行检修动火、开车、停车。置换氮气中含氧量不得超过 0.5%。

禁止在制氢站中或氢冷发电机与储氢罐近旁进行明火作业或做能产生火花的工作。如必须在氢气管道附近进行焊接或点火的工作应办理一级动火工作票，动火前应使用两台以上测爆仪进行现场监测明火作业的地点的空气含氢量，证实工作区域含氢量小于3％，并经厂主管生产的领导（总工程师）批准后方可工作。

【案例】　某电厂由于氢冷器的加水管与凝汽器出水管接在一起，氢漏到凝汽器出水管，因凝汽器铜管漏，当检修人员用明火找漏时，引起爆炸，人从脚手架上弹出造成死亡。

条文 2.6.4　制氢场所应按规定配备足够的消防器材，并按时检查和试验。

条文 2.6.5　密封油系统平衡阀、压差阀必须保证动作灵活、可靠，密封瓦间隙必须调整合格。

条文 2.6.6　空气、氢气侧各种备用密封油泵应定期进行联动试验。

氢气跑出机壳的途径之一是轴封与密封瓦之间的间隙，因此氢冷发电机一定不能使密封瓦断油。一般氢冷发电机，原规定低氢压力为 0.003～0.005MPa，高氢压为 0.03～0.05MPa。为了提高出力，现有许多发电机提高氢压运行，一般提高至 0.08～0.2MPa。而密封油压都要高于相应的氢压（一般 0.05MPa），要注意油压不应过低或过高。过低时轴径周围的油层便会产生断续现象，氢气会穿过中断处进入疏油管道，并在管内形成有爆炸起火危险的混合气体。

氢冷发电机密封油系统的压差阀、平衡阀，必须保证动作正确、灵活、可靠，以确保密封油压大于氢压，氢—油压差在要求范围内。运行人员应严格监视密封油箱油位，防止由于油位过低导致密封油压下降而造成漏氢。主、备用密封油泵应轮换运行，并定期进行联动试验，以确保运行泵出现故障时，备用泵能够顺利联起。主油箱上的排烟风机应保持经常运行，以防止主油箱内积存氢气发生爆炸。

【案例1】　1993年11月，某电厂发生6号机组氢爆着火事故。在6号机组运行中，由于发电机氢中含氧量大，需要对空排污，而运行人员违章操作打开了对室内排污门，且排污门开的较大，导致排污时大量氢气充满直流密封油泵开关箱内和发电机、汽机盘车下部。又因氢密封油压低，且备用交流密封油泵没有联动成功，联动直流密封油泵，在联动直流密封油泵时励磁开关打火，引起开关箱内氢气爆炸，进而引燃了积存在附近的氢气，造成机组被迫停运。

【案例2】　2010年以来，某电厂8号发电机运行过程中氢压下降很快，补氢频繁。但发电机仍能运行，一直未能重视（主要是未及时添加润滑油），也未及时停机检查或采取相应的有效措施给予解决。于是在2010年9月4日，对该发电机拆开检查。发现发电机轴承的轴颈处和轴瓦多处损伤，需要冷补焊接修复。

【案例3】　2001年2月，江苏盐城市某化肥厂合成车间管道突然破裂，随即氢气大量泄漏。厂领导立即命令操作工关闭主阀、副阀，全厂紧急停车。大约5min，正当有关人员紧张讨论如何处理事故时，合成车间突然发生爆炸，在面积约千余平方米的爆炸中心区，合成车间近10m高的厂房被炸成一片废墟，当场死亡3人，2

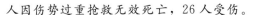

人因伤势过重抢救无效死亡，26 人受伤。

【案例 4】 1984 年 6 月 28 日，某热电厂发生氢气爆炸造成 2 人死亡、1 人受伤的事故。1984 年 6 月 25 日，荆门热电厂 5 号机组因主油泵推力瓦磨损被迫停机检修。因需要明火作业，发电机退氢。6 月 27 日，在检修人员对 5 号发电机内部接线套管是否流胶进行检查，并清擦发电机内部渗油时，感觉在发电机内发闷，因未找到轴流风机通风，改用家用台式电风扇通风。6 月 28 日，当检修人员将电风扇放入发电机人孔门内并开停几次寻找合适放置位置时，发生氢气爆炸。事故原因是由于在发电机检修时，制氢站到发电机内部的氢管道未采取彻底的隔离措施，而该管道两道阀门又不严密，使发电机内氢气达到爆炸浓度，而检修工作中使用的日用电风扇的按键，在启停特别是换档时，产生电火花，从而造成了发电机内发生氢气爆炸。

条文 2.7 防止输煤皮带着火事故

条文 2.7.1 输煤皮带停止上煤期间，也应坚持巡视检查，发现积煤、积粉应及时清理。

【案例】 1992 年 1 月 6~15 日，某发电厂 3 号乙皮带因磁力除铁器电动机停运，但皮带上存有积煤。输煤栈桥中装设的除尘器又不起作用，栈桥和通廊积粉严重，不仅清扫不认真，临时清扫工甚至将清扫的煤粉倒在 3 号皮带上。而该厂所用的是挥发分高达 28%~31% 的煤种。6 月 15 日，该厂两台 200MW 机组运行中，3 号乙皮带上的积煤自燃起火，烧毁皮带 404m，托滚支架、磁力吸铁器和电缆，建筑物部分烧毁，直接经济损失 13 万余元，少发电量 2205 万 kWh。

条文 2.7.2 煤垛发生自燃现象时应及时扑灭，不得将带有火种的煤送入输煤皮带。

煤炭长期堆积会因氧化作用，使煤的灰分升高，固定炭和热值下降，降低煤的质量，还会造成大量的煤白白烧掉。自燃的煤被送到输送和研磨设备，造成燃烧和爆炸事故。存在自燃隐患的高温燃煤输送至锅炉原煤仓里，燃煤也存在再次产生自燃引发火灾风险，对机组正常安全运转也构成威胁。因此煤自燃既是重大的隐患，也降低了煤的经济价值。为了防止煤炭自燃，须控制煤与氧接触，并降低反应温度，这是煤堆场防灭火技术中最基本也是最重要的原则。目前通常采用的灭火方法主要有注水降温法、强行采出法、土岩堆堵法和隔离法等。

【案例】 1995 年 11 月 22 日，某发电总厂发生 5 段输煤皮带着火事故。该厂燃用褐煤，挥发分较高，煤垛的煤发生自燃，致使在上煤过程中，煤中夹有火炭及火星，将积粉引燃，导致 5 段输煤皮带着火。值班人员又离岗吃饭，没有及时发现着火，使火势蔓延扩大。

条文 2.7.3 燃用易自燃煤种的电厂必须采用阻燃输煤皮带。

在输煤系统运行中，自燃的煤粉温度很高，可达500℃以上，从而使不阻燃的塑料电缆外皮燃烧，使电缆短路，引燃不阻燃的皮带，引燃其他可燃物质，从而导致输煤系统火灾事故。另外输煤皮带的机械设备摩擦发热，在轴承损毁、机械堵转、导向滚筒或滚筒破裂情况下，这些设备温度很高，能够将煤粉引燃，最后烧毁皮带，造成火灾事故，所以燃用易自燃煤种的电厂必须采用阻燃输煤皮带。阻燃输送带的带芯以整体纤维、多层帆布、100%聚酰胺纤维（尼龙）、弹簧钢丝等为带芯骨架，上下各覆以覆盖层或在覆盖层外贴上附加层，带两侧包以边胶，经塑化、硫化或其他阻燃处理制成阻燃输送带。阻燃输送带除应具备较优良的全厚度拉伸强度、全厚度拉断伸长率、黏合强度、覆盖层物理性能及指标外，还应具备优良的耐燃烧性能、导静电性能和抗滚筒摩擦性能。阻燃皮带的使用价值是使用阻燃皮带后，即使皮带起火，也能对火势有效控制，降低重大事故的发生。

条文 2.7.4 应经常清扫输煤系统、辅助设备、电缆排架等各处的积粉。

输煤系统在运转过程中，运转速度很高，皮带运行速度一般是2m/s左右，在皮带抖动中有煤粉扬起。煤料在皮带转换过程中落差较大，引起煤粉飞扬。原煤在经过碎煤机破碎时，密封不严，煤粉飞扬更甚。扬起的煤粉如没有除尘设备收集，将会在空中荡扬之后，落在皮带间地面上、设备外壳上、皮带上、皮带支架上、电动机上、电缆上、门窗上，这些煤粉如不及时清理，将会逐步氧化、温度升高，最后引起自燃，所以一般输煤系统会设置密封、除尘、加湿、喷雾等装置。挥发分较高的原煤积存一段时间后更容易产生自燃，原煤自燃后将会烧毁输煤皮带、烧断输煤栈桥以及烧坏输煤、输粉设备附近的其他设施，地面堆积的积煤、积粉自燃还会发生人员误踩造成烧伤。

【案例】 1992年6月18日，河南某电厂发生输煤皮带重大火灾事故。首阳山电厂布袋除尘器安装后不能正常运行，存在积粉，而该厂燃用煤种挥发分为40%左右，又极易自燃，因此，4号乙侧皮带头部（按输煤流向）的布袋除尘器积粉发生自燃。自燃的煤粉落到皮带使之着火，又因输煤皮带架及底面清扫不干净，输煤皮带为非阻燃橡胶钢丝带，着火后燃烧迅速，而值班人员不按制度巡回检查，擅自脱岗，致使积粉自燃未能及时发现，酿成了重大火灾事故。事故造成火灾烧损皮带487m，烧塌栈桥31m，两台机组被迫停运186h，损失严重。

条文 2.8 防止脱硫系统着火事故

条文 2.8.1 脱硫防腐工程用的原材料应按生产厂家提供的储存、保管、运输特殊技术要求，入库储存分类存放，配置灭火器等消防设备，设置严禁动火标志，在其附近5m范围内严禁动火；存放地应采用防爆型电气装置，照明灯具应选用低压防爆型。

必须采取防爆型的工具、装置、控制开关。照明应使用36V及以下防爆灯具，灯具距离内部防腐涂层 1m 以上。检修电源应安装漏电保护器。电源线必须使用软橡胶电缆，不能有接头。

条文 2.8.2 脱硫原、净烟道，吸收塔，石灰石浆液箱、事故浆液箱、滤液箱、衬胶管、防腐管道（沟）、集水箱区域或系统等动火作业时，必须严格执行动火工作票制度，办理动火工作票。

按规定办理一级动火工作票；安监部、检修部门的安全监督人员必须按规定到位。

条文 2.8.3 脱硫防腐施工、检修时，检查人员进入现场除按规定着装外，不得穿带有铁钉的鞋子，以防止产生静电引起挥发性气体爆炸；各类火种严禁带入现场。

着装必须是棉制衣服，打火机等火种不能带入工作现场。

条文 2.8.4 脱硫防腐施工、检修作业区，现场应配备足量的灭火器；防腐施工面积在 $10m^2$ 以上时，防腐现场应接引消防水带，并保证消防水随时可用。

现场要配备 1211、二氧化碳等灭火器，消防带要连接好，消防水压力要合格，保证任何时候都能用。

条文 2.8.5 脱硫防腐施工、检修作业区 **5m** 范围设置安全警示牌并布置警戒线，警示牌应挂在显著位置，由专职安全人员现场监督，未经允许不得进入作业场地。

在离检修现场 5m 处设警戒线，挂安全警示牌，防止附近其他工作，如电焊、切割等产生的火星进入脱硫检修区。

条文 2.8.6 吸收塔和烟道内部防腐施工时，至少应留 2 个以上出入孔，并保持通道畅通；至少应设置 2 台防爆型排风机进行强制通风，作业人员应戴防毒面具。

防腐作业期间，应进行强力通风，保证作业区域通风顺畅，防止易燃易爆气体积聚。

条文 2.8.7 脱硫塔安装时，应有完整的施工方案和消防方案，施工人员须接受过专业培训，了解材料的特性，掌握消防灭火技能；施工场所的电线、电动机、配电设备应符合防爆要求；应避免安装和防腐工程同时施工。

与吸收塔相通防腐管道、烟道的膨胀节、软连接等部位附近的电缆，应涂刷足够长度的防火涂料，其电缆桥架盖板齐全，封堵严密。

电缆桥架、电动头附近的膨胀节、软连接、PP 管等可燃部件，应采取加装防护罩等防火隔离措施，防止电缆、电动机接线短路着火引发吸收塔火灾。

条文 2.9 防止氨系统着火爆炸事故

条文 2.9.1 健全和完善氨制冷和脱硝氨系统运行与维护规程。

运行和维护规程是操作和检修的指导手册，要严格按照规定去操作和检修，并不断去健全和完善。

条文 2.9.2 进入氨区，严禁携带手机、火种，严禁穿带铁掌的鞋，并在进入氨区前进行静电释放。

氨区入口处人体静电导除装置宜采用不锈钢管配空心球形式，地面以上部分高度为 1.0m，底座应与氨区接地网干线可靠连接。

条文 2.9.3 氨压缩机房和设备间应使用防爆型电气设备，通风、照明良好。

氨区所有电气设备、远传仪表、执行机构、热控盘柜等均应选用相应等级的防爆设备，防爆结构选用隔爆型（Ex-d），防爆等级不低于 IIAT1。

条文 2.9.4 液氨设备、系统的布置应便于操作、通风和事故处理，同时必须留有足够宽度的操作空间和安全疏散通道。

氨区内各建（构）筑物与相邻工厂或设施的防火间距，以及氨区与明火、燃爆区域的安全距离应满足《石油化工企业设计防火规范》GB 50160 的相关要求，同时满足各项工艺要求。

条文 2.9.5 在正常运行中会产生火花的氨压缩机启动控制设备、氨泵及空气冷却器（冷风机）等动力装置的启动控制设备不应布置在氨压缩机房中。库房温度遥测、记录仪表等不宜布置在氨压缩机房内。

条文 2.9.6 在氨罐区或氨系统附近进行明火作业时，必须严格执行动火工作票制度，办理动火工作票；氨系统动火作业前、后应置换排放合格；动火结束后，及时清理火种。氨区内严禁明火采暖。

应按规定办理一级动火工作票；安监部、检修部门的安全监督人员必须按规定到位。

条文 2.9.7 氨储罐区及使用场所，应按规定配备足够的消防器材、氨泄漏检测器和视频监控系统，并按时检查和试验。

液氨储罐区、蒸发区及卸料区应分别设置氨泄漏检测仪，并定期检验。氨泄漏检测仪报警值为 15mg/m³（20×10⁻⁶），保护动作值为 30mg/m³（39×10⁻⁶）。消防喷淋水应取自高压消防水系统，室外消火栓用水应取自低压消防水系统。

条文 2.9.8 氨储罐的新建、改建和扩建工程项目应进行安全性评价，其防火、防爆设施应与主体工程同时设计、同时施工、同时验收投产。

氨区水系设计必须由工艺、给排水、消防专业共同设计，确保与罐体直接相连的法兰、阀门、液位计及仪表等可能发生泄漏的部位均在消防喷淋覆盖范围内。

条文 2.10 **防止天然气系统着火爆炸事故**

天然气作为清洁的绿色能源是替代燃油、燃煤的理想燃料。与煤相比，天然气是一种较为清洁的能源，新建、扩建或改建电厂均可以采用燃用天然气的燃气—蒸汽联合循环电厂。国内燃煤电厂改造方面，如果把燃煤电厂全部改烧天然气，一方面会造成原有设备的巨大浪费且重新建设成本太高；另一方面天然气成本比煤要高得多，所以也不现实。目前，国内火力发电机组对天然气改造主要是从天然气再燃技术及天然气点火系统改造技术着手。天然气中的含硫量几乎为零，如果掺烧20%的天然气，即可以达到脱硫20%的目标；天然气中的氢/碳比较煤炭中氢/碳比大，掺烧20%的天然气，可减少约8%的 CO 排放。在我国当前的实际情况下，天然气再燃技术是一种可行、经济且高效的中间路线。另外，天然气点火技术作为节能环保技术，可以解决锅炉点火期间原燃油点火燃烧不充分、冒黑烟的问题，在国内火力发电机组中也已经逐步推广。然而根据天然气的特性，使用天然气技术的火电机组的火灾隐患也会存在。

一、危险性分析及事件类型

（1）由于天然气的主要成分是甲烷（CH_4）一般含量在95%以上，其特点是：

1）热值高（平均热值为 $8000k/m^3$），燃烧稳定。

2）安全性高，天然气的燃爆浓度范围为5%～15%，而煤气为4%～35%，液化石油气为4%～24%。

3）性能优良。

4）方便、卫生。

天然气成分决定它是一种火灾危险性较大的可燃气体，属一级可燃气体。供应过程中稍有不慎，或管道破裂漏气就会逸散到空气中，遇到火源就可能发生火灾爆炸事故，甚至造成重大伤亡。

（2）由于天然气是一种易燃气体，它能在空气中形成爆炸性混合物，遇到电火花，接、打电话等，均可引起爆炸或燃烧。

（3）天然气火灾事故可能发生爆炸，伤及周围人员及设施，造成天然气设备设施严重损坏，严重时会导致对外少送电、机组被迫停运。

（4）火灾事故产生的有毒烟雾会污染厂区空气，造成人员中毒、窒息等人身伤亡事故。

二、天然气常见的火灾原因

（1）点火前炉内天然气未吹扫干净，达到燃爆浓度，点火后爆炸；

（2）埋在地下的管线或室外管线受腐蚀、振动或冷冻等，使管道破裂漏气，气体通过土层或下水管道窜入室内，接触明火而着火或爆炸；

（3）由于进厂管线上的室内阀门关闭不严，阀杆、丝扣损坏失灵，阀门不符合安全质量要求，或误开阀门，使天然气逸出，遇到明火燃烧或爆炸；

（4）天然气与锅炉或锅炉与可燃建筑物、可燃物品的距离不足，靠着可燃建筑物或物品而引起火灾事故。

三、事件可能发生的季节

全年。天然气泄漏易引发火灾或爆炸。

四、事前可能出现的征兆

天然气管道、接点、阀门泄漏，管理松懈，每天定期巡视检查工作不到位没有及时发现泄漏隐患。

因为天然气火灾事故可能发生爆炸，会造成天然气设备设施、发电机组严重损坏，并且伤及周围人员及设施，所以火力发电机组天然气防火是非常重要的。

条文 2.10.1　天然气系统的设计和防火间距应符合《石油天然气工程设计防火规范》（GB 50183—2004）的规定。

《石油天然气工程设计防火规范》（GB 50183—2004）适用于新建、扩建、改建的陆上油气田工程、管道站场工程和海洋油气田陆上终端工程的防火设计。发电厂天然气一般用于燃气发电、助燃、尿素热解等领域，主要使用液化天然气（LNG），其设计和防火间距应符合本规范。

条文 2.10.2　天然气系统的新建、改建和扩建工程项目应进行安全评价，其防火、防爆设施应与主体工程同时设计、同时施工、同时验收投产。

根据《安全生产法》第二十四条，生产经营单位新建、改建、扩建工程项目（以下统称建设项目）的安全设施，必须与主体工程同时设计、同时施工、同时投入生产和使用。安全设施投资应当纳入建设项目概算。

根据《安全生产法》第二十五条，矿山建设项目和用于生产、储存危险物品的建设项目，应当分别按照国家有关规定进行安全条件论证和安全评价。

天然气是易燃易爆气体，属于危险化学品，天然气系统建设工程安全评价及安全设施的建设必须符合安全生产法的相关要求。

条文 2.10.3　天然气系统区域应建立严格的防火防爆制度，生产区与办公区应有明显的分界标志，并设"严禁烟火"等醒目的防火标志。

条文 2.10.4　天然气爆炸危险区域，应按《石油天然气工程可燃气体检测报警系统安全技术规范》（SY 6503—2008）的规定安装、使用可燃气体检测报警器。

条文 2.10.5　应定期对天然气系统进行火灾、爆炸风险评估，对可能出现的危险及影响应制定和落实风险削减措施，并应有完善的防火、防爆应急救援预案。

作为危险化学品储存和使用单位，应根据《危险化学品重大危险源监督管理暂行规定》要求，在重大危险源所在场所设置明显的安全警示标志，安装使用检测报警仪器，并具有完善的防火、防爆应急救援预案体系。

条文 2.10.6　天然气系统的压力容器使用管理应按《特种设备安全监察条例》（国务院令第 549 号）的规定执行。

条文 2.10.7　天然气系统中设置的安全阀，应做到启闭灵敏，每年至少委托

有资格的检验机构检验、校验一次。压力表等其他安全附件应按其规定的检验周期定期进行校验。

发电厂天然气系统储罐、管道、反应装置等符合国家对特种设备界定范围，天然气系统压力容器、压力管道及其安全附件等应按《特种设备安全监察条例》的规定进行管理。

《特种设备安全监察条例》第二十七条，特种设备使用单位应当对在用特种设备进行经常性日常维护保养，并定期自行检查。特种设备使用单位对在用特种设备应当至少每月进行一次自行检查，并做记录。特种设备使用单位在对在用特种设备进行自行检查和日常维护保养时发现异常情况的，应当及时处理。特种设备使用单位应当对在用特种设备的安全附件、安全保护装置、测量调控装置及有关附属仪器仪表进行定期校验、检修，并做记录。

第二十八条，特种设备使用单位应当按照安全技术规范的定期检验要求，在安全检验合格有效期届满前 1 个月向特种设备检验检测机构提出定期检验要求。检验检测机构接到定期检验要求后，应当按照安全技术规范的要求及时进行安全性能检验和能效测试。未经定期检验或者检验不合格的特种设备，不得继续使用。

条文 2.10.8 在天然气管道中心两侧各 **5m** 范围内，严禁取土、挖塘、修渠、修建养殖水场、排放腐蚀性物质、堆放大宗物资、采石、建温室、垒家畜棚圈、修筑其他建筑（构）物或者种植深根植物。在天然气管道中心两侧或者管道设施场区外各 **50m** 范围内，严禁爆破、开山和修建大型建（构）筑物。

《石油天然气管道保护法》第三十条，在管道线路中心线两侧各 5m 地域范围内，禁止下列危害管道安全的行为：

（一）种植乔木、灌木、藤类、芦苇、竹子或者其他根系深达管道埋设部位可能损坏管道防腐层的深根植物；

（二）取土、采石、用火、堆放重物、排放腐蚀性物质、使用机械工具进行挖掘施工；

（三）挖塘、修渠、修晒场、修建水产养殖场、建温室、建家畜棚圈、建房以及修建其他建筑物、构筑物。

为防止各类行为对管道的危害，以及降低发生管道事故对沿线地区公共安全造成的影响。

条文 2.10.9 天然气爆炸危险区域内的设施应采用防爆电器，其选型、安装和电气线路的布置应按《爆炸和火灾危险环境电力装置设计规范》（GB 50058）执行，爆炸危险区域内的等级范围划分应符合《石油设施电器装置场所分类》（SY/T 0025）的规定。

根据《爆炸和火灾危险环境电力装置设计规范》，爆炸性气体环境电气设备的选择应符合下列规定：

（1）根据爆炸危险区域的分区、电气设备的种类和防爆结构的要求，应选择相应的电气设备。

（2）选用的防爆电气设备的级别和组别，不应低于该爆炸性气体环境内爆炸性气体混合物的级别和组别。当存在有两种以上易燃物质形成的爆炸性气体混合物时，应按危险程序较高的级别和组别选用防爆电气设备。

（3）爆炸危险区域内的电气设备，应符合周围环境内化学的、机械的、热的、霉菌以及风沙等不同环境条件对电气设备的要求。电气设备结构应满足电气设备在规定的运行条件下不降低防爆性能的要求。

条文 2.10.10 天然气区域应有防止静电荷产生和集聚的措施，并设有可靠的防静电接地装置。

静电荷集聚会形成很高的电位，当带电体与不带电或静电电位很低时的物体相互接近时，如电位差达到 300V 以上，就会发生放电现象，并产生火花。而天然气是易燃易爆气体，如果所在场所存在天然气与空气形成的爆炸性混合物，即可由静电火花引起火灾爆炸。

防止静电的基本措施有：减少摩擦起电、接地泄漏、降低电阻率、增加空气湿度、空气电离法等，设备接地是导除静电最重要的措施。

根据《天然气联合循环电厂设计防火规范》，对爆炸、火灾危险场所内可能产生静电危险的设备和管道，均应采取防静电措施。地上或管沟内敷设的天然气管道及油管路，在下列部位应设防静电接地装置：

（1）进出装置或设施处；

（2）爆炸危险场所的边界；

（3）管道泵及其过滤器、缓冲器等；

（4）管道分支处以及直线段每隔 $200 \sim 300m$ 处。每组专设的防静电接地装置的接地电阻不宜超过 30Ω。

条文 2.10.11 天然气区域的设施应有可靠的防雷装置，防雷装置每年应进行两次监测（其中在雷雨季节前监测一次），接地电阻不应大于 10Ω。

条文 2.10.12 连接管道的法兰连接处，应设金属跨接线（绝缘管道除外），当法兰用 5 副以上的螺栓连接时，法兰可不用金属线跨接，但必须构成电气通路。

根据《天然气联合循环电厂设计防火规范》，联合循环电厂的防雷接地设计，应满足《火力发电厂与变电站设计防火规范》（GB 50229）及《交流电气装置的过电压保护和绝缘配合》（DL/T 620）和《交流电气装置的接地》（DL/T 621）的有关规定。

天然气调压站的防直击雷保护，应采用独立避雷针保护方式（钢制天然气放空竖管除外）。

天然气管道及油管路的阀门、法兰以及不能保持良好电气接触的弯头等管道连接处应采用金属导体跨接牢固。架空敷设及在管沟内敷设的天然气管道及油管路每隔 20～25m 应设防感应接地，每处接地电阻不超过 10Ω。易燃油储罐的呼吸阀、易燃油和天然气储罐的热工测量装置应进行重复接地，即与储罐的接地体用金属线相连。

条文 2.10.13　在天然气易燃易爆区域内进行作业时，应使用防爆工具，并穿戴防静电服和不带铁掌的工鞋。禁止使用手机等非防爆通信工具。

条文 2.10.14　机动车辆进入天然气系统区域，排气管应带阻火器。

条文 2.10.15　天然气区域内不应使用汽油、轻质油、苯类溶剂等擦地面、设备和衣物。

根据《电力设备典型消防规程》，油区必须制订油区出入制度，入口处应设门卫，进入油区应进行登记，并交出火种，不准穿钉有铁掌的鞋和容易产生静电火花的化纤服装进入油区。

禁止电瓶车进入油区，机动车进入油区时应加装防火罩。

燃油设备检修时，应尽量使用有色金属制成的工具。如使用铁制工具时，应采取防止产生火花的措施，例如涂黄油、加铜垫等。燃油系统设备需动火时，按动火工作票管理制度办理手续。氢气设备生产系统各部位，必须使用铜质或铍铜合金工具。

比照氢区、油区作业规定，天然气易燃易爆区域内进行作业，也应遵守以上条款规定。

条文 2.10.16　天然气区域需要进行动火、动土、进入有限空间等特殊作业时，应按照作业许可的规定，办理作业许可。

为保证人员在生产活动中的人身安全与防止误操作事故的发生，电力生产的各项运行操作、检修、维护、试验等工作都必须使用操作票或工作票、危险点控制措施票。

凡在防火重点部位或场所以及禁止明火区如需动火工作时，必须执行动火工作票制度。

在厂区或装置区有天然气存在的区域进行动火作业时，特别是在对介质为天然气或其凝液的设备、管线进行焊割施工时，当置换不彻底或有关阀门未关死、周围存在有泄漏的天然气，以及其他区域的天然气窜入焊割施工的动火区等，极易引发火灾爆炸。

动土工作票适用于发电厂生产区域及生产相关区域内动土作业，目的防止动土后造成地下电缆、光缆、管道以及其他设施遭到损坏，影响安全生产。

条文 2.10.17 天然气区域应做到无油污、无杂草、无易燃易爆物，生产设施做到不漏油、不漏气、不漏电、不漏火。

根据《电力设备典型消防规程》，油区内应保持清洁，无杂草，无油污，不得储存其他易燃物品和堆放杂物，不得搭建临时建筑。天然气区域也可比照油区规定执行，并且生产设施不漏油、不漏气、不漏电、不漏火。

条文 2.10.18 应配置专职的消防队（站）人员、车辆和装备，并符合国家和行业的标准要求，制定灭火救援预案，定期演练。

条文 2.10.19 发生火灾、爆炸后，事故有继续扩大蔓延的态势时，火场指挥部应及时采取安全警戒措施，果断下达撤退命令，在确保人员、设备、物资安全的前提下，采取相应的措施。

根据《天然气联合循环电厂设计防火规范》，联合循环电厂的消防重点在天然气系统和燃气轮机发电机组。燃气轮机发电机组由燃机制造厂成套配备消防设施，迄今没有发现燃气轮机没有配备自身消防设施的先例。除燃气轮机发电机组外的其他电厂建筑与燃煤电厂很相似，完全可以按照《火力发电厂与变电所设计防火规范》GB 50229 的有关规定执行。本条规定基本符合国内的联合循环电厂工程实践。对于以天然气为燃料的电厂，其消防车的配备和消防车库设置参照燃煤电厂是适宜的。

【燃气锅炉爆炸事故分析及预防措施】

一、燃气锅炉运行中出现的三类事故

（1）特大事故：锅炉中的主要受压部件——锅筒、管板等发生破裂爆炸的事故，这种事故常导致设备、厂房破坏和人身伤亡，造成重大损失。

（2）重大事故：燃气锅炉无法维持正常运行而被迫停炉的事故，如缺水事故、炉膛爆炸事故等。这类事故常常造成设备、厂房损坏和人身伤亡，并使燃气锅炉被迫停运，导致用汽部门局部或全部停工停产，造成严重经济损失。

（3）一般事故：在运行中可以排除的事故或经过短暂停炉即可排除的事故，其影响和损失较小。燃气锅炉事故属于工业热灾害三种主要事故类型中造成损失最大的爆炸事故。主要可分为两种爆炸原因，一是炉膛爆炸，另一种是炉体爆炸。燃气锅炉发生爆炸事故频率较高。

二、燃气锅炉的火灾危险性分析

1. 燃气的危险特性

燃气锅炉的燃料是可燃气体，主要是天然气或煤气。天然气和煤气的主要成分都是甲烷，还掺杂一些简单的烷烃，这些组分都是高度易燃易爆的气体，天然气的爆炸下限为 4%，煤气的爆炸下限为 4.2%，极易发生爆炸事故。

2. 炉膛爆炸火灾危险性

炉膛爆炸是由于可燃气体漏入并与空气混合形成爆炸性混合物，这种混合物处在爆炸极限范围时一接触到适当的点火源就会发生爆炸事故。伴随着化学变化，炉内气体压力瞬时剧增，所产生的爆炸力超过结构强度而造成向外爆炸。由于在极短时间内大量能量在有限体积内积聚，造成锅炉炉膛处于非寻常的高压或高温状态，使周围介质发生振动或邻近的物质遭到破坏。

炉膛爆炸主要由以下因素造成：

（1）点火不当。在点火时，如启动操作不当，出现熄火而又未及时切断气源、配气管进行可燃气体吹扫，或吹扫不彻底、打开阀门时喷嘴也点不着火或者被吹灭，或其他可能使炉膛中存积大量高浓度可燃气体并处于爆炸极限范围内的情况，则再次点火时引燃这些可燃气体，引起爆炸。

（2）火焰不稳定而熄灭。如果煤气燃烧器出力过大，火焰就会脱开燃烧器，发生脱火现象；相反出力过小，火焰就会缩回燃烧器内，发生回火现象，使锅炉运行中火焰不稳定而熄灭。由于炉膛呈炽热状态，达到或超过可燃气体与空气混合物的着火温度，且继续进入可燃气体时，就有可能立即发生爆炸。

（3）因为阀门漏气，设备不完善，没有点火灭火保护装置和火焰检测装置，可燃气体充满炉内点火发生爆炸。

（4）输气管道泄漏。由于燃气锅炉输气管道庞大，可燃气体消耗量大，有些管道已经存在老化、腐蚀的情况，如不注意管道的维护和检修，在输气过程中容易发生可燃气体泄漏，而造成爆炸事故。

（5）操作失误。在锅炉运行时，有些事故是可以避免的，但事故依然发生了，主要原因是操作人员在锅炉运行时操作不合理，不按照规章制度操作，工作人员安全意识不足，工作不负责任，值班、检修不按规定进行，最终导致事故的发生。

3. 炉体爆炸的火灾危险性

燃气锅炉炉体爆炸是由于锅炉设备材料质量问题，受压元件强度不够或者严重缺水，持续加热等因素造成的爆炸事故。

（1）燃气锅炉设计制造方面。设计不合理造成燃气锅炉结构上的缺陷；材料不符合要求；焊接质量粗糙；受压元件强度不够等，这些因素也是引起燃气锅炉爆炸的重要因素。

（2）锅炉内水被烧空造成爆炸。在锅炉运行时，其中的水会被加热慢慢减少，当锅炉内的水过少甚至烧空时，可燃气体燃烧所释放的热能直接加热锅炉设备本身，造成炉体过热，发生爆炸事故。

由以上可看出燃气锅炉的爆炸火灾危险性大，因素多种多样。

三、燃气锅炉火灾危险性预防措施

1. 锅炉质量要求

锅炉的设计、制造、安装、运行、检修、改造、检验等必须符合《蒸汽锅炉安全技术监察规程》及《热水锅炉安全技术监察规程》的规定。

2. 点火时的防火措施

（1）在点火前，由于燃气锅炉内已经充满了残留的可燃气体，所以在点火前，要做到先启动送、引风机强制通风 5～10min，充分进行炉膛内的气体置换，清除炉膛内的可燃气体才能正常点火升压。一次点火未成功需要重新点火时，一定要在点火前再次给炉膛通风，充分清除可燃气体。当采用手动点火时，人工操作和调试很难保证准确无误，根据监察规程规定，燃气锅炉要安装自动保护装置，包括自动点火、熄火保护、燃烧自动调节及必要的自动报警保护装置。

（2）当炉内温度低或比较潮湿时，点火困难，需采取适当方法给炉内预热。

（3）在可燃气体喷嘴前的进气管上，应装置压力表。

（4）如火焰熄灭，立即停止供入可燃气体，只供空气。换气后，再进行点火操作。

（5）为了防止煤气锅炉在点火时发生爆炸，必须在点火前检查进气管中的燃气压力，当压力符合要求时，再使用鼓风机吹扫炉膛，清除炉膛内的爆炸性混合物。在点火时应严格遵守先点火，后开气的原则。

3. 燃气锅炉工作时的防火措施

（1）防止脱火：可燃气体燃烧器出力过大，火焰会脱开燃烧器，过多的可燃气体发生不完全燃烧，在炉膛内存积大量的爆炸混合气体，随时存在爆炸危险。所以，应注意脱火现象，具体方法有：①实行火焰稳定化；②把空燃比调整到理论混合比附近；③人为加大燃烧速度；④使可燃气体压力保持稳定；⑤减小燃料的喷出速度。

（2）防止回火：可燃气体出力过小，火焰会回缩到燃烧器内，使锅炉运行中火焰不稳定而熄火。此时继续通入可燃气体，则达到可燃气体爆炸极限后，爆炸一触即发。防止回火现象的措施有：①加大最小喷出速度；②必须使燃料从喷嘴喷出的速度大于其燃烧速度，即炉膛保持正压。

（3）点火后直到进入稳定状态的过程中，要很好的监视燃烧工况，注意调节燃烧气流量，稳定燃烧器压力，使火焰能够稳定地燃烧。

（4）为减少烟囱冒烟，出火星和污染环境，对烟囱冒火应进行综合治理，如安装消烟除尘和火星熄灭装置等。

（5）平时操作中，注意不能骤冷骤热，以防发生爆裂。

4. 防止燃气锅炉中严重缺水

锅炉中严重缺水或烧干事故是化工、石油生产用锅炉普遍发生的一种事故。司炉要在锅炉运行时定期对水位严密监视，定期上水，经常检查水位指示器是否工作正常，进行排污排垢清洗处理。

5. 燃气锅炉的定期维护和检修

（1）应经常检查锅炉水位表、压力表、安全阀等安全附件，确保它们的可靠性。

（2）定期对锅炉内部进行检查，查看炉膛是否破裂，输气管路是否完好，保证管路不发生可燃气体泄漏。

6. 燃气锅炉周围环境要求

（1）禁止在锅炉房堆放各种可燃物，也不准在锅炉本体和蒸汽管道上烘烤任何物品。擦拭设备的油棉纱、油抹布要妥善保管。

（2）禁止在锅炉内焚烧废纸、废木材、废油毡等，以防造成烟囱飞火，引燃周围可燃物。

（3）锅炉周围不能存在火源，锅炉输气管不能靠近其他加热设备。

为了避免或减少燃气锅炉爆炸造成的伤亡事故及其造成的社会、经济损失，我们也可以采用更有效的锅炉防爆报警系统。例如能够检测出可燃气体泄漏浓度的传感器和报警器等。现在已经研制出利用物质的物理和化学性质受气体作用后发生变化的原理制作的气体传感器，可利用锅炉炉膛内可燃气体检漏、浓度测量来报警。而报警器采用灵敏度高、响应时间快的半导体材料制成，气敏元件感受到可燃气体泄漏立即发出警报。水喷淋系统也可作为锅炉火灾爆炸初期预防措施。随着科技的发展，人工智能等更多的高新技术将应用到燃气锅炉爆炸预防中来。

【燃气事故案例】

【案例1】 燃气调压站控制室发生气体爆炸。

某燃气电厂共有两台蒸汽联合循环发电机组、容量 2×350MW。事故前两台机组各运行参数正常，辅机设备运行正常，AGC 投入。由于运行人员在进行天然气与氮气置换后未关阀门，操作人员即离开现场，造成天然气泄漏，调压站控制室内天然气大量聚集，给事故的发生留下隐患。

卫生清扫人员进入调压站，作业过程中产生火花，引起天然气爆炸。造成卫生清扫人员 2 人死亡，1 人受伤。

【案例2】 2006 年 1 月 20 日，某油气田分公司输气管理处的 $\phi720$ 输气管的管材螺旋焊缝存在缺陷，在一定内压作用下，管道出现裂纹，$\phi720$mm 输气管线泄漏的天然气携带硫化亚铁粉末从裂缝中喷射出来遇空气氧化自燃，引发泄漏天然气管外爆炸（第一爆炸）。因第一次爆炸后的猛烈燃烧，使管内天然气产生相对负压，造成部分高热空气迅速回流管内与天然气混合，引发第二次爆炸。当班工人立即向输气处调度室报告了事故情况，同时向当地镇政府和派出所报告；12 时 20 分左右，该站至另站段方向距工艺装置区约 63m 处，又发生了与第二次爆炸机理相同的第三次爆炸。当第一次爆炸发生后，值班宿舍内的员工和家属，在逃生过程中恰遇第三爆炸点爆炸，导致多人伤亡。

此次事故共造成 10 人死亡、3 人重伤，损坏房屋 21 户计 $3040m^2$，输气管道爆炸段长 69.05m，直接经济损失 995 万元。

条文 2.11　防止风力发电机组着火事故

由于风电机组一般都在几十米的高空，一旦失火，很难扑救，只能眼睁睁地看着风电机组燃烧殆尽，风电机组烧毁以后，很难判断其着火源因。所以，一般只能推测风电机组着火原因及着火点，如果装有监控装置的话，判断会更准确一些。根据国内外风电机组火灾事故，大致可以判断风电机组着火原因有：①电气故障；②机械故障；③雷击。在 CFA 提出的《风电场应急管理指南》中提出，当电子、易燃油和液压油存在同一个风电机组机舱中，风电机组的火灾隐患就会存在。

电气故障。一般是指电器短路、风电机舱在旋转时造成的电缆故障以及在输电和配电时造成的电弧。

机械故障。一般是指涡轮轴承故障、齿轮箱润滑不足以及在非正常条件下易燃的金属等。

雷击。这是风电机组起火的一个重要原因，在狂风暴雨比较频繁的地区的风电场，起火的主要原因就是雷击，虽然现在很多风电场已经装有避雷针，但事实证明，避雷针在某种情况下根本无法避免雷击的伤害。

风电机组防火的必要性：

（1）一旦风电机组起火，就很难扑灭，只能看着风电机组燃烧殆尽。

（2）一台风电机组失火的损失一般都是在千万人民币以上。

（3）风电机组燃烧，会产生有毒气体，主要是由油、防火漆和叶片燃烧产生的，会污染环境。

（4）一些风电场离居民很近，风电机组燃烧掉落的残渣会引起人员伤亡和损坏住宅等。

所以风电机组的防火很重要，风电机组的防火一直是国内外研究的重点。

条文 2.11.1　建立健全预防风力发电机组（以下简称风机）火灾的管理制度，严格风机内动火作业管理，定期巡视检查风机防火控制措施。

风机内有动力电缆、控制电缆、信号电缆，有液压油、润滑脂、齿轮箱油（双馈型风机），有变频器；轮毂上有叶片。这些物质都有可能起火燃烧，因此需要制定相应的防火措施。如电缆防火封堵及刷防火涂料等；制定动火作业管理制度，落实动火安全措施；制定防止油系统渗漏引发火灾的制度；制定风机内临时电源使用管理办法；定期检测电缆接头温度，配置足够的消防设备并定期进行检查等规章制度，防止风机发生火灾事故。

条文 **2.11.2** 严格按设计图册施工，布线整齐，各类电缆按规定分层布置，电缆的弯曲半径应符合要求，避免交叉。

条文 **2.11.3** 风机叶片、隔热吸音棉、机舱、塔筒应选用阻燃电缆及不燃、难燃或经阻燃处理的材料，靠近加热器等热源的电缆应有隔热措施，靠近带油设备的电缆槽盒密封，电缆通道采取分段阻燃措施，机舱内涂刷防火涂料。

条文 **2.11.4** 风机内禁止存放易燃物品，机舱保温材料必须阻燃。机舱通往塔筒穿越平台、柜、盘等处电缆孔洞和盘面缝隙采用有效的封堵措施且涂刷电缆防火涂料。

风机内敷设有大量动力电缆和控制电缆，这些电缆分布在电缆排架、竖井、夹层，分别连接着各个电气设备，而电缆着火后具有沿电缆继续燃烧的特点。如果不采取可靠的阻燃防火措施，电缆着火后就会延烧到主竖井、夹层以及机舱和轮毂乃至整个风机，扩大火灾的范围和火灾损失。因此，落实风机电缆防火的各项措施是防止电缆火灾事故扩大的重要手段。

落实好电缆防火措施重点在于：一是对于高温热体附近敷设的电缆，应采取隔热槽盒和密封电缆盖板等措施，防止高温烘烤或油系统泄漏起火引起电缆着火；二是电缆竖井、电缆沟要采取分区、分段隔离封堵措施，防止电缆延烧扩大火灾范围；三是电缆孔洞缝隙应封堵严密，确保电缆着火后不延烧到其他等处，并减少电缆火灾的二次危害。

机舱和塔筒各平台上禁止存放液压油和其他物品，保持风机内部清洁卫生。

条文 **2.11.5** 定期监控设备轴承、发电机、齿轮箱及机舱内环境温度变化，发现异常及时处理。

条文 **2.11.6** 母排、并网接触器、励磁接触器、变频器、变压器等一次设备动力电缆必须选用阻燃电缆，定期对其连接点及设备本体等部位进行温度检测。

电缆火灾事故表明，普通电缆尤其塑料电缆容易着火，着火后蔓延迅速，火势凶猛，波及面大，而且产生大量有毒气体，给扑救工作带来困难。

阻燃电缆在附近发生大火的情况下是会燃烧的，但延烧到火势减弱的区域后，即使没有阻燃封堵物，也不会继续燃烧。阻燃电缆具有防止电缆着火和蔓延的特点，与过去采用的辅助防火措施比较，还具有阻燃效果较好、施工维护方便以及不影响电缆载流量等特点，阻燃电缆的价格约比同类普通电缆高 10% 左右。因此，使用阻燃电缆是防止电缆着火和蔓延的一种重要措施之一，可根据重要程度采用 A、B、C 三类阻燃电缆。

动力电缆中间接头若制作工艺不良，长时间运行后容易产生开裂，接头受进气氧化和受潮，绝缘水平下降，进而发生电缆中间接头接地短路和爆破，损伤和引燃周围其他电缆，造成电缆着火事故。

因此，在电缆敷设时应尽量减少电缆中间接头的数量，并应严格按照电缆接头的工艺要求制作中间接头。

为了防止电缆中间接头爆破时损伤和引燃周围其他电缆，并造成电缆着火事故，应将中间接头用高强度的防爆耐火槽盒进行封闭。

条文 2.11.7 风机机舱、塔筒内的电气设备及防雷设施的预防性试验合格，并定期对风机防雷系统和接地系统检查、测试。

雷击是风电机组起火的一个重要原因，在狂风暴雨比较频繁的地区的风电场，起火的主要原因就是雷击，虽然现在很多风电场已经装有避雷针，但事实证明，避雷针在某种情况下根本无法避免雷击的伤害。

【案例】 2004 年 6 月 9 日，位于德国某地区的风电场，一道闪电击中了一台风电机的转子，引起了火灾。值得注意的是，这台遭受雷击起火的风电机安装有"通过检测"的避雷针系统。事实证明，避雷针在某种情况下根本无法避免雷击的伤害。风电机叶片是玻璃钢材料制成的，外面的涂层是（燃烧后有毒的）环氧树脂。这种材料的特点是不易燃烧，但是一旦燃烧起来，后果就很可怕。

条文 2.11.8 严格控制油系统加热温度在允许温度范围内，并有可靠的超温保护。

条文 2.11.9 刹车系统必须采取对火花或高温碎屑的封闭隔离措施。

条文 2.11.10 风机机舱的齿轮油系统应严密、无渗漏、法兰不得使用铸铁材料、不得使用塑料垫、橡胶垫（含耐油橡胶垫）和石棉纸、钢纸垫。

条文 2.11.11 风机机舱、塔筒内应装设火灾报警系统（如感烟探测器）和灭火装置。必要时可装设火灾检测系统，每个平台处应摆设合格的消防器材。

条文 2.11.12 风机机舱的末端装设提升机，配备缓降器、安全绳、安全带及逃生装置，且定期检验合格，保证人员逃逸或施救安全。塔筒的醒目部位必须悬挂安全警示牌，应尽量避免动火作业，必要动火时保证安全规范。

条文 2.11.13 风机塔筒内的动火作业必须开具动火作业票，作业前消除动火区域内可燃物，且不能应用阻燃物隔离。氧气瓶、乙炔气瓶应摆放、固定在塔筒外，气瓶间距不得小于 5m，不得曝晒。电焊机电源应取自塔筒外，不得将电焊机放在塔筒内，严禁在机舱内油管道上进行焊接作业，作业场所保持良好通风和照明。动火结束后清理火种。

条文 2.11.14 进入风机机舱、塔筒内，严禁带火种、严禁吸烟，不得存放易燃品。清洗、擦拭设备时，必须使用非易燃清洗剂。严禁使用汽油、酒精等易燃物。

对油的加热温度一定要严格控制，一方面油温越高越易蒸发出油气，另一方面燃油温度达到自燃点后没有点火源也会自燃。因此，要求严格油箱的加热温度，加热燃油的蒸汽温度应低于油品的自燃点。

一旦油管道发生泄漏，压力油喷到高温、热体上即会引起着火，并且火势发展很快。因此，重点在于防止油管道泄漏，其主要措施为：一是尽量减少使用法兰、锁母接头连接，推荐采用焊接连接，以减少火灾隐患。为了便于安装和检修，系统管路一般采用法兰、锁母接头连接，这种连接方式非常容易造成油的泄漏，漏出的油喷溅或渗透到其他热体上，将会引起油系统火灾事故。二是油系统法兰禁止使用塑料垫、橡皮垫（含耐油橡皮垫）和石棉纸垫，以防止老化滋垫，或附近着火时塑料垫、橡皮垫迅速熔化失效，大量漏油。油系统法兰的垫料，要求采用厚度小于1.5mm 的隔电纸、青壳纸或其他耐油、耐热垫料，以减少结合面缝隙。锁母接头须具有防松装置，采用软金属垫圈，如紫铜垫等。三是对小直径压力油管、表管要采取防振、防磨措施，加大薄弱部位（与箱体连接部位）的强度（如局部改用厚壁管），以防止振动疲劳或磨损断裂引起高压油喷出着火。四是油系统管道截门、接头和法兰等附件承压等级应按耐压试验压力选用，油系统禁止使用铸铁阀门，以防止阀门爆裂漏油着火。此外，对油管道材质和焊接质量也应定期检验、监督，以防止使用年久产生缺陷，在运行中断裂漏油。

因此，风机油系统防火，一方面要防止燃油泄漏，成为燃烧的可燃物，另一方面要防止在油区内产生火源而导致发生燃烧、爆炸，并要做好消防工作。

在防止燃油泄漏方面，一是提高设备的检修质量，消除各泄漏点的渗漏缺陷，防止燃油泄漏。二是对风机内可能积存蒸发油气的场所，要备有足够容量的通风设施，在有油漏出的情况下，经过通风确保蒸发油气与空气混合物保持在爆炸极限的下限以下。三是加强油系统软管的检查，并定期进行更换，以防止由于软管老化造成燃油泄漏。四是油系统法兰禁止使用塑料垫、橡皮垫（含耐油橡皮垫）和石棉纸垫，以防止老化滋垫，或附近着火时塑料垫、橡皮垫迅速熔化失效，大量漏油。五是油系统不要使用铸铁阀门，以防止阀门爆裂漏油。

在防止产生火源方面，一是对明确的禁火区，设置禁火标志，严禁明火。二是要采取防止产生火花或电火花的措施。三是禁止在油管道上进行焊接工作，是指禁止在运行或停备状态的油管道进行焊接工作。四是禁止将火种带入风机内以及在风机内明火作业前必须严格执行明火作业的有关规章制度。

在消防方面，应配备有专用的泡沫等灭火设施和灭火器材，定期检查消防设施和消防系统，并要保证防火通道的畅通。

【案例】 风电场典型火灾事故

【案例1】 某风电场，一台风机在运行中，因主控柜通往通信滑环的（轮毂供电滑环电缆）400VAC 电缆短路，引发起火，烧毁风电机组。火灾事故照片见图 2-1。

轮毂 400V AC 供电滑环见图 2-2。

图 2-1　火灾事故照片　　　　图 2-2　轮毂 400VAC 供电滑环

　　【案例 2】　某年 2 月 7 日，某风电场两名维修人员违章进行带电更换风机网侧熔断器，更换过程中，不小心碰到网侧 690V 进线直接短路，一人触电当场烧成焦炭，并引发火灾；另一人在机仓着火后仓惶逃生，从塔筒掉下身亡。网侧熔断器见图 2-3。

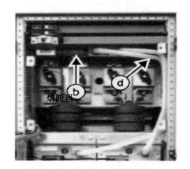

图 2-3　网侧熔断器

3

防止电气误操作事故

💬 **总体情况说明：**

防止电气误操作事故发生，除了有规范的规章制度外，还应严格执行组织措施、技术措施，并有完善的防误装置，因此防止电气误操作事故的工作重点，应放在健全规范的规章制度，强化防误操作各项组织措施、技术措施，加强现场监督管理，加大反违章管控力度，完善防误装置，提高运行操作人员遵章守纪的自觉性和操作技能等关键环节。

本章重点阐述了防止发生电气误操作事故的重要反措，针对电力系统的新特点和暴露出的新问题，结合国家近五年下发的电力规范、规定、标准和相关文件提出的新要求，在原防止电力生产重大事故二十五项重点要求该章节 11 个条款内容的基础上，进一步修改、补充和完善，对原条文中已不适应当前电力系统实际情况或已写入新规范、新标准的条款进行删除、调整，并充分征集国家电力系统内各方意见，对原反措内容进行修改。本次修订后对应本章内容调整为 13 个条款，其中 2 个条款内容不变，9 个条款内容进行了修改、补充和完善，新增 2 个条款"同一集控站范围内应选用同一类型的微机防误系统，以保证集控主站和受控子站之间的'五防'信息能够互联互通、'五防'功能相互配合"和"微机防误闭锁装置电源应与继电保护及控制回路电源独立；微机防误装置主机应由不间断电源供电"。

📖 **条文说明：**

条文 3.1　严格执行操作票、工作票制度，并使"两票"制度标准化，管理规范化。

操作票是运行人员将电气设备由一种运行方式转化为另一种运行方式的操作依据。操作票中的操作步骤具体体现了设备转换过程中合理的先后顺序和需要注意的问题。填写正确的操作票进行认真操作是防止电气误操作事故发生的主要措施和基础。

工作票是工作人员对电力设备进行检修维护、缺陷处理、调试试验等作业的依据。工作票不仅对当此工作任务、人员组成、工作中的注意事项等作出了明确规定，同时对检修设备的状态和安全措施提出了具体要求，填写正确工作票是保证工作任务完成和确保工作人员及设备安全的重要措施。

在实际工作中，"两票"制度对于保证电力企业的安全生产发挥了重要作用。《电力安全生产工作规程》对操作票、工作票制度（"两票"制度）的执行作出了具体规定。但由于各企业的实际情况有所不同，因此各企业应根据《电力安全生产工作规程》，并结合本企业实际制定"两票"实施细则。由于实际工作中存在着部分人员安全意识不强、不按操作票操作、违章作业等问题，导致误操作事故的发生。

【案例1】 2006年6月4日20时，在500kV某变电站调试人员进行270母联间隔遥控测试传动，提出需要断开220kV C母线上的三组接地开关，要求负责调试的站内运行人员甲某、乙某拉开C母线的2C10、2C20、2C30三组接地开关。由于工程在建，五防系统处于调试状态，不能正常使用，甲某、乙某二人经站长丙某同意，使用解锁钥匙进行操作。在分别拉开2C10、2C20隔离开关后，天气突变下起大雨。慌忙中，绕过围栏去操作2C30隔离开关时，误走2A50接地开关位置（2A50接地开关在断位），20时12分，甲某、乙某二人在没有认真核对设备编号、隔离开关位置的情况下，误合2A50接地开关，造成220kV A母线经2A50接地开关对地放电，致220kV A母差保护动作，切除所带开关。

操作人员和监护人员严重违反《安规》和"两票"有关规定，是造成本次事故的主要原因：操作人员和监护人员不认真核对设备编号，不认真检查设备状态，不认真执行监护复诵制度，而且误将执行分隔离开关改为合隔离开关。

【案例2】 2005年9月19日，某省500kV某变电站220kV母线停电接入双221隔离开关引线工作完工。运行值班长告诉隔离开关检修人员甲某，220kV双261隔离开关B相电动操作不动，要求立即处理。隔离开关检修人员甲某在未办理工作票的情况下，便与本班另外两名工作人员共同到现场处理缺陷。因双261隔离开关激励条件不满足，甲某便短接闭锁回路，推上了分合闸电源，试合双261隔离开关。由于3号母线互034接地开关在合位，造成带接地开关合隔离开关，导致4号母线差动保护动作，8台220kV断路器跳闸。8条线路对侧断路器跳闸，其中某线、某一回、某二回对侧断路器三跳，其余断路器重合成功，某线三跳造成馈供的220kV某变电站220kV母线失压，由于某变电站110kV备自投动作成功，没有造成全站停电，损失负荷1.8MW。

事故原因千差万别，但在总体上可分为人的不安全行为和物的不安全状态，而"人失误"和"物故障"又往往反映出人员和设备管理上存在的一定缺陷和漏洞。因此，使"两票"制度标准化、管理规范化是十分有必要的。

条文3.2 严格执行调度指令。当操作中发生疑问时，应立即停止操作，向值

班调度员或值班负责人报告，并禁止单人滞留在操作现场，待值班调度员或值班负责人再行许可后，方可进行操作。不准擅自更改操作票，不准随意解除闭锁装置。

一张正确的操作票，即"开始正式执行操作的操作票"是经开票人、审核人、复审人、操作人、监护人确认过的，并经过模拟预演证明是不存在"五防"隐患的操作票。操作票中的每一个操作项和前后顺序是符合有关规程并经过深思熟虑的。若在操作时任意改变将可能酿成误操作事故，并对防止电气误操作十分不利。另外在操作时发生疑问，停止操作向发令人报告时，禁止单人滞留在操作现场，在没有监护状态下，极易发生意外伤害情况。

【案例1】 2000年11月19日，某电网某110kV某变电站"1号主变压器和35kV Ⅰ段母线停电检修"，在将1号主变压器和35kV断路器改为冷备用的操作中，运行人员在操作了操作票中的第五步"拉开1号变压器35kV断路器"后，未按操作票中第六步"拉开1号主变压器35kV变压器隔离开关"进行操作，而是先操作另一项操作任务中的"1号主变压器35kV断路器二次部分由冷备用改为断路器检修"的操作，即断开二次直流电源（因为拉开主变压器断路器和断开二次直流都是在室内操作，而拉开主变压器35kV变压器隔离开关操作在户外）。结果造成在执行第六步操作时因防误装置失去直流电源，隔离开关被闭锁。两人在操作发生问题时，也没有立即停止操作，而是去取来紧急解锁的钥匙，又走错位置，操作人和监护人一同走至运行的2号主变压器35kV变压器隔离开关处，不唱票又不核对设备铭牌，擅自解锁，造成带负荷拉开2号主变压器35kV变压器隔离开关，2号主变压器跳闸停电。事故暴露问题：运行人员擅自改变操作顺序；监护人员严重失责，未监护到位，运行操作人员走错位置；操作时，不唱票又不核对设备铭牌；擅自解锁等。

【案例2】 2009年5月15日，某电业局按计划进行110kV某变电站10kV设备年检。工作过程中，一名工作人员在失去监护的情况下，擅自移开3X24TV开关柜后门所设遮栏，卸下3X24TV开关柜后柜门螺丝，打开后柜门进行清扫工作时，触及3X24TV开关柜内带电母排，发生触电，送医院抢救无效死亡。事故暴露问题：监护人员严重失责，未监护到位，致使检修人员单人滞留在操作现场，擅自扩大工作范围，发生触电死亡事故。

条文3.3 应制定和完善防误装置的运行规程及检修规程，加强防误闭锁装置的运行、维护管理，确保防误闭锁装置正常运行。

除了从组织措施上通过实施"两票"等制度来防止电气误操作外，还应从技术上采取措施，以有效防止电气误操作事故。防误装置作为防止电气误操作有效技术措施，在发供电单位中广泛推广使用，并取得了各级单位的普遍重视，各单位投入大量的人力、财力，对已投产尚未安装防误装置的发、变电设备进行装设，从而有效防止电气误操作，保证了电力生产的安全。但是在防误装置管理上仍存在一定的问题，主要反映为由于防误装置部分分散或依附在其他的主设备上，有些单位没有落实防误装置的维护和检修职责，对防误装置的管理以及运行维护重视不够，设备处于只用不修和无人管的状态；有些运行人员未经培训不会使用；万能钥匙使用和保管无严格规定，导致随意解锁操作现象比较频繁，从而导致了事故的发生。

【案例】 2004年4月6日，某供电局220kV变电站220kV Ⅰ母线、某Ⅰ线8312开关停电，检修工区开关班在220kV某Ⅰ线8312-1隔离开关进行大修和机构更换工作。现场检修工作结束后，运行人员进行验收，就地合闸正常后，通知运行专责人甲某在控制室做远方合闸验收试验，甲某担任监护人，副值班员乙某担任操作人。当在模拟屏上模拟合8312-1隔离开关时，因受微机防误闭锁程序的限制，8312-1隔离开关两侧装设的接地线闭锁了8312-1，导致8312-1与8312-2隔离开关都解除了合闸的闭锁程序，满足了合闸条件。同时，两人在模拟过程中又误认为8312-2隔离开关为验收试验的隔离开关，将电脑钥匙输上"合上8312-1隔离开关，操作正确"的指令。11时18分，两人在电动合闸操作中，仍然按动了8312-2隔离开关合闸按钮。造成220kV Ⅱ母线所有开关带地线三相短路跳闸，全站停电。11时25分恢复供电。

该事故责任人，违反《电力安全生产工作规程》"操作前认真核对设备编号和位置"以及使用解锁钥匙的规定，单凭熟悉变电站微机闭锁模拟屏经验，错误地采取拆除模拟接地线的解锁方法且又记错应做拉合试验隔离开关的编号，是事故发生的直接原因。该事故也反映了对验收操作重视不够、管理不严，应与正式操作一样采用操作票进行管理，不能凭印象操作。

条文3.4 建立完善的解锁工具（钥匙）使用和管理制度。防误闭锁装置不能随意退出运行，停用防误闭锁装置时应经本单位分管生产的行政副职或总工程师批准；短时间退出防误闭锁装置应经变电站站长、操作或运维队长、发电厂当班值长批准，并实行双重监护后实施，并应按程序尽快投入运行。

近年来发生的电气误操作事故，大部分都是由于随意使用解锁工具（钥匙）以及监护不到位造成的，因此防误闭锁装置的解锁工具（钥匙）应封存管理，应有启封使用登记和批准制度，并记录解锁原因。如确需解锁，应按上述规定严格批准程序，短时退出并应按程序尽快投入运行。解锁工具（钥匙）使用后应及时封存。

【案例】 某年2月27日，某供电公司220kV变电站，在进行"35kV Ⅱ母线由检修转运行"操作时，漏拆35kV母联断路器Ⅱ母线侧隔离开关接地线，发生35kV带地线送电误操作事故，事故主要原因是现场操作人员在操作中未核对地线编号；送电前没有按操作票规定的步骤对301回路进行全面检查；随意使用解锁程序。

条文 3.5 采用计算机监控系统时，远方、就地操作均应具备防止误操作闭锁功能。

远方操作是指变电站（或发电厂）控制室监控系统后台机上的操作。就地操作是指在变电站（或升压站）一次开关的操动机构控制柜上进行操作。在采用常规"一对一"控制方式时，隔离开关和接地开关的远方及就地操作，其电气操作回路均具有闭锁功能，这样从电气操作回路本身就避免了带负荷拉（合）隔离开关、带电合接地开关的可能性。因此，要求当变电站（发电厂）采用计算机监控系统替代常规的"一对一"控制方式时，隔离开关和接地开关的远方及就地操作，其电气操作回路也应该具备闭锁功能，以替代常规的"一对一"控制方式下的电气闭锁功能，在电气操作回路上就避免带电负荷拉（合）隔离开关、带电合接地开关的可能性。因此，重点强调要求远方、就地操作具有电气闭锁功能。

电气闭锁也可以多种方式实现，计算机监控系统由于已经采集了全站遥信、遥测量，可由它输出具有闭锁功能的触点串入操作回路来实现就地及远方操作电气闭锁的功能；也可用电磁型继电器和硬布线逻辑回路构成。由于现运行变电站（发电厂）改造为计算机监控系统的，因此可以根据原有设备特点以微机闭锁方式构成或用电磁型继电器和硬布线逻辑回路构成电气闭锁。

条文 3.6 断路器或隔离开关电气闭锁回路不应设重动继电器类元器件，应直接用断路器或隔离开关的辅助触点；操作断路器或隔离开关时，应确保待操作断路器或隔离开关位置正确，并以现场实际状态为准。

凡参与电气闭锁的断路器和隔离开关（包括接地开关）均应采用其辅助触点，以构成电气闭锁逻辑回路，而不能使用重动继电器的触点。这样可保证即使在变电间隔进行停电检修时，其断路器或隔离开关（包括接地开关）送出的用于闭锁逻辑判断的辅助触点能真实地反映设备的实际状态。考虑到万一由于辅助开关出现故障，不能真实地反映设备的实际状态，导致闭锁逻辑出现误判断，因此在本条后半部分特别强调了操作断路器或隔离开关（包括接地开关）时，应以现场状态为准。

【案例 1】 1999 年 4 月 17 日，某电厂发生升压变电站带电合接地开关的事故。由于隔离开关送给微机防误装置的位置触点采用了其辅助触点的重动继电器的触点，而没有直接送隔离开关辅助触点，在该间隔进行停电检修时，因操作电源被断开，重动继电器返回，其触点不能真实反映隔离开关的实际状态，造成微机防误装置误判闭锁条件满足，运行人员操作接地开关时，又没有以隔离开关的实际状态为准，因此造成了带电合接地开关的恶性事故。

【案例 2】 某高压供电公司 500kV 变电站进行 500kV 4 号联络变压器由检修转运行操作时，由于 5021-17 接地开关 A 相分闸未到位，操作人员未按规定逐相核查隔离开关和接地开关位置，发生 500kV-1 母线 A 相对地放电，母差保护动作跳闸。事故暴露问题：操作人员责任心不强，未严格执行《变电站标准化管理条例》中操作完毕全面检查操作质量的规定，操作人员在操作拉开 5021-17 接地开关后，没有对接地开关位置进行逐相检查，只是在远方用目光进行检查（操作按钮的端子箱距离 5021-1 隔离开关约 40m），没有发现 5021-17 接地开关 A 相未完全分开的情况就继续操作，当操作到第 72 项"合上 5021-1"时，5021-1A 相发生弧光短路。

条文 3.7 对已投产尚未装设防误闭锁装置的发、变电设备，要制订切实可行的防范措施和整改计划，必须尽快装设防误闭锁装置。

为了有效防止电气误操作，要求凡有可能引起电气误操作的高压电气设备，均应装设防误装置。防误装置应能实现防止误分（误合）隔离开关、防止带电挂（合）接地线（接地开关）、防止带地线（接地开关）合断路器（隔离开关）、防止误入带电间隔五防功能。"五防"功能中除防止误分、误合断路器可采用提示性的装置外，其他"四防"均应用强制性的装置。新建、扩建的变电工程的防误装置应与主设备同时投运；在新建、扩建和改造的变电工程中，应选用五防功能齐全、性能良好的成套高压开关柜。现场应加强对新投运高压开关柜防误闭锁功能的现场试验、检查和验收工作。如发、变电设备未装设防误闭锁装置，极易导致电气误操作事故发生，给企业和社会带来不可估量的损失。

条文 3.8 新、扩建的发、变电工程或主设备经技术改造后，防误闭锁装置应与主设备同时投运。

实践证明，防误闭锁装置使用是有效地防止电气误操作事故发生的技术措施，因此新、扩建变电站工程或主设备经技术改造后，防误装置应与主设备同时投运，以防止电气误操作事故发生。

条文 3.9 同一集控站范围内应选用同一类型的微机防误系统，以保证集控主站和受控子站之间的"五防"信息能够互联互通、"五防"功能相互配合。

同一集控站范围内应选用同一类型的微机防误系统，否则，会因微机防误系统非同一类型，其功能和通信合约等存在差异，导致集控站系统工作效率下降，甚至不能正常工作。

条文 3.10 微机防误闭锁装置电源应与继电保护及控制回路电源独立。微机防误装置主机应由不间断电源供电。

防误装置电源与继电保护及控制回路电源独立，极大地提高了防误装置工作的可靠性，避免微机防误闭锁装置电源与继电保护及控制回路电源相互影响、相互制约。采用不间断电源供电是确保微机系统始终正常工作的有效措施。

条文 3.11 成套高压开关柜、成套六氟化硫（SF_6）组合电器（GIS/PASS/HGIS）五防功能应齐全、性能良好，并与线路侧接地开关实行连锁。

为了有效地防止电气误操作，要求凡有可能引起电气误操作的高压电器，均应装设防误装置，防误装置应能实现防止误分（误合）断路器、防止带负荷拉（合）隔离开关、防止带电挂（合）接地线（接地开关）、防止带地线（接地开关）合断路器（隔离开关）、防止误入带电间隔五防功能。"五防"功能中除防止误分、误合断路器可采用提示性的装置外，其他"四防"均应用强制性的装置。在新建、扩建和改造的变电工程中，应选用五防功能齐全、性能良好的成套高压开关柜。现场应加强对新投运高压开关柜防误闭锁功能的现场试验、检查和验收工作。

条文 3.12　应配备充足的经国家认证认可的质检机构检测合格的安全工作器具和安全防护用具。为防止误登室外带电设备，宜采用全封闭（包括网状等）的检修临时围栏。

总结过去所发生的电气误操作事故，存在一些因使用不合格的安全工作器具和安全防护用具，未采用全封闭（包括网状等）的检修临时围栏，而导致的人员伤亡或设备烧损的事故发生。因此要吸取教训配备充足的经国家认证认可的质检机构检测合格的安全工作器具和安全防护用，且适时采用全封闭的检修临时围栏。

条文 3.13　强化岗位培训，使运维检修人员、调控监控人员等熟练掌握防误装置及操作技能。

应设专人负责防误闭锁装置的运行、检修、维护、管理工作。所有运行人员应熟练掌握防误闭锁装置的运行规程，应在交接班时说明防误闭锁装置的运行情况（包括电脑钥匙的充电情况）。检修人员应定期对防误闭锁装置进行检查和维护，发现问题应按处缺程序办理。由于防误装置的专业性很强，要求从事该专业的工作人员，必须掌握防误装置的原理、性能、结构和操作程序，会熟练操作，会处缺和维护。因此必须加强对运行、检修人员防误操作做培训，每年应定期培训，达到熟练掌握防误装置的目标。

4

防止系统稳定破坏事故

总体情况说明：

本章针对当前电网现状、存在的问题和发展趋势，以及电网运行中出现的新问题，从规划设计、基建安装和运行等各个环节提出防止系统稳定破坏事故的措施。在本次编制过程中参考并引用了 2005 年以来新颁布国家、行业标准的内容。"防止系统稳定破坏事故"分为电源、网架结构、稳定分析及管理、二次系统和无功电压五大部分。

防止电力生产事故的二十五项重点要求"防止系统稳定破坏事故"一章是依据 DL 755《电力系统安全稳定导则》、相关技术标准中关于系统稳定的规定而编制的。编制中参考了各单位防止系统稳定破坏的行之有效的各种措施，汲取了各地区的先进经验。按照"安全第一，预防为主"的方针，以"保人身、保电网、保设备"为原则，结合当前事故的特点，明确当前防止电力生产事故的重点技术措施。但本反措仅仅是突出重点要求，并不覆盖全部技术标准和反事故技术措施。

基于当前我国电力系统的以下特点，防止系统稳定破坏事故的发生十分重要。

（1）电源规模跃居世界前列。同时电源单机容量迅速增长，大型核电、大型水电及大型风电等新能源发电的占比不断提高，对电网的运行提出了更高的要求。

（2）电网规模大幅度增长、电压等级逐步提高。1978 年改革开放前，我国电网输电电压等级以 220kV 电网为主；2008 年年底，随着特高压交流示范工程建成投运，我国最高电压等级提升至 1000kV，形成了 1000/500/220/110（66） kV 和 750/330/220/110（66） kV 两类电压等级体系。

（3）电网由省间互联进入跨大区互联乃至全国互联的新阶段。加快发展电网，推进全国互联是开发西部的主要组成，也是解决东部地区能源短缺的主要举措。随着电网互联和大功率、长距离输电工程的增多，对电网安全稳定提出了更高的要求。

因此，随着大型电源和大型电源基地的建设，负荷需求的持续增长，电网结构的加强，电网复杂程度的增加，外部环境的恶化，经济发展对电力的依赖程度不断提高，电网稳定运行的压力日益增加，安全风险日益增大，所以有必要制定相关措施，应对安全稳定的风险。

条文说明：

条文 4.1 电源

电源是电力系统不可分割的重要组成部分，随着电网规模的日益扩大，发电机的性能及稳定性对电网的影响更为重要。因此本节从防止系统稳定破坏的角度提出对电源的要求。

条文 4.1.1 合理规划电源接入点。受端系统应具有多个方向的多条受电通道，电源点应合理分散接入，每个独立输电通道的输送电力不宜超过受端系统最大负荷的 10%～15%，并保证失去任一通道时不影响电网安全运行和受端系统可靠供电。

对电网规模较小、与主网联系比较弱的电网执行 10%～15% 的要求；对电网联系紧密、装机容量较大的电网执行失去任一通道时不影响电网安全运行和受端系统可靠供电的要求。

条文 4.1.2 发电厂宜根据布局、装机容量以及所起的作用，接入相应电压等级，并综合考虑地区受电需求、地区电压及动态无功支撑需求、相关政策等影响。

在过去的电源接入系统设计中，一般按照 600MW 及以上容量机组接入地区最高一级电压等级的要求考虑。但在近几年规划和运行过程中，东部地区当地最高一级电压等级（一般是 500kV）的短路电流比较大，且受端电网当地对电力的需求较大，电源接入 500kV 电网后仍需经过 500kV 变压器降压至 220kV 电网。实际在华东、山东等地已根据具体情况将 600MW 机组接入 220kV 电网，从电网运行情况看，具有其合理性。因此根据各公司反馈的意见，在此突出了电网中电源的布局、装机容量应满足分层、分区建设的原则，并注意加强受端电网的电压支撑的原则，不再具体规定多大规模的机组接入最高电压等级电网。并要求电源布点时应综合考虑地区受电需求、动态无功支撑需求、相关政策等的影响。

条文 4.1.3 发电厂的升压站不应作为系统枢纽站，也不应装设构成电磁环网的联络变压器。

电磁环网亦称高低压电磁环网，是指两组不同电压等级的线路通过两端变压器磁回路的连接而并联运行。高低压电磁环网中高压线路断开引起的负荷转移很有可能造成事故扩大、系统稳定破坏。

本条文主要是针对规划设计阶段，考虑到体制改革后的诸多复杂问题，同时若电厂升压站作为枢纽站或者设立 500kV/220kV 联变，也会增加所在电网的短路电流，因此各地区在做电网规划时，应尽量避免将新建电厂再作为电网的枢纽站使用，即不宜从电厂直出负荷站，或将电厂升压站母线经过多条出线与现有电网紧密连接。对电网中已有的电厂，可结合电网改造或机组更新等机会，逐渐加以解决。

按照 DL 755《电力系统安全稳定导则》的要求，在发电厂接入系统方案审查时，不应选择装设构成电磁环网的联络变压器方案。其主要目的是在规划阶段把关，不再出现新的电磁环网。发电厂现有的联络变压器，且以电磁环网方式运行，应从电网规划建设上尽快创造条件，分阶段逐步打开电磁环网。

条文 4.1.4 开展风电场接入系统设计之前，应完成"电网接纳风电能力研究"和"大型风电场输电系统规划设计"等新能源相关研究。风电场接入系统方案应与电网总体规划相协调，并满足相关规程、规定的要求。

近年来，我国风电得到了迅猛发展，但也给电网的安全稳定运行带来一定的影响。为支持风电等可再生能源发展，加强风电建设及并网运行管理，促进电网与电源协调发展，保证电网安全稳定运行，满足新、扩建风电项目的接网及可靠送出，按照 GB/T 19963—2011《风电场接入电力系统技术规定》、《国家发展改革委办公厅关于落实风电发展政策有关要求的通知》（发改办能源〔2009〕224 号、国能新能〔2011〕182 号等相关技术规程和管理规定的要求，做好风电场并网的相关工作。结合电力负荷增长和电网发展规划，及时研究电网接纳风电的能力，促进风电的经济合理消纳；风电规划阶段，在满足电网调峰要求和安全稳定运行的前提下，研究提出受端电网逐年可消纳的风电规模，对风电建设布局、开发时序提出意见和建议，确保风电的统筹规划和规范发展。

条文 4.1.5 对于点对网、大电源远距离外送等有特殊稳定要求的情况，应开展励磁系统对电网影响等专题研究，研究结果用于指导励磁系统的选型。

根据多年的运行经验，对于大型点对网电厂以及接入电网敏感点的大型发电机组并网时，其发电机励磁系统的选型及部分参数选择对于送出系统的暂态稳定有较为明显的影响。因此，提出了针对点对网等特殊接线下机组的特殊要求。

条文 4.1.6 并网电厂机组投入运行时，相关继电保护、安全自动装置等稳定措施、一次调频、电力系统稳定器（PSS）、自动发电控制（AGC）、自动电压控制（AVC）等自动调整措施和电力专用通信配套设施等应同时投入运行。

不言而喻，继电保护、安全自动装置、稳定措施和电力专用通信等设施对于机组并网后安全稳定运行有着重要作用。因此，电网公司各部门应与电厂方面密切协调，做好管理和技术措施，确保能够同时投入。

条文 4.1.7 严格做好风电场并网验收环节的工作，避免不符合电网要求的设备进入电网运行。

在风电场开展前期工作的各阶段，严格规范风电场接入系统管理：在落实国家能源局相关文件要求的基础上，加快制订风电并网管理的相关规定，各单位要严格规范做好风电场并网管理工作；按照相关技术规定，在设计审查阶段对并网风机及风电场提出技术要求；根据国家风电并网检测与认证要求，对风电机组和风电场进行并网检测。

条文 **4.1.8** 并网电厂发电机组配置的频率异常、低励限制、定子过电压、定子低电压、失磁、失步等涉网保护定值应满足电力系统安全稳定运行的要求。

条文 **4.1.9** 加强并网发电机组涉及电网安全稳定运行的励磁系统及电力系统稳定器和调速系统的运行管理，其性能、参数设置、设备投停等应满足接入电网安全稳定运行要求。

在设计、建设、调试和启动阶段，电网公司的计划、工程、调度等相关机构和独立发电、设计、调试等相关企业应相互协调配合，分别制定有效的组织、管理和技术措施，以保证一次设备投入运行时，相关继电保护、安全自动装置和电力专用通信配套设施等能同时投入运行。

【案例】 2005 年 9 月 1 日西部某电网发生一次较大范围的低频振荡，此次振荡虽然没有造成负荷损失，但对电网安全稳定运行造成一定的威胁。18 时 53 分至 21 时 12 分发生了三次该电网水电机组对主网的低频振荡。前两次振荡自行平息，第三次振荡有逐渐加大的趋势，随着该电网某电厂 1 号机、3 号机相继掉闸，振荡平息。事故分析表明，采用典型的发电机励磁系统模型参数，不能仿真重现事故，而采用现场试验数据拟合出的励磁系统模型参数，则可以准确模拟并找到事故原因是，由于初始方式下电厂机组对系统振荡模式的阻尼已经较弱，随着摆动发生前电厂有功功率的增加或无功功率的减少，进一步降低了该振荡模式的阻尼，引发了机组对系统的低频同步振荡，由此激发了地区电网机组对主网的低频振荡。同时该电厂机组的 PSS 未投入运行，不利于电网的动态稳定。

该案例说明发电机的实测参数的重要性；也反映出发电机励磁参数的设置在某些方式下对电网稳定运行具有较大影响；PSS 等功能的设置和投退必须统一协调控制。

条文 **4.2** 网架结构

合理的电网结构是保证电力系统安全稳定运行的物质基础和根本措施。为实现此目标，电网应建设成网架坚强、结构合理、安全可靠、运行灵活、技术先进的现代化电网，不断提高电网输送能力和抵御事故能力。

条文 **4.2.1** 加强电网规划设计工作，制订完备的电网发展规划和实施计划，尽快强化电网薄弱环节，确保电网结构合理、运行灵活、坚强可靠和协调发展。

针对"十二五"发展目标，应加强电网规划设计工作，制定完备的电网发展规划和实施计划，强化电网薄弱环节，重点确保电网结构合理、运行灵活、坚强可靠和协调发展。建设以特高压电网为骨干网架，各级电网协调发展，具有信息化、自动化、互动化特征，安全可靠、经济高效、清洁环保、透明开放、友好互动的统一坚强智能电网，实现从传统电网向现代电网的升级和跨越。

条文 **4.2.2** 电网规划设计应统筹考虑、合理布局，各电压等级电网协调发展。对于造成电网稳定水平降低、短路电流超过开关遮断容量、潮流分布不合理、网损高的电磁环网，应考虑尽快打开运行。

电磁环网中当高压输电回路故障时，可能引起联络变压器或低压线路过负荷。当故障前环网的输电功率较大时，往往会引起稳定破坏，需要采取相应的措施。根据对我国电网稳定破坏事故的统计分析，有相当比例的事故与电磁环网有关。

随着电网规模的不断扩大，东部地区电网 500kV 网架结构发展日趋完善，电网间的电气联系日趋紧密，引起短路电流水平随之提高，这是一个必然的渐进过程。未来短路电流问题将成为制约电网发展的因素，故迫切需要采取措施将短路电流水平限制在合理范围内。由于电网发展到一定规模时，再对短路电流进行控制就会有一定的局限性和实施难度，因此短路电流控制应落实到规划阶段，才能在电网的发展和完善过程中更好地控制短路电流。

控制短路电流的主要思路和措施如下：

（1）电网短路电流水平同网络结构、网络密度和强度、电源接入的层次等因素有直接关系，因此控制短路电流水平需要由电源和电网的综合协调措施，需要在规划中综合考虑电源和电网的建设发展来达到总体最优。

（2）优化电网结构是限制短路电流最直接、最有效的方法，同时，还应进一步开展 500kV 变电站合理规模，包括 500、220kV 合理进出线数的研究，以控制变电站的短路电流水平。

（3）采用高一级电压等级可以有效地降低下一级电压网络的短路电流水平，但在特高压网络建设初期，网络较弱，覆盖范围不大，500kV 电网不可能达到希望的分片范围，因此，控制短路电流水平还是需要各种措施多管齐下。以电力电子技术为先导的灵活交流输电系统 FACTS 技术，目前已经在世界各国有了很大的应用，使得电网有了精确控制的可能，采用 FACTS 技术限制短路电流已在工程实际得到初步应用，取得了良好的效果。要密切跟踪此项技术发展动态，适时开展应用研究。

（4）加强电网与限制短路电流水平是提高电网安全运行水平问题的两个方面，要正确、科学地认识这两个方面之间的矛盾关系，不能片面强调一方面而导致另一方面问题凸现，各方面的和谐才是发展正确之路。

（5）每个电网都有其自身的特点，哪一种控制短路电流的方法更有效、更合理，应结合电网实际进行研究。工作中应紧跟电网的发展，研究电网出现的新问题，跟踪电网新技术，研究解决电网问题的新方法，以远景目标网架为发展方向，在电网长、中、近期规划指导下，进行输变电工程建设，确保电网可持续健康发展。

条文 4.2.3 电网发展速度应适当超前电源建设，规划电网应考虑留有一定的裕度，为电网安全稳定运行和电力市场的发展等提供物质基础，以提供更大范围的资源优化配置的能力，满足经济发展的需求。

通过多年运行经验和国内外事故说明，电网和电源规划必须统一考虑，协调配合。电网规划必须适度超前建设，做到电源与电网、送端与受端、输电网与配电网的协调配合、和谐发展。这是保证电网安全的前提。

本条文考虑到电网规划的重要性，提出了在系统可研设计阶段，应考虑所设计的电网和电源送出线路的输送能力，在满足生产需求的基础上留有一定裕度的要求。

条文 4.2.4 系统可研设计阶段，应考虑所设计的输电通道的送电能力在满足生产需求的基础上留有一定的裕度。

适度超前建设电网，就是要使其具有足够的输配电能力，保证电力送得出、落得下、用得上。尽量避免在电网某一环节出现薄弱点，所以在系统规划阶段应统筹考虑各个输电通道的送电能力，预留一定的裕度，使其具有较强的适应性。

条文 4.2.5 受端电网 330kV 及以上变电站设计时应考虑一台变压器停运后对地区供电的影响，必要时一次投产两台或更多台变压器。

针对受端电网负荷密度高、负荷性质重要等因素，考虑万一发生事故影响可靠供电的情况，提出了受端电网 330kV 及以上变电站设计时应考虑一台变压器停运后对地区供电的影响，必要时一次投产两台或更多台变压器的要求。

条文 4.2.6 在工程设计、建设、调试和启动阶段，电网公司的计划、工程、调度等相关管理机构和独立的发电、设计、调试等相关企业应相互协调配合，分别制定有效地组织、管理和技术措施，以保证一次设备投入运行时，相关配套设施等能同时投入运行。

条文 4.2.7 加强设计、设备订货、监造、出厂验收、施工、调试和投运全过程的质量管理。鼓励科技创新，改进施工工艺和方法，提高质量工艺水平和基建管理水平。

上述条文主要强调了基建阶段的两个原则：一是同时性，要求一次设备投入运行时，相关配套设施等能同时投入运行；二是"全过程管理"，要求建设单位全面强化各个环节的技术把关，提高基建管理水平，做到零缺陷移交生产运行。

条文 4.2.8 电网应进行合理分区，分区电网应尽可能简化，有效限制短路电流；兼顾供电可靠性和经济性，分区之间要有备用联络线以满足一定程度的负荷互带能力。

分区是指某一电网最高电压等级网架逐步完善后，以一个或多个最高电压等级变电站（如 500kV）作为电源，带动该地区数个次一级电压等级（如 220kV）变电站为该区负荷供电的网络格局。即不同分区之间 220kV 电网间是解环运行的，

500kV 作为主网，承担各分区之间的功率传输。各分区内部 220kV 线路呈现放射状或局部环网的独立结构。正常运行时，分区之间的 220kV 联络线为断开状态，当该区出现严重故障时，通过这些 220kV 联络线可以提供部分负荷支援，加快事故恢复时间，防止出现分区全部停电的局面。

电网分区的主要驱动力，一是限制短路电流，二是防止事故的不断蔓延。随着电网规模的扩大，各电网均已开始分区供电。为保证安全要求，需要在谋划电网分区时充分关注供电可靠性问题，加强分区之间备用联络线的梳理和构建。

条文 4.2.9 避免和消除严重影响系统安全稳定运行的电磁环网。在高一级电压网络建设初期，对于暂不能消除的影响系统安全稳定运行的电磁环网，应采取必要的稳定控制措施，同时应采取后备措施限制系统稳定破坏事故的影响范围。

电磁环网是电力系统发展过程中的产物，在高一级电压电网建设发展的初期，往往高压和低一级电压的电网形成电磁环网运行，随着高一级电压电网的建设，需要创造条件、有计划地及早打开电磁环网，简化和改造低压网络，使之分片、分区运行。

【案例】 1996 年 5 月 28 日，某电厂事故导致局部电网振荡解列。某电厂共有 4 台 300MW 机组发电，同时来自西部电网的 1 回送电线路也接至该厂母线，电厂通过 2 回 500kV 线路将电力送至负荷中心，同时该厂联络变压器经过 220kV 线路也与负荷中心电网连接，输送部分电力，构成了典型的 500kV/220kV 电磁环网。事故发生的起因是检修人员误将交流混入直流控制系统，造成继电保护的误动作，导致该厂 2 回 500kV 线路相继跳闸。大量潮流转移至 220kV 系统，导致 220kV 稳定破坏，地区小系统对主网振荡；继而引起该地区 2 座发电厂的全部机组跳闸，损失功率 1410MW。

该事故说明，一是继电保护的误动作导致该厂对外输电 500kV 主供线路 3 回中的 2 回断开；二是与之并联的 220kV 电磁环网不能承受潮流转移而发生振荡，导致事故扩大。因此，加强对二次系统的维护、管理和从电网结构上解决电磁环网问题，是防止系统稳定破坏的基本出发点。

条文 4.2.10 电网联系较为薄弱的省级电网之间及区域电网之间宜采取自动解列等措施，防止一侧系统发生稳定破坏事故时扩展到另一侧系统。特别重要的系统（政治、经济或文化中心）应采取必要措施，防止相邻系统发生事故时直接影响到本系统的安全稳定运行。

电力系统稳定破坏后，其波及范围可能迅速扩大，需要依靠自动装置（如失步、低频、低压解列和联切线路等）控制其影响范围或平息振荡。

电网解列作为防止系统稳定破坏和事故扩大的最后一道防线，不同地点配置的解列装置动作应有选择性，且解列后的电网供需应尽可能平衡。电网应根据电网结构按层次布置解列措施，对于防止区域网间事故互相波及的自动解列装置应尽量双重化配置，省网之间应布置失步解列装置并尽量双重化配置（至少应双套配置装置），一般每条线路两侧各配一套失步解列装置。

条文 4.2.11　加强开关设备的运行维护和检修管理，确保能够快速、可靠地切除故障。

快速切除故障是提高系统稳定水平和输电线路输送功率极限的重要措施。需要做好两方面工作：一是加快保护动作时间，需要选用新型快速的保护，也可以按电压等级配置相应快速原理的保护。二是使开关设备保持良好状态，通过加强设备检修和运行监视，提高设备的健康水平，保证能够迅速切除故障。

条文 4.2.12　根据电网发展适时编制或调整"黑启动"方案及调度实施方案，并落实到电网、发电各单位。

黑启动是指整个电力系统因故障停运后，不依靠外部系统的帮助，通过本系统中具有自启动能力机组的启动，带动其他无自启动能力的机组，逐步扩大系统恢复范围，最终恢复整个系统。

近年来，互联电网规模越来越大，结构日趋合理，网架日益坚强，安全稳定水平得到了很大提高。尽管如此，遇到严重故障时仍有可能引发系统的连锁反应，最终导致系统大面积停电。国际上接连发生了一系列的大面积停电事故，造成了灾难性的社会影响和经济损失。如何降低大停电给电网带来的危害，研究电网大面积停电后的紧急恢复措施，制定电网全停后的黑启动或区外受电启动方案是非常必要的。

自从"8.14"美加大停电后，国内华北、华东、上海、深圳、湖北、云南等电网均加大了黑启动工作的力度，制定了相应的黑启动方案，并进行了一些黑启动试验工作。

由此事故可见，一是黑启动方案的制定不仅十分必要，而且应纳入到整个社会的防灾体系。如今社会经济的发展愈来愈依赖于电力，特别对一些经济发达区域，一旦电网崩溃，所造成的后果将是灾难性的。对于电网来说，即使是最坚强的电网也不可能确保百分之百的可靠性，因此在不断加强电网可靠性的同时应做第二手准备，建立电网灾变后的恢复机制——黑启动方案。二是电网一旦发生故障后，应即时做出反应，判断线路状况、机组状况、停电范围等，启动相应的黑启动方案。三是应建立多套黑启动方案，电网崩溃后，也存在倒塔、断线等短时难以恢复的故障，多套黑启动方案并管齐下，可增加黑启动的成功率并减少电网的恢复时间。四是黑启动方案应根据电网结构变化和运行特点不断修改方案。

条文 4.3　稳定分析及管理

电力系统安全稳定分析的目的是通过对电力系统进行详细的仿真计算和分析研

究，确定系统稳定问题的主要特征和稳定水平，提出提高系统稳定水平的措施和保证系统安全稳定运行的控制策略，用以指导电网规划、设计、建设、生产运行以及科研、试验中的相关工作。

加强系统安全稳定分析和管理，是适应特高压国家骨干电网建设、全国互联发展以及贯彻现代公司发展战略的需要，防止大面积停电事故，确保电网安全、优质、经济运行。

条文 4.3.1 重视和加强系统稳定计算分析工作。规划、设计部门必须严格按照《电力系统安全稳定导则》等相关规定要求进行系统安全稳定计算分析，全面把握系统特性，优化电网规划设计方案，滚动调整建设时序，完善电网安全稳定控制措施，提高系统安全稳定水平。

条文编写强调了稳定计算分析所需数学模型的重要性。要求严格按照 DL/T 1234—2013《电力系统安全稳定计算技术规范》的要求执行。

系统计算中的各种元件、控制装置及负荷的模型、参数的详细和准确度对电力系统计算结果影响很大，需要通过开展模型、参数的研究和实测工作，建立系统计算中的各种元件、控制装置及负荷的详细模型和参数，以保证计算结果的准确度。各发电公司（电厂）应向电网提供符合要求的发电机组的相关实测参数，发电机励磁和调速系统参数测试和建模工作是电厂的责任和义务。

条文 4.3.2 加大规划阶段系统分析深度，在系统规划设计有关稳定计算中，发电机组均应采用详细模型，以正确反映系统动态特性。

本条文强调了在电网规划阶段的计算分析工作应采取详细模型，以保证在规划阶段的模型、参数的详细和准确度，并与运行分析数据保持一致。防止到运行阶段出现问题。

条文 4.3.3 在规划设计阶段，对尚未有具体参数的规划机组，宜采用同类型、同容量机组的典型模型和参数。

本条文主要针对规划阶段计算分析的特殊性，对于处于规划期、尚未有具体参数的机组等，可以采用同类型、同容量机组的典型模型和参数。

条文 4.3.4 对基建阶段的特殊运行方式，应进行认真细致的电网安全稳定分析，制定相关的控制措施和事故预案。

条文 4.3.5 严格执行相关规定，进行必要的计算分析，制订详细的基建投产启动方案。必要时应开展电网相关适应性专题分析。

在电网输变电工程的建设阶段，不可避免地要发生运行变电站局部停电转基建、线路切改、变电站内部分设备转检修等非正常运行方式。这些非正常方式或多或少地削弱了电网结构，增加了电网故障的风险。

因此，条文 4.3.4 提出了避免非正常方式影响电网安全稳定运行的要求。条文

4.3.5 主要对基建启动阶段提出了要求。一些重大的输变电工程启动，如果对于电网的影响较大，则需要同步开展电网相关适应性专题分析。

条文 4.3.6 应认真做好电网运行控制极限管理，根据系统发展变化情况，及时计算和调整电网运行控制极限。电网调度部门确定的电网运行控制极限值，应按照相关规定在计算极限值的基础上留有一定的稳定储备。

电力系统大多数时间均运行在正常方式下，因此必须对正常方式的稳定极限和水平做详细计算和深入研究，由此掌握电网稳定特性，并以此为研究检修方式稳定以及事故后恢复的基础，是电网稳定的一个重要环节。

各级调度部门在制定电网运行控制极限值时，一般应考虑在计算极限值的基础上留有 $5\%\sim10\%$ 的功率稳定储备，制定省间联络线运行控制极限值时，还应适当考虑潮流的自然波动情况。

系统可研设计阶段，应考虑所设计的电网和电源送出线路的输送能力，在满足生产需求的基础上留有一定的裕度。

条文 4.3.7 加强有关计算模型、参数的研究和实测工作，并据此建立系统计算的各种元件、控制装置及负荷的模型和参数。并网发电机组的保护定值必须满足电力系统安全稳定运行的要求。

随着我国电网的快速发展，全国联网系统正在形成。面对全国联网系统的安全稳定计算分析，需要在 DL 755《电力系统安全稳定导则》的基础上，规范电力系统在规划、设计、生产、运行和科研中的电力系统安全稳定计算分析所采用的计算方法、数学模型、稳定判据、计算分析和计算管理等。需要密切结合我国电力系统的实际，从电力系统的全局着眼，规定出我国电力系统安全稳定计算分析的基本技术条件的要求，用以协调各专业系统和各阶段有关的各项工作，以保证我国电力系统的安全稳定运行。2013 年国家能源局发布 DL/T 1234—2013《电力系统安全稳定计算技术规范》补充、细化和完善了相应的计算和判断标准，是电网稳定分析工作的指导准则。

系统计算中的各种元件、控制装置及负荷的模型、参数的详细和准确度，对电力系统计算结果影响很大，需要通过开展模型、参数的研究和实测工作，建立系统计算中的各种元件、控制装置及负荷的详细模型和参数，以保证计算结果的准确度。

条文 4.3.8 严格执行电网各项运行控制要求，严禁超运行控制极限值运行。电网一次设备故障后，应按照故障后方式电网运行控制的要求，尽快将相关设备的潮流（或发电机出力、电压等）控制在规定值以内。

条文 4.3.9 电网正常运行中，必须按照有关规定留有一定的旋转备用和事故备用容量。

国外大电网从20世纪60年代以来相继出现了较大的稳定破坏事故，因而进一步重视并特别加强了稳定研究工作，我国也从80年代初开始重视加强了稳定工作，制定颁发了《电力系统安全稳定导则》开展稳定工作的意义在于尽最大可能避免发生稳定破坏事故，并努力研究各种措施和安全自动装置，将事故的影响局限在最小的范围。

多年来，由于我国电网建设取得了显著成果，但电网结构在一些主要元件检修方式下就薄弱了许多，稳定水平也大受影响，为指导生产运行，检修方式下的计算和分析是非常必要的，系统只有按给定的极限控制，才能保持稳定。国外一些重大停电事故给我们敲响了警钟。

【案例1】 1978年12月19日法国全国的大停电事故：由于线路过负荷先后一回400kV和三回225kV线路跳闸，后多条联络线跳闸造成系统电压崩溃、稳定破坏几乎形成全国范围的大停电，停电损失负荷达24 000MW。

【案例2】 美国西部电网1996年7、8月间两次由于相继失去两回长距离、重负荷超高压线路造成电网解列成五片，而造成大面积停电，多数用户在十几到几十分钟内恢复供电，全部恢复供电长达6h，停电损失负荷分别达10 000MW和30 000MW。

【案例3】 2003年8月14日16时10分（北京时间8月15日4时10分）开始，美国东北部和加拿大联合电网发生大面积停电事故。事故起始于15：06 Ohio州Cleveland附近的一条345kV线路。大停电事故主要殃及五大湖区，包括美国东北部的密歇根州、俄亥俄州、纽约市、新泽西州北部、马萨诸塞州、康涅狄格州等8个州以及加拿大的安大略省、魁北克省。共损失61 800MW负荷，100多座电厂停机（包括22个核电站），停电范围9300多km^2，受影响区域的人口达5000万。事故后经历了漫长的恢复过程（3h后恢复了2.2%负荷、7h后恢复了34.5%负荷，25h后恢复了66.5%负荷，直到49h后完全恢复供电）。这是一起典型的复杂巨型电网中的稳定事故。由于局部故障引起潮流大范围转移，缺乏足够的无功支持，导致电压快速崩溃，进而大量切除机组和负荷，酿成大面积停电。

该案例说明了以下问题：一是一个公司的调度控制计算机故障，向调度人员提供了虚假的信息，导致运行人员对系统状态了解不足。二是在电网结构方面，美国存在众多独立电网，电网之间经多级电网和多点进行联网，容易造成潮流在各个电网之间无规律窜动，增加了保护和控制难度。三是由于没有统一的调度机制，各地区电网之间缺乏有效信息交换和整体防范措施。

条文4.3.10 加强电网在线安全稳定分析与预警系统建设，提高电网运行决策时效性和预警预控能力。

安全预警和决策支持是保障电网安全运行的重要手段，是未来智能调度技术的必备要求。通过构建"电网实时监视—扰动识别及告警—稳定分析评估及辅助决策—实时紧急控制及安自装置离线策略校核—第三道防线校核"一体化监控平台，统一了电网全过程分析的仿真计算模型和参数，实现了电网在线安全稳定分析评估、调度操作前模拟潮流计算及暂态仿真，以及离线方式仿真计算，为电网调度、运行方式安排、网架建设提供了先进的监控及计算分析手段，实时自动跟踪系统当时的运行状态，发现电网中的各类安全隐患；给出不同的校正控制措施建议；旨在把潜在的安全问题和电网事故处理在孕育阶段。该系统掌握大规模互联电网运行控制技术，提高大电网安全稳定运行水平具有重大意义。

【案例】 2006 年 11 月 4 日欧洲当地时间 22：10，欧洲大陆互联电网（UCTE）发生大面积停电事故，共造成 11 个国家的 1500 万用户停电。事故中整个欧洲互联电网解列成东部、西部和南部 3 块孤岛电网：西部电网短时内缺失功率将近 20GW，频率最低降到 49Hz；东部电网富余功率则超过 10GW，频率最高升到 50.6Hz；南部电网则供需大体平衡。事故发生后，UCTE 电网的安全防线，包括一次、二次、三次调频以及甩负荷机制，在关键时刻发挥重要作用，抑制了事故的进一步扩大，电网没有崩溃。在事故发生 40min 后，3 块孤岛逐步重新互联。大多数停电用户在 30min 之内恢复供电，最慢的也在 1h 之后恢复了供电。

该案例可以归纳出以下几个需要引以为鉴的问题：

（1）此次事故表明，电网 N-1 安全分析，特别是事故状态和检修状态下的 N-1 分析，对预防重大事故的发生至关重要。在特大电网运行中，单纯依靠调度员的经验是危险的，必须依靠先进的调度自动化技术，开发电网的安全预警与监测系统，为调度员提供辅助决策支持。

（2）此次事故暴露出，UCTE 电网中的个别电网运营商（TSO）在事故处理中缺乏协调。我国的统一调度、分级管理体系，是我国特有的，实践证明是行之有效的调度模式，必须坚持和强化。

（3）此次事故中，风力发电对事故的起因、事故的发展以及恢复供电的过程都有着不可忽视的影响。当系统电压与频率变化趋于平稳后，许多与系统断开的小功率风电机组和热电联动机组自动并入电网。无论 TSO 还是配电网运营公司（distributionsystem operator，DSO）对这些机组均没有监控手段，风电等小机组的并网随意性在一定程度上也影响了系统频率的正常恢复。如何在促进风力发电的同时保障电网的安全，也是要慎重考虑的问题。

（4）在此次事故中，UCTE 电网安全防线发挥了重要作用。事故没有扩大，停电用户在短时内重新恢复供电。此安全防护机制及其实际运用经验是值得学习研究的。

条文 4.4　二次系统

本条文所涉及的二次系统，包括继电保护、调度自动化和电力通信及信息等。二次系统是保证电网安全、稳定运行的重要组成部分，各项反事故措施是二次系统安全运行方面的基础经验，也是事故教训的总结。因此按照继电保护、调度自动化和通信等部分的修编成果，对原文中所涉及的内容描述进行了调整。

条文 4.4.1　认真做好二次系统规划。结合电网发展规划，做好继电保护、安全自动装置、自动化系统、通信系统规划，提出合理配置方案，保证二次相关设施的安全水平与电网保持同步。

条文 4.4.2　稳定控制措施设计应与系统设计同时完成。合理设计稳定控制措施和失步、低频、低压等解列措施，合理、足量地设计和实施高频切机、低频减负荷及低压减负荷方案。

条文 4.4.3　加强 110kV 及以上电压等级母线、220kV 及以上电压等级主设备快速保护建设。

在电网发生事故时。继电保护的正确和及时动作，安全自动装置正确对事故进行隔离，通信自动化系统准确地将信息反馈到调度部门，对于保证电网稳定运行，缩小事故影响范围具有重要作用。因此条文 4.4.1、4.4.2、4.4.3 三条强调了二次系统规划和设计的重要性，通过搞好二次规划，可提高二次系统的可靠性。

条文 4.4.4　一次设备投入运行时，相关继电保护、安全自动装置、稳定措施、自动化系统、故障信息系统和电力专用通信配套设施等应同时投入运行。

条文 4.4.5　加强安全稳定控制装置入网管理。对新入网或软、硬件更改后的安全稳定控制装置，应进行出厂测试或验收试验、现场联合调试和挂网试运行等工作。

条文 4.4.6　严把工程投产验收关，专业人员应全程参与基建和技改工程验收工作。

条文 4.4.4、4.4.5、4.4.6 对二次系统基建阶段提出了具体要求。一是要全面投产，不留尾巴；二是严格技术把关，避免将设备隐患带入运行中。

由于安全自动装置动作范围较大，逻辑复杂，判断条件多样，一旦出现缺陷将影响全局；因此特别强调了安全自动装置的验收环节，防止因局部软件或控制逻辑问题导致安全自动装置不正确动作。同时要求建设单位应重视零缺陷移交，运行单位应及早介入工作，熟悉设备，消除隐患，减少因二次系统的缺陷所造成的非计划停电。

条文 4.4.7　调度机构应根据电网的变化情况及时地分析、调整各种安全自动装置的配置或整定值，并按照有关规程规定每年下达低频低压减载方案，及时跟踪负荷变化，细致分析低频减载实测容量，定期核查、统计、分析各种安全自动装置的运行情况。各运行维护单位应加强检修管理和运行维护工作，防止电网事故情况下装置出现拒动、误动。

电力系统稳定破坏后，其波及范围可能迅速扩展，需要依靠自动装置（如失步、低频、低压解列和联解线路等）控制其影响范围或平息振荡。

电网解列作为防止系统稳定破坏和事故扩大的最后一道防线，不同地点配置的解列装置动作应有选择性，且解列后的电网供需应尽可能平衡。电网应根据电网结构按层次布置解列措施，对于防止区域网间事故互相波及的自动解列装置应尽量双重化配置，省网之间应布置失步解列装置并尽量双重化配置（至少应双套配置装置），一般每条线路两侧各配一套失步解列装置。

调度机构应根据电网的变化情况，不定期地分析、调整各种安全自动装置的配置或整定值，并定期核查、统计、分析各种安全自动装置的运行情况，以保证电网第三道防线安全可靠。强调做好装置的定值管理、检修管理和运行维护工作，以保证装置的正确可靠动作，避免装置拒动、误动的发生。

每年进行的年度稳定计算分析工作中，应进行系统稳定控制和保障电网安全最后防线措施的分析工作。

电网内各省网的低频减载容量，应满足电网内最大电厂故障全停和各自解列后出现的功率缺额。各省网最低实测切除负荷比例应满足计划要求，指定小地区实测低频减载量均应满足 50% 要求。当局部地区发电能力仅占供电负荷的 50% 时，应在电网适当位置装设低频低压减载装置，以保证该局部地区与主系统解列后，孤立电网的稳定运行和重要负荷的供电。应注意及时跟踪负荷变化，细致分析低频减载实测容量，加强实测统计分析工作。

失步解列、低频低压减载等安全稳定控制装置必须单独配置，具有独立的投入和退出回路，不得与其他设备混合配置使用。

条文 4.4.8 加强继电保护运行维护，正常运行时，严禁 220kV 及以上电压等级线路、变压器等设备无快速保护运行。

条文 4.4.9 母差保护临时退出时，应尽量减少无母差保护运行时间，并严格限制母线及相关元件的倒闸操作。

条文 4.4.10 受端系统枢纽厂站继电保护定值整定困难时，应侧重防止保护拒动。

切除故障时间与稳定裕度成反比，切除时间越短，稳定裕度越大。切除时间长了，则稳定裕度降低，还可能超出稳定极限切除时间，造成系统失去暂态稳定。因此，加快故障切除时间是提高系统稳定水平和输电线路输送功率极限的重要措施。加快保护动作时间需要选用新型快速的保护，也可以按电压等级配置相应快速原理的保护。因此，严格执行电网调度管理规程有关规定，对无快速保护的设备必须停电，不允许继续运行。对于可能造成相关负荷停电或其他设备过负荷时，调度部门应立即采取倒方式等措施，尽快将设备停电。

在安排一次设备的计划检修工作时，原则上要求相应的二次设备的检修校验工作同步安排，尽量不单独安排设备主要保护的停电工作。

变电站或电厂升压站母线故障对电网的冲击更大，后果更严重，应快速切除故障。对于母线无母差保护时，严格限制母线相关元件的倒闸操作。

条文 4.5　无功电压

电力系统的无功补偿与无功平衡是保证电压质量的基本条件。有效的电压控制和合理的无功补偿，不仅可保证电压质量，也提高了电力系统的稳定性和安全性，充分发挥了经济效益。

随着全国区域电网互联和特高压、超高压骨干电网的逐步形成，电力系统对无功电力和电压的调整与控制的要求越来越高。当系统无功储备不足时，有可能会发生电压崩溃使电网瓦解。

本条文编制过程中重点考虑了以下方面：

按照 DL 755《电力系统安全稳定导则》、SD 325—1989《电力系统电压和无功电力技术导则》及相关企业标准的提法，本次编制强调了提高无功电压自动控制水平的必要性，条文中突出了推广应用电网无功电压优化集中自动控制系统（以下简称 AVC 系统）的作用。

条文 4.5.1　在电网规划设计中，必须同步进行无功电源及无功补偿设施的规划设计。无功电源及无功补偿设施的配置应确保无功电力在负荷高峰和低谷时段均能分（电压）层、分（供电）区基本平衡，并具有灵活的无功调整能力和足够的检修、事故备用容量。受端系统应具有足够的无功储备和一定的动态无功补偿能力。

从 1978～1987 年，世界上发生比较大的电压崩溃事故有 5 次之多，而且都发生在电网密集、设备和技术水平比较高的西方国家。为防止我国电网发生电压崩溃事故，DL 755《电力系统安全稳定导则》和 SD 325—1989《电力系统电压和无功电力技术导则》及相关企业标准，对电压稳定问题及措施给予了足够的重视。虽然电网日常无功补偿的重点是以常规、静态无功补偿配置原则为主，但合理的无功补偿配置可以提高负荷的功率因数，提高电网电压水平，同时也就提高了电网电压稳定的水平。一般来说，电网进行合理的无功补偿后，可以使电网中发电机的无功出力减少，发电机功率因数提高，相当于为电网储备了大量的、可快速调出的无功。在电网发生事故的情况下，发电机可以迅速发出无功，支撑电网的电压，防止电网发生电压崩溃。因此在上述文件中对电网，特别是受端电网（系统）应有足够的无功备用容量，同时提出当受端系统存在电压稳定问题时，应通过技术经济比较，考虑在受端系统的枢纽变电站配置动态无功补偿装置。

条文 4.5.2 无功电源及无功补偿设施的配置应使系统具有灵活的无功电压调整能力，避免分组容量过大造成电压波动过大。

条文 4.5.3 当受端系统存在电压稳定问题时，应结合电网实际运行特点，通过技术经济比较配置一定容量的动态无功补偿装置。

随着电容器制造技术的提高，单组容量越来越大，若变电站内配置电容器的单组容量过大，将会使运行带来很多问题，必须加以限制。这里给出一个总体要求，SD 325—1989《电力系统电压和无功电力技术导则》及相关企业标准给出了具体的限制容量。但各地区电网结构不同，电压波动的数值主要由当地短路容量确定，短路容量大的变电站可适当放宽。母线电压波动范围的计算方法是，考虑变电站投运初期的电网结构、负荷水平，容性无功补偿投入容量与系统短路容量的比值。

受端系统应有足够的无功储备，并应有一定的动态无功补偿。当受端系统存在电压稳定问题时，应通过技术经济比较，考虑在受端系统的枢纽变电站配置动态无功补偿装置。

"受端系统"的概念在 DL 755《电力系统安全稳定导则》中的 2.2.1.1 条给出了严格的定义："受端系统是指以负荷集中地区为中心，包括区内和临近电厂在内，用较密集的电力网络将负荷和这些电源连接在一起的电力系统。受端系统通过接受外部及远方电源输入的有功电力和电能，以实现负荷平衡"。

对于大型电网、特别是受端电网，应加强动态无功补偿，在 220kV 枢纽站及 500kV 站配置适当容量的动态无功装置。对于 500kV 站，电容器补偿容量应按照主变压器容量的 15%～20%配置；对于 220kV 变电站，电容器补偿容量应按照主变压器容量的 10%～25%配置；对于 110kV 及以下变电站，电容器补偿容量应按照主变压器容量的 15%～25%配置；配电网（10kV）变电站补偿的规定是 20%～40%。500kV 线路充电功率基本予以补偿，当局部地区短线较多时，应考虑在适当的位置 500kV 母线上配置有开关的高压电抗器。

电网应具备电压的双向调节能力，是电网运行的重要目标。过去在电网结构薄弱，无功补偿不足时，对容性无功补偿比较重视。随着电网的发展，在电网小负荷时系统电压偏高问题日渐突出，部分地区甚至不得不拉开超高压输电线路以减少充电无功的影响。为此在各种文件中特别强调了双向无功补偿，包括发电机进相运行、在合适地点安装感性无功补偿装置、严格控制各电压层面间无功流动等措施。

条文 4.5.4 提高无功电压自动控制水平，推广应用自动电压控制系统。

目前各地区电网的自动电压控制系统已从局部小地区电网的无功集中控制，发展到省级调度与地市级调度的协调控制，并逐步向区域电网、省级电网和地市级电网的自动电压控制系统协调控制发展。经过多年的运行经验表明，自动电压控制系统对于降低网损、提高电压合格率、保证系统安全经济运行、减轻运行人员工作强度等均具有积极作用。因此本次修编提出了在基建阶段应完成自动电压控制系统联调和传动工作，并具备同步投产条件的要求。

条文 4.5.5 并入电网的发电机组应具备满负荷时功率因数在 0.9（滞相）～0.97（进相）运行的能力，新建机组应满足进相 0.95 运行的能力。在电网薄弱地区或对动态无功有特殊需求的地区，发电机组应具备满负荷滞相 0.85 的运行能力。发电机自带厂用电运行时，进相能力应不低于 0.97。

发电机是电力系统中最好的无功电源，发电机具有无功出力调节迅速、在系统故障时可以快速增加无功的特点。因此发电机的无功调节和控制对保证系统稳定具有重要意义。

条文 4.5.6 变电站一次设备投入运行时，配套的无功补偿及自动投切装置等应同时投入运行。

条文 4.5.7 电网主变压器最大负荷时高压侧功率因数不应低于 0.95，最小负荷时不应高于 0.95。

这里强调了"高压侧"，主要目的是划分各电压等级的层面比较容易、直观。

电网主变压器最大负荷时或电网最大负荷时，也是电网无功损耗较大、无功比较缺乏的时刻。因此维持各级主变压器高压侧功率因数不应低于 0.95，目的是尽量减少变电站从系统吸收无功的数量。在变压器最小负荷或电网低谷时，全网无功比较充裕，剩余无功可能会引起系统电压升高。因此，各级主变压器高压侧功率因数不应高于 0.95，目的是尽量从系统吸收一定的剩余无功，减少整个系统的压力；同时也是为了防止因下一电压等级低谷运行方式中，下一级的无功补偿设备未及时切除，导致上一级电压升高，对电网设备造成影响。

条文 4.5.8 100kVA 及以上高压供电的电力用户，在用电高峰时段变压器高压侧功率因数应不低于 0.95；其他电力用户功率因数应不低于 0.9。

该条目的目的与条文 4.5.7 相一致。

用户侧的无功补偿，是"就地补偿"原则的最好体现，对减少无功电力传输、降低线损具有重要意义。

在用户无功电压管理工作中还应注意电力用户电容器的投切运行管理，要有可靠的技术手段，做到调度及现场运行人员可监视、控制电力用户电容器的投切，保证高峰期间投入，低谷期间切除。防止用户高峰时从系统吸收过多无功，或在低谷时向系统反送无功。

条文 4.5.9 电网局部电压发生偏差时，应首先调整该局部厂站的无功出力，改变该点的无功平衡水平。当母线电压低于调度部门下达的电压曲线下限时，应闭锁接于该母线有载调压变压器分接头的调整。

各电网间、各电压层间无功功率应各自基本平衡，不应考虑大容量、远距离无功功率的输送，尽量将系统间联络线输送的无功功率控制到最小。

　　自动调整变压器分接头的控制装置应具有系统电压闭锁功能，当母线电压低于调度部门下达的电压曲线下限时，应闭锁接于该母线上的变压器分接头。以免电压持续降低时，变压器分接头的调整造成下级供电系统从上一级系统吸收大量无功，进一步造成上一级电压的下降，甚至引起系统的电压崩溃。VQC、AVC等系统的调整亦须遵循该原则。

　　条文 4.5.10　发电厂、变电站电压监测系统和能量管理系统（EMS）应保证有关测量数据的准确性。中枢点电压超出电压合格范围时，必须及时向运行人员告警。

　　条文 4.5.11　电网应保留一定的无功备用容量，以保证正常运行方式下，突然失去一回线路、一台最大容量无功补偿设备或本地区一台最大容量发电机（包括发电机失磁）时，能够保持电压稳定。无功事故备用容量，应主要储备于发电机组、调相机和静止型动态无功补偿设备。

　　条文 4.5.12　在电网运行时，当系统电压持续降低并有进一步恶化的趋势时，必须及时采取拉路限电等果断措施，防止发生系统电压崩溃事故。

　　电网运行的主要问题之一，就是按照分层、分区等基本原则配置一定的事故无功备用容量，以保证在事故后规定的最低要求电压水平。实时监视电网运行电压的变化，及时发现系统电压的问题，是电网运行的主要工作。在突然失去一回线路、一台最大容量无功补偿设备或本地区一台最大容量发电机（包括发电机失磁）等常见事故出现后，为保持事故后的电压水平不低于最低要求，应立即调出事故备用无功容量，同时也应安排相应的自动低压减载容量。

　　各级调度机构应具备详细的事故拉路序位，当因系统电压有进一步恶化的趋势，上级调度下达拉路限电命令时，必须快速执行，不得延误。

5

防止机网协调及风电大面积脱网事故

📢 总体情况说明：

"防止机网协调及风电大面积脱网事故"部分为本次修订增加的内容，本章针对电力系统发展趋势以及电网运行中出现的新问题，参考并引用了国家电网公司十八项电网重大反事故措施，新颁布国家、行业标准的内容，从规划设计、基建安装和运行等各个环节，提出防止机网协调及风电大面积脱网事故的措施。

📖 条文说明：

条文 5.1 防止机网协调事故

"机网协调"或叫"厂网协调"，是指发电机组与电网的协调管理，通过对发电机组、升压站等与电网密切相关的设备管理，保证发电机组和电网安全稳定运行的相互协调。"机网协调"的主要工作指：电厂的发电机、主变压器、机组励磁系统（包括 PSS）、调速系统、安全自动装置、电厂高压侧或升压站等电气设备的技术规范和参数，应达到有关国家及行业标准要求；应满足所接入电网的相关规定，还应达到技术监督及安全性评价的要求。

条文 5.1.1 各发电企业（厂）应重视和完善与电网运行关系密切的保护装置选型、配置，在保证主设备安全的情况下，还必须满足电网安全运行的要求。

条文 5.1.2 发电机励磁调节器（包括电力系统稳定器）须经认证的检测中心的入网检测合格，挂网试运行半年以上，形成入网励磁调节器软件版本，才能进入电网运行。

建立励磁调节器（包括电力系统稳定器 PSS）软件版本认证机制，完善逻辑设计、优化参数整定，确保发电机组涉网特性满足国家、行业标准要求，进而达到消除事故隐患的目的。

【案例】 2010 年 7～10 月，某电站机组发生多次有功功率波动，最大幅值达到 300MW，经历三次现场试验，初步确认发电机励磁系统的电力系统稳定器（PSS）环节在 0.82Hz 低频振荡模式附近特性存在问题，未能提供正阻尼。在实验室通过复现事故场景、进行理论模型与实际装置特性对比等，发现发电机组采用的西门子励磁与 PSS 系统集成软件的内部参数出厂缺省设置错误，是导致发电机组动作异常的原因。如图 5-1、图 5-2 所示。

①23F机组有功MW最小：654.753平均：686.634最大：713.881 ②22F机组有功MW最小：659.281平均：692.076最大：718.803 ③23F机组有功MW最小：631.653平均：657.04最大：682.512 ④24F机组有功MW最小：630.931平均：659.032最大：682.381 ⑤25F机组有功MW最小：619.315平均：646.885最大：669.059 ⑥26F机组有功MW最小：619.775平均：646.116最大：669.387

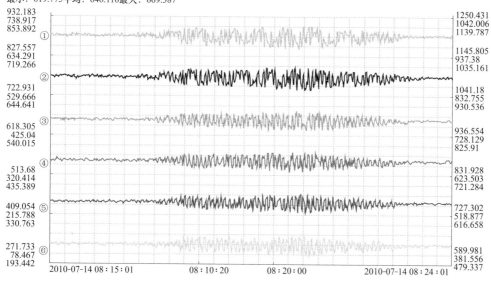

图 5-1　某电站机组发生有功功率异常波动图

条文 5.1.3　　根据电网安全稳定运行的需要，**200MW 及以上容量的火力发电机组和 50MW 及以上容量的水轮发电机组，或接入 220kV 电压等级及以上的同步发电机组应配置电力系统稳定器。**

PSS（Power System Stabilizer）即电力系统稳定器，它借助自动电压调节器控制同步电机励磁，抑制电力系统功率振荡。在发电机组加装 PSS，适当整定 PSS 有关参数，将提供附加阻尼力矩，提高电力系统动态稳定水平。Q/GDW 684—2011《电力系统稳定装置（PSS）运行管理规定》有此明确要求。

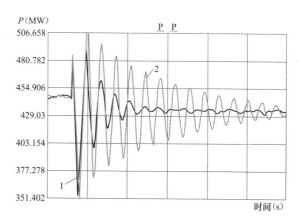

图 5-2　发电机投入 PSS 后有功功率小扰动响应曲线

注：曲线 1：PSS（$X_q - PSS = -0.673$）；

曲线 2：PSS（$X_q - PSS = 0.2$ 出厂缺省设置）。

条文 5.1.4　发电机应具备进相运行能力。100MW 及以上火电机组在额定出力时，功率因数应能达到—0.95～—0.97。励磁系统应采用可以在线调整低励限制的微机励磁装置。

发电机进相运行是电网对发电机组的基本要求。试验经验表明，功率因数取超前 0.95～0.97 比较合理，控制功角不超过 70°，保留的安全裕度比较大，是为确保试验时和实际长期进相运行中的安全。许多发电机进相能力以厂用电压下降为主要限制因素之一，与系统配置有关。某些大容量（600MW 级）发电机组满负荷时进相能力很小，远远达不到 $\cos\varphi=0.95$，所以厂用电动机的电压波动允许范围对发电机进相能力影响非常大，往往成为限制发电机进相运行能力的主要因素。

根据《电网运行准则》（DL/T 1040—2007）中关于发电机进相能力的要求，在电网调度发出指令以后，发电机应能在数分钟之内从迟相进入进相运行状态，由此满足电网调整无功的需求。应明确，要以发电机自带厂用电系统为试验条件，不能把通过启动备用变压器带厂用电的进相试验结果上报电网调度，作为进相运行的依据。

条文 5.1.5　新投产的大型汽轮发电机应具有一定的耐受带励磁失步振荡的能力。发电机失步保护应考虑既要防止发电机损坏又要减小失步对系统和用户造成的危害。为防止失步故障扩大为电网事故，应当为发电机解列设置一定的时间延迟，使电网和发电机具有重新恢复同步的可能性。

失步运行属于应避免而又不可能完全排除的发电机非正常运行状态。发电机失步往往起因于某种系统故障，故障点到发电机距离越近，故障时间越长，越易导致失步。在失步至恢复同步或解列发电机之前，发电机和系统都要经受短时间的失步运行状态。失步振荡对发电机组的危害主要是轴系扭振和短路电流冲击。为减轻失步对系统的影响，在一定条件下，应允许发电机组短暂失步运行，以便采取措施恢复同步运行或在适当地点解列。对于单机对系统的振荡而言，一般情况下，直接切除不会对电网产生太大影响。

表 5-1　汽轮发电机组频率异常允许运行时间

频率范围（Hz）	允许运行时间	
	累计（min）	每次（s）
51.0 以上～51.5	＞30	＞30
50.5 以上～51.0	＞180	＞180
48.5～50.5	连续运行	
48.5 以下～48.0	＞300	＞300
48.0 以下～47.5	＞60	＞60
47.5 以下～47.0	＞10	＞20
47.0 以下～46.5	＞2	＞5

条文 5.1.6　为防止频率异常时发生电网崩溃事故，发电机组应具有必要的频率异常运行能力。正常运行情况下，汽轮发电机组频率异常允许运行时间应满足表 5-1 的要求。

本条是难于考核的项目，主要依靠制造厂在设计和制造阶段有所措施和制造厂的承诺。

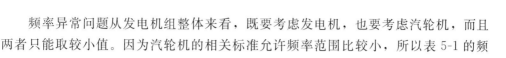

频率异常问题从发电机组整体来看，既要考虑发电机，也要考虑汽轮机，而且两者只能取较小值。因为汽轮机的相关标准允许频率范围比较小，所以表 5-1 的频率范围是按汽轮机取的。

频率异常属于应避免而又不可能完全排除的发电机组非正常运行状态。

电力系统由于某种原因造成有功功率不平衡时，频率将偏离额定值。偏离的程度与系统有功功率不平衡情况及系统的负荷频率特性等因素有关。

限制系统频率降低，一般采用低频减负荷。但由于低频减负荷装置的动作时延和电力系统的惯性，在减负荷后系统频率的恢复有一定时延。所以，当系统由于某种原因突然出现功率严重短缺时，即使采用了低频减负荷，系统也不可避免地将出现短暂的频率降低。频率降低的程度和持续时间与电力系统的具体情况及低频减负荷的配置和整定有关。

如果系统频率下降时处理不当而将机组跳闸，则此时机组跳闸造成的系统功率短缺将进一步导致频率降低，因而形成连锁反应，严重时最终导致系统崩溃。所以为防止电网频率异常时发生电网崩溃事故，发电机组应具有必要的频率异常运行能力。同时，机组低频保护整定必须与系统频率降低特性协调，即系统频率降低不应使机组保护动作而引起恶性连锁反应。

限制机组频率升高是由其调速器来实现。一般要求系统事故时限制机组的暂态最高转速不超过额定转速的 $107\%\sim108\%$。

《继电保护技术规程》（GB/T 14285—2006）中规定，发电机组应装设低频保护，保护动作于信号并有低频累计时间显示。特殊情况下当低频保护需要跳闸时，保护动作时间可按汽轮机和发电机制造厂的规定进行整定，但必须符合表 5-1 规定的每次允许时间。

条文 5.1.7　发电机励磁系统应具备一定过负荷能力。

条文 5.1.7.1　励磁系统应保证发电机励磁电流不超过其额定值的 1.1 倍时能够连续运行。

条文 5.1.7.2　励磁系统强励电压倍数一般为 2 倍，强励电流倍数等于 2，允许持续强励时间不低于 10s。

GB/T 7409.3—2008《同步电机励磁系统　大、中型同步发电机励磁系统技术条件》有此明确要求。随着电网规模的扩大、电压等级的提升，关注发挥发电机对电网电压的无功支撑及调节作用，对发电机励磁系统过负荷能力进行细化，其特性应满足国家、行业标准的要求，如图 5-3 所示。

【案例】　美国、加拿大"8·14"大停电事故的发生、发展过程，就是由三条 345kV 线路相继掉闸的一个局部地区事故引发，事故范围逐渐扩大，经过约 10min 时间后，最终导致美国东北部和加拿大电网解列为多个"孤岛"，损失 61 800MW

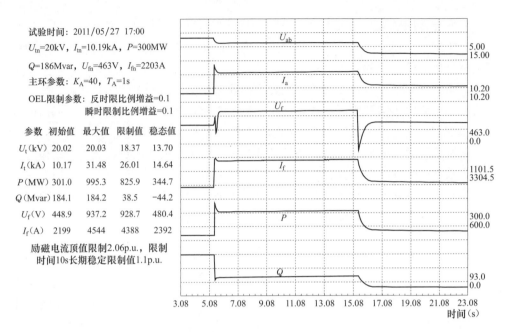

试验时间：2011/05/27 17:00

U_{tn}=20kV，I_{tn}=10.19kA，P=300MW

Q=186Mvar，U_{fn}=463V，I_{fn}=2203A

主环参数：K_A=40，T_A=1s

OEL限制参数：反时限比例增益=0.1
瞬时限制比例增益=0.1

参数	初始值	最大值	限制值	稳态值
U_t(kV)	20.02	20.03	18.37	13.70
I_t(kA)	10.17	31.48	26.01	14.64
P(MW)	301.0	995.3	825.9	344.7
Q(Mvar)	184.1	184.2	38.5	-44.2
U_f(V)	448.9	937.2	928.7	480.4
I_f(A)	2199	4544	4388	2392

励磁电流顶值限制2.06p.u.，限制
时间10s长期稳定限制值1.1p.u.

图 5-3　某发电机励磁系统过励特性

负荷。在事故发展过程中，至少有531台发电机组由于励磁系统或调速系统、发电厂内控制、保护系统等原因相继跳闸。事故分析表明，发电机励磁系统过负荷能力如转子过励，在确保设备安全的前提下，发挥其对系统的无功电压支撑，对避免发电机连锁掉闸从而引起"垮网"，具有重要意义。

条文 5.1.8　发电厂应准确掌握有串联补偿电容器送出线路以及送出线路与直流换流站相连的汽轮发电机组轴系扭转振动频率，并做好抑制和预防机组次同步谐振和振荡措施，同时应装设机组轴系扭振保护装置，协助电力调度部门共同防止次同步谐振或振荡。

在超高压输电线路上采用串联补偿电容器，补偿电容与输电线路感抗形成串联谐振电路。对直接连接的大容量汽轮发电机存在次同步谐振（SSR）的问题，特别是当送端无连接有非串联电容补偿的线路送电或不带有地区负荷时，情况尤为严重。有可能在某些工况下激起次同步谐振，引起电网电压和电流波动，影响机组大轴寿命，威胁发电机安全。

可以采取主动和被动两大类抑制措施。

（1）主动措施，隔断发电机与电网之间次同步电流通路，如次同步阻塞滤波器（SSR Blocking Filters）。

（2）被动措施，监测发电机转子轴系转速与同步转速之间的转速差，如果发现转速差幅度逐渐增大，采取控制措施进行抑制，如附加励磁阻尼控制（SEDC）、次同步谐振稳定装置（SSR-Dynamic Stabilizer）、可控串补（TCSC）等。

【案例】 某电厂装有 2 台 600MW 和 2 台 500MW 机组，通过全长 387km 的双回 500kV 线路送出，分别在线路电网侧加装 30% 固定和 15% 可控串联补偿电容器。自 2007 年 10 月串联补偿电容器投运后，在某些运行工况下 3、4 号机组扭振保护装置发出报警信号，2008 年 5 月机组开缸检查发现发电机对轮侧有 3 处裂纹。进行串联补偿电容器投入/退出试验，发现每投入一条线路的固定串补后系统的次同步谐振幅度会逐步增加，见图 5-4，退出一条线路的固定串补后系统次同步谐振幅度减小，见图 5-5。根据录波分析，发电机定子电流存在 28.7Hz 的信号，与机组轴系扭振模态 2 频率 21.3Hz，相对 50Hz 互补，从而激发次同步谐振。

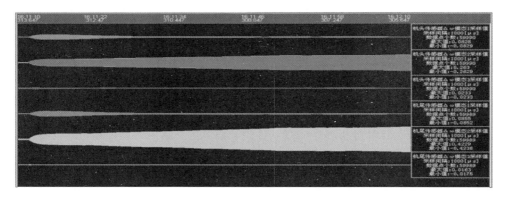

图 5-4　投入一条线路的固定串补后系统的次同步谐振幅度会逐步增加

注：深色线：机头传感器模态 2 转速差；浅色线：机尾传感器模态 2 转速差。

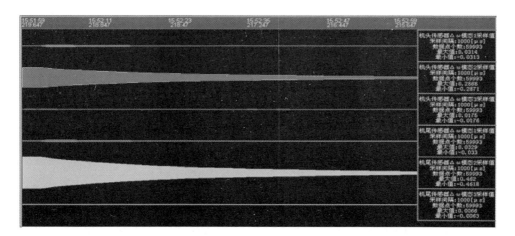

图 5-5　退出一条线路的固定串补后系统的次同步谐振幅度会逐步减小

注：深色线：机头传感器模态 2 转速差；浅色线：机尾传感器模态 2 转速差。

条文 5.1.9 机组并网调试前 3 个月，发电厂应向相应调度部门提供电网计算分析所需的主设备（发电机、变压器等）参数、二次设备（电流互感器、电压互感器）参数及保护装置技术资料，以及励磁系统（包括电力系统稳定器）、调速系统技术资料（包括原理及传递函数框图）等。

条文 5.1.10 发电厂应根据有关调度部门电网稳定计算分析要求，开展励磁系统（包括电力系统稳定器）、调速系统、原动机的建模及参数实测工作，实测建模报告需通过有资质试验单位的审核，并将试验报告报有关调度部门。

DL/T 279—2012《发电机励磁系统调度管理规程》有此明确要求。系统稳定计算分析包括以下内容：

（1）系统动态稳定计算时间应不小于 6 个动态摇摆周期。在大区域电网联网方式下，计算仿真时间为 40s，考虑发电机及其励磁、调速系统等的动态调节作用，才能够比较准确地反映系统动态特性。

（2）目前普遍采用电力系统稳定器（PSS）来改善系统动态稳定特性。计算分析电力系统中存在振荡模式的频率和阻尼，选择 PSS 安装地点并合理整定参数，消除负阻尼振荡模式，改善弱阻尼振荡模式，提高系统动态稳定水平。

（3）采用新的计算分析程序仿真系统中长期电压、频率动态过程，不仅考虑发电机及其励磁、调速系统等的动态调节作用、锅炉热力过程，还要考虑自动装置如发电机转子过负荷和定子过负荷保护、发电机或异步电动机超速和低速保护、线路过流保护、距离保护、自动有载调压变压器 OLTC、用户自定义控制装置等。

开展以上工作，要求计算中采用准确的发电机及其励磁、调速系统详细模型参数。电网调度部门承担着维护电网安全稳定的责任，应慎重地选择和采用发电机及其调节系统详细分析模型，要求现场实际测量扰动后励磁、调速系统的响应特性并进行仿真对比分析，得到工程化计算模型。

因此，对发电机组励磁和调速系统参数的具体要求是：

1）新建或改造的发电机组励磁系统、调速系统的有关逻辑、定值及参数设定、运行规定等均纳入电网调度管理的范畴，在投产前必须经过充分的技术论证，经电网的相关检测部门检测合格，并报调度部门审查批准后方可实施。

2）新建或改造的机组励磁系统、调速系统，在机组并网前应进行必要的静态调试和动态试验。

3）新建机组的励磁系统、调速系统数学模型和相应参数应在机组进入商业化运行前完成实际测量。

4）改造机组的励磁系统、调速系统数学模型和参数应在投入运行后半年内完成实际测量。

5）发电厂应将实测的励磁系统、调速系统数学模型和参数上报调度部门和技术监督部门审核。发电机组原动机及励磁系统、调速系统数学模型包括：原动机数学模型结构及相关参数，励磁、调速系统类型及工作原理简图、各环节数学模型或传递函数方框图及相关参数的取值范围及换算关系等，一次调频死区的实现逻辑等。

6）发电机组励磁系统、调速系统的模型及参数实际测量项目应列为电厂工程验收内容。

【案例】 2005 年 9 月 1 日 18 时 53 分～21 时 12 分发生了三次某电网机组对主网的低频振荡。前两次振荡自行平息，第三次振荡有逐渐加大的趋势，随着该电网某电厂 1、3 号机组相继跳闸，振荡平息。事故分析表明，采用典型的发电机组励磁系统模型参数，不能仿真重现事故，而采用现场试验数据拟合出的励磁系统模型参数，则可以准确模拟并找到事故原因是，由于初始方式下电厂机组对系统振荡模式的阻尼已经较弱，随着摆动发生前电厂有功出力的增加或无功出力的减少，进一步降低了该振荡模式的阻尼，引发了机组对系统的低频同步振荡，由此激发了地区电网机组对主网的低频振荡，如图 5-6 所示。

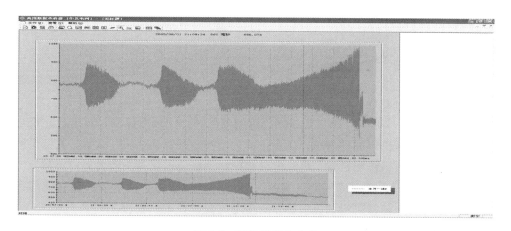

图 5-6 联络线有功响应

条文 5.1.11 并网电厂应根据《大型发电机变压器继电保护整定计算导则》（DL/T 684—2012）的规定、电网运行情况和主设备技术条件，认真校核涉网保护与电网保护的整定配合关系，并根据调度部门的要求，做好每年度对所辖设备的整定值进行全面复算和校核工作。当电网结构、线路参数和短路电流水平发生变化时，应及时校核相关涉网保护的配置与整定，避免保护发生不正确动作行为。

条文 5.1.12 发电机励磁系统正常应投入发电机自动电压调节器（机端电压恒定的控制方式）运行，电力系统稳定器正常必须置入投送状态，励磁系统（包括电力系统稳定器）的整定参数应适应跨区交流互联电网不同联网方式运行要求，对

0.1～2.0Hz 系统振荡频率范围的低频振荡模式应能提供正阻尼。

励磁系统的主要任务是维持发电机电压在给定水平上和提高电力系统的稳定性。一方面为提高系统静态和暂态稳定水平，发电机励磁系统正常投入发电机自动电压调节器（机端电压恒定的控制方式）运行，维持发电机机端电压为恒定值，并采用高强励顶值倍数、快速励磁系统；另一方面，大量采用高强励顶值倍数、快速励磁系统将导致电力系统阻尼特性变差，在某些运行方式下可能引发 0.1～2.0Hz 低频振荡，投入电力系统稳定器（PSS）以提供附加阻尼力矩，改善系统动态稳定水平。

条文 5.1.12.1　利用自动电压控制系统对发电机调压时，受控机组励磁系统应投入自动电压调节器。

条文 5.1.12.2　励磁系统应具有无功调差环节和合理的无功调差系数。接入同一母线的发电机的无功调差系数应基本一致。励磁系统无功调差功能应投入运行。

大多数发电机组为单元接线，主变压器电抗大（15％左右），导致变压器电压降落较大。国际上广泛采用负调差来提高电厂高压侧母线电压，充分利用发电机无功储备，提高系统电压稳定性。国内也有越来越多的机组采用负调差。

DL/T 279—2012《发电机励磁系统调度管理规程》有此明确要求。为了在电厂内多台并网发电机组之间均衡分配无功，保证运行发电机组具有合理的无功裕度，对机组无功调差特性提出以上要求。

条文 5.1.13　200MW 及以上并网机组的高频率、低频率保护，过电压、低电压保护，过励磁保护，失磁保护，失步保护，阻抗保护及振荡解列装置、发电机励磁系统（包括电力系统稳定器）等设备（保护）定值必须报有关调度部门备案。

条文 5.1.13.1　自动励磁调节器的过励限制和过励保护的定值应在制造厂给定的容许值内，并与相应的机组保护在定值上配合，并定期校验。

条文 5.1.13.2　励磁变压器保护定值应与励磁系统强励能力相配合，防止机组强励时保护误动作。

条文 5.1.13.3　励磁系统 V/Hz 限制应与发电机或变压器的过励磁保护定值相配合，一般具有反时限和定时限特性。实际配置中，可以选择反时限或定时限特性中的一种。应结合机组检修定期检查限制动作定值。

条文 5.1.13.4　励磁系统如设有定子过压限制环节，应与发电机过压保护定值相配合，该限制环节应在机组保护之前动作。

"机网协调"技术管理分为两级，第一级为发电机组涉网保护与电网保护之间的协调；第二级为发电机组控制系统（如励磁、调速系统等）的特性与电网保护之间的协调。其原则为"在保障发电机组安全的基础上，在机组能力的范围内，充分发挥机组对电网安全的支撑能力"。

应关注分别与发电机过负荷、强励、发电机及主变压器过励磁、发电机定子过电压等能力相关的励磁系统过励、V/Hz、过电压等限制与发电机组、励磁变压器保护的配合关系，应争取达到"既不超越机组的能力，使机组受到伤害；也不束缚机组的能力，使对电网安全支撑受到削弱"。

发电机过励限制环节通过计算励磁绕组在励磁电流超出长期运行最大值的发热量，达到某常数来限制调节器输出以限制发电机转子电流，达到保护发电机转子的目的。V/Hz 限制的作用体现在两个方面：一是在额定频率下限制发电机端电压；二是避免发电机及主变压器过励磁。

条文 5.1.14 电网低频减载装置的配置和整定，应保证系统频率动态特性的低频持续时间符合相关规定，并有一定裕度。发电机组低频保护定值可按汽轮机和发电机制造厂有关规定进行整定，低频保护定值应低于系统低频减载的最低一级定值，机组低电压保护定值应低于系统（或所在地区）低压减载的最低一级定值。

发电机组作为电力系统的重要组成部分之一，其动态特性对电网稳定水平有显著的影响。当电力系统中发生故障时，一方面，电网要求并网运行的发电机组发挥一次调频、电压支撑能力，维持电网稳定；另一方面，为了防止发电机组相关设备损坏，发电机组继电保护将启动，导致机组掉闸。

如果发电机组继电保护有关特性与电网保护不协调，可能导致电网事故扩大。

【案例 1】 1992 年某电网发生事故，由于 220kV 变电站值班人员误合隔离开关，导致一条 220kV 线路出口发生三相短路故障，继电保护拒动，造成后备保护动作致使主网隔离故障点比较慢（长达 0.58s），引起某电网各机群之间的激烈振荡。故障后 13s，联络线振荡解列装置动作，电网解列，某电厂 1 号机组（350MW）因低频保护动作，被迫退出运行，某电网的功率大量缺额导致电网频率急剧下降，低频减载装置动作，切除负荷 490MW。

【案例 2】 2001 年某电厂 2 号机组（500MW）发生失磁事故，500kV 母线电压约为 480kV（$>0.9U_N$），由于发电机失磁保护电压闭锁定值为 $0.9U_N$，延时 2s，导致失磁保护拒动，失磁情况下发电机异步运行，从系统吸收大量无功、发出有功，引起负荷中心 500kV 枢纽站电压低落，500kV 变电站电压降低至 473kV。

从以上电力系统事故可以看出，在电网解列后，地区发生功率缺额，某电厂发电机组的低频保护整定与电网低频减载装置特性缺乏协调，导致机组过早退出运行，对事故后的电网"雪上加霜"；某电厂发电机组发生故障，由于其失磁保护整定不合理，导致机组长时间异步运行，降低了电网的电压稳定水平。

条文 5.1.15 发电机组一次调频运行管理

条文 5.1.15.1 并网发电机组的一次调频功能参数应按照电网运行的要求进

行整定，一次调频功能应按照电网有关规定投入运行。

条文 5.1.15.2 新投产机组和在役机组大修、通流改造、数字电液控制系统 (DEH) 或分散控制系统 (DCS) 改造及运行方式改变后，发电厂应向相应调度部门交付由技术监督部门或有资质的试验单位完成的一次调频性能试验报告，以确保机组一次调频功能长期安全、稳定运行。

条文 5.1.15.3 发电机组调速系统中的汽轮机调门特性参数应与一次调频功能和自动发电控制调度方式相匹配。在阀门大修后或发现两者不匹配时，应进行汽轮机调门特性参数测试及优化整定，确保机组参与电网调峰调频的安全性。

电力系统的一次调频是由同步发电机组和负荷设备共同来完成的。频率波动对用户、发电厂和整个电力系统均会产生许多不良影响，因此，维持整个电力系统频率恒定，而且保证频率的偏移不超过允许值，是电力系统控制的一个重要目标。

发电机组的原动机调速系统是电网一次调频的主要设备，也是影响电网自然频率特性的唯一可控设备。为了提高电能质量及电力系统的稳定水平，要求所有并入电网运行的发电机组都必须具有一次调频的功能。因此，所有并入电网运行的机组都必须具备并投入一次调频功能，达到有关的技术要求，并上报各台机组与一次调频有关的材料及数据。当电网频率波动时，机组在所有运行方式下都应自动参与一次调频。现场应随时记录并保存机组一次调频的投入及运行情况，以便有关部门进行技术分析与监督。

一次调频的主要技术指标有：

(1) 机组调速系统的速度变动率。

1) 火电机组速度变动率一般为 $4\%\sim5\%$。

2) 水电机组速度变动率（永态转差率）一般为 $3\%\sim4\%$。

(2) 调速系统迟缓率。

1) 机械、液压调节型：

a. 机组容量≤100MW，迟缓率要求小于 0.4%。

b. 机组容量 $100\sim200$MW，迟缓率要求小于 0.2%。

c. 机组容量＞200MW，迟缓率要求小于 0.1%。

2) 电液调节型：

a. 机组容量≤100MW，迟缓率要求小于 0.15%。

b. 机组容量 $100\sim200$MW，迟缓率要求小于 0.1%。

c. 机组容量＞200MW，迟缓率要求小于 0.06%。

(3) 机组参与一次调频的死区。水、火电机组一次调频死区不大于 ±2r/min（±0.034Hz）。

(4) 机组参与一次调频的响应滞后时间。当电网频率变化达到一次调频动作值到机组负荷开始变化所需的时间，为一次调频负荷响应滞后时间，应小于3s。

（5）机组参与一次调频的稳定时间。机组参与一次调频过程中，在电网频率稳定后，机组负荷达到稳定所需的时间，为一次调频稳定时间，应小于1min。机组投入机组协调控制系统或自动发电控制（AGC）运行时，应剔除负荷指令变化的因素。

（6）机组一次调频的负荷响应时间。燃煤机组达到75%目标负荷的时间应不大于15s，达到90%目标负荷的时间应不大于30s，燃气机组达到90%目标负荷的时间应不大于15s。

（7）机组参与一次调频的负荷变化幅度。机组参与一次调频的负荷变化幅度上限可以加以限制，但限制幅度不应过小，规定如下：

1）容量≤250MW的火电机组，限制幅度≥10%额定负荷。

2）容量250～350MW的火电机组，限制幅度≥8%额定负荷。

3）容量350～500MW的火电机组，限制幅度≥7%额定负荷。

4）容量＞500MW的火电机组，限制幅度≥6%额定负荷。

机组参与一次调频的负荷变化幅度不应设置下限。

水电机组参与一次调频的负荷变化幅度不应加以限制。

各发电厂在对机组一次调频的负荷变化幅度加以限制时，应充分考虑机组及电网特点，确保机组及电网的安全、稳定。

一次调频对调速系统、机组控制系统的要求如下。

（1）DEH（调速）侧设计要求：应采取将转速差信号经转速不等率设计函数，直接叠加在汽轮机（燃机）调速汽门指令处的设计方法，同时DEH功率回路的功率指令亦根据转速不等率设计指标，进行调频功率定值补偿，且补偿的调频功率定值部分不经过速率限制。

（2）CCS侧要求：采用分散控制系统（DCS）且具有机组协调控制和AGC功能的机组，由DEH、CCS共同完成一次调频功能；即DEH侧采取将转速差信号经转速不等率设计函数直接叠加在汽轮机（燃机）调速汽门指令处的设计方法，而在CCS中设计频率校正回路，且CCS中的校正指令不经速率限制。

一次调频功能是机组的必备功能之一，不应设计为运行人员随意切除的方式。目前在役机组中，一次调频设计为运行人员随意投切的机组，应取消投/退操作按钮，保证一次调频功能始终在投入状态。

依据Q/GDW 669—2011《火力发电机组一次调频试验导则》，一次调频试验要求如下：

并网机组应进行一次调频试验，且必须合格；新建机组可以只进行单阀工况下的一次调频试验。

机组大修或机组控制系统发生重大改变（重大改变包括 DCS 改造、DEH 改造、控制方案及一次调频回路主要设计参数改变等）后，应重新进行一次调频试验，以保障一次调频性能和机组安全。

存在单阀、顺序阀运行方式的机组，一次调频试验包括单阀方式和顺序阀方式下的一次调频试验，其中新建机组根据汽轮机本体运行要求适时开展单阀、顺序阀方式下的一次调频试验。无单、顺序阀运行工况的机组应进行能表征该机组实际性能的一次调频试验。

一次调频试验选择的负荷工况点不应少于 3 个，宜在 60％、75％、90％额定负荷工况附近选择。稳燃负荷小于 50％额定负荷的机组，在稳燃负荷至 50％额定负荷之间的负荷点进行一次调频试验亦可。选择的工况点应能较准确反映机组变负荷运行范围内的一次调频特性。

在每个试验负荷工况点，应至少分别进行 ± 0.067、± 0.1Hz 频差阶跃扰动试验；应至少选择一个负荷工况点进行机组调频上限试验和同调频上限具有同等调频负荷绝对值的降负荷调频试验，检验机组的安全性能。

【案例】 2009 年 9 月 24 日，某 200MW 发电机组发生有功振荡，最大波动幅度达到 20MW 左右，引起无功大幅波动，无功最低达到 -100Mvar，最终失磁保护动作跳机。

汽轮机调门特性是典型的凸轮特性，如图 5-7 所示，故整个功率调节系统为非线性控制系统，这在汽轮机顺序阀运行工况尤为明显。本次事故，机组运行在汽轮机调门特性突变的拐点，恰巧该时刻一次调频动作，一次调频动作值直接叠加在汽

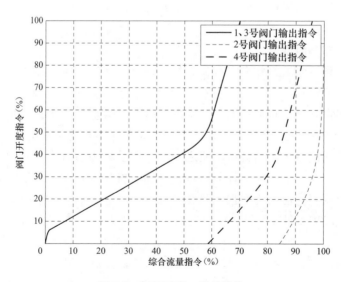

图 5-7 阀门开度—流量特性

轮机阀位总指令上，使有功瞬间又产生快速变化，加剧了调节的不稳定，超出了功率控制器的稳定调节范围，导致有功调节振荡。

因此，汽轮机调门特性，尤其是顺序阀工况的调门特性应与一次调频和 AGC 运行相适应。执行机构的合理线性度是保证有功调节和一次调频运行安全的基础，当调门特性线性度较差或存在影响正常调节的拐点时，应及时进行汽轮机调门特性参数测试及整定。

条文 5.1.16 发电机组进相运行管理

条文 5.1.16.1 发电厂应根据发电机进相试验绘制指导实际进相运行的 *P—Q* 图，编制相应的进相运行规程，并根据电网调度部门的要求进相运行。发电机应能监视双向无功功率和功率因数。根据可能的进相深度，当静稳成为限制进相因素时，应监视发电机功角进相运行。

条文 5.1.16.2 并网发电机组的低励限制辅助环节功能参数应按照电网运行的要求进行整定和试验，与电压控制主环合理配合，确保在低励限制动作后发电机组稳定运行。

条文 5.1.16.3 低励限制定值应考虑发电机电压影响并与发电机失磁保护相配合，应在发电机失磁保护之前动作。应结合机组检修定期检查限制动作定值。

低励限制的作用是限制发电机进相运行深度，低励限制曲线是按发电机不同有功功率静稳定极限及发电机端部发热条件确定，低励限制曲线应注意与失磁保护的配合。DL/T 843—2003《大型汽轮发电机交流励磁机励磁系统技术条件》有此明确要求。

现场检查及 RTDS 仿真性能检测均表明，低励限制 UEL 控制策略和参数选择至关重要，参数选择不当时，会使发电机组进相运行中发生较大的不稳定扰动。图 5-8 是对机组进行−5％给定电压阶跃响应试验，反映了 AVR 中 UEL 的投

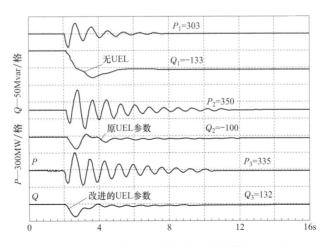

图 5-8 发电机机组−5％给定电压阶跃无功响应

退及选择不同参数的影响。

条文 **5.1.17** 加强发电机组自动发电控制运行管理

条文 **5.1.17.1** 单机 300MW 及以上的机组和具备条件的单机容量 200MW 及以上机组，根据所在电网要求，都应参加电网自动发电控制运行。

条文 **5.1.17.2** 发电机组自动发电控制的性能指标应满足接入电网的相关规定和要求。

条文 **5.1.17.3** 对已投运自动发电控制的机组，在年度大修后投入自动发电控制运行前，应重新进行机组自动增加/减少负荷性能的测试以及机组调整负荷响应特性的测试。

AGC（Automatic Generation Control）即自动发电控制，指发电机组工况调整、运行由控制系统自动完成，机组的出力也直接由调度中心遥调。其功能主要有三个：一是维持电力系统频率为额定值，二是控制区域电网之间联络线功率交换，三是优化经济运行。

条文 **5.1.18** 发电厂应制订完备的发电机带励磁失步振荡故障的应急措施，并按有关规定做好保护定值整定，包括：

条文 **5.1.18.1** 当失步振荡中心在发电机一变压器组内部时，应立即解列发电机。

条文 **5.1.18.2** 当发电机电流低于三相出口短路电流的 60%～70% 时（通常振荡中心在发电机一变压器组外部），发电机组应允许失步运行 5～20 个振荡周期。此时，应立即增加发电机励磁，同时减少有功负荷，切换厂用电，延迟一定时间，争取恢复同步。

条文 **5.1.19** 发电机失磁异步运行

条文 **5.1.19.1** 严格控制发电机组失磁异步运行的时间和运行条件。根据国家有关标准规定，不考虑对电网的影响时，汽轮发电机应具有一定的失磁异步运行能力，但只能维持发电机失磁后短时运行，此时必须快速降负荷。若在规定的短时运行时间内不能恢复励磁，则机组应与系统解列。

条文 **5.1.19.2** 发电机失去励磁后是否允许机组快速减负荷并短时运行，应结合电网和机组的实际情况综合考虑。如电网不允许发电机无励磁运行，当发电机失去励磁且失磁保护未动作时，应立即将发电机解列。

失磁异步运行属于应避免而又不可能完全排除的非正常运行状态。

因为发电机失磁瞬间可以从发送无功的正常运行状态，立即阶跃为吸收无功状态，造成对电网非常不利的大幅度无功负荷变化，故应严格限制失磁异步运行条件。运行实践表明，有限的短时异步运行对发电机组运行是有利的，可能因此恢复励磁，从而避免发电机组紧急跳闸对热动力设备的冲击。若不能恢复励磁，短时的异步运行也可以使机组负荷在解列前，以适当速度减少以至足以转至其他机组。失磁异步运行对电网的不利影响较大，无论是立即从电网解列还是允许快速减负荷后短时运行，都会对电网造成一定的冲击。

汽轮发电机失磁异步运行的能力及限值，与电网容量、机组容量、是否特殊设计等有关。如果在规定的短时运行时间内不能恢复励磁，则机组应与系统解列。

具备如下条件时，可以短时异步运行：

(1) 电网有足够的无功裕量去维持一个合理的电压水平；

(2) 机组能迅速减少负荷（应自动进行）到允许水平；

(3) 发电机组的厂用电系统可以自动切换到另一个电源。

条文 5. 1. 20 电网发生事故引起发电厂高压母线电压、频率等异常时，电厂重要辅机保护不应先于主机保护动作，以免切除辅机造成发电机组停运。

要求厂用高压和低压辅机变频器保护应能躲过瞬时高/低电压波动。当电厂高压母线电压跌至 50％额定电压时，或升高到 120％额定电压时，重要辅机变频器应能保证延时 0.5s 不切除变频器输出电源。

【案例】 2011 年，某电网 500kV 线路发生单相故障，导致临近的 A 电厂、B 电厂机组给煤机停止运行，导致发电机跳闸。本次事故暴露出火电厂辅机存在抗扰动差并引起机组跳闸的问题。

条文 5. 2 防止风电机组大面积脱网事故

条文 5. 2. 1 新建风电机组必须满足《风电场接入电力系统技术规定》（GB/T 19963—2011）等相关技术标准要求，并通过国家有关部门授权的有资质的检测机构的并网检测，不符合要求的不予并网。

《风电场接入电力系统技术规定》（GB/T 19963—2011）规定了风电场并网的通用技术要求，包括风电场有功功率、功率预测、无功容量、电压控制、低电压穿越、运行适应性、电能质量、仿真模型和参数、二次系统、接入系统测试等内容。

在风电场并网以及风速增长过程中，风电场有功功率变化应满足电力系统安全稳定运行的要求，其限值应根据所接入电力系统的频率调节特性，由电网调度机构确定。风电场有功功率变化限值的推荐值见表 5-2。

表 5-2　　　　　　　　　正常运行情况下风电场有功功率变化最大限值

风电场装机容量（MW）	10min 有功功率变化最大限值（MW）	1min 有功功率变化最大限值（MW）
<30	10	3
30～150	装机容量/3	装机容量/10
>150	50	15

风电场应配置风电功率预测系统，系统具有 0～72h 短期风电功率预测以及 15min～4h 超短期风电功率预测功能。

风电场的无功电源包括风电机组及风电场无功补偿装置。风电场安装的风电机组应满足功率因数在超前 0.95～滞后 0.95 的范围内动态可调。

风电场应配置无功电压控制系统,具备无功功率调节及电压控制能力。根据电网调度机构指令,风电场自动调节其发出(或吸收)的无功功率,实现对风电场并网点电压的控制,其调节速度和控制精度应能满足电力系统电压调节的要求。

当公共电网电压处于正常范围内时,风电场应能控制风电场并网点电压在标称电压的 97％～107％范围内。

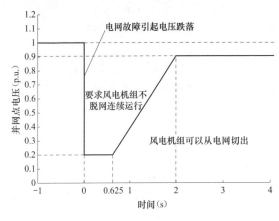

图 5-9　风电场低电压穿越要求

风电场并网点电压跌至 20％标称电压时,风电场内的风电机组能保证不脱网连续运行 625ms。

风电场并网点电压在发生跌落后 2s 内能恢复到标称电压的 90％时,风电场内的风电机组能够保证不脱网连续运行。风电场低电压穿越要求如图 5-9 所示。

对电力系统故障期间没有切出的风电场,其有功功率在故障清除后应快速恢复,自故障清除时刻开始,以至少 10％额定功率/s 的功率变化率恢复至故障前的值。

当风电场并网点电压在标称电压的 90％～110％之间时,风电机组应能正常运行;当风电场并网点电压超过标称电压的 110％时,风电场的运行状态由风电机组的性能确定。

当接入同一并网点的风电场装机容量超过 40MW 时,需要向电网调度机构提供风电场接入电力系统测试报告;累计新增装机容量超过 40MW,需要重新提交测试报告。

条文 5.2.2　风电场并网点电压波动和闪变、谐波、三相电压不平衡等电能质量指标满足国家标准要求时,风电机组应能正常运行。

条文 5.2.3　风电场应配置足够的动态无功补偿容量,应在各种运行工况下都能按照分层分区、基本平衡的原则在线动态调整,且动态调节的响应时间不大于 30ms。

风电汇集地区多集中在电网末端,系统薄弱,短路容量小,导致在风电场并网点电压波动幅度和变化速率比较大,因此,要求风电场动态无功补偿装置动态调节时间不大于 30ms。

条文 5.2.4　风电机组应具有规程规定的低电压穿越能力和必要的高电压耐受能力。

由于风电机组有功出力间歇波动性强并且自身无功调节能力有限，大规模风电汇集地区无功电压控制是目前影响风电接纳能力的重要因素之一，风电机组应具有规程规定的低电压穿越能力和必要的高电压耐受能力，减小对电网的冲击。

【案例】 2011 年 4 月 17 日，某风电场 A 内接于 35kV 4 号母线的 318 号馈线的风机箱式变压器，35kV 送出架空 B 相引线与 35kV 主干架空线路 C 相搭接，引起 B、C 相间短路故障，持续约 82ms 故障切除，引起风电场 A 及周边多个风电场总共 629 台风机脱网。风机脱网过程分为两个阶段：

第一阶段，故障期间，风电场 A 220kV 母线电压降低至 61%U_N，35kV 母线电压至 42%U_N，导致风机低电压保护动作，引起风电场 A 及周边多个风电场总共 301 台风机脱网。

第二阶段，在故障切除及 301 台风机脱网后，由于系统大量无功过剩，系统电压迅速升高，导致风机过电压保护动作，引起多个风电场，总共 328 台风机脱网，如图 5-10 所示。

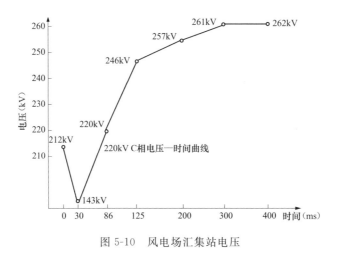

图 5-10　风电场汇集站电压

条文 5.2.5　电力系统频率在 49.5～50.2Hz 范围（含边界值）内时，风电机组应能正常运行。电力系统频率在 48～49.5Hz 范围（含 48Hz）内时，风电机组应能不脱网运行 30min。

条文 5.2.6　风电场应配置风电场监控系统，实现在线动态调节全场运行机组的有功/无功功率和场内无功补偿装置的投入容量，并具备接受电网调度部门远程监控的功能。风电场监控系统应按相关技术标准要求，采集、记录、保存升压站设备和全部机组的相关运行信息，并向电网调度部门上传保障电网安全稳定运行所需的运行信息。

为了改善风电场并网特性，借鉴发达国家经验，风电场应配置风电场监控系统

（WPMS）。WPMS 如图 5-11 所示，是整个风电场的无功监测控制，输入信号为控制点（如汇集点）电压，通过控制风电场内各台风机输出的无功功率，维持控制点（如汇集点）电压的稳定。

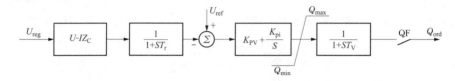

图 5-11　风电场监控系统（WPMS）模型

条文 5.2.7　风电场应向相应调度部门提供电网计算分析所需的主设备（发电机、变压器等）参数、二次设备（电流互感器、电压互感器）参数及保护装置技术资料及无功补偿装置技术资料等。风电场应经静态及动态试验验证定值整定正确，并向调度部门提供整定调试报告。

条文 5.2.8　风电场应根据有关调度部门电网稳定计算分析要求，开展建模及参数实测工作，并将试验报告报有关调度部门。

随着风电规模化接入电网，其动态特性对电力系统的影响应引起关注。应与发电机励磁、汽机系统调速系统一样，将风电机组及风电场参数实测、仿真建模项目列为工程验收内容。

条文 5.2.9　电力系统发生故障、并网点电压出现跌落时，风电场应动态调整机组无功功率和场内无功补偿容量，应确保场内无功补偿装置的动态部分自动调节，确保电容器、电抗器支路在紧急情况下能被快速正确投切，配合系统将并网点电压和机端电压快速恢复到正常范围内。

条文 5.2.10　风电场无功动态调整的响应速度应与风电机组高电压耐受能力相匹配，确保在调节过程中风电机组不因高电压而脱网。

根据 2011 年以来发生的多起风电大面积脱网故障，因高电压脱网的风电机组台数甚至超过故障期间低电压脱网的风电机组台数，因此，应关注无功电压控制特性与风电机组能力的协调问题。

条文 5.2.11　风电场汇集线系统单相故障应快速切除。汇集线系统应采用经电阻或消弧线圈接地方式，不应采用不接地或经消弧柜接地方式。经电阻接地的汇集线系统发生单相接地故障时，应能通过相应保护快速切除，同时应兼顾机组运行电压适应性要求。经消弧线圈接地的汇集线系统发生单相接地故障时，应能可靠选线，快速切除。汇集线保护快速段定值应对线路末端故障有灵敏度，汇集线系统中的母线应配置母差保护。

风电场的汇集系统一般采用 35kV 电缆系统，若该系统采用不接地或经消弧线圈柜接地方式时，单相故障不产生故障电流，故障不能及时切除。若由于施工工艺和运行维护不当，电缆产生的容性电流会使得故障处发热，有可能会发展为两相或三相故障，造成事故扩大。严重时可引起风机大面积脱网，因此要求风电厂的汇集系统采用经电阻或消弧线圈接地方式，在单相故障时能够快速切除故障。

条文 **5.2.12** 风电机组主控系统参数和变流器参数设置应与电压、频率等保护协调一致。

条文 **5.2.13** 风电场内涉网保护定值应与电网保护定值相配合，并报电网调度部门备案。

与水、火电机组类似，如果风电机组继电保护有关特性与电网不协调，可能导致电网事故扩大。

条文 **5.2.14** 风电机组故障脱网后不得自动并网，故障脱网的风电机组须经电网调度部门许可后并网。

由于风电具有间歇性、波动性等特点，风电汇集地区潮流及电压控制难度大。尤其在事故后过渡过程中，若处理不当，可能导致事故扩大或延长恢复时间。应严格执行故障脱网的风电机组须经电网调度部门许可后并网。

条文 **5.2.15** 发生故障后，风电场应及时向调度部门报告故障及相关保护动作情况，及时收集、整理、保存相关资料，积极配合调查。

条文 **5.2.16** 风电场二次系统及设备，均应满足《电力二次系统安全防护规定》（国家电力监管委员会令第 5 号）要求，禁止通过外部公共信息网直接对场内设备进行远程控制和维护。

条文 **5.2.17** 风电场应在升压站内配置故障录波装置，启动判据应至少包括电压越限和电压突变量，记录升压站内设备在故障前 **200ms** 至故障后 **6s** 的电气量数据，波形记录应满足相关技术标准。

为了便于事故分析及仿真，要求风电场应在升压站内配置故障录波装置。

条文 **5.2.18** 风电场应配备全站统一的卫星时钟设备和网络授时设备，对场内各种系统和设备的时钟进行统一校正。

6

防 止 锅 炉 事 故

总体情况说明：

本章是将原《防止电力生产重大事故的二十五项重点要求》简称"二十五项反措"中与锅炉专业紧密相关的"3 防止大容量锅炉承压部件爆漏事故"、"5 防止锅炉尾部再次燃烧事故"、"6 防止锅炉炉膛爆炸事故"、"7 防止制粉系统爆炸和煤尘爆炸事故"、"8 防止锅炉汽包满水和缺水事故"5 部分合并为"6 防止锅炉事故"，并将原"3 防止大容量锅炉承压部件爆漏事故"修改为"6.5 防止锅炉承压部件失效事故"。

为保证反措的全面性和完整性，本章的修订贯彻了覆盖电力生产全过程的思路，从规划/设计/选型、制造/监造、安装/监理、调试、运行、检修/维护/改造等环节进行把握。并且在规定设计环节的要求时，强调和包括了改造的内容，在规定调试启动时，强调和包括了检修后冷态启动的一致性，使锅炉反措能够连贯和循环，而不是孤立的一条线式的要求。

原"二十五项反措"颁布于 2000 年，在其编制过程中，600MW 机组尚未成为主力机组，等离子、小油枪等少油点火技术刚刚诞生，干除渣技术刚开始采用，脱硫系统处于示范阶段，脱硝技术处于储备阶段。当前，新建机组以 600MW 及以上超/超超临界机组为主，以神华煤、高水分褐煤为代表的新煤种层出不穷，等离子、小油枪等少油/无油点火技术、干除渣技术普遍应用，脱硫脱硝设备已成为基本配置，还增加了大型循环流化床锅炉和蒸汽燃气联合循环余热锅炉等形式。这些技术和设备的广泛采用，要求反措必须拓展内容和范围，做到全面覆盖和应对。

原"二十五项反措"已执行了 10 余年，各发电集团都有下发本企业的细则和修订版本，在这些方面普遍固定下来被认可的内容，及时修订在新的反措中。而对于过时和不能反映当前设备系统情况的条款，则进行了删改、调整和补充。

条文说明：

条文 6.1　防止锅炉尾部再次燃烧事故

由于传热效果好、占地和空间小等优势，现在大型火力发电机组都采用回转式空气预热器。由于回转式空气预热器本身笨重，而且内外部空间狭小，伴随有堵塞、腐蚀、高温、冷却、漏风等诸多问题，由此而成为整个机组的咽喉要道。其本身施工条件不好，并且不可能会有整体备品，所以回转式空气预热器方面的设备事故，尤其是严重着火事故，修复工期很长，会严重影响机组的运行发电，整个后果非常严重，所以必须高度重视其安全，严防着火事故发生。对于大容量、高参数、新技术情况下设计、制造和投产运行的机组，更应该提高防止锅炉尾部再次燃烧事故的认识和管理水平。

关键词释义。

一、锅炉尾部

泛指锅炉从竖直烟道到烟囱出口，在这部分烟道中传统上布置有低温过热器、低再热器、省煤器、空气预热器等受热面，有除尘器等环保设备。现在大型火电机组又增加了脱硝、脱硫等设备，除尘器也由电除尘器发展为电袋合一除尘器。少油/无油点火技术和干除渣技术的结合使用，也增加了干除渣系统着火烧损的风险。所以，在本次修订中，"锅炉尾部"有所拓展，除了传统部位外，还要包括锅炉底部的干除渣系统和除灰系统。

二、重点部位

发生锅炉尾部再燃烧的传统重点部位是省煤器和空气预热器，在早前小机组不规范的启动调试中，由于油枪质量和燃烧的问题，确实发生过省煤器烧毁事故；但对于中、大型机组，更主要的是指回转式空气预热器，尤其是其传热元件，存在丰富的波纹、表面积巨大、缝隙狭小和很薄钢片构成的密集填充物，非常容易积存杂物。实践证明，这个部位是防止锅炉尾部再燃烧事故的重点。但当前，从风险预控的角度，重点部位还必须包括脱硝（SCR）系统、电除尘器除灰系统和干除渣系统。

三、再次燃烧

锅炉专业所说的燃烧，是指燃料在炉膛中的充满度适中、气氛适当、传热平衡的稳定燃烧。正常情况下，燃料在炉膛出口前应全部烧尽。但实际上，特别在基建调试的冷态点火和机组启动初期，由于各种原因，造成锅炉初始燃料没有燃尽。这些油、煤及其未燃尽物的混合物就会随烟气带至锅炉尾部烟道，或者沉降在锅炉底部的干除渣系统中。这些物质在正常温度和空气环境中容易发生氧化，释放热量，局部升温。当一定量的未燃尽混合物在锅炉尾部烟道内等各部位积存到一定量和时间，经过氧化升温到一定水平，在遇到合适的空气条件的情况下，就转化为着火，开始燃烧，甚至和设备一起燃烧，造成设备严重毁损，这就是再次燃烧。所以说，可燃物积存是导致事故发生的罪魁祸首和防治事故的关键环节。

四、防止锅炉尾部再次燃烧事故的思路

再次燃烧事故的实质是来自炉膛的燃料未燃尽混合物（可燃物）在某些部位的积存氧化和自燃而引起的着火。认清这个实质，从防止未燃尽混合物积存自燃的核心思路出发，依据电力生产的常识，可以从常理上理清防止事故发生的思路：

（1）尽可能保证燃料在炉膛内完全燃烧，尽可能少产生可燃物，提高燃烧效率和燃尽率；

（2）采取合理的手段，不使可燃物在那些关键部位积存，保证关键部位温度正常；

（3）一定要有手段，并且可用，尽快、彻底清除可燃物；

（4）万一发生了可燃物积存，一定要尽早知道；

（5）发生着火了，要能及时隔绝空气，操作正确，防止着火延续和扩大；

（6）有消防手段，能够及时喷水灭火；

（7）有低速盘车手段，保证空气预热器转子回转，对处理灭火、保护设备有好处；

（8）要有齐全的监控手段和要求。

条文 6.1.1 防止锅炉尾部再次燃烧事故，除了防止回转式空气预热器转子蓄热元件发生再次燃烧事故外，还要防止脱硝装置的催化元件部位、除尘器及其干除灰系统以及锅炉底部干除渣系统的再次燃烧事故。

随着 10 余年我国电力的快速发展，新的环保、节能、节水技术普遍被采用。现在大型火电机组在传统的锅炉尾部，又增加了脱硝、脱硫等设备，除尘器也有由电除尘器发展为电袋合一除尘器。少油/无油点火技术和干除渣技术的结合使用，增加了干除渣系统着火烧损的风险。所以，在本次修订中，重点拓展了"锅炉尾部"的范围，除了传统部位外，还要包括脱硝装置的催化元件部位，以及锅炉底部的干除渣系统和除灰系统。

条文 6.1.2 在锅炉机组设计选型阶段，必须保证回转式空气预热器本身及其辅助系统设计合理、配套齐全，必须保证回转式空气预热器在运行中有完善的监控和防止再次燃烧事故的手段。

必须贯彻反措全过程覆盖的思路，确立要从机组建设的设计选型阶段就必须重视反措，保证在锅炉机组设计选型阶段，回转式空气预热器本身及其辅助系统设计合理、配套齐全，使得回转式空气预热器在运行中有完善的监控和防止再次燃烧事故的手段。这些手段包括停转报警、着火报警、隔离手段、完善的吹灰手段、消防，以及必须考虑转子的清洗手段。

对于运行机组的空气预热器改造，也应遵照这个要求。

以下 5 条是反措执行 10 余年来各集团实施细则的有效内容和经验总结。

条文 6.1.2.1　回转式空气预热器应设有独立的主辅电机、盘车装置、火灾报警装置、入口风气挡板、出入口风挡板及相应的连锁保护。

条文 6.1.2.2　回转式空气预热器应设有可靠的停转报警装置，停转报警信号应取自空气预热器的主轴信号，而不能取自空气预热器的马达信号。

条文 6.1.2.3　回转式空气预热器应有相配套的水冲洗系统，不论是采用固定式或者移动式水冲洗系统，设备性能都必须满足冲洗工艺要求，电厂必须配套制订出具体的水冲洗制度和水冲洗措施，并严格执行。

条文 6.1.2.4　回转式空气预热器应设有完善的消防系统，在空气及烟气侧应装设消防水喷淋水管，喷淋面积应覆盖整个受热面。如采用蒸汽消防系统，其汽源必须与公共汽源相连，以保证启停及正常运行时随时可投入蒸汽进行隔绝空气式消防。

条文 6.1.2.5　回转式空气预热器应设计配套有完善合理的吹灰系统，冷热端均应设有吹灰器。如采用蒸汽吹灰，其汽源应合理选择，且必须与公共汽源相联，疏水设计合理，以能够满足机组启动和低负荷运行期间的吹灰需要。

【案例】　在 20 世纪 90 年代初期某电厂引进 350MW 燃煤机组基建调试期间，由于回转空气预热器原设计只有引自主蒸汽集汽联箱的主汽汽源，在机组启动初期和低负荷下无法进行空气预热器的吹灰工作，加之冷态启动和低负荷情况下油燃烧效果问题，曾经引发预热器转子蓄热元件局部着火。后来及时进行了转子水冲洗，并利用增加的辅助蒸汽汽源加强机组启动初期和低负荷下无法进行空气预热器的吹灰工作，保证了机组调试的顺利进行，以及以后机组启动的安全。

条文 6.1.3　锅炉设计和改造时，必须高度重视油枪、小油枪、等离子燃烧器等锅炉点火、助燃系统和设备的适应性与完善性。

该条文是要引起对锅炉机组点火设备和系统的重视，提醒不论是锅炉设计或者改造，必须高度重视油枪、小油枪、等离子点火燃烧器等锅炉点火、助燃系统和设备的适应性与完善性。在该条款中，再次确认油枪配风器对点火、稳燃和燃尽的作用。

【案例 1】　1994 年发表于《锅炉制造》总第 154 期的《300MW 机组锅炉空气预热器着火原因分析及防火措施》论文中，介绍一台国产 300MW 机组整体试运期间突发 MFT 后发生空气预热器蓄热元件着火事故，分析其着火原因总结为启动油枪雾化不好、油枪泄漏、喷嘴堵塞、缺角燃烧和投油时间太长 5 个方面，造成大量残油积存在回转式空气预热器蓄热元件中，由此引发着火事故。

【案例 2】　2010 年 10 月 22 日，某电厂 6 号锅炉按计划进行微油点火吹管。为改善燃烧情况，将磨煤机一次风量降低等若干措施，燃烧情况没有明显改善，投入微油点火系统的辅助油枪运行。12 时 45 分，A 磨煤机入口热一次风风门处发现火星，紧急停磨触发 MFT。随后空气预热器跳闸就地盘不动车，进行隔离。21 时 24

分发现 A 空气预热器着火，事故造成空气预热器转子、模数仓格、密封片、蓄热元件等构件烧损。该空气预热器烧损的主要原因为锅炉微油点火装置能量不足，不能满足锅炉冷态启动需求，炉膛煤粉燃烧条件燃尽程度存在重大缺陷。在微油点火装置能量不足时未及时投运大油枪提高煤粉燃尽率，导致大量煤粉积聚在空气预热器转子内，也没有连续投入空气预热器吹灰来保证空气预热器的清洁，最终导致着火。

以下 5 条是该条款的细化和具体落实要求。

条文 6.1.3.1 在锅炉设计与改造中，加强选型等前期工作，保证油燃烧器的出力、雾化质量和配风相匹配。

条文 6.1.3.2 无论是煤粉锅炉的油燃烧器还是循环流化床锅炉的风道燃烧器，都必须配有配风器，以保证油枪点火可靠、着火稳定、燃烧完全。

条文 6.1.3.3 对于循环流化床锅炉，油燃烧器出口必须设计足够的油燃烧空间，保证油进入炉膛前能够完全燃烧。

条文 6.1.3.4 锅炉采用少油/无油点火技术进行设计和改造时，必须充分把握燃用煤质特性，保证小油枪设备可靠、出力合理，保证等离子发生装置功率与燃用煤质、等离子燃烧器和炉内整体空气动力场的匹配性，以保证锅炉少油/无油点火的可靠性和锅炉启动初期的燃尽率以及整体性能。

条文 6.1.3.5 所有燃烧器均应设计有完善可靠的火焰监测保护系统。

条文 6.1.4 回转式空气预热器在制造等阶段必须采取正确保管方式，应进行监造。

条文 6.1.4.1 锅炉空气预热器的传热元件在出厂和安装保管期间不得采用浸油防腐方式。

空气预热器的传热元件在出厂和安装保管期间，除了要按照制造厂家的规范方法进行防腐、不得采用油浸外，还必须保证传热元件的清洁干净，不得进入杂物，以免造成局部堵塞。

条文 6.1.4.2 在设备制造过程中，应重视回转式空气预热器着火报警系统测点元件的检查和验收。

对回转式空气预热器的监造应该是规范和完整的，但从防止空气预热器再燃烧事故角度考虑，回转式空气预热器着火报警系统测点元件的检查和验收是要点，必须配套齐全，检验合格。

条文 6.1.5 必须充分重视回转式空气预热器辅助设备及系统的可靠性和可用性。新机基建调试和机组检修期间，必须按照要求完成相关系统与设备的传动检查和试运工作，以保证设备与系统可用，连锁保护动作正确。

该条文进一步强调了回转式空气预热器辅助设备及系统的可靠性和可用性，对防止其再次燃烧的重要性，规定了调试期间必须进行的工作，明确要求有关空气预热器的所有系统都必须在锅炉点火前达到投运状态。

条文 6.1.5.1 机组基建、调试阶段和检修期间应重视空气预热器的全面检查和资料审查，重点包括空气预热器的热控逻辑、吹灰系统、水冲洗系统、消防系统、停转保护、报警系统及隔离挡板等。

条文 6.1.5.2 机组基建调试前期和启动前，必须做好吹灰系统、冲洗系统、消防系统的调试、消缺和维护工作，应检查吹灰、冲洗、消防行程、喷头有无死角，有无堵塞问题并及时处理。有关空气预热器的所有系统都必须在锅炉点火前达到投运状态。

锅炉尾部再燃烧事故根本原因在于炉内燃烧不完全燃料积存在特殊的部位，尤其是回转空气预热器蓄热元件中所造成的。但不重视吹灰手段和吹灰效果，或者吹灰效果不好，也几乎与每个空气预热器着火事故如影随形。由于吹灰系统设备问题，或者工期过于紧张，在机组调试初期不重视，或者忽视回转式空气预热器的吹灰系统调试情况也是有的，这种情况就增加了空气预热器着火的风险。所以从规范调试和反措角度考虑，严格要求有关空气预热器的所有系统都必须在锅炉点火前达到投运状态，尤其是吹灰系统、水冲洗系统和消防系统。

条文 6.1.5.3 基建机组首次点火前或空气预热器检修后应逐项检查传动火灾报警测点和系统，确保火灾报警系统正常投用。

条文 6.1.5.4 基建调试或机组检修期间应进入烟道内部，就地检查、调试空气预热器各烟风挡板，确保分散控制系统显示、就地刻度和挡板实际位置一致，且动作灵活，关闭严密，能起到隔绝作用。

条文 6.1.6 机组启动前要严格执行验收和检查工作，保证空气预热器和烟风系统干净无杂物、无堵塞。

该条款规定了机组启动前对烟风通道的检查和清理，提出了对蓄热元件必须进行全面的通透性检查，并对检查提出了监督和验收要求。

回转式空气预热器转子蓄热元件部位全面干净、均匀地通透，是保证合理换热、冷却，以及吹灰清理有效的重要基础。如果转子传热元件局部有杂物堵塞，该处工质流速就低，更容易造成可燃物积存和堵塞，并且换热冷却不好，增加着火的风险。

条文 6.1.6.1 空气预热器在安装后第一次投运时，应将杂物彻底清理干净，蓄热元件必须进行全面的通透性检查，经制造、施工、建设、生产等各方验收合格后方可投入运行。

条文 6.1.6.2 基建或检修期间，不论在炉膛或者烟风道内进行工作后，必须彻底检查清理炉膛、风道和烟道，并经过验收，防止风机启动后杂物积聚在空气预热器换热元件表面上或缝隙中。

条文 6.1.7　要重视锅炉冷态点火前的系统准备和调试工作，保证锅炉冷态启动燃烧良好，特别要防止出现由于设备故障导致的燃烧不良。

该条文强调了要提前对锅炉点火系统进行准备和冷态调试，尤其对于采用少油/无油点火系统系统的锅炉，反措要求必须保证设备安装正确，新设备和系统在投运前必须进行正确整定和冷态调试，完全达到实际的投用状态，以保证机组启动时锅炉点火可靠，着火稳定，燃烧完全，减少可燃物在锅炉尾部的积聚。

条文 6.1.3 的案例完全适用于该条文。

【案例 1】　2005 年 6 月发表于《黑龙江电力》的论文《DG-406/13.73-II3 空气预热器着火原因分析及预防》，介绍了一台国产循环流化床锅炉机组在基建调试蒸汽吹管期间，发生的空气预热器再次燃烧事故。分析其事故原因为点火初期投煤方式不合理、启动初期一、二次风量偏大，以及燃料粒度不符合要求。空气预热器着火事故发生前，床温仅为 500℃，在不符合投煤条件情况下，锅炉连续给煤几个小时，而且一、二次风量远大于锅炉需要的运行风量，并且入炉燃料偏细。这种情况下，造成大量没有燃烧的细小煤粒被风携带并积存在整个尾部烟道，发生着火事故。

【案例 2】　2008 年发表于《热力发电》第 37 卷，第 7 期的论文《循环流化床锅炉尾部烟道再燃烧的防范措施》中介绍：某发电公司 2 号锅炉为 440t/h 循环流化床锅炉，2006 年某日，该机组完成冲转及空负荷调试后，进行 50% 甩负荷试验成功，13 时 15 分，由于给水泵滤网堵塞，2 号给水泵堵塞滤网尚未清洗，不能正常给锅炉上水。13 时 39 分，汽包水位迅速下降并看不到水位，停止手动给煤。13 时 48 分，停汽轮机，随后停给水泵。由于担心锅炉床料温度过高，停炉后蓄热过多，由此锅炉停止给煤后，采取了通风流化方式强制冷却。14 时左右，床料温度降至 300℃ 以下，停止引风机、一次风机、流化风机，随即关闭风机挡板。

13 时 52 分，即停炉 1h 后，发现省煤器与空气预热器连接烟道处烟温接近1000℃，启动风机吹扫尾部烟道，引起省煤器至引风机烟道烟温迅速上升，随停风机，关闭所有风门挡板，自然冷却。事后检查已造成省煤器、空气预热器烧损。

从上述案例可以看出，造成该循环流化床锅炉尾部烟道发生再次燃烧事故的原因是：

（1）锅炉点火及长期低负荷运行和没有及时吹灰，造成尾部受热面积聚了一定量的未燃尽煤粉；

（2）锅炉干锅后，省煤器缺水冷却效果减弱，锅炉蓄热向尾部转移，使烟温上升；

（3）通风冷却，违规启动风机，使事态扩大。

条文 **6.1.7.1** 新建机组或改造过的锅炉燃油系统必须经过辅汽吹扫，并按要求进行油循环，首次投运前必须经过燃油泄漏试验确保各油阀的严密性。

条文 **6.1.7.2** 油枪、少油/无油点火系统必须保证安装正确，新设备和系统在投运前必须进行正确整定和冷态调试。

条文 **6.1.7.3** 锅炉启动点火或锅炉灭火后重新点火前必须对炉膛及烟道进行充分吹扫，防止未燃尽物质聚集在尾部烟道造成再燃烧。

条文 **6.1.8** 精心做好锅炉启动后的运行调整工作，保证燃烧系统各参数合理，加强运行分析，以保证燃料燃烧完全，传热合理。

该条文在于强调锅炉启动后加强运行燃烧调整的作用，一个重点是强调保证油燃烧所需要的油枪根部风；更重要的是规定对于采用少油/无油点火方式启动锅炉机组，启动前应准备足够相应煤质的入炉煤，强调燃烧系统运行的一致性和合理性。

另外，不论在锅炉冷态点火，或者任何负荷下投入燃料时，都必须保证足够的点火能；点火能不足是安全问题，不能勉强。

条文 **6.1.8.1** 油燃烧器运行时，必须保证油枪根部燃烧所需用氧量，以保证燃油燃烧稳定完全。

条文 **6.1.8.2** 锅炉燃用渣油或重油时应保证燃油温度和油压在规定值内，雾化蒸汽参数在设计值内，以保证油枪雾化良好、燃烧完全。锅炉点火时应严格监视油枪雾化情况，一旦发现油枪雾化不好应立即停用，并进行清理检修。

条文 **6.1.8.3** 采用少油/无油点火方式启动锅炉机组，应保证入炉煤质，调整煤粉细度和磨煤机通风量在合理范围，控制磨煤机出力和风、粉浓度，使着火稳定和燃烧充分。

条文 **6.1.8.4** 煤油混烧情况下应防止燃烧器超出力。

条文 **6.1.8.5** 采用少油/无油点火方式启动时，应注意检查和分析燃烧情况和锅炉沿程温度、阻力变化情况。

条文 **6.1.9** 要重视空气预热器的吹灰，必须精心组织机组冷态启动和低负荷运行情况下的吹灰工作，做到合理吹灰。

该条文强调了吹灰对防止空气预热器着火的重要性，强调投入蒸汽吹灰器前应进行充分疏水，确保吹灰要求的蒸汽参数，特别突出强调了要保证蒸汽过热度。

所有的空气预热器着火事故案例分析中，除了炉内燃烧效果不好外，吹灰效果不好都是非常重要的原因。机组在冷态启动期间，尤其是新建电厂首台机组基建调试初期，锅炉机组长期在启动状态运行，风温和炉膛温度都比较低，炉内燃烧效果比较差，而且空气预热器传热元件温度也比较低，所以来自炉膛的不完全燃烧产物就非常容易积聚在传热元件中间；同时，在最需要保证和加强空气预热器吹灰的这个阶段，由于机组负荷很低，不能保证正规汽源的使用，恰恰只能使用其辅助汽源。而且此时由于启动锅炉容量限制等原因，加之除氧器、暖风器、轴封加热，以及小汽轮机运行等原因，造成辅助蒸汽的参数都比较低，往往与空气预热器吹灰要求参数有差距。这种情况下，首先要合理选择锅炉点火启动方式，合理组织锅炉初始负荷的燃烧调整优化工作，尽可能提高燃尽率，减少启动点火次数，防止未经着火燃烧的燃料及其各种杂混性可燃物迁移，造成局部积聚。同时，要高度重视和有目的地精心组织锅炉尾部，尤其是空气预热器的吹灰工作，不能无视，或者放弃吹灰。应根据实际情况，合理评估安全隐患，有目的地制定具体、完整的吹灰措施，精心组织吹灰工作。

条文 6.1.9.1　投入蒸汽吹灰器前应进行充分疏水，确保吹灰要求的蒸汽过热度。

条文 6.1.9.2　采用等离子及微油点火方式启动的机组，在锅炉启动初期，空气预热器必须连续吹灰。

条文 6.1.9.3　机组启动期间，锅炉负荷低于 25% 额定负荷时空气预热器应连续吹灰；锅炉负荷大于 25% 额定负荷时至少每 8h 吹灰一次；当回转式空气预热器烟气侧压差增加时，应增加吹灰次数；当低负荷煤、油混烧时，应连续吹灰。

条文 6.1.10　要加强对空气预热器的检查，重视发挥水冲洗的作用，及时精心组织，对回转式空气预热器正确地进行水冲洗。

该条文要求加强对空气预热器的检查，重视发挥水冲洗的作用。要求对回转式空气预热器的水冲洗必须及时进行、精心组织，正确冲洗和干燥。水冲洗不只是防再着火，同时也是防止堵灰降低阻力的重要手段。在实际生产中，由于水冲洗问题引发的不良后果的案例比较多，所以有必要上升到反措的高度，以多达 5 条的分解要求，对水冲洗及其干燥做出全面规定。对于当前普遍采用移动设备进行高压水冲洗方式，应严禁以包代管。

另外，在机组实际调试和启动过程中，如果炉内燃烧状况不好，吹灰参数不足、效果不佳，就必须及早准备，规范组织、安排水冲洗。

条文 6.1.10.1　锅炉停炉 1 周以上时必须对回转式空气预热器受热面进行检查，若有存挂油垢或积灰堵塞的现象，应及时清理并进行通风干燥。

条文 6.1.10.2　若锅炉较长时间低负荷燃油或煤油混烧，可根据具体情况利用停炉对回转式空气预热器受热面进行检查，重点是检查中层和下层传热元件，若发现有残留物积存，应及时组织进行水冲洗。

条文 6.1.10.3　机组运行中，如果回转式空气预热器阻力超过对应工况设计阻力的 150%，应及时安排水冲洗；机组每次大、小修均应对空气预热器受热面进行检查，若发现受热元件有残留物积存，必要时可以进行水冲洗。

条文 6.1.10.4 对空气预热器不论选择哪种冲洗方式，都必须事先制定全面的冲洗措施并经过审批，整个冲洗工作严格按措施执行，必须严格达到冲洗工艺要求，一次性彻底冲洗干净，验收合格。

条文 6.1.10.5 回转式空气预热器冲洗后必须正确地进行干燥，并保证彻底干燥。不能立即启动引送风机进行强制通风干燥，防止炉内积灰被空气预热器金属表面水膜吸附造成二次污染。

条文 6.1.11 应重视加强对锅炉尾部再次燃烧事故风险点的监控。

该条文强调了对风险点的监控，强调机组停运后和温热态启动时，是回转式空气预热器受热和冷却条件发生巨大变化的时候，容易产生热量积聚引发着火，应更重视运行监控和现场巡视检查。

条文 6.1.11.1 运行规程应明确省煤器、脱硝装置、空气预热器等部位烟道在不同工况的烟气温度限制值。运行中应当加强监视回转式空气预热器出口烟风温度变化情况，当烟气温度超过规定值、有再燃前兆时，应立即停炉，并及时采取消防措施。

条文 6.1.11.2 机组停运后和温热态启动时，是回转式空气预热器受热和冷却条件发生巨大变化的时候，容易产生热量积聚引发着火，应更重视运行监控和检查，如有再燃前兆，必须及早发现，及早处理。

另外，我们一定要认识到，空气预热器是空气加热装置，但同时在热态运行中也需要合理冷却。一定要重视回转空预器的冷却，尤其在单侧风机运行时，风量和烟气量在空气预热器之间分配不一定是平衡的，所以要加强预热器的运行监控，避免锅炉机组超能力带负荷，防止出现两侧预热器加热和冷却出现偏差，增加事故风险。

条文 6.1.11.3 锅炉停炉后，严格按照运行规程和厂家要求停运空气预热器，应加强停炉后的回转式空气预热器运行监控，防止异常发生。

条文 6.1.12 回转式空气预热器跳闸后需要正确处理，防止发生再燃及空气预热器故障事故。

条文 6.1.12.1 若发现回转式空气预热器停转，立即将其隔绝，投入消防蒸汽和盘车装置。若挡板隔绝不严或转子盘不动，应立即停炉。

条文 6.1.12.2 若回转式空气预热器未设出入口烟/风挡板，发现回转式空气预热器停转，应立即停炉。

条文 6.1.13 加强空气预热器外的其他特殊设备和部位防再次燃烧事故工作。

该条文是针对近十余年来，在新建大型机组上由于采用新技术和新增加的节能、节水、环保设备，而可能发生的锅炉尾部再次燃烧事故的防范，是对原版反措的重要补充。

条文 **6.1.13.1** 锅炉安装脱硝系统，在低负荷煤油混烧、等离子点火期间，脱硝反应器内必须加强吹灰，监控反应器前后阻力及烟气温度，防止反应器内催化剂区域有未燃尽物质燃烧，反应器灰斗需要及时排灰，防止沉积。

条文 **6.1.13.2** 干排渣系统在低负荷燃油、等离子点火或煤油混烧期间，防止干排渣系统的钢带由于锅炉未燃尽的物质落入钢带二次燃烧，损坏钢带。需要派人就地监控。

条文 **6.1.13.3** 新建燃煤机组尾部烟道下部省煤器灰斗应设输灰系统，以保证未燃物可以及时的输送出去。

条文 **6.1.13.4** 如果在低负荷燃油、等离子点火或煤油混烧期间电除尘器在投入，电除尘器应降低二次电压电流运行，防止在集尘极和放电极之间燃烧，除灰系统在此期间连续输送。

条文 **6.2** 防止锅炉炉膛爆炸事故

"防止锅炉炉膛爆炸事故"部分由原条文第 6 大项调整而来，作为防止锅炉事故中一个专项内容，重要性未有任何降低。本次修订针对近年来火力发电发展的新趋势、新特点和暴露出的新问题，通过归纳总结，在原有的防止锅炉灭火和防止严重结焦的基础上，增加了防止燃料泄漏和循环流化床锅炉防爆、防止锅炉内爆三个章节。内容涵盖了机组启停、正常运行和停炉检修全部时间过程。为了保证反措内容能全流程覆盖电力建设、生产的全过程，从规划、设计/选型、制造/监造、安装/监理、调试、运行、检修/维护/改造等环节提出防止炉膛爆炸事故的措施，结合近年发布的国家、行业法规、标准和相关企业标准提出的新要求，修改、补充和完善相关条款，对原条文中已不适应当前电厂实际情况或已写入新规范、新标准的条款进行删除、调整。

条文 **6.2.1** 防止锅炉灭火

近些年来，随着新建机组容量的增大、锅炉燃烧设备的优化改进、热工检测装备及自动控制水平的不断提升，运行中发生锅炉灭火事故的频次较十年前已经有显著降低。但由于燃烧故障导致的锅炉灭火事故仍不能完全避免。分析事故原因，既有入炉燃料特性不佳的因素，又有设备故障及安全管理不到位引起的灭火事故。因此在当前锅炉灭火事故发生概率显著降低的情况下，加强燃料管理，做好锅炉燃烧设备、燃烧控制系统的日常检查和维护工作，对防止锅炉灭火仍具有十分重要的作用。

本条文为原"二十五项反措"中条文 6.1 章节，保留了已经过实践证明行之有效的条文，并增加了等离子、微油点火及 DCS 系统失灵等内容。

条文 **6.2.1.1** 锅炉炉膛安全监控系统的设计、选型、安装、调试等各阶段都应严格执行《火力发电厂锅炉炉膛安全监控系统技术规程》（DL/T 1091—2008）。

《火力发电厂锅炉炉膛安全监控系统技术规程》（DL/T 1091—2008）是电力行业十分重要的一份行业标准，它规定了锅炉炉膛防内爆/外爆、燃烧管理、燃烧控制系统的逻辑设计以及对监控设备的要求，可用于指导安全监控系统设计、制造、安装、调试和运行维修等，必须严格执行。

本条为新增条款，主要强调在设计、选型、安装、调试等各阶段都应严格遵守执行重要的行业规范和标准。

条文 6.2.1.2 根据《电站煤粉锅炉炉膛防爆规程》（DL/T 435—2004）中有关防止炉膛灭火放炮的规定以及设备的实际状况，制订防止锅炉灭火放炮的措施，应包括煤质监督、混配煤、燃烧调整、低负荷运行等内容，并严格执行。

《电站煤粉锅炉炉膛防爆规程》（DL/T 435—2004）规定了防止电站煤粉锅炉炉膛外爆/内爆，在有关设备及其系统方面的基本要求，给出了对设备启、停的顺序及运行操作指南。对一些可能的引起炉膛爆炸的原因进行列举，为各厂制定防止锅炉灭火放炮的措施给出规程依据。

本条文为原条文 6.1.1 项，此次修订对条文中所涉及的标准进行了更新：由 DL/T 435—1991 更新为 DL/T 435—2004。

条文 6.2.1.3 加强燃煤的监督管理，完善混煤设施。加强配煤管理和煤质分析，并及时将煤质情况通知运行人员，做好调整燃烧的应变措施，防止发生锅炉灭火。

当前煤炭市场行情依然十分复杂。对各个发电企业而言，煤炭市场的复杂性以及燃料来源的多样性增加了各厂燃料管理的难度。各厂需要结合自身锅炉设备的条件，尽可能选购与设计（校核）煤种接近的、适于本厂锅炉燃用的原煤。燃料管理过程中应尽可能对每一批次入厂燃料的来源地、煤种特性、主要指标准确把握，做好煤场分煤种堆放管理工作，燃料部门在上煤前应保持与运行人员的及时沟通和交流，上煤煤种发生较大变化，应及时告知运行人员，提前采取防范措施；运行人员发现由燃料问题引起的燃烧不稳故障，在做好相应燃烧调整工作的同时，及时联系调整入炉煤质，防止因燃料原因引起锅炉灭火。

本条文为原条文 6.1.2 条，并根据目前电厂大多实行集控运行的情况，对原条文中"司炉"的提法进行修订，改称"运行人员"。

【案例】 2009 年底煤炭供应最紧张时期，某厂 300MW 机组维持 190MW 负荷运行，AGC 正常投入，主要辅机运行正常。某日 2 号锅炉 C 磨煤机 4 号角火检闪动，之后运行人员发现煤质逐渐变差，多台磨煤机火检持续波动，主汽压力由 11.3MPa 持续降至 10.2MPa，总煤量由 159t 涨至 175t，每台磨煤量涨至 36t 左右；随后 A 磨煤机出现堵磨趋势，风量逐步下降至 46t，电流摆动明显。启 F 制粉系统带 20t 出力，其他制粉系统煤量相应降低。在 F 磨煤机启动之后，炉膛负压波动幅度由原来的-270～-50Pa扩大至-386～$+110$Pa。12时51分58秒炉膛负压由-138Pa开始突增；12时52分04秒负压至-855Pa，B磨煤机失去火检跳闸；12时52分10秒F磨煤机失去火检掉闸，随之炉膛压力高三值动作，锅炉灭火。

此次灭火事故表明，运行人员未预先获得煤质持续变差信息，机组降负荷后入炉燃料量仍不断增加（事后化验分析入炉燃料低位发热量已不足2700kcal），炉内燃烧工况不断恶化，主汽压力仍持续下滑，无法跟踪AGC指令，被迫启动备用制粉系统后，炉内燃烧火焰更加分散，炉膛燃烧工况不稳定，部分磨煤机失去火检，最终锅炉灭火。

条文6.2.1.4 **新炉投产、锅炉改进性大修后或入炉燃料与设计燃料有较大差异时，应进行燃烧调整，以确定一、二次风量、风速、合理的过剩空气量、风煤比、煤粉细度、燃烧器倾角或旋流强度及不投油最低稳燃负荷等。**

煤粉颗粒在炉膛内的燃烧，是一个复杂的物理化学过程。燃烧的稳定性及经济性与入炉燃料特性、锅炉燃烧方式、燃烧器性能、风煤比、配风方式、煤粉细度等有直接关系。新锅炉投产后，锅炉运行状态可能与设计存在差异；锅炉改造性大修后主要燃烧设备可能发生变化；入炉燃料与设计燃料差异过大或设备变化都将引起锅炉运行状态或控制方式，与设计工况或原有控制方式发生改变，如不做有针对性的燃烧调整，找出新的、最佳的锅炉运行方式，极有可能导致燃烧故障，甚至突发运行中的灭火事故。

本条文为原条文6.1.3条。

【案例】 某厂670t/h超高压一次中间再热煤粉炉，设计燃用山西西山、潞安混贫煤，配中间仓储式制粉系统。2011年2～8月连续发生10次灭火事故，负荷区间介于165～220MW。多次灭火事故表明，锅炉燃烧存在较大问题，燃烧稳定性较差，高负荷运行中遇有较大扰动仍会突发灭火事故。分析原因主要有：锅炉原设计假想切圆为800mm，2009年大修期间对燃烧器改造后，炉内实际切实变小，且未做有针对性的燃烧调整试验，致使炉内火焰充满度不足，燃烧稳定性下降，抗干扰能力降低；2011年电厂采购一批南非煤、越南煤、贵州煤等与设计燃料有较大差异煤种进行掺烧，也未进行掺烧后的燃烧调整试验，致使燃烧稳定性进一步恶化，进而连续发生多次灭火事故。明确原因后，该厂加强燃料采购管理，并对锅炉进行燃烧调整试验，增加燃烧稳定性和煤种适用性，及时消除频繁灭火故障。

条文6.2.1.5 **当炉膛已经灭火或已局部灭火并濒临全部灭火时，严禁投助燃油枪、等离子点火枪等稳燃枪。当锅炉灭火后，要立即停止燃料（含煤、油、燃气、制粉乏气风）供给，严禁用爆燃法恢复燃烧。重新点火前必须对锅炉进行充分通风吹扫，以排除炉膛和烟道内的可燃物质。**

当炉膛已经灭火或已局部灭火并濒临全部灭火时，炉内存在大量未燃尽或未来得及燃烧的煤粉颗粒，二次热风也在持续不断送入，也即爆炸三要素中的可燃物浓度、氧浓度可能已经具备。一旦投入助燃油或等离子点火枪等，有很大可能使得爆炸三要素中的点火能具备，大大增加炉膛内煤粉爆炸风险，故必须严格控制油枪、等离子等助燃或稳燃装置的投入时机。锅炉灭火后必须切断入炉燃料，及时通风吹扫，避免可燃物在高温炉膛或烟道内堆积，消除可能引起"爆炸三要素"形成的事故隐患。如锅炉灭火后引、送风机不能工作，必须保证燃料完全切除；重新启动前必须进行充分的通风吹扫，消除灭火时在锅炉系统内积存的可燃物，避免污染物达到爆炸浓度。

本条文为原条文 6.1.4 条，针对近十年多数电厂已设置等离子点火系统或微油点火系统的情况，增加了对等离子点火枪（微油点火系统视为助燃油枪）的禁用规定。

条文 6.2.1.6 **100MW 及以上等级机组的锅炉应装设锅炉灭火保护装置。该装置应包括但不限于以下功能：炉膛吹扫、锅炉点火、主燃料跳闸、全炉膛火焰监视和灭火保护功能、主燃料跳闸首出等。**

随着热工自动控制水平不断提升，锅炉灭火保护装置（FSSS 或 BMS）已是新建机组或老机组热工 DCS 改造中必须设计安装的重要装备。锅炉灭火保护装置设计、安装、调试要依据《火力发电厂锅炉炉膛安全监控系统技术规程》（DL/T 1091—2008）等相关规定执行，包含规程要求的各项功能，真正实现灭火保护功能。

本条文是原条文 6.1.5 条的前半部分，并适当完善，增加了对锅炉灭火保护装置功能的相关规定。

条文 6.2.1.7 **锅炉灭火保护装置和就地控制设备电源应可靠，电源应采用两路交流 220V 供电电源，其中一路应为交流不间断电源，另一路电源引自厂用事故保安电源。当设置冗余不间断电源系统时，也可两路均采用不间断电源，但两路进线应分别取自不同的供电母线上，防止因瞬间失电造成失去锅炉灭火保护功能。**

本条文为新增条款，主要强调要确保炉膛安全监控系统装置（FSSS）和就地控制设备电源供应可靠，防止因瞬间失电造成锅炉灭火保护误动或拒动。

在对 FSSS 等热控设备电源进行设计、改造、调试、受电等工作时，应关注以下环节：

1）电源开关的容量、额定电流等符合使用设备和系统的设计要求。

2）对 UPS 段和保安段电源回路确认检查，检查 UPS 段和保安段的电源品质，要符合设计要求。

3）确认两路电源接线正确，有颜色区分并保证在整个系统内保持统一。

4）进行电源冗余切换试验，当一路电源失电，切换开关迅速动作（响应时间为 50ms），另一路电源供电，试验成功的标准为 DCS 逻辑未发生失灵、跳变现象，设备未出现失电状态。

通过对各环节的细致检查和试验的检测，确保 FSSS 系统安全可靠的投用，防止系统失电或失灵而致使锅炉失去灭火保护功能。

条文 6.2.1.8　炉膛负压等参与灭火保护的热工测点应单独设置并冗余配置。必须保证炉膛压力信号取样部位的设计、安装合理，取样管相互独立，系统工作可靠。应配备四个炉膛压力变送器：其中三个为调节用，另一个作监视用，其量程应大于炉膛压力保护定值。

本条文为新增条款，主要强调炉膛负压信号取样部位的设计、安装要求以及变送器的配置要求，防止由于炉膛压力信号不可靠造成的锅炉灭火保护误动或拒动。

从理论上讲，压力取样点应选于锅炉通风动力场的平衡点上，即压力为零处，避开吹灰器和受热面等烟气流动发生扰动处。为提高炉膛负压自动调节的精确性和炉膛压力保护的可靠性，炉膛压力自动和炉膛压力保护测点均单独设置；一般在不同位置设置四个模拟量压力测点供负压自动调节用，设置六个开关量压力测点供炉膛压力保护用。炉膛内部压力由于各种原因（如掉焦等），常会产生瞬时压力的波动，局部出现正负压力过大现象。因此，压力取样点的布置不能集中在炉膛的一侧，必须分开布置；以 π 形炉为例，通常将用于灭火保护的六个开关量压力测点设置在炉膛出口、折焰角上部水平烟道的左右侧墙上，压力高高及低低测点不能同时设置在同一侧，必须交叉设置；压力取样装置应采用不锈钢材料，防止炉膛燃烧中产生的水蒸气及腐蚀性气体腐蚀装置，造成泄漏，影响炉膛压力测量的准确性。压力测量表头标高必须大于取压点，防止烟气中水蒸气遇冷结露，致使粉尘黏附在管壁上，久而久之造成取样装置的堵塞。

条文 6.2.1.9　炉膛压力保护定值应合理，要综合考虑炉膛防爆能力、炉底密封承受能力和锅炉正常燃烧要求；新机启动或机组检修后启动时必须进行炉膛压力保护带工质传动试验。

电站锅炉炉膛设计、制造及安装基于一定承压能力。以 600MW 等级锅炉为例，锅炉燃烧室的设计承压能力均要大于 ±5800Pa；当燃烧室突发灭火内爆等事故时，瞬时不变形承载能力不低于 ±9800Pa。本条主要强调炉膛压力保护定值的确定原则和保护传动规定，防止由于炉膛压力保护定值不合理，或保护传动不规范造成的锅炉灭火保护误动或拒动，进而发生水封破坏、炉膛水冷壁爆破变形等扩大事故。新机启动或机组检修后启动时，必须进行冷态通风状态下的保护传动试验，以实际检验炉膛压力保护系统工作状态，确保炉膛压力开关和压力变送器、信号传输、保护逻辑系统等工作正常。

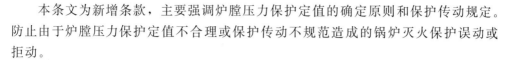

本条文为新增条款，主要强调炉膛压力保护定值的确定原则和保护传动规定。防止由于炉膛压力保护定值不合理或保护传动不规范造成的锅炉灭火保护误动或拒动。

条文 6.2.1.10　加强锅炉灭火保护装置的维护与管理，确保锅炉灭火保护装置可靠投用。防止发生火焰探头烧毁、污染失灵、炉膛负压管堵塞等问题。

锅炉灭火保护装置的工作状态和可靠性，直接影响安全运行。本条主要强调对灭火保护装置的管理和维护，发电企业必须建立和完善相关制度，做好与灭火保护相关热工测试装置和系统的检查及维护，如火检探头装置、冷却风系统等。特别应加强对灭火保护等重要热工逻辑的检查和校验，合理设计和编制保护逻辑。

本条文是原条文 6.1.5 条的后半部分内容，并在原有内容的基础上增加了"确保锅炉灭火保护装置可靠投用"的要求。

【案例】 某厂 2028t/h 前后墙对冲燃烧一次中间再热自然循环汽包炉，2005年投产 4 年后进行了燃烧器启动系统节能改造，将最下层燃烧器改造为带微油点火助燃系统的燃烧器。2011 年 8 月，该厂 1 号锅炉在 70％负荷突发爆燃正压事故，锅炉灭火，部分设备受损。

事故后分析原因主要有：

（1）锅炉入炉燃料长期与设计煤种存在较大偏差，一、二次风量偏大，部分燃烧器烧损，锅炉运行安全性和稳定性降低。

（2）一定量的煤粉由破损燃烧器部位进入风道内逐渐积聚。

（3）对 FSSS 系统进行改造，机组负荷在大于 50％THA（热耗率验收工况）工况后，磨煤机失去火检不跳磨；逻辑设计不合理，即对磨煤机灭火的保护降低。

（4）爆燃前送风、引风、一次风系统均处于手动控制模式，调节速率降低，无法做到燃料量和氧量的合理匹配，锅炉富氧燃烧。

（5）爆燃前最下层燃烧器微油点火助燃系统投入，存在燃烧状态不佳的可能。

由于燃烧器存在烧损、燃烧工况不佳。当一台磨煤机对应火检失去达到跳磨条件后，由于机组负荷大于 50％THA，磨煤机并未跳闸。大量未燃尽煤粉进入炉膛，且部分煤粉进入风道聚集；燃料量与风量不匹配，六大风机手动控制产生富氧燃烧；由此爆炸三要素都已具备，高负荷下煤粉聚集达到一定浓度后突发爆燃。

这是一起典型的由于灭火保护逻辑设计不合理、燃烧设备检修不及时、燃烧调整不到位、运行控制不符合规程等多种因素综合导致的爆燃事故。

条文 6.2.1.11　每个煤、油、气燃烧器都应单独设置火焰检测装置。火焰检测装置应当精细调整，保证锅炉在高、低负荷以及适用煤种下都能正确检测到火焰。火焰检测装置冷却用气源应稳定可靠。

本条为新增条款，主要强调火焰检测装置的配置要求和信号调试要求，防止由于火焰检测信号不可靠造成的锅炉灭火保护误动或拒动；如个别有条件电厂出于节能考虑，将燃用柴油的油枪点火系统更换为可燃气体的点火系统，相应火检探头必须更换为与检测该种可燃气体相匹配的火焰检测装置；火检冷却风系统应做好定期检查和维护，确保备用冷却风机状态良好，具备随时启动条件，确保工作电源和事故保安电源可靠，切换正常。

条文 6.2.1.12　锅炉运行中严禁随意退出锅炉灭火保护。因设备缺陷需退出部分锅炉主保护时，应严格履行审批手续，并事先做好安全措施。严禁在锅炉灭火保护装置退出情况下进行锅炉启动。

本条文是对原条文 6.1.6 条的完善，对原条文中"严禁随意退出火焰探头或连锁装置"修订为"锅炉运行中严禁随意退出锅炉灭火保护"。对原条文中"应经总工程师批准"修订为"应严格履行审批手续"，并增加了"严禁在锅炉灭火保护装置退出情况下进行锅炉启动"，使条文的表述更加严谨。灭火保护装置不完备，严禁启动锅炉，避免人工无法及时发现的突发故障扩大为恶性炉膛灭火或爆炸事故。

条文 6.2.1.13　加强设备检修管理，重点解决炉膛严重漏风、一次风管不畅、送风不正常脉动、直吹式制粉系统磨煤机堵煤断煤和粉管堵粉、中储式制粉系统给粉机下粉不均或煤粉自流、热控设备失灵等。

本条文基于原条文 6.1.7 条款内容，并按直吹式制粉系统和中储式制粉系统对原条文的叙述进行了调整、归类，强调对与燃烧相关设备的检查维护，避免因为设备故障而引起的燃烧不正常，甚至灭火事故。

条文 6.2.1.14　加强点火油、气系统的维护管理，消除泄漏，防止燃油、燃气漏入炉膛发生爆燃。对燃油、燃气速断阀要定期试验，确保动作正确、关闭严密。

本条文是对原条文 6.1.8 条内容的补充。结合近年大量燃气电厂投产和部分有条件燃煤锅炉采用可燃气体点火助燃的情况，增加对燃气系统相关设备检查和维护的要求。

条文 6.2.1.15　锅炉点火系统应能可靠备用。定期对油枪进行清理和投入试验，确保油枪动作可靠、雾化良好，能在锅炉低负荷或燃烧不稳时及时投油助燃。

本条文为新增条款，主要从设备可靠性和运行操作方面强调锅炉点火系统的可靠备用和定期投切试验，防止由于该系统不能可靠及时投运造成锅炉灭火事故。一般锅炉系统正常工作时，燃油系统及相应点火设备处于备用状态；近些年随着等离子或微油点火等节油助燃设备的大量应用，原有大油枪点火系统及装备使用频次大大减少。此条文强调应重视对原有燃油设备和点火系统的检查和维护力度，做好定期清理和投切试验。确保在低负荷或故障工况需要投油稳燃时能可靠投入，避免因燃油系统工作不正常而引发炉膛灭火、爆炸等事故。

条文 6.2.1.16 在停炉检修或备用期间，运行人员必须检查确认燃油或燃气系统阀门关闭严密。锅炉点火前应进行燃油、燃气系统泄漏试验，合格后方可点火启动。

本条文为新增条款，主要强调要规范运行操作和定期试验。锅炉点火前如果不执行燃料系统泄漏试验直接进行炉膛吹扫、点火启动或没有定期进行严密性试验，若燃油、燃气速断阀泄漏，燃油、燃气漏入炉膛并积聚到一定的浓度，满足爆炸条件时也会发生爆炸。此条文明确规定对调燃油或燃气系统阀门检查时间，必须严格执行。同时提出在锅炉点火前应对燃油、燃气系统进行泄漏试验，保证系统严密不漏。

条文 6.2.1.17 对于装有等离子无油点火装置或小油枪微油点火装置的锅炉点火时，严禁解除全炉膛灭火保护：当采用中速磨煤机直吹式制粉系统时，任一角在 180s 内未点燃时，应立即停止相应磨煤机的运行；对于中储式制粉系统任一角在 30s 内未点燃时，应立即停止相应给粉机的运行，经充分通风吹扫、查明原因后再重新投入。

本条文为新增条款。针对当前大量电厂增设等离子无油点火装置或小油枪微油点火装置的情况，主要强调对等离子或微油点火装置锅炉点火的重点规定，明确中速磨煤机直吹式制粉系统和中储式制粉系统，利用新型点火装置启动未检测到火焰的时间，避免启动过程中未点燃煤粉颗粒大量积聚，而发生炉膛爆炸事故。

条文 6.2.1.18 加强热工控制系统的维护与管理，防止因分散控制系统死机导致的锅炉炉膛灭火放炮事故。

本条文为新增条款。当前新建机组都已配备分散控制系统，之前投产的仍在服役老机组也普遍进行了热工自动控制改造。此条文主要强调要加强热工控制系统的维护与管理，防止分散控制系统失灵，锅炉运行失去监视和控制手段，引发锅炉灭火、放炮等严重事故。

条文 6.2.1.19 锅炉低于最低稳燃负荷运行时应投入稳燃系统。煤质变差影响到燃烧稳定性时，应及时投入稳燃系统稳燃，并加强入炉煤煤质管理。

本条文为新增条款。锅炉基于设备情况和设计或校核煤种，都有对最低稳燃负荷的性能保证。一般当锅炉在低于最低稳燃负荷所对应的蒸发量下运行时，应投入稳燃系统；煤质变差影响燃烧稳定性时，也应及时投入稳燃系统；各厂结合自身设备状况，对稳燃系统投入应制定详细措施，明确可以投入稳燃系统时的锅炉运行状态；如因煤质变差而致使锅炉濒临灭火时，禁止投油助燃，避免引发炉膛爆炸事故。

条文 6.2.2 防止锅炉严重结焦
随着神华煤及高水分褐煤等低熔点、易结焦煤种的大规模开发利用，部分新建或改烧、掺烧低灰熔点、易结焦煤种锅炉多出现过严重结焦问题，这里有锅炉设计的问题，有改烧、掺烧煤种与锅炉匹配性的问题，有运行控制方式的问题，也有检修维护的问题。

本章节内容为原条文 6.2 节，保留了原有的、已经过实践证明，且行之有效的条文，并增加了锅炉炉膛设计选型相关内容；对燃烧器、氧量计、风量测量装置等的安装、检修、维护提出要求，对运行培训等环节也做出规定。

条文 6.2.2.1 锅炉炉膛的设计、选型要参照《大容量煤粉燃烧锅炉炉膛选型导则》（DL/T 831—2002）的有关规定进行。

本条文为新增条款，规定了锅炉炉膛设计选型要遵循的行业技术标准。《大容量煤粉燃烧锅炉炉膛选型导则》（DL/T 831—2002）对煤粉燃烧锅炉，根据设计煤质选择燃烧方式及炉膛特征参数的主要准则和有关限值做出规定，并对炉膛及燃烧器的设计提出了若干建议。锅炉炉膛选型应与设计煤种匹配，避免因炉膛设计选型不当引起锅炉运行出现严重结焦问题。

条文 6.2.2.2 重视锅炉燃烧器的安装、检修和维护，保留必要的安装记录，确保安装角度正确，避免一次风射流偏斜产生贴壁气流。燃烧器改造后的锅炉投运前应进行冷态炉膛空气动力场试验，以检查燃烧器安装角度是否正确，确定锅炉炉内空气动力场符合设计要求。

近十多年间，电力行业迎来跨越发展，大批新建机组投产发电；但后期运行中暴露出的严重结焦等许多燃烧故障，除部分设计方面的缺陷外，还与基建过程中过于强调工程进度，忽视燃烧器安装质量，不重视炉内冷态动力工况等有很大关系。冷态空气动力场试验是新建机组以及燃烧器大修改造后的重要试验，严格地符合规范要求的冷态空气动力场试验能有效检查燃烧器安装情况。确保燃烧器安装角度正确，并对炉内空气动力场进行冷态模拟，找出炉内气流的混合、流动规律。为锅炉启动后的热态运行及燃烧调整打下基础，避免可能存在的一次风射流偏斜及刷壁。

本条文是此次修订中的新增条款，主要强调对燃烧器的安装、检修和维护要求，防止发生因燃烧器安装偏差或炉内空气动力场不良，引起的锅炉严重结焦问题。

条文 6.2.2.3 加强氧量计、一氧化碳测量装置、风量测量装置及二次风门等锅炉燃烧监视调整重要设备的管理与维护，形成定期校验制度，以确保其指示准确，动作正确，避免在炉内形成整体或局部还原性气氛，从而加剧炉膛结焦。

长期的运行实践以及针对燃用低灰熔点、易沾污、易结焦煤种的试验研究表明，炉内燃烧气氛与炉内结焦有直接关系。炉内空气动力场工况组织不合理，整体或局部存在还原性气氛将加剧燃用低灰熔点煤种的结焦问题。故氧量计、一氧化碳测量装置、二次风量测量等热工检测仪表对提高运行控制精确性，避免严重结焦至关重要。

本条文为新增条款，主要强调要加强热工检测设备的检修维护工作，防止因用于燃烧控制的关键检测仪表不正常而导致燃烧问题，加剧锅炉结焦。

条文 6.2.2.4 采用与锅炉相匹配的煤种，是防止炉膛结焦的重要措施，当煤种改变时，要进行变煤种燃烧调整试验。

以燃煤机组为主的电力行业大发展带动了煤炭市场的扩大，但也加剧了对优质煤种资源的竞争，煤炭价格的不断上涨造成大量发电企业不得不选用与设计/校核煤种存在一定差异的"市场煤"。在实际燃用过程中，部分发电企业忽视入炉燃料与锅炉设计煤种匹配的重要性，也未进行有针对性的燃烧调整试验，带来较为严重的炉膛结焦问题。

本条文在为原条文 6.2.1 条基础上，增加了"当煤种改变时，要进行变煤种燃烧调整试验"，使条文的表述更加完整、严谨。

【案例】 某自备电厂配备 470t/h 自然循环煤粉炉，设计燃用内蒙古地区褐煤。褐煤区别于烟煤等常规动力用煤，其形成年代较短，碳化程度不深，同一地区的不同矿井或是在同一煤矿不同开采深度，煤质特性都会存在巨大差异；褐煤多采用露天煤矿开采方式，随着内蒙古煤矿资源的不断开发利用，该自备电厂入炉燃料煤质与当初设计煤种发生较大变化，锅炉运行出力下降，结焦问题严重，并发生多次掉焦灭火，以及水平烟道受热面管排堵塞形成烟气走廊，引起的磨损爆管事故。结合煤种变化，该厂通过一系列设备改造及燃烧调整试验，有效解决了煤种改变后带来的多种燃烧问题。

条文 6.2.2.5 应加强电厂入厂煤、入炉煤的管理及煤质分析，发现易结焦煤质时，应及时通知运行人员。

本条文为新增条款，主要强调发电企业应加强对入厂煤采购管理，来煤复杂时要做好煤场管理，加强入炉煤的分析化验工作，做好输煤、化学、检修及当班运行人员之间的沟通和交流，保持信息畅通，从源头有效防止发生锅炉严重结焦问题。

条文 6.2.2.6 加强运行培训和考核，使运行人员了解防止炉膛结焦的要素，熟悉燃烧调整手段，避免锅炉高负荷工况下缺氧燃烧。

本条文为新增条款，主要强调要加强对运行人员的培训和考核工作，提高运行人员素质。增强对结焦严重工况下的事故处理能力，避免发生人为的运行调整不当，引起的锅炉严重结焦和结焦扩大事故。

条文 6.2.2.7 运行人员应经常从看火孔监视炉膛结焦情况，一旦发现结焦，应及时处理。

本条文为原条文的 6.2.2 条，本次未作修改。运行人员在进行日常巡视检查时，应注重对炉内着火及受热面沾污情况的巡检，特别在燃用低灰熔点、易结焦煤种时，要制定专门巡视检查制度，及时发现现场问题并处理，避免结焦问题扩大。

条文 6.2.2.8 大容量锅炉吹灰器系统应正常投入运行，防止炉膛沾污结渣造成超温。

本条文为原条文 6.2.3 条，本次未做修改。吹灰器系统应设置合理，才能有效清除受热面积灰及结焦。部分发电企业在锅炉检修过程中都发现过吹灰器吹损受热面问题，甚至引发爆管事故。故对吹灰器系统进行运行优化，如更换吹灰器形式，改变喷嘴形式或吹扫面积，调整吹灰压力，减少吹灰频次等。这些调整手段在减少吹损受热面的同时，也在一定程度上改变甚至降低了吹灰效果。因此在保证吹灰系统工作正常的同时，也要合理优化吹灰系统，避免吹灰效果降低而带来严重结焦问题。

条文 6.2.2.9 受热面及炉底等部位严重结渣，影响锅炉安全运行时，应立即停炉处理。

本条文为原条文 6.2.4 条，本次未做修改。长期的运行经验表明，锅炉出现严重结渣后，常规的燃烧调整等手段非常有限，一般难以控制结渣发展趋势；当结渣问题不断发展，利用吹灰、变负荷调整等措施不能控制结焦加剧，且已影响锅炉安全运行时（如捞渣机、碎渣机卡涩停运，受热面大面积超温，吸风机出力不足而导致炉膛反正压等），应果断采取停炉处理措施，避免掉大焦砸坏水冷壁、炉膛反正压爆燃、烟气走廊形成后冲刷磨损受热面而起因的爆管等扩大事故。

条文 6.2.3 防止锅炉内爆

本条为新增条款。随着脱硫、脱硝装置应用和大容量机组的出现，炉膛内爆的隐患越来越突出，其破坏性和炉膛外爆一样需要引起高度重视，严密防范，故此次修订增设本条进行专门阐述。

条文 6.2.3.1 新建机组引风机和脱硫增压风机的最大压头设计必须与炉膛及尾部烟道防内爆能力相匹配，设计炉膛及尾部烟道防内爆强度应大于引风机及脱硫增压风机压头之和。

本条文为新增条款，主要从新建机组设计选型方面对炉膛和尾部烟道防内爆能力做出相应规定，防止由于设计选型不合理，风机压头与尾部烟道抗爆能力不匹配造成锅炉内爆事故，破坏受热面、烟风道等。

条文 6.2.3.2 对于老机组进行脱硫、脱硝改造时，应高度重视改造方案的技术论证工作，要求改造方案应重新核算机组尾部烟道的负压承受能力，应及时对强度不足部分进行重新加固。

为满足国家日益严格环保要求，国内部分早期投运发电机组已经或正在进行脱硝环保改造工作，其中必然涉及对引风机系统的改造。对于原系统采用引风机、脱硫增压风机分开设置的机组，多数发电企业采取了取消增压风机，改用大容量两级动叶可调引风机的布置方案。这就使得引风机全压升提高近一倍，如若选型过大或操作控制不当，极易产生较大负压，突破锅炉烟风系统设备承压能力，造成内爆事故。

本条文为新增条款，对老机组脱硫、脱硝改造做出了相关规定，防止改造后由于尾部烟道抗内爆强度不足造成锅炉内爆事故。

条文 6.2.3.3 单机容量 600MW 及以上机组或采用脱硫、脱硝装置的机组，应特别重视防止机组高负荷灭火或设备故障瞬间产生过大炉膛负压对锅炉炉膛及尾部烟道造成的内爆危害，在锅炉主保护和烟风系统连锁保护功能上应考虑炉膛负压低跳锅炉和负压低跳引风机的连锁保护；机组快速减负荷（RB）功能应可靠投用。

本条文为新增条款。本条文主要从机组控制逻辑设计和调试、运行方面提出了相关要求，防止由于机组连锁保护设计不合理或 RB 功能不完善造成机组高负荷灭火或设备故障瞬间发生锅炉内爆事故。

【案例】 某新建 660MW 超超临界直流锅炉，引风机系统设计采用引风机、脱硫增压风机二合一方案。机组带负荷调试试运期间，突发设备故障导致锅炉灭火事故。由于热工自动控制逻辑设计不合理，锅炉灭火后两台引风机设有超驰开展逻辑，且未设置炉膛压力低低跳引风机功能，导致锅炉灭火后炉膛负压短时间低于－6000Pa；由于除尘器入口烟道强度不足，部分烟道内陷坍塌。这起事故暴露了机组热控逻辑设计不合理，调试过程检查不到位，烟风道设计、安装强度与风机不匹配等多种问题。

条文 6.2.3.4 加强引风机、脱硫增压风机等设备的检修维护工作，定期对入口调节装置进行试验，确保动作灵活可靠和炉膛负压自动调节特性良好，防止机组运行中设备故障时或锅炉灭火后产生过大负压。

锅炉增设脱硫、脱硝系统后带来了引风机出力的提升，如百万等级超超临界锅炉所配置的两级动叶调节轴流引风机的全压升在 9000Pa 左右（T.B），已接近锅炉设计燃烧室突然灭火内爆情况下瞬时不变形承载能力不低于±9800Pa 的极限值。因此，必须加强对相关调节设备检查维护力度，避免故障情况下调节失灵，引起内爆破坏事故。

本条文为新增条款，主要从设备检修维护方面强调了设备可靠性要求，防止因设备故障或灭火后造成锅炉内爆事故。

条文 6.2.3.5 运行规程中必须有防止炉膛内爆的条款和事故处理预案。

本条文为新增条款，主要从规范运行操作完善企业标准方面做出了相关规定，防止因运行规程和事故处理预案不健全造成的锅炉内爆事故。如老机组在完成脱硫、脱硝改造后，要及时对运行规程进行修订和完善，增加防止内爆的内容。并对运行人员进行培训，转变旧的运行习惯和观念，提升防内爆安全意识。

条文 6.2.4　循环流化床锅炉防爆

本条为新增条款。循环流化床锅炉的燃烧方式与常规煤粉锅炉存在很大不同，其运行中存有大量床料和燃料，运行调整的特点使锅炉防爆的要求不同于常规煤粉锅炉，故在本次修订中单列一条进行阐述。

条文 6.2.4.1　锅炉启动前或主燃料跳闸、锅炉跳闸后应根据床温情况严格进行炉膛冷态或热态吹扫程序，禁止采用降低一次风量至临界流化风量以下的方式点火。

本条文主要从规范运行操作方面强调要严格执行炉膛吹扫程序，防止因炉膛吹扫不彻底造成的可燃气体积存发生炉膛爆炸事故。禁止采用降低一次风量至临界流化风量以下的方式点火，是为了防止床料没有完全流化而导致局部结焦。

条文 6.2.4.2　精心调整燃烧，确保床上、床下油枪雾化良好、燃烧完全。油枪投用时应严密监视油枪雾化和燃烧情况，发现油枪雾化不良应立即停用，并及时进行清理检修。

本条文主要强调要规范运行调整和加强油枪的检修维护，防止发生因油枪雾化不良或燃烧不完全，造成未燃尽油滴或炭黑在风道或床料部位的大量积聚而造成的锅炉爆炸事故。

条文 6.2.4.3　对于循环流化床锅炉，应根据实际燃用煤质着火点情况进行间断投煤操作，禁止床温未达到投煤允许条件连续大量投煤。

本条文主要强调规范运行操作，床温未达到投煤允许条件连续大量投煤，煤并未完全燃烧，很容易引起可燃气体大量产生并积存，导致炉膛爆炸事故。

条文 6.2.4.4　循环流化床锅炉压火应先停止给煤机，切断所有燃料，并严格执行炉膛吹扫程序，待床温开始下降、氧量回升时再按正确顺序停风机；禁止通过锅炉跳闸直接跳闸风机联跳主燃料跳闸的方式压火。压火后的热启动应严格执行热态吹扫程序，并根据床温情况进行投油升温或投煤启动。

本条文主要强调规范运行操作，防止因违规进行"压火"操作或"压火"后启动过程中发生炉膛爆炸事故。通过锅炉跳闸（BT）直接跳闸风机联跳主燃料跳闸（MFT）的方式压火，炉膛内和床料内都会积存大量可燃气体，易引起炉膛爆炸事故；压火后的热启动过程中严格执行吹扫程序也是为了防止压火过程中产生和积存的可燃气体引发炉膛爆炸。

条文 6.2.4.5　循环流化床锅炉水冷壁泄漏后，应尽快停炉，并保留一台引风机运行，禁止闷炉；冷渣器泄漏后，应立即切断炉渣进料，并隔绝冷却水。

本条文主要强调规范水冷壁和冷渣器泄漏后的事故处理运行操作，防止发生因事故处理不当而造成的锅炉爆炸事故。水冷壁泄漏后，大量水汽与炙热的床料接触，会产生水煤气和大量水蒸气，体积瞬间膨胀，如果闷炉，很可能引发炉膛爆

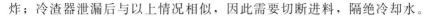

炸；冷渣器泄漏后与以上情况相似，因此需要切断进料，隔绝冷却水。

条文 6.3　防止制粉系统爆炸和煤尘爆炸事故

2000 年以来我国的电力事业得到了飞速发展，锅炉机组制粉系统发生了很大的变化，主要表现为：

（1）20 世纪 90 年代以前，由于磨煤机技术的限制，我国电站锅炉普遍采用中间储藏式制粉系统，只有很少的进口机组或采用引进技术制造机组采用中速磨直吹式制粉系统，还有少量进口褐煤机组采用风扇磨制粉系统。此后服役的大量大容量机机组多数采用了中速磨煤机直吹式制粉系统，运行特性与以往设备有很大的不同。

（2）进入 21 世纪，随着我国能源需求的快速增长，电力用煤复杂多变，出现了神华煤、高水分褐煤、各种进口煤等新煤种。这些煤种多数都具有更为活泼的热力特性，对制粉系统防爆工作带来了更大的挑战。

（3）大部分机组的运行控制方式由原来的专业控制为主演变为以 DCS 自动控制为主的集控运行方式，虽然自动化水平有了很大的提升，但是专业的能力往往有一定程度的下降。

对应于这些进步，电力行业涉及制粉系统的大多数规程都发生了更新，如《电站煤粉锅炉炉膛防爆规程》（DL/T 435—2004）、《电站磨煤机及制粉系统选型导则》（DL/T 466—2004）、《火力发电厂制粉系统设计计算技术规定》（DL/T 5145—2012）、《火力发电厂烟风煤粉管道设计技术规程》（DL/T 5121—2000）、《火力发电厂锅炉机组检修导则　第 4 部分：制粉系统检修》（DL/T 748.4—2001）、《粉尘防爆安全规程》（GB 15577—2007）等，均为近年来更新或是新增的标准。

针对这些新趋势、新特点和新问题，本次反事故措施修订工作在原有以小机组、中储式制粉系统为基础的防爆措施上，充分考虑了大机组、直吹式制粉系统、多煤种及新标准的要求来修改、补充和完善相关条款，期望可以涵盖机组启停、正常运行和停炉检修的全部生产周期及从规划、设计/选型、制造/监造、安装/监理、调试、运行、检修/维护、到进一步设备改造的全部生命周期，为制粉系统的安全经济运行提供全面的指导。

要讨论制粉系统防爆和粉尘防爆的技术措施，必须先了解其爆炸过程、产生的条件、爆炸强度等特性。

1. 爆和炸过程

无论是制粉系统煤粉的爆炸与粉尘的爆炸，都存在"爆"和"炸"两个子过程。"爆"是指"爆燃"，即可燃物的极速着火的过程，而"炸"则指可燃物集中爆燃时工质急剧膨胀对周边产生的破坏作用。由于爆炸发生的时间极为短暂，工质向外膨胀速度非常快，远超出空气的传播速度，因而它既可以发生在一个封闭的有限空间内（如制粉系统爆炸），也可以发生在一个开阔的空间内（如粉尘爆炸）。当一定浓度以煤粉或粉尘为代表的可燃物细微粒，与氧化剂已经充分混合成为杂混性气固两相混合物（即含粉混合物）。一旦遇到适当的点燃源在局部发生燃烧，就会以迅速地向周围传递热量和工质的方式，引燃周围可燃物与氧化剂发生连续的化学反应，从而使该混合物存在的有限空间内，所有可燃物与氧化剂（即空气中的氧气）几乎在同一时间内极速发生化学反应，产生的剧烈能量释放。这种不可控制的能量剧烈释放导致发生化学反应的气体物质体积发生急剧膨胀，便会对周边产生严重的破坏效果。

2. 爆炸产生的三个要素

要产生这样的剧烈化学反应过程，含粉混合物必须符合如下三个重要的要素：

（1）煤粉或粉尘的浓度在爆炸浓度范围之内：煤粉或粉尘的浓度表示可燃物在含粉混合物中的多少，是保证空间内化学反应是否能够持续传播的条件。如果煤粉浓度太大，混合物以煤为主，氧化剂不足，起始点的化学反应传播过程中会因为没有氧化剂而很快中断，就无法达到空间内所有可燃物同时反应，也就无法产生"爆炸"效应；反之，如果煤粉浓度太小，则混合物中以空气为主，起始点的化学反应传播过程中会因为没有可燃物而中断，也达不到同时反应的程度产生爆炸。

（2）氧气的浓度满足爆炸浓度的要求：与可燃物浓度相对应，氧气的浓度表示了含煤粉气固两相混合物中氧化剂所占的比例。含粉混合物中的氧气来源于制粉系统的干燥剂（空气或炉烟/空气混合物）、输送煤粉的气体、烟气或漏风等，都不是纯的氧气，而是与氮气、二氧化碳等惰性气体的混合气体，因而含粉混合物中的氧气浓度不等于气相浓度。爆炸产生时必须保证含粉混合物中的氧气足够，如果煤粉混合物中氧气的含量不足，即使有很强的点燃源，可燃混合物的浓度在最佳爆炸浓度范围，也不会发生爆炸。

（3）存在点燃源：点燃源是爆炸反应的一个重要条件，是爆炸的导火索、始作俑者。煤粉爆炸所需点燃能量的大小称为点燃能，当点燃源的能量超过点燃能，就会发生爆炸。煤粉混合物的点燃能主要决定于煤粉爆炸反应本身活化能的大小，但煤粉中掺入少量的可燃气体、温度压力增加等因素都会降低它点燃能降低，使爆炸趋势增加。

3. 爆炸性与爆炸强度

爆炸性与爆炸强度永远是制粉系统防爆工作的中心议题，前者代表了是否爆炸容易发生的趋向，后者直接关系到爆炸产生的后果。这两个指标与煤种特性和制粉系统的运行状态都有直接的关系，且往往呈现同步性，即爆炸性强时往往爆炸强度也大。

（1）煤种的热力特性越活泼，越容易产生爆炸。发生爆炸时，煤发热量越高，产生的后果也越大。煤的热力特性由干燥无灰基挥发分 V_{daf} 来表征，V_{daf} 小于 10％ 的无烟煤煤粉很难发生爆炸，但当 $V_{daf}>20\%$ 的烟煤煤粉则由于挥发分析出温度和着火温度明显降低，爆炸性大为增加，所需要的浓度也明显下降，同时所需的氧量浓度也下降，如表 6-1 所示。因而，燃用 $V_{daf}>20\%$ 的烟煤和褐煤时，锅炉制粉系统防爆问题应特别予以注意。

表 6-1 各煤种煤粉爆炸相关参数

煤种	最低煤粉浓度 （kg/m³）	最高煤粉浓度 （kg/m³）	最易爆炸煤粉浓度 （kg/m³）	爆炸产生的最大压力 （MPa）	最低氧浓度 （％）
烟煤	0.32～0.47	3～4	1.2～2	0.13～0.17	19
褐煤	0.215～0.25	5～6	1.7～2	0.31～0.33	18
泥煤	0.16～0.18	13～16	1～2	0.3～0.35	16

（2）对应于爆炸反应三要素，影响制粉系统爆炸性和爆炸强度的运行参数有风粉气流中含氧量、煤粉浓度、煤粉细度和温度四个因素。

制粉系统风粉气流中的含氧量、煤粉浓度可用控制给煤量的风煤比来综合表示。在制粉系统运行过程中，风煤比往往是按最有利于煤粉气流着火而设置的，因而除极少数采用炉烟作为干燥剂的制粉系统，可能会存在氧气浓度不足以爆炸外，绝大多数机组制粉系统煤粉浓度和氧气浓度都非常接近最佳爆炸浓度，根本无法避开。

煤粉细度表示了煤粉反应的比表面积，煤粉越细，燃烧表面积越大，爆炸的危险性越大，而粗煤粉的爆炸性则往往很小。一般可以认为颗粒当量直径大于 $100\mu m$ 时就没有爆炸危险了，但小于 $20\mu m$ 时具有很大的爆炸危险。为了保证着火和燃尽，煤越难燃烧，煤粉细度控制得越细。但总体上来讲，煤粉锅炉的煤粉细度较细，即使燃用最易燃烧的褐煤，煤粉细度 R90 也不会超过 50％，还有一半以上的煤粉颗粒粒径小于 $100\mu m$，因而制粉系统正常运行时，煤粉细度也处于容易爆炸的范围之内。

另一个制粉系统爆炸相关的参数是制粉系统的运行温度。风粉混合物温度越高，一旦发生爆炸，其集中反应的速度越快，范围越广，破坏性越强。因而对于易燃易爆煤种，保持制粉系统末端的气粉混合物温度不超过一定的范围是非常必要的。

（3）爆炸反应的物量。爆炸反应的总物量与爆炸性没有关系，但是对于爆炸的强度会有直接的关系。显然，参与爆炸反应的物量越多，爆炸强度越大，破坏效果越强，从这一点而言，中间储藏式制粉系统由于有煤粉仓这一巨大的中间储物空间，一旦发生粉仓的爆炸，后果不堪设想，破坏性会远远大于直吹式制粉系统。这就是为什么易燃煤种不建议选用中间储藏式制粉系统原因。

（4）点燃源大小。理论上点燃源的能量释放远小于爆炸混合物反应的能量，可以忽略。但是对于制粉系统这样的流动爆炸源，爆炸反应其实并不容易产生，能量较小的火花、火星通常不能点燃可爆性煤粉与空气的混合物，除非有挥发分析出掺入到煤粉与空气混合物中。因而，点燃源能量的大小会影响到爆炸物的范围，也就从某种程度上决定爆炸时产生的压力等级和爆炸的强度。

（5）爆炸反应是否有一定的能量释放通道。释放通道包括正常与锅炉燃烧器相通的烟风道及防爆门等设备。通道越多、制粉系统的爆炸越接近开式爆炸，爆炸反应时产生的破坏力越弱，越接近有控制的爆炸。因而能量释放通道非常重要，从某种程度上决定了爆炸反应的危害程度。

4. 制粉系统防爆思路

制粉系统正常运行时无法避开爆炸的风粉浓度条件，但没有点火源，可以保证安全稳定的影响。如果某些原因导致制粉系统内某一个局部存在积粉，则一定条件下势必会引发自燃，形成点燃源。制粉系统正常运行工况的风量和煤量较大，很小的积粉自燃能量会被风粉气流被携带释放，不足以形成制粉系统爆炸的点燃能。如果工况发生变化，尤其是风量减少，会造成积粉自燃能量的聚集，形成制粉系统爆炸的点燃能。因而，对于制粉系统而言，消除积粉、点燃能的存在与否，实际上成为制粉防止爆炸的关键点。

对于制粉系统的防治工作而言，主要集中在如下三个方向：

（1）通过消除积粉自燃等多种手段根除点燃源，减少爆炸可能性。

（2）通过正确选择制粉系统、设置合理的防爆门等手段降低爆炸产生的后果。

（3）通过必须的消除消防、保护手段，防止产生二次连带损伤。

本部分的条文从制粉系统生命周期不同阶段、不同角度上来论述如何通过具体工作，达到如上这三个目的。

条文 6.3.1　防止制粉系统爆炸

新版条文在原条文为 7.1 节基础上修订而成。原条文以中储式制粉系统的防爆为主，本次修订充分考虑直吹式制粉系统、多煤种及新运行条件的要求进行完善，增加十七个条款，并对原条文中不适合当前运行条件的部分进行修订或删除。

条文 6.3.1.1　在锅炉设计和制粉系统设计选型时期，必须严格遵照相关规程要求，保证制粉系统设计和磨煤机的选型，与燃用煤种特性和锅炉机组性能要求相匹配和适应，必须体现出制粉系统防爆设计。

条文 6.3.1.2　不论是新建机组设计还是由于改烧煤种等原因进行锅炉燃烧系统改造，都不能忽视制粉系统的防爆要求，当煤的干燥无灰基挥发分大于 25%（或煤的爆炸性指数大于 3.0）时，不宜采用中间储仓式制粉系统，如必要时宜抽取炉烟干燥或者加入惰性气体。

这两条均为新增条款。强调必须根据煤种特性选择制粉系统的原则，是制粉系统防爆工作最重要的前提。

由于制粉系统的爆炸与煤质直接相关，因此条文 6.3.1.1 款强调锅炉和制粉系统在规划设计阶段就必须充分考虑煤质的影响因素，把制粉系统防爆提高到应有的水平，高度重视，严密防范。

条文 6.3.1.2 款以中间储仓式制粉系统应用于烟煤为例，由于中间储仓式制粉系统的煤粉仓有巨大的中间容积，积累着大量的煤粉混合物。同时，中间储仓式制粉系统所配球磨机的煤粉非常细，其煤粉细度 R_{90} 一般在 10％左右，很难超过 20％，且粉仓容积很大，系统复杂，容易培养爆炸条件和点火源，一旦发生爆炸后果严重。大量的公开文献都表明中间储仓式制粉系统应用高挥发分煤爆炸频繁，有不少甚至后果严重。早期使用这种方案是受制于技术水平和中速磨煤机的制造水平所限制，不得已而为之。但如果今天还采用这种技术方案，就非常不合理了，且一旦投产会在整个生命周期带来无穷的后果。

建议磨煤机出口温度按表 6-2 原则进行。

表 6-2 磨煤机出口温度控制原则

磨煤机类型	磨煤机出口温度	
	用空气作干燥剂时	用烟气空气混合物作干燥剂
风扇磨煤机主要用于褐煤，采用直吹式制粉系统	褐煤：60～70℃	褐煤：180～200℃
钢球磨煤机主要用于无烟煤、贫煤，采用中储式制粉系统	贫煤时可控制在 130℃左右，无烟煤宜采用热风送风模式	
中速磨煤机直吹式制粉系统，可用于贫煤、烟煤和褐煤	$V_{daf}=12％～40％$ 时为 120～70℃，挥发分越高，温度越低	

该条款所提技术理念要求在机组生命周期内都应遵守，特别在锅炉改造、改煤种引起的煤种改变时，不能忽略。条文 6.3.1.1 款中不仅仅是制粉系统的总体选型方式，还包括各种配套措施。条文 6.3.1.2 款是条文 6.3.1.1 款中一个特例，重点强调具有高挥发分煤种的制粉系统选型与防护要求。

【案例1】 1989 年东北某电厂发生煤粉仓爆炸导致 2 人重伤事故。1989 年 6 月 1 日 19 时 35 分，23 号锅炉粉仓粉位到零，在锅炉点火时，锅炉分场主任违章指挥作业，在煤粉仓温度为 83℃和火源没有消除的情况下，决定强行向煤粉仓送粉，并在送粉前开吸潮管通风送入氧气，促成了爆炸条件的成立，导致煤粉仓发生爆炸事故。爆炸时防爆门未破，人孔门鼓开，煤粉火焰喷出并充满 44 号段输煤间，气浪将南北隔墙冲倒、西墙移位，并将正在进行送粉操作的 2 人烧成重伤。

【案例2】 某石油化工厂热电厂两套储仓式制粉系统从 1994～2000 年，共发生 6 次爆炸事故，对安全生产带来了很大的威胁。所燃用的煤种挥发分高达 45％～50％，属极易发生爆炸的煤种，是制粉系统应用错误的典型案例。

条文 6.3.1.3 对于制粉系统，应设计可靠足够的温度、压力、流量测点和完备的连锁保护逻辑，以保证对制粉系统状态测量指示准确、监控全面、动作合理。中间储仓制粉系统的粉仓和直吹制粉系统的磨煤机出口，应设置足够的温度测点和温度报警装置，并定期进行校验。

本条在原条文 7.1.5 条基础上进行了大幅度的修订。制粉系统在平稳运行期间，是不会发生爆炸事故的。而平稳运行的前提是高度的自动化水平，因而本条款中新增"设计可靠足够的温度、压力、流量测点和完备的连锁保护逻辑，以保证对制粉系统状态测量指示准确、监控全面、动作合理"部分，对任何制粉系统都适用。原条文 7.1.5 条提到了中储式制粉系统中煤粉仓的温度测点与保护要求，直吹式制粉系统也需要准确的初温条件，因而新条文中把制粉系统的类型扩展到所有类型的制粉系统，把测点类型由单一温度扩展到压力和流量。范围扩展后，本条文可满足整个煤粉锅炉机组安全、经济运行的基本要求。

条文 6.3.1.4 制粉系统设计时，要尽量减少水平管段，整个系统要做到严密、内壁光滑、无积粉死角。

制粉系统一旦发生煤粉沉积，煤粉就开始氧化，放出热量促使温度升高，又加快氧化、放热、升温。经一定时间后温度就能达到自燃温度并发生自燃，就有可能出现爆炸事故。因而制粉系统的煤粉沉积是自燃和爆炸的发源地，因而防止煤粉沉积是制粉系统防爆工作的另一个重要的内容。

本反措中多处内容都充分考虑煤粉沉积问题。本条强调设计时就应尽可能减少积粉处，包括水平管道。系统要做到严密、内壁光滑、无积粉死角后，对于减少积粉非常有利，是整个制粉系统防积粉的前提。

条文 6.3.1.5 煤仓、粉仓、制粉和送粉管道、制粉系统阀门、制粉系统防爆压力和防爆门的防爆设计符合 DL/T 5121 和 DL/T 5145。

明确制粉系统设计要求防爆门应满足的规程为 DL/T 5121 和 DL/T 5145。

条文 6.3.1.6 热风道与制粉系统连接部位，以及排粉机出入口风箱的连接部位，应达到防爆规程规定的抗爆强度。

制粉系统如果发生爆炸，爆炸气流可以通过燃烧器管道向炉膛内或者防爆门来泄压，其他部位的结构强度应能满足防爆规程规定的抗爆强度要求，来实现有控制的爆炸，以防止事故扩大。整个制粉系统中，热风道与制粉系统连接部位，以及排粉机出入口风箱的连接部位是除防爆门外最薄弱的地方，容易撕开。这些部位均与热风管道或是风粉管道相连，一旦撕裂，容易产生二次事故，故本条文作此要求。

条文 6.3.1.7 对于爆炸特性较强煤种，制粉系统应配套设计合理的消防系统和充惰系统。

本条为新增条款。现在爆炸性较强的煤种着火特性也很好，一般采用中速磨煤机直吹式制粉系统，在磨煤机、煤仓位置有可能存在磨煤机着火的问题。因此，本条强调制粉系统应配套设计合理的消防系统和充惰系统作为二次保护，目的是及时把磨煤机内的着火或煤仓的着火消灭在萌芽状态，防止事故的扩大。万一发生爆炸时也可以把事故降低到最小。

制粉系统消防和充氮系统处于随时可投运状态。制粉系统长时间停用时，应清空。

条文 6.3.1.8 保证系统安装质量，保证连接部位严密、光滑、无死角，避免出现局部积粉。

本条为新增条款，强调基建时高质量施工的重要性，避免因施工环节的不合格工作产生局部积粉而产生积粉点火源。原理与条文 6.3.1.4 相同。

定期对制粉系统中可能存在积粉的设备及管道进行检查，并及时处理及改进，消除制粉系统及粉仓漏风，保持其严密性，保持制粉系统及设备周围环境的清洁，防止积粉自燃现象的产生。

条文 6.3.1.9 加强防爆门的检查和管理工作，防爆薄膜应有足够的防爆面积和规定的强度。防爆门动作后喷出的火焰和高温气体，要改变排放方向或采取其他隔离措施，以避免危及人身安全、损坏设备和烧损电缆。

防爆门设计目的是为了给爆炸时产生释放能量的通道，必须有一定的面积和强度，以保证其正常运行时可以起密封作用，爆炸时对外开放，达到减灾控制。由于爆炸时，这些通道的外面是要喷出火焰来，因而其位置应合理，防爆门动作方向应避免危及人身和电缆安全，不能引起其他二次损失。生产过程中加强对防爆门的检查与管理，保持防爆门完整、严密，门上不得有异物妨碍其动作。

【案例 1】 1989 年华北某电厂发生 7 号锅炉制粉系统爆炸引起电缆着火事故。1989 年 9 月 8 日 21 时 10 分，7 号锅炉制粉系统在停炉前有 5 个防爆门同时破裂，其中位于球磨机出口管上的防爆门破裂后，气粉混合物直接喷向电缆支架，引起电缆着火。由于扑救及时，并且电缆至锅炉控制室的孔洞早已被堵死，火情得到控制，没有进一步扩大。事故原因是由于大颗粒煤粉在旋风分离器进口管水平段沉积，产生自燃，引起风粉混合物的爆炸，使防爆门破裂泄压，而防爆门动作方向正对电缆，从而引起电缆着火。

【案例 2】 山东某电厂 4×300MW 机组采用制粉系统采用单进单出低速球磨机，每台炉配备 4 台制粉系统。1992 年 5 月 26 日 1 号炉丁制粉系统爆炸，引燃给水电动门、制粉系统控制电缆，被迫停炉，少发电 399 万 kWh；1993 年 5 月 10 日 1 号炉乙粉仓喷粉爆燃，烧坏部分热控电缆紧急停炉，迫使电网对外拉闸限电。

条文 6.3.1.10 制粉系统应设计配置齐全的磨煤机出口隔离门和热风隔绝门。

本条为新增条款。对于磨煤机而言，特别是直接与燃烧器相连的中速磨煤机直吹式制粉系统，如果设置了磨煤机出、入口隔离门，可以在磨煤机停用时与系统进行热隔离，进行检修或更换部件的工作，防止对生产工作产生影响。磨煤机发生事故，如着火时，也可以通过出、入口隔离门把磨煤机与其他系统隔绝，防止引起制粉系统事故扩大。

目前大部分制粉系统都设计有齐全的磨煤机出口隔离门和热风隔绝门，但部分电厂过分追求降低工程造价，减少了磨煤机出口隔离门和热风隔绝门配置，为生产活动增加了隐患。

条文 6.3.1.11 在锅炉机组进行跨煤种改烧时，在对燃烧器和配风方式进行改造同时，必须对制粉系统进行相应配套工作，包括对干燥介质系统的改造，以保证炉膛和制粉系统全面达到安全要求。

本条为新增条款，强调机组在跨煤种改烧时对制粉系统防爆的具体要求。改烧煤种、改造燃烧器时，容易忽略条文 6.3.1.1 款和 6.3.1.2 款要求燃用煤种的特性与制粉系统、燃烧器的匹配性，因而需要再次强调。

条文 6.3.1.12 加强入厂煤和入炉煤的管理工作，建立煤质分析和配煤管理制度，燃用易燃易爆煤种应及早通知运行人员，以便加强监视和检查，发现异常及时处理。

本条文为新增条款，强调加强原煤管理。煤质的稳定性对于锅炉的稳定运行非常重要，只有在稳定的煤质下，制粉系统的风粉参数才能按预想的控制方案运行。煤质偏离时就意味风粉参数控制发生偏离，易产生故障，从而在处理过程中发生二次事故。因此，应按规程规定检查煤质，并及时通报有关部门，清除煤中自燃物，严防外来火源。

条文 6.3.1.13 做好"三块分离"和入炉煤杂物清除工作，保证制粉系统运行正常。

"三块"中的金属物、石块会破坏皮带、堵塞管道，还会在运行中产生火花，引起磨煤机振动等问题。"三块"中的木块最终都会变成木屑，成为易燃物。这些故障都会使制粉系统的爆炸趋势增加，因而"三块分离"工作等煤质"纯化"工作对于制粉系统非常重要。

严格规定并执行加强对锁气器的检查，保证锁气器动作正常。

条文 6.3.1.14 要做好磨煤机风门挡板和石子煤系统的检修维护工作，保证磨煤机能够隔离严密、石子煤能够清理排出干净。

本条为新增条款，主要强调直吹式制粉系统风门挡板与石子煤系统的严密性要求，防止石子煤自燃。

正常情况下石子煤斗完全密封，一次风在此不能流动。石子煤渣箱中受到外部环境空气冷却，越往石子煤斗下部，石子煤斗内部的温度越低。如果石子煤斗出口

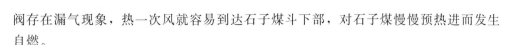

阀存在漏气现象，热一次风就容易到达石子煤斗下部，对石子煤慢慢预热进而发生自燃。

在中速磨煤机制粉系统中，石子煤部分是易磨损件，经常发生事故，因而做好磨煤机风门挡板和石子煤系统的检修维护工作，保证磨煤机能够隔离严密、石子煤能够清理排放干净。

条文 6.3.1.15 定期检查煤仓、粉仓仓壁内衬钢板，严防衬板磨漏、夹层积粉自燃。每次大修煤粉仓应清仓，并检查粉仓的严密性及有无死角，特别要注意仓顶板—大梁搁置部位有无积粉死角。

这两条还是强调消除制粉系统及设备可能积粉的部位，保证输粉管弯头及变形部分内壁光滑。管道任何部位的流速应保证不沉积煤粉（如直吹式制粉系统要求高于 18.24m/s），一定要做到整个气粉流动管道的死区和系统死角都得到充分清理。煤粉仓内壁光滑、严密，其锥角符合要求。

条文 6.3.1.16 粉仓、绞龙的吸潮管应完好，管内通畅无阻，运行中粉仓要保持适当负压。

粉仓、绞龙中的煤粉是煤粉和空气的混合物以保证有足够的流动性，一旦结露板结就会发生缓慢的氧化自燃功能，因此防板结、保持流动性非常重要。吸潮管非常重要，可以防止其中煤粉板结。绞龙使用后应及时清理积粉，并定期检查试转，保证功能正常，不留后患。绞龙启动前应检查有无自燃现象，以防止外部点火源进入煤粉仓中，引起爆炸反应。本条强调中储式制粉系统设计运行中应充分考虑防结露、板结和清除手段。

条文 6.3.1.17 要坚持执行定期降粉制度和停炉前煤粉仓空仓制度。

条文 6.3.1.18 根据煤种的自燃特性，建立停炉清理煤仓制度，防止因长期停运导致原煤仓自燃。

这两条规定为新增条文，在原条文 7.1.1 条和 7.1.2 条修订而来，原条文 7.1.1 条仅适用于中间储仓式制粉系统。原条文 7.1.2 条要求"停用时要充分抽粉，宜用充氮保护"，也"仅针对中储式制粉系统，充分抽粉"与原条文中 7.1.1 条意思重合，强调制粉系统的"停炉清仓"原则，避免煤粉仓的自燃。对于直吹式制粉系统而言，中速磨煤机机体中和其对应的煤仓长时间存煤，也可能发生自燃事故，因而要坚持"停炉清仓"原则。

紧急停炉后，应严密监视粉仓温度，必要时应将粉仓内存粉放掉。燃用烟煤等爆炸性强的煤种，如计划停炉时间超过 2 天时，应将粉仓中的煤粉烧光；不能一直维持高粉仓，而应通过启停磨煤机间歇运行的方式，定期进行降粉仓运行可以使粉仓内的煤粉保持全部列新；当粉仓温度较高时应立即降粉，必要时投入消防系统；大小修时应进行粉仓的清理工作，并检查粉仓的严密性及有无死角，消除粉仓的漏风及积粉死角。大修停炉前，应提早安排将煤仓的原煤磨空，防止煤仓中长时间积煤自燃，并进行清理工作。备用磨煤机应安排定期运转，避免原煤仓的原煤长期存放。

条文 6.3.1.19　制粉系统的爆炸绝大部分发生在制粉设备的启动和停机阶段，因此不论是制粉系统的控制设计，还是运行规程中的操作规定和启停措施，特别是具体的运行操作，都必须遵守通风、吹扫、充惰、加减负荷等要求。保证各项操作规范，负荷、风量、温度等参数控制平稳，避免大幅扰动。

本条为新增条款，强调制粉系统"平稳运行"原则。制粉系统的平稳运行过程中一般不会出现很大的问题，特别是制粉系统启动或停止的过程中，煤粉浓度变化较大，容易发生磨煤机的故障，也容易在管道局部产生积粉，为事故埋下隐患。因而平衡运行是制粉系统防爆工作的重要原则，就尽可能减少制粉系统因控制不当而发生的事故。

条文 6.3.1.20　磨煤机运行及启停过程中应严格控制磨煤机出口温度不超过规定值。

条文 6.3.1.20 在原条文 7.1.2 条基础上完善，强调磨煤机出口温度的控制包括启动、停止及运行的全过程，做到平稳运行。

条文 6.3.1.21　针对燃用煤质和制粉系统特点，制定合理的制粉系统定期轮换制度，防止因长期停运导致原煤仓或磨煤机内部发生自燃。

为新增条款，强调制粉系统"定期轮换"原则，实践证明，该原则对于防止因长期停运导致原煤仓或磨煤机内部发生自燃有非常好的效果。

原条文 7.1.2 条中要求"停用时要充分抽粉，宜用充氮保护"。"充分抽粉"仅针对于中储式制粉系统，与原条文中 7.1.1 条意思重合。新条文 6.3.1.19 款到条文 6.3.1.20 款可以满足所有形式制粉系统的停用处理原则；"停用时用充氮保护"，实践中成本很高，也不合适，而是多采用定期轮换制度来保护制粉系统的安全。

条文 6.3.1.22　加强运行监控，及时采取措施，避免制粉系统运行中出现断煤、满煤问题。一旦出现断煤、满煤问题，必须及时正确处理，防止出现严重超温和煤在磨煤机及系统内不正常存留。

本条款为新增条款，强调制粉系统断、满煤等故障条件下的处理原则。大部分直吹式制粉系统的事故都是在这种情况下，由于风煤比控制不当而产生的，因而需要早发现断煤、满煤等故障，并及时处理，以防止制粉系统故障进一步扩大。

条文 6.3.1.23　定期对排渣箱渣量进行检查，及时排渣；正常运行中当排渣箱渣量较少时也要定期排渣，以防止渣箱自燃。

本条为新增条款，强调了直吹式系统对排渣系统的运行要求。由于渣箱中的石子煤会带有一定的可燃物，被磨煤机入口 200～250℃一次风长期充满，最符合着火的条件。磨煤机在运行过程中石子煤渣箱出现冒火星或者自燃现象是完全可能的，应高度重视。同时石子煤如果满了无法排出，还会引起磨煤机堵塞问题，因而定期排渣对中速磨煤机的运行，是防止辅助设备引起制粉系统的故障重要手段。

上文中条文 6.3.1.14 也是针对石子煤渣箱的问题，本条强调定期排渣，条文6.3.1.14 要求设备状态。实践中，石子煤渣箱问题非常普遍，如果排渣不及时，着火、结焦等各种各样的事故都有可能出现，因而应当予以重视。

【案例】 某发电有限公司 1A/2A 磨煤机石子煤冒火星原因分析。发电有限公司 1、2 号 600MW 超临界机组的锅炉采用中速磨煤机冷一次风机正压直吹式制粉系统，配有六台上海重型机器厂生产的 HP1003 中速磨煤机和上海发电设备成套厂所生产的 CS2024 的称重式皮带给煤机。2009 年 1、2 号机组的 1A/2A 磨煤机从 5 月开始陆续出现石子煤冒火星或者石子煤在一次风入口自燃现象。2009 年 8 月 17 日技术人员检查发现，1A/2A/2B 磨煤机石子煤都曾经发生自燃现象，图 6-1 显示了石子煤斗表面烧焦、油漆出现剥落现象。

图 6-1 石子煤斗表面烧焦、油漆出现剥落现象

条文 6.3.1.24 制粉系统充惰系统定期进行维护和检查，确保充惰灭火系统能够随时投入。

为新增条款，强调了对制粉系统的充惰系统定期检查的要求。制粉系统的充惰系统是防止制粉系统燃烧最后的保护手段，它的故障是隐性故障，平时用不着它的时候无法知道它是否还可用，但万一磨煤机发生事故需要用它功能时，它不可用就会造成事故扩大。要想知道充惰系统是否可用，定期检查是维持其可用性的唯一手段。

条文 6.3.1.25 当发现备用磨煤机内着火时，要立即关闭其所有的出入口风门挡板以隔绝空气，并用蒸汽消防进行灭火。

为新增条款，强调了防止磨煤机着火时的处理原则，做到早发现、早处理、不扩大。

条文 6.3.1.26 制粉系统煤粉爆炸事故后,要找到积粉着火点,采取针对性措施消除积粉。必要时可进行针对性改造。

在原条文 7.1.11 条基础上完善,强调如果有积粉着火点,一定要彻底消除的原则,以根除事故隐患。原条文为"必要时可改造管路",因为除管路外,还有风门不严、排渣不畅、制粉系统与煤种不匹配等多种因素都可以引起制粉系统故障,因而改为"必要时可进行针对性改造"。

条文 6.3.1.27 制粉系统检修动火前应将积粉清理干净,并正确办理动火工作票手续。

条文 6.3.2 防止煤尘爆炸

本条在原条文 7.2 节基础上进行增补修改,增加了等离子、小油枪等少油点火技术煤尘防爆及机组运行带来隐患应对措施,及煤干燥等新工艺防爆的新要求。

粉尘防爆工作与制粉系统防爆工作机理完全相同,但是由于粉尘防爆是开阔空间的防爆工作,且粉尘并非生产过程中无法避开的,因而其工作方向与制粉系统有些不同,表现为:

(1) 制粉系统防爆中以减少积粉为重点工作,目的在于消除点火源;粉尘防爆工作也是减少积粉、扬尘为重点工作,但目的是降低煤粉爆炸的条件。

(2) 在通过消防保持等措施降低二次损失的方法和途径完全相同。

条文 6.3.2.1 消除制粉系统和输煤系统的粉尘泄漏点,降低煤粉浓度。大量放粉或清理煤粉时,应制订和落实相关安全措施,应尽可能避免扬尘,杜绝明火,防止煤尘爆炸。

制粉系统和输煤系统周边的粉尘爆炸必须是由于粉尘积累造成的,因而消除粉尘爆炸的根本方向是消除积粉。本条款在修正时增加了"应制定和落实相关安全措施,应尽可能避免扬尘"的要求,使内容更为完善。

条文 6.3.2.2 煤粉仓、制粉系统和输煤系统附近应有消防设施,并备有专用的灭火器材,消防系统水源应充足、水压符合要求。消防灭火设施应保持完好,按期进行试验(试验时灭火剂不进入粉仓)。

本条要求保证制粉系统消防设备的完好可用性,与制粉系统的要求完全相同。

条文 6.3.2.3 煤粉仓投运前应做严密性试验。凡基建投产时未做过严密性试验的要补做漏风试验,如发现有漏风、漏粉现象要及时消除。

本条款是条文 6.3.2.1 款中"应制定和落实相关安全措施,应尽可能避免扬尘"要求的具体体现,保证制粉系统不漏风是消除制粉系统和输煤系统周边的粉尘最主要的手段。

条文 6.3.2.4 在微油或等离子点火期间,除灰系统储仓需经常卸料,防止在

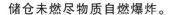

储仓未燃尽物质自燃爆炸。

条文6.3.2.5 在低负荷燃油，微油点火、等离子点火，或者煤油混烧期间，电除尘器应限二次电压、电流运行，期间除灰系统必须连续投入。

条文6.3.2.4款和6.3.2.5款均为新增条款。少油点火装置运行时燃烧强度小，未燃尽物质易在尾部受热面、电除尘器等部位聚集产生自燃爆炸。条文6.3.2.5款强调通过连续吹灰避免未燃尽物聚集的必要性。条文6.3.2.4款强调通过除灰系统物料储仓经常卸料来使这些未燃尽物质尽可能地保持流动状态，是避免未燃尽物聚集的唯一手段，不但对于制粉系统防爆工作非常重要，对于防止尾部再燃烧事故也非常重要。

6.4 防止锅炉满水和缺水事故

锅炉满水事故，是指汽包水位严重高于正常运行水位的上限值，甚至淹没汽水旋风分离器的汽水混合物入口，致使汽水分离器工作状况恶化。锅炉蒸汽严重带水，蒸汽温度急剧下降，管道内发生水冲击，水分进入气缸内，造成汽轮机设备严重损坏。

锅炉缺水事故，是指汽包水位严重低于正常运行水位的下限值，甚至露出下降水管管口，不能维持正常炉水循环，蒸汽温度急剧上升，水冷壁超温爆管。为此，锅炉汽包满水和缺水事故，严重威胁机组安全运行，轻者机组非计划停运，重者，机组设备严重损坏。

【案例1】 1997年12月16日，某电厂因高加满水解列，入口三通旁路阀电动头键销脱落未能联动开启，锅炉断水；汽包水位计参比水柱温度补偿值设置不实，指示值虚高108mm，低水位保护拒动；三台炉水循环泵中A泵因测量系统故障检修，替代措施不当，致使循环泵低差压保护拒动。虽然B、C炉水循环泵因差压低跳闸，但MFT未动作；在主汽温以45℃/min速率递增情况下，运行人员未按规程要求紧急停炉；最终造成水冷壁大面积爆破的恶性损坏事故。

【案例2】 1990年1月25日，某电厂锅炉灭火恢复过程中，因给水调节门漏流量大，运行人员未能有效控制汽包水位，水位直线上升，汽温急剧下降，造成汽轮机水冲击。低温蒸汽长期进入汽轮机，致使气缸变形、大轴弯曲、动静部件径向严重碰磨，最终造成轴系断裂恶性损坏事故。

上述典型事故表明，汽包水位计失灵、指示不准确、保护拒动、给水系统故障、运行人员误判误操作、违反操作规程等均可造成锅炉满水、缺水事故。因此应从汽包水位计配置、安装、运行维护检修等方面，制定相应的反事故措施。

近年来随着我国装备制造技术的进步和节能减排政策的实施，超临界、超超临界机组占比越来越大。"十一五"期间投产的燃煤项目中55%为亚临界机组，28%为超临界机组，9%为循环流化床机组，8%为超超临界机组。因此条文相应增加了超临界直流锅炉缺水及满水的反事故措施。

条文 6.4.1 汽包锅炉应至少配置两只彼此独立的就地汽包水位计和两只远传汽包水位计。水位计的配置应采用两种以上工作原理共存的配置方式，以保证在任何运行工况下锅炉汽包水位的正确监视。

由于国内锅炉汽包水位计早期缺乏配置标准，为满足大型机组对汽包水位测量、调节、报警、保护有着不同的配置要求（例：测量、和调节测点取样要求三取中；保护测点取样要求三取二），通常汽包配置水位计数量过多，一般都在 6 套以上，如某台 600MW 机组锅炉的汽包水位计多达 12 套，而且形式多样，其目的在于提高锅炉水位监视的可靠性、准确性。实际上，由于各种水位计的测量原理、安装位置、结构不同，它们之间的显示值存在较大的偏差，容易给运行人员的汽包水位监视造成混乱，同时，锅炉汽包开孔过多，也影响汽包的强度，不利于锅炉的安全运行。

因此本条明确提出了锅炉汽包水位计的配置：

水位监视至少有两种以上工作原理的水位计进行比照。就地水位表可采用玻璃板式、云母板式、牛眼式、电极式，考虑到各地的习惯，两套就地水位表中可以有一套采用电极式水位表。而远传汽包水位计一般由差压式水位计来实现汽包水位的监视、调节、越限报警、跳闸保护，从而避免了过多无效的配置方式对汽包水位监测和汽包本体的影响。

在汽包机械强度允许范围内，调节和保护测点取样宜各自分开、彼此独立，更有利于锅炉安全运行和维护检修。因此每个汽包水位取样装置，应具有独立的取样孔，不得在同一取样孔上并联多个水位取样装置，以免相互影响降低可靠性。

由于现在役锅炉的汽包水位取样开孔已确定，且开孔高度也不同，故可在不改变测点取样开孔情况下，进行相应的配置。水位调节和保护测点的信号，应采用具备温度补偿功能并能消除汽包压力影响的水位计信号。水位调节控制应取自 3 个独立的差压变送器进行逻辑判断后的信号，所取的差压变送器信号应分别通过 3 个独立的输入/输出（I/O）模件引入分散控制系统（DCS）中。

条文 6.4.2 汽包水位计的安装

本条文建立了汽包水位计的现场安装指导原则，该条文的内容是对多年来汽包水位计现场安装存在问题的总结。近年来本条文对新建机组的汽包水位计的安装起到重要的指导作用，对在役生产机组的汽包水位整改，本条文亦证明非常合理有效。

条文 6.4.2.1 取样管应穿过汽包内壁隔层，管口应尽量避开汽包内水汽工况不稳定区（如安全阀排汽口、汽包进水口、下降管口、汽水分离器水槽处等），若不能避开时，应在汽包内取样管口加装稳流装置。

水位测量装置在汽包上的开孔位置、取样管的管径一般是根据锅炉汽包内部结构、布置和锅炉运行方式，由锅炉制造厂负责确定和提供。由于汽包内有众多零部件，存以汽水取样测点部位选取不当无法真实反映汽包内水、汽工况的现象，因此制定本条对汽包水位取样测点部位的选取提出要求。建议优先选用汽、水流稳定的汽包端头的测孔或将取样口从汽包内部引至汽包端头，同时注意电极式水位测量装置的取样孔，应避开炉内加药影响较大的区域。作为锅炉运行中监视、控制和保护的水位测量装置的汽侧取样点，不应在汽包蒸汽导管上设置。

条文 6.4.2.2 汽包水位计水侧取样管孔位置应低于锅炉汽包水位停炉保护动作值，一般应有足够的裕量。

本条对汽包水位保护取样孔安装位置提出要求。汽包高/低水位保护动作后，水位计量程应有足够的裕量，以备监视和记录动作后水位变化值之用。为了防止一旦测量系统产生误差，汽包实际水位已经超出测孔位置，但水位计示值仍未达到动作值造成保护拒动。

条文 6.4.2.3 水位计、水位平衡容器或变送器与汽包连接的取样管，一般应至少有 1 : 100 的斜度，汽侧取样管应向上向汽包方向倾斜，水侧取样管应向下向汽包方向倾斜。

就地水位计、电极式水位计属于连通器原理，取样管的倾斜方向应遵循饱和汽冷凝成水后流入表计，表计内的水从水侧取样管顺利流回汽包。差压式水位计应遵循饱和汽进入平衡容器冷凝成水，多余的水沿汽侧取样管流回汽包内，使平衡容器内水柱高度维持恒定。具体而言，对于就地联通管式水位计（即玻璃板式、云母板式、牛眼式、电接点式），汽侧取样管为取样孔侧高，水侧取样管为取样孔侧低。对于差压式水位计，汽侧取样管为取样孔侧低，水侧取样管为取样孔侧高。取样管倾斜度过小不利于排水，过大则使表计有效量程缩小，还会增加测量误差，明确要求至少有 1 : 100 的斜度。

条文 6.4.2.4 新安装的机组必须核实汽包水位取样孔的位置、结构及水位计平衡容器安装尺寸，均符合要求。

对于新安装水位计的汽水取样管的取样位置、走向和倾斜度也应满足上述要求，并需建立相应的详细技术档案。水位测量装置安装和核实时，均应以汽包同一端的几何中心线为基准线，采用水准仪精确确定各水位测量装置的安装位置，不应以锅炉平台等物作为参比标准。

由于汽包水位测量系统使用的阀门多为高压截止阀，其阀门结构特点是低进高出，阀门进、出水口不在同一个水平面上。为防止仪表取样发生汽塞或水阻，要求安装水位测量装置取样阀门时，应使阀门阀杆处于水平位置。阀门门杆是否水平放置对差压式水位计的影响非常显著。当阀门阀杆处于垂直位置时，阀门低进高出将在阀门内形成一个 U 形弯曲而导致汽塞或水阻，影响测量稳定性和准确性。

对于新安装机组的差压式水位计，必须根据机组现场水位测量装置安装完成后实际测量的安装数据（包括汽水取样管孔的位置、平衡容器的安装尺寸等），对差压变送器的量程、水位计算公式和压力补偿计算公式进行逻辑组态，不可仅按制造厂提供的设计数据进行差压变送器的上述计算公式的逻辑组态工作。对在役机组的差压式水位计的汽水取样管进行改造后，必须根据改造后实际测量的安装数据（包括汽水取样管孔的位置、平衡容器的安装尺寸等），对差压变送器的量程、水位计算公式和压力补偿计算公式进行逻辑组态。水位计算逻辑组态完成后应认真核实和模拟试验，必要时可进行汽包真实水位试验。

条文 6.4.2.5 差压式水位计严禁采用将汽水取样管引到一个连通容器（平衡容器），再在平衡容器中段引出差压水位计的汽水侧取样的方法。

目前在役锅炉差压式水位计的平衡容器，存在多种结构形式，但采用单室平衡容器的居多。单室平衡容器以直径为 10cm 或以上的球体（或球头圆柱体），容积为 $300\sim800\mathrm{cm}^3$ 为宜。为缓冲汽包内水位波动对测量造成的影响，有机组在汽包侧的汽、水取样管之间加装联通容器（平衡容器），但禁止平衡容器的汽、水取样管自联通容器（平衡容器）中段引出，以避免产生测量死区误导运行人员，造成误判断。

【案例】 某厂为上海锅炉厂生产的引进型锅炉，将差压水位计的汽水取样管引到平衡容器，再从平衡容器中段引出差压水位计的汽水侧取样管。由于其存在着较大的测量误差，若水位达到低水位跳闸值为 $-381\mathrm{mm}$ 时，其差压已超过其差压水位表量程 860mm，所以低水位保护始终无法动作。

条文 6.4.3 对于过热器出口压力为 13.5MPa 及以上的锅炉，其汽包水位计应以差压式（带压力修正回路）水位计为基准。汽包水位信号应采用三选中值的方式进行优选。

差压式水位计是以比照参比水柱高度差的原理测量水位。对应于汽包液面水柱的压强与作为参比水柱的压强进行比较，根据其压差转换为汽包的水位。当汽压和环境温度不变时，差压只是水位的函数。当汽包压力上升时，汽包内炉水温度升高、密度减小，所对应的差压变化减小。此差压变化减小值，仅与汽包压力成函数关系，故在测量回路中引入汽包压力修正，即可校正。当前电厂广泛采用分散控制系统，很容易将此压力修正回路，通过逻辑组态予以实施。故对于过热器出口压力为 13.5MPa 及以上的锅炉，规定以差压式（带压力修正回路）水位计为基准。同时为防止汽包压力测点自身故障对汽包水位测量的影响，要求压力修正回路中引入的汽包压力信号应采用三选中值的方式进行优选。由于锅炉水位保护启动前应进行实际传动试验，所以在锅炉启动时差压式水位表已建立起参比水柱，差压式水位表可以满足各种工况下汽包水位监视的需要。

【案例】 某电厂分散控制系统中由于汽包水位补偿模块内部设计缺陷，导致锅炉 MFT，机组跳闸。2010 年 1 月 13 日 6 时 43 分 39 秒，某发电厂 1 号机组负荷 217MW，分散控制系统汽包水位 1、2、3、4 分别在＋20mm 左右运行稳定，6 时 43 分 43 秒，四个汽包水位突然同时降至－300mm，导致 MFT 动作，锅炉停运。首出故障信号为"汽包水位低三值"。6 时 46 分再热蒸汽温度下降 50℃，汽轮机跳闸，发电机解列。1 号机组汽包水位模拟量信号，采用常规单室平衡容器测量方式。从历史趋势曲线上看，事件前汽包水位变送器输出量没有发生跳变。由于变送器零偏汽包压力测点 1 与其他两个测点的偏差增大，当偏差大于 1MPa 后汽包压力三取平均模块发报警信号，进入下一级，即四个汽包水位补偿计算模块，汽包水位补偿计算模块接到该信号后超驰四个模块输出，同时达到下限－300mm，最终使锅炉主保护动作。经上述分析，认为本次事件，是由于水位补偿模块、三取平均模块输出故障造成，但模块内部设计缺陷是事故发生的直接原因。

条文 6.4.3.1 差压水位计（变送器）应采用压力补偿。汽包水位测量应充分考虑平衡容器的温度变化造成的影响，必要时应采用补偿措施。

差压水位计（变送器）平衡容器的取样管参比水柱受环境温度波动影响，必要时应引入温度补偿予以校正。当前电厂的 DCS（分散控制系统）在其对系统进行水位计算逻辑设计和组态时，通常都引入了压力校正回路和参比水柱的温度补偿回路，压力校正回路都较准确。但对参比水柱的温度大部分用设置 50℃ 或 80℃ 的固定值来处理，但通常只有当平衡容器散热面积足够大进汽量相对小时，参比水柱平均温度才能近似于室温，因此设置 50℃ 或 80℃ 的固定值作为参比水柱的温度的方式，对实际水位测量存在一定的误差。实际测量超高压、亚临界锅炉的汽包水位正压侧参比水柱温度，当其单室平衡容器直径为 10cm，容积为 $300\sim800cm^3$ 时，测得温度值为 $130\sim150℃$。远比固定设置值高，且此值随春夏秋冬季节变化及锅炉负荷的不同而不同，是一个随机变化量，为此参比水柱应引入温度补偿。由于正压侧参比水柱自单室平衡容器凝结水面到汽包水侧取样孔中心平行延伸线，存在着一个非线性温降的温度场，其平均温度不是代数平均值，需要在机组额定工况运行下，使用远红外测温仪，沿参比水柱全程实测其各点温度，选其平均温度代表点，作为参比水柱温度补偿的取样测点。因此必须要核实平衡容器实际温度与压力补偿计算公式中设定补偿温度的偏差情况，并且还要观察记录这个差值随时间和气候变化的情况，以便根据差值的变化定期对水位计算公式中设定的补偿温度进行调整。

【案例】 某电厂（1024t/h 亚临界锅炉）运行时 1 号差压水位计和 2、3 号差压水位计偏差最高为 64mm，不符合规程要求。针对参比水柱平均温度对水位测量的影响进行了详细的计算，结果表明：以该厂 DCS 中设定参比水柱的温度 40℃ 为基准。当汽包压力为 15.4MPa、当参比水柱的温度实际达到 60℃ 时，DCS 显示的水位值偏高了 20mm（误差为 +20mm）。当参比水柱温度达到 80℃，显示的水位值误差为 +37.6mm。通过设备维护人员去汽包水位计安装现场仔细检查发现：该厂 1 号差压水位计正压侧取样管水平段，由于安装时未满足 1∶100 的斜度导致正压侧平均段热膨胀不均匀。尤其是热态时由于热应力的变形导致平衡容器无法形成稳定的两相流，造成实际平衡容器内温度过低，从而造成了水位指示的偏差。通过在汽包上焊接 T 形支架固定 1 号差压水位计的平衡容器，确保正压侧水平段满足 1∶100 的斜度，并适当增加参比柱水平冷却段，最终使 1 号差压水位计和 2、3 号差压水位计偏差减少为 13mm 以内。

条文 6.4.3.2 汽包水位测量系统，应采取正确的保温、伴热及防冻措施，以保证汽包水位测量系统的正常运行及正确性。

差压式水位计测量系统必须采取严格的保温、伴热等防冻措施，具体包括：

（1）汽水侧取样管、取样阀门均应良好保温。

（2）引到差压变送器的两根管道应平行敷设共同保温，并根据需要采取防冻措施。

（3）平衡容器及容器下部形成参比水柱的管道不得保温。

（4）三取二或三取中的三个汽包水位测量装置的取样管间应保持一定距离，且不应将它们在一起保温。

电厂常常因差压式水位计测量系统的保温、伴热及防冻措施不当，造成差压式水位计意外故障或示值严重失准。因此不能忽视差压式水位计测量系统的保温、伴热及防冻措施不当对水位测量的影响。

【案例 1】 1998 年 4 月，热控监督检查时发现某厂两个单室平衡容器参比水柱均做了保温处理，增大了测量误差，再则其倾斜角度过大，当高水位时会形成"水封"，增大水位测量误差。当水位上升时，汽包水位淹没汽侧取样口（取样口过低约 100mm 左右）。在水位不变的情况下，会造成汽包水位从 100mm 左右飞升至满量程 300mm，存在着高水位保护误动的隐患。

【案例 2】 2001 年 1 月 15 日江苏某电厂 1 号机组给水流量变送器结冻，人工调节过程中汽包水位高保护跳机。停机事前发生前 1 号机组负荷 180MW，A、D 磨煤机组运行，A、B 汽动给水泵并列供水，给水自动调节方式，运行正常。4 时 52 分 BTG 盘"给水主控跳手动"报警，同时发现给水流量指示不正常地下降直到零，汽包水位发生较大波动，经值班员手动调整，汽包水位基本稳定。因当时室外气温达 −7℃，判断可能是给水流量变送器结冻，即联系检修多方采取措施力图恢复给水流量测量。在此过程中，由于没有给水流量作参考，手动调节汽包水位比较困难，6 时 10 分终因汽包水位波动大，高水位跳机。

【案例3】 湖北某电厂4号机组汽包水位取样管路受冻结冰，机组跳闸。2003年1月5日1时36分4号机负荷为188MW，A、B给水泵转速突降至3000r/min，紧急加给水泵转速，手动启动电泵，仍无法维持汽包水位；于1时38分4号机组跳闸，首显"汽包水位低"。经检查系A、C点水位测量信号因取样管路结冰而故障，造成三个平衡容器水位计，一个跳变，两个无指示，从而引起给水自动在主站上跳到手动。而且输出给水控制指令始终跟踪零指令，因此运行人员无法干预，导致汽包水位低低MFT动作。

条文6.4.4 汽包就地水位计的零位应以制造厂提供的数据为准，并进行核对、标定。随着锅炉压力的升高，就地水位计指示值越低于汽包真实水位，表6-3给出不同压力下就地水位计的正常水位示值和汽包实际零水位的差值 Δh，仅供参考。

表6-3　　　　　　就地水位计的正常水位值和汽包实际零水位的差值

汽包压力（MPa）	16.14~17.65	17.66~18.39	18.40~19.60
Δh（mm）	−51	−102	−150

过去电厂运行人员，习惯上以较直观地就地云母式（或牛眼式、双色式）水位计作为监控基准，这是认识上的一个误区。

就地云母式（或牛眼式、双色式）水位计和电接点水位计，均是按连通管原理测量水位，当液体密度相同时，连通管各支管中的液位，处于同一高度。由于就地水位计安装在汽包外部，受外界环境温度影响，就地水位计内的水柱平均温度，永远低于汽包内饱和水温度。就地水位计内的水柱密度高于汽包内饱和水密度，故就地水位计的水位示值始终低于汽包内实际水位。随着锅炉额定压力的增高，就地水位计的水位示值越低于汽包内实际水位。

条文6.4.4给出不同压力下就地水位计的正常水位示值和汽包实际零水位的差值表。此参考差值不是一个固定值，随春夏秋冬季节变化及锅炉汽包压力的不同而不同，是一个随机变化量。因此汽包就地水位计的零位，应以制造厂提供的数据为准，并进行核对、标定。现场应明确标注三条汽包水位基准线，即汽包几何中心线、汽包实际零水位运行线和就地水位计零水位安装线。同时各电厂应针对具体的锅炉通过试验得出在不同压力、不同水位下，自身的各类汽包水位计示值与汽包内部实际水位的差值关系。

条文6.4.5 按规程要求定期对汽包水位计进行零位校验，核对各汽包水位测量装置间的示值偏差，当偏差大于30mm时，应立即汇报，并查明原因予以消除。当不能保证两种类型水位计正常运行时，必须停炉处理。

本条对各水位计零位校验和示值偏差提出要求。各单位应针对机组配置的汽包水位计类型制定相应的水位计及其测量系统的检查和维护制度，并严格执行。控制室内汽包水位电视图像要清晰，运行人员在监视汽包水位时应以差压水位计为基准，参考各类水位计示值，发现异常要立即通知有关人员处理。同类型水位计之间经过修正后，偏差仍大于 30mm 时，应立即汇报并查明原因予以消除。不能保证两种类型水位计正常运行时，必须停炉处理。

【案例】 2004 年 2 月 19 日，山东某电厂 2 号机组 D 磨煤机润滑油泵跳闸，造成 D 磨煤机跳闸，汽包水位高保护动作，机组跳闸。事件发生前 2 号机组负荷为 350MW，A、C、D 三台磨煤机运行，总煤量为 149t/h，总风量 1285t/h，主汽压为 16.6MPa，汽包水位为－4.7mm，机组协调方式；2 月 19 日 11 时 16 分 55 秒因 2D 磨煤机润滑油泵跳闸，造成 D 磨煤机跳闸，机组 RB，煤量自动减至 104t/h，11 时 21 分 53 秒，汽包水位调节测点值高至 138mm 时，北侧汽包水位保护测点分别高至 220、203mm，造成汽包水位保护动作，锅炉 MFT。事件暴露了该机组汽包水位两侧偏差大，运行人员监视、调整不力的问题。

条文 6.4.6　严格按照运行规程及各项制度，对水位计及其测量系统进行检查及维护。机组启动调试时应对汽包水位校正补偿方法进行校对、验证，并进行汽包水位计的热态调整及校核。新机组验收时应有汽包水位计安装、调试及试运专项报告，列入验收主要项目之一。

新建机组在带负荷试运阶段前应完成汽包水位计的冷态上水调试和热态调整及校核工作。锅炉启动前，应确保差压式水位测量装置参比水柱的形成。

（1）冷态上水调试的目的是检验机械安装尺寸和进行水位实际保护传动试验。首先，利用锅炉打水压前，汽包上水过程中给各平衡容器注水，并打开各水位计一次门和排污门进行排污。排污完毕后，关闭排污门投入各水位计。然后手动控制汽包水位，缓慢升降水位，以电接点通断瞬间为准，读取各水位计的示值，其偏差应在 10mm 以内，否则应查找原因给予消除。在升降水位的同时做实际水位保护传动试验。在做实际水位保护试验前应先完成各种逻辑关系试验。

（2）汽包上水调试完成后，应进行热态水位升降调试。热态水位升降调试的目的是检验各水位计在锅炉正常热态运行时的偏差应满足要求。锅炉点火前上水时，给平衡容器注水，锅炉点火升压带负荷的过程中应特别注意各水位计的显示变化情况，出现偏差应及时分析、查找原因，给予消除。若有必要在锅炉升压到 1MPa 左右时，对各水位计进行排污。热态水位升降调试在额定汽包压力情况下进行。机组负荷达到 80% 以上时解除水位自动，手动控制汽包水位，缓慢升降水位，以电接点通断瞬间为准，读取各水位计的示值，其偏差应在 30mm 以内，否则应查找原因给予消除。水位控制升降幅度应控制在水位的高、低极值（±Ⅲ值）以内，其范围应尽可能地大，一般可在＋200～－200mm 范围内进行。

新机组验收时，常常忽视汽包水位计安装、调试及试运专项报告的初始资料、文件、图纸等收集、归档、保存工作，给以后汽包水位计的运行维护检修工作带来极大的不便，本条明确强调这方面的内容。

【案例】 2004年6月1日，河南某电厂改进原有单室平衡容器并取消连通管，参比水柱高度由原来的860mm扩大到1130mm，在修改DCS组态时，对水位测量和压力补偿参数修改不符合现场实际的数据，而且未进行汽包水位计的热态调整及校核。导致实际启机并网带负荷后差压水位计的测量误差随汽包压力升高而加大，当电极点水位计和云母水位计显示水位已达＋300mm（实际还要高），汽包已满水，但三个差压水位计显示分别为－99.5、－82.4、－166mm，满水保护不动作，控制系统不断增大给水流量，幸亏运行人员监盘发现给水流量比蒸汽流量大260t/h，并看到电极式水位计和云母水位计均显示满水，手动打闸停机，造成汽包满水，主蒸汽带水和汽温急剧下降。

条文 6.4.7 当一套水位测量装置因故障退出运行时，应填写处理故障的工作票，工作票应写明故障原因、处理方案、危险因素预告等注意事项，一般应在**8h**内恢复。若不能完成，应制订措施，经总工程师批准，允许延长工期，但最多不能超过**24h**，并报上级主管部门备案。

条文 6.4.8 锅炉高、低水位保护

条文 6.4.8.1 锅炉汽包水位高、低保护应采用独立测量的三取二的逻辑判断方式。当有一点因某种原因须退出运行时，应自动转为二取一的逻辑判断方式，办理审批手续，限期（不宜超过**8h**）恢复；当有两点因某种原因须退出运行时，应自动转为一取一的逻辑判断方式，应制定相应的安全运行措施，严格执行审批手续，限期（**8h**以内）恢复，如逾期不能恢复，应立即停止锅炉运行。当自动转换逻辑采用品质判断等作为依据时，要进行详细试验确认，不可简单的采用超量程等手段作为品质判断。

锅炉汽包水位独立测量的概念是指从汽包水位取样孔、取样管道、测量容器、变送器，直至水位显示均完全独立。针对某些电厂汽包水位保护信号取样混乱的状况（有取自电接点水位计、取自差压式水位计及电接点水位计和差压式水位计混合式的），强调采用三取二的逻辑判断方式（宜用差压式水位计来实施）。

对于锅炉汽包水位高、低保护已采用独立测量的三取二的逻辑判断方式的，在机组检修期间应对三取二的逻辑、故障时自动转为二取一和一取一的逻辑进行模拟试验，确保保护逻辑的正确。对于锅炉汽包水位高、低保护还未采用独立测量的三取二的逻辑判断方式的，应制定计划尽快进行改造，以实现独立测量的三取二的逻辑判断的锅炉汽包水位高、低保护。

【案例】 2004年2月2日，河南省某电厂一台炉的两台测量汽包水位的差压变送器排污门泄漏。消缺处理后，因单室平衡容器参比水柱形成和正、负压管温度

平衡需要一段时间，故将该两变送器至控制器的信号强制在一个确定值（8mm），消缺处理期间没有办理当有两点因某种原因须退出运行时，水位保护自动转为一取一的逻辑判断方式，水位保护仍然采用三取二的判断方式。在此期间由于运行人员误把自动调节信号切为该两故障信号的"平均"模式，因水位设定值为18mm，于是给水指令连续增加给水量，最终导致水位保护无法正确动作，汽包满水。幸亏运行人员及时发现，手动 MFT 停炉，事故未进一步扩大。如果严格按照条文 6.4.8.1 进行保护判断方式的审批手续，保护可正确动作保护锅炉。

条文 6.4.8.2　锅炉汽包水位保护所用的三个独立的水位测量装置输出的信号均应分别通过三个独立的 I/O 模件引入分散控制系统的冗余控制器。每个补偿用的汽包压力变送器也应分别独立配置，其输出信号引入相对应的汽包水位差压信号 I/O 模件。

本条文为新增，突出说明为确保锅炉可靠、安全运行，汽包水位保护从原始测量装置到分散控制系统（DCS）的 I/O 模件的配置都需要独立，确保不发生因某 DCS 模件故障导致所有汽包水位信号失去的事件。明确了进行水位补偿计算的汽包压力变送器也应独立配置，对三取中/三取二的差压变送器信号，要求各自独立自成系统，以防某一台差压变送器故障检修时，影响汽包水位正常监控运行。

【案例】　2004 年 8 月 15 日 15 时 08 分 57 秒，上海某电厂 4 号机组光字牌：汽包水位低报警，运行检查 CCS 汽包水位突降至－381mm 以下（－381mm 是保护动作值），电接点汽包水位正常，汽包水位低跳闸信号出现，15 时 19 分，MFT 动作，汽轮机跳闸、发电机解列。停机后经热控维护人员检查后发现汽包水位数据采集卡故障，卡上带有汽包水位 LT0904、LT0905 两点信号。由于水位测量装置 LT0904、LT0905 输出的信号未经过两个独立的采集卡（I/O 模件）引入 DCS 的冗余控制器，该采集卡故障，直接造成汽包水位三选二保护动作是此次 MFT 的主要原因。

条文 6.4.8.3　锅炉汽包水位保护在锅炉启动前和停炉前应进行实际传动校检。用上水方法进行高水位保护试验、用排污门放水的方法进行低水位保护试验，严禁用信号短接方法进行模拟传动替代。

汽包水位保护在锅炉启动前必须进行实际传动校检，传动必须到位，禁止为图省事用信号接点短接线方法，进行模拟传动试验。

条文 6.4.8.4　锅炉汽包水位保护的定值和延时值随炉型和汽包内部结构不同而异，具体数值应由锅炉制造厂确定。

锅炉汽包高、低水位保护整定值及延时时间的设置，随炉型和汽包内部设备不同而不同。具体规定由锅炉制造厂负责确定，各单位不得自行确定。尤其是汽包水位低保护跳闸延时值，应按锅炉断水而出力为额定值及水位处于低水位保护跳闸值时的工况进行核算，不得无根据地任意设置。有的厂为适应 RB 动作工况的需要，擅自加大汽包水位低保护跳闸延时值，这会给机组安全运行带来严重隐患。

条文 6.4.8.5 锅炉水位保护的停退，必须严格执行审批制度。

本条文目的在于加强水位保护的停退管理制度的建设。

条文 6.4.8.6 汽包锅炉水位保护是锅炉启动的必备条件之一，水位保护不完整严禁启动。

为了保证锅炉的安全运行，本条文明确规定锅炉无水位保护严禁投入启动、运行。

条文 6.4.9 当在运行中无法判断汽包真实水位时，应紧急停炉。

本条是对汽包水位监控操作的要求。为运行人员在紧急工况下，提供果断操作的依据，以免犹豫不决，造成事故扩大化。

条文 6.4.10 对于控制循环锅炉，应设计炉水循环泵差压低停炉保护。炉水循环泵差压信号应采用独立测量的元件，对于差压低停泵保护应采用二取二的逻辑判别方式，当有一点故障退出运行时，应自动转为二取一的逻辑判断方式，并办理审批手续，限期恢复（不宜超过 8h）。当两点故障超过 4h 时，应立即停止该炉水循环泵运行。

本条文针对控制循环锅炉提出了炉水循环泵差压两级保护的设置原则。对于控制循环锅炉，炉水循环泵差压保护根据差压设定值的不同实际，对炉水循环泵体和锅炉提供两个级别的保护，一是差压低停泵，另一为差压低低停炉，两级保护的设定值和保护对象是不一样的。在一定程度上，炉水循环泵差压保护可承担汽包水位保护的后备保护功能。原相关规定中炉水循环泵差压保护未对上述保护级别进行区别，导致保护设置界限模糊。同时通过调研电厂发现目前控制循环锅炉实际安装的炉水循环泵差压信号（保护测点）两个的占大多数，只有极少数配置了三个测点，因此本条对锅炉炉水循环泵差压保护的装置原则及相应运行维护管理提出要求，制订本条款目的在于加强炉水循环泵差压保护运行维护管理制度的建设。

【案例】 某电厂 2003 年 7 月因一台炉水循环泵差压变送器故障检修，在 DCS 软件中，强制设置其为正常运行，不符合"炉水循环泵差压信号一点故障退出运行时，自动转为二取一的逻辑判断方式，并办理审批手续"的。当实际最终炉水循环泵差压低低发生时，致使炉水循环泵差压低和低低保护拒动，适逢汽包水位低跳闸保护拒动，从而失去三道保护屏障，造成锅炉烧干锅水冷壁损坏事故。

条文 6.4.11 对于直流炉，应设计省煤器入口流量低保护，流量低保护应遵循三取二原则。主给水流量测量应取自三个独立的取样点、传压管路和差压变送器并进行三选中后的信号。

本条文为新增，强调直流炉满水和缺水保护的设置。直流炉给水经加热、蒸发和变成过热蒸汽是一次性连续完成的，因此给水流量的保护包括省煤器入口流量低保护和失去所有给水泵保护就尤为重要。流量测点重要程度不亚于汽包水位测点，对其取样点、差压测量元件也做了详细说明。

【案例】 2006 年 11 月 7 日 17 时 28 分，某电厂 1 号机组（1000MW）已转干态运行，燃料手动控制，汽动泵 A 在自动，电动泵处于热备，机组负荷为 300MW。三个汽动泵 A 入口流量的取样管取自一路，非取自三个独立的采样点，由于变送器非正常排污导致三路流量变送器统一误动作，引起给水流量低，导致 MFT 动作。

条文 6.4.12 **直流炉应严格控制燃水比，严防燃水比失调。湿态运行时应严密监视分离器水位，干态运行时应严密监视微过热点（中间点）温度，防止蒸汽带水或金属壁温超温。**

本条文为新增，为了防止直流炉在启动初期汽水分离器水位过高，或热态升负荷时分离器水位的突升突变，或在停炉、甩负荷或 MFT 工况下，由干态转为湿态循环运行时汽水分离器水位的突然变化，在合理设置储水罐水位调节阀、储水罐溢流调节阀和再循环泵的控制逻辑的基本条件下，强调湿态运行时应严密监视分离器水位。

当直流炉干态运行时强调直流炉重点控制的内容是燃水比，严防燃水比失调。这是由于直流炉汽温的控制本质是靠控制燃水比进行的。直流炉不同于汽包炉，当燃水比失调导致汽温变化时，仅靠调节减温水流量来控制汽温不仅会使减温水流量大范围变化，而且会进一步加重燃水比的失调，直接影响锅炉安全运行。因此需要控制微过热点（中间点）温度调节燃水比最终达到控制汽温的目的。

【案例】 2011 年 12 月 21 日 21 时 23 分，某厂 1 号机组在协调 CCS 方式干态运行，给水、燃料均自动方式。在 AGC 升负荷过程中，由于上仓燃煤较湿，水分较大发生 A 磨煤机堵磨，运行人员采用高风量吹磨煤机，由于机组始终运行在燃料自动方式，升负荷过程一直在增加燃料，当磨煤机疏通来煤后导致入炉煤量大增。此时中间点温度和主汽温度开始上升，由于协调控制和给水控制响应较慢，运行人员解除协调和给水自动，采用手动增加减温水流量的方式控制主汽温度。7min 后，水冷壁壁温高及一级过热入口汽温高 MFT 动作。由于堵磨煤机导致中间点温度和主汽温度开始上升（即燃水比失调）时，运行人员应该采用减少燃料或者增加主给水流量（即严格控制燃水比）来控制汽温的上升，同时加强各壁温监视，及时调整减温水量，防止受热面超温，而不应该仅靠调节减温水流量来控制汽温，这样会进一步加重燃水比的失调，直接导致锅炉 MFT。

条文 6.4.13 **高压加热器保护装置及旁路系统应正常投入，并按规程进行试验，保证其动作可靠，避免给水中断。当因某种原因需退出高压加热器保护装置时，应制订措施，严格执行审批手续，并限期恢复。**

【案例】 2005 年 10 月 28 日 19 时 55 分，某电厂 4 号机组在升负荷过程中，因

1号高温加热器水位大幅度波动，高温加热器解列。高温加热器解列后需将给水切至高温加热器水侧旁路运行，即关3号高温加热器入口三通阀及1号高温加热器出口电动门。1号高温加热器出口电动门关闭正常，但3号高温加热器入口三通阀因门卡涩导致电动头过力矩未动作，即由于高温加热器旁路系统动作不可靠导致给水中断，汽包水位低至−360mm，炉MFT动作，机组跳闸。

条文 6.4.14　给水系统中各备用设备应处于正常备用状态，按规程定期切换。当失去备用时，应制定安全运行措施，限期恢复投入备用。

本条对锅炉给水系统各备用设备的运行维护管理提出要求，制订本条款目的在于加强给水系统运行维护管理制度的建设。

条文 6.4.15　建立锅炉汽包水位、炉水泵差压及主给水流量测量系统的维修和设备缺陷档案，对各类设备缺陷进行定期分析，找出原因及处理对策，并实施消缺。

条文 6.4.16　运行人员必须严格遵守值班纪律，监盘思想集中，经常分析各运行参数的变化，调整要及时，准确判断及处理事故。不断加强运行人员的培训，提高其事故判断能力及操作技能。

【案例1】　某电厂2号机因机组工况不稳定，省调通过AGC减负荷时，汽包水位低机组跳闸。2003年7月30日21时30分，2号机组负荷为350MW（满负荷），机组在AGC运行方式。锅炉风量控制系统波动，总风量超限（大于1250t/h），锅炉风量控制跳"手动"，造成机组控制方式由"协调"跳"手动"，经调整后逐级投炉风量自动、机组协调控制，于21时38分投AGC运行方式。此时省调AGC方式减负荷，因机组工况未完全稳定，减负荷指令发出后机组燃料量突增，运行调整不及，21时40分，因锅炉汽包压力高（达19.6MPa）给水压头不足而造成汽包低水位跳机组。

【案例2】　某电厂1号机组在进行锅炉汽包水位优化调整时，给水调节系统参数整定不当，汽包水位高跳闸。2005年3月25日事发前1号机组A、C、D三台磨煤机运行，机组负荷338MW，协调方式，给水主控投自动。13时40分值长签发"1号机组给水调节系统优化整定"试验申请单，14时，试验开始，在蒸汽流量平稳的情况下，给水流量调节出现了波动。第一波过后，运行人员发现水位调节不正常，要求恢复原调节参数。热控试验人员要求再观察一下。第二波出现时，给水调节呈现渐扩振荡，汽包水位迅速上升，值长果断下令改手动调节给水，但给水主控改手动后，操作控制输出键无效（经查为A、B汽动给水泵的汽轮机主控站任一个输出达100%时，给水主控即被强制跟踪）。此时再将A/B给水泵主控改手动调节，同时打闸C磨煤机组，汽包水位已达跳闸值，14时05分因汽包水位高而跳机。

条文 6.5　防止锅炉承压部件失效事故

锅炉承压部件的失效是指因某种原因使管壁的局部应力超过材料的屈服极限、持久强度而发生变化，最终导致爆漏。通常包括材料使用不当、管壁磨损、腐蚀、侵蚀减薄使应力升高、管壁超温使材料组织发生劣化而导致材料强度下降，以及附加应力或交变应力等因素使管壁发生失效。

大容量锅炉承压部件爆漏是造成大型火电机组强迫停运的主要原因，根据2000 年全国 200MW 及以上火电燃煤机组可靠性统计，锅炉设备所造成的非计划停机时间约占全部非计划停机时间的 53.1%，其所造成的非计划停机次数约占全部非计划停机次数的 48.9%，其中四管爆漏所造成的非计划停运时间约占锅炉设备非计划停运时间的 80.8%，其所造成非计划停运次数约占锅炉设备非计划停运次数的 60.5%。因此，为了有效地预防大容量锅炉承压部件爆漏事故的发生，必须严格按照有关的规程和规定，对大容量锅炉承压部件实施从设计、制造、安装、调试、运行、检修和检验的全过程管理。

本部分反措内容主要增加了防止超（超超）临界锅炉高温受热面管内氧化皮大面积脱落和奥氏体不锈钢小管的监督。

条文 6.5.1　各单位应成立防止压力容器和锅炉爆漏工作小组，加强专业管理、技术监督管理和专业人员培训考核，健全各级责任制。

锅炉承压部件的失效问题及其对应的防磨防爆工作，具有多样性和复杂性。造成承压部件失效问题的成因和发展，具有相当的隐蔽性和滞后性，承压部件爆漏存在突发性。因此，不论从管理和思路、制度和措施、人员安排和学习培训、具体工作和技术档案建立、交流和协作，防止承压部件失效都需要有非常强的系统性和适应性，需要成立相应的工作小组，加强专业管理、技术监督管理和专业人员培训考核，健全各级责任制。

条文 6.5.2　严格锅炉制造、安装和调试期间的监造和监理。新建锅炉承压部件在安装前必须进行安全性能检验，并将该项工作前移至制造厂，与设备监造工作结合进行。新建锅炉承压部件在制造过程中应派有资格的检验人员到制造现场进行水压试验见证、文件见证和制造质量抽检；新建锅炉在安装阶段应进行安全性能监督检验。在役锅炉结合每次大修开展锅炉定期检验。锅炉检验项目和程序按《特种设备安全监察条例》（国务院令第 549 号）、《锅炉定期检验规则》（质技监局锅发〔1999〕202 号）和《电站锅炉压力容器检验规程》、《锅炉安全技术监察规程》（TSG G0001—2012）及《固定式压力容器安全技术监察规程》（TSG R0004—2009）等相关规定进行。

本条文强调锅炉安装前的安全性能检查，并将该项工作前移至制造厂，与设备监造工作结合进行；强调新建锅炉在安装阶段进行安全性能监督检验；强调在役锅炉定期按相关规定定期检验。随着超（超超）临界机组的普及，安装前和安装阶段的安全性能检查越来越重要，直接影响锅炉的安全性能。

【案例】　某新建超临界锅炉安装阶段监督检查不到位，水冷壁管留有异物，造成调试期间水冷壁管壁超温，不得不临时停炉处理相应水冷壁管的堵塞问题。

条文 6.5.3　防止超压超温

条文 6.5.3.1　严防锅炉缺水和超温超压运行，严禁在水位表数量不足（指能正确指示水位的水位表数量）、安全阀解列的状况下运行。

条文 6.5.3.2　参加电网调峰的锅炉，运行规程中应制订相应的技术措施。按调峰设计的锅炉，其调峰性能应与汽轮机性能相匹配；非调峰设计的锅炉，其调峰负荷的下限应由水动力计算、试验及燃烧稳定性试验确定，并在运行规程制定相应的反事故措施。

条文 6.5.3.3　直流锅炉的蒸发段、分离器、过热器、再热器出口导汽管等应有完整的管壁温度测点，以便监视各导汽管间的温度，并结合直流锅炉蒸发受热面的水动力分配特性，做好直流锅炉燃烧调整工作，防止超温爆管。

锅炉的管壁在高温烟气中受热，如果得不到可靠的冷却，其运行温度超过设计值或超过运行时限发生损坏，称为超温（过热）。由于锅炉管道内部堵塞、缺水、水循环破坏或膜态沸腾等原因，造成管道短期超温爆破，大部分短期超温损坏处呈现明显的胀粗变形，在破裂处呈现刀刃状边缘。中、长期超温是因为钢材长期工作在蠕变温度以上，金相组织发生变化，包括珠光体球化、碳钢和钼钢的石墨化、奥氏体钢发生 σ 相沉淀等，从而降低了金属的晶间强度而损坏。这种损坏管壁没有明显减薄，厚唇状断口是高温蠕变的特征。锅炉管壁超温是导致锅炉承压部件爆漏的一个重要因素。

【案例】　1991 年某电厂 4 号锅炉重复发生的水冷壁爆管事故。1991 年 3 月 21 日，该电厂 4 号锅炉小修结束，汽轮机超速试验完毕准备并网时，突然炉膛一声巨响，汽包水位直线下降无法控制，紧急停炉。检查发现前墙水冷壁爆管一根，爆口在卫燃带附近 100cm 处，爆口附近同一循环回路共有 25 根管产生不同程度的变形。经抢修更换爆破的和变形严重的水冷壁管 14 根。于 24 日 18 时再次点火，25 日 3 时 24 分带负荷 40MW、主蒸汽压力 9.3MPa、主蒸汽温度 490℃、电接点水位计指示 +30mm，炉内又发生一声巨响，汽包水位直线下降无法维持，再次紧急停炉。检查发现后墙水冷壁管一根爆破，爆口在卫燃带上方约 80cm 处，爆口周围 10 多根水冷壁管不同程度变形。这两次爆管的情况基本相同，经检查外观爆口特征和金相分析，断定为短期超温爆管，事故是由于运行人员在锅炉启动过程中，两次未按规定清洗汽包就地水位计，而且未与电接点水位计核对，控制室内机械水位计和自动记录水位计不能正常投入运行，电接点水位计与就地水位计不符，而出现假水位工况未能及时发现，致使锅炉严重缺水爆管。

因此，要有效地防止锅炉超温爆管事故的发生，应根据不同的起因，采取不同的防范措施。对于短期过热引起的爆管，一般要求防止锅炉汽包低水位、过量使用减温水引起过热器内水塞和作业工具、焊渣等异物进入锅炉管道而造成堵塞等措施。对于长期超温引起的爆管，就要弄清由于锅炉热力偏差、水力偏差还是结构偏差所引起的超温，以便采取相应的对策。

条文 6.5.3.4 锅炉超压水压试验和安全阀整定应严格按《锅炉水压试验技术条件》（JB/T 1612）、《电力工业锅炉压力容器监察规程》（DL/T 612—1996）、《电站锅炉压力容器检验规程》（DL/T 647）执行。

锅炉超压也是导致锅炉承压部件爆漏事故的一个重要因素，甚至可以造成设备的严重损坏。

为防止大容量锅炉超压，锅炉均安装有安全阀。当锅炉压力达到一定值时，其安全阀能突然起跳至全开，自动对锅炉进行泄压，并且为了限制蒸汽排放损失，当锅炉压力恢复正常或稍低的压力后，安全阀将自动关闭。因此，锅炉安全阀是防止锅炉超压的重要安全附件，严禁锅炉在解列安全阀状况下运行。

为保证锅炉安全阀在一定值下能够准确动作，要求锅炉安全阀进行热态整定，也就是在锅炉压力实际达到安全阀的整定值时，调整安全阀使其能自动开启，以排除多余介质，保证锅炉在额定压力下正常工作。

锅炉超压水压试验是指锅炉进行 1.25 倍工作压力下的水压试验，以考核锅炉管系的强度。

由于在进行锅炉超压水压试验和安全阀热态整定时，锅炉压力均超过正常工作压力，因此，为保证人员和设备的安全，锅炉进行超压水压试验和热态安全阀校验时，应制定专项安全技术措施。运行人员要严格按安全技术措施的要求进行操作，以防止锅炉升压速度过快或压力、汽温失控而造成锅炉超压超温，并且严禁非试验人员进入试验现场。在进行超压水压试验时，在保持试验压力的时间内不准进行任何检查，应待压力降到工作压力后，才可进行检查。

【案例】 1996 年某热电厂发生 4 号 670t/h 锅炉超温、超压事故。1996 年 3 月 13 日 0 时 29 分，4 号机组由于直流控制电源总熔断器熔断，造成直流操作电源消失，4 号机组跳闸，汽轮机主汽门关闭。因"机跳炉"连锁未投入运行，机组甩负荷后燃料没有联动切断。运行人员在事故处理过程中，尤其当手动开启脉冲安全阀锅炉压力不降时（四个主蒸汽系统的安全阀拒动），没有按规程果断切断制粉系统，致使锅炉承压部件严重超温、超压（最高主蒸汽压力达 21.3MPa、主蒸汽温度达 576℃，而额定过热器出口压力为 13.7MPa、汽包压力为 15.88MPa、主蒸汽温度为 540℃）。

条文 **6.5.3.5** 装有一、二级旁路系统的机组，机组启停时应投入旁路系统，旁路系统的减温水须正常可靠。

条文 **6.5.3.6** 锅炉启停过程中，应严格控制汽温变化速率。在启动中应加强燃烧调整，防止炉膛出口烟温超过规定值。

条文 **6.5.3.7** 加强直流锅炉的运行调整，严格按照规程规定的负荷点进行干湿态转换操作，并避免在该负荷点长时间运行。

锅炉在湿态与干态转换区域运行时，在垂直水冷壁中有可能产生两相流，容易引起水力不均匀性而造成管壁温度超限，所以此时要注意保持燃料量和启动分离器水位的稳定，注意调整燃烧运行方式，以改善管壁温度，并尽可能缩短在这个区域的运行时间。

条文 **6.5.3.8** 大型煤粉锅炉受热面使用的材料应合格，材料的允许使用温度应高于计算壁温并留有裕度。应配置必要的炉膛出口或高温受热面两侧烟温测点、高温受热面壁温测点，应加强对烟温偏差和受热面壁温的监视和调整。

合格合理地使用受热面材料是防止超温的重要手段，对于超（超超）临界锅炉，材料需要充分考虑抗氧化温度限值。

条文 **6.5.4** 防止设备大面积腐蚀

条文 **6.5.4.1** 严格执行《火力发电机组及蒸汽动力设备水汽质量》（GB 12145—2008）、《超临界火力发电机组水汽质量标准》（DL/T 912—2005）、《化学监督导则》（DL/T 246—2006）、《火力发电厂水汽化学监督导则》（DL/T 561—2003）、《电力基本建设热力设备化学监督导则》（DL/T 889—2004）、《火力发电厂凝汽器管选材导则》（DL/T 712—2000）、《火力发电厂停（备）用热力设备防锈蚀导则》（DL/T 956—2005）、《火力发电厂锅炉化学清洗导则》（DL/T 794—2012）等有关规定，加强化学监督工作。

条文 **6.5.4.2** 凝结水的精处理设备严禁退出运行。机组启动时应及时投入凝结水精处理设备（直流锅炉机组在启动冲洗时即应投入精处理设备），保证精处理出水质量合格。

条文 **6.5.4.3** 精处理再生时要保证阴阳树脂的完全分离，防止再生过程的交叉污染，阴树脂的再生剂应采用高纯碱，阳树脂的再生剂应采用合成酸。精处理树脂投运前应充分正洗，防止树脂中的残留再生酸带入水汽系统造成炉水 pH 值大幅降低。

条文 **6.5.4.4** 应定期检查凝结水精处理混床和树脂捕捉器的完好性，防止凝结水混床在运行过程中发生跑漏树脂。

条文 **6.5.4.5** 加强循环冷却水系统的监督和管理，严格按照动态模拟试验结果控制循环水的各项指标，防止凝汽器管材腐蚀结垢和泄漏。当凝结器管材发生泄漏造成凝结水品质超标时，应及时查找、堵漏。

条文 6.5.4.6　当运行机组发生水汽质量劣化时，严格按《火力发电厂水汽化学监督导则》（DL/T 561—1995）中的 4.3 条、《火电厂汽水化学导则　第 4 部分：锅炉给水处理》（DL/T 805.4—2004）中的 10 条处理及《超临界火力发电机组水汽质量标准》（DL/T 912—2005）中的 9 条处理，严格执行"三级处理"原则。

条文 6.5.4.7　按照《火力发电厂停（备）热力设备防锈蚀导则》（DL/T 956—2005）进行机组停用保护，防止锅炉、汽轮机、凝汽器（包括空冷岛）等热力设备发生停用腐蚀。

条文 6.5.4.8　加强凝汽器的运行管理与维护工作。安装或更新凝汽器铜管前，要对铜管进行全面涡流探伤和内应力抽检（24h 氨熏试验），必要时进行退火处理。铜管试胀合格后，方可正式胀管，以确保凝汽器铜管及胀管的质量。电厂应结合大修对凝汽器铜管腐蚀及减薄情况进行检查，必要时应进行涡流探伤检查。

条文 6.5.4.9　加强锅炉燃烧调整，改善贴壁气氛，避免高温腐蚀。锅炉改燃非设计煤种时，应全面分析新煤种高温腐蚀特性，采取有针对性的措施。锅炉采用主燃区过量空气系数低于 1.0 的低氮燃烧技术时应加强贴壁气氛监视和大小修时对锅炉水冷壁管壁高温腐蚀趋势的检查工作。

条文 6.5.4.10　锅炉水冷壁结垢量超标时应及时进行化学清洗，对于超临界直流锅炉必须严格控制汽水品质，防止水冷壁运行中垢的快速沉积。

锅炉受热面腐蚀减薄损坏，因涉及范围大，一旦暴露，常导致重复爆漏事故，而且修复工作量大。

因此，预防及保护设备不受腐蚀是防止锅炉爆管、提高设备可用率的重要措施。锅炉受热面腐蚀分汽、水侧腐蚀和烟气侧腐蚀。汽、水侧腐蚀按其机理包括苛性腐蚀、氢损害、氧腐蚀、垢下腐蚀及应力腐蚀。烟气侧腐蚀包括高温腐蚀和低温腐蚀。

水冷壁管垢下腐蚀是以紧贴管壁的垢下管壁为阳极，外围表面为阴极所构成的局部电池作用引起的电化学腐蚀，严重时可导致鼓包或腐蚀穿孔。其主要的预防措施为：解决凝结器泄漏后防止给水硬度超标问题；加强给水含铁量的检测与控制；对已结垢的水冷壁进行化学清洗。总之，要加强化学监督工作。

水冷壁管氢损坏原因是受热面内壁结垢，加之炉水处于低 pH 值状态。当进入凝结水系统的酸性盐类在水冷壁管垢下浓缩，氢原子进入管壁金属组织中与碳化铁作用生成甲烷，使钢材晶间强度下降，产生沿晶裂纹。其主要预防措施为：严格控制炉水质量，不使管内壁腐蚀结垢；发现腐蚀时要采取措施，清洗管壁结垢；防止凝汽器管泄漏，特别要控制锅炉水中的酸性盐类，如 MgC_{12} 等盐类存在，要求机组运行时，凝结水精处理设备必须投入运行；监测饱和蒸汽中的含氢量。

水冷壁高温腐蚀是指水冷壁外壁在还原性气氛中，在挥发硫、氯化物及熔融灰渣的作用下，使管壁减薄，从而引起故障。其预防措施为：控制水冷壁近壁面气氛，避免未燃煤粉与还原性气体冲刷水冷壁；采用渗铝管或火焰喷涂的方法提高水冷壁管的抗腐蚀能力；在降低烟气含氧量采用低氧燃烧或为降低 NO_x 而采用二次燃烧时，应注意可能出现的高温腐蚀。

低温腐蚀是烟气中的硫酸、亚硫酸在低于露点的受热面上凝结，使受热面腐蚀的一种现象。其主要预防措施为：采用低硫煤、炉内脱硫；采用耐腐蚀材料、改变传热元件型线；加装暖风器提高冷端综合温度等。

【案例】 1992 年某电厂发生 3 号炉水冷壁爆管事故。3 月 12 日 18 时 10 分，3 号 320MW 机组带 200MW 负荷运行时，发现机组负荷由 200MW 下降到 160MW，蒸汽流量由 680t/h 下降到 500t/h，给水流量由 680t/h 上升到 730t/h，过热蒸汽压力由 15.2MPa 下降到 13.3MPa，过热蒸汽温度由 523℃ 上升到 552℃，炉膛负压大幅度摆动，火焰电显示云雾状，运行人员现场检查锅炉 19m 标高燃烧器 B 角处响声较大，机组长判断为锅炉水冷壁爆管，随后机组停运。经检查发现炉膛为 B 角右侧墙标高 19.5m 处第 10 根水冷壁管出现 38mm×100mm 的开窗状脆性爆口，该管内壁有严重腐蚀，使内径 44.5mm、壁厚 5.1mm 的水冷壁管减薄到 3.1mm；并且还发现燃烧器高温区的大面积水冷壁管向火侧结有 2mm 以上的铁垢，垢下有溃疡腐蚀凹坑，管壁减薄，有的减薄 2mm 以上，腐蚀坑下有金属宏观裂纹和微裂纹，腐蚀产物是高价氧化铁。大面积水冷壁管失效的主要原因为：3 号机组因制造质量、设计和安装质量等原因，长期分部试运，锅炉虽在长期停运期间采取必要的保养，但机组大部分热力系统无法保养，发生腐蚀，而该厂又对水质恶化的处理不够重视，凝结水除盐设备未能投入运行，低压加热器频繁跳闸，投入不正常，致使进入除氧器的凝结水温度偏低，而除氧器又未全面调试，不能正常除氧，从而导致给水中含氧、含铁量长期超标。因此，铁就随给水进入锅炉，全部沉积在水冷壁管上，铁垢的存在引起其沉积物下的垢下腐蚀，而铁垢又将引起水冷壁管的过热，金属温度升高又促进了腐蚀，最终导致燃烧器高温区水冷壁管大面积鼓包。修复 3 号锅炉更换管总长约 2900m，总重量约 17t，机组停运 3 个月。

条文 6.5.5　防止炉外管爆破

条文 6.5.5.1　加强炉外管巡视，对管系振动、水击、膨胀受阻、保温脱落等现象应认真分析原因，及时采取措施。炉外管发生漏气、漏水现象，必须尽快查明原因并及时采取措施，如不能与系统隔离处理应立即停炉。

条文 6.5.5.2　按照《火力发电厂金属技术监督规程》（DL/T 438—2009），对汽包、集中下降管、联箱、主蒸汽管道、再热蒸汽管道、弯管、弯头、阀门、三通等大口径部件及其焊缝进行检查，及时发现和消除设备缺陷。对于不能及时处理的缺陷，应对缺陷尺寸进行定量检测及监督，并做好相应技术措施。

条文 6.5.5.3　定期对导汽管、汽水联络管、下降管等炉外管以及联箱封头、接管座等进行外观检查、壁厚测量、圆度测量及无损检测，发现裂纹、冲刷减薄或圆度异常复圆等问题应及时采取打磨、补焊、更换等处理措施。

条文 6.5.5.4　加强对汽水系统中的高中压疏水、排污、减温水等小径管的管座焊缝、内壁冲刷和外表腐蚀现象的检查，发现问题及时更换。

条文 6.5.5.5　按照《火力发电厂汽水管道与支吊架维修调整导则》（DL/T 616—2006）的要求，对支吊架进行定期检查。运行时间达到 100 000h 的主蒸汽管道、再热蒸汽管道的支吊架应进行全面检查和调整。

条文 6.5.5.6　对于易引起汽水两相流的疏水、空气等管道，应重点检查其与母管相连的角焊缝、母管开孔的内孔周围、弯头等部位的裂纹和冲刷，其管道、弯头、三通和阀门，运行 100 000h 后，宜结合检修全部更换。

条文 6.5.5.7　定期对喷水减温器检查，混合式减温器每隔 1.5 万～3 万 h 检查一次，应采用内窥镜进行内部检查，喷头应无脱落、喷孔无扩大，联箱内衬套应无裂纹、腐蚀和断裂。减温器内衬套长度小于 8m 时，除工艺要求的必须焊缝外，不宜增加拼接焊缝；若必须采用拼接时，焊缝应经 100% 探伤合格后方可使用。防止减温器喷头及套筒断裂造成过热器联箱裂纹，面式减温器运行 2 万～3 万 h 后应抽芯检查管板变形，内壁裂纹、腐蚀情况及芯管水压检查泄漏情况，以后每大修检查一次。

条文 6.5.5.8　在检修中，应重点检查可能因膨胀和机械原因引起的承压部件爆漏的缺陷。

条文 6.5.5.9　机组投运的第一年内，应对主蒸汽和再热蒸汽管道的不锈钢温度套管角焊缝进行渗透和超声波检测，并结合每次 A 级检修进行检测。

条文 6.5.5.10　锅炉水压试验结束后，应严格控制泄压速度，并将炉外蒸汽管道存水完全放净，防止发生水击。

条文 6.5.5.11　焊接工艺、质量、热处理及焊接检验应符合《火力发电厂焊接技术规程》和《火力发电厂焊接热处理技术规程》的有关规定。

条文 6.5.5.12　锅炉投入使用前必须按照《锅炉压力容器使用登记管理办法》（国质检锅〔2003〕207 号）办理注册登记手续，申领使用证。不按规定检验、申报注册的锅炉，严禁投入使用。

炉外管的爆破具有杀伤力极大、后果难以预料和控制、严重威胁现场工作人员的生命安全的特点。炉外管爆破事故主要是由管道超温超压使材料机械强度下降、支吊架失效、管系膨胀受阻、管系振动、水冲刷、管材缺陷和焊接质量不良等因素造成的。因此，一是加强机组和锅炉运行调整，防止管道超温超压，减少易引起两相流的疏水、空气管道的冲刷；二是要加强金属监督，定期对炉外管道、主蒸汽管道、再热蒸汽等大口径管道、弯头、三通以及焊缝进行检查，发现问题及时更换；三是对支吊架要定期进行检查，防止由于管系负荷分布不均，造成管系膨胀受阻和失效；四是要改善停炉保护工作，认真控制化学清洗工作的质量。

【案例1】 1999年某电厂发生3号锅炉（670t/h）汽包联络管爆破事故。1999年7月9日，3号锅炉在安全阀热态整定过程中，高温段省煤器出口联箱至汽包联络管直管段发生爆破，造成5人死亡，3人严重烫伤。事故由于该段钢管外壁侧存在纵向裂纹，致使钢管的有效壁厚仅为1.7mm左右，从而导致在3号锅炉安全阀整定过程中，当主蒸汽压力达到16.66MPa时，钢管有效壁厚的实际工作应力达到材料的抗拉强度而发生瞬时过载断裂，发生爆破。

【案例2】 1995年7月5日，某电厂发生1号锅炉炉外导汽管爆破造成人员灼伤死亡事故。1995年7月5日，1号锅炉（上海锅炉厂制造UP型直流锅炉）在启动过程中切分刚结束5min，乙侧前墙由西向东数第二屏出口联箱至1号混合器入口导汽管突然爆破，高温蒸汽使2名正在附近测温的热工人员严重灼伤，并导致其中1名人员死亡。其事故原因是由于每次启动切分中和切分后该管均发生短期的局部超温，从而引起管壁发生塑性变形，经过多次超强涨粗后，管道减薄，最终导致管道爆破。

条文6.5.6 防止锅炉四管爆漏

条文6.5.6.1 建立锅炉承压部件防磨防爆设备台账，制订和落实防磨防爆定期检查计划、防磨防爆预案，完善防磨防爆检查、考核制度。

条文6.5.6.2 在有条件的情况下，应采用泄漏监测装置。过热器、再热器、省煤器管发生爆漏时，应及时停运，防止扩大冲刷损坏其他管段。

条文6.5.6.3 定期检查水冷壁刚性梁四角连接及燃烧器悬吊机构，发现问题及时处理。防止因水冷壁晃动或燃烧器与水冷壁鳍片处焊缝受力过载拉裂而造成水冷壁泄漏。

条文6.5.6.4 加强蒸汽吹灰设备系统的维护及管理。在蒸汽吹灰系统投入正式运行前，应对各吹灰器蒸汽喷嘴伸入炉膛内的实际位置及角度进行测量、调整，并对吹灰器的吹灰压力进行逐个整定，避免吹灰压力过高。运行中遇有吹灰器卡涩、进汽门关闭不严等问题，应及时将吹灰器退出并关闭进汽门，避免受热面被吹损，并通知检修人员处理。

条文6.5.6.5 锅炉发生四管爆漏后，必须尽快停炉。在对锅炉运行数据和爆口位置、数量、宏观形貌、内外壁情况等信息作全面记录后方可进行割管和检修。应对发生爆口的管道进行宏观分析、金相组织分析和力学性能试验，并对结垢和腐蚀产物进行化学成分分析，根据分析结果采取相应措施。

条文 6.5.6.6 运行时间接近设计寿命或发生频繁泄漏的锅炉过热器、再热器、省煤器，应对受热面管进行寿命评估，并根据评估结果及时安排更换。

条文 6.5.6.7 达到设计使用年限的机组和设备，必须按规定对主设备特别是承压管路进行全面检查和试验，组织专家进行全面安全性评估，经主管部门审批后，方可继续投入使用。

所谓锅炉"四管"，是指锅炉水冷壁、过热器、再热器和省煤器；传统意义上的防止锅炉四管泄漏，是指防止以上部位炉内金属管子的泄漏。锅炉四管，涵盖了锅炉的全部受热面，它们内部承受着工质的压力和一些化学成分的作用，外部承受着高温、侵蚀和磨损的环境，在水与火之间进行调和，是矛盾集中的所在，所以很容易发生失效和爆漏问题。

防磨防爆工作，是电厂里平凡的常规工作，没有什么高深的理论，谁都知道是怎么回事和怎么去做，关键是管理思路、制度措施体系和具体的做法上的区别，更重要的是人员的态度。

发生锅炉四管爆漏的原因主要有过热、磨损、应力撕裂、焊接问题、材质以及腐蚀等。

锅炉承压部件防磨防爆检查在防治锅炉四管泄漏中占有突出的地位，是专业性、规范性、经验性非常强的技术工作，所以作为一项专门的工作，在相关标准和导则中都有详细的规定。锅炉检修中防磨防爆的检查项目及内容，应按照《火力发电厂锅炉机组检修导则》、《防止火电厂锅炉四管爆漏技术导则》等规定的项目和周期进行。根据各个电厂多年的防磨防爆检查经验以及对承压部件爆漏事故的统计，在检修中应重点检查以下部位：水冷壁的检查，过热器和再热器、省煤器的检查，此外还应重视对炉外承压部件的检修和定期检验工作。

生产过程中，需要做好机组设备特性的研究、总结掌握和优化提高、加强燃料管理，不断提高运行管理水平，重视化学监督，加强吹灰管理，加强热工管理，加强锅炉四管泄漏后的处理等。坚决做好四管泄漏事故的分析工作，必须弄清楚造成爆管的本质原因，同时制定相应的措施和落实整改，防止同类事故反复发生。

【案例1】 一台300MW进口机组，发生过热器爆管，简单认为是材质问题，快速处理后启动，几十小时后相同部位再次发生爆管，再次认真分析，确定为短期过热，可能是堵塞造成的，下决心割开联箱封头用内窥镜探查，在该管子入口发现了制造厂遗留，而安装期间也没有清除的水压试验堵头。

【案例2】 某个电厂，锅炉爆管后割取该管圈、保留炉外管并闷堵，下次检修更换管子，由于管子内部氧化皮等杂物没有清理，启动过程中携带至U形弯底部并堵死，新更换的T91管子，机组启动不到30h即爆管。

条文 6.5.7 防止超（超超）临界锅炉高温受热面管内氧化皮大面积脱落

条文 6.5.7.1 超（超超）临界锅炉受热面设计必须尽可能减少热偏差，各段受热面必须布置足够的壁温测点，测点应定期检查校验，确保壁温测点的准确性。

条文 6.5.7.2 高温受热面管材的选取应考虑合理的高温抗氧化裕度。

条文 6.5.7.3 加强锅炉受热面和联箱监造、安装阶段的监督检查，必须确保用材正确，受热面内部清洁，无杂物。重点检查原材料质量证明书、入厂复检报告和进口材料的商检报告。

条文 6.5.7.4 必须准确掌握各受热面多种材料拼接情况，合理制定壁温定值。

条文 6.5.7.5 必须重视试运中酸洗、吹管工艺质量，吹管完成过热器高温受热面联箱和节流孔必须进行内部检查、清理工作，确保联箱及节流圈前清洁无异物。

条文 6.5.7.6 不论是机组启动过程，还是运行中，都必须建立严格的超温管理制度，认真落实，严格执行规程，杜绝超温。

条文 6.5.7.7 发现受热面泄漏，必须立即停机处理。

条文 6.5.7.8 严格执行厂家设计的启动、停止方式和变负荷、变温速率。

条文 6.5.7.9 机组运行中，尽可能通过燃烧调整，结合平稳使用减温水和吹灰，减少烟温、汽温和受热面壁温偏差，保证各段受热面吸热正常，防止超温和温度突变。

条文 6.5.7.10 对于存在氧化皮问题的锅炉，严禁停炉后强制通风快冷。

条文 6.5.7.11 加强汽水监督，给水品质达到《超临界火力发电机组水质质量标准》（DL/T 912—2005）。

超（超超）临界机组氧化皮问题，是具体管材在高温，特别是超温情况下，由水蒸气氧化生成氧化层。在达到一定厚度情况下，主要由于快冷等原因造成大面积集中脱落，大量堆积使管内蒸汽流量减少或者中断，管内蒸汽冷却效果变差，导致再超温或短期过热爆管。

锅炉汽温参数的提高和选择粗晶、不加表面处理的奥氏体不锈钢，是国内很多超（超超）临界机组锅炉设计和运行的特点。在 500℃ 以上，该材料单和水蒸气反应，就开始生成氧化层；在 570℃ 以上，氧化层中增加 FeO 相，材料氧化的速度逐渐加快；在 600～620℃ 之间，金属的氧化速度存在突变点，此时不锈钢的氧化层会迅速增厚。氧化层达到一定的厚度，就会在运行条件变化（导致管壁温度突然大幅变化）时剥落，成为脱落氧化皮。由于选用材料和超临界机组锅炉的汽温特性，因此在运行中过热器、再热器管内必然会产生氧化层。在控制不精确的情况下，达到 570℃ 以上超温时，必然会生成多相超厚氧化层（易脱落氧化皮）。氧化皮的生成、生长速度，以及脱落和温度及其变化水平密切相关，蒸汽温度控制在材料的抗氧化需用温度以内，不会发生严重的氧化皮生成和脱落。

超温是氧化皮生成的直接原因，超（超超）临界机组必须布置足够的壁温测点，测点应定期检查校验，确保壁温测点的准确性。壁温的报警温度必须合理，需要充分考虑合理的高温抗氧化裕度。

快冷是造成氧化皮大面积脱硫的直接原因，由于受到负荷和参数控制的限制，因此升温的幅度和速率不容易飞跃，而在机组停运时，尤其高负荷非停后，特别发生过超温后非停，客观又由于快速消压和强制通风等原因造成锅炉快冷，则管内氧化皮会大面积集中脱落，就会发生局部堵管和再次启动发生短期超温爆管事故。因此需要制定合理的变负荷、变温速率和停炉方式，严禁停炉后强制通风快冷，避免氧化皮大面积脱落。

氧化皮一般容易在降温过程中发生剥落，在 350℃ 附近发生剧烈剥落。在较高温度下剥落的氧化皮为片状，在较低的温度下剥落的氧化皮为粉状。氧化皮在升温过程中，在 200～300℃ 时也会发生氧化皮的剥落，但剥离量比降温过程少。局部少量氧化皮剥离，没有发生堆积堵塞，不产生后果的，是氧化皮现象；大面积氧化皮集中脱落，阻塞局部蒸汽流通，产生超温甚至过热爆管的，就是氧化皮问题。

【案例】 某 600MW 超临界机组运行不到 4000h，发生锅炉高温过热器氧化皮脱落爆管事故。锅炉停运冷却过程中发生氧化皮脱落，氧化皮聚积成核状，堵死了高温过热器流通截面。4 号锅炉高温过热器 SA-213TP3476H 材质主要成分符合国标，但国标中判断材质指标不全。国外对 SA-213TP3476H 材质要求晶粒度等级在 7 级以上，而 4 号锅炉高温过热器材质晶粒度等级为 4.5 级，晶粒度等级达不到要求。此外对原有材质的报警温度设置没有考虑其抗氧化温度裕度，造成氧化皮的大量生成，条件具备即大量脱落，造成高温过热器氧化皮脱落并堵塞管子而引起爆管。

条文 6.5.7.12　新投产的超（超超）临界锅炉，必须在第一次检修时进行高温段受热面的管内氧化情况检查。对于存在氧化皮问题的锅炉，必须利用检修机会对不锈钢管弯头及水平段进行氧化层检查，以及氧化皮分布和运行中壁温指示对应性检查。

条文 6.5.7.13　加强对超（超超）临界机组锅炉过热器的高温段联箱、管排下部弯管和节流圈的检查，以防止由于异物和氧化皮脱落造成的堵管爆破事故。对弯曲半径较小的弯管应进行重点检查。

条文 6.5.7.14　加强新型高合金材质管道和锅炉蒸汽连接管的使用过程中的监督检验，每次检修均应对焊口、弯头、三通、阀门等进行抽查，尤其应注重对焊接接头中危害性缺陷（如裂纹、未熔合等）的检查和处理，不允许存在超标缺陷的

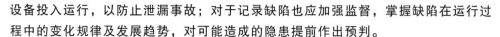

设备投入运行，以防止泄漏事故；对于记录缺陷也应加强监督，掌握缺陷在运行过程中的变化规律及发展趋势，对可能造成的隐患提前作出预判。

条文 6.5.7.15　加强新型高合金材质管道和锅炉蒸汽连接管运行过程中材质变化规律的分析，定期对 P91、P92、P122 等材质的管道和管件进行硬度和微观金相组织定点跟踪抽查，积累试验数据并与国内外相关的研究成果进行对比，掌握材质老化的规律，一旦发现材质劣化严重应及时进行更换。对于应用于高温蒸汽管道的 P91、P92、P122 等材质的管道，如果发现硬度低于 180HB，管件硬度低于 175HB，应及时分析原因，进行金相组织检验，强度计算与寿命评估，并根据评估结果进行相应措施。焊缝硬度超出控制范围，首先在原测点附近两处和原测点 180°位置再次测量；其次在原测点可适当打磨较深位置，打磨后的管子壁厚不应小于管子的最小计算壁厚。

超（超超）临界机组锅炉应做到每次检修都要检查氧化皮。对于存在氧化皮问题的锅炉，必须利用检修机会对不锈钢管弯头及水平段进行氧化层检查，以及氧化皮分布和运行中壁温指示对应性检查。加强对超（超超）临界机组锅炉过热器的高温段联箱、管排下部弯管和节流圈的检查，以防止由于异物和氧化皮脱落造成的堵管爆破事故。对弯曲半径较小的弯管应进行重点检查。

条文 6.5.8　奥氏体不锈钢小管的监督

条文 6.5.8.1　奥氏体不锈钢管子蠕变应变大于 4.5%，低合金钢管外径蠕变应变大于 2.5%，碳素钢管外径蠕变应变大于 3.5%，T91、T122 类管子外径蠕变应变大于 1.2%，应进行更换。

条文 6.5.8.2　对于奥氏体不锈钢管子要结合大修检查钢管及焊缝是否存在沿晶、穿晶裂纹，一旦发现应及时换管。

条文 6.5.8.3　对于奥氏体不锈钢管与铁素体钢管的异种钢接头在 40 000h 进行割管检查，重点检查铁素体钢一侧的熔合线是否开裂。

奥氏体不锈钢，是指在常温下具有奥氏体组织的不锈钢。钢中含 Cr 约 18%、Ni8%～10%、C 约 0.1% 时，具有稳定的奥氏体组织。奥氏体不锈钢无磁性而且具有高韧性和塑性，但强度较低，不可能通过相变使之强化，仅能通过冷加工进行强化，如加入 S，Ca，Se，Te 等元素，则具有良好的易切削性。

奥氏体不锈钢的应力腐蚀、冷加工硬化后应力腐蚀敏感性升高和高温长期服役后的脆化是其失效的主要问题，应重视其技术监督，定期检验和更换。

7

防止压力容器等承压设备爆破事故

总体情况说明：

《中华人民共和国特种设备安全法》由中华人民共和国第十二届全国人民代表大会常务委员会第3次会议于2013年6月29日通过，2013年6月29日中华人民共和国主席令第4号公布。《中华人民共和国特种设备安全法》分总则，生产、经营、使用，检验、检测，监督管理，事故应急救援与调查处理，法律责任，附则共7章101条，自2014年1月1日起施行。

根据《中华人民共和国特种设备安全法》的基本精神，本着"安全第一、预防为主、节能环保、综合治理"的原则，在原"防止电力生产事故的二十五项重点要求（2000年）"的基础上，参考并引用了近几年新颁布国家、行业和企业标准的内容，对原条文中已不适应当前电网实际情况的条款进行调整和补充。增加了防止换热器爆破事故、安全阀校验人员资格、气瓶使用管理、防治氢罐鼓包变形以及相关管理工作的规定。

《中华人民共和国特种设备安全法》所称特种设备是指"对人身和财产安全有较大危险性的锅炉、压力容器（含气瓶）、压力管道…"等。在电力行业，氢罐、高压加热器、除氧器等压力容器发生开裂、泄漏甚至爆破事故也曾有发生。为了有效地防止压力容器等承压设备的爆破事故，就必须严格按照国家和行业的要求，对其实施从设计、制造、安装、运行、检修和检验的全过程管理。

条文说明：

条文7.1 防止承压设备超压

条文7.1.1 根据设备特点和系统的实际情况，制定每台压力容器的操作规程。操作规程中应明确异常工况的紧急处理方法，确保在任何工况下压力容器不超压、超温运行。

压力容器作为特种设备，其依据有国家的法律、法规、技术规范和行业的技术标准等，其最终要满足《中华人民共和国特种设备安全法》的要求。严格在设计温度和压力下运行是保证压力容器安全运行的基础。同时制定应急预案以确保一旦出现事故，处理措施必须得当。

条文 7.1.2 各种压力容器安全阀应定期进行校验。

压力容器安全阀的健康状态是防止压力容器爆破的有力保障，因此，应根据有关标准对安全阀进行定期校验。

条文 7.1.3 运行中的压力容器及其安全附件（如安全阀、排污阀、监视表计、连锁、自动装置等）应处于正常工作状态。设有自动调整和保护装置的压力容器，其保护装置的退出应经单位技术总负责人批准。保护装置的退出后，实行远控操作并加强监视，且应限期恢复。

技术总负责人一般是指总工程师，也有厂是指行政副职担任，对于保护装置必须退出的情况必须由技术总负责人批准才可实施，这里强调的是技术总负责人。

条文 7.1.4 除氧器的运行操作规程应符合《电站压力式除氧器安全技术规定》（能源安保〔1991〕709 号）的要求。除氧器两段抽汽之间的切换点，应根据《电站压力式除氧器安全技术规定》进行核算后在运行规程中明确规定，并在运行中严格执行，严禁高压汽源直接进入除氧器。

条文 7.1.3、条文 7.1.4 强调压力容器安全附件的管理和运行要求。除氧器在历史上曾发生过爆破事故，为禁止错误操作，提出除氧器两段抽汽之间的切换点，应根据《电站压力式除氧器安全技术规定》进行核算后在运行规程中明确规定，并在运行中严格执行，严禁高压汽源直接进入除氧器。

条文 7.1.5 使用中的各种气瓶严禁改变涂色，严防错装、错用；气瓶立放时应采取防止倾倒的措施；液氯钢瓶必须水平放置；放置液氯、液氨钢瓶，溶解乙炔气瓶场所的温度要符合要求。使用溶解乙炔气瓶者必须配置防止回火装置。

对各种气瓶的使用、管理提出要求。

条文 7.1.6 压力容器内部有压力时，严禁进行任何修理或紧固工作。

压力容器存在安全隐患的情况下，应在停止运行后，进行修理和维护。如果带压修理，会在不知具体原因的情况下，发生事故扩大，该行为极具危险性，且复杂程度高，失败率高。曾有人提出，对于特殊紧急情况，需要进行带压密封或带压紧固螺栓时，应采取有效的防护措施，带压作业人员须经过专业培训考核并持证上岗。但从安全角度考虑，为避免爆破事故，本规定禁止进行任何修理或紧固工作。

条文 7.1.7 压力容器上使用的压力表，应列为计量强制检验表计，按规定周期进行强检。

条文 7.1.8 压力容器的耐压试验参考《固定式压力容器安全技术监察规程》（TSG R0007—2009）进行。

《固定式压力容器安全技术监察规程》（TSGR 0007—2009）根据实际经验对投入的压力容器的耐压试验进行了较大的改动，且更科学，易于管理和执行，故本反措强调按新规程执行。

条文7.1.9 检查进入除氧器、扩容器的高压汽源，采取措施消除除氧、扩容器超压的可能。推广滑压运行，逐步取消二段抽汽进入除氧器。

条文7.1.10 单元制的给水系统，除氧器上应配备不少于两只全启式安全阀，并完善除氧器的自动调压和报警装置。

条文7.1.11 除氧器和其他压力容器安全阀的总排放能力，应能满足其在最大进汽工况下不超压。

条文7.1.12 高压加热器等换热容器，应防止因水侧换热管泄漏导致的汽侧容器筒体的冲刷减薄。全面检查时应增加对水位附近的筒体减薄的检查内容。

换热容器水侧换热管泄漏直接威胁着机组的安全运行，为了防止因水侧换热管泄漏导致的汽侧容器筒体的冲刷减薄，本反措增加了换热容器全面检查时应对水位附近的筒体减薄的检查内容。

条文7.1.13 氧气瓶、乙炔气瓶等气瓶在户外使用必须竖直放置，不得放置阳光下曝晒，必须放在阴凉处。

本条文对氧气瓶、乙炔气瓶等在户外存放提出要求。

条文7.1.14 氧气瓶、乙炔气瓶等气瓶不得混放，不得在一起搬运。

本条文对氧气瓶、乙炔气瓶的存放及运输提出要求。

【案例】 某厂曾因换热管泄漏，将高压加热器筒体冲刷减薄，当减薄至一定程度时导致容器爆破，故适时对筒体的减薄进行检查，会避免爆破的发生。

条文7.2 防止氢罐爆炸事故

条文7.2.1 制氢站应采用性能可靠的压力调整器，并加装液位差越限连锁保护装置和氢侧氢气纯度表，在线氢中氧量、氧中氢量监测仪表，防止制氢设备系统爆炸。

条文7.2.2 对制氢系统及氢罐的检修要进行可靠地隔离。

条文7.2.3 氢罐应按照《压力容器定期检验规则》（TSG R7001—2013）的要求进行定期检验。

条文7.2.4 运行10年的氢罐，应该重点检查氢罐的外形，尤其是上下封头不应出现鼓包和变形现象。

原《防止电力生产重大事故的二十五项重点要求》中提出，"氢罐应按照《电力工业锅炉压力容器检验规程》（DL 647—1998）的要求进行定期检验"，而《电力工业锅炉压力容器检验规程》（DL 647—1998）只对电站热力系统的容器提出了要求，故将检验依据更改为《压力容器定期检验规则》（TSGR 7001—2013）。运行10年以上的氢罐，曾有在容器封头出现鼓包和变形的现象，为保证氢罐的安全运行，增加了氢罐的外形检查要求，尤其是上下封头不应出现鼓包和变形的现象。

【案例】 某厂氢罐罐体壁厚12mm，容积10m³，封头为标准椭圆封头。设计

压力 1.1MPa，平时工作压力约 0.6MPa。在运行 10 年后，发现氢罐封头出现鼓包，鼓包高度约 30mm。为防止氢罐失稳爆破，随后进行了更换。

条文 7.3　严格执行压力容器定期检验制度

在役压力容器应结合设备、系统检修，按照技术监督局和电力行业相关标准实行定期检验制度。压力容器属于法定检验，故须严格执行。

条文 7.3.1　火电厂热力系统压力容器定期检验时，应对与压力容器相连的管系检查，特别应对蒸汽进口附近的内表面热疲劳和加热器疏水管段冲刷、腐蚀情况的检查。防止爆破汽水喷出伤人。

虽然与压力容器相连的管系不属于压力容器的范畴，但支吊架的故障会导致与压力容器相连的管座的失效。由于蒸汽进出口管热源的作用，可能会使压力容器的管座和管系出现内表面热疲劳和加热器疏水管段冲刷、腐蚀等情况，故要进行定期检查。

【案例】　某厂在对压力容器进行全面检查时，发现进汽管管座开裂，经分析认为是由于进汽管的支吊架失效，造成管座根部应力过大，导致开裂。

条文 7.3.2　禁止在压力容器上随意开孔和焊接其他构件。若涉及在压力容器筒壁上开孔或修理等修理改造时，须按照《固定式压力容器安全技术监察规程》（TSGR 0004—2009）第 5.3 条"改造和重大维修"进行。

【案例】　某厂曾在扩容器筒体因冲刷减薄在筒体进行修理改造时，贴补了一块矩形钢板，不符合《固定式压力容器安全技术监察规程》（TSGR 0004—2009）的规定，这样会造成贴补区域应力过大。

条文 7.3.3　停用超过两年以上的压力容器重新启用时要进行再检验，耐压试验确认合格才能启用。

《固定式压力容器安全技术监察规程》（TSGR 0004—2009）对耐压试验有明确规定：有以下情况之一的压力容器，定期检验时应进行耐压试验：

（1）用焊接方法更换主要受压元件的。

（2）主要受压元件补焊深度大于 1/2 厚度的。

（3）改变使用条件，超过原设计参数并且经过强度校核合格的。

（4）需要更换衬里的（耐压试验在更换衬里前进行）。

（5）停止使用 2 年后重新复用的。

（6）从外单位移装或者本单位移装的。

（7）使用单位或者检验机构对压力容器的安全状况有怀疑，认为应进行耐压试验的。

条文 7.3.4　在订购压力容器前，应对设计单位和制造厂商的资格进行审核，其供货产品必须附有"压力容器产品质量证明书"和制造厂所在地锅炉压力容器监检机构签发的"监检证书"。要加强对所购容器的质量验收，特别应参加容器水压试验等重要项目的验收见证。

原条款，此次未进行修订。

条文7.4　加强压力容器注册登记管理

条文7.4.1　压力容器投入使用必须按照《压力容器使用登记管理规则》（锅质检锅〔2003〕207号）办理注册登记手续，申领使用证。不按规定检验、申报注册的压力容器，严禁投入使用。

压力容器的使用管理是防治压力容器爆破事故的根本，故本反措规范了压力容器应按照《压力容器使用登记管理规则》（锅质检锅〔2003〕207号）进行管理的要求。

条文7.4.2　对其中设计资料不全、材质不明及经检验安全性能不良的老旧容器，应安排计划进行更换。

增加了对设计资料不全、材质不明及经检验安全性能不良的老旧容器，这些老旧压力容器难于保证长周期安全运行，应安排计划进行更换的要求。

条文7.4.3　使用单位对压力容器的管理，不仅要满足特种设备的法律法规技术性条款的要求，还要满足有关特种设备在法律法规程序上的要求。定期检验有效期届满前1个月，应向压力容器检验机构提出定期检验要求。

在压力容器的使用管理上，强调对压力容器的使用管理要符合国家法律、法规以及工作程序上的具体的要求，尤其在报检环节中体现尤为突出。

8

防止汽轮机、燃气轮机事故

总体情况说明：

本章重点为防止汽轮机、燃气轮机发生重大事故，在原国家电力公司《防止电力生产重大事故的二十五项重点要求》（简称原二十五项反措）的基础上，针对近些年电力生产中暴露出的新问题，从设备制造、设计、基建、运行和维护等环节补充提出了一些新的措施，增加了防止燃气轮机事故条款。

在编排上，将原二十五项反措中的"防止汽轮机超速和轴系断裂事故"和"防止汽轮机大轴弯曲、轴瓦烧损事故"修改为"防止汽轮机超速事故"、"防止汽轮机轴系断裂及损坏事故"、"防止汽轮机大轴弯曲事故"、"防止汽轮机、燃气轮机轴瓦损坏事故"，并增加了"防止燃气轮机超速事故"、"防止燃气轮机轴系断裂及损坏事故"、"防止燃气轮机燃气系统泄漏爆炸事故"。

条文说明：

条文 8.1 防止汽轮机超速事故

机组的最高转速在汽轮机调节系统动态特性允许范围内，称为正常转速飞升，超过危急保安器（或电超速）动作转速至 3600r/min，称为事故超速，大于 3600r/min，称为严重超速。严重超速可以导致汽轮发电机组严重损坏，是汽轮发电机组破坏性最大的事故。

因此，为了杜绝此类事故的发生，消除事故的隐患，要求严格执行运行、检修操作规程，加强运行、检修管理，提高人员素质。提高运行人员对事故的判断、果断处理和应变能力，是防止机组严重超速的最有效措施。

条文 8.1.1 在额定蒸汽参数下，调节系统应能维持汽轮机在额定转速下稳定运行，甩负荷后能将机组转速控制在超速保护动作值转速以下。

机组甩负荷后不使超速保护（包含危急保安器和电超速）动作，并在额定转速下稳定运行，是汽轮机调节系统动态特性的重要指标。调节系统具有良好的动态品质是保障机组不发生超速事故的先决条件。因此，要求机组的控制系统必须保证在甩负荷时，能将转速控制在超速保护动作转速以下，并能维持转速稳定。

条文 8.1.2 各种超速保护均应正常投入运行，超速保护不能可靠动作时，禁止机组运行。

条文 8.1.3 机组重要运行监视表计，尤其是转速表，显示不正确或失效，严禁机组启动。运行中的机组，在无任何有效监视手段的情况下，必须停止运行。

超速保护是保障汽轮机安全运行必需的、重要的保护，机组运行时应确保其正常投入；在机组带负荷运行前，应保证电超速保护能够正常投入；在机械超速或电超速保护试验不合格的情况下，禁止机组运行。

机组重要运行监视表计，尤其是转速表是保障汽轮机安全运行必需的监视表计，主要仪表（如转速表、轴向位移表）不能正常投入的情况下，禁止机组启动。机组运行中失去这些有效监视手段时，必须停止运行。

而在实际工作中，往往由于不能严格执行规程、规定而产生了严重的后果。

【案例 1】 1984 年某电厂 50MW 机组超速事故。事故前在危急保安器拒动缺陷尚未消除、调速汽门严重漏汽的情况下，还是强行机组运行，使机组在发电机甩负荷的过程中严重超速，造成了毁机事故。

【案例 2】 1999 年某电厂 200MW 机组轴系断裂事故。运行人员在主油泵轴与汽轮机主轴间齿型联轴器失效、机组转速失去监视和控制，在无任何转速监视手段的情况下再次启动，从而引发了轴系断裂事故。

条文 8.1.4 透平油和抗燃油的油质应合格。油质不合格的情况下，严禁机组启动。

条文 8.1.5 机组大修后，必须按规程要求进行汽轮机调节系统静止试验或仿真试验，确认调节系统工作正常。在调节部套有卡涩、调节系统工作不正常的情况下，严禁机组启动。

透平油和抗燃油颗粒度不合格是造成汽门卡涩的最主要原因，因此，运行规程明确规定：在透平油和抗燃油油质不合格时，严禁机组启动。

对于新建或大修后的机组，在油质检查合格前，不允许向调节系统部套和轴承内通油，特别是对于调节油和润滑油为同一油源的机组，应提高透平油颗粒度的合格标准，在检验合格后方能向调节部套和轴承内通油。

对正在运行的机组，要定期化验油质，建立油质监督档案，防止调节系统和保安系统部件锈蚀和卡涩。油净化装置、滤油装置应保持运行状态，连续或定期对油质进行处理。

在机组大修或调节系统检修后，机械（液压）调速系统的机组一定要进行静止、静态试验，电液调节系统的机组要进行仿真试验。以确保调节系统、保安系统工作正常，调节部套、汽门无任何卡涩现象。

【案例】 1992 年 11 月 19 日，某电厂 6MW 机组严重超速损坏事故。该厂 1 号机

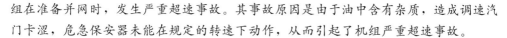

组在准备并网时，发生严重超速事故。其事故原因是由于油中含有杂质，造成调速汽门卡涩，危急保安器未能在规定的转速下动作，从而引起了机组严重超速事故。

目前，由于油质不合格造成汽门卡涩的现象还时有发生，如不及时治理，将会造成严重后果。因此，要加强油质监督和管理工作，确保油质合格。

条文 8.1.6 机组停机时，应先将发电机有功、无功功率减至零，检查确认有功功率到零，电能表停转或逆转以后，再将发电机与系统解列，或采用汽轮机手动打闸或锅炉手动主燃料跳闸联跳汽轮机，发电机逆功率保护动作解列。严禁带负荷解列。

为防止汽轮机转速飞升，不论是"正常停机"还是"紧急情况停机"均严禁带负荷解列发电机。

正常停机时，可在确认发电机有功、无功功率减至零后再将发电机与系统解列，或采用汽轮机手动打闸，发电机逆功率保护动作解列。

紧急情况停机时，应尽可能降低机组负荷，以减小对电网造成的干扰，应视主蒸汽参数情况采用汽轮机手动打闸或锅炉手动主燃料跳闸（MFT）联跳汽轮机，发电机逆功率保护动作解列，严禁带负荷先解列发电机，是为了即防止汽轮机超速，又防止锅炉超压。

【案例】 1993 年 11 月，某电厂 25MW 机组严重超速损坏事故。其事故原因是当机组有功功率发生摆动，减负荷不成功，所以带负荷解列，从而引起汽轮机转速飞升；又由于调速汽门拒动，自动主汽门卡涩，使大量蒸汽继续进入汽轮机，转速骤升到 4300r/min，结果造成了机组严重超速事故。

条文 8.1.7 机组正常启动或停机过程中，应严格按运行规程要求投入汽轮机旁路系统，尤其是低压旁路；在机组甩负荷或事故状态下，应开启旁路系统。机组再次启动时，再热蒸汽压力不得大于制造商规定的压力值。

汽轮机旁路系统的功能是：在机组启停过程中用于调节和控制主汽和再热汽压、汽温并回收工质，在机组甩负荷时还可用于防止锅炉超压。但是如果使用不当，将给机组的安全带来极大的威胁。

【案例 1】 1993 年 9 月 24 日，某电厂 300MW 机组超速事故。某电厂 2 号汽轮发电机组在甩负荷的过程中，联动开启高压旁路，但低压旁路未投连锁而未能联动开启。而中压主汽门和调节汽门卡涩，未能关闭，使机组在 17s 后转速达到 4207r/min。最后，在手动开启低压旁路后，转速才得以控制。

【案例 2】 1999 年 8 月 19 日，某电厂 200MW 机组轴系断裂事故。该机组在甩负荷后的热态启动恢复过程中，由于旁路系统未能开启，而中压汽门又滞后于高压汽门开启，使再热蒸汽压力高达 2.8MPa。导致了在中压汽门开启后产生了压力波冲击，低压隔板损坏，最终造成了轴系断裂的重大事故。

【案例3】 1997年某电厂300MW机组旁路系统故障引发的事故。该机组投产前旁路系统各功能试验正常，投产后旁路系统投入自动。在一次机组甩负荷时，旁路自动打开，但此时厂用电自动切换失败。厂用电失去，动力设备全停，旁路系统失去冷却水，但旁路系统阀门因失去电源不能关闭，导致高温、高压蒸汽通过旁路直接进入低压缸，低压缸防爆膜全部爆破，低压缸超温。而且低温蒸汽通过中低压缸连通管进入中压缸，中压缸被急剧冷却。该事故暴露了旁路系统设计上存在的缺陷，具备保护功能的旁路系统，其阀门必须具有可靠的控制电源。

【案例4】 2011年5月19日，某电厂6号机组（150MW）因旁路使用不当导致的超速事故。该机组在一次非紧急停机过程中，22时57分，负荷减到零，23时06分19秒，汽轮机手动打闸，23时06分26秒，手动解列发电机。解列后运行人员发现汽轮机转速达3200r/min并继续上升，立即在主控室再次按"手动停机"和在机头拍危急遮断器，23时07分27秒，转速升至3480r/min时开启真空破坏门，23时08分06秒，转速最高升至3654r/min后开始下降，在降速过程中，转速反复波动。23时33分，机组转速降至1500r时，各轴承振动增大，其中2号轴承轴振和瓦振最大均超出测量范围（500μm和200μm）。23时34分，在检查机组各供汽阀门是否关严时，发现中压主汽门和调门均没有关闭；23时37分，汽轮机转速降至1360r/min，关闭高压旁路后汽轮机转速才逐渐下降。23时50分，转速到零。经揭缸检查，高、中压转子发生永久性弯曲，弯曲最大位置在高、中压过桥汽封处，弯曲值0.23mm，高、中压转子弯曲值0.125mm。

因此，一定要根据旁路系统的设计功能，正确使用，才能发挥好旁路的作用，保证机组的安全。

条文 8.1.8　在任何情况下绝不可强行挂闸。

机组在保护动作跳闸后，应立即查明跳闸原因，禁止在跳闸原因不清的情况下，人为解除保护而强行启动，否则将可能导致重大设备事故或使事故扩大。

【案例】 1987年9月，某电厂200MW汽轮机严重损坏事故。某电厂1号机组在运行时出现轴向位移突然增大，保护动作使机组跳闸。在未查明原因的情况下，解除了轴向位移保护，强行启动了两次，结果导致设备严重损坏和事故扩大。

条文 8.1.9　汽轮发电机组轴系应安装两套转速监测装置，并分别装设在不同的转子上。

为保证对汽轮发电机组转速的有效监控，转速测量系统必须采用冗余配置，不论何种形式的调节系统，均要求至少应安装两套转速监测装置，分别装设在不同的转子上，并应有在转速测量系统故障情况下的判断和限制功能。应具有当第1次采样与第2次采样的转速差大于设定的转速差值（一般为500r/min）时，即可判断出为转速测量系统故障，并立即做出停机处理功能。

条文 8.1.10 抽汽供热机组的抽汽逆止门关闭应迅速、严密，连锁动作应可靠，布置应靠近抽汽口，并必须设置有能快速关闭的抽汽截止门，以防止抽汽倒流引起超速。

在已发生超速事故的机组中有几台为抽汽供热机组，究其事故原因，均为供热抽汽逆止门未能及时关闭，使热网蒸汽倒流，而引起机组严重超速，造成了轴系断裂事故。

【案例 1】 1991 年某电厂一台 50MW 机组在正常停机的过程中，未预先关闭工业抽汽热网电动隔离门，逆止门连锁保护也未投入。因而，在机组打闸后逆止门未能关闭，致使热网蒸汽倒流进入汽轮机，引起机组严重超速，造成了轴系断裂事故。

【案例 2】 1999 年某地方电厂一台 50MW 机组超速事故。其事故原因是由于在机组甩负荷的过程中，抽汽逆止门故障而未能关闭，致使热网蒸汽倒流，从而造成了机组严重超速损坏。

随着供热机组容量的不断增大，供热抽汽管道的直径也越来越大，因此，要求供热系统的抽汽逆止门应关闭迅速、严密、动作可靠，连锁保护必须投入，并在设计时尽可能靠近抽汽口布置。一般电动截止门的关闭速度较慢，在异常事故工况下，为确保机组的安全，对于一些容量小的供热机组，有必要设置能快速关闭的抽汽截止门或调节阀。对于容量大的供热机组，应选择能快速关闭的供热抽汽调节阀，以防止在抽汽逆止门失效的情况下，热网蒸汽倒流引起机组超速事故。关于快速关闭的动作过程时间（包括动作延迟时间和关闭时间），应根据抽汽参数和有害容积进行实际计算来确定。另外，对于新建抽汽供热机组或凝汽机组改造为供热机组，其热网加热器的布置应尽可能靠近汽轮机本体。

条文 8.1.11 对新投产机组或汽轮机调节系统经重大改造后的机组必须进行甩负荷试验。

条文 8.1.12 坚持按规程要求进行汽门关闭时间测试、抽汽逆止门关闭时间测试、汽门严密性试验、超速保护试验、阀门活动试验。

条文 8.1.13 危急保安器动作转速一般为额定转速的 110%±1%。

条文 8.1.14 进行危急保安器试验时，在满足试验条件下，主蒸汽和再热蒸汽压力尽量取低值。

机组在运行中突然甩负荷必然引起汽轮机组转速飞升。机组甩负荷后能否将转速控制在危急保安器动作转速之下，是考核汽轮机调节系统动态品质的重要指标。近年来，随着大容量机组投产数量的增加，甩负荷试验对保证机组安全运行的作用越来越重要。因此，要求新投产机组或汽轮机调节系统经过重大改造后的机组必须进行甩负荷试验。甩负荷试验应按照电力行业标准《火力发电建设工程机组甩负荷试验导则》DL/T 1270 进行。为确保机组在运行中或甩负荷试验时不发生危险，要求必须按照规程要求进行机组汽门关闭时间测试、抽汽逆止门关闭时间测试、汽门严密性试验、超速保护试验、阀门活动试验等试验。要严格按规程要求定期进行危急保安器试验，要求在满足试验条件的情况下，蒸汽参数要尽量选低值，且危急保安器动作转速应控制在额定转速的110%±1%以内。运行人员及热工人员要认真执行有关调节系统、保安系统和热工保护试验的规定，以避免重大超速事故的发生。

条文 8.1.15　数字式电液控制系统（DEH）应设有完善的机组启动逻辑和严格的限制启动条件；对机械液压调节系统的机组，也应有明确的限制条件。

汽轮机电液调节系统已被广泛应用于新建大型机组和老机组现代化改造，虽未出现由于其自身故障而造成的重大事故案例，但也存在有不安全的因素。为防患于未然，根据汽轮机电液调节系统的现状，提出了原则性的预防措施。汽轮机电液调节系统应根据机组的具体情况，设有完善的机组启动逻辑和严格的启动限制条件。尤其是将调节系统改造为电液并存的机组更为重要，如有的电液并存调节系统仅以一只高压主汽门开启、主汽压大于1.6MPa，作为允许机组启动的条件，但当在其他任一只油动机卡涩等故障情况下，机组仍然能够启动，使机组存在严重的事故隐患，这已有了事故教训。因此，要根据机组的具体情况，完善已有的启动限制控制逻辑，特别要注意对转速测量和控制系统故障的判断和处理功能，以防止超速事故的发生。

条文 8.1.16　汽轮机专业人员，必须熟知数字式电液控制系统的控制逻辑、功能及运行操作，参与数字式电液控制系统改造方案的确定及功能设计，以确保系统实用、安全、可靠。

汽轮机电液调节系统涉及汽轮机、热控、化学等专业，在电厂的管理模式基本是控制部分由热控专业管理、液压部分由汽轮机专业管理。汽轮机专业人员对控制系统总体设计介入较少，但是由于控制系统整体方案、功能必须与汽轮机主体结构相适应，因此，作为被控对象的主人，汽轮机专业人员应对系统改造方案的确定、功能设计、工程实施、试验和运行的全过程进行深入了解，并要求在数字电液调节系统的改造中，以汽轮机专业为主进行综合实施、全面管理，以确保系统实用、安全、可靠。

在汽轮机数字电液调节系统中，控制、保护已融于一体，在基建施工或大修过程中要认真检查接线。尤其是对实施改造的机组，要熟知保护控制逻辑及与原系统的接口，严防脱节致使保护拒动或误动。

【案例】某电厂一台引进型300MW机组，由于左、右两只中压调节汽门控制信号接反，因此在进行中压主汽门活动试验时，致使左侧中压主汽门和右侧调节汽门同时关闭，截断了中压缸进汽，从而导致了推力瓦烧损事故的发生。

条文 8.1.17　电液伺服阀（包括各类型电液转换器）的性能必须符合要求，否则不得投入运行。运行中要严密监视其运行状态，不卡涩、不泄漏和系统稳定。大修中要进行清洗、检测等维护工作。发现问题应及时处理或更换。备用伺服阀应按制造商的要求条件妥善保管。

国产 300MW 及以上的大型机组，均采用纯电液型调节系统，其中电液伺服阀是电液调节系统的重要部件，其工作状态直接关系到机组的安全、稳定运行。近年来，电液伺服阀的故障在日渐增加，出现了性能降低、失效、卡涩等故障。因此，应加强控制油油质（特别是颗粒度）的定期监测以及电液伺服阀的运行监视、维护管理，以消除隐患和避免重大事故的发生。新购电液伺服阀（包括各类型电液转换器）的性能必须符合要求，并按制造商的要求进行妥善保管，否则不得投入运行。在大修中，要进行清洗、检测等维护工作，发现问题应及时处理或更换。

条文 8.1.18　主油泵轴与汽轮机主轴间具有齿型联轴器或类似联轴器的机组，应定期检查联轴器的润滑和磨损情况，其两轴中心标高、左右偏差应严格按制造商的规定安装。

主油泵轴与汽轮机主轴间的齿型联轴器在运行中，由于润滑不良或安装工艺等问题，造成齿型联轴器磨损时有发生，如果检查处理的不及时，极易发生重大事故。主油泵与汽轮机主轴间联轴器失效而造成转速失控的事故，在 50、125、200、300MW 机组上发生过数次，有的由于判断准确、处理及时，避免了事故的扩大，有的已造成了严重后果。

【案例】　1999 年 9 月，某电厂发生的 200MW 机组轴系断裂事故的主要起因是齿型联轴器失效。齿型联轴器的失效主要是因为内、外齿材料不匹配，左、右内齿和左外齿材料为 38CrMoAl，右外齿错用材料为 32Cr3MoV，而结构设计又造成了其润滑不良，加速了齿型联轴器低寿命失效。此外，齿型联轴器装配的实际尺寸与图纸有偏差，也使内外齿更易磨损。

因此，对主油泵与汽轮机主轴间的齿型联轴器的检查应作为大、小修中的重点项目进行，以防止因为齿型联轴器的失效而发生重大事故。

条文 8.1.19　要慎重对待调节系统的重大改造，应在确保系统安全、可靠的前提下，进行全面的、充分的论证。

近年来，随着科学技术的飞速发展，电力系统新技术、新成果的出现，老机组的调节、控制系统越来越落后，调节、控制系统的改造也就成为必然。但是对调节系统的重大改造一定要谨慎，为了避免重大事故的发生，必须在确保系统安全、可靠的条件下，经过全面、充分的论证和必要的试验后，经过有关权威技术部门认可后方可进行。由于调节系统改造而造成的机组超速事故也曾有发生。

【案例】　1988 年 2 月，某电厂 5 号机组因超速而导致轴系断裂事故。事故中机组超速的原因是：D05 型调速系统改造为 D09 型后，调速器滑阀的泄油口改变，其面积有所减少，而超速试验滑阀油口维持原尺寸，进油口面积为泄油口的 2.1 倍，使调速系统易于进入开环失控区域。这一设计变更，在此次事故之前，制造商未通知运行单位。此次事故后，现场实际测量油口时，才发现这一重大变动。

由此可见，不仅对调节系统的重大改造要慎重，而且制造商与运行单位的技术信息交流也是非常重要的。

条文 8.2　防止汽轮机轴系断裂及损坏事故

条文 8.2.1　机组主、辅设备的保护装置必须正常投入，已有振动监测保护装置的机组，振动超限跳机保护应投入运行；机组正常运行瓦振、轴振应达到有关标准的范围，并注意监视变化趋势。

振动是反映机组运行状况的重要指标，许多重大设备事故的先兆都会在振动上表现出来，因此，明确要求振动超限跳机保护必须投入运行，充分发挥该保护的作用，以确保机组的安全、稳定运行。

【案例】　1988 年 2 月，某电厂 5 号机组（200MW）在做超速试验时，由于发生了超速而导致了轴系断裂事故。该事故的一个主要原因就是由于在结构设计上存在着某些轴承易于油膜失稳和轴系稳定性裕度不足的问题，因而，在出现不大范围的超速时，轴系发生了由油膜振荡引起的"突发性"复合大振动，从而造成了轴系的严重破坏事故。

条文 8.2.2　运行 100 000h 以上的机组，每隔 3～5 年应对转子进行一次检查。运行时间超过 15 年、转子寿命超过设计使用寿命、低压焊接转子、承担调峰启停频繁的转子，应适当缩短检查周期。

条文 8.2.3　新机组投产前、已投产机组每次大修中，必须进行转子表面和中心孔探伤检查。按照《火力发电厂金属技术监督规程》（DL/T 438—2009）相关规定对高温段应力集中部位可进行金相和探伤检查，选取不影响转子安全的部位进行硬度试验。

条文 8.2.4　不合格的转子绝不能使用，已经过主管部门批准并投入运行的有缺陷转子应进行技术评定，根据机组的具体情况、缺陷性质制定运行安全措施，并报主管部门审批后执行。

应按规定期限对转子进行检查，并根据转子的实际情况制定具体的检查计划。通过对广东、河南地方电厂两台 50MW 机组和某电厂 200MW 机组轴系断裂事故的分析，发现事故前均未进行过转子表面、中心孔探伤和材质检查。其中两台机组的转子存在着严重的材质缺陷，一台机组的转子存在着严重的表面缺陷，虽不是其事故的直接原因，但已构成了事故的隐患。因此，为了及早发现转子的缺陷，并及时采取相应措施，要求新机组投产前、已投产机组每次大修中，必须进行转子表面和中心孔探伤检查，按照《火力发电厂金属技术监督规程》（DL/T 438—2009）相关规定，对高温段应力集中部位可进行金相检查，选取不影响转子安全的部位进行硬度检查。

承担启停调峰的机组，应加强运行管理，注意启动、运行参数的控制，避免对转子寿命产生不良影响，并适当缩短对转子的检查周期。不合格的转子绝不能投入使用，已投运的不合格转子建议进行更换。对于已经过主管部门批准并投入运行的有缺陷转子，应进行技术评定，并制定出运行安全措施，一般可采取下列措施：

（1）在机组启、停过程中适当降低汽轮机金属温度变化率，以减少热应力。

（2）对于蠕变损伤部件，在更换之前可适当降低运行蒸汽参数。

（3）机组冷态启动前，注意预暖措施，使汽缸、转子均匀地加热到一定温度。

（4）严格按超速试验规程的要求，在带 10%～25% 额定负荷运行 3～4h 后方可进行超速试验。

（5）监视轴和轴承座的振动，特别要注意与轴温度场有明显关系的强烈振动。

（6）防止机组严重超速，采用机、炉、电大连锁保护运行方式。

（7）一般不作为两班制调峰机组使用，并尽可能减少机组的启、停次数。

条文 8.2.5　严格按超速试验规程的要求，机组冷态启动带 10%～25% 额定负荷，运行 3～4h 后（或按制造商要求）立即进行超速试验。

机组在下列情况下应做危急保安器动作试验：新安装机组、机组大修后、危急保安器解体或调整后、机组做甩负荷试验前和停机一个月以上再次启动时。在进行危急保安器动作试验时，应满足制造商对转子温度的规定。根据机组转子的直径大小（亦即制造商要求），对于冷态启动的机组，一般要求其带 10%～25% 额定负荷运行 3～4h 后方可进行试验。

进行超速试验时，要求锅炉运行稳定，严禁在锅炉灭火状态下利用锅炉蓄热蒸汽进行超速试验。

【案例】　某电厂一台 200MW 机组，在机组一次检修后，没有按规程在启动过程中完成超速试验，而是利用停机的机会，在发电机解列后进行。汽轮机打闸后，由于没有退出大连锁保护致使锅炉灭火，运行人员没有再次点火，而是利用汽包蓄热，继续进行超速试验。汽轮机升速过程中高压转子振动急剧增大，被迫停机，投入盘车时，盘车电流及晃度值均严重超标。后经揭缸检查，冷态下测量高压缸前轴封第 1 档内段处最大晃度超过 0.4mm，转子已塑性弯曲。

条文 8.2.6　新机组投产前和机组大修中，必须检查平衡块固定螺栓、风扇叶片固定螺栓、定子铁心支架螺栓、各轴承和轴承座螺栓的紧固情况，保证各联轴器螺栓的紧固和配合间隙完好，并有完善的防松措施。

对于机组在运行中可能产生松脱的零件，如平衡块的固定螺栓、风扇叶的固定螺栓、定子铁心的支架螺栓、各轴承和轴承座螺栓、各联轴器螺栓等，在机组安装和大修时必须认真检查，确保其有安全的防松措施，以防止这些零部件在运行中脱落，而造成设备损坏事故。

【案例 1】 1987 年 9 月，某电厂 1 号机组严重损坏事故。其事故原因是由于第 13 级叶片铆钉头成组变形松脱，在运行时第 13 级动叶片的一组复环甩出而造成的；又由于运行人员违章强行启动，扩大了事故的损失。

【案例 2】 1990 年 7 月，某电厂 200MW 汽轮机断叶片事故。该电厂 3 号机组第 6 级动叶复环其中一段的铆钉头松脱，在大修中未发现异常。经过大修后的数次启动，振动又促使原来的复环缺陷有所发展，以致复环脱落，从而造成了汽轮机叶片断裂事故。

条文 8.2.7 新机组投产前应对焊接隔板的主焊缝进行认真检查。大修中应检查隔板变形情况，最大变形量不得超过轴向间隙的 **1/3**。

对于新投产的机组，安装时要认真检查各级隔板的主焊缝，并且逐级做好标记，以防止装反。在大修中拆装隔板时，也要做好标记，严禁不做标记无序摆放。大修时，应检查隔板的变形情况，变形超过要求时，要对隔板进行修复和补强。

【案例 1】 1980 年 12 月和 1990 年 4 月，分别有两个电厂发生在汽轮机大修时将隔板装反，结果造成设备严重损坏事故。

【案例 2】 近几年，在超超临界空冷机组中发生了中压第一级隔板叶片脱落、汽轮机大轴和叶片严重损坏事故，应引起大家的高度重视。

条文 8.2.8 为防止由于发电机非同期并网造成的汽轮机轴系断裂及损坏事故，应严格落实 **10.9** 节规定的各项措施。

发电机非同期并网，使转子的扭矩剧增，对机组尤其是对转子产生的损害非常大，轻则缩短转子的寿命，重则将导致机组轴系的严重毁坏事故。

【案例】 一台 50MW 机组由于发电机非同期并网，结果导致发电机与汽轮机间对轮螺栓全部剪断事故。

因此，应严格落实本二十五项反措 10.9 节规定的各项措施，严防发电机非同期并网。

条文 8.2.9 建立机组试验档案，包括投产前的安装调试试验、大小修后的调整试验、常规试验和定期试验。

条文 8.2.10 建立机组事故档案，无论大小事故均应建立档案，包括事故名称、性质、原因和防范措施。

条文 8.2.11 建立转子技术档案，包括制造商提供的转子原始缺陷和材料特性等转子原始资料；历次转子检修检查资料；机组主要运行数据、运行累计时间、主要运行方式、冷热态启停次数、启停过程中的汽温汽压负荷变化率、超温超压运行累计时间、主要事故情况及原因和处理。

建立、健全机组和转子完整的技术档案，对于机组运行管理、生产试验、技术改造、缺陷处理以及事故原因分析等都具有非常重要的作用。同时，对于防止机组发生重大设备损坏事故，也具有极其重要的指导意义。

条文 8.3　防止汽轮机大轴弯曲事故

条文 8.3.1　应具备和熟悉掌握的资料：

（1）转子安装原始弯曲的最大晃动值（双振幅），最大弯曲点的轴向位置及在圆周方向的位置。

（2）大轴弯曲表测点安装位置转子的原始晃动值（双振幅），最高点在圆周方向的位置。

（3）机组正常启动过程中的波德图和实测轴系临界转速。

（4）正常情况下盘车电流和电流摆动值，以及相应的油温和顶轴油压。

（5）正常停机过程的惰走曲线，以及相应的真空值和顶轴油泵的开启时间和紧急破坏真空停机过程的惰走曲线。

（6）停机后，机组正常状态下的汽缸主要金属温度的下降曲线。

（7）通流部分的轴向间隙和径向间隙。

（8）应具有机组在各种状态下的典型启动曲线和停机曲线，并应全部纳入运行规程。

（9）记录机组启停全过程中的主要参数和状态。停机后定时记录汽缸金属温度、大轴弯曲、盘车电流、汽缸膨胀、胀差等重要参数，直到机组下次热态启动或汽缸金属温度低于 150℃ 为止。

（10）系统进行改造、运行规程中尚未作具体规定的重要运行操作或试验，必须预先制订安全技术措施，经上级主管领导或总工程师批准后再执行。

所有现场工作人员都应该熟悉掌握机组的重要设计、制造和运行的数据资料，尤其是运行人员，更应该熟悉机组运行规程。通过比对一些技术数据，就能了解机组的运行状态；通过定时记录重要数据的变化，就能发现机组存在的问题和即将发生的事故，以便于及时处理和防止重大事故的发生。

条文 8.3.2　汽轮机启动前必须符合以下条件，否则禁止启动：

（1）大轴晃动（偏心）、串轴（轴向位移）、胀差、低油压和振动保护等表计显示正确，并正常投入。

（2）大轴晃动值不超过制造商的规定值或原始值的 ±0.02mm。

（3）高压外缸上、下缸温差不超过 50℃，高压内缸上、下缸温差不超过 35℃。

（4）蒸汽温度必须高于汽缸最高金属温度 50℃，但不超过额定蒸汽温度，且蒸汽过热度不低于 50℃。

根据多起汽轮机转子弯曲事故的发生情况来看，多数重大事故的先兆都能通过机组的一些重要仪表显示出来。例如：轴向位移突然增大、振动突然增大、晃动突然增大、胀差值突然变化、油压突然降低、上下缸温差增大、主蒸汽温度突然降低等。因此，机组的重要表计和保护必须投入运行，以防止重大事故的发生。

对于转子晃动的监视，要高度重视转子晃动值的相位测量。由于转子晃动值是一个向量，只有对其绝对值和相位同时进行比较，才能真正地评定其是否发生变化。目前，大多数电厂运行人员对启动前转子晃动值的相位不重视、不了解，在转子上不做标识。仅凭转子晃动的绝对值作为启动前的判据是错误的，并容易造成误判断而酿成事故的发生。因此，在转子晃动测量时，除了测量出转子晃动的绝对值外，还应测量其相位。机组启动前应将转子晃动的绝对值和相位变化作为机组能否启动的判据。

运行中机组的汽缸上、下缸温度测点必须齐全、准确，汽缸上、下缸温差必须在规定要求的范围内，以防止过大的缸体热变形。为防止进入汽轮机中的蒸汽带水，要求蒸汽过热度最低不能低于50℃，其温度必须高于汽缸最高金属温度50℃，但不能超过额定蒸汽温度。条文（4）中讲的蒸汽温是汽轮机主汽门和中压主汽门前的温度，不得以锅炉过热器和再热器出口蒸汽温度替代。

【案例1】 1995年6月，某电厂2号机组（200MW）高压转子弯曲事故。其事故原因为：

（1）高压内缸上、下壁温度测点损坏，启动中无法监视高压内缸上、下壁温度变化。

（2）冲转前，暖管时间不够，机侧主蒸汽温度只有200℃/220℃，而在主蒸汽压力1.6MPa下对应的饱和温度为204℃，过热度只有16℃，导致汽轮机进水，高压内缸上、下缸温差增大，从而造成了高压转子弯曲事故。

【案例2】 某电厂300MW机组在一次启动过程中，未能充分进行机前管道暖管，仅凭过热器出口温度已超饱和温度50℃，便认为参数已满足冲车条件，结果冲车过程中振动急剧增大，紧急停机。经连续盘车后，转子晃度为0.02～0.03mm，与启动前相比变化不大，但转子晃度高点与原始记录相反，因此转子的晃度实际已变化0.05～0.06mm，转子实际已发生塑性变形。经揭缸检查，高中压转子中间部位最大晃度超过1mm。

案例2同时说明条文8.3.2（2）解释中关于重视晃动值相位的重要性。

条文8.3.3 机组启、停过程操作措施：

条文8.3.3.1 机组启动前连续盘车时间应执行制造商的有关规定，至少不得少于2～4h，热态启动不少于4h。若盘车中断应重新计时。

条文8.3.3.2 机组启动过程中因振动异常停机必须回到盘车状态，应全面检查、认真分析、查明原因。当机组已符合启动条件时，连续盘车不少于 **4h** 才能再次启动，严禁盲目启动。

在机组正常启动、停机和事故工况下，正确投入盘车，是避免转子发生永久性弯曲事故的重要措施之一。为了避免出现转子发生永久性弯曲，要求在机组启动前至少连续盘车 2～4h，热态启动时至少连续盘车 4h。如果盘车过程中发生盘车跳闸或由于其他原因引起的盘车中断，都应重新计时。振动是转子发生弯曲最明显的标志，如果机组在启动过程中因为振动异常而停机时，必须回到盘车状态，并应进行认真检查、分析引起振动的原因。在没有明确结论时，严禁盲目启动。如果具备了启动条件，则还应连续盘车 4h 后方可启动。

【案例】 1995 年 3 月，某发电总厂 4 号汽轮机（200MW）高压转子弯曲事故。其事故原因是：机组在停机处理缺陷后，再次启动升速时 2 号轴承发生振动，在没有查明振动原因的情况下，93min 内连续启动 4 次，使高压转子与前汽封发生摩擦，从而导致了转子弯曲事故的发生。

条文 8.3.3.3 停机后立即投入盘车。当盘车电流较正常值大、摆动或有异音时，应查明原因及时处理。当汽封摩擦严重时，将转子高点置于最高位置，关闭与汽缸相连通的所有疏水（闷缸措施），保持上下缸温差，监视转子弯曲度，当确认转子弯曲度正常后，进行试投盘车，盘车投入后应连续盘车。当盘车盘不动时，严禁用起重机强行盘车。

条文 8.3.3.4 停机后因盘车装置故障或其他原因需要暂时停止盘车时，应采取闷缸措施，监视上下缸温差、转子弯曲度的变化，待盘车装置正常或暂停盘车的因素消除后及时投入连续盘车。

条文 8.3.3.5 机组热态启动前应检查停机记录，并与正常停机曲线进行比较，若有异常应认真分析，查明原因，采取措施及时处理。

重点强调并重申，当盘车盘不动时，决不能采用吊车强行盘车，以免造成通流部分进一步损坏。同时可采取以下闷缸措施：

（1）开启顶轴油泵、润滑油泵保持轴瓦供油。

（2）若转子能盘动，则可投入连续盘车。若转子盘不动，则禁止强行盘车，待汽缸温度降低后可试投盘车，盘车投入后应连续盘车。

（3）关闭进入汽轮机的所有汽门以及与汽缸连通的所有疏水门。

（4）迅速破坏真空，停止向轴封送汽，停止快冷。

（5）严密监视和记录汽缸各部位的温度、温差和转子晃动随时间的变化情况。

【案例 1】 1996 年某电厂一台 200MW 机组，汽轮机进水、振动超标。紧急停机后盘车投不上，随后果断采用闷缸措施，机组再次启动后，一切正常，证明转子未产生永久弯曲。

【案例 2】 1997 年某电厂一台 300MW 机组在试运期间,因两台汽动给水泵汽轮机故障而跳闸。再启动时,因高压旁路减温水逆止阀不严,使汽轮机进水,振动超标,被迫打闸停机。停机后,电动盘车投不上,采用吊车强行盘车,钢丝绳被拉断,此时高、中压缸内缸上、下温差已大于 180℃。之后采用闷缸措施,机组再次启动后,一切正常,也证明转子未产生永久弯曲。

【案例 3】 2000 年 12 月,某电厂 1 号机组(进口 600MW)试运期间,在带满负荷运行 0.5h 后,维持 400MW 运行。因发现低温再热器泄漏停机处理,汽轮机投入盘车(液力盘车)2h 后,突然停止。当时汽缸温度为 470～480℃,及时采取闷缸措施,经过四天半的时间,缸温下降到 250℃ 时,盘车盘动转子,连续盘车至转子温度低于 150℃,停止盘车检查,未见异常。机组再次启动,一切正常,转子未发生弯曲。

通过上述实例可以看出,只要汽轮机上下缸温差不大,不论汽轮机缸温多么高,正确采取闷缸措施,不进行盘车(包括连续和间断盘车)不会造成大轴永久弯曲。

条文 8.3.3.6 机组热态启动投轴封供汽时,应确认盘车装置运行正常,先向轴封供汽,后抽真空。停机后,凝汽器真空到零,方可停止轴封供汽。应根据缸温选择供汽汽源,以使供汽温度与金属温度相匹配。

机组热态启动时,选择正确的轴封供汽和抽真空方式,是防止汽轮机转子弯曲的重要措施。为了防止抽真空时抽入冷空气,要求抽真空前必须投入盘车和先向轴封供汽。在向轴封供汽时,必须根据不同的汽缸金属温度选择合适的轴封汽源,以降低该处热应力。停机后,为了防止冷空气漏入汽缸内,要求必须先破坏真空,并确认真空已经到零后,方可停止轴封供汽。

【案例】 1994 年 2 月,某电厂 2 号汽轮机高压转子弯曲事故。事故发生在机组停运后,当时高压缸金属温度 406℃,由于轴封供汽门不严,锅炉的低温蒸汽经轴封供汽门漏入汽缸,转子局部受到急剧冷却,使高压转子发生永久性弯曲事故。

条文 8.3.3.7 疏水系统投入时,严格控制疏水系统各容器水位,注意保持凝汽器水位低于疏水联箱标高。供汽管道应充分暖管、疏水,严防水或冷汽进入汽轮机。

条文 8.3.3.8 停机后应认真监视凝汽器(排汽装置)、高低压加热器、除氧器水位和主蒸汽及再热冷段管道集水罐处温度,防止汽轮机进水。

防止汽轮机进水、进冷汽是防止汽轮机转子弯曲的重要措施之一。因此,在机组启动、运行中和停机后,应严密监视高低压加热器、凝汽器、除氧器、各疏水联箱的水位,以及主蒸汽及再热冷段管道集水罐处温度。在机组启动前,主、再热蒸汽管道必须充分暖管、疏水,并确保疏水畅通。否则,一旦汽轮机进水或进冷汽,转子将局部受到急剧冷却,并将导致转子永久性弯曲事故的发生。

【案例 1】 1993 年 11 月,某电厂 2 号机组转子弯曲事故。事故是由于在机组

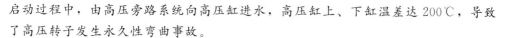

启动过程中，由高压旁路系统向高压缸进水，高压缸上、下缸温差达 200℃，导致了高压转子发生永久性弯曲事故。

【案例 2】　1990 年 10 月，某电厂 200MW 汽轮机中压转子弯曲事故。其事故原因是由于机组在运行中 4 号低压加热器满水进入中压缸，中压缸上、下缸温差达 264℃，造成了中压转子发生永久性弯曲事故。

【案例 3】　1994 年 2 月，某电厂 4 号机组转子弯曲事故。其事故原因是在 4 号机组停机盘车后，由于凝汽器远方电子水位计失灵，使凝汽器满水进入汽缸，上、下缸温差大于 200℃，导致了汽轮机转子发生永久性弯曲事故。

【案例 4】　某电厂两台进口 600MW 机组先后在小修停机几十小时后，锅炉还未具备带压放水条件之前，发生主蒸汽管道汽轮机侧因蒸汽凝结导致满水，通过门杆泄汽进入汽缸的问题。因运行人员及时发现，并采取正确措施，未发生转子弯曲事故。之后，电厂对系统进行了改进。

条文 8.3.3.9　启动或低负荷运行时，不得投入再热蒸汽减温器喷水。在锅炉熄火或机组甩负荷时，应及时切断减温水。

条文 8.3.3.10　汽轮机在热状态下，锅炉不得进行打水压试验。

机组在启动过程中和低负荷运行时，由于再热蒸汽流量很小，因此投入减温水会引起再热蒸汽带水。锅炉熄火或机组甩负荷时应及时切断减温水，也是为了防止汽缸进水、进冷汽。

汽轮机在热态下，锅炉不得进行打水压试验。是因为汽轮机在热状态下时，主热蒸汽、再热蒸汽管道和阀门也同样处在热状态下，锅炉水压试验的冷水可能会导致阀门冷热不均产生阀体变形、泄漏，导致汽轮机进水。

【案例】　1983 年 6 月，某电厂 7 号汽轮机转子弯曲事故。其事故原因是由于在停炉操作尚未全部结束，锅炉正在补水过程中，运行人员工作不负责任，将锅炉补水变成了满水打压，使低温蒸汽进入汽缸。在上、下缸温差增大，汽缸、隔板套变形，动静部分间隙变小的情况下，仍按照正常工况启动，结果造成了高压转子发生永久性弯曲事故。而且在启动过程中，机组发生剧烈振动后，运行人员在没有查明原因的情况下，又两次强行启动，加重了设备的损坏程度。

条文 8.3.4　汽轮机发生下列情况之一，应立即打闸停机：

（1）机组启动过程中，在中速暖机之前，轴承振动超过 0.03mm。

（2）机组启动过程中，通过临界转速时，轴承振动超过 0.1mm 或相对轴振动值超过 0.26mm，应立即打闸停机，严禁强行通过临界转速或降速暖机。

（3）机组运行中要求轴承振动不超过 0.03mm 或相对轴振动不超过 0.08mm，超过时应设法消除，当相对轴振动大于 0.26mm 应立即打闸停机；当轴承振动或相对轴振动变化量超过报警值的 25%，应查明原因设法消除，当轴承振动或相对轴振动突然增加报警值的 100%，应立即打闸停机；或严格按照制造商的标准执行。

（4）高压外缸上、下缸温差超过 50℃，高压内缸上、下缸温差超过 35℃。

（5）机组正常运行时，主、再热蒸汽温度在 10min 内突然下降 50℃。调峰型单层汽缸机组可根据制造商相关规定执行。

重申并规定了机组在启动和运行中，轴承和轴振动的要求值和极限值，强调了在机组启动或运行中振动超标的打闸停机条件。特别强调要高度重视振动相对变化值，依据和参考《旋转机械转轴径向振动的测量和评定　第 2 部分：陆地安装的大型汽轮发电机组》（GB/T 11348.2），规定了相对轴振动变化量的报警值和打闸停机值，同时也规定了轴承振动变化量的报警值和打闸值，对于真实测量轴承振动的机组可参考此规定。

【案例 1】　某电厂 4 号机组（125MW）转子弯曲事故。其事故原因是由于转子存在较大的原始动不平衡量，使转子产生较大的不平衡振动，而暖机转速又过于接近高、中压转子的临界转速，使转子产生共振。同时动静间隙又过小，使转子发生动静部分碰磨，最终导致了汽轮机转子发生永久性弯曲事故。

在机组运行中，要经常注意监视缸温和主蒸汽温度的变化，特别要注意的是上、下缸温差增大和主蒸汽温度的急剧下降。如果发现上、下缸温差增大或主蒸汽温度下降的趋势，应及时调整。主蒸汽温度下降太快是过水的征兆，不但增加热应力，而且也可能引起剧烈的热变形，将导致动、静部分摩擦与转子永久性弯曲。

【案例 2】　1986 年 1 月，某电厂 1 号汽轮机（200MW）转子弯曲事故。其事故原因是由于在机组滑停时，主蒸汽温度降得太快，使转子受到急剧冷却，动、静发生摩擦，而造成了转子发生永久性弯曲事故。

因此，要求在机组滑停时，要严格控制降温速度，保证各参数在规定范围内。在停机过程中，如发现有异常情况，应立即打闸停机。

条文 8.3.5　应采用良好的保温材料和施工工艺，保证机组正常停机后的上下缸温差不超过 35℃，最大不超过 50℃。

汽缸两侧及上下缸保温应完整，应使用保温性能良好的保温材料，保温层的厚度应达到设计规程要求。经常检查汽缸的保温情况，发现保温层有脱空、脱落现象时，要及时处理。汽缸保温的施工工艺和材料，必须保证在停机后的上、下缸最大温差不超过 50℃。

由于石棉材料是致癌物，因此要求禁止使用。已有的石棉保温，也应结合检修更换为硅酸铝纤维毡等保温材料。

条文 8.3.6　疏水系统应保证疏水畅通。疏水联箱的标高应高于凝汽器热水井最高点标高。高、低压疏水联箱应分开，疏水管应按压力顺序接入联箱，并向低压侧倾斜 45°。疏水联箱或扩容器应保证在各疏水阀全开的情况下，其内部压力仍低于各疏水管内的最低压力。冷段再热蒸汽管的最低点应设有疏水点。防腐蚀汽管直径应不小于76mm。

条文8.3.7 减温水管路阀门应能关闭严密，自动装置可靠，并应设有截止阀。

条文8.3.8 门杆漏汽至除氧器管路，应设置逆止阀和截止阀。

条文8.3.9 高、低压加热器应装设紧急疏水阀，可远方操作和根据疏水水位自动开启。

疏水系统的设计必须合理，疏水系统的阀门、联箱标高、联箱水位自动控制装置应能保证蒸汽管道和汽缸的疏水畅通。疏水系统、减温水系统的阀门必须保证关闭严密，其自动装置应安全可靠。高、低压加热器应装有紧急疏水阀，该紧急疏水阀应有水位高联动开启和远方操作的功能。

为了防止从除氧器通过门杆漏汽向回返冷汽，要求门杆漏汽至除氧器上应设逆止阀和截止阀，并应保证该逆止阀和截止阀严密。

条文8.3.10 高、低压轴封应分别供汽。特别注意高压轴封段或合缸机组的高中压轴封段，其供汽管路应有良好的疏水措施。

近年来，汽轮机进水和进冷汽造成转子弯曲事故仍频繁发生，特别是300MW合缸机组较为突出，多发生在高中压轴封段处，应引起重视。除应加强运行管理外，还应深入分析疏水系统存在的问题，并加以改造和消除隐患，以防止进水事故的继续发生。

条文8.3.11 机组监测仪表必须完好、准确，并定期进行校验。尤其是大轴弯曲表、振动表和汽缸金属温度表，应按热工监督条例进行统计考核。

条文8.3.12 凝汽器应有高水位报警并在停机后仍能正常投入。除氧器应有水位报警和高水位自动放水装置。

监测仪表对于运行人员了解和掌握机组运行状态至关重要，如果没有完好、准确监测仪表就等于失去了有效监督机组运行状态的眼睛。因此，要求监测仪表必须完好、准确，尤其是重要仪表更应定期校验、100%投入运行。机组报警装置必须保证完好、投入。凝汽器的水位报警装置，要求在停机后也能正常投入，以防止停机后凝汽器满水进入汽缸。除氧器的高水位报警必须投入，高水位自动放水系统必须处于可用状态。

【**案例1**】 1994年2月，某电厂4号汽轮机停机后汽缸进水造成转子弯曲事故。其中汽轮机进水的主要原因就是由于凝汽器远方电子水位计失灵，就地水位计的玻璃管锈渍严重，很难看清水位。另外，运行人员对待工作责任心不强，也是这次事故发生的重要原因。

【**案例2**】 2010年12月，某电厂1号机组（300MW）在168h满负荷试运中，因发电机顶轴油管路泄漏申请降负荷停机消缺，在降负荷过程中，由于调整不当发生除氧器水位高报警。虽然高水位自动放水阀门已经打开，但水位仍然未见下降，原因是放水管道上的手动门被人关闭，机组100MW负荷紧急手动打闸，停机后发现四段抽汽电动门法兰向外大量喷水。经查四段抽汽管道温度测点未见下降，未造成汽轮机进水，说明汽轮机打闸还是及时的，否则，后果不堪设想。

条文 8.3.13　严格执行运行、检修操作规程，严防汽轮机进水、进冷汽。

总结汽轮机以往所发生的转子弯曲事故，发现大多数的事故在发生、发展过程中都有运行人员违章操作、领导违章指挥的成分。违章操作和操作不当往往是事故的直接原因或者是事故扩大的原因。

因此，要求运行人员必须遵守运行规程，一切操作要按规程的规定操作，不要因为某个领导的指挥而违背运行规程。检修人员在大修时，要严格按照规程规定的项目进行，确保检修质量，消除设备隐患。

条文 8.4　防止汽轮机、燃气轮机轴瓦损坏事故

条文 8.4.1　汽轮机、燃气轮机制造商或设计院应配制或设计足够容量的润滑油储能器（如高位油箱），一旦润滑油泵及系统发生故障，储能器能够保证机组安全停机，不发生轴瓦烧坏、轴径磨损。机组启动前，润滑油储能器及其系统必须具备投用条件，否则不得启动。未设计安装润滑油储能器的机组，应补设并在机组大修期间完成安装和冲洗，具备投用条件。

针对近年国内 300、600、1000MW 大机组连续发生汽轮机断油烧瓦事故，借鉴第四代核电站关于冷却水的设计理念，为了做到本质安全，提出汽轮机、燃气轮机制造商或设计院应配制或设计足够容量的润滑油储能器。一旦润滑油泵及系统发生故障，储能器能够保证机组安全停机，不发生轴瓦烧坏、轴径磨损。新安装机组启动前，润滑油储能器及其系统必须具备投用条件，否则不得启动。未设计安装润滑油储能器的已投运机组，应补设并在机组大修期间完成安装和冲洗，具备投用条件。

【案例 1】　某电厂 600MW 机组断油烧瓦事故。该机组在大修后启动，因各种原因，汽轮机冲车、定速、停机多次，每一次润滑油泵均工作正常。但就在烧瓦的这一次停机过程中，汽轮机打闸降速后，虽然交流、直流润滑油泵先后联启，但润滑油压仍然很低，造成汽轮发电机组断油烧瓦。

【案例 2】　2010 年 1 月，某电厂 4 号机组（1000MW）断油烧瓦事故。该机组启动过程中发现"发电机密封油膨胀箱液位高"报警，采取放油处理后报警信号消失。随后报警信号再次发出，运行人员误判断为测量装置故障，约 8h 后，汽轮机因润滑油压低跳闸。虽然交流、直流润滑油泵先后联启，但因润滑油箱油位低，油泵均不能正常工作，造成汽轮发电机组断油烧瓦。

条文 8.4.2　润滑油冷油器制造时，冷油器切换阀应有可靠的防止阀芯脱落的

措施，避免阀芯脱落堵塞润滑油通道导致断油、烧瓦。

近年连续在 300MW 和 600MW 机组发生由于冷油器切换阀阀芯脱落堵塞润滑油通道，造成机组断油烧瓦事故。对于冷油器切换阀这样十分重要的装置，制造商在设计和制造时，应有可靠的防止阀芯脱落的措施，避免阀芯脱落堵塞润滑油通道导致润滑油系统断油、烧瓦。

【案例】 2010 年 7 月 12 日，某电厂 600MW 机组断油烧瓦事故。该厂 3 号机组由于锅炉爆管而准备停机，停机前运行人员分别做了交流、直流润滑油泵启停试验，试验情况正常。不久，润滑油母管压力突然开始急剧下降，机组因润滑油压低保护动作跳机、发电机解列、锅炉灭火。虽然交流润滑油泵、直流润滑油泵联启成功，但母管油压继续下降，运行人员破坏真空紧急停机，从跳机到转子静止历时仅 6min 左右。对油系统进行外观检查，没有发现明显漏油点。发生事故后，对现场设备进行全面仔细检查，发现冷油器进口就地油压表正常，出口就地油压表没有压力。通过对冷油器切换阀解体检查，发现切换六通阀阀碟的连接螺纹松脱，阀碟脱落堵住了润滑油通道。

条文 8.4.3 油系统严禁使用铸铁阀门，各阀门门芯应与地面水平安装。主要阀门应挂有"禁止操作"警示牌。主油箱事故放油阀应串联设置两个钢制截止阀，操作手轮设在距油箱 5m 以外的地方，且有两个以上通道，手轮应挂有"事故放油阀，禁止操作"标志牌，手轮不应加锁。润滑油管道中原则上不装设滤网，若装设滤网，必须采用激光打孔滤网，并有防止滤网堵塞和破损的措施。

汽轮机油系统的管材要符合要求，变径管应采用锻制式，大管径可采用钢板焊制。油系统的法兰应尽可能使用对焊短管法兰，使法兰焊接时不变形。为了防止由于阀门损坏造成断油事故，要求油系统严禁使用铸铁阀门。油系统阀门不得在水平管道上立式安装，各阀门门芯应与地面水平安装，以防止由于门芯脱落导致油管道堵塞。为了防止误操作和在紧急情况下能迅速找到阀门，要求主要阀门应有明显的标志牌和挂有"禁止操作"警告牌。为防止由于滤网堵塞而造成断油事故，在润滑油管道上不宜装设滤网。如果要装设滤网，则必须采用激光打孔滤网，并有可靠的防止滤网堵塞和破损的安全措施。

条文 8.4.4 安装和检修时要彻底清理油系统杂物，严防遗留杂物堵塞油泵入口或管道。

条文 8.4.5 油系统油质应按规程要求定期进行化验，油质劣化应及时处理。在油质不合格的情况下，严禁机组启动。

机组启动前，油质必须合格。油品指标不合格（包括油中含有杂质和含水量超标）时，禁止向各轴承、密封油系统充油，并且应连续投入油过滤设备直至油质合格。油净化装置必须伴随机组连续运行。在油质不合格时启动机组，将导致重大设备事故的发生。

【案例】 1991 年 1 月，某电厂 300MW 机组轴承损坏事故。在机组试运行过程中，4～7 号轴承轴颈、轴承发生严重磨损，其原因是油质太脏所致。事故后，将冷油器解体检查中清理出很多焊渣，调节部套和轴承箱中发现有残留杂物。

因此，为了防止由于油质不合格引起的轴承损坏事故，要求安装和检修时要彻底清理油系统，确保油系统清洁和无杂物。

条文 8.4.6 润滑油压低报警、联启油泵、跳闸保护、停止盘车定值及测点安装位置应按照制造商要求整定和安装，整定值应满足直流油泵联启的同时必须跳闸停机。对各压力开关应采用现场试验系统进行校验，润滑油压低时应能正确、可靠的联动交流、直流润滑油泵。

因为不同的制造商、不同机组润滑油压定值不同，不宜确定为统一的数值，但要求测点安装位置和定值的整定必须满足要求。对各压力开关应采用现场试验系统进行校验，目的有两个：一是检验压力开关设定是否正确；二是检验辅助油泵联启的过程中润滑油压力是否满足要求。

200MW 机组曾发生过数起在润滑油压低联动交流、直流润滑油泵的过程中，轴承温度升高、机组强烈振动的事故，在其他类型的机组上也发生过类似现象。通过对事故过程分析和模拟试验的结果表明，在润滑油泵联动的过程中，轴瓦确实存在有瞬时断油或少油的时间段。为了确保在各种工况下轴承都能正常工作，要求必须对各压力开关采用现场试验系统进行校验，并检验按照设计的润滑油系统运行方式下，润滑油压力在机组各种转速下是否满足要求，否则，机组不得启动。

在这里要强调的是，有些制造商设计的润滑油压低汽轮机跳闸保护定值低于直流润滑油泵连锁启动定值，作为用户的发电厂，必须认识到：汽轮机断油烧瓦的后果是极其严重的，作为用户的发电厂必须抛弃侥幸心理，即使汽轮机运行在制造商给定的低润滑油压下是安全的，但当直流润滑油泵连锁启动时，汽轮机润滑油系统已经没有了备用的油泵，因此，这种工况本身就是不安全的，一旦系统油压进一步下降或直流润滑油泵故障，后果不堪设想。而对于那些直流润滑油泵出口越过冷油器直接接到了冷油器出口的机组，更要坚持直流润滑油泵联启的同时必须跳闸停机。

【案例 1】 1994 年 3 月，某电厂 2 号机组（300MW）轴承烧损事故。其事故原因就是由于连锁保护系统存在问题，在发电机解列并出现润滑油压低之后，润滑油泵没有自动联动，BTG 盘也没有发出低油压的声光报警信号来提醒运行人员，因而导致轴承烧损事故的发生。

【案例 2】 1994 年某厂一台引进型 300MW 机组，在事故紧急停机的过程中，由于设计变更有误（在调试过程中未能发现设计失误的隐患），当润滑油压下降到

0.084～0.077MPa 时，交流、直流油泵未能自动联启，运行人员又未能严密监视润滑油压，从而导致了轴承烧损事故的发生。

【案例3】　2010 年某电厂新投产不到半年的 2 号机组（300MW），由于润滑油冷油器六通阀质量原因，运行中突然发生大量漏油，导致润滑油压迅速下降而连锁启动了交流、直流润滑油泵，暂时稳定住了油压。而按照制造商设计值整定的润滑油压低，汽轮机跳闸保护定值低于直流润滑油泵联启定值，因此，这时汽轮机并未联跳，52s 后，在运行人员尚未查明故障原因时，润滑油箱油位已经到了油泵不能正常工作油位，汽轮发电机组瞬间断油，轴系损伤极为严重。3～5 号轴颈有不同程度的磨损，发电机底座因振动大发生了错位，发电机端部冷却风扇叶片受到了磨损，转子接近报废边缘。修复后的轴系按制造商的计算，最高只能带到 260MW 负荷。

条文 8.4.7　直流润滑油泵的直流电源系统应有足够的容量，其各级保险应合理配置，防止故障时熔断器熔断使直流润滑油泵失去电源。

条文 8.4.8　交流润滑油泵电源的接触器，应采取低电压延时释放措施，同时要保证自投装置动作可靠。

由于交流、直流润滑油泵电源不可靠或联动逻辑设计不合理，而造成了数起 300MW 机组轴承烧损事故。

【案例1】　1999 年某电厂一台 300MW 机组，由于送风机事故按钮触点绝缘低跳闸，造成机组跳闸、解列，保安段电源低电压保护动作。由于供电方式设计的不合理使交流润滑油泵失电，而直流润滑油泵因开关合闸回路故障又未能成功开启，从而造成了轴承烧损事故的发生。

【案例2】　1990 年 8 月，某电厂 14 号机组（200MW）轴承烧损事故。其事故起因是由于 6kV 厂用电差动保护误动作，造成了正在运行的硅整流电源中断，而蓄电池又断电，致使 14 号机组单元室直流系统电源中断。高压油泵和交流、直流油泵无法启动，造成了轴承烧损事故的发生。

【案例3】　2012 年 11 月 16 日，某电厂 600MW 机组断油烧瓦事故。该电厂两台 600MW 机组，事故前，1 号机组负荷 450MW，2 号机组负荷 460MW，厂用电由本厂机组供给1、2 号机组柴油发电机联动备用。事故起因是送出线路因覆冰造成电流差动保护动作，线路跳闸，两台机组发电机零功率切机保护动作，机组跳闸，全厂停电、失去厂用电。1 号机组柴油发电机联启成功，但出口开关因柴油发电机接线方式及控制模块设置与厂家要求不符未合闸，机组跳闸后，运行人员立即手动启动直流润滑油泵，4s 后跳闸，再次启动，3s 后又跳闸。值班员到就地直流控制柜手动强合直流润滑油泵成功，但 6min 后又跳闸，随后又合闸两次，跳闸两次。直流润滑油泵再未成功启动，1 号机惰走 14min 转速到零。2 号机组柴油发电机因蓄电池亏电导致无法启动，但直流润滑油泵联启成功，2 号机惰走 36min 转速到零。事故导致 1 号机 1～9 号轴瓦全部烧毁。1 号机直流润滑油泵不能成功联启的原因是：直流润滑油泵控制柜在大修期间进行了传统控制柜升级到智能控制柜的技术改造，由于质量控制不严，运行不稳定，事后对智能柜的测试，25 次启动 13 次不成功。

因此，要求交流、直流润滑油泵应有可靠的电源，直流润滑油泵的直流电源系统应有足够的容量，各级熔断器应合理配置，以防止故障时因熔断器熔断而使直流润滑油泵失去电源。

条文 8.4.9 应设置主油箱油位低跳机保护，必须采用测量可靠、稳定性好的液位测量方法，并采取三取二的方式，保护动作值应考虑机组跳闸后的惰走时间。机组运行中发生油系统泄漏时，应申请停机处理，避免处理不当造成大量跑油，导致烧瓦。

条文 8.4.10 油位计、油压表、油温表及相关的信号装置，必须按要求装设齐全、指示正确，并定期进行校验。

在机组润滑油系统发生大量泄漏的情况下，不应等到油泵打不上油时，靠润滑油压低保护停机，必须提前采取措施停机，以防止汽轮机、燃气轮机在高转速下断油烧瓦。机组运行中发生油系统泄漏时，应先申请将机组停下来，在盘车状态下处理泄漏，避免处理不当造成大量跑油，导致烧瓦。

【案例 1】 前面所述的某电厂 1000MW 机组断油烧瓦事故。该机组启动过程中润滑油漏入发电机，导致润滑油箱油位低，但汽轮机不能及时跳闸。等到润滑油压低跳闸后，虽然交流、直流润滑油泵先后联启，但因润滑油箱油位低，油泵均不能正常工作，造成汽轮发电机组断油烧瓦。

【案例 2】 条文 8.4.6 条的案例 3 所提到的机组事故，在润滑油系统漏油过程中，主油箱油位从 −39mm 下降到 −310mm。由于没有设计油位低跳机保护，进一步延误了停机时间，直至系统断油，扩大了事故。

【案例 3】 2006 年 12 月 9 日，某电厂 600MW 机组试运期间带 320MW 负荷运行，因润滑油压偏低且波动，怀疑是润滑油滤网的影响（试运期间增加的临时滤网），就地进行滤网切换时，造成润滑油压低汽轮机跳闸。在汽轮发电机组惰走过程中，施工人员就松开了滤网上盖法兰螺栓（事实上此滤网并没有隔离），结果造成润滑油大量喷出，幸好这时汽轮机转速只有 30r/min，通过打开真空破坏门，紧急降速，并在汽轮机转速到零后，立即停运润滑油泵。恢复润滑油滤网法兰后，启动润滑油泵及顶轴油泵，投入盘车，避免了一次汽轮发电机组断油烧瓦事故。

【案例 4】 2006 年 10 月 17 日，某电厂 4 号机组（600MW）满负荷运行时，主机冷油器切换阀阀杆出现渗油缺陷。该厂设备专责在仅办理了一张风险预控票而未办理工作票，也没有隔离系统的情况下，就允许检修工作人员进行检修作业。检修人员在处理 4 号机主机冷油器切换阀阀杆渗油缺陷过程中，拆掉切换阀转动手轮，松开阀杆小端盖 6 个螺丝，然后取出其中两个，在取出其他螺丝时，小端盖突然被顶开，阀杆套飞出，大量润滑油喷出。虽然设备专责立即通知集控室紧急停机，但主油箱油位还是从 1670mm 很快就下降到直流润滑油泵吸入口以下，润滑油系统供油很快中断，各轴瓦温度急剧飙升，最高到 222℃，造成机组断油烧瓦。

类似事故或未遂事故还有很多，为了避免此类事故，有必要设置主油箱油位低跳机保护，并严格执行机组运行中发生油系统泄漏时，应申请停机处理。避免处理不当造成大量跑油，导致烧瓦。

油位、油压、油温是运行人员需要监视的重要表计，并且油位、油压、油温的报警、连锁和保护装置必须安装齐全，指示正确，并定期进行校验。如发现缺陷应立即处理好，以免留下事故隐患。

条文 8.4.11　辅助油泵及其自启动装置，应按运行规程要求定期进行试验，保证处于良好的备用状态。机组启动前辅助油泵必须处于联动状态。机组正常停机前，应进行辅助油泵的全容量启动试验。

汽轮机、燃气轮机的调速油泵、启动油泵、交流润滑油泵、直流润滑油泵等辅助油泵应定期进行试验，以确保停机或发生异常情况时能及时联动，保证机组不发生断油烧瓦事故。没有同轴主油泵的机组，作为主油泵的润滑油泵和作为备用的润滑油泵要定期轮换运行，连锁开关必须在投入状态，并且直流油泵严禁设置任何保护。机组正常停机前，应进行辅助油泵的全容量启动试验，并确认油泵工作正常、油压正常。为防止辅助油泵因窝气导致出力不足，建议采取以下措施：

1）保持油泵排空气管路安装合理、畅通；

2）维持润滑油箱较高油位运行，特别是不能在低油位运行；

3）保持润滑油箱负压在合理范围；

4）正常停机前，进行辅助油泵启动试验，并保持油泵运行直至油泵电流、润滑油压达到正常值后再停运油泵，投入备用。

【案例 1】 1994 年 3 月，某电厂 2 号机组（300MW）轴承烧损事故。其事故原因是由于保护误动作，使发电机解列，主汽门关闭，润滑油压随转速下降而降低。当油压降至 0.07MPa 和 0.06MPa 时，交流、直流润滑油泵没有联启，而运行人员也没有严密监视润滑油压，手动开启交流、直流润滑油泵不及时，导致了机组轴承严重烧损事故的发生。

【案例 2】 某电厂 300MW 机组断油烧瓦事故。该电厂的直流润滑油泵，在系统设计时未设任何保护。但在制造商出厂时自带有保护电机过热的热偶保护。在紧急状态下直流润滑油泵在运行中热偶保护动作，直流油泵跳闸，造成了机组轴承烧损事故的发生。

【案例3】 条文8.4.1条的〔案例1〕中，汽轮机停机前没有提前启动交流润滑油泵；停机后，交流、直流润滑油泵虽先后均联启，但都不能出力，就是因为两台泵都发生了窝空气的故障，而系统也没有良好的防窝空气措施。本案例同时说明，在机组正常停机前，应进行辅助油泵的全容量启动试验的必要性。

条文8.4.12 油系统（如冷油器、辅助油泵、滤网等）进行切换操作时，应在指定人员的监护下按操作票顺序缓慢进行操作，操作中严密监视润滑油压的变化，严防切换操作过程中断油。

为了防止在油系统切换过程中发生断油，要求在进行切换操作时，应严格按照运行规程规定的操作顺序缓慢进行操作。严密监视润滑油压是否发生变化，并且操作应在指定监护人的监护下进行，严防由于误操作而引起机组轴承烧损事故。

【案例】 1986年4月，某电厂7号机组启动并网后，在投入1号冷油器时，由于运行人员误操作，将冷油器出口门关死，造成了机组断油烧瓦事故。

条文8.4.13 机组启动、停机和运行中要严密监视推力瓦、轴瓦钨金温度和回油温度。当温度超过标准要求时，应按规程规定果断处理。

条文8.4.14 在机组启、停过程中，应按制造商规定的转速停止、启动顶轴油泵。

条文8.4.15 在运行中发生了可能引起轴瓦损坏的异常情况（如水冲击、瞬时断油、轴瓦温度急升超过120℃等），应在确认轴瓦未损坏之后，方可重新启动。

机组运行中，各支持轴承、推力轴承和密封瓦的金属温度，均不应高于制造商规定值。一般应在90℃以下，主轴承温度测点紧贴钨金面的允许金属温度到95℃。引进型机组一般为107℃报警，112℃时应紧急停机。回油温度不宜超过65℃，超过75℃时应立即打闸停机。在机组启停过程中，要严格按照制造商的规定启停顶轴油泵。如果出现可能引起轴承损坏的异常情况时，必须查明原因，并确认轴承没有损坏后，方可重新启动。

【案例】 2012年12月，某燃气—蒸汽联合循环机组汽轮机在冲转升速至2100r/min时，9号瓦金属温度突然升高至148℃，汽轮机立即手动打闸，瓦温也随之立即下降。此次冲车瓦温升高的原因为：该汽轮机润滑油系统无同轴主油泵，设置两台交流润滑油泵（一运一备）、一台直流润滑油泵，在汽轮机每次冲车启动时，当转速升至2100r/min左右，都会因润滑油母管压力低联启备用交流润滑油泵。为了解决这一问题，制造商在现场对各瓦进油量进行了调节（以提高润滑油母管压力），减小了发电机后瓦的进油量，而9号瓦进油是取自发电机后瓦节流调节阀后，因此，导致9号瓦供油不足，瓦温升高。是揭瓦检查还是继续冲车试验？制造商意见继续冲车，专家意见必须揭瓦检查。最终揭瓦检查，9号瓦严重磨损，制造商更换了此瓦。

条文 8.4.16 检修中应注意主油泵出口逆止阀的状态，防止停机过程中断油。

主油泵出口逆止阀不严或卡住，是造成停机过程中断油的主要原因。在运行中，如果出现主油泵出口逆止阀不严或卡住现象，则会造成高压油经主油泵出口逆止阀回流，使油压大幅度下降而导致断油事故的发生。

因此，为了防止停机过程中断油，特别强调检修中要认真检查主油泵出口逆止阀的状态，以确保其灵活、关闭严密，防止停机过程中断油事故的发生。

条文 8.4.17 严格执行运行、检修操作规程，严防轴瓦断油。

严格执行运行、检修规程，是防止机组轴承烧损事故的重要措施之一。因为机组在运行中出现异常情况时，如果采取的措施得当，就可能会避免一次重大事故的发生。反之，就会造成一次重大事故。而且事故时，如果采取的措施不当，往往还会扩大事故的发展。因此，要求生产指挥和运行人员一定要严格遵守运行规程，按运行规程规定的程序进行操作，以避免重大事故的发生。

【案例 1】 1986 年 2 月，某电厂 3 号机组（200MW）轴承烧损事故。其事故原因是由于在事故状态下，润滑油泵未能联启，而运行人员慌忙中又忘记了启动润滑油泵，以致造成了轴承烧损事故的发生。润滑油泵未能联启的原因是热工人员严重违反检修规程，在没有办理工作票的情况下，在热控盘上工作，并把热工保护总电源开关断开，工作结束后又忘记合上，致使润滑油泵未能联启。

【案例 2】 2009 年 12 月 13 日，某电厂 2 号机组断油事故。该机组启动带到 368MW 负荷后，运行值班员发现汽轮机润滑油系统启动油泵、交流润滑油泵仍然保持运行，值班员将交流润滑油泵停运。再将启动油泵停运。但交流润滑油泵立即联启，同时汽轮机因润滑油压低跳闸，锅炉 MFT 动作，发电机跳闸，甩负荷 368MW。之后，机组重新点火启动，汽轮机转速升至 3000r/min，并网前进行了两次润滑油系统各油泵切换试验，两次试验均发现主油泵入口、出口油压不正常，值班员将直流润滑油泵"备用"退出后，停运交流润滑油泵，汽轮机因润滑油压力低跳闸，值班员手动紧急投运直流润滑油泵，汽轮发电机组润滑油压降低至 0.02MPa，持续时间 8s，导致机组轴瓦温度升高，其中 7、8 号瓦出现冒烟，汽轮机破坏真空按紧急停机处理。

对于轴承烧损事故后的处理，除修复轴承外，还应注意对轴颈可能产生硬化带和裂纹进行检查，以消除事故隐患。

条文 8.5 防止燃气轮机超速事故

条文 8.5.1 在设计天然气参数范围内，调节系统应能维持燃气轮机在额定转速下稳定运行，甩负荷后能将燃气轮机组转速控制在超速保护动作值以下。

机组甩负荷后不使超速保护动作并在额定转速下稳定运行，是燃气轮机调节系统动态特性的重要指标。调节系统具有良好的动态品质是保障机组不发生超速事故的先决条件。因此，要求机组的控制系统必须保证在甩负荷时能将转速控制在超速保护动作转速以下，并能维持转速稳定。

条文 8.5.2 燃气关断阀和燃气控制阀（包括燃气压力和燃气流量调节阀）应能关闭严密，动作过程迅速且无卡涩现象。自检试验不合格，燃气轮机组严禁启动。

燃气关断阀和燃气控制阀（包括燃气压力和燃气流量调节阀）是燃气轮机停机和跳闸后，停止向燃气轮机进气的隔断阀，保证其关闭严密、动作迅速、无卡涩，是防止燃气轮机组超速和爆燃的唯一手段，因此，其自检试验不合格时，严禁燃气轮机组启动。

条文 8.5.3 电液伺服阀（包括各类型电液转换器）的性能必须符合要求，否则不得投入运行。运行中要严密监视其运行状态，不卡涩、不泄漏和系统稳定。大修中要进行清洗、检测等维护工作。备用伺服阀应按照制造商的要求条件妥善保管。

电液伺服阀是电液调节系统的重要部件，其工作状态直接关系到机组的安全、稳定运行。因此，应加强液压油油质（特别是颗粒度）的定期监测以及电液伺服阀的运行监视、维护管理，以消除隐患和避免重大事故的发生。新购电液伺服阀（包括各类型电液转换器）的性能必须符合要求，并按制造商的要求进行妥善保管，否则不得投入运行。在大修中，要进行清洗、检测等维护工作，发现问题应及时处理或更换。

条文 8.5.4 燃气轮机组轴系应安装两套转速监测装置，并分别装设在不同的转子上。

为保证对燃气轮发电机组转速的有效监控，转速测量系统必须采用冗余配置，要求至少应安装两套转速监测装置，并分别装设在不同的转子上，并应有在转速测量系统故障情况下的判断和限制功能。应具有当第 1 次采样与第 2 次采样的转速差大于设定的转速差值（一般为 500r/min）时，即可判断出为转速测量系统故障，并立即进行停机处理。

条文 8.5.5 燃气轮机组重要运行监视表计，尤其是转速表，显示不正确或失效，严禁机组启动。运行中的机组，在无任何有效监视手段的情况下，必须停止运行。

机组重要运行监视表计，尤其是转速表是保障燃气轮机安全运行必需的监视表计，主要仪表（如转速表、轴向位移表）不能正常投入的情况下，禁止机组启动。机组运行中失去这些有效监视手段时，必须停止运行。

条文 8.5.6 透平油和液压油的油质应合格。在油质不合格的情况下，严禁燃气轮机组启动。

条文 8.5.7　透平油、液压油品质应按规程要求定期化验。燃气轮机组投产初期，燃气轮机本体和油系统检修后，以及燃气轮机组油质劣化时，应缩短化验周期。

透平油和液压油颗粒度不合格是造成机组轴瓦损坏和燃气关断阀、燃气控制阀卡涩的最主要原因，因此，对于新建或大修后的机组，在油质化验合格前，不允许向轴承内和调节系统部套通油，机组启动初期应缩短检查化验周期。对正在运行的机组，要定期化验油质，建立油质监督档案，防止调节系统和保安系统部件锈蚀和卡涩。油净化装置、滤油装置应保持运行状态，连续或定期对油质进行处理。在透平油和液压油的油质不合格时，严禁燃气轮机组启动。

对于透平油与液压油为同一油源的油系统，油质的考核标准应按液压油标准执行。如制造厂有考核标准，应在厂标与行业标准间执行较高等级的标准。

条文 8.5.8　燃气轮机组电超速保护动作转速一般为额定转速的 108％～110％。运行期间电超速保护必须正常投入。超速保护不能可靠动作时，禁止燃气轮机组运行。燃气轮机组电超速保护应进行实际升速动作试验，保证其动作转速符合有关技术要求。

超速保护是保障燃气轮发电机组安全运行必需的、重要的保护，机组运行时应确保其正常投入；在机组带负荷运行前，应保证电超速保护能够正常投入；在电超速保护试验不合格的情况下，禁止机组运行。燃气轮机组电超速保护动作转速一般设定为额定转速的 108％～110％，为了确保测量系统和保护系统的准确性，待机组具备试验条件时，应进行实际升速动作试验。

条文 8.5.9　燃气轮机组大修后，必须按规程要求进行燃气轮机调节系统的静止试验或仿真试验，确认调节系统工作正常。否则，严禁机组启动。

燃气轮机组大修或调节系统检修后，必须要进行静止或仿真试验，以确保调节系统、保安系统工作正常，调节部套、阀门无任何卡涩现象，否则严禁机组启动。

条文 8.5.10　机组停机时，联合循环单轴机组应先停运汽轮机，检查发电机有功、无功功率到零，再与系统解列；分轴机组应先检查发电机有功、无功功率到零，再与系统解列，严禁带负荷解列。

为防止燃气轮机转速飞升，不论是"正常停机"还是"紧急情况停机"，均严禁带负荷解列发电机。

正常停机时，可在确认发电机有功、无功功率减至零后再将发电机与系统解列，或采用燃气轮机手动打闸，发电机逆功率保护动作解列。

紧急情况停机时，应尽可能降低机组负荷，以减小对电网造成的冲击，应采用燃气轮机手动打闸，发电机逆功率保护动作解列，严禁带负荷解列发电机。

条文 8.5.11　对新投产的燃气轮机组或调节系统进行重大改造后的燃气轮机组必须进行甩负荷试验。

机组在运行中突然甩负荷必然引起燃气轮机组转速的飞升，机组甩负荷后能否将转速控制在超速保护动作转速下，是考核燃气轮机调节系统动态品质的重要指标，因此，要求新投产的燃气轮机组或调节系统，经过重大改造后的燃气轮机组必须进行甩负荷试验。为了确保机组在运行中或甩负荷试验时不发生危险，要求机组必须进行制造商规定的各项调节系统试验且试验结果合格。运行人员及热工人员要认真执行有关调节系统、保安系统和热工保护试验的规定，以避免重大超速事故的发生。

条文 8.5.12 要慎重对待调节系统的重大改造，应在确保系统安全、可靠的前提下，对燃气轮机制造商提供的改造方案进行全面充分的论证。

为了避免重大事故的发生，对调节系统的重大改造一定要谨慎，必须在确保系统安全、可靠的条件下，经过全面、充分的论证和必要的试验，以及有关权威技术部门认可后方可进行。

条文 8.6 防止燃气轮机轴系断裂及损坏事故

条文 8.6.1 燃气轮机组主、辅设备的保护装置必须正常投入，振动监测保护应投入运行；燃气轮机组正常运行瓦振、轴振应达到有关标准的优良范围，并注意监视变化趋势。

振动是反映机组运行状况的重要指标，许多重大设备事故的先兆都会在振动上表现出来。因此，明确要求振动超限跳机保护必须投入运行，充分发挥该保护的作用，以确保机组的安全、稳定运行。

条文 8.6.2 燃气轮机组应避免在燃烧模式切换负荷区域长时间运行。

某些类型的燃气轮机在变负荷过程中会经历多次的燃烧模式切换，以达到降低 NO_x 排放且稳定燃烧的目的。在燃烧模式点下，燃烧火焰会产生高频脉动，燃烧稳定性降低，且可能影响轴系的振动值。因此，燃气轮机发电机组负荷调整时应快速通过切换点，避免停留。

如果切换点在电网 AGC 调度区间内，应提前与网调充分沟通，避免 AGC 调度时负荷在切换点停留。

条文 8.6.3 严格按照燃气轮机制造商的要求，定期对燃气轮机孔探检查，定期对转子进行表面检查或无损探伤。按照《火力发电厂金属技术监督规程》（DL/T 438—2009）相关规定，对高温段应力集中部位可进行金相和探伤检查，若需要，可选取不影响转子安全的部位进行硬度试验。

为及早发现转子的缺陷，并及时采取相应的措施，要求应严格按照燃气轮机制造商的要求，定期对燃气轮机孔探检查；新机组投产前、已投产机组每次大修中，应对转子表面和中心孔进行探伤检查，按照《火力发电厂金属技术监督规程》（DL/T 438—2009）相关规定，对高温段应力集中部位可进行金相检查，选取不影响转子安全的部位进行硬度检查。承担启停调峰的机组，应加强运行管理，注意启动、运行参数的控制，避免对转子寿命产生不良影响，并适当缩短对转子的检查周期。

条文 8.6.4　不合格的转子绝不能使用，已经过制造商确认可以在一定时期内投入运行的有缺陷转子应对其进行技术评定，根据燃气轮机组的具体情况、缺陷性质制订运行安全措施，并报上级主管部门备案。

不合格的转子绝不能投入使用，已投运的不合格转子建议进行更换。对于已经过主管部门批准并投入运行的有缺陷转子，应进行技术评定，并制订出运行安全措施，一般可采取下列措施：

（1）在机组启、停过程中适当降低燃气轮机金属温度变化率，以减少热应力。

（2）对于蠕变损伤部件，在更换之前可适当降低运行参数。

（3）适当降低超速保护动作定值。

（4）监视轴和轴承座的振动，特别要注意与轴温度场有明显关系的强烈振动。

（5）一般不作为两班制调峰机组使用，并尽可能减少机组的启、停次数。

条文 8.6.5　严格按照超速试验规程进行超速试验。

机组在下列情况下应做超速试验：新安装机组、机组大修后、转速测量及保护系统工作后、机组做甩负荷试验前和停机一个月以上再次启动时。在进行超速保护动作试验时，应满足制造商对转子温度的规定。

条文 8.6.6　为防止发电机非同期并网造成的燃气轮机轴系断裂及损坏事故，应严格落实第 10.9 节规定的各项措施。

发电机非同期并网，使转子的扭矩剧增，对机组尤其是对转子产生的损害非常大，轻则缩短转子的寿命，重则将导致机组轴系的严重毁坏事故。因此，应严格落实本 25 项反措第 10.9 节规定的各项措施，严防发电机非同期并网。

条文 8.6.7　加强燃气轮机排气温度、排气分散度、轮间温度、火焰强度等运行数据的综合分析，及时找出设备异常的原因，防止局部过热燃烧引起的设备裂纹、涂层脱落、燃烧区位移等损坏。

条文 8.6.8　新机组投产前和机组大修中，应重点检查：

（1）轮盘拉杆螺栓紧固情况、轮盘之间错位、通流间隙、转子及各级叶片的冷却风道。

（2）平衡块固定螺栓、风扇叶固定螺栓、定子铁心支架螺栓，并应有完善的防松措施。绘制平衡块分布图。

（3）各联轴器轴孔、轴销及间隙配合满足标准要求，对轮螺栓外观及金属探伤检验，紧固防松措施完好。

（4）燃气轮机热通道内部紧固件与锁定片的装复工艺，防止因气流冲刷引起部

件脱落进入喷嘴而损坏通道内的动静部件。

对于燃气轮发电机组在运行中可能产生应力变形和松脱的零部件，在机组安装和大修时必须认真检查，确保其有安全的防松措施，以防止这些零部件在运行中脱落，而造成设备损坏事故。

【案例】 2014 年，某电厂 1 号燃气发电机组发生跳闸事故。事故前机组在负荷及供热参数稳定工况下运行。事故发生瞬间，燃气轮机透平轴承振动从 4.8mm/s 突然增加至 23.9mm/s，压气机侧轴承振动从 3.5mm/s 增加至 6.5mm/s。透平轴振从 32μm 增加至 230μm，压气机轴振从 85μm 增加至 210μm。燃气轮机因 1 号瓦振动大保护动作停机，发电机出口开关联跳。燃气轮机解体后，发现燃烧室内一片隔热瓦脱落，脱落的隔热瓦呈碎块分布于燃烧室出口的一级透平静叶处。经事故鉴定，燃烧室内的隔热瓦脱落是本次事故的主要原因。

条文 8.6.9　应按照制造商规范定期对压气机进行孔窥检查，防止空气悬浮物或滤后不洁物对叶片的冲刷磨损，或压气机静叶调整垫片受疲劳而脱落。定期对压气机进行离线水洗或在线水洗。定期对压气机前级叶片进行无损探伤等检查。

尽管在压气机入口安装有空气过滤器，但仍会有一些杂质进入压气机，为防止这些杂质对高速旋转的压气机叶片造成损坏或引起振动，应按照制造商规范定期对压气机进行孔窥检查，定期对压气机进行离线水洗或在线水洗。

条文 8.6.10　燃气轮机停止运行投盘车时，严禁随意开启罩壳各处大门和随意增开燃气轮机间冷却风机，以防止因温差大引起缸体收缩而使压气机刮缸。在发生严重刮缸时，应立即停运盘车，采取闷缸措施 48h 后，尝试手动盘车，直至投入连续盘车。

燃气轮机运行时温度很高，停止运行投入盘车的一段时间内，不当的操作极易造成燃气轮机间的温度不平衡，从而导致燃气轮机缸体不均匀收缩变形，引起动静摩擦。因此，在这段时间内，严禁随意开启罩壳各处大门和随意增开燃气轮机间冷却风机。一旦发生动静摩擦时，应立即停运盘车，采取闷缸措施 48h 后，尝试手动盘车，直至投入连续盘车。

条文 8.6.11　机组发生紧急停机时，应严格按照制造商要求连续盘车若干小时以上，才允许重新启动点火，以防止冷热不均发生转子振动大或残余燃气引起爆燃而损坏部件。

机组发生紧急停机时，在机组重新启动点火前，不同的制造商要求的连续盘车时间不同，但均是为了防止冷热不均发生转子振动大或残余燃气引起爆燃。因此，应严格按照制造商的要求进行足够时间的连续盘车后，才允许重新启动点火。

条文 8.6.12　发生下列情况之一，严禁机组启动：

（1）在盘车状态听到有明显的刮缸声。

（2）压气机进口滤网破损或压气机进气道可能存在残留物。

（3）机组转动部分有明显的摩擦声。

（4）任一火焰探测器或点火装置故障。

（5）燃气辅助关断阀、燃气关断阀、燃气控制阀任一阀门或其执行机构故障。

（6）具有压气机进口导流叶片和压气机防喘阀活动试验功能的机组，压气机进口导流叶片和压气机防喘阀活动试验不合格。

（7）燃气轮机排气温度故障测点数大于等于1个。

（8）燃气轮机主保护故障。

在这里规定了几种严禁机组启动的重大异常情况，如果机组在存在这些异常的情况下启动，很可能会发生严重的事故。除此之外，还应按照制造商关于禁止机组启动的条件执行。

条文 8.6.13 发生下列情况之一，应立即打闸停机：

（1）运行参数超过保护值而保护拒动。

（2）机组内部有金属摩擦声或轴承端部有摩擦产生火花。

（3）压气机失速，发生喘振。

（4）机组冒出大量黑烟。

（5）机组运行中，要求轴承振动不超过 0.03mm 或相对轴振动不超过 0.08mm，超过时应设法消除，当相对轴振动大于 0.25mm 应立即打闸停机；当轴承振动或相对轴振动变化量超过报警值的 25%，应查明原因设法消除，当轴承振动或相对轴振动突然增加报警值的 100%，应立即打闸停机；或严格按照制造商的标准执行。

（6）运行中发现燃气泄漏检测报警或检测到燃气浓度有突升，应立即停机检查。

在这里规定了几种机组应立即打闸停机的重大异常情况，除此之外，还应按照制造商关于立即打闸停机条件的要求执行。

条文 8.6.14 调峰机组应按照制造商要求控制两次启动间隔时间，防止出现通流部分刮缸等异常情况。

条文 8.6.15 应定期检查燃气轮机、压气机气缸周围的冷却水、水洗等管道、接头、泵压，防止运行中断裂造成冷水喷在高温气缸上，发生气缸变形、动静摩擦设备损坏事故。

条文 8.6.16 燃气轮机热通道主要部件更换返修时，应对主要部件焊缝、受力部位进行无损探伤，检查返修质量，防止运行中发生裂纹断裂等异常事故。

对于承担调峰运行的燃气轮发电机组，发电厂应与电网调度部门充分沟通，合理安排机组启停时间，保证机组启动间隔时间满足制造商的要求。对于容易造成高温气缸急剧冷却、发生变形的周围设备和系统，应加强检查和监视，防止事故发生。要重视燃气轮机热通道主要部件更换返修质量，防止事故重复发生。

条文 8.6.17　建立燃气轮机组试验档案，包括投产前的安装调试试验、计划检修的调整试验、常规试验和定期试验。

条文 8.6.18　建立燃气轮机组事故档案，记录事故名称、性质、原因和防范措施。

条文 8.6.19　建立转子技术档案，包括制造商提供的转子原始缺陷和材料特性等原始资料，历次转子检修检查资料；燃气轮机组主要运行数据、运行累计时间、主要运行方式、冷热态启停次数、启停过程中的负荷的变化率、主要事故情况的原因和处理；有关转子金属监督技术资料完备；根据转子档案记录，定期对转子进行分析评估，把握转子寿命状态；建立燃气轮机热通道部件返修使用记录台账。

建立、健全机组和转子完整的技术档案，对于机组运行管理、生产试验、技术改造、缺陷处理以及事故原因分析等都具有非常重要的作用。同时，对于防止机组发生重大设备损坏事故，也具有极其重要的指导意义。

条文 8.7　防止燃气轮机燃气系统泄漏爆炸事故

按照使用天然气的相关安全规程和规定、制造商的相关要求，以及运行中发生的事故原因分析，对防止燃气轮机燃气系统泄漏爆炸事故提出了如下重点要求。

条文 8.7.1　按燃气管理制度要求，做好燃气系统日常巡检、维护与检修工作。新安装或检修后的管道或设备应进行系统打压试验，确保燃气系统的严密性。

条文 8.7.2　燃气泄漏量达到测量爆炸下限的 20% 时，不允许启动燃气轮机。

条文 8.7.3　点火失败后，重新点火前必须进行足够时间的清吹，防止燃气轮机和余热锅炉通道内的燃气浓度在爆炸极限而产生爆燃事故。

条文 8.7.4　加强对燃气泄漏探测器的定期维护，每季度进行一次校验，确保测量可靠，防止发生因测量偏差拒报而发生火灾爆炸。

条文 8.7.5　严禁在运行中的燃气轮机周围进行燃气管系燃气排放与置换作业。

条文 8.7.6　做好在役地下燃气管道防腐涂层的检查与维护工作。正常情况下高压、次高压管道（$0.4MPa < p \leqslant 4.0MPa$）应每 3 年一次。10 年以上的管道每 2 年一次。

条文 8.7.7　严禁在燃气泄漏现场违规操作。消缺时必须使用专用铜制工具，防止处理事故中产生静电火花引起爆炸。

条文 8.7.8　燃气调压站内的防雷设施应处于正常运行状态。每年雨季前应对接地电阻进行检测，确保其值在设计范围内，应每半年检测一次。

条文 8.7.9　新安装的燃气管道应在 24h 之内检查一次，并应在通气后的第一周进行一次复查，确保管道系统燃气输送稳定安全可靠。

条文 **8.7.10**　进入燃气系统区域（调压站、燃气轮机）前应先消除静电（设防静电球），必须穿防静电工作服，严禁携带火种、通信设备和电子产品。

条文 **8.7.11**　在燃气系统附近进行明火作业时，应有严格的管理制度。明火作业的地点所测量空气含天然气应不超过 1%，并经批准后才能进行明火作业，同时按规定间隔时间做好动火区域危险气体含量检测。

条文 **8.7.12**　燃气调压系统、前置站等燃气管系应按规定配备足够的消防器材，并按时检查和试验。

条文 **8.7.13**　严格执行燃气轮机点火系统的管理制度，定期加强维护管理，防止点火器、高压点火电缆等设备因高温老化损坏而引起点火失败。

条文 **8.7.14**　严禁燃气管道从管沟内敷设使用。对于从房内穿越的架空管道，必须做好穿墙套管的严密封堵，合理设置现场燃气泄漏检测器，防止燃气泄漏引起意外事故。

条文 **8.7.15**　严禁未装设阻火器的汽车、摩托车、电瓶车等车辆在燃气轮机的警示范围和调压站内行驶。

条文 **8.7.16**　运行点检人员巡检燃气系统时，必须使用防爆型的照明工具、对讲机，操作阀门尽量用手操作，必要时应用铜制阀门把钩进行。严禁使用非防爆型工器具作业。

条文 **8.7.17**　进入燃气禁区的外来参观人员不得穿易产生静电的服装、带铁掌的鞋，不准带移动电话及其他易燃、易爆品进入调压站、前置站。燃气区域严禁照相、摄影。

条文 **8.7.18**　应结合机组检修，对燃气轮机仓及燃料阀组间天然气系统进行气密性试验，以对天然气管道进行全面检查。

条文 **8.7.19**　停机后，禁止采用打开燃料阀直接向燃气轮机透平输送天然气的方法进行法兰找漏等试验检修工作。

条文 **8.7.20**　在天然气管道系统部分投入天然气运行的情况下，与充入天然气相邻的、以阀门相隔断的管道部分必须充入氮气，且要进行常规的巡检查泄漏工作。

条文 **8.7.21**　对于与天然气系统相邻的、自身不含天然气运行设备，但可通过地下排污管道等通道相连通的封闭区域，也应装设天然气泄漏探测器。

【案例】　某燃气电厂采用氮瓶间集中供气对天然气管道进行置换，每路支管上均设计有一/二次手动隔离阀及逆止阀。在一次检修过程中，系统恢复时遗忘了关闭氮气置换一/二次手动隔离阀，仅有的逆止阀又由于质量问题失去防止逆流作用，造成天然气大量泄漏到氮瓶间，引发一次天然气爆炸造成人身伤亡的重大事故。

9

防止分散控制系统控制、保护失灵事故

总体情况说明：

现代大型机组配置分散控制系统（DCS），已是一种标准模式。DCS 是监控机组启、停、运行及故障处理的神经中枢。DCS 工作的安全及可靠与否，对机组安全稳定运行至关重要。

随着计算机技术及控制技术的飞速发展，DCS 对机组的监控覆盖面日趋完善，渗透越来越深入。DCS 的设计功能，已不再局限于热机及其热力系统的监控和连锁保护，扩展到发电机—变压器组、厂用电系统、升压站等的控制，甚至像自同期、自动励磁等可靠性和品质指标要求都很高的专用设备，也有人尝试采用 DCS 专用智能板件实施其功能。同时，辅机控制与主机控制实施一体化设计的趋势日益明显，形成了全厂 DCS 控制整体化，减少了单体控制设备，提高了控制效率。

单元机组主控室内人—机界面设计，也发生了深刻的变化，不论是新建机组，还是老机组技术改造，常规仪表加硬手操的监控模式已基本被取消，代之以大屏幕、CRT 操作员站加软手操。为此，机组的安全和经济运行，对 DCS 的依赖性也越来越大。

电力改革后，各电力集团在原《二十五项反措》的基础上，先后制订了各自的反事故措施，针对本集团的实际情况，有所差异。本次反措制订，充分吸收了各电力集团的反事故措施和目前行业发展的新技术、新规定和新要求。

条文说明：

条文 9.1　分散控制系统（DCS）配置的基本要求

条文 9.1.1　分散控制系统配置应能满足机组任何工况下的监控要求（包括紧急故障处理），控制站及人机接口站的中央处理器（CPU）负荷率、系统网络负荷率、分散控制系统与其他相关系统的通信负荷率、控制处理器周期、系统响应时间、事件顺序记录（SOE）分辨率、抗干扰性能、控制电源质量、全球定位系统（GPS）时钟等指标应满足相关标准的要求。

要做好 DCS 的反事故工作，提高 DCS 本身的抵御事故能力是关键，因此，在系统构成时必须重点考虑这个因素。近年来 DCS 所发生的故障，如恶性的系统瘫痪、操作员站部分或全部"死机"以及局部系统失灵等典型故障，大多与 DCS 的配置不当有关，主要表现在 DCS "资源（如控制器、网络、接口等）"配置过低，导致系统或局部系统在某一特定的情况下负荷过高、非同一系统（装置）搭配通信不畅、冗余度不够或系统电源配置不合理等。实际上这类问题是非常常见的，设计与资金的矛盾，用户与 DCS 厂家在系统功能理解上的偏差，都可以导致上述问题的发生。因此，要慎重、科学、合理地配置 DCS。

CPU 负荷率应控制在设计指标之内，并根据不同的 DCS 特性留有适当裕度。一般情况下要求控制器在极端工况下负荷率不得大于 60%。

DCS 控制器处理模拟量控制的扫描周期一般要求为 250ms，对于要求快速处理的控制回路可为 125ms，对于温度等慢过程控制对象，扫描周期可为 500～750ms；处理开关量控制的扫描周期一般要求为 100ms，汽轮机保护（ETS）应不大于 50ms，执行汽轮机超速保护控制（OPC）和超速跳闸保护（OPT）部分的逻辑，扫描周期应不大于 20ms。

DCS 中通信网络应保证足够的通信裕量。一般情况下，数据通信总线负荷率不得超过 30%，以太网通信率不得超过 20%；同时主系统及与主系统连接的所用相关系统（包括专用装置）的通信负荷率设计必须控制在合理的范围（保证在高负荷运行中不出现"瓶颈"现象之内，其接口设备（板件）应稳定可靠。并应结合机组停运进行电源、网络、控制器切换试验。

从操作员的从操作信号发出到 DCS 的 I/O 输出开始变化的时间为系统操作时间，其值不应超过 2.0s。

DCS 应设计必要的 SOE 测点，其分辨率应不大于 1ms。SOE 通道应有 4ms 防抖动滤波处理，但不影响 1ms 的分辨率。安装在不同控制器中的 SOE 模件应有可靠的时间同步措施，保证系统 SOE 的触发时序正确；机组检修后应开展 SOE 试验，验证 SOE 系统的可靠性。

DCS 应具备 GPS 时钟接入功能，各种类型的历史数据必须具有统一时标，与全厂时钟系统（或 GPS 时钟）保持同步。

【案例 1】　某电厂发生分散控制系统频繁故障和死机造成机组停运事故。从 1997 年 2 月开始 7 号机组进入试生产至 1997 年 5 月，两台机组共发生 22 次 DCS 故障和死机，其中造成机组不正常跳闸 8 次。之后又发生多次操作画面故障（8 号机组有两次发生全部 6 台操作员站"黑屏"），其中 1 次造成 8 号机组不正常跳闸，严重威胁机组安全。经过 DCS 事故分析专家评审会专家评审组的分析，认为其 DCS 存在以下几方面问题：

（1）DCS 工程设计在性能计算软件、开关量冗余配置上存在问题；

（2）硬件配置不匹配；

（3）个别硬件设计不完善；

（4）系统上、下位通信负荷率不匹配。

【案例2】 某电厂在200MW机组的热控系统自动化改造上使用的DCS，由于DCS配置的负荷率计算不准且为了减少投资技术指标均靠近允许极限，加之该DCS在运行时中间虚拟I/O点量大的特点，所以在改造后期（大修即将结束时）调试时发现个别控制器的负荷率竟超过了90%，个别软手操操作响应竟接近1min，根本无法使用。后经过大幅度系统调整（系统重新增加配置），才解决了这个问题。

【案例3】 某600MW新机组，由于在招标的技术规范中对I/O通道隔离性质表述不到位，DCS厂家做的配置很低，在调试时烧损了大量I/O板，后来改变了隔离方式和更换了硬件，电厂又花费了许多资金，抵消了当初的招标价格优势。

【案例4】 某电厂2号机组负荷200MW，8时23分，各控制器依次发报警，8时26分，2号控制器脱网，52号控制器切为主控；11时05分，52号控制器脱网；13时39分，7号控制器脱网，57号控制器切为主控，在7号控制器向57号控制器切换瞬间，由该控制器控制的A、B磨煤机跳闸；15时11分，9号控制器脱网，59号控制器切为主控，在9号控制器向59号控制器切换瞬间，由该控制器控制的E磨煤机跳闸；15时51分，1号控制器脱网，51号控制器切为主控，在1号控制器向51号控制器切换瞬间，由该控制器控制的A引风机动叶被强制关闭。分析发现DCS控制器脱网原因为主时钟与备用时钟不同步造成系统时钟紊乱，从而导致控制器脱网。

【案例5】 某电厂3号机组停机前电负荷为115MW，炉侧主汽压9.55MPa，主汽温537℃，主给水调节门开度43%，旁路给水调节门开度47%（每一条给水管道均能满足100%负荷的供水），汽包水位正常。运行人员发现锅炉侧部分参数显示异常，各项操作均不能进行，同时炉侧CRT画面显示各项自动已处于解除状态。调自检画面发现3号控制器离线，23号控制器处于主控状态，主汽压在9.0～9.6MPa波动、主汽温在510～540℃波动、汽包水位在+75～-50mm波动，维持运行。几分钟后，发现3号控制器离线、23号控制器为主控状态，但23号控制器主控下的I/O点（汽包水位、主汽温、主汽压、给水压力等）均为坏点，自动控制手操失灵。经过多次重启，3号控制器恢复升为主控状态。在释放强制的I/O点时，运行人员发现汽包水位急剧下降，就地检查发现旁路给水调节门在关闭状态，手动摇起三次均自动关闭，汽包水位TV和显示表监视不到水位，手动停炉、停机。

根据能历史记录分析认为：3号控制器（主控）故障前，23号控制器（辅控）

因硬件故障或通信阻塞，已经同 I/O 总线失去了联系。当 3 号控制器因主机卡故障离线后，23 号控制器升为主控，但无法读取 I/O 数据，造成参与汽水系统控制的一对冗余控制器同时失灵，给水自动控制系统失控，汽包水位保护失灵。在新更换的 3 号控制器重启成功后释放强制点的过程中，DCS 将旁路给水调节门指令置零，关闭旁路调节门，造成汽包缺水。

条文 9.1.2 分散控制系统的控制器、系统电源、为 I/O 模件供电的直流电源、通信网络等均应采用完全独立的冗余配置，且具备无扰切换功能；采用 B/S、C/S 结构的分散控制系统的服务器应采用冗余配置，服务器或其供电电源在切换时应具备无扰切换功能。

确保 DCS 硬件可靠的重要手段就是将 DCS 的核心部件进行冗余设计，通过冗余技术和无扰切换技术，来降低 DCS 构成部件故障时对整体安全和功能的影响。可以说，冗余技术和无扰切换技术是确保 DCS 安全性的重要支撑技术。采用 B/S、C/S 结构 DCS 系统的服务器由于是系统上下位信息交换的核心节点，为此亦应通过冗余技术来提高安全性和可靠性。

控制器的冗余配置必须是热备用方式，即后备控制器必须与主控制器同步更新数据，保证后备控制器切换为主控制器时不对输出产生扰动影响。

【案例】 某电厂 DCS 为采用 B/S、C/S 结构的 DCS 系统，其服务器为单台设计，由于运行年限较长，服务器出现故障死机，导致上下位信息无法交换，操作员操作指令无法下发，控制器的控制和监视信息无法上传，监控画面无法刷新，最后只能启动停机预案。本次事故是典型的系统核心节点硬件设计缺陷导致。

条文 9.1.3 分散控制系统控制器应严格遵循机组重要功能分开的独立性配置原则，各控制功能应遵循任一组控制器或其他部件故障对机组影响最小的原则。

DCS 的可靠性一般分为两类，一类是硬件可靠性，一类是控制功能可靠性。硬件可靠性主要通过冗余技术和无扰切换技术来实现。功能可靠性主要通过独立性原则来实现，即涉及机组重要的控制功能应采取功能分开的独立性配置原则，譬如，实现过程控制的燃料控制、风量控制、水和汽的控制不宜配置在同一个控制器，应独立分开配置，以最大限度地降低部分功能故障对整体控制的影响。

重要功能分开的独立性原则配置要求不应以控制器能力提高为理由，减少控制器的配置数量，从而降低系统配置的分散度；同时为防止一对控制器故障导致机组被迫停运事件的发生，重要的并列或主/备运行的辅机（辅助）设备控制，应按下列原则配置控制器：

（1）送风机、引风机、一次风机、凝结水泵和非母管制的循环水泵等两台并列运行的重要辅机，以及 A、B 段厂用电控制装置，应分别配置在不同的控制器中，但允许送风机和引风机等按介质流程组合在一个控制器中。

（2）给水泵控制中系统宜分泵配置在不同的控制器中，但允许同一给水泵的模拟量液压控制系统（MEH）和给水泵汽轮机紧急跳闸系统（METS）合用控制器。

（3）磨煤机、给煤机、风门和油燃烧器等多台组合运行的重要设备应按工艺流程要求组合，配置至少三个控制站。

【案例】某电厂在 300MW 机组的 DCS 设计过程中，采用减少控制器配置数量的设计方式以降低硬件成本进行，最终将协调及燃料控制和风量控制放在同一对控制器内，造成该控制器负荷较大。2004 年 7 月 2 日，该控制器故障，负压控制失控，最终导致锅炉灭火。分析认为，功能配置不当是该次事故的主因。

条文 9.1.4　重要参数测点、参与机组或设备保护的测点应冗余配置，冗余 I/O 测点应分配在不同模件上。

DCS 冗余配置和独立性配置体现的另一重点就是 DCS 重要参数测点的配置。通过该方式可以确保控制和保护功能可靠。

DCS 中每个机柜每种类型的测点的设计裕量、各类测点所需的卡件（或者卡槽）、接线端子、电缆通道的余量应符合要求。重要参数、参与机组或设备保护测点及重要 I/O 点的检测元件应为三取二（开关量）或三取中（模拟量），同时应考虑采用非同一板件的独立性配置原则。测点的冗余应实现全程冗余，即从测点取样、传输、进入板卡、运算等全过程环节都应独立完成，实现真正冗余配置。

输入/输出模件（I/O 模件）的冗余配置，根据不同厂商的 DCS 结构特点和被控对象的重要性来确定，推荐（但不限于）下列配置原则：

（1）应三重冗余（或同等冗余功能）配置的模拟量输入信号：机组负荷、汽轮机转速、轴向位移、给水泵汽轮机转速、凝汽器真空、主机润滑油压力、抗燃油压、主蒸汽压力、主蒸汽温度、主蒸汽流量、调节级压力。汽包水位、汽包压力、水冷壁进口流量、主给水流量、除氧器水位、炉膛负压、增压风机入口压力、一次风压力、再热汽压力、再热汽温度、常压流化床床温及流化风量、中间点温度（作为保护信号时）、主保护信号、调节级金属温度。

（2）至少应双重冗余配置的模拟量输入信号：加热器水位、热井水位、凝结水流量、主机润滑油温、发电机氢温、汽轮机调门开度、分离器水箱水位、分离器出口温度、给水温度、送风风量、磨煤机一次风量、磨煤机出口温度、磨煤机入口负压、单侧烟气含氧量、除氧器压力、中间点温度（不作为保护信号时）、二次风流量等。当本项信号作为保护信号时，则应三重冗余（或同等冗余）配置。

（3）应具有三重冗余配置的重要热工开关量输入信号：主保护动作跳闸（MFT、ETS、GTS）信号以及连锁主保护动作的主要辅机动作跳闸保护信号等。

（4）至少应采用双重冗余配置的次重要开关量输入信号：风箱与炉膛差压、一次风与炉膛差压等。

（5）冗余配置的 I/O 信号、多台同类设备的各自控制回路的 I/O 信号，必须分别配置在不同的 I/O 模件上。

（6）所有的 I/O 模件的通道，应具有信号隔离功能。

（7）电气负荷信号应通过硬接线直接接入 DCS。

（8）取自不同变送器用于机组和主要辅机跳闸的保护输入信号，应直接接入相对应的保护控制器的输入模件。

【案例】　某 600MW 机组的一组真空低测点为三个，但均由一个取样管采集而来，只是变送器配置三个，然后完成三取二逻辑运算。某次取样管堵塞，导致三个变送器同时动作，直接跳机。本次事故是由于测点配置不符合要求引起的典型事故，测点应从取样管开始全程独立配置，实现真正的三取二功能。

条文 9.1.5　**按照单元机组配置的重要设备（如循环水泵、空冷系统的辅机）应纳入各自单元控制网，避免由于公用系统中设备事故扩大为两台或全厂机组的重大事故。**

循环水泵是电厂过程生产的重要设备，是确保正常生产的基础，应确保其控制可靠性。为了避免循环水泵在一个控制网所带来的风险，应将循环水泵分别布置在不同的控制单元，这样即使一个网络发生故障，另外一台循环泵亦能维持正常生产。这也符合 DCS 风险分散的核心思想。

【案例】　某电厂两台 600MW 机组公用一套公用系统，其中循环水泵由公用系统控制。2008 年 6 月，公用系统控制器主控制器故障，备用控制器切换不成功，导致循泵跳闸，进而使两台机组跳闸。

条文 9.1.6　**分散控制系统电源应设计有可靠的后备手段，电源的切换时间应保证控制器不被初始化；操作员站如无双路电源切换装置，则必须将两路供电电源分别连接于不同的操作员站；系统电源故障应设置最高级别的报警；严禁非分散控制系统用电设备接到分散控制系统的电源装置上；公用分散控制系统电源，应分别取自不同机组的不间断电源系统，且具备无扰切换功能。分散控制系统电源的各级电源开关容量和熔断器熔丝应匹配，防止故障越级。**

DCS 电源可靠性是 DCS 安全、可靠运行的基础，应给予高度重视。应从设计、运行、维护上规范。电源必须两路以上，备用电源的切换时间应保证控制器不能初始化，系统电源故障应设有最高等级报警。同时，每个 DCS 机柜中都应保证电源有足够的设计裕量，同时操作员站、服务器、控制器、通信网络的电源均应采用冗余配置。在每次机组启动前，应安排电源切换试验并做相应记录。

应保证控制器中所有控制单元、模件、驱动器件的工作电源为冗余供电，由控制器提供给现场的查询、驱动电源应为冗余供电。任何一路电源失去或故障，应能够保证控制器在最大负荷下运行。

操作员站、工程师站、实时数据服务器、SIS接口服务器和通信网络设备的电源，应采用两路电源供电并通过双电源模块接入，否则操作员站和通信网络设备的电源应合理分配在两路电源上。

独立配置的重要控制子系统（如 ETS、TSI、METS、DEH、MEH、火检、FSSS、循环水泵等远程控制站及 I/O 站电源、循泵控制碟阀等），应有两路互为冗余的电源供电，当一路电源失去时仍可保证系统连续正常工作，并设置电源故障报警。独立于 DCS 的安全系统的电源切换功能，以及要求切换速度快的备用电源切换功能，不应纳入 DCS，而应采用硬接线逻辑回路。

冗余电源的任一路电源单独运行时，应保证设计裕量满足要求；公用 DCS 电源，应分别取自两台机组，在正常运行中保证无扰切换；重要的热工双路供电回路，应取消人工切换开关；所有的热工电源（包括机柜内检修电源）必须专用，不得用于其他用途。

汽轮机紧急跳闸系统（ETS）和汽轮机监视仪表（TSI）所配电源必须可靠，电压波动值不得大于±5%。机组检修时电气专业应对电源的质量进行测试，不得含有高次谐波，以保证输出继电器动作和触点可靠，同时应具备出口继电器电源监视报警功能。

【案例】 某电厂 200MW 机组操作员站供电电源为一路，且全部操作员站均由该路电源供电。2010 年 8 月 6 日，操作员站供电电源故障，导致操作员无法使用，机组运行失控。根据应急预案，实施紧急停机停炉。

条文 9.1.7 分散控制系统接地必须严格遵守相关技术要求，接地电阻满足标准要求；所有进入分散控制系统的控制信号电缆必须采用质量合格的屏蔽电缆，且可靠单端接地；分散控制系统与电气系统共用一个接地网时，分散控制系统接地线与电气接地网只允许有一个连接点。

DCS 接地是保证 DCS 电气安全的重要技术措施，应根据电气设计要求，保证接地电阻这一重要指标符合标准要求。

DCS 机柜的外壳不允许与建筑物钢筋直接相连，其外壳、电源地、屏蔽地和逻辑地应分别接到机柜各地线上，并将各机柜地线连接后，再用两根铜芯电缆引至接地极（体）。具有"一点接地"要求的控制系统，整个接地系统最终只有一点接到地网上，并满足接地电阻指标要求。远程控制柜或 I/O 柜应就近独立接入电气接地网，并进行测试，确保接地满足要求。

DCS 输入输出信号屏蔽线要求单端接地，信号端不接地的回路，屏蔽线应直接接在机柜端的接地铜排上；信号端接地的回路，屏蔽线应在信号端接地。

DCS 的接地网若接入厂级接地网，需在一定范围内（该范围定值由 DCS 厂家提供）不得有高电压强电流设备的安全接地和保护接地点；如果 DCS 采用单独的接地网，则该接地网应满足一定的规格要求（具体范围的大小由 DCS 厂家提供），避免动力设备接地对 DCS 造成影响。

DCS 的总接地铜牌到 DCS 专用接地网之间的连接需采用多芯铜制电缆，其导线截面积应满足厂家要求，且两端采用压接的方式连接。

热工系统中的机柜、金属接线盒、汇线槽、导线穿管、铠装电缆的铠装层、用电仪表和设备外壳、配电盘等都需要采用保护接地。

对于接入同一接地网的热工设备可以采用电缆连接，但需要保证接地网的接地电阻满足要求，实现等电位连接；对于分开等电位连接的（未接入同一接地网）本地 DCS 机柜和远程 DCS 机柜之间的信号传输，应使用无金属的纤维光缆或其他非导电系统。

具有"一点接地"要求的控制系统，应在解开总接地母线连接的情况下，进行 DCS 接地、屏蔽电缆屏蔽层接地、电源中性线接地、机柜外壳安全接地四种接地系统对地的绝缘电阻测试，以及接地电极接地电阻值测试。各项数值应满足有关规程、规范技术要求。

DCS 大修后应做 DCS 抗射频干扰试验，满足相关规程要求。

【案例】　某电厂运行中的 3 号机组因雷击报警，发"3 号机 4 号轴承温度大于120℃"。之后，检查发现多处控制系统出现问题：机前压力 C 测点故障，DEH 跳至手动控制，4 号轴承温度故障，DD 层小风门全部故障，EF 层 1、2 号角风门故障，1 号一次风机变频器温度显示异常，2、3 号补给水提升泵电流显示异常，3 号脱硫增压风机动叶反馈故障，增压风机入口压力和 GGH 出口压力显示故障，DCS系统多台显示器显示异常。

雷击时，3、4 号机组烟囱周围区域有较强雷电活动，雷电流虽通过烟囱引入了大地，但同时产生极大的感应电动势，造成设备的地电位发生很大变化，接地线与电源、信号等接线之间产生过电压，导致 DCS 卡件电源、通信电缆等产生瞬间脉冲电压，从而导致 I/O 卡件、执行器、变送器、显示器等损坏。分析认为：

（1）DCS 保护接地、屏蔽接地和电气防雷接地采用全厂共用的接地网，当遭受雷击时，接地线与信号线、电源线等线路会产生电位差，使电子设备被反向击穿。

（2）据观察，脱硫系统的电源电缆距离烟囱接地引下线距离较近，当遭受雷击时，强大的接地电流会使电缆沟中的信号线、电源线等感应带电。

（3）雷电产生后，通过 I/O 电缆的走线桥架和建筑物接地引下线产生电感性耦合，会在附近的 I/O 金属线缆上感应出数以千伏的浪涌电压，而电缆走线桥架未完全采取金属屏蔽，I/O 线中可能产生较大感应电动势。

（4）电厂 DCS 部分接地线与电源线共用一个桥架，当接地线有强脉冲电流通过时，会产生强烈的电磁感应，使电源产生脉冲电流。

（5）通过对现场损坏的控制系统装置的检查，发现主要是装置的输入/输出接口元器件有损坏，原因可能是雷击时信号线上感应了数以千伏的浪涌电压，并通过卡件形成电流回路击穿相应的卡件通道或公共电路。

条文 9.1.8 机组应配备必要的、可靠的、独立于分散控制系统的硬手操设备（如紧急停机停炉按钮），以确保安全停机停炉。

紧急停机停炉按钮是确保机组安全停运的最后手段。DCS 发展至今，已经十分成熟和可靠，但仍然存在 DCS 失灵的可能。DCS 失灵后的首要、唯一任务就是确保机组安全停运，为此，设置独立于 DCS 的、不受 DCS 影响的紧急停机停炉按钮十分关键，同时要确保紧急停机停炉按钮的可靠性。

【案例】 某电厂 DCS 上位操作员站因电源故障无法监视机组运行，机组运行处于不可控状态。根据机组应急预案，通过紧急停机停炉按钮进行紧急停机停炉处理。

条文 9.1.9 分散控制系统与管理信息大区之间必须设置经国家指定部门检测认证的电力专用横向单向安全隔离装置。分散控制系统与其他生产大区之间应当采用具有访问控制功能的设备、防火墙或者相当功能的设施，实现逻辑隔离。分散控制系统与广域网的纵向交接处应当设置经过国家指定部门检测认证的电力专用纵向加密认证装置或者加密认证网关及相应设施。分散控制系统禁止采用安全风险高的通用网络服务功能。分散控制系统的重要业务系统应当采用认证加密机制。

随着网络技术的发展和广泛应用，网络安全成为备受关注的重要课题。电厂为了生产和管理需要，建设了除 DCS 生产控制网之外的若干网络，用于支持全厂的信息化建设。管理网络一般需要 DCS 生产网的实时过程数据，这就必须进行网络间数据交换，也就产生了广域网、管理网、生产网间的安全控制问题。为此，国家电监会发布了《电力二次系统安全防护规定》（电监会 5 号令），来规范指导电厂的网络信息技术安全。主要原则就是采用单向隔离、纵向认证措施。

条文 9.1.10 分散控制系统电子间环境满足相关标准要求，不应有 380V 及以上动力电缆及产生较大电磁干扰的设备。机组运行时，禁止在电子间使用无线通信工具。

DCS 是典型的电子设备，电磁环境直接影响其运行稳定性。因此，应尽最大可能保证电子间的环境，确保满足标准要求。380V 以上动力电缆和大电磁干扰设备以及无线通信设备都是电磁干扰源，对 DCS 运行影响较大，应避免干扰源出现在电子间。DCS 机柜间的空气质量、温度、湿度应符合《热工自动化设备检修规程》（DL/T 774—2004）的要求，保证热工控制设备在良好的环境条件下运行。

【案例】 2004 年 7 月 18 日，某电厂 600MW 的 1 号机组运行在 540MW 工况，电气人员在 DCS 电子间例行巡查维护时，通过对讲机与现场人员进行通信，导致机组负荷瞬间由 540MW 降至 248MW，机组运行出现严重异常，汽包水位控制异常导致跳机。分析得知，通信工具干扰了功率测点测量和传输，引起控制系统控制异常。

条文 9.1.11 远程控制柜与主系统的两路通信电（光）缆要分层敷设。

远程控制柜一般完成汽轮机、锅炉主体设备的重要监视功能，其与主系统主要通过两路互为冗余的通信电（光）缆来完成。为了达到真正的功能冗余、风险分散的目的，体现 DCS 的设计宗旨，通信介质不应在同层敷设，而应分层敷设。

条文 9.1.12 对于多台机组分散控制系统网络互联的情况，以及当公用分散控制系统的网络独立配置并与两台单元机组的分散控制系统进行通信时，应采取可靠隔离措施、防止交叉操作。

目前，全 DCS 配置方式逐渐成为单元机组的控制方式。对于多台机组，除各自的 DCS 网络外，还存在有公用系统的 DCS 网络。同时，为了方便操作员操作，单元机组 DCS 网络内一般设计有控制公用系统的方式或操作手段。这就形成了两台或多台机组同时可以操作公用系统设备的情况。为了防止误操作，公用系统 DCS 网络应分别于每一单元机组 DCS 网络进行有效的操作隔离措施，防止交叉误操作的发生。

【案例】 某厂 $2\times600\text{MW}$ 机组为亚临界汽包炉，两台机组各自为单独 DCS 环形控制网络，公用系统同为环形网络并跨接在两台机组之间。2009 年 4 月 13 日，1 号机组正常运行，带 560MW 负荷，2 号机组检修。14 时 30 分维护人员由于工作需要修改逻辑后，传动 2 号机组 A 侧引风机静叶，导致 1 号机组 A 侧引风机突然增大，负压迅速低至 -3250Pa，MFT 保护动作，机组跳闸。

事后分析，由于 1、2 号机组之间没有进行必要的隔离，维护人员修改逻辑过程中误将 2 号机组 A 侧引风机静叶指令改为 1 号机组 A 侧引风机静叶指令。传动过程中，导致 2 号机组引风机指令误发到 1 号机组引风机上，1 号机组引风机误动。

条文 9.2 防止水电厂（站）计算机监控系统事故

条文 9.2.1 监控系统配置基本要求。

条文 9.2.1.1 监控系统的主要设备应采用冗余配置，服务器的存储容量和中央处理器负荷率、系统响应时间、事件顺序记录分辨率、抗干扰性能等指标应满足要求。

监控系统是直接监视、控制全厂所有重要设备运行工况的中枢系统，也是电厂日常生产运行使用频率最高的基本系统，可以说是水电厂最核心、最重要的生产系统，其安全性、可靠性、实时性对于保证电厂的安全、稳定运行至关重要。

监控系统的常见故障，如系统崩溃瘫痪、局部系统功能失灵、操作员站部分或全部"死机"等典型故障，大多与监控系统的配置不当、存在"瓶颈"有关，主要表现在监控系统"资源（如控制器、存储、内存、网络、接口等）"配置过"紧"，导致系统或局部系统在某一特定的情况下负荷过高、与外系统接口通信不畅、冗余度不够、后期改造扩展困难等。因此监控系统在设计时就应考虑将电源、网络设备，上位机的操作员站，数据服务器，调度通信服务器等以及下位机的主 PLC，同期装置等主要设备进行冗余配置，同时硬件配置需在满足系统功能要求的基础上留有一定裕度，如网络接口、主板插槽、PLC 底板、I/O 模块等，以便于今后扩容改造。系统和控制器的配置要重点考虑可靠性和负荷率（包括冗余度）指标。通信总线负荷率设计必须控制在合理的范围内，控制器的负荷率要尽可能均衡，要避免因设计框架大而资金不足所带来的、影响系统安全运行的"高负荷"问题的发生。系统在出厂验收时就应通过长时间的"烤机"、模拟极端工况的"风暴测试"等方式，及时发现系统硬件的"瓶颈"，确保系统能够长期稳定可靠运行。除了冗余配置的热备用方式外，还应按照冷备用方式定额储备一些易坏的重要设备和配件，以防止设备出现故障后因设备停产或采购不及时而影响系统正常运行。

SOE（事件顺序记录），是一种带同步时间戳的开关量输入变位事件，主要用于在事故发生时记录多个开关量输入信号变位的准确时间，以便于区分多个变位的先后顺序，以分析事故之间的因果关系。假设多个 SOE 通道接入多个间隔为 T 的不同的变位信号时，对应产生的多个 SOE 事件所记录的时间戳能区分事件发生的先后顺序，T 即为 SOE 分辨率。测试 SOE 分辨率的时候，一般使用 SOE 信号发生器，产生不同间隔 T 的多个信号，将这多个信号接入多个 SOE 通道。如果所有的 SOE 通道能记录的 SOE 事件的时间戳能区分多个信号产生的先后顺序，则需要调整 T 的大小，直到找到最小间隔 T 为止。目前水电厂的 SOE 分辨率一般定义为 SOE 模块中时标计数器的最小单位，即 1ms。

由于水电厂现场运行环境恶劣，如设备的抗干扰能力不合格，将有可能造成设备异常甚至误动，对系统的安全稳定运行造成较大的威胁。因此，投入运行的监控系统设备必须符合有关规程对抗干扰的规定要求，所有设备及机柜均应通过电厂公用接地网可靠接地，进出监控系统的电缆必须采用质量合格的屏蔽电缆，并尽可能选择在监控系统接收设备端一点接地，避免两点接地。模拟量输入应采用对绞屏蔽加总屏蔽电缆，对绞的组合应是同一信号的两条信号线；开关量输入应采用多芯总屏蔽电缆，芯线截面不小于 $0.75mm^2$；开关量输出采用普通控制电缆；系统所有的网络连接应使用光缆或是质量合格的屏蔽电缆及屏蔽水晶头；同一电缆的各芯线应传送电平等级相同的信号；计算机信号电缆应单独敷设在一层电缆架上，除了可与通信用的弱电电缆混合敷设外，不与其他电缆混合敷设，并应排列在最下层；同时还应要求任何人员不得在中控室、计算机室内使用移动电话、对讲机和 WiFi 等无线通信工具。

条文 9.2.1.2　并网机组投入运行时，相关电力专用通信配套设施应同时投入

运行。

并网机组投运时，应保证调度行政通信系统及录音设备、RTU 远动或调度数据网等电力专用通信配套设施完好，并注意通信方式的多样互补，确保电厂内部及与调度通信畅通。调度行政通信系统应能随时召唤在厂内巡视、工作或厂外待命的值守人员。

条文 9.2.1.3 监控系统网络建设应满足电气二次系统安全防护基本原则要求。

电厂计算机监控系统及调度数据网系统作为实时生产控制系统，其网络建设应严格按照国家有关规定及《全国电力二次系统安全防护总体方案》的要求进行，规范电厂计算机监控系统及调度数据网络安全防护，以防范对电网和电厂计算机监控系统及调度数据网络的攻击侵害及由此引起的电力系统事故。

电力二次系统安全防护的重点是抵御黑客、病毒等通过各种形式对系统发起的恶意破坏和攻击，能抵御集团式攻击，重点保护电力实时闭环监控系统及调度数据网络的安全，防止由此引起电力系统故障。安全防护的目标是防止通过外部边界发起的攻击和侵入，尤其是防止由攻击导致的一次系统的事故以及二次系统的崩溃；防止未授权用户访问系统或非法获取信息和侵入以及重大的非法操作。

电力二次系统安全防护的基本原则为：

（1）系统性原则（木桶原理）。

（2）简单性原则。

（3）实时、连续、安全相统一的原则。

（4）需求、风险、代价相平衡的原则。

（5）实用与先进相结合的原则。

（6）方便与安全相统一的原则。

（7）全面防护、突出重点（实时闭环控制部分）的原则。

（8）分层分区、强化边界的原则。

（9）整体规划、分步实施的原则。

（10）责任到人，分级管理，联合防护的原则。

电力二次系统安全防护的总体策略为：

（1）分区防护、突出重点。根据系统中的业务的重要性和对一次系统的影响程度进行分区，重点保护实时控制系统以及生产业务系统。

（2）所有系统都必须置于相应的安全区内，纳入统一的安全防护方案；不符合总体安全防护方案要求的系统必须整改。

（3）安全区隔离。采用各类强度的隔离装置使核心系统得到有效保护。

（4）网络隔离。在专用通道上建立电力调度专用数据网络，实现与其他数据网络物理隔离。并通过采用 MPLS-VPN 或 IPSEC-VPN 在专网上形成多个相互逻辑隔离的 VPN，实现多层次的保护。

（5）纵向防护。采用认证、加密等手段实现数据的远方安全传输。

条文 9.2.1.4　严格遵循机组重要功能相对独立的原则，即监控系统上位机网络故障不应影响现地控制单元功能，监控系统控制系统故障不应影响单机油系统、调速系统、励磁系统等功能，各控制功能应遵循任一组控制器或其他部件故障对机组影响最小，继电保护独立于监控系统的原则。

水电厂监控系统一般按控制层次和对象设置分为主控级和现地控制级。主控级根据要求可配置成单机、双机或多机系统，现地控制级按被控对象（如水轮发电机组、开关站、公用设备、闸门等）由多套现地控制单元（LCU）组成。每台 LCU 均是一套完整的计算机控制系统，可独立于主控级运行，以可编程序控制器（PLC）及触摸显示屏等为基础，具有部分设备状态现地显示及必要的常规操作功能，可确保 LCU 在脱离电站主控级的情况下机组的安全运行。同时当 LCU 出现故障无法实现其接入设备的远控操作时，应不影响设备的现地控制功能。

继电保护的事故信号应全部可靠接入监控系统 LCU，经 LCU 顺控流程处理后送上位机报警或出口事故停机流程，同时继电保护装置应具有独立的报警展示界面及事故信号跳闸回路，以确保设备事故时能可靠隔离，防止事故扩大和设备损坏。同时机组 LCU 应配置安全可靠独立于监控系统的用于紧急事故停机的水机保护设备，并在中控室控制台上配置硬接线的水机保护紧急停机按钮，以确保及时安全停机，避免事故扩大化。

条文 9.2.1.5　监控系统上位机应采用专用的、冗余配置的不间断电源供电，不应与其他设备合用电源，且应具备无扰自动切换功能。交流供电电源应采用两路独立电源供电。

条文 9.2.1.6　现地控制单元及其自动化设备应采用冗余配置的不间断电源或站内直流电源供电。具备双电源模块的装置，两个电源模块应由不同电源供电且应具备无扰自动切换功能。

水电厂厂用电因倒闸短时失电，甚至全厂停电是较为常见的，而稳定可靠的电源供应对监控系统至关重要，突然失电极易对运行中的主控级服务器和工作站等设备造成损坏，更会严重影响事故隔离和处理。因此，监控系统上位机和现地控制单元均应配置冗余可靠的不间断电源，具体要求如下：

（1）上位机应配置两组独立的不间断电源，并分别采用两回独立电源进线，以并联或热备方式工作，以增强可靠性和满足检修维护的需要。现地控制单元及其自动化设备应采用冗余配置的不间断电源或由厂内直流蓄电池及厂用交流电源供电，并配备交直流双输入电源装置。

（2）冗余双路电源应可无扰动自动切换，切换时间应小于 5ms（应保证控制器不能初始化）。具备双电源模块的装置，两个电源模块应由不同电源供电且应具备无扰自动切换功能，操作员站等如无双电源模块，则必须将两路供电电源分别连接于不同的操作员站。

（3）系统不间断电源装置等应能在下列外电源电压范围内正常工作和不遭损坏：

1）厂内交流电源：220/380V±10%、单相或三相、50Hz±2%。

2）厂内蓄电池直流电源：176～253V（额定值为 220V）。

3）88～127V（额定值为 110V）。

4）42～58V（额定值为 48V）。

5）21～29V（额定值为 24V）。

（4）系统不间断电源的额定容量应按 1.5～2 倍正常负载容量考虑，不间断供电时间应不少于 30min，输出电压应为 AC 220V±2%，输出电压波形应为正弦波，频率为 50Hz±1%，波形失真应小于 5%，电压超调量应小于 10%额定电压（当负载突变 50%时）。

（5）系统不间断电源装置应有过压过流保护及电源故障报警信号，并接入计算机监控系统实时监视，同时系统电源故障应在控制室内设有独立于监控系统之外的声光报警。

（6）系统设备的电源输入端应有隔离变压器和抑制噪声的滤波器。当输入电压下降到下限以下或正负极性颠倒时，本系统设备不应遭到破坏。

（7）在外电源内阻小于 0.1Ω 时，由本系统设备所产生的电噪声（1～100kHz）在电源输入端上的峰-峰值电压应小于外部电源电压的 1.5%。

（8）系统不间断电源严禁接入非监控系统用电设备，定期对蓄电池进行充放电检查试验，定期检查电源回路端子排、配线、电缆接线螺栓有无松动和过热现象，电源熔断器是否完好，容量是否符合要求。

条文 9.2.1.7　监控系统相关设备应加装防雷（强）电击装置，相关机柜及柜间电缆屏蔽层应通过等电位网可靠接地。

雷电是一种自然灾害，一般年雷暴日在 25 天以上地区的电子设备都应采取防雷措施。建筑物的避雷针或避雷网只能保护建筑物本身，而不能保护建筑物内的电子设备。雷击产生的强烈雷电电磁脉冲，会沿着电力线、信号线传到建筑物内的电子设备，可能对防雷措施不当的电子设备直接造成损坏。由于计算机、通信等设备普遍存在绝缘强度低，耐过压能力差的致命弱点。一旦遭受雷电过电压的冲击，轻者造成系统运行失灵，重者造成设备永久性损坏。因此重要监控系统相关设备都应按照有关标准采取相适应的防雷措施。具体要求如下：

（1）水电厂厂房（包括开关站）的防雷装置是建筑物内控制设备及系统防雷的

第一道屏障，厂房本身的防雷性能直接影响到监控系统的防雷，要按照我国强制性建筑物防雷国家标准 GB 50057—1994《建筑物防雷设计规范》的要求进行厂房的设计、施工和管理。同时监控系统防雷工作须满足 IEC-1312-1 雷电电磁脉冲防护标准的相关要求。

（2）一个建筑物内只允许有一个接地系统，即建筑物同所有电子设备及系统都应纳入等电位联结范围而形成一个公用接地系统，防止因存在多个分开的接地系统造成建筑物内，各金属导体间出现电位差而导致电气事故。

（3）计算机系统内电气相连的各设备的各种性质的接地应用绝缘导体引至总接地板，由总接地板以电缆或绝缘导体与接地网连接，以保证一点接地的原则。与电厂级系统电气不直接相连的现地控制单元的接地应按单独的计算机系统处理。总接地板与接地点连接的接地线截面应$\geq$35mm^2，系统地与总接地板连接的接地线截面应$\geq$16mm^2，机柜间链式接地连接线截面应$\geq$2.5mm^2。

（4）为了彻底消除雷电引起的破坏性电位差，需要把建筑物内的各类金属结构部件，不论水平的、垂直的都将它互连，并以最短线路连到最近的等电位联结带，对不能用导线直接连接的电源线、信号线等都要通过过电压保护器进行等电位联结。

（5）为防止雷击对系统造成的电磁干扰，所有通信线路都必须有屏蔽，架空电力线在进入机房前必须改为屏蔽电缆或穿铁管。屏蔽电缆的铠装外皮和铁管的两端都要就近接地。进机房前的屏蔽电缆和穿线铁管埋地长度一般要 10m 以上，埋地深度 0.6～1m，才能达到安全。电力和信号电缆的屏蔽层应通过两端相接设备的金属外壳可靠接地。

（6）为防止雷电波入侵和反击，保护灵敏的电子设备免遭浪涌的损害，应采用多级保护方案，在建筑物的入口处安装高能量的避雷器，以泄放浪涌能量的主要部分，在靠近被保护设备处安装低能量的抑制器，同时要保证防雷所采用的元器件不能造成信号的衰减和畸变。

条文 9.2.1.8 监控系统及其测控单元、变送器等自动化设备（子站）必须是通过具有国家级检测资质的质检机构检验合格的产品。

监控系统设备是保障电厂正常生产运行的重要设备，为了提高监控系统设备的健康水平，减少后期维护工作量，保证系统的安全稳定运行，应加强从设备选型、招标、制造、安装、验收到运行的全过程管理。设备选型采购时应保证系统设备必须是通过具有国家级检测资质的质检机构检验合格，且在有效期内以及有运行经验的设备，并且还要对厂家的制造能力、设备质量、设备在电力系统的运行业绩等诸多方面进行考查，以保证质量好的产品进入系统。应严格按照国家标准、行业标准和合同中规定的技术条件，对采购的设备和系统进行完整的型式试验、工厂试验和检验、出厂验收、现场试验和验收。设备投运后发现缺陷应及时消除，并定期检修校验。

条文 9.2.1.9 监控设备通信模块应冗余配置，优先采用国内专用装置，采用专用操作系统；支持调控一体化的厂站间隔层应具备双通道组成的双网，至调度主站（含主调和备调）应具有两路不同路由的通信通道（主/备双通道）。

为提高监控系统网络的牢固度，确保系统运行的可靠性，避免因个别设备损坏导致监控系统功能停运或整个系统瘫痪，系统应具备双通道组成的冗余双网结构，并针对中心交换机、服务器及工作站网卡、调度通信机、PLC 以太网模块、内部 I/O 网络模块等通信模块冗余配置双网，并优先采用国内专用装置及专用操作系统。应按照国调中心调度数据网双平面建设的有关要求，保证至调度主站（含主调和备调）具有两路不同物理路由的通信通道，并互为冗余备用，可无扰切换。

条文 9.2.1.10 水电厂基（改、扩）建工程中监控设备的设计、选型应符合自动化专业有关规程规定。现场监控设备的接口和传输规约必须满足调度自动化主站系统的要求。

水电厂基（改、扩）建工程中监控系统设备的设计、选型应符合自动化专业有关规程规定的要求，并充分考虑现场实际需求，确保系统运行稳定，达到建设预期目的。与调度自动化主站系统的接口和传输规约等必须符合调度要求，并与调度端调试对点合格，经调度批准通过方可投运。

条文 9.2.1.11 自动发电控制（AGC）和自动电压控制（AVC）子站应具有可靠的技术措施，对调度自动化主站下发的自动发电控制指令和自动电压控制指令进行安全校核，确保发电运行安全。

发电厂计算机监控系统应按照电网相关规定要求配备 AGC（自动发电控制）/AVC 功能。AGC 投运后应能正确接收调度自动化主站下发的有功指令，在保证机组安全的基础上，考虑躲开机组的振动区，对指令进行合理有效的分配，从而调节各机组的出力，使全厂总有功功率与调度的指令相一致。AVC 投运后应能正确接收调度自动化主站下发的电压指令，在保证机组安全的基础上，对机组无功功率进行调节，从而调节电厂母线电压，使之与调度的指令相一致，如机组无功功率已调至机组无功功率的上、下限，则机组无功功率维持在上、下限，同时自动向现场运行人员和调度自动化主站发出告警信息。同时发电厂 AGC/AVC 子站应具有可靠的技术措施，对调度自动化主站下发的 AGC/AVC 指令进行安全校核，满足电厂在参加电网 AGC/AVC 控制过程中的安全性要求，确保发电运行安全。

AGC 具体要求如下：

（1）当电厂运行人员通过监控系统将机组从当地控制方式切换至电网 AGC 远

方控制方式时，监控系统应能保证机组的平稳切换。当机组从当地控制方式切至电网 AGC 远方控制方式时，应满足电网 AGC 的远方遥调指令和机组的实际出力相一致，否则监控系统拒绝切换，同时自动向现场运行人员和调度自动化系统发出告警信息。当电厂运行人员通过监控系统将机组从电网 AGC 远方控制方切换至当地控制方式时，监控系统应无条件将机组切至当地控制方式，但切至当地控制方式的机组应保持切换前的出力不变。

（2）对于接收到的超过机组调节上、下限或超过机组最大调节幅度等指令，监控系统应拒绝执行，并保持原指令不变，同时自动向现场运行人员和调度自动化主站发出告警信息。

（3）当电网周波小于 49.9Hz（可通过画面修改）时，监控系统不应执行 AGC 减负荷指令，当电网周波大于 50.1Hz（可通过画面修改）时，监控系统不应执行 AGC 增负荷指令，而应保持机组的出力不变，同时自动向现场运行人员和调度自动化主站发出告警信息。

（4）调度自动化主站掉电/复位时，监控系统应保持机组出力不变而且退出电网 AGC，并发出告警信息。

（5）监控系统掉电/复位时，监控系统应自动退出电网 AGC 保持机组出力不变，并发出告警信息。

（6）监控系统的机组 LCU 离线、机组测量为坏数据、机组遥信为坏数据等情况时，监控系统应保持全厂实际出力不变而且退出 AGC，并发出告警信息。

（7）监控系统与水情等与 AGC 有关的其他系统通信中断，例如：所采集到的水位为 0 时，监控系统应保持机组出力不变而且不退出 AGC，并发出告警信息。

AVC 具体要求如下：

（1）对于接收到的超过机组无功调节上、下限或者母线电压上、下限等指令，应拒绝执行，并保持原指令不变，同时自动向现场运行人员和调度自动化主站发出告警信息。

（2）当电厂运行人员通过监控系统将机组从当地控制方式切换至电网 AVC 远方控制方式时，应能保证机组无功功率的平稳切换，同时应满足电网 AVC 的远方遥调指令与实际母线电压相一致，否则系统拒绝切换，同时自动向现场运行人员和调度自动化主站发出告警信息。当电厂运行人员通过监控系统将机组从电网 AVC 远方控制方切换至当地控制方式时，应无条件将机组切至当地控制方式，并保持切换前的无功功率不变。

条文 9.2.1.12 监控机房应配备专用空调、环境条件应满足有关规定要求。

由于计算机系统会因高温、潮湿、粉尘、有害气体、振动冲击、电磁干扰等的影响导致宕机、运算差错、误动作、机械部件磨损、缩短计算机使用寿命等，因此监控机房对环境条件有严格的规定。具体要求如下：

（1）应配备专用空调，必要时还应配备除湿机，确保机房温度维持在 20～24℃，相对湿度维持在 45%～65%。

（2）机房应远离粉尘源，产生尘埃及废物的设备应集中布置在靠近机房的回风口处。机房空气含尘浓度应满足粒度≥$0.5\mu m$，个数≤10000 粒/dm^3。

（3）设备在正常工作时，距离设备 1m 处所产生的噪声应小于 70dB。

（4）机房应尽量避开强电磁场干扰，不应有 380V 及以上动力电缆及产生较大电磁干扰的设备，并采用金属网或钢筋网格实现电磁屏蔽。所有设备均应可靠等电位接地，同时禁止在机房使用无线通信工具。机房内无线电干扰场强，在频率范围为 0.15～1000MHz 时不大于 120dB。磁场干扰场强不大于 800A/m。

（5）机房内的振动加速度值在振动频率为 5～200Hz 范围内不大于 $5m/s^2$。

（6）机房应采用可导静电的活动地板，地板下部空间的高度不小于 30cm，严禁暴露金属部分，且活动地板、工作台面必须进行静电接地，同时为保证工作人员的安全，接地系统必须串联一个 $1.0M\Omega$ 的限流电阻。

（7）进出机房电缆桥架及机柜的孔洞应做好防火、防小动物封堵，并应配备二氧化碳灭火和声光报警装置。

（8）监控机房宜与中央控制室处于同一层，且尽可能临近。

条文 9.2.2 防止监控系统误操作措施。

条文 9.2.2.1 严格执行操作票、工作票制度，使两票制度标准化，管理规范化。

条文 9.2.2.2 严格执行操作指令。当操作发生疑问时，应立即停止工作，并向发令人汇报，待发令人再行许可，确认无误后，方可进行操作。

操作票是运行人员将设备由一种运行方式转换为另一种运行方式的操作依据。操作票中的操作步骤具体体现了设备转换过程中合理的先后顺序和需要注意的问题。填写正确的操作票是防止误操作事故发生的重要措施和基础。

工作票是工作人员对设备进行检修维护、缺陷处理、调试试验等作业的依据。工作票不仅对当次工作任务、人员组成、工作中须注意事项等做出了明确规定，同时也对检修设备的状态和安全措施提出了具体要求。填写正确工作票是保证工作任务完成和确保工作人员及设备安全的重要措施。

《电业安全工作规程》对操作票、工作票制度（"两票"制度）的执行做出了具体规定。在实际工作中，"两票"制度对于保证电力企业的安全生产发挥了重要作用。但是还存在部分人员安全意识不强、工作责任心差、违章作业等问题，严重影响了安全生产，导致了事故的发生。因此，探索和掌握事故发生的规律，搞好预防和预测，除了采取一系列技术措施外，还要求我们必须强化安全意识，增强岗位责任心，严格履行岗位职责，要有针对性地进行安全教育、开展反事故演习和技术问答等现场培训活动，杜绝违章操作和违章作业。事故原因千差万别，但在总体上可分为：人的不安全行为和物的不安全状态，而"人失误"和"物故障"又往往反映出在人员和设备管理上存在的一定缺陷和漏洞。因此，使"两票"制度标准化、管理规范化是十分必要的。

监控系统应作为水电厂自动控制的主要设备进行管理，监控系统投运后，应编制详细可行的系统维护手册、操作手册，以及检修作业标准，以规范系统检修维护工作。维护人员对监控系统做任何工作均必须办理工作票，厂家技术人员在监控系统工作时也应由水电厂维护人员办理工作票，同时还应视工作内容制定详细完备的安全预防控制措施和切实可行的技术实施方案，经厂内领导审批通过后严格执行。工作完成后必须及时做好设备台账记录，并对运行值班人员进行检修交待，涉及设备异动的须及时填写异动记录表。工作中应严格执行审批通过的工作票和操作票，不得改变工作范围、变更安全措施，不得改变操作顺序、变更操作内容。当工作发生疑问时，应立即停止，并报告有关部门、领导，待确认无误后方可进行。

条文9.2.2.3　计算机监控系统控制流程应具备闭锁功能，远方、就地操作均应具备防止误操作闭锁功能。

为防止因人员误操作和信号抖动等原因造成设备误动，监控系统必须配置合理可靠的闭锁功能。监控系统闭锁功能可分为三层，一层为主控级人机接口的远方操作闭锁，一层为现地控制单元人机接口的就地操作闭锁，以及PLC顺控流程的程序闭锁。监控系统闭锁功能又称"软闭锁"，与现地设备的硬接线闭锁配合使用、软硬结合、相辅相成，共同筑起了设备防误的安全防线。具体要求如下：

（1）闭锁条件应严格遵照设计院图纸编制，不得随意删减，同时须注重闭锁的可靠性和合理性，在实际运行过程中不断补充完善。

（2）加强系统用户及权限管理，为不同职责的运行维护人员分配不同安全等级操作权限的用户，一般可分为4级，即系统管理员级、维护管理员级、运行人员级和一般级别。一般级别只可进行监视不可进行任何的控制操作。

（3）任何在主控级和现地控制单元人机接口上下达的不符合闭锁条件的操作指令，系统均应能拒绝执行并明确提示出未满足的闭锁条件项。

（4）任何在主控级和现地控制单元人机接口上进行的操作（包括参数和配置修改）均应记入系统操作记录，操作指令执行完毕或需终止执行时，系统应能自动或人工删除。

（5）主控级人机接口应具备机组挂牌功能，在人机接口上无法对已挂牌机组下达任何操作指令。

（6）主控级各操作员站之间应具有对同一操作对象的选择闭锁，即同一时间、

同一设备只允许一台操作员站进行操作。

（7）系统应具有远方和就地控制方式的切换功能，并遵循现地优先原则。在现地控制方式下，闭锁远方操作，但不影响数据采集和传送，在远方控制方式下，则现地人机接口只能进行监视，不能进行除机组紧急停机和快速落进水口闸门等紧急操作外的其他控制操作。

（8）在 PLC 顺控流程程序中应针对停机点等重要的信号增加延时出口、多个近义点"相与"等处理，以增强可靠性，防止因信号抖动等原因造成设备误动。

条文 9.2.2.4 非监控系统工作人员未经批准，不得进入机房进行工作（运行人员巡回检查除外）。

监控机房须严格实行准入制度，任何人均须通过监控专业管理人员的批准和有陪同方才可进入机房（运行人员巡回检查、火灾、紧急事故处理等除外），任何人进出机房均须登记。机房须安装摄像头，能全天候工作并录像。机房应人离锁落，钥匙由监控专业管理人员保管并在运行办公室放置一把应急钥匙，任何人借用均须审批签字。

条文 9.2.3 防止网络瘫痪要求。

条文 9.2.3.1 计算机监控系统的网络设计和改造计划应与技术发展相适应，充分满足各类业务应用需求，强化监控系统网络薄弱环节的改造力度，力求网络结构合理、运行灵活、坚强可靠和协调发展。同时，设备选型应与现有网络使用的设备类型一致，保持网络完整性。

监控系统的网络设计和改造计划应委托专业设计单位及监控系统原厂家进行设计，并编制详细的可行性分析报告及技术实施方案，经论证审批通过后方可进行。应选用成熟可靠的主流技术和产品，具有良好的兼容性和可扩展性，无明显薄弱环节和瓶颈，并充分考虑厂家售后支持力度及备品备件的采购难度。

条文 9.2.3.2 电站监控系统与上级调度机构、集控中心（站）之间应具有两个及以上独立通信路由。

电站监控系统与上级调度机构之间应按照国调中心调度数据网双平面建设的有关要求，保证至调度主站（含主调和备调）具有两路不同物理路由的通信通道，与集控中心之间可采用自建网络或租用电力、电信运营商专用网络及卫星通道等方式构建两个及以上不同物理路由的通信通道，各通道之间应互为冗余备用，并可无扰切换。

条文 9.2.3.3 通信光缆或电缆应采用不同路径的电缆沟（竖井）进入监控机房和主控室；避免与一次动力电缆同沟（架）布放，并完善防火阻燃和阻火分隔等安全措施，绑扎醒目的识别标志；如不具备条件，应采取电缆沟（竖井）内部分隔离等措施进行有效隔离。

监控系统敷设有大量的控制电缆、通信电缆、动力电缆等，这些电缆分布在电缆隧道、排架、竖井、控制室夹层，分别连接着各个电气设备，并连接到监控机房和主控室。而电缆着火后具有沿电缆继续延烧的特点，如果不采取可靠的阻燃防火措施，电缆着火后就会延烧到主隧道、竖井、夹层以及机房、主控室，扩大火灾的范围和火灾损失，甚至造成监控系统瘫痪。因此，落实电缆防火的各项措施是预防电缆火灾事故和防止监控系统瘫痪的重要手段。具体要求如下：

（1）若电力电缆过于靠近高温热体又缺乏有效隔热措施，将加速电缆绝缘的老化，容易发生电缆绝缘击穿，造成电缆短路着火。高温管道泄漏、油系统着火及油泄漏到高温管路起火等也将会引起附近电缆着火。因此，要求架空电缆与热体管路要保持一定距离，不得在密集敷设电缆的电缆夹层和电缆沟内布置热力管道、油气管以及其他可能引起着火的管道和设备。对于高温热体附近敷设的电缆，应采取隔热槽盒和密封电缆沟盖板等措施，防止高温烘烤或油系统泄漏起火引起电缆着火。

（2）电缆敷设时应避免一次动力电缆与二次信号电缆同沟（架）敷设，防止出现电磁干扰，同时应尽量减少电缆中间接头的数量，并严格按照电缆接头的工艺要求制作中间接头，用高强度的防爆耐火槽盒进行封闭，防止中间接头接地短路和爆破，损伤和引燃周围其他电缆，造成电缆着火事故。

（3）电缆竖井、电缆沟要采取分区、分段隔离封堵措施，对敷设在隧道和厂房内构架上的电缆要采取分段阻燃措施，防止电缆延烧扩大火灾范围。

（4）主控室、开关室、监控机房等通往电缆夹层、隧道、穿越楼板、墙壁、柜、盘等处的所有电缆孔洞和盘面之间的缝隙（含电缆穿墙套管与电缆之间缝隙），必须采用合格的不燃或阻燃材料封堵严密，确保电缆着火后不延烧到主控室、监控机房、开关室等处，并减少电缆火灾的二次危害。

（5）可在电缆沟道、桥架上装设感烟报警及自动灭火系统，防止电缆火灾事故扩大。可在电缆中间接头处装设温度在线监测系统，根据温度变化来判定接头是否存在爆破的可能性，起到对电缆接头爆破早期预警的作用。

（6）加强电缆异动管理，电缆负荷增加一定要进行校核，防止因电缆长期过负荷，而导致寿命缩短和事故率上升。

（7）按期对电缆进行测试，发现问题及时处理，对于电缆沟内非生产单位的电缆也应纳入生产管理，并按规程进行预防性试验。

（8）保持电缆沟、隧道内干燥、清洁，避免电缆泡在水中，致使绝缘强度下降。

（9）加强电缆运行管理和监视，控制电缆载流不要超额定数值运行，尤其是夏季特别要注意散热条件差的部位电缆的发热情况。

条文 9.2.3.4　监控设备（含电源设备）的防雷和过电压防护能力应满足电力系统通信站防雷和过电压防护要求。

监控设备（含电源设备）的防雷和过电压防护能力应满足电力系统通信站防雷和过电压防护的要求，防止因雷击造成设备损坏引起系统网络瘫痪。

条文 9.2.3.5 在基建或技改工程中，若改变原有监控系统的网络结构、设备配置、技术参数时，工程建设单位应委托设计单位对监控系统进行设计，深度应达到初步设计要求，并按照基建和技改工程建设程序开展相关工作。

在基建或技改工程中，若需改变原有监控系统的网络结构、设备配置、技术参数时，工程建设单位应委托专业设计单位及监控系统原厂家，对监控系统进行重新设计，并编制详细的可行性分析报告及技术实施方案。经论证审批通过后方可进行，确保改造后系统运行稳定，各项功能达到预期目标。

条文 9.2.3.6 监控网络设备应采用独立的自动空气开关供电，禁止多台设备共用一个分路开关。各级开关保护范围应逐级配合，避免出现分路开关与总开关同时跳开，导致故障范围扩大的情况发生。

为保证监控系统网络设备供电可靠，中心交换机、光端机等网络设备应配置冗余电源，并分别通过独立的自动空气开关接入监控系统 UPS 供电。禁止多台设备共用一个分路开关，防止因多台设备同时断电导致监控系统网络瘫痪。同时各级开关应充分考虑供电容量，保护范围应逐级配合，避免出现因分路开关故障连跳总开关，导致故障范围扩大的情况发生。

条文 9.2.3.7 实时监视及控制所辖范围内的监控网络的运行情况，及时发现并处理网络故障。

应能通过监控系统上位机人机接口，对系统上下位机各个网络节点的运行状况进行实时监视和控制切换，并能在出现故障时及时给出报警信号。各网络设备应有明确的指示灯来表明设备的运行状态，系统管理人员应加强日常巡视，及时发现并处理网络故障。有条件的也可通过装设网络管理软件来加强监控系统网络的管理。系统运行期间严禁在现地控制单元、人机接口网络上进行不符合相关规定许可的大数据包存取，防止造成网络阻塞。

9.2.3.8 机房内温度、湿度应满足设计要求。

为保证网络设备的稳定运行，机房内的温度、湿度等环境条件应满足设备标注的设计要求。

条文 9.2.4 监控系统管理要求。

条文 9.2.4.1 建立健全各项管理办法和规章制度，必须制定和完善监控系统运行管理规程、监控系统运行管理考核办法、机房安全管理制度、系统运行值班与交接班制度、系统运行维护制度、运行与维护岗位职责和工作标准等。

要防止监控系统生产事故，不但要在设计、安装及运维过程中落实好各项技术措施，还要加强系统的生产管理，建立健全各项管理办法和规章制度，必须制定和完善监控系统运行管理规程、监控系统运行管理考核办法、机房安全管理制度、系统运行值班与交接班制度、系统运行维护制度、运行与维护岗位职责和工作标准等，并加强监督考核，确保执行落实到位。

条文 9. 2. 4. 2　建立完善的密码权限使用和管理制度。

为防止未授权人员随意登陆监控系统进行恶意破坏或导致误操作事故，应建立完善的密码权限使用和管理制度，并严格执行落实。系统各服务器、工作站、触摸屏及交换机、防火墙等网络设备均应设置满足强度要求的管理员密码，并定期修改。密码应由系统管理人员妥善保管，严禁外泄。系统管理人员应定期查看设备日志，检查有无异常及未授权登录情况。操作员站等须多人使用的设备应根据使用者用途需要设置不同权限等级的用户。监控系统的运行和维护应进行授权管理，明确各级人员的权限和范围。被授权人员应由技术主管部门进行考核，并经考试合格后持证上岗。

条文 9. 2. 4. 3　制订监控系统应急预案和故障恢复措施，落实数据备份、病毒防范和安全防护工作。

为规范监控系统故障处置流程，避免故障扩大和减少损失，提高故障恢复速度和效率，应制定监控系统网络瘫痪、操作员站死机、电源中断、机房火灾等应急预案和相应的故障恢复措施，保证切实可行并定期组织演练和总结完善。系统应具备完善的自动监测预警机制，并加强日常巡视检查。一旦发现异常情况，立即启动相应应急预案。应定期做好系统上下位机程序、数据等的备份，并通过刻录光盘、移动硬盘等方式单独保存归档。每次对系统进行维护修改之前也应做好相应备份，发现异常及时恢复。严格按照电力二次系统安全防护的有关规定要求，做好病毒防范和系统安全防护工作。

条文 9. 2. 4. 4　定期对调度范围内厂站远动信息进行测试。遥信传动试验应具有传动试验记录，遥测精度应满足相关规定要求。

为确保调度远动信息的实时准确，应定期与调度自动化主站侧进行传动对点试验，确保远动信息的实时性和精度满足相关规定要求，并做好试验记录。调度远动信息不得随意修改，确需修改必须先经调度批准，并按要求履行工作票手续。改完后须与调度自动化主站侧完成对点试验确定无误后方可投运。

条文 9. 2. 4. 5　规范监控系统软件和应用软件的管理，软件的修改、更新、升级必须履行审批授权及责任人制度。在修改、更新、升级软件前，应对软件进行备份。未经监控系统厂家测试确认的任何软件严禁在监控系统中使用，必须建立有针对性的监控系统防病毒、防黑客攻击措施。

应规范监控系统软件和应用软件的管理，软件的修改、更新、升级必须先视工作内容制定详细完备的安全预控措施和切实可行的技术实施方案，履行审批授权及责任人制度并模拟测试通过后方可进行。工作完成后必须及时做好设备台账记录，并对运行值班人员进行检修交待，涉及到设备异动的须及时填写异动记录表。同时要特别注意保持系统各个节点软件的一致性，尤其是 LCU 主、备控制器。在修改、更新、升级软件前，应对软件进行备份，发现问题及时恢复。未经监控系统厂家测试确认的各种软件，严禁在监控系统中使用，以免发生互相冲突、与系统不兼容等意想不到的问题。要严格按照电力二次系统安全防护的有关规定要求，建立有针对性的监控系统防病毒、防黑客攻击措施，具体要求如下：

（1）安全分区。应根据电厂各网络系统的实时性、使用者、功能、场所、与各业务系统的相互关系、广域网通信的方式以及受到攻击之后所产生的影响，将其分置于四个安全区之中，即安全区Ⅰ实时控制区、安全区Ⅱ非控制生产区、安全区Ⅲ生产管理区、安全区Ⅳ管理信息区。不同的安全区确定了不同的安全防护要求，从而决定了不同的安全等级和防护水平。计算机监控系统涉及实时控制业务的部分应放置在安全区Ⅰ，其他的报表数据及 Web 功能等子系统可视情况分置于各安全区中，各子系统经过安全区之间的通信来构成整个业务系统。

（2）安全区之间的隔离。在各安全区之间均需选择适当安全强度的隔离装置。具体隔离装置的选择不仅需要考虑网络安全的要求，还需要考虑带宽及实时性的要求。隔离装置必须是国产并经过国家或电力系统有关部门认证。安全区Ⅰ与安全区Ⅱ、安全区Ⅲ与安全区Ⅳ之间的隔离要求采用经有关部门认定核准的硬件防火墙（禁止 E-mail、Web、Telnet、Rlogin 等访问）；安全区Ⅰ、Ⅱ不得与安全区Ⅳ直接联系，安全区Ⅰ、Ⅱ与安全区Ⅲ之间必须采用经有关部门认定核准的单 bit 专用隔离装置。专用隔离装置分为正向隔离装置和反向隔离装置。从安全区Ⅰ、Ⅱ往安全区Ⅲ单向传输信息须采用正向隔离装置，由安全区Ⅲ往安全区Ⅱ甚至安全区Ⅰ的单向数据传输必须采用反向隔离装置。反向隔离装置采取签名认证和数据过滤措施（禁止 E-MAIL、WEB、TELnet、Rlogin 等访问）。

（3）安全区与远方通信的安全防护要求。安全区Ⅰ、Ⅱ所连接的广域网为国家电力调度数据网 SPDnet。对采用 MPLS-VPN 技术的 SPDnet 为安全区Ⅰ、Ⅱ分别提供两个逻辑隔离的 MPLS-VPN。对不具备 MPLS-VPN 的某些省、地区调度数据网络，可通过 IPSec 构造 VPN 子网。SPDnet 的 VPN 子网和一般子网可为安全区Ⅰ、Ⅱ分别提供两个逻辑隔离的子网。安全区Ⅲ所连接的广域网为国家电力数据通信网（SPTnet），SPDnet 与 SPTnet 物理隔离。安全区Ⅰ、Ⅱ接入 SPDnet 及远方集控中心时，应配置 IP 认证加密装置，实现网络层双向身份认证、数据加密和访问控制。安全区Ⅲ接入 SPTnet 应配置硬件防火墙。

（4）各安全区内部安全防护的基本要求。禁止安全区Ⅰ和安全区Ⅱ内部的 E-MAIL 服务。禁止安全区Ⅰ内部和纵向的 Web 服务。禁止跨安全区的 E-MAIL、

Web 服务。

对安全区Ⅰ及安全区Ⅱ的要求：

1）允许安全区Ⅱ内部 Web 服务，但 Web 浏览工作站与Ⅱ区业务系统工作站不得共用。

2）允许安全区Ⅱ纵向（即上下级间）Web 服务，但必须安全区内的业务系统向 Web 服务器单向主动传送数据。

3）安全区Ⅰ/安全区Ⅱ的重要业务（如 SCADA、电力交易）应该采用认证加密机制。

4）安全区Ⅰ/安全区Ⅱ内的相关系统间必须采取访问控制等安全措施。

5）安全区Ⅰ/安全区Ⅱ的拨号访问服务必须采取认证、加密、访问控制等安全防护措施。

6）安全区Ⅰ/安全区Ⅱ的系统应该部署安全审计措施，如 IDS 等。

7）安全区Ⅰ/安全区Ⅱ的系统必须采取防恶意代码措施。

对安全区Ⅲ要求：

1）安全区Ⅲ允许开通电子信箱、Web 服务。

2）安全区Ⅲ的拨号访问服务必须采取访问控制等安全防护措施。

3）安全区Ⅲ的系统应该部署安全审计措施，如 IDS 等。

4）安全区Ⅲ的系统必须采取防恶意代码措施。

（5）备份与恢复。对关键应用的数据与应用系统进行备份，确保数据损坏、系统崩溃情况下快速恢复数据与系统的可用性；对关键主机设备、网络的设备与部件进行相应的热备份与冷备份，避免单点故障影响系统可靠性；在具备条件的前提下进行异地的数据与系统备份，提供系统级容灾功能，保证在规模灾难情况下，保持系统业务的连续性。

（6）防病毒措施。系统所有安全区Ⅰ、Ⅱ、Ⅲ的主机与工作站均必须安装国产正版防病毒软件，并以离线的方式及时更新病毒库。

（7）主机防护。主机安全防护主要的方式包括：安全配置、安全补丁、安全主机加固。通过合理地设置系统配置、服务、权限，减少安全弱点。禁止不必要的应用，严格管理系统及应用软件的安装与使用；通过以离线的方式及时更新系统安全补丁，消除系统内核漏洞与后门；针对操作员站、数据库服务器等关键应用主机，以及通信服务器、Web 服务器等网络边界主机安装主机加固软件，强制进行权限分配，保证对系统的资源（包括数据与进程）的访问符合定义的主机安全策略，防止主机权限被滥用。

（8）计算机系统本地访问控制。严格密码权限管理，结合用户数字证书，对用户登录本地操作系统、访问操作系统资源等操作进行身份认证。根据身份与权限进行访问控制，并且对操作行为进行安全审计。当用户需要登录系统时，系统通过相应接口（如 USB、读卡器）连接用户的证书介质，读取证书，进行身份认证。通过认证后，进入常规的系统登录程序。规范 USB 接口及光驱管理。正常情况下应禁用无用的 USB 接口及光驱，如需使用应填用相应审批单并经相应流程执行完毕后，再由专业人员启用，所使用的 USB 接口硬盘、U 盘应为监控系统专用，并且经专业杀毒软件扫描安全后方能使用，严禁挪作他用。

条文 9.2.4.6 **定期对监控设备的滤网、防尘罩进行清洗，做好设备防尘、防虫工作。**

由于监控设备一般是采用风冷方式散热，会吸入灰尘、飞虫等，电子元件工作时产生的电磁波也会吸引空气中的尘埃，同时水分和腐蚀物质会随着灰尘进入机器内，吸附在电子元件上，导致电子元件散热能力下降，变得潮湿甚至发生腐蚀。灰尘吸附在电路板表面，会使相邻印制线间的绝缘电阻下降，影响电路的正常工作，严重的还会引起短路故障，造成设备损坏。因此监控系统设备机柜应根据不同的使用场地充分考虑防尘措施，一般应采用密闭机柜和带过滤器的通风孔，防护等级一般应不低于 IP41，同时定期对防尘罩和滤网进行清扫。

条文 9.3 **分散控制系统故障的紧急处理措施**

条文 9.3.1 **已配备分散控制系统的电厂，应根据机组的具体情况，建立分散控制系统故障时的应急处理机制，制订在各种情况下切实可操作的分散控制系统故障应急处理预案，并定期进行反事故演习。**

DCS 是一种大型综合控制系统，其故障类型很多，主要有控制电源失电、控制电源冗余切换故障、控制器冗余切换故障、网络通信故障、网络通信设备失电、操作员站死机、操作员站失电等。各类故障现象不同，原因各异，对 DCS 控制功能的影响程度亦不同。因此必须针对 DCS 各种故障类型，观察不同故障现象，分析真实故障原因，及时采取积极正确的应对手段，减小事故影响范围，保证人身和设备安全。

条文 9.3.2 **当全部操作员站出现故障时（所有上位机"黑屏"或"死机"），若主要后备硬手操及监视仪表可用且暂时能够维持机组正常运行，则转用后备操作方式运行，同时排除故障并恢复操作员站运行方式，否则应立即执行停机、停炉预案。若无可靠的后备操作监视手段，应执行停机、停炉预案。**

所有操作员站故障意味着机组处于失去控制的危险工况，因此在预先进行的反事故演习中，应认真检验现有后备硬手操及监视仪表功能，是否满足维持机组运行要求。如果现有后备手段无法满足维持机组运行要求，必须立即执行停机、停炉预案。

【案例】 2006 年 1 月 20 日 7 时 30 分，某电厂 2 号机组 DCS 两路电源同时失电，所有 DCS 操作员站和工程师站全部死机，监控画面消失，无法对设备进行监控。DCS 电源失电后，AST 电磁阀失电，汽轮机跳闸解列。汽轮机跳闸后，操作人员就地启动交流润滑油泵和顶轴油泵。汽轮机旁路系统采用独立控制系统且独立供电，汽轮机跳闸后旁路自动开启，后由操作人员手动关闭。厂用电至启备用变压器自动切换成功，保证设备正常启停。操作人员手动 MFT 锅炉跳闸，硬接线联跳一次风机、磨煤机、给煤机及减温水总门。操作人员就地停送、引风机和密封风机。由于采用后备手操应对及时，未发生重大设备损坏事故。

条文 9.3.3　当部分操作员站出现故障时，应由可用操作员站继续承担机组监控任务，停止重大操作，同时迅速排除故障，若故障无法排除，则应根据具体情况启动相应应急预案。

一般单元机组配置 4～6 台操作员站，一台或部分操作员站故障不会影响机组正常操作。如果面临机组启停等特殊工况时，操作人员的工作量会大幅增加，操作员站数量的减少将直接降低操作人员对设备的控制能力，有可能对机组的安全运行造成重大影响。在部分操作员站发生故障时，DCS 应被视为丧失部分功能，需及时进行检修工作。

条文 9.3.4　当系统中的控制器或相应电源故障时，应采取以下对策：

条文 9.3.4.1　辅机控制器或相应电源故障时，可切至后备手动方式运行并迅速处理系统故障，若条件不允许则应将该辅机退出运行。

辅机控制器相关故障将导致相应辅机失去控制，危及辅机设备安全。如果发生此类故障，应及时确认后备手动方式是否可行，各项辅机保护测点能否得到监测，受控辅机运行是否正常。若不具备后备手动操作条件，绝对不能冒险维持运行。

条文 9.3.4.2　调节回路控制器或相应电源故障时，应将执行器切至就地或本机运行方式，保持机组运行稳定，根据处理情况采取相应措施，同时应立即更换或修复控制器模件。

调节回路控制器故障或失电后，一般会出现调节回路保持自动方式、故障强切手动、控制指令回零等不同故障现象。在此类故障发生时，应立即将调节回路切至手动方式并将调节开度维持在故障前位置。为防止控制指令回零导致就地调节阀全关或全关，应在就地调节阀控制回路加装断气断电断信号保位装置。

条文 9.3.4.3　涉及机炉保护的控制器故障时应立即更换或修复控制器模件，涉及机炉保护电源故障时则应采用强送措施，此时应做好防止控制器初始化的措施。若恢复失败则应紧急停机停炉。

汽轮机锅炉主保护控制器出现故障应视为机组丧失主要保护，应限时恢复控制器功能，若超时仍不能恢复必须立即停机停炉。在进行控制器功能恢复操作期间，机组运行人员应严密监视锅炉炉膛压力、汽包水位、汽轮机超速、汽轮机振动等主保护参数。如果任一主保护参数越限，应立即停机停炉。按照控制器失电跳闸设计的机组，机炉保护电源故障将导致主保护控制器失电，主保护将动作，机组进入紧急停机停炉程序。按照控制器带电跳闸设计的机组，机炉保护电源故障将导致主保护控制器失电，主保护无法动作，机组丧失主要保护，应限时对控制器恢复供电，恢复供电期间机组运行人员应严密监视主保护参数。

条文 9.3.5 冗余控制器（包括电源）故障和故障后复位时，应采取必要措施，确认保护和控制信号的输出处于安全位置。

由主备控制器或主备电源组成的冗余配置极大增强了系统整体的可靠性，但主备双方有可能在信息沟通、指令跟踪、电压匹配等方面产生偏差。若此时出现主备控制器或主备电源切换将导致系统无法平稳过渡，发生供电电压异常波动、输出指令跳变等现象。应预先进行主备控制器或主备电源切换实验，确认系统的无扰切换。在软件设计中，尽量避免设计长指令信号，完善输出指令的双向跟踪功能。

条文 9.3.6 加强对分散控制系统的监视检查，当发现中央处理器、网络、电源等故障时，应及时通知运行人员并启动相应应急预案。

DCS 故障类型繁多，一旦发生故障时，应迅速确认受到故障影响的被控设备，评估对机组正常运行的影响程度，及时通告机组运行人员并做好相应准备。

条文 9.3.7 规范分散控制系统软件和应用软件的管理，软件的修改、更新、升级必须履行审批授权及责任人制度。在修改、更新、升级软件前，应对软件进行备份。拟安装到分散控制系统中使用的软件必须严格履行测试和审批程序，必须建立有针对性的分散控制系统防病毒措施。

一些电厂疏于对 DCS 的系统操作软件和用户应用组态软件的原始文件备份保存管理工作，以至在 DCS 的软件出现故障或数据丢失时，不能及时恢复原有软件，造成不应有的工作延误。安装到 DCS 中的软件必须使用正版授权并经病毒检验通过的软件，如果病毒侵入 DCS 将影响操作员站监控功能，严重时会导致机组失去控制。

【案例 1】 2004 年 8 月 28 日凌晨，某电厂 4 号机组运行人员发现操作员站对操作指令有数秒钟反应滞后。在经过仔细检查后，发现 4 号机组所有操作员站和工程师站均感染了同一种计算机病毒。此类病毒挤占计算机内存空间，造成操作员站反应迟缓。4 号机组设有一台与全厂 MIS 系统相连的专用通信站，计算机病毒由此通道进入 DCS。对所有操作员站进行杀毒后，各操作员站运行速度恢复正常。暂将 DCS 与厂 MIS 系统隔离，计划加装硬件防火墙。

【案例 2】 2008 年 6 月，某电厂运行人员发现机组负荷从 480MW 迅速下降，主蒸汽压力突升，汽轮机调门开度，由原来的 25% 关闭到 10% 并继续关闭，高调门继续迅速关闭至 0%，机组负荷降低至 5MW，运行人员被迫手动紧急停炉，汽轮机跳闸，发电机解列。经分析，发现 DCS 在线下装时，DCS 将汽轮机阀位限制由正常运行中的 120% 修改为 0.25%，造成汽轮机调门由 25% 关闭至 0%，机组负荷由 480MW 迅速降至 5MW。

条文 9.3.8　加强分散控制系统网络通信管理，运行期间严禁在控制器、人机接口网络上进行不符合相关规定许可的较大数据包的存取，防止通信阻塞。

根据 DL/T 659—2006《火力发电厂分散控制系统验收测试规程》中的规定，"在繁忙工况（快速减负荷、跳磨工况等）下数据通信总线的负荷率不得超过30%。对以太网，则不得超过 20%"，其主要目的是为防止因通信阻塞造成 DCS控制失灵。如果随意增加 DCS 网络通信负担，机组一旦发生异常情况，极有可能造成网络通信阻塞，严重影响运行人员的应急操作。

条文 9.4　防止热工保护失灵

条文 9.4.1　除特殊要求的设备外（如紧急停机电磁阀控制），其他所有设备都应采用脉冲信号控制，防止分散控制系统失电导致停机停炉时，引起该类设备误停运，造成重要主设备或辅机的损坏。

DCS 失电后所有输出指令将归零，继电器动断触点闭合。如果在软件设计中采用长指令启动设备，DCS 失电后长指令会消失，导致设备停止运行。采用脉冲指令后，受控设备只有接到 DCS 停机指令时才会停止，从根本上消除设备误停的可能性。

条文 9.4.2　涉及机组安全的重要设备应有独立于分散控制系统的硬接线操作回路。汽轮机润滑油压力低信号应直接送入事故润滑油泵电气启动回路，确保在没有分散控制系统控制的情况下能够自动启动，保证汽轮机的安全。

DCS 故障或失电后，DCS 控制的各类设备及保护连锁功能均有可能出现异常。必须将重要设备及保护连锁设计为单独硬接线回路，在极端情况下保证机组安全。重要设备的硬接线操作回路应按照 DL 5000—2000《火力发电厂设计技术规程》中的要求配备。

条文 9.4.3　所有重要的主、辅机保护都应采用"三取二"的逻辑判断方式，保护信号应遵循从取样点到输入模件全程相对独立的原则，确因系统原因测点数量不够，应有防保护误动措施。

主、辅机保护采取"三取二"逻辑设计是提高保护动作可靠性的有效手段。保护信号的"独立性"原则是正确实现"三取二"逻辑判断功能的先决条件。取样系统、传感器、就地仪表柜、信号电缆、输入输出模件及通道均应按照"独立性"原则进行设计，确保三个测量回路独立地做出客观判断。可根据 DL/T 5428—2009《火力发电厂热工保护系统设计技术规定》对重要的主、辅机保护做"三取二"保护配置。

条文 **9.4.4** 热工保护系统输出的指令应优先于其他任何指令。机组应设计硬接线跳闸回路，分散控制系统的控制器发出的机、炉跳闸信号应冗余配置。机、炉主保护回路中不应设置供运行人员切（投）保护的任何操作手段。

热工保护是保证人身和机组设备安全的最重要功能，热工保护指令与其他指令相比具有最高优先级。为及时准确地执行热工保护指令，应按照"冗余"配置原则、"独立性"原则设计保护输出回路。按照 DL 5000—2000《火力发电厂设计技术规程》的要求，不应设置供运行人员切、投保护的任何手段。

条文 **9.4.5** 独立配置的锅炉灭火保护装置应符合技术规范要求，并配置可靠的电源。系统涉及的炉膛压力取样装置、压力开关、传感器、火焰检测器及冷却风系统等设备应符合相关规程的规定。

锅炉灭火保护装置是保证锅炉安全运行、防止破坏性事故发生的重要控制装置。独立配置的锅炉灭火保护装置应符合 DL/T 435—2004《电站煤粉锅炉炉膛防爆规程》、DL 5000—2000《火力发电厂设计技术规程》、DL/T 5428—2009《火力发电厂热工保护系统设计技术规定》及 DL/T 655—2006《火力发电厂锅炉炉膛安全监控系统验收测试规程》中的要求。系统涉及的各类装置及设备亦应符合上述规程规定的要求。

条文 **9.4.6** 定期进行保护定值的核实检查和保护的动作试验，在役的锅炉炉膛安全监视保护装置的动态试验（指在静态试验合格的基础上，通过调整锅炉运行工况，达到 MFT 动作的现场整套炉膛安全监视保护系统的闭环试验）间隔不得超过 3 年。

由于机组检修、设备改造等原因，保护定值会有临时或永久性修改。为确认保护定值的一致性，必须依据保护定值正式审批版对所有保护项目逐一核查。根据检修规程，必须对所有保护项目完成静态试验。由于保护装置的动态试验对机组有一定潜在危害性，可安排在机组启停机过程中择机进行。

条文 **9.4.7** 汽轮机紧急跳闸系统和汽轮机监视仪表应加强定期巡视检查，所配电源应可靠，电压波动值不得大于±5％，且不应含有高次谐波。汽轮机监视仪表的中央处理器及重要跳机保护信号和通道必须冗余配置，输出继电器必须可靠。

汽轮机紧急跳闸系统（ETS）和汽轮机监视仪表（TSI）是保证汽轮机安全运行、防止破坏性事故发生的重要控制装置。上述控制装置应符合 DL 5000—2000《火力发电厂设计技术规程》及 DL/T 5428—2009《火力发电厂热工保护系统设计技术规定》中的要求。ETS 和 TSI 的功能测试应按照 DL/T 1012—2006《火力发电厂汽轮机监视和保护系统验收测试规程》中的规定执行。

条文 **9.4.8** 汽轮机紧急跳闸系统跳机继电器应设计为失电动作，硬手操设备本身要有防止误操作、动作不可靠的措施。手动停机保护应具有独立于分散控制系统（或可编程逻辑控制器 PLC）装置的硬跳闸控制回路，配置有双通道四跳闸线圈汽轮机紧急跳闸系统的机组，应定期进行汽轮机紧急跳闸系统在线试验。

为防止因设备失电导致汽轮机失去控制，ETS 应设计为失电跳机逻辑。手动停机开关或按钮回路应完全独立于任何机组控制系统，确保手动停机功能在任何时间均有效。配备有 ETS 电磁阀在线试验功能的机组应定期进行试验，如果存在误跳机风险可在机组停机阶段择机进行。

条文 9.4.9 重要控制回路的执行机构应具有三断保护（断气、断电、断信号）功能，特别重要的执行机构，还应设有可靠的机械闭锁措施。

断气、断电、断信号或执行机构内部故障有可能导致执行机构全开或全关。如果重要执行机构全开或全关将影响机组主要参数，严重时可导致停机停炉。因此必须对重要执行机构配备三断保护装置及加装机械闭锁，防止重要执行机构误动。

【案例】 2013 年 5 月 21 日 16 时 25 分，某厂 3 号机组实发功率 570MW，3 号发变组跳闸，汽轮机跳闸，锅炉手动 MFT。检查汽轮机 ETS 首出"定冷水流量低"，发变组保护 C 屏首出"发电机断水保护"动作。调取历史曲线，发现 3 号机组定冷水压力调节阀全关，定冷水流量降为 0，导致"发电机断水"保护动作。就地检查发现定冷水压力调节阀定位器故障导致调节阀全关。处理措施为更换故障定位器，同时在阀门行程杆上加装机械限位块。

条文 9.4.10 主机及主要辅机保护逻辑设计合理，符合工艺及控制要求，逻辑执行时序、相关保护的配合时间配置合理，防止由于取样延迟等时间参数设置不当而导致的保护失灵。

主、辅机保护逻辑的设计应可靠、实用、简洁，相关逻辑应集中安排。按照最优方案确定处理器扫描执行顺序，避免过多逻辑嵌套。在控制软件出厂或机组逻辑重大修改后，应对所有保护逻辑进行静态传动，认真查找逻辑缺陷，确认保护逻辑功能正常。

条文 9.4.11 重要控制、保护信号根据所处位置和环境，信号的取样装置应有防堵、防振、防漏、防冻、防雨、防抖动等的措施。触发机组跳闸的保护信号的开关量仪表和变送器应单独设置，当确有困难而需与其他系统合用时，其信号应首先进入保护系统。

控制、保护信号安装位置不同，所处环境亦千差万别。保护信号装置、取样装置经常面临粉尘、振动、高温、潮湿、雨雪、冰冻、电磁干扰等恶劣环境，因此应改善重要装置所处环境，采取防范恶劣环境影响的有效措施。为提高保护信号的可靠性，应尽量避免与其他系统共用一套测量回路。

【案例】 2007 年 6 月 28 日 15 时 36 分，某厂 4 号机组跳闸，汽轮机 ETS 首出

"凝汽器真空低"。经仔细检查，发现为旁路用真空压力开关锁母松动所致。该真空压力开关与主保护用的真空压力开关安装于同一测量管路上。事后确认，检修人员在安装压力开关时，空气由锁母垫片处被抽入处于真空状态的测量管路中，使得测量管路真空急剧下降，"真空低二值"四取二开关均动作，致使汽轮机跳闸。

条文 9.4.12 若发生热工保护装置（系统、包括一次检测设备）故障，应开具工作票，经批准后方可处理。锅炉炉膛压力、全炉膛灭火、汽包水位（直流炉断水）和汽轮机超速、轴向位移、机组振动、低油压等重要保护装置在机组运行中严禁退出，当其故障被迫退出运行时，应制定可靠的安全措施，并在 **8h** 内恢复；其他保护装置被迫退出运行时，应在 **24h** 内恢复。

应按照 DL/T 1056—2007《发电厂热工仪表及控制系统技术监督导则》有关规定，及时正确地处理热工保护装置故障。为保证机组安全，重要保护项目严禁退出运行。保护装置因故障暂时退出运行时，必须及时完成审批手续，故障处理前做好安全措施，在规定时间内消除故障。如果未能在规定时间内消除故障，应立即执行停机、停炉预案。

【案例】 2001 年 4 月 1 日 0 时 47 分，某厂 1 号机组锅炉掉焦，1 号锅炉灭火保护动作，锅炉灭火。当值运行人员急于点火启动，未按规程进行炉膛吹扫，强行解除灭火保护，违反规程启动排粉机，致使一次风管内积粉及乏气进入炉膛，造成锅炉爆燃。

条文 9.4.13 检修机组启动前或机组停运 15 天以上，应对机、炉主保护及其他重要热工保护装置进行静态模拟试验，检查跳闸逻辑、报警及保护定值。热工保护连锁试验中，尽量采用物理方法进行实际传动，如条件不具备，可在现场信号源处模拟试验，但禁止在控制柜内通过开路或短路输入端子的方法进行试验。

机组长期停用期间，主、辅机保护装置有可能进行设备投退、电源停送、元器件更换、机柜清扫、电缆接线检查、信号取样回路吹扫、控制逻辑修改等操作，易发生保护系统恢复不彻底等问题。机组停用或检修期间，保护系统局部或个别元件有可能发生故障，保护装置存在设备隐患。为保证热工保护功能正常，在机组重新启动前，必须对所有主、辅机保护项目进行传动实验。采用物理方法进行传动能够检验传感器测量、信号传送、保护装置等全部保护回路的可靠性。如果仅在控制机柜侧进行试验，则无法确认传感器测量及信号传送回路功能是否正常，热工保护回路仍有可能存在隐患。

机炉主保护是保证机组安全运行的基础。在机组启动前，由于种种原因，机炉保护功能有失效的可能，为杜绝此类隐患，应采取模拟试验、检查保护定值等方式再次验证保护功能的可靠性，便于在最后时间节点发现问题，解决问题。同时，连锁试验中，优先采用物理方法来实际验证保护回路的功能。当不具备上述条件时，可采用现场信号源模拟，来验证保护回路的功能。由于采用控制柜内开路或短路的方法无法验证整个保护回路，因此应禁止该种方式验证所带来的误判。

条文 9.5　防止水机保护失灵

水轮机是水电厂最重要的动力设备之一，主要作用是将水流的能量转换为旋转的机械能，按工作原理可分为冲击式水轮机和反击式水轮机两大类。冲击式水轮机的转轮受到水流的冲击而旋转，工作过程中水流的压力不变，主要是动能的转换；反击式水轮机的转轮在水中受到水流的反作用力而旋转，工作过程中水流的压力能和动能均有改变，但主要是压力能的转换。反击式水轮机按其水流流经转轮的方向不同，又分为混流式水轮机、轴流式水轮机、斜流式水轮机和贯流式水轮机。水轮机既然是能量转换的旋转设备，因此就有发生各种故障的可能，故障的出现将直接影响水轮机的安全可靠运行和水能向机械能的正常转换，从而影响发电机发出的电能。因此水轮机需要配置完备的水机保护，以在水轮机出现上述故障时，能够迅速可靠的关闭或终止水轮机的运行，以保证水轮机及发电机设备安全。

混流式水轮机是水力发电行业应用最广泛的一种水轮机，常见的水机事故种类有机组过速、调速系统事故低油压、导叶剪断销剪断、轴承（上导轴承、推力轴承、下导轴承和水导轴承）温度过高、轴电流升高等，各种事故产生的原因虽然不尽相同，但都可能会导致严重的水轮机事故发生。

（1）机组过速。并网运行中的水轮发电机突然甩掉所带负荷，由于调速器导叶关闭时间限制和机组转动惯性的作用，进入水轮机流道中的水流无法在短时间内被全部关闭，水流会引起水轮机转速的升高。当超过额定转速并达到飞逸值时，将会导致水轮发电机部件的严重损坏。

（2）调速系统事故低油压。由于机组调速系统油泵故障或管路漏油甚至跑油，导致调速系统油压急剧下降。一旦此时发生机组事故，调速器因油压不足而不能及时快速关闭水轮机导叶，就会引起机组过速甚至发生飞逸，将会导致水轮发电机部件的严重损坏。

（3）导叶剪断销剪断。导叶传动机构发卡或者导叶之间夹杂异物，将引起导叶在调整过程中剪断销剪断，导致水轮机活动导叶开度不一致，流过水轮机转轮的水力不平衡，使机组振动加大。尤其是机组事故中发生导叶剪断销剪断，使机组停机时间过长，影响机组事故的正常处理。

（4）轴承温度过高。通常是由于冷却效果不良（或冷却水压低、冷却水中断、润滑油油位过低或油质劣化等）引起，机组运行工况较差、振动摆度超值也会引起轴承温度过高情况的发生。机组如不及时安排停机检查，将会造成烧瓦事故的发生。

（5）轴电流升高。通常是由于轴承绝缘降低或主轴接地炭刷接地效果不好、接触电阻大等原因引起。如不及时处理，不但因轴电流放电引起润滑油质的劣化，润滑效果大幅降低，并且上千安的轴电流可击穿轴瓦表层油膜，严重灼伤轴瓦和对轴瓦造成电腐蚀。

条文 **9.5.1** 水机保护设置。

条文 **9.5.1.1** 水轮发电机组应设置电气、机械过速保护、调速系统事故低油压保护、导叶剪断销剪断保护（导叶破断连杆破断保护）、机组振动和摆度保护、轴承温度过高保护、轴承冷却水中断、轴承外循环油流中断、快速闸门（或主阀）、真空破坏阀等水机保护功能或装置。

条文 **9.5.1.2** 在机组停机检修状态下，应对水机保护装置报警及出口回路等进行检查及联动试验，合格后在机组开机前按照相关规定投入。

条文 **9.5.1.3** 所有水机保护模拟量信息、开关量信息应接入电站计算机监控系统，实现远方监视。

条文 **9.5.1.4** 设置的紧急事故停机按钮应能在现地控制单元失效情况下完成事故停机功能，必要时可在远方设置紧急事故停机按钮。

条文 **9.5.1.5** 水机保护连接片应与其他保护连接压板分开布置，并粘贴标示。

条文 **9.5.2** 防止机组过速保护失效。

机组过速保护是保护机组不受重大损坏的最后一道屏障，保护功能的正确可靠应用能有效避免机组过速事故的发生。机组过速保护按照保护原理实现的不同、信号源的不同等，过速保护装置分为机械过速保护和电气过速保护。在了解过速保护前应了解机组是如何测速的。

（1）机械测速：机械测速即齿盘测速，其原理是在水轮发电机组转轴端部上安装环形齿状设备（齿盘），齿盘测速装置由齿盘测速传感器和相应的转速信号处理器回路构成。当机组旋转时通过接近式或光电式传感器感应产生反映机组转速的脉冲信号，由处理器测量脉冲宽度，并计算获取机组转速。

（2）电气测速：电气测速即残压测速，是将发电机机端电压互感器的二次电压经隔离/降压、滤波、整形、换算完成测频。但因机组在低转速时残压信号严重失真，并且信号易受干扰等原因，根本无法通过残压信号正确测量出机组频率，因此在低转速情况下残压测速信号不如齿盘测速信号稳定。

条文 **9.5.2.1** 机组电气和机械过速出口回路应单独设置，装置应定期检验，检查各输出触点动作情况。

（1）水轮发电机电气测速、机械测速的测速原理不同，测速信号源不同，回路独立，并分别设置有不同的过速等级保护（如过速 115％、过速 140％）。当测速装置测到机组过速信号时，由测速装置发出过速动作信号，水机保护回路事故停机出口，启动水机事故流程，动作于调速器。当测到过速 140％信号时，由测速装置发出过速动作信号，水机保护回路事故停机出口，启动水机事故流程，动作于调速器紧急停机和关闭机组快速闸门（或进水口主阀），减小或切断水流，以降低机组过速运行时间。另外，一般在大型水轮发电机组转轴上端部还安装有一套机械飞摆装置。当机组发生过速，机组顶部的飞摆受离心力作用，将发生径向位置的变动，到过速140％时，从而带动安装在飞摆上的水银接点导通，将机组过速140％信号送到水机保护回路。启动机组事故流程，动作于调速器紧急停机和关闭机组快速闸门（或进水口主阀）。随着技术的发展，瑞典图拉博（TURAB）公司生产的纯机械液压保护装置被很多大型水电站所采用。该装置主要由安装在水轮机主轴上的柱塞摆和液压阀（带电气限位开关）等重要部件组成。柱塞摆安装在两个半圆法兰紧固圈之间。柱塞摆内的柱塞由不锈钢制成并安装在黄铜腔室内，由带预紧力的弹簧来完成过速保护动作的触发。当机组转速增加到预设过速保护动作值时，柱塞摆中的不锈钢柱塞在离心力的作用下，会从黄铜腔室中压缩弹簧而伸出来触动液压阀的触动臂，从而切断过速限制装置与主配压阀之间的压力油路（小流量），使得过速限制装置动作，直接把大流量的压力油引入导叶接力器的关闭腔，使导叶迅速关闭，起到对水轮机过速保护的作用，防止转速过度升高引起的机组设备损坏。

（2）测速装置按照检修规程要求，随机组检修定期校验，以检查测速装置工作情况及设置的输出接点动作情况。

条文 9.5.2.2　装置校验过程中应检查装置测速显示连续性，不得有跳变及突变现象，如有应检查原因或更换装置。

测速装置在检验过程中，输入信号要求是连续的测量齿盘信号或电压信号，因此通过装置处理，输出的测速信号也必须是连续性的，不得有跳变或阶跃现象。如果输入的信号是连续的，而经过装置处理后输出显示有跳变或阶跃现象，则说明测速装置工作不可靠，应对装置做进一步检查或及时更换测速装置。

条文 9.5.2.3　电气过速装置、输入信号源电缆应采取可靠的抗干扰措施，防止对输入信号源及装置造成干扰。

电气测速装置测的信号源是机组机端电压互感器信号。在机组励磁机关机后，机端残压信号很低，极易受强电信号的干扰，造成装置误动，从而引起水机事故停机流程的非正常启动。因此电气测速装置和输入信号源必须采取可靠的抗干扰措施，如输入信号电缆采用屏蔽电缆、电气测速装置壳体接地、装置设置滤波模块等。

条文 9.5.3　防止调速系统低油压保护失效。

水轮发电机调速系统油压装置的作用是为调速系统提供安全、可靠、稳定的操作动力，以实现水轮发电机开停机、频率和负荷调节操作。如果由于调速系统油泵故障或系统出现泄漏，导致系统油压急剧下降，将可能导致水轮发电机组在事故时不能可靠停机或造成导叶失控，这对水轮发电机组的危害极大。低油压保护的目的就是在现有油系统储能的情况下将机组可靠停机。如果低油压保护未动作，油压又持续下降，则系统无法向接力器提供足够的操作能量，不能控制或快速关闭水轮机导叶，就会引起机组过速甚至发生飞逸，将会导致水轮发电机部件的严重损坏。

调速系统低油压保护由调速系统储油罐上安装的压力控制器实现。一般情况下，低油压保护有低油压报警和事故低油压两个动作定值。低油压报警定值低于备用油泵启动定值。事故低油压动作定值对应的压油系统油压应能保证机组导水机构全行程可靠关闭。当系统油压下降并达到报警值时，压力控制器动作，向监控系统输出报警信号。当系统油压下降并达到事故低油压动作值时，压力控制器动作，水机保护回路事故停机出口，启动水机事故流程，调速器关机。

条文 9.5.3.1　调速系统油压监视变送器或油压开关应定期进行检验，检查定值动作正确性。

调速系统油压监视变送器或油压开关（压力控制器）须纳入技术监督电测仪表和热工仪表监督范围，随机组检修对油压变送器每年校验一次，对油压开关每半年校验一次，以检验变送器或油压开关动作正确性。

条文 9.5.3.2　在无水情况下模拟事故低油压保护动作，导叶应能从最大开度可靠全关。

机组在大修后开机前须完成事故低油压联动试验，在机组钢管无水条件下，将导水叶开到当前水头最大开度，并将油压降到事故低油压动作值，检查水机保护回路事故停机出口正确性，检查事故低油压情况下导水叶能否可靠关闭。

条文 9.5.3.3　油压变送器或油压开关信号触点不得接反，并检查变送器或油压开关供油手阀在全开位置。

油压变送器或油压开关信号触点不得接反，如果触点接反将导致输出触点在油压正常情况下报出低油压信号，误启动水机保护回路事故停机出口。同时在检查变送器或油压开关触点接线正确时，必须对变送器或油压开关供油手阀的状态进行检查。供油手阀必须在全开状态，否则在机组运行过程中，如果打开供油手阀，将导致误启动水机保护回路事故停机出口。

【案例】　2001 年某电站曾发生一起机组在正常运行过程中，由事故低油压误动作导致的机组非停故障。

事件经过：当时电站 1 号机组正常运行，有功负荷为 300MW，调速系统油压正常。运行人员在巡回过程中发现压油罐压力控制器手阀在全关状态。于是该运行人员在未仔细核对图纸、未向值班人员汇报情况下，将该手阀打开。当手阀打开后，机组事故低油压信号动作，启动水机保护回路事故停机出口，调速器关机，机组停机。停机后对压油罐压力控制器检查发现，压力控制器输出触点信号电缆接反，当压力控制器供油手阀关闭、压力控制器未检测到低油压情况下，未报出事故低油压信号。但是当运行人员将该手阀打开后，压力控制器检测到事故低油压信号

（此时因低油压输出触点接反，误报出事故低油压信号），误启动水机保护回路事故停机出口，调速器关机，机组停机。

条文 9.5.4　防止机组剪断销剪断保护（破断连杆破断保护）失效。

剪断销一般由圆钢制成，圆柱状结构，剪断截面直径是根据剪切力计算和做试验确定的。在接力器带动控制环关闭水轮机导水机构时，可能会有异物卡在两导叶之间，使得导水机构无法关闭。为了保证除有异物的导叶之外的其他导叶都能关闭，不至于破坏传动机构，在导叶臂上设置了容易剪断的剪断销装置。当导叶间有异物卡住时，导叶轴和导叶臂不能动，而连接板在控制环带动下转动，因此对剪断销产生剪切力。当该剪切力大于正常操作应力的一定倍数时，剪断销剪断，该导叶脱离连接板控制，但其他导叶仍可正常转动关闭，同时由装在剪断销上的信号器发出剪断销剪断报警信号，避免事故扩大。

当有剪断销剪断，报出剪断销报警信号，并且此时有事故低油压或轴承温度过高或机组电气事故信号，启动紧急事故停机流程，调速器关机、落机组快速闸门或关闭进水口主阀。

条文 9.5.4.1　定期检查剪断销剪断保护装置（导叶破断连杆破断保护装置），在发现有装置报警时，应立即安排机组停机，检查导叶剪断销及剪断销保护装置（导叶破断连杆及连杆破断保护装置）。

从水机保护回路图中可以看出，当有一个导叶剪断销剪断时，只报出剪断销剪断报警信号，但是如果此时恰好发生事故低油压或轴承温度过高或机组电气事故，则启动紧急事故停机流程，动作于调速器关机、落快速闸门或关闭进口球阀。因此在发现剪断销报警信号后，应立即到现场进行检查、确认，并安排机组停机。

条文 9.5.4.2　剪断销（破断连杆）信号电缆应绑扎牢固，防止电缆意外损伤。

剪断销剪断报警信号是由剪断销信号电缆上送监控系统，并通过语音、声光等提示监盘人员。如果信号电缆意外损伤，剪断销剪断信号将无法上送监控系统。恰遇剪断销剪断，运行人员无法及时掌握剪断销运行情况，在接力器操作过程中该导叶处于失控状态，极易造成设备损坏。反之，如误报"剪断销剪断"信号，又遇机组事故，可能造成机组快速闸门误落门（进水口主阀误关闭）。

条文 9.5.4.3　应定期对机组顺控流程进行检查，检查机组剪断销剪断（破断连杆破断）与机组事故停机信号判断逻辑，并在无水情况下进行联动试验。

在水机保护回路中剪断销剪断报出报警信号，提示运行人员及时检查和安排机组停机。如果在剪断销剪断过程中发生事故低油压或轴承温度过高或机组电气事故，则启动紧急事故停机流程。紧急事故停机流程不同于事故停机流程，部分设备动作情况不同。在机组检修中需对剪断销剪断并有机组事故停机信号流程逻辑进行检查，并通过无水联动试验检查流程逻辑动作正确性。

【案例】 某电站 4 号机组剪断销剪断，导叶失控，导叶拐臂撞烂顶盖减压排水管，导致水淹顶盖。

1. 事件经过

4 号发电机带 100MW 有功功率运行。在按照调度要求 4 号机组增加有功负荷从 100MW 单步增加调节命令时，监控信息报出"4F 剪断销剪断信号动作/复归"信息，机组剧烈振动，立即固定机组有功 110MW，同时监控信息报出"4 号机组顶盖排水泵运行动作"、"4 号机组顶盖积水水位过高动作"信息。运行巡回人员立即到水车室检查，4 号水轮机在＋Y、－X 方向两导叶（12 号导叶和 18 号导叶）拐臂处刺水大，11 号导叶、12 号导叶主副拐臂错位，剪断销剪断。剪断销报警信号装置显示：15 号点、18 号点报警。随安排 4 号机组停机。4 号机组停机过程中，转速下降至 37% 时，转速不再下降，检查导叶开度 4%，机组过机流量显示 18m³/s，随执行远方落快速闸门操作，机组停机。在机组停机，尾水闸门全落后检查发现 4 号机组 11～22 号导叶剪断销剪断，导叶限位块掉落，14、16、18、19 号导叶副拐掉头。＋Y 方向 18 号导叶端盖后顶盖减压排水管（φ273mm×8mm）被导叶拐臂撞击后破裂，形成一长约 30cm、宽约 20cm 的裂口排水管伸缩节及法兰面受力变形。－X 方向 12 号导叶端盖后顶盖减压排水管被导叶拐臂撞击后形成一直径 20cm 的凹坑，并有约 5cm 长裂缝（见图 9-1～图 9-4）。进入蜗壳检查：14、16、18、19 号导叶掉头（反向 180°），导叶与导叶关合相反。

图 9-1 水轮机顶盖减压排水管
被掉头拐臂撞烂后有大量漏水

图 9-2 掉头的导叶拐臂

图 9-3 撞破的顶盖减压排水管

图 9-4 被撞的顶盖减压排水管和
失控导叶拐臂

249

2. 事件分析

4号机组在执行单步增加有功命令过程中，由于导叶剪断销剪断，加之摩擦装置摩擦力矩不够，导叶失去控制，在强大的水推力作用下，导叶副拐受力反向旋转，撞掉导叶线位块，并撞破减压排水管刺水。运行人员在发现剪断销剪断的报警信号后，立即安排停机，并在机组转速不在下降的情况下落机组进水口快速闸门、尾水闸门，避免了机组水导轴承被淹。

条文 9.5.5 防止轴承温度过高保护失效。

水轮发电机导轴承的主要作用有两方面：一是承受机组在各种工况下运行时由主轴传来的径向力；二是维持机组轴线位置，提高机组运行稳定性。推力轴承的主要作用，是承受发电机转子和水轮机转动部分的全部重量，以及水流产生的全部轴向推动力。轴承的主要润滑剂是透平油，经常发生的问题是轴承过热，严重时烧瓦。

条文 9.5.5.1 应定期检查机组轴承温度过高保护逻辑及定值的正确性，并在无水情况下进行联动试验。运行机组发现轴承温度有异常升高，应根据具体情况立即安排机组减出力运行或停机，查明原因。

在水机保护回路中设置了瓦温过高水机保护出口回路，启动事故停机流程。为避免单块瓦因温度跳变等引起的保护回路误出口，在温度过高保护逻辑回路中设置了判断相邻两块瓦温定值逻辑。如果相邻两块瓦温均超过温度过高定值，则启动水机保护出口回路，启动事故停机流程。因此，在机组检修中需对瓦温判断逻辑进行检查，并在无水情况下，检查轴承温度过高水机保护出口回路动作的正确性。如果有单块瓦温异常升高现象，应及时检查测温回路，以判断轴承温度显示的正确性。

【案例】 某电站1号机组上导轴承瓦温跳变事故停机

1. 事件经过

1号机带有功负荷为296MW、无功负荷为59Mvar运行。8号上导轴承瓦温由$-242.0\sim238.0℃$开始跳变，计算机监控系统上位机打出信息"1号机组事故停机动作"；"1号机组上导轴承温度过高停机动作"；"1号机组水机动作保护回路事故停机动作"。发电机出口开关跳闸，监控上位机显示1号机有功、无功负荷到零，8号上导轴承瓦温频繁由$-227.0\sim276.0℃$跳变。

机组事故停机后对8号上导轴瓦测温回路进行检查，测点阻值无穷大，判断为上导轴承油箱内部测温电缆线断开所致。后打开油箱盖检查，发现8号上导轴承测温电缆线从电阻插头根部断开。

2. 事件分析

(1) 油箱内测温引线固定不牢，机组运行中油流冲击测温电缆线来回摆动，久而久之电缆线从测温电阻插头根部断开，出现阻值跳变。

（2）轴瓦温度过高判断逻辑存在缺陷，温度测量及过高出口判断逻辑，没有根据轴瓦的运行工况进行设计，而采用梯度测量方式测量轴瓦温度，单个轴瓦跳变后稳定 10s 时间将直接导致瓦温过高跳闸。将跳闸逻辑改进为相邻两块瓦温同时出现温度过高条件时，启动水机保护回路出口和事故停机流程。

条文 9.5.5.2 机组轴承测温电阻输出信号电缆应采取可靠的抗干扰措施。

轴承测温电阻电缆传送信号为低电压信号，如果电缆不采取抗干扰措施，在强电场作用下，会造成测温信号跳变，易导致轴承温度过高水机保护回路误出口。

条文 9.5.5.3 测温电阻线缆在油槽内需绑扎牢固。

机组在运行过程中油槽内部会产生一定流速的油流，如果测温电阻线缆不采取加固措施，容易随油流晃动而造成金属疲劳，导致断线或接头松脱，无法正常监视瓦温。此时如遇瓦温升高，将会导致烧瓦事故发生。另外，轴承测温线缆外皮破损，在导致绝缘下降的同时，还可能触碰到转动部件，形成轴电流回路，对轴承瓦面造成电腐蚀，并加速油质劣化。

条文 9.5.5.4 机组检修过程中应对轴承测温电阻进行校验，对线性度不好的测温电阻应检查原因或进行更换。

轴侧测温电阻应纳入技术监督工作范围，定期随机组检修对测温电阻进行校验以检查电阻线性度。线性度不好的电阻易在运行中发生温度跳变现象，不能真实反映轴瓦温度。可能会导致瓦温过高水机保护回路误出口或拒动，因此需将校验发现的线性度不好的测温电阻予以更换。

条文 9.5.6 防止轴电流保护失效。

发电机在转动过程中，只要有不平衡的磁通交链在发电机主轴上，则在发电机主轴的两端就会产生感应电动势，这个感应电动势称为轴电压。当轴电压达到一定值时，通过轴承座及其底座等形成闭合回路产生电流，这个电流称为轴电流。机组正常运行时，转轴与轴承间有润滑油膜存在，并且轴承座底部都采取了绝缘措施，不会产生轴电流。但当轴承底座绝缘垫因油污损坏或老化等原因失去绝缘性能，且当轴电压达到一定数值时，则轴电压足以击穿轴与轴承间的油膜而发生放电，轴电流将从转轴、油膜、轴承座及基础等外部回路通过。由于该闭合回路阻抗极小，故电流值很大。特别当轴与轴瓦形成金属性接触的瞬间，轴电流可达上千安，将严重灼伤轴瓦，对轴瓦造成电腐蚀。同时因轴电流的电解作用使润滑油碳化，加速了油质的劣化，有的润滑性能大幅降低，从而引起严重的设备事故。

条文 9.5.6.1 机组检修过程中应对轴电流保护装置定值进行检验，检查定值动作正确性，并在无水情况下进行联动试验。

轴电流保护按照报警和跳闸设定不同的定值，低定值为报警定值，高定值为跳闸定值。当轴电流值达到报警定值时，发出报警信号；当电流值达到跳闸定值时，启动发电机保护跳闸出口，跳开发电机开关、灭磁开关等，并启动事故停机流程。因此，轴电流保护装置应随机组检修定期对装置进行校验，对定值进行检查，并在无水情况下验证轴电流保护出口跳闸回路动作正确性和启动事故停机流程正确性。

条文 9.5.6.2　机组大修过程中应对各导轴承进行绝缘检查，发现轴承绝缘下降时应进行检查、处理。

因轴承绝缘的好坏将直接影响轴电流产生的大小，因此利用机组大修，须对导轴承的轴承绝缘进行检查，绝缘不合格的轴承须进行检查和处理，合格后方可再次使用。

条文 9.5.6.3　定期对导轴承润滑油质进行化验，检查有无劣化现象。如有劣化现象应查明原因，并及时进行更换处理。

机组在运行过程中因不平衡磁通及漏磁通的存在，在端轴上会产生轴电压，并且因导轴承绝缘下降和接地炭刷接地性能的降低，会产生一定量值的轴电流，润滑油如果有杂质将产生放电现象，加速油质的碳化，油的润滑性能不断降低，影响轴承的润滑效果，导致烧瓦事故发生。

条文 9.5.6.4　轴电流输出信号电缆应采取可靠的抗干扰措施。

轴电流输出电流信号经二次电缆送入轴电流保护装置，二次电缆通道为强磁场区，如果电缆没有采取抗干扰措施，强磁场所产生的感应电将进入保护装置，引起轴电流保护误动作，从而导致机组非停事件发生。

条文 9.5.6.5　轴电流互感器应安装可靠、牢固。

轴电流互感器一般安装在发电机转子上平面主轴端部相邻的上机架处，一旦轴电流互感器安装不牢固，在机组运行中脱落，将与主轴和发电机转子发生碰撞，导致严重的设备事故发生。因此，轴电流互感器与发电机上机架要可靠牢固安装，并在每次检修中对固定部位、二次电缆进行检查，固定螺栓有没有采取防松动措施，二次电缆是否绑扎牢固，有无与主轴发生摩擦接触的可能。

10

防止发电机损坏事故

总体情况说明：

汽轮发电机是火电厂或核能发电厂把机械能转化为电能的关键设备，与锅炉、汽机并称为电厂"三大主机"。汽轮发电机的意外停机事故除直接造成发电企业损失发电量外，设备的抢修成本也非常高昂，往往造成不良的社会影响和政治影响，国家电力监管部门历来都把防止发电机损坏事故视为应重点防范的电力生产事故。

本章反措内容将原国家电力公司 2000 年版"二十五项反措"及国家电网公司 2005 版《国家电网公司发电厂重大反事故措施》中的"防止汽轮发电机损坏事故"进行了整合，并在广泛征求全国主要发电公司意见基础上，进行了全面的修订。

条文说明：

条文为防止汽轮发电机损坏事故，应认真贯彻和严格执行国家、行业有关标准、规程，其重点要求如下。

条文 10.1 防止定子绕组端部松动引起相间短路

200MW 及以上容量汽轮发电机安装、新投运 1 年后及每次大修时都应检查定子绕组端部的紧固、磨损情况，并按照《大型汽轮发电机绕组端部动态特性的测量及评定》（DL/T 735—2000）和《透平型发电机定子绕组端部动态特性和振动试验方法及评定》（GB/T 20140—2006）进行模态试验，试验不合格或存在松动、磨损情况应及时处理。多次出现松动、磨损情况应重新对发电机定子绕组端部进行整体绑扎；多次出现大范围松动、磨损情况应对发电机定子绕组端部结构进行改造，如设法改变定子绕组端部结构固有频率，或加装定子绕组端部振动在线监测系统监视运行，运行限值按照 GB/T 20140—2006 设定。

发电机在运行时，绕组上要承受 100Hz（两倍工频）的交变电磁力，由此产生 100Hz 的绕组振动。该振动力与电流的平方成正比，故容量越大的发电机中交变电磁力越大。由于定子绕组端部类似悬臂梁结构，难于像槽中线棒那样牢固固定，因此，较易于受到电磁力的破坏。通常，设计合理、工艺可靠的端部紧固结构可以保证发电机在正常振动范围内长期安全运行。但是，设计和制造质量不良的发电机，有可能在运行一段时间后发生端部紧固结构的松动，进而使线棒绝缘磨损。若不及时处理，最终将发展成灾难性的相间短路事故。定子绕组端部松动引起的线棒绝缘磨损造成的相间短路事故，具有突发性和难于简单修复的特点，损失往往极为严重，所以应引起有关方面的特别重视。

【案例1】 1998年9月华北某发电厂1号500MW水氢氢型汽轮发电机，因定子水内冷系统中氢气泄漏量激增而停机。抽出发电机转子进行检查，发现定子励侧端部大量绑块已松动、脱落、磨小，两个下层线棒多处主绝缘（5.2mm厚）磨损漏铜，其中一根线棒磨损最严重处空心铜导线已磨漏。进一步检查所有线棒，共发现有12处支架松动，22块绑块松动，8根线棒绝缘磨损。由于故障发现得比较及时，幸未发生相间短路事故。但是由于定子线棒绝缘损坏比较严重，被迫在现场更换了发电机定子的全部线棒，并更新了定子绕组端部的紧固系统，为此共停机118天，经济损失非常严重。

【案例2】 山东某发电厂6号发电机于1994年11月29日发生了定子相间短路事故，使线棒严重烧损，更换了24根新线棒。修复后于1995年1月26日并网发电。运行不到一个月，于1995年2月22日又第二次发生定子相间短路，定子线棒烧损十分严重，被迫全部更换。两次事故的主要原因是由于定子绕组端部固定不良，特别是鼻端整体性差，振动过大，导致上、下层线棒电连接导线疲劳断裂，引起拉弧烧损。另外，通风管振动使绝缘磨损引起环流，通风管裸露，更加重了事故。

【案例3】 山东某发电厂1号发电机于2007年10月20日运行中发电机定子接地保护动作，发电机跳闸。检查发现发电机存在定子下层16号槽C相引线线棒电接头烧熔及37号槽C相引线线棒空心导线断裂漏水故障，分析认为绕组端部振动过大是引起事故的主要原因。检修中更换了全部定子绕组线棒，并且加装了绕组端部振动在线监测装置。

【案例4】 广东沿海某发电厂4号发电机于2010年1月14日运行中发电机定子接地保护动作，发电机跳闸。检查发现发电机定子绕组励侧上层39号线棒的水电接头与2W2引线连接处烧熔漏水，分析认为绕组端部振动过大是引起事故的主要原因。进行局部处理以后继续运行到同年8月3日再次发生发电机定子接地保护动作跳闸，检查发现励侧11号槽上层线棒水电接头和2V2引线连接处已烧断，10号槽上层线棒励侧水电接头处被故障电弧烧损。上次检修处理过的故障部位存在许多绝缘磨损粉末。为此，检修中更换了全部定子绕组线棒，并且加装了绕组端部振动在线监测装置。

以上事故或故障说明，发电机定子绕组端部振动过大的缺陷可能发展为严重的突然短路接地事故，直接造成发电机的非计划停运，而设备损坏的抢修成本很巨大，同时若检修消缺针对性不强或修复不彻底，也可能在修后继续运行期间再次发生同类事故。

防止在役发电机定子线棒因松动造成绝缘磨损的主要措施是，加强停机检修期间发电机定子绕组端部的松动和磨损的外观检查，以及相应的振动特性试验工作。每次大小修都应仔细检查发电机定子绕组端部的紧固情况，仔细查找有无绝缘磨损的痕迹。尤其是发现有环氧泥时，应借助内窥镜等工具进行检查。若发现定子绕组端部结构有松动现象，除应重新紧固外，还应仔细进行振动模态试验，确认固有频率已避开双倍频（100Hz），根据测试结果确定检修效果。

对试验结果的分析应注意与历史数据的比较，特别是间隔一个大修期的两次试验，若呈现模态阻尼数据的变化，非常灵敏地指示端部紧固结构的变化趋势。实践表明，出厂时端部结构测试合格的发电机，运行一段时间后，发电机端部可能逐渐发生松动，发电机端部线棒的固有频率和模态也就随之改变，并有可能落入双倍频的范围，从而导致发电机端部线棒发生共振，其更加重了松动和磨损的程度，因此定期检查端部结构和进行模态试验是必要的。

【案例5】　2000年前后，华北某发电厂一台300MW水氢氢型汽轮发电机在检修中发现定子绕组端部严重松动（4根支架螺栓脱落、12根螺栓松动、6处线棒绝缘磨损，其中一处露铜）。修复前模态试验，存在101Hz的七瓣振型（模态阻尼1.58%）和112Hz的八瓣振型（模态阻尼1.88%），端部松动与共振可能有关系。检修中修复了绝缘，重新紧固了端部，复测模态时发现从89.5～137.9Hz之间无固有频率，原有的固有频率模态阻尼从不到2%升高到4.45%，达到比较理想的端部结构状态。即证明了检修的效果，也说明发电机出厂时端部结构应该是合格的，运行几年后逐渐发生松动，端部线棒的固有频率和模态随之改变。因为有了靠近双倍频的振型，更加重了松动和磨损的程度。这一例子说明，出厂时端部结构测试合格的发电机，运行一段时间后可能会发生变化，定期检查端部结构和进行模态试验是必要的。

另外，虽然有时发现发电机的端部结构达不到要求，固有频率接近100Hz，但是端部结构一时也无法轻易改变，进行模态试验至少可以使我们对发电机的端部紧固情况心中有数，做到有目的地监视运行和加强检修处理。对端部振动特性存在先天缺陷的发电机，如存在100Hz左右的椭圆振型，建议加装发电机定子绕组端部振动在线监测装置，以便实现早期的故障报警。目前，许多发电厂已在多台发电机上安装了定子绕组振动在线监测装置，例如，大唐陡河电厂、大唐托克托电厂、国华台山电厂、粤电珠海电厂等。这些进行在线监测的发电机有的是因为确认存在端部模态试验不合格数据（接近100Hz的椭圆振型），有的是检修处理了不止一次绕组端部结构松动严重故障。在线监测起到了良好的监视运行效果。

发电机定子绕组端部振动特性相关的试验标准有三个：一是《大型汽轮发电机

定子端部绕组模态试验分析和固有频率测量方法及评定》（JB/T 8990—1999），其主要针对发电机的出厂试验。二是《大型汽轮发电机定子绕组端部振动特性的测量及评定》（DL/T 735—2000），其主要针对发电机的安装和检修。两个行业标准都是规定发电机定子绕组端部的线棒固有频率和模态应避开 94～115Hz。第三个标准是《透平型发电机定子绕组端部动态特性和振动试验方法及评定》（GB/T 20140—2006），与上述两个行业标准的主要区别是要求避开的频率范围有所缩小，并根据发电机端部紧固结构形式规定了不同的避开范围，同时还规定了发电机定子绕组端部振动幅值的限值标准。目前电力行业标准 DL/T 735 正在修订当中。因该行业标准详述了检修现场的相关试验方法和试验结果的分类处理措施，具有较强的可操作性，已成为指导发电机检修现场试验的重要标准，预计修订完成后，将更好地发挥对国家标准 GB/T 20140 的延伸和补充作用。

条文 10.2　防止定子绕组绝缘损坏和相间短路

发电机定子绕组绝缘损坏事故是造成发电机非计划停运事故的主要原因之一，事故统计分析表明，绝缘类事故占发电机本体事故总数达 50% 以上。因为定子绕组相间电压较高，一旦发生相间短路事故，其释放的巨大能量足以烧毁局部线棒，使绕组修复难度大，修复成本很高，必须从可能发生该类事故的根本原因上采取相应防范措施。

条文 10.2.1　加强大型发电机环形引线、过渡引线、鼻部手包绝缘、引水管水接头等部位的绝缘检查，并对定子绕组端部手包绝缘施加直流电压测量试验，及时发现和处理设备缺陷。

发电机环形引线、过渡引线、鼻部手包绝缘、引水管水接头等处是机械强度和电气强度都先天性比较薄弱的部位，事故统计分析表明，其也是发电机定子绕组相间短路事故多发部位。因此，应加强对大型发电机环形引线、过渡引线、鼻部手包绝缘、引水管水接头等处绝缘的检查，发现问题及时消缺。此外，对水内冷的线棒引水管和弓形引线，安装和检修中还应该加强水流量试验，并有措施保证运行中水流量符合设计要求，防止出现因水流量不足以至断水使引线过热烧损绝缘的事故。

我国的发电机运行和检修经验表明，发电机定子绕组端部手包绝缘施加直流电压测量（俗称"表面电位测量)，可以有效地发现上述部位的绝缘缺陷情况。水流量试验和热水流试验可以及时发现因制造或安装不当造成的各支路水流量不均衡或水流量不足的缺陷，试验方法见《汽轮发电机绕组内部水系统检验方法及评定》（JB/T 6228）。

【案例】　2010 年前后，我国曾连续发生多达 8 台次 600MW 级别的汽轮发电机相继在新投产不久或 168h 试运期间，在运行中由于定子引线烧断造成发电机被迫停运。这些发电机的故障现象非常相似，例如，发电机都是美国西屋技术制造、烧断的引线都是 W 相 W2 号形引线在 12 点钟左右位置、熔断的长度达数百毫米左右等，甚至故障后的外观也非常相似。多数发电机在引线烧断以后因保护及时动作与系统解列停机，故障没有进一步扩大。少数发电机在烧断一个引线分支以后，仍带着全部满负荷加到另一个并联支路上，造成该支路的线棒严重过负荷，持续超过几分钟以后，该部分定子绕组线棒绝缘就因严重过热而损坏以至击穿。为此更换了数 10 根定子线棒。分析表明，位于 12 点位置的 W2 引线出现水流量严重不足形成气堵是事故的直接原因。

条文 10.2.2　严格控制氢气湿度。

条文 10.2.2.1　按照《氢冷发电机氢气湿度技术要求》(DL/T 651—1998) 的要求，严格控制氢冷发电机机内氢气湿度。在氢气湿度超标情况下，禁止发电机长时间运行。运行中应确保氢气干燥器始终处于良好工作状态。氢气干燥器的选型宜采用分子筛吸附式产品，并且应具有发电机充氢停机时继续除湿功能。

氢冷发电机内氢气湿度过高的主要危害为：一是可能造成发电机定子绕组相间短路事故，即湿度过高的环境下，发电机定子绕组线棒绝缘性能下降，易于发生表面爬电、闪络，以至拉弧放电，造成短路事故。二是发电机转子护环应力腐蚀。理论和实践表明，发电机内部氢气湿度过高是采用 50Mn18Cr4WN 材料的发电机转子护环发生应力腐蚀裂纹的主要诱因。

【案例 1】　2000 年 3 月，某电厂在 5 号机组大修中，发现该机组 200MW 水氢氢型汽轮发电机转子护环有严重裂纹。发电机转子汽侧护环外表面沿周向散布有 7 条轴向裂纹 (有的肉眼已清晰可见)，长度在 13~28mm 之间，深度在 5~8mm 之间，其内表面沿周向散布有 26 条裂纹，长度在 10~12mm 之间，深度在 3~5mm 之间，同时发现护环外表面有裂纹处均对应内壁也有裂纹。发电机转子励侧护环外表面完好，其内表面有 13 条裂纹。由于是在检修中发现发电机转子护环有裂纹，从而未发生发电机转子护环崩毁事故。但因发电机转子护环存在严重裂纹，被迫全部更换。发电机转子护环产生裂纹的原因是由于在本次大修前，氢气干燥器 (冷冻式) 因故退出运行，造成发电机机内氢气湿度严重超标。实测机内露点温度经常在 20℃ 以上，而转子护环采用不抗应力腐蚀的材料 50Mn18Cr4WN，导致在发电机转子护环热套部位产生应力腐蚀裂纹。又由于该发电机密封油系统还存在不时向发电机机内漏油的问题，并且发电机汽侧漏油较为严重。因油中含水量大，故汽侧氢气湿度可能更高一些，从而使发电机转子汽侧护环应力腐蚀裂纹比励侧护环严重。在此 6 年前，类似情况也发生在该厂另外一台同型号的发电机上。

【案例 2】　据有关统计资料，1987 年以来，华北电网 42 台发电机转子护环进行了超声波检查和覆膜金相检查，有应力腐蚀的护环占 25.7%，因应力腐蚀裂纹而更换的护环占 16.6%，护环应力腐蚀问题曾严重威胁着发电机的安全运行。

目前，降低氢气湿度的主要措施有如下几点。

(1) 严格执行有关标准。《氢冷发电机氢气湿度技术要求》（DL/T 651—1996）规定了发电机内的氢气湿度在 $-25\sim0℃$ 露点温度；当发电机停机备用时，若发电机内温度低于 $10℃$，则氢气湿度不得高于露点温度 $-5℃$。氢气湿度不高于露点温度 $-5℃$（$0℃$）可有效防止绝缘性能下降和护环应力腐蚀，不低于 $-25℃$ 的规定是为了防止因过于干燥使某些有机材料部件开裂。如果制造厂规定的湿度高于本标准，则应按厂家标准执行。

例如：俄罗斯列宁格勒电力电机制造联合公司 500MW 机组运行规程的规定如下。

发电机正常运行应保持氢气相对湿度不大于 15%。在湿度增高至 20% 时应查明升高的原因并采取措施排除；必要时，可向发电机送入部分新的干燥氢气，而它的相对湿度应不大于 10%。当发电机中氢气达到 20% 时应每 4h 测量一次湿度。

允许发电机在湿度大于 20%，但不超过 30% 条件下运行，但这种情况一年不超过 3 次，每次不超过 3 昼夜。

(2) 防止向发电机内漏油，是保障发电机内部氢气湿度不超标的必要措施。

(3) 保持发电机氢气干燥器运行良好。经验证明，不论何种型式的干燥器，只要运行状态良好，一般总是可以保持发电机内的氢气湿度低于露点温度 $0℃$。考虑到停机时干燥器一般不工作，可能造成发电机湿度超标，特别是频繁启停的调峰发电机存在停机备用时湿度升高问题，应选购带有自循环风机的氢气干燥器。吸附式干燥器具有故障率低、除湿效果好的优点，宜优先选用。

此外，为避免发电机护环应力腐蚀，推荐发电机转子护环采用抗应力腐蚀的 18Mn18Cr 材料。

条文 10.2.2.2 密封油系统回油管路必须保证回油畅通，加强监视，防止密封油进入发电机内部。密封油系统油净化装置和自动补油装置应随发电机组投入运行。发电机密封油含水量等指标，应达到《运行中氢冷发电机用密封油质量标准》（DL/T 705—1999）的规定要求。

国产发电机漏油现象比较普遍，主要是氢压变动时，密封油系统的差压阀和平衡阀跟踪、调整不好。某些新技术的采用可以明显改善漏油情况。此外，根据《运行中氢冷发电机用密封油质量标准》（DL/T 705—1999），应采用密封油净化措施控制油中含水量在 50mg/L 以下，也是为了避免因发电机进油使发电机内部湿度骤然升高的有效措施。

美国西屋公司的发电机密封油质量标准是"无游离水"，在密封油的工作温度范围内，我国电力行业标准 DL/T 705—1999 比西屋公司的标准还要严格一些。

条文 10.2.3 水内冷定子绕组内冷水箱应加装氢气含量检测装置，定期进行巡视检查，做好记录。在线监测限值按照《隐极同步发电机技术要求》（GB/T 7064—2008）设定（见10.5.2条），氢气含量检测装置的探头应结合机组检修进行定期校验。具备条件的宜加装定子绕组绝缘局部放电和绝缘局部过热监测装置。

　　监视发电机定子内冷水系统的漏氢情况可以有效地发现定子绕组存在的早期绝缘故障。通常由于氢气对发电机普通引水管有微渗透作用，内冷水箱中平时是应含有微量氢的。但当内冷水箱中含氢量突然增加或绝对氢气含量过大时，其可能就意味存在着严重的事故隐患，这是由于运行中发电机氢压高于水压，当定子内冷水系统有渗漏缺陷时，定子内冷水箱中将有较大量的氢气逸出。内冷水中的氢气渗漏故障可能是由线棒绝缘磨损引起的，也有可能是水接头密封失效、焊缝开焊、绝缘引水管损伤等原因造成的，这些缺陷都属于严重故障隐患，都有可能引发相间或对地短路事故。因此，应对水箱含氢量进行在线监测，以便及早发现和处理事故隐患。

　　【案例1】　华北某发电厂1号发电机1998年9月运行中发现在水箱顶部安装的俄罗斯产漏氢监测装置报警，指示已到满量程（3.99％）。停机检查定子绕组端部绝缘发生严重松动、磨损故障，因铜内冷水管壁磨穿、破裂，氢气大量进入水系统。由于停机及时幸未发生端部短路事故，详见10.1节的［案例1］。

　　内冷水水箱上面氢气监测或检测的标准，详见10.5节防止漏氢。

　　实践证明，性能可靠的发电机绝缘局部放电在线监测装置可以发现早期绝缘故障，经过及时处理，可以有效地避免绕组相间或对地突然短路事故的发生。局部放电装置简称PDA或PDM，其技术已经非常成熟，早已形成商品化市场。在工业发达国家，无论是水轮发电机还是汽轮发电机，该装置的应用都非常普遍，并且有很好的工业应用业绩。

　　【案例2】　世界上最大的抽水蓄能电站之一，美国弗吉尼亚电力公司的Bath County抽水蓄能电站，1985年投运的6台389MVA水轮发电—电动机，投运几年后各台发电—电动机安装的在线监测的EMI（电磁干扰）、PDA（局部放电）相继报警。经绝缘耐电压试验和线棒绝缘解剖都证明，主绝缘已严重老化、分层以至脱壳，产生了槽放电。由于及时发现主绝缘过早严重老化，该电站从1991～1994年利用枯水季节逐台更换了全部定子绕组。该电站的发电电动机因频繁启停，运行方式比较严酷，是过早产生绝缘老化的外因。内因则是线棒绝缘本身存在先天质量缺陷。此案例中，发电机局部放电在线监测仪起到早期发现绝缘故障隐患的作用，避免了运行中突发绝缘损坏事故，实现了电机绕组绝缘有针对性的状态检修。

　　上述案例中发电机绕组绝缘过早老化的机理，是因为热循环引起。当负荷快速上升时，与电流呈平方关系的铜损（I^2R）使铜线温度很快升高，而绝缘温度上升要慢得多。因此铜与绝缘间产生明显温差，同时铜线与热固化绝缘的热膨胀系数不同，铜比绝缘膨胀得更快，故而在沿线棒的全长度上存在铜线与绝缘间的剪应力。当绝缘系统承受不住该剪应力时绝缘就会加重疲劳，或者与铜线脱开，或者主绝缘层间撕开。快速减负荷时产生类似的剪应力。绝缘分层的后果是在该部位可能产生局部放电，进而腐蚀主绝缘，并形成恶性循环，直至最后绝缘击穿。

局部放电在线监测仪属于解读型监测仪器，其选型和如何解读数据非常重要。一方面要考虑到该仪器及生产厂商在可靠性、实用性等方面的业绩，另一方面还要强调该仪器在采集数据前后的处理功能，不只是仪器自身的分析处理功能，还应包括厂家提供得及时、可靠、持久的技术服务支持。

绝缘局部过热报警装置，简称 GCM，在国际上已经有大约 50 年的应用历史。它的工作原理是捕捉和分析发电机内氢气中的烟气颗粒，实现发电机绝缘过热故障的早期报警。该装置因国产化比较早，在我国已广泛的应用。但因为与局部放电仪一样属于解读型仪器，同样应注意选型和使用方面的问题。详见 10.6.1 条的解释说明。

条文 10.2.4 汽轮发电机新机出厂时应进行定子绕组端部起晕试验，起晕电压满足《隐极同步发电机技术要求》（GB/T 7064—2008）。大修时应按照《发电机定子绕组端部电晕与评定导则》（DL/T 298—2011）进行电晕检查试验，并根据试验结果指导防晕层检修工作。

现代大型发电机因电压等级较高，如果定子线棒防晕层质量有问题，可能因起晕电压偏低引发定子绕组绝缘故障。空气冷却的汽轮发电机因起始放电电压远低于相同电压等级的氢冷发电机（起始放电电压与气体压力成正比，空气条件下起始放电电压仅约为氢气条件下的数分之一左右），更易于产生端部防晕层损坏问题。特别是启停机相对频繁的燃气轮发电机和抽水蓄能发电—电动机。随着电网调峰需求的增加，我国目前这两种发电机数量有明显增多趋势，其运行和检修实践已经显现了许多发电机存在绕组端部防晕层失效问题。发电机定子绕组端部防晕层应从发电机制造阶段保证线棒防晕质量，相关标准（GB/T 7064—2008）规定：发电机制造过程中"定子单个线棒应在 1.5 倍额定线电压下不起晕；整机在 1.0 倍额定线电压下，定子绕组端部应无明显的晕带和连续的金黄色亮点。"为防止新机出厂存在质量问题，发电机的交接试验要求进行防晕层质量检查，即整机电晕试验。随发电机运行时间的延长，其防晕层有可能性能下降以至损坏失效，现场检修过程中就应重视防晕层的检验和修复工作。DL/T 298 规定了用紫外成像仪检查端部防晕层的试验方法和判据，很适合设备交接试验和现场检修工作，检修实践也表明该仪器可以在修复防晕层故障的检修过程中，很方便地检验修复效果，明显优于传统的黑灯目测试验法。

【案例】 我国沿海某发电厂一台 600MW 汽轮发电机，2005 年 12 月底投产，仅运行 1265h 后，春节临时检修时发现定子绕组端部渐伸线上有两处绝缘烧损故障，绝缘表面从外向内出现炭化现象，故障最严重的部位主绝缘炭化深度已达 3mm。为此被迫现场更换了两根定子线棒。故障分析表明，发电机定子绕组端部起晕电压偏低是该类故障的诱因之一，而发电机进油、氢气湿度过大等运行环境问题是促成故障的外部因素。为此引发了全国 20 余台同生产厂家、同型发电机的普查和现场检修、处理工作，有关的电机标准化技术委员会还把发电机定子绕组端部防晕检查和处理措施列为标准化课题开发项目，制定了较严格的防晕层质量标准（见 GB/T 7064—2008 的 4.10.4 条），以及检修试验标准《发电机定子绕组端部电晕检测与评定导则》（DL/T 298—2011）。

10.3 防止定、转子水路堵塞、漏水

10.3.1 防止水路堵塞过热。

多年来的运行和检修实践经验证明：杂质、异物进入定子冷却水中是造成定子水内冷系统水路堵塞的主要原因之一。定子水内冷系统水路堵塞，将使被堵塞水路的水流量减少或断水，造成绕组绝缘局部过热损坏，严重者绝缘击穿造成接地事故。

【案例】 1994 年山东某发电厂发生 2 号 300MW 发电机定子绕组局部超温烧损线棒事故。1994 年 8 月 13 日 9 时 13 分，在机组试运行中发电机定子接地保护突然动作、跳闸。事故前有功负荷为 296MW，无功负荷为 160Mvar，检查发现 U 相汽侧 45 号槽上层与 8 号槽下层线棒出槽口拐弯处绝缘断裂、击穿。其事故原因是由于在出厂水压试验时，将试验用的橡皮塞遗留在 45 号槽上层线棒和 8 号槽下层线棒励端进水三通内，使两线棒水路完全堵塞。在运行中两线棒过热膨胀，致使应力集中（槽口外拐弯处）外绝缘膨胀使发电机在运行中发生定子接地故障而跳闸停机。

条文 10.3.1.1 水内冷系统中的管道、阀门的橡胶密封圈宜全部更换成聚四氟乙烯垫圈，并应定期（1～2 个大修期）更换。

条文 10.3.1.2 安装定子内冷水反冲洗系统，定期对定子线棒进行反冲洗，定期检查和清洗滤网，宜使用激光打孔的不锈钢板新型滤网，反冲洗回路不锈钢滤网应达到 200 目。

定子水内冷系统畅通无阻是保证发电机安全运行的基础。发电机在长期运行中，定子内冷水沿着一个固定方向流动，有可能在内冷水管的某些部位沉积杂质和污垢。安装定子内冷水反冲洗系统，改变水流方向，定期对定子线棒进行反冲洗，就可以将这些积存的杂质和污垢冲洗掉，确保内冷水的冷却效果。为防止杂质堵塞水路，首先应将定子水内冷系统中采用的易老化变质或破损掉渣的材料更换为性能优越的材料。例如：定子内冷水系统中管道、阀门的橡胶密封圈，采用的材料就是

易老化变质的材料，应将其更换为化学性能稳定、耐老化性能优越的聚四氟乙烯垫圈。为了防止钢丝滤网锈蚀破碎残渣进入定子线棒，反冲洗系统应采用高强度、耐腐蚀、激光打孔的不锈钢板滤网或新型高强度复合材料滤网，网孔规格应达到每英寸200目。

10.3.1.3 大修时对水内冷定子、转子线棒应分路做流量试验。必要时应做热水流试验。

10.3.1.4 扩大发电机两侧汇水母管排污口，并安装不锈钢阀门，以利于清除母管中的杂物。

为了确保发电机正常运行时定子线棒的冷却效果，防止个别水路发生堵塞，使绕组绝缘局部过热。大修时应对水内冷定子、转子线棒做分路流量试验，以便查出堵塞的分路进行处理。

实践表明，热水流试验对查找个别支路堵塞故障非常有效。试验方法见《汽轮发电机绕组内部水系统密封性检验方法及评定》（JB/T 6228—2005）。

为了便于清除汇水母管中的杂物，应扩大发电机两侧汇水母管的排污口，同时为防止杂质进入线棒当中，应安装高强度耐腐蚀的不锈钢法兰，以确保发电机的安全运行。

条文**10.3.1.5** 水内冷发电机的内冷水质应按照《大型发电机内冷却水质及系统技术要求》（DL/T 801—2010）进行优化控制，长期不能达标的发电机宜对水内冷系统进行设备改造。

发电机内冷水系统的水质化学监督和水质指标跟踪分析是保证发电机长期安全稳定运行的关键一环，值得注意的有以下几点：

（1）水的酸碱度、含氧量等指标对发电机的影响是缓慢渐进的，不像电导率对电气性能的影响那样立竿见影。但该类检测数据长期超标将造成非常严重的事故隐患，故不能对数据超标问题掉以轻心。

（2）随着技术的进步，水的标准在不断更新，应了解和掌握最新的标准信息，不能把已经过时的作废标准仍然作为水质是否合格的依据。

（3）水的同一个指标由于历史原因或侧重点不同，可能存在着几个不同的现行标准。这种情况下不能随意认为满足其中一个标准就可以了，应经过多方面比较和研究选定执行标准。通常比较合理的办法是按照标准发布的时间取用较新发布者。例如，现行有效的《发电机内冷水处理导则》（DL/T 1039—2007）规定内冷水铜离子含量$\leqslant 40\mu g/L$，而稍晚些发布的标准 GB/T 7064—2008 和 DL/T 801—2010 都规定内冷水铜离子含量$\leqslant 20\mu g/L$，三个标准都是有效标准，但 DL/T 1039—2007 的规定就过时了，不是适用值，仔细看标准具体内容可以发现，DL/T 1039 的相关规定是取用 DL/T 801—2002 版规定，即比较早期的标准值。

对发电机内冷水的酸碱度（pH 值）要求近几年有了较大的变化，如原国家电力公司 1999 年发布的《发电机运行规程》规定 pH 值变化范围是 7～8，而刚发布没有几年的《大型发电机内冷却水质及系统技术要求》（DL/T 801—2010）规定 pH 值是 7～9（7～8 时应控制溶氧量低于 30ppb）、含铜量≤20μg/L。目前业内专家公认的内冷水 pH 值最佳范围是 8～9 之间，此时不论水中溶氧量多少，都可以保证含铜量≤20μg/L。含铜量是一个随腐蚀速率变动的监测指标，需要通过调整 pH 值、电导率等其他参数来控制含铜量不超标。

关于水质控制指标溶氧量问题，目前很多发电厂并没有开展此项测量，是否需要开展该参数的测量工作，与水系统控制 pH 值的能力有关。研究显示水对铜导线的腐蚀速率与溶氧量密切相关，若不对溶氧量加以专门控制，普通密闭或开启式内冷水系统中的水中溶氧量通常是在 200～300ppb 之间，既非富氧也非贫氧。内冷水处于 7～8 范围的 pH 值情况下对铜就存在较高的腐蚀速率。只有当水质处于贫氧（＜30ppb）或富氧（＞1000ppb）范围下，pH 值对腐蚀速率的影响才明显降低，但对溶氧量的控制可能不容易实现，还需要增加一些辅助设备（如密闭式水箱加装充氮装置）。所以，若现有水系统很难使 pH 值达到 8 以上，只要能维持 7 以上，再设法控制溶氧量达标即可。若想避开对溶氧量的监测和控制问题，只能升级水控制系统使 pH 值的控制能力增强。从简化控制参数角度考虑，目前有技术成熟的内冷水系统控制设备，可以保证水质 pH 值控制范围在 8～9 之间，这就不用再考虑测量溶氧量。

另一个需要注意的问题，是 pH 值与电导率存在互相制约的关系，为使 pH 值超过 8，电导率很难低于 1.0μS/cm，其较适宜的控制值是 1.5μS/cm 左右。GB/T 7064 和 DL/T 801 规定了水质电导率上限是 2.0μS/cm，同时规定了下限是 0.4μS/cm，因为电导率若低于 0.4μS/cm 时水的腐蚀速率呈指数快速增加。

目前，国家标准《隐极同步发电机技术要求》（GB/T 7064—2008）和电力行业标准《大型发电机内冷却水质及系统技术要求》（DL/T 801—2010）都把最佳的 pH 值合格范围规定为 8～9，电导率为 0.4～2.0μS/cm，含铜量低于 20μg/L。这应该成为发电机定子内冷水目前最合适的标准，此反措的内容即与其保持一致。

目前，仍有一些发电厂发电机内冷水水质控制范围达不到本条的要求，调查发现 pH 值控制在 8 以下的居多，同时不开展溶氧量检测工作。而实际溶氧量情况多数是既非贫氧也非富氧状态，这样的内冷水就是不达标的。如果现有水处理设备还不能进一步提高 pH 值，就需要或者设法使溶氧量达标，或者对内冷水水质处理系统进行设备改造。为了保证发电机长期安全稳定运行，这些改造是有必要的，而且可行。目前根据先进技术理念和标准开发出来的新一代内冷水处理装置，已经形成了的商品化产品，能很好解决 pH 值控制问题。

此外，还需要注意含铜量化验取样点的位置，在发电机内冷水系统净化装置入口之前、发电机本体出水之后取样才能真实反映发电机内冷水系统水质的实际情况。

【案例1】 1998年某电厂发生1号365.5MW汽轮发电机定子线棒绝缘损坏重大事故。1998年6月17日21时16分，1号汽轮发电机定子接地保护动作，机组跳闸停机。其事故原因是由于腐蚀产物将发电机定子2号槽上层线棒和53号槽下层线棒（同一冷却水路）的端部水路的流通截面严重堵塞，致使线棒绝缘损坏，在53号槽下层线棒直线端部处将绝缘击穿，造成接地故障。造成水路堵塞的主要原因是由于定子水内冷系统及补水系统密封装置不完善，水质受空气中二氧化碳污染，导致pH值降到$6.0 \sim 6.3$，使空心铜导线产生腐蚀，含铜量经常在$300 \sim 500\mu g/L$，最高时达到$2700\mu g/L$。由于水质长期不合格，腐蚀产物铜氧化物浓度过高，在一定条件下，便会从水中析出，沉积在线棒的通流截面上，造成定子线棒的水路堵塞。

【案例2】 河北某厂600MW汽轮发电机，2004年9月完成168h试运，11月开始个别同层出水温度差达$13℃$，临修、小修反冲洗无效，个别线棒流量差仍超过10%。为此，2006年2月大修更换了5根下层线棒和所有上层线棒才使问题得到解决。原因是运行水质不好和制造厂残水引起的腐蚀，产生的絮状铜氧化物堵塞了个别水路。

【案例3】 2006年年底投运的山东某发电厂一台1000MW汽轮发电机，2007年8月对比内冷水参数历史数据，发现内冷水从2006年11月27日投产时的水压为374kPa时水流量128t/h，到2007年8月26日压力485kPa而水流量仅119.2t/h，即压力增加约30%，水流量反而降低7%。分析认为线棒可能存在局部堵塞现象，随后进行的内冷水反冲洗冲出一些黑色粉末。经进一步的解剖检查，将部分绝缘引水管拆下，用内窥镜由定子线棒鼻端水电连接头处对空心导线进行检查。检查发现：已拆开的4根线棒汽侧（出水端）堵塞严重，部分空心导线接近堵死；励侧（进水端）检查未发现明显异常。线棒空心导线的堵塞物经化验是水对铜腐蚀形成的结垢物氧化亚铜（CuO）。

条文10.3.1.6 严格保持发电机转子进水支座石棉盘根冷却水压低于转子内冷水进水压力，以防石棉材料破损物进入转子分水盒内。

发电机转子进水支座石棉盘根是属于易损材料，在运行中容易产生破损物。为了防止这些破损物进入转子分水盒内，堵塞转子水系统，必须严格保持发电机进水支座石棉盘根冷却水压低于转子内冷水进水压力。

条文10.3.1.7 按照《汽轮发电机运行导则》（DL/T 1164—2012）要求，加强监视发电机各部位温度，当发电机（绕组、铁心、冷却介质）的温度、温升、温差与正常值有较大的偏差时，应立即分析、查找原因。温度测点的安装必须严格执行规范，要有防止感应电影响温度测量的措施，防止温度跳变、显示误差。

对于水氢冷定子线棒层间测温元件的温差达 8℃ 或定子线棒引水管同层出水温差达 8℃ 报警时，应检查定子三相电流是否平衡，定子绕组水路流量与压力是否异常，如果发电机的过热是由于内冷水中断或内冷水量减少引起，则应立即恢复供水。当定子线棒温差达 14℃ 或定子引水管出水温差达 12℃，或任一定子槽内层间测温元件温度超过 90℃ 或出水温度超过 85℃ 时，应立即降低负荷，在确认测温元件无误后，为避免发生重大事故，应立即停机，进行反冲洗及有关检查处理。

加强对定子线棒各层间及引水管出水间的温差监视，可以及时发现内冷回路堵塞的线棒。根据温差的大小，采取降低负荷或立即停机处理等措施，以避免事故的发生。

运行人员可以通过降低发电机负荷来确认测温元件是否正常。由于发电机定子的发热量与电流的平方成正比，因此，当降低发电机负荷时，测温元件的温度应有较大幅度的变化。否则，说明测温元件有问题。

【案例】　河北某发电厂一台 600MW 汽轮发电机组，2004 年 2 月新机 168h 试运期间，各线棒测点温差达到 16℃，仍然带满负荷继续运行，造成定子接地保护动作停机。经查发电机 13 号槽汽端上层出水盒有 3/4 被餐巾纸堵塞，导致 13、14 号上层线棒 R 处过热产生裂纹击穿。事故处理是更换了故障线棒。

条文 10.3.2　防止定子绕组和转子绕组漏水。

条文 10.3.2.1　绝缘引水管不得交叉接触，引水管之间、引水管与端罩之间应保持足够的绝缘距离。检修中应加强绝缘引水管检查，引水管外表应无伤痕。

绝缘引水管是发电机内冷水回路中最易漏水的薄弱环节，因此必须详细检查确保引水管无任何伤痕、引水管间无交叉和引水管间以及与端罩间有足够的绝缘距离。如果引水管交叉接触，在正常运行中就会产生相对运动互相摩擦，使管壁磨损变薄而漏水。如果引水管之间以及与端罩间距离较近，就有可能互相之间放电，烧损引水管引起漏水。

条文 10.3.2.2　认真做好漏水报警装置调试、维护和定期检验工作，确保装置反应灵敏、动作可靠，同时对管路进行疏通检查，确保管路畅通。

条文 10.3.2.3　水内冷转子绕组复合引水管应更换为具有钢丝编织护套的复合绝缘引水管。

由于钢丝编制护套具有较高的机械强度和一定的弹性，它能有效地保护复合绝缘引水管，因此，应将转子绕组复合引水管更换为有钢丝编制护套的复合绝缘引水管，以利于发电机的安全运行。

条文 10.3.2.4　为防止转子绕组拐角断裂漏水，100MW 及以上机组的出水铜拐角应全部更换为不锈钢材质。

对于悬挂式护环—中心环结构的转子，每旋转一周，护环与转轴之间的径向距离就发生一次交变循环。转子绕组拐角就要承受一次疲劳应力循环，同时转子绕组拐角还要承受转子转动时其自身和相应的绕组端部的离心力引起的拉伸应力的作用。久而久之转子拐角易产生疲劳断裂漏水。我国双水内冷机组投产初期就曾多次发生此类故障。因此，应将出水铜拐角更换为高强度耐腐蚀的不锈钢拐角，以防止转子绕组拐角断裂漏水事故。

条文10.3.2.5　机组大修期间，按照《汽轮发电机漏水、漏氢的检验》（DL/T 607）对水内冷系统密封性进行检验。当对水压试验结果不确定时，宜用气密试验查漏。

大量的实践证明，由于气密试验的灵敏度高，能够更有效地发现泄漏点，因此推广双水内冷发电机用气密试验代替水压试验。

条文10.3.2.6　对于不需拔护环即可更换转子绕组导水管密封件的特殊发电机组，大修期需更换密封件，以保证转子冷却的可靠性。

条文10.3.2.7　水内冷发电机发出漏水报警信号，经判断确认是发电机漏水时，应立即停机处理。

条文10.4　防止转子匝间短路

条文10.4.1　频繁调峰运行或运行时间达到20年的发电机，或者运行中出现转子绕组匝间短路迹象的发电机（如振动增加或与历史比较同等励磁电流时对应的有功和无功功率下降明显），或者在常规检修试验（如交流阻抗或分包压降测量试验）中认为可能有匝间短路的发电机，应在检修时通过探测线圈波形法或RSO脉冲测试法等试验方法进行动态及静态匝间短路检查试验，确认匝间短路的严重情况，以此制订安全运行条件及检修消缺计划，有条件的可加装转子绕组动态匝间短路在线监测装置。

转子匝间短路故障是汽轮发电机常见故障，较轻微的故障可能仅是导致局部过热和振动增大，严重的故障可以发展为转子接地和大轴磁化，严重威胁发电机安全运行。20世纪80年代我国200MW汽轮发电机曾经频发转子绕组接地故障，大多是在机组投产运行两年以内即发生事故。主要原因是匝间绝缘制造工艺粗糙，出厂时即存在匝间短路以及绝缘电阻低等隐患。近些年制造的300MW及以上容量的发电机设计和制造质量都有明显改善，但还不能杜绝因质量问题引起的发电机故障。

因此，防止转子匝间短路故障主要措施：首先，应改善转子匝间绝缘的制造工艺，提高转子匝间绝缘的质量水平。其次，应加强转子在制造、运输、安装及检修过程中的管理，防止异物进入发电机。因为转子匝间绝缘比较薄弱，即使在制造、运输、安装及检修过程中有焊渣或金属屑等微小异物进入转子通风道内，也足以造成转子匝间短路。再次，改进密封油系统，确保密封油系统平衡阀、压差阀动作灵活、可靠，尽可能减少向发电机内进油。发电机内油污染是转子发生匝间短路的原因之一。发电机进油是国产机组的常见缺陷，主要原因是设备的制造质量不良，差压阀、平衡阀灵敏度和可靠性难以满足要求。氢气压力波动时，油压跟踪不好，不能维持氢油压差，导致氢气泄漏或向发电机内进油。故机组运行中的对策是尽量保持氢气压力的稳定，避免发电机在低氢压下运行。

近年来随着我国电网峰谷差的日益增大，机组承担着繁重的调峰任务，使我国发电机转子绕组匝间短路故障呈上升趋势。其主要原因是由于发电机频繁启停调峰，使转子绕组在热循环应力作用下产生绕组变形，由此可能引起匝间短路故障。频繁启停的发电机更容易发生发电机内进油故障。两班制运行的发电机长期低速盘车还存在着转子匝线微小相对运动而产生的"铜粉尘"问题，也是产生转子绕组匝间短路故障的原因之一。所以，调峰运行的发电机应对调峰能力和运行要求有相应的规定，以防止转子匝间短路故障的发生。

【案例】 1998 年 4 月山东某电厂 1 台 QFSN-300-2 型发电机，仅投运 17 个月即发生严重匝间短路故障，励侧护环下极间连线和部分线匝烧断。其原因是制造时虚焊，运行中脱焊、从而发生拉弧引起匝间短路事故。

条文 10.4.2 经确认存在较严重转子绕组匝间短路的发电机应尽快消缺，防止转子、轴瓦等部件磁化。发电机转子、轴承、轴瓦发生磁化（参考值：轴瓦、轴颈大于 10×10^{-4}T，其他部件大于 50×10^{-4}T）应进行退磁处理。退磁后要求剩磁参考值为：轴瓦、轴颈不大于 2×10^{-4}T，其他部件小于 10×10^{-4}T。

【案例】 1993 年 4 月，华北电网某发电厂 1 号 300MW（水氢氢）汽轮发电机在运行中发生转子绕组匝间短路接地故障。事故后拔下护环检查，发现汽侧护环下 S 极第 7 号和第 8 号线包端头拐角处有短路放电熔迹，附近的绝缘隔板表层炭化，护环内壁上有一块黑色金属物的滴熔区已造成护环损伤；密封环下密封瓦及转子轴颈因轴电流大面积烧伤；转子大轴磁化。事故抢修时间持续一个多月，修复了绕组端部，大轴退磁，并更换了一只护环。其事故主要原因可能是由于在制造过程中转子汽侧端部遗留有铝金属（如铝屑等），经长时间运行移至 7、8 号线包间造成两线包端头拐角处匝间短路，继而烧穿绝缘护板，烧伤护环。

条文 10.5 防止漏氢

条文 10.5.1 发电机出线箱与封闭母线连接处应装设隔氢装置，并在出线箱顶部适当位置设排气孔。同时应加装漏氢监测报警装置，当氢气含量达到或超过 1% 时，应停机查漏消缺。

条文 10.5.2 严密监测氢冷发电机油系统、主油箱内的氢气体积含量，确保避开含量在 4%～75% 的可能爆炸范围。内冷水箱中含氢（体积含量）超过 2% 应加强对发电机的监视，超过 10% 应立即停机消缺。内冷水系统中漏氢量达到

0.3m³/d 时应在计划停机时安排消缺，漏氢量大于 5m³/d 时应立即停机处理。

条文 10.5.3 密封油系统平衡阀、压差阀必须保证动作灵活、可靠，密封瓦间隙必须调整合格。发现发电机大轴密封瓦处轴颈存在磨损沟槽，应及时处理。

条文 10.5.4 对发电机端盖密封面、密封瓦法兰面以及氢系统管道法兰面等所使用的密封材料（包含橡胶垫、圈等），必须进行检验合格后方可使用。严禁使用合成橡胶、再生橡胶制品。

氢气是易燃、易爆气体，一旦发生泄漏将可能发生爆炸，并导致设备的严重损坏。

防止氢气泄漏重点措施为：一是要求保证氢冷系统严密。氢冷发电机检修后必须进行气密试验，试验不合格不允许投入运行。二是要求密封油系统平衡阀、压差阀必须动作灵活、可靠，以确保在机组运行中氢油的压差在规定的范围内，发电机不向外漏氢。三是在发电机出线箱与封闭母线连接处应装设隔氢装置，以防止氢气漏入封闭母线。并在封闭母线上加装可靠的漏氢探测装置，以及早发现漏氢，也是防止因氢气进入发电机封闭母线引起爆炸事故的有效措施之一。根据《隐极同步发电机技术要求》（GB/T 7064—2008）中规定，封闭母线外套内的氢气含量超过1％时应停机处理。

本条内冷水系统监视漏氢量的判据采纳了《隐极同步发电机技术要求》（GB/T 7064—2008）的规定，应注意现在的规定比过去反措的规定更严格了，原国家电力公司 2000 年发布的《二十五项反措》规定，水箱上面氢气含量 3％报警，20％停机；现国家标准是 2％报警，10％停机。新标准是建立在大量事故统计分析的基础上制定的，表明原较宽松的限值标准可能会贻误发电机隐患处理而酿成重大发电机停机事故。这是因为发电机内冷水系统渗漏故障首先涉及的是设备自身的运行安全，不论是绕组绝缘磨损、焊缝开焊、引水管破裂等造成渗漏的故障隐患，都可能迅速发展为严重的定子绕组短路事故，对此必须从防止发电机定子绕组短路故障的高度去给予足够的重视。

有些外国制造厂也有自己的标准，如盘山电厂俄罗斯制造的 500MW 发电机定子内冷水箱中氢气含量报警值为 1.2％，最大量程为 3.99％；类似的俄罗斯制造的200MW 发电机设备验收合同书规定，定子内冷水箱中含氢量超过 1.5％为不合格，其发电机运行时报警限值为 2％。

定子内冷水箱中含氢量（体积含量）超过 2％时，应加强重点监视以下三方面：

（1）每小时测量、记录内冷水箱（水内冷系统）中含氢量。

（2）应加强监视发电机定子线棒的温度（防止气塞、线棒过热）。

（3）监视发电机内部是否进水。

【案例 1】 1993 年 9 月，东北某发电厂发生 5 号 200MW 汽轮发电机组漏氢着火事故。其事故原因是，在机组大修时，错误地将密封油冷油器滤网端盖的石棉垫更换为胶皮垫，机组投入运行后，胶皮垫在压力、温度和腐蚀介质的作用下损坏，致使密封油系统发生泄漏，密封油压下降。虽然直流油泵联启也不能满足发电机氢压的要求，导致氢气从发电机端盖外漏，被励磁机自冷风扇吸进滑环处，引起氢气着火。

【案例 2】 某发电厂曾发生过因氢气进入发电机封闭母线引起爆炸的意外事故。

【案例 3】 2000 年以后陆续有多台 300MW 及以上大型氢冷发电机在运行中或检修中发生氢气爆炸事故，有的还发生了人身伤亡事故。

条文 10.6 防止发电机局部过热

条文 10.6.1 发电机绝缘过热监测器发生报警时，运行人员应及时记录并上报发电机运行工况及电气和非电量运行参数，不得盲目将报警信号复位或随意降低监测仪检测灵敏度。经检查确认非监测仪器误报，应立即取样进行色谱分析，必要时停机进行消缺处理。

发电机绝缘过热报警装置是可以发现绝缘过热早期故障隐患的专用仪器，国外简称为 GCM（Generator Condition Monitor）。该仪器有两根管道与发电机大轴上的风扇两侧相连，利用风扇前后的正负气压差，在发电机运行时，源源不断地取出少量冷却气体流过该仪器检测后送回发电机。当发电机由于某种原因发生绝缘局部过热时，绝缘体将分解散发出特有的烟气物质，该报警装置捕捉到烟气微粒就会立即报警，然后通过自动或人工取样对机内冷却气体进行色谱分析，就可以判断过热部位的材质和过热程度，随即对发电机采取相应措施，就可以达到防止重大绝缘事故的目的。

世界首台 GCM 产生于 20 世纪 60 年代，最初研发的目的是探测大型氢冷汽轮发电机定子铁芯片间绝缘过热，因此曾称为发电机铁芯故障监测仪。当发电机内部发生过热时，任何受到影响的有机物（如环氧绝缘）都会因热分解而产生大量的凝结核微粒（直径为 $0.001\sim0.1\mu m$），即烟气。GCM 的工作目的是捕捉这些微粒。在正常运行情况下，冷却气体中是没有这种微粒的，当 GCM 捕捉到这种烟气微粒时，就表明发电机内部的有机物材料存在过热情况，不论这种过热是发生在转子绕组、定子绕组、还是定子铁芯上，均会产生仪器报警。

大多数绝缘只在温度相当高时才会产生烟气微粒。定子绕组和转子绕组中的主绝缘若处在如此高的温度下，很可能在几分钟或几小时内就继发了接地或相间短路故障。而定子铁芯却相反，片间绝缘出现局部过热后，并不意味着电机将很快出现停运故障，甚至几年内都不会扩大为停机事故。因此可以说，通常少数几片叠片的铁芯短路对电机的威胁并不严重。由于上述原因，历史上 GCM 一般不能为定子绕组和转子绕组的绝缘过热问题发出很及时的报警，因而特别适用于定子铁芯绝缘过热故障的早期报警。

因为该装置属于解读型的在线监测仪，设备的运行和维护非常重要，而其中最重要的是报警以后的处理，需要把报警以后的气体样品送到仪器生产厂家的实验室，由专家对采样气体通过专用仪器去分析和解读。而这种专门的数据分析是建立在具体发电机某型材料基础上的，所以针对性很强。此外，气流量、气压、温度的改变都会影响到探测的电流变化，因此必须保持这些参数的稳定。还需要注意的是，GCM 不同于发电机温度监测系统，不是靠温度传感器感知安装位置的温度，而是探查发电机内部任何有机材料发生热灼伤情况，因而不能立即指示具体的灼伤部位和过热温度，除非有相应的辅助诊断手段，例如在绝缘的特定部位预先涂施在某特定温度下释放烟气微粒的标识化合物。由此产生了第二代 GCM，即 GCM Plus，具有全面监视发电机内部的绝缘系统功能。

标识化合物是 20 世纪 70 年代开始在 GCM 上使用的辅助材料，可涂在氢冷或全密封的空冷电机中任何需要的部位表面。通常，可在同一台电机中使用几种不同种类的标识化合物。当被涂表面发热到一定的温度时，具有某种特定化学特性的微粒就会被释放到冷却气体中。由于这些微粒与烟气有相同的物理特征，也会引发 GCM 的报警。GCM 通过过滤器使冷却气体中含有的微粒被滤出并捕获，随后可进行化学分析。方便时就可以从 GCM 上取出过滤器，使用气相色谱仪（GC）或质谱仪（MS）对微粒进行化学分析。在 GC 或 MS 上很容易识别出标识化合物中的化学成分。如果在过滤器中探测到了这些化学成分，就表明涂有此标识物质的表面达到了该化学物质挥发的温度。因此只要知道各种标识化合物涂刷的部位，就不仅可以知道所测绕组的温度，而且还可以知道具体过热点的位置。标识化合物通常都是由微球形胶囊封裹的氯化物组成的，当微球胶囊达到了特定温度，它就会破裂，释放出这种化学物质。微球胶囊破裂的临界温度高于绕组的正常运行温度，但又远低于绝缘的熔点或燃点温度。通常有许多种略带差异的标识化合物，它们各有唯一的化学识别特征，对应某一特定的温度。

虽然这种测量温度的方法有效，但需要有 GCM，同时标识化学物通常还需要仪器供应商进行分析，所以其报警以后的后续处理就极具专有性。通常需要 GCM 的原始供应商以售后服务形式提供分析处理，即使是非标识化合物的普通绝缘过热烟气的化学色谱分析，也受到不同型号仪器的特殊性限制。例如采用的仪器放射源不同，目前主要分钍（Thorium）Th232 或是镅（Americium）Am241，非设备原始供应商往往不可能提供有效的报警烟气成分分析。分析方法的非通用性在一定程度上限制了该仪器的应用。

另一个值得用户考虑的问题是，许多标识化合物都有一定的寿命，其化学成分最终会从微球胶囊中渗透出来。如果在涂刷标识化合物许多年以后才出现绝缘过热超温事件，有可能剩余的标识化合物已不足以触发报警，或不足以进行分析。标识化合物能使用多久取决于所涂刷表面的温度，如果表面温度持续接近"触发"温度，那么寿命就会缩短。标识化合物应该每 5 年更新一次。不幸的是，只有抽出转子进行检修时，才有机会更新这些标识化合物。

近些年来，大型空气冷却的汽轮发电机和单机容量仍在不断增加的大型水轮发电机的出现，导致了 GCM 用于空气冷却电机的工程应用。其基本理念与氢气冷却的发电机相同，只是将其安装在全封闭式风扇冷却电机的空气冷却系统中。这种 GCM 不使用离子室，因为其灵敏度不够高，而是采用一种叫做"烟气室"的探测方法。

GCM 典型的输出是给运行人员发出报警，但目前存在许多种对 GCM 读数的错误理解。一般 GCM 在电流下降为正常值的大约 40％以下时发出报警。如果报警是由于定子铁芯故障而发出的，通常会在几个小时后自动消失。许多运行人员认为这是"误报警"，是 GCM 工作状态异常。事实上是 GCM 已经探测到了绝缘过热。运行人员的错误在于不了解 GCM 的报警本质上会自行消失，而且 GCM 发出报警一般也不意味着发电机近期就会发生停机故障。类似的"误报警"，有时也会在电机内部表面很热，而又有油滴到该表面时发生。这种油滴呈雾状，大量的小油滴可能触发 GCM 的报警。这种报警不表明电机马上就会发生故障，但表明电机内部表面确实有过热情况。

电厂运行人员仅仅应关心 GCM 发出持续的、电流明显大幅下降时（比如低于 20％）的报警。因为此时表明，已经有相当大体积的一处绝缘开始冒烟了，而对于 GCM 发出的所有其他报警，都应由设备维护人员采集并分析 GCM 数据。

在没有标识化合物协助分析的情况下，GCM 对于发现定子铁芯的过热故障依然还是非常有效的。定子铁心叠片绝缘劣化故障的发展机理是，在出现片间绝缘失效短路的局部，短路的叠片之间将会有循环电流流动。如果短路的片数足够多，流过的电流很大，硅钢片局部可能会彼此烧焊在一起，并发热到足以烧灼此处的绝缘，这时就会触发 GCM 报警。几小时后，受影响部位的绝缘会被完全烧光，则 GCM 又会返回到正常的读数。同样，其他区域的铁心绝缘劣化，也是先导致短路，再发生一次绝缘烧灼，结果就是 GCM 的报警活动频频爆发，持续数天、数月，甚至数年。最终足够多的片间绝缘被破坏掉，将会因局部铁心温度过高而引发停机故障。因此若在相当长的时间内 GCM 频频发出报警，就是表明铁心绝缘有灼伤现象。有时铁心叠片问题的突发报警还与电机的励磁状态有关，往往会紧随电机过励磁之后发生报警。过励磁确有可能引发和加重铁心片间绝缘的局部故障，但如果仅仅是偶尔为之的突发报警，对绝缘的威胁可能并不严重。

如果已经安装了标识化合物，则一旦 GCM 发出报警，就应进行专门采样分析。如前所述，化学成分分析以及涂刷的标识化合物具体位置，可指示出现过热的位置和温度。

目前我国各发电厂多数安装的是国产仪器，即不带有标识化合物辅助功能。使用中遇到一些问题，主要是仪器进油以后的停运、误报警等。但运行实践表明，只要按照厂家规定，专人认真维护仪器，保证仪器的正常运行是没问题的，已经有很多及时、正确报警的实例。所以，应该在仪器的正确维护和使用上采取相应措施。

目前国内有些发电机安装了进口的第二代绝缘过热报警装置，即 GCM Plus，其智能化程度较高，可以全面监测发电机内部绝缘，判断过热点的位置和温度。但该仪器在我国的应用却受到许多局限，如该仪器要求在发电机制造时即使用一些特殊涂料，而我国自己制造的发电机通常不可能接受外来涂料，使得该仪器在国产发电机上的使用不能有效发挥原有功能。另一个问题是，报警以后对采样品的分析和处理是一个非常麻烦的问题。因为气体采样和仪器工作原理与国内生产的仪器不同，目前国内实验室还不具备对国外产 GCM 仪器采样品的分析能力。而把样品送到国外去分析，无论从时间上还是财力上以及传递通道上都是问题。因此，该装置的选型非常重要，如果选用了第二代产品 GCM Plus，一是要确认发电机能否在生产过程中涂刷国外专利的标识化合物；二是考虑报警后对采集样品的售后服务是否便利。如果上述两条不能很好解决，目前情况下建议慎选进口装置。

条文 10.6.2　大修时对氢内冷转子进行通风试验，发现风路堵塞及时处理。

许多电厂在运行实践中先后多次发现氢内冷转子绕组的个别端部、槽部出现通风孔堵塞现象。其主要原因有杂物进入、槽楔垫条没有开孔、槽楔下垫条在运行中发生位移等，造成转子过热、导线变形等现象，严重地影响了转子绝缘和发电机的正常运行。因此在大修中，必须检查转子通风孔的堵塞情况，并进行必要的处理。

条文 10.6.3　全氢冷发电机定子线棒出口风温差达到 8℃或定子线棒间温差超过 8℃时，应立即停机处理。

全氢冷发电机在运行中要监控定子线棒出口风温温差，以便早期发现绝缘故障。当出口风温温差超过规定值时，说明个别线棒风路被堵塞产生局部过热，有发展成绝缘事故的危险。

【案例】　1995 年 3 月 12 日，广东某发电厂 5 号发电机（QFN-300-2 型，全氢冷）在负荷为 295MW 时，发现 5 号定子线棒出口风温为 61℃，3 号定子线棒出口风温为 51℃，定子线棒间出口风温差达 10K，超过 8K 的规定。根据 5 号发电机在不同负荷下定子线棒出口风温差变化情况，采取了降低负荷运行的措施，限制在220MW、50Mvar 以下运行。6 月 3 日停机大修，检查发现汽端 18 号槽上层线棒对应的出口风温 5 号测温元件的矩形绝缘引风管内距槽口约 40mm 处，被揉成一

个团状的薄膜纸堵塞。由于发现及时，并采取降低负荷运行的措施，才没有造成严重后果。

由此可见，要求全氢冷发电机定子线棒出口风温差达到8K时，应立即做出停机处理，这是十分必要的。

条文10.7　防止发电机内遗留金属异物故障的措施

条文10.7.1　严格规范现场作业标准化管理，防止锯条、螺钉、螺母、工具等金属杂物遗留定子内部，特别应对端部线圈的夹缝、上下渐伸线之间位置作详细检查。

条文10.7.2　大修时应对端部紧固件（如压板紧固的螺栓和螺母、支架固定螺母和螺栓、引线夹板螺栓、汇流管所用卡板和螺栓、定子铁芯穿芯螺母等）紧固情况以及定子铁芯边缘硅钢片有无过热、断裂等进行检查。

条文10.8　防止护环开裂

条文10.8.1　发电机转子在运输、存放及大修期间应避免受潮和腐蚀。发电机大修时应对转子护环进行金属探伤和金相检查，检出有裂纹或蚀坑应进行消缺处理，必要时更换为18Mn18Cr材料的护环。

条文10.8.2　大修中测量护环与铁芯轴向间隙，做好记录，与出厂及上次测量数据比对，以判断护环是否存在位移。

条文10.9　防止发电机非同期并网

条文10.9.1　微机自动准同期装置应安装独立的同期鉴定闭锁继电器。

条文10.9.2　新投产、大修机组及同期回路（包括电压交流回路、控制直流回路、整步表、自动准同期装置及同期把手等）发生改动或设备更换的机组，在第一次并网前必须进行以下工作：

条文10.9.2.1　对装置及同期回路进行全面、细致的校核、传动。

条文10.9.2.2　利用发电机—变压器组带空载母线升压试验，校核同期电压检测二次回路的正确性，并对整步表及同期检定继电器进行实际校核。

条文10.9.2.3　进行机组假同期试验，试验应包括断路器的手动准同期及自动准同期合闸试验、同期（继电器）闭锁等内容。

发电机非同期并网过程类似电网系统中的短路故障，其后果是非常严重的。发电机非同期并网产生的强大冲击电流，不仅危及电网的安全稳定，而且对并网发电机组、主变压器以及汽轮发电机组的整个轴系也将产生巨大的破坏作用。

【案例】　1997年某发电厂发生1号机组发电机非同期并网事故。1997年9月15日，在1号机组的启动过程中，由于500kV出口断路器控制回路二次电缆绝缘损坏。引起电缆芯线瞬间击穿，合闸回路接通，导致了发电机非同期合闸并网。发电机非同期并网所产生的冲击电流造成1号主变压器U相（奥地利ELIN公司生产，单相容量210MVA，1992年7月16日投入运行）严重损坏。同时，2号主变压器差动保护误动，2号机组跳闸停机，从而造成了严重的设备损坏和全厂停电的重大事故，直接经济损失达112.3万元，少发电量达307.636GWh。

为了避免发电机非同期并网事故的发生，对于新投产机组、大修机组及同期回路（包括电压交流回路、控制直流回路、整步表、自动准同期装置及同期把手等）进行过改动或设备更换的机组，在第一次并网前必须进行以下工作。

（1）对同期回路进行全面、细致的校核（尤其是同期继电器、整步表和自动准同期装置应定期校验），条件允许的可以通过在电压互感器二次侧施加试验电压（注意必须断开电压互感器）的方法进行模拟断路器的手动准同期及自动准同期合闸试验。同时检查整步表与自动准同期装置的一致性。

（2）倒送电试验（新投产机组）或发电机—变压器组带空载母线升压试验（检修机组）。校核同期电压检测二次回路的正确性，并对整步表及同期检定继电器进行实际校核。

（3）假同期试验。进行断路器的手动准同期及自动准同期合闸试验，同期（继电器）闭锁试验，检查整步表与自动同期装置的一致性。

（4）断路器操作控制二次回路电缆绝缘满足要求。

（5）核实发电机电压相序与系统相序一致。

此外，发电机在自动准同期并网时，必须先在"试验"位置检查整步表与自动准同期装置的一致性（防止自动准同期装置故障），然后"投入"自动准同期装置并网。

条文10.10　防止发电机定子铁芯损坏

检修时对定子铁芯进行仔细检查，发现异常现象，如局部松齿、铁芯片短缺、外表面附着黑色油污等，应结合实际异常情况进行发电机定子铁芯故障诊断试验，或温升及铁损试验，检查铁芯片间绝缘有无短路以及铁芯发热情况，分析缺陷原因，并及时进行处理。

发电机定子铁心损坏故障，除非落入异物，通常呈渐进性的逐渐劣化趋势，但一旦发展到严重的铁心故障，将可能直接导致发电机定子绕组短路的恶性事故，发电机的修复工作将非常困难，可能还需返厂大修，即使不包括减少发电量的经济损失，直接设备修理造成的经济损失就非常重大，所以应该对于防止发生定子铁心故障的措施给予足够的重视。

防止定子铁心损坏的措施，主要是要注重定子铁心故障的早期诊断及预防，应以检查为主，辅以测试手段相结合的综合方法进行监控，及时发现铁心存在的片间短路或松动故障，及时进行消缺处理。应利用大、小修机会，仔细人工查找铁心内膛表面有无颜色异常，有无黑色或铁锈色异物，有无齿部松动的情况。小修时若不抽转子，可以用内窥镜绕过端部挡风环观察铁心表面。对取到的异物要进行化验，当含有大量铁元素时，就应注意可能是铁心故障的早期现象。必要时进行铁心损耗试验，或者铁心故障探测试验（ELCID），确定故障点及严重程度。对检修中发现的铁心较轻微的松弛现象，有条件时也应进行处理；若铁心已经存在严重松弛，例如局部铁心出现裂齿、断齿等现象，必须采取相应措施及时处理，并应查找形成缺陷的原因，及时纠正，避免故障现象的重复产生。

根据国内发电机铁心故障的抢修经验，较轻微的铁心故障不必更换铁心片，仅需做局部铁心齿的修复处理工作，损失相对很小。但故障严重的发电机，特别是已经因对地短路造成线棒和铁心的严重损坏的发电机，不得不大范围更换定子铁心片，有的因现场不具备修复条件，只好返厂大修，除工期较长外，仅运费就是一笔巨额开支。

【**案例1**】 2001年5月华北某电厂一台QFQ-200-2型200MW汽轮发电机小修时发现定子铁心励侧一风区表面有黑色油泥状异物，经化验表明异物的主要成分中除含有密封油外，还含有大量金属铁元素，因此怀疑铁心存在磨损故障。发电机继续运行到2002年2月底进行大修，检查发现在一风区的黑色油泥状异物区域扩大至近3/4的圆周表面，在靠近11～12点钟的6个齿1～3段铁心段上，明显呈现铁心片松动、磨损，甚至缺齿的故障，更为严重的是，松动和脱落的铁心齿片在线棒电磁力作用下，造成了多处线棒主绝缘的磨损，其中16号上层线棒被磨出深4.2mm、长43mm的沟槽。因该处主绝缘仅厚5.4mm，故如果再继续运行一段时间，不可避免地要突发线棒对地短路事故。经用铁心故障探测仪检查，确认该部位有多处片间短路故障，铁损试验也说明该处存在异常温升。为彻底修复铁心，电机制造厂在现场拆除了全部线棒，更换了全部1～4段铁心，然后在现场进行铁心叠压和重新下线的定子装配工作，其间更换了部分有问题的线棒。由于停机检修及时，幸未酿成重大事故。

【**案例2**】 2006年7月广东沿海某电厂一台运行大约2年的600MW汽轮发电机，在检修中发现铁心故障。现象是励端8～11点位置的定子铁心边端有较多的黑色泥状油污，油污从11点位置处（18与19槽间）开始，至8点钟位置结束，沿转子旋转方向形成扩散状。检查发现在励侧铁心边端（阶梯齿）靠近压指处的铁心硅钢片齿部发生严重的片间松动磨损现象，磨损的硅钢片已磨成粉状。多处磨损分别形成蜂窝状（最严重处25mm×30mm），硅钢片磨损深15～20mm，有数十片硅钢片发生断齿。故障原因与制造质量有关，也存在严重的发电机进油问题，运行环境不好。故障的处理是整个定子返回制造厂大修，更换部分定子铁心片。

条文10.11 防止发电机转子绕组接地故障

条文10.11.1 当发电机转子回路发生接地故障时，应立即查明故障点与性

质，如系稳定性的金属接地且无法排除故障时，应立即停机处理。

条文 10.11.2　机组检修期间要定期对交直流励磁母线箱内进行清擦、连接设备定期检查，机组投运前励磁绝缘应无异常变化。

条文 10.12　防止次同步谐振造成发电机损坏

送出线路具有串联补偿的发电厂，应准确掌握汽轮发电机组轴系扭转振动频率，以配合电网管理单位或部门共同防止次同步谐振。

条文 10.13　防止励磁系统故障引起发电机损坏

条文 10.13.1　有进相运行工况的发电机，其低励限制的定值应在制造厂给定的容许值和保持发电机静稳定的范围内，并定期校验。

条文 10.13.2　自动励磁调节器的过励限制和过励保护的定值应在制造厂给定的容许值内，并定期校验。

条文 10.13.3　励磁调节器的自动通道发生故障时应及时修复并投入运行。严禁发电机在手动励磁调节（含按发电机或交流励磁机的磁场电流的闭环调节）下长期运行。在手动励磁调节运行期间，在调节发电机的有功负荷时必须先适当调节发电机的无功负荷，以防止发电机失去静态稳定性。

条文 10.13.4　运行中应坚持红外成像检测滑环及碳刷温度，及时调整，保证电刷接触良好；必要时检查集电环椭圆度，椭圆度超标时应处理，运行中碳刷打火应采取措施消除，不能消除的要停机处理，一旦形成环火必须立即停机。

条文 10.14　防止封闭母线凝露引起发电机跳闸故障

条文 10.14.1　加强封闭母线微正压装置的运行管理。微正压装置的气源宜取用仪用压缩空气，应具有滤油、滤水过滤（除湿）功能，定期进行封闭母线内空气湿度的测量。有条件时在封闭母线内安装空气湿度在线监测装置。

条文 10.14.2　机组运行时微正压装置根据气候条件（如北方冬季干燥）可以退出运行，机组停运时投入微正压装置，但必须保证输出的空气湿度满足在环境温度下不凝露。有条件的可加装热风保养装置，在机组启动前将其投入，母线绝缘正常后退出运行。

条文 10.14.3　利用机组检修期间定期对封母内绝缘子进行耐压试验、保压试验，如果保压试验不合格禁止投入运行，并在条件许可时进行清擦；增加主变压器低压侧与封闭母线连接的升高座应设置排污装置，定期检查是否堵塞，运行中定期检查是否存在积液；封闭母线护套回装后应采取可靠的防雨措施；机组大修时应检查支持绝缘子底座密封垫、盘式绝缘子密封垫、窥视孔密封垫和非金属伸缩节密封垫，如有老化变质现象，应及时更换。

防止发电机励磁系统事故

总体情况说明：

原国家电力公司《防止电力生产重大事故的二十五项重点要求》（2000 版）中有关励磁系统的反事故措施安排在第 11 项"防止发电机损坏事故"中。2012 年根据相关要求、依据 2012 年底前正式发布的国家和行业相关标准并参考《国家电网公司发电厂重大反事故措施（试行）》（2007 试行）及国内五大电力公司的相关规定，按照 2005 年版《十八项反措》编写格式，重新修订了励磁系统原条款并独立成章。新条款号为 11.1～11.4 节，分别对设计、改造、调整试验和运行安全 4 个方面提出规范性的 26 项反措要求。

条文说明：

条文 11.1　加强励磁系统的设计管理

近年来，随着发电机组容量的增加、电网规模的不断扩大，机网协调运行的要求随之加强，对励磁系统的要求也逐步深化。实践表明励磁系统的运行安全、调节性能和对电网稳定的影响，许多情况是在设计阶段就已经确定了，因此加强励磁系统运行环境、稳定调节能力、纠错能力、灭磁能力及与发电机保护的协调匹配等方面的设计管理就显得十分重要。

条文 11.1.1　励磁系统应保证良好的工作环境，环境温度不得超过规定要求。励磁调节器与励磁变压器不应置于同一场地内，整流柜冷却通风入口应设置滤网，必要时应采取防尘降温措施。

励磁系统运行环境的优劣直接影响设备运行的安全寿命，在初设阶段就应引起充分重视，否则当设备故障或出现问题时，一方面可能会使故障范围进一步扩大，另一方面也不利于故障或损坏设备的检修。

【案例 1】　张家口某电厂励磁系统引入英国某公司设备，其整流柜安置在厂房零米位置，在性能测试时发生可控整流器等部件损坏故障，继而造成火花放电，最终烧毁整流柜的事故。事后英方技术人员在分析现场燃烧物质成分时发现，除有燃烧后的母线铜屑等物质外，还有大量的煤粉成分，正是这些煤粉的存在导致了事故的扩大，在现场进一步调查后发现，发电机小间距离磨煤机不远，而小间上方的透气窗在设计时也未增加滤网，故综合作用使得设备烧毁。

【案例2】 江苏某电厂引入美国某公司设备，励磁变压器设计放置在 6m 励磁小间附近，且励磁变压器周围没有足够的散热空间，还被各种油路管道包围，在投运六年后励磁变压器因长期过热而烧毁，在检修时遇到很大困难，首先是必须将周围油路管道锯断，其次是必须将厂房侧面炸开一个洞，才能将励磁变压器运出进行检修，使电厂的生产受到极大影响。

上面两个实例表明，在设计中就应使励磁系统有良好的工作环境是保障设备长期可靠运行的有效措施。

条文 11.1.2 励磁系统中两套励磁调节器的电压回路应相互独立，使用机端不同电压互感器的二次绕组，防止其中一个故障引起发电机误强励。

一般励磁系统运行时，要求自动电压调节器（AVR）运行在自动方式，所谓"自动方式"是指电压闭环运行方式，即 AVR 根据其参考电压与电压互感器（TV）的二次电压的比较差值进行调节。若 TV 二次短路，则差值为最大，对于单套 AVR 必然进行强励处理，所以此时要求 AVR 进行切换。但若另一套备用的 AVR 通道的 TV 回路没有与工作 AVR 隔离，就会造成整个系统的误强励。

【案例1】 河北某电厂励磁系统引入日本某公司设备，该设备两套 AVR 中虽然 TV 二次回路相互独立，但设计的 TV 断线保护有缺陷，实际运行时等同于只有一套 TV 供电。当电网中出现短路故障时，由于 AVR 中软件判断是双 TV 断线，动作结果是没有强励而切换至手动运行，使电网失去了必要的电压支撑。

【案例2】 美国某公司的励磁设备，虽然在设计中保证了两套 AVR 电压回路相互独立，但在 TV 断线的判断时间设置方面却完全向调试人员开放。实验室性能检测情况表明，当 TV 断线的判断时间为 0.5s 时，发电机空载双 TV 断单相时，机端最大电压可达 1.17 倍；负载时也可达 1.15 倍。

结合上面的示例，实际上反措不仅要求两套励磁调节器的电压回路应相互独立，关键点还在于不能引起发电机励磁系统的误强励，但在电网需要电压支撑时，也不能随意切换至手动系统运行。

条文 11.1.3 励磁系统的灭磁能力应达到国家标准要求，且灭磁装置应具备独立于调节器的灭磁能力。灭磁开关的弧压应满足误强励灭磁的要求。

励磁系统的灭磁能力是保证励磁设备和发电机组运行安全的重要性能，灭磁能力强的励磁设备，一方面可以保证发电机正常运行时的安全停机，还可使故障时发电机转子免受过电压和过电流的损害；另一方面可靠快速地灭磁，防止事故的扩大化。

【案例】 2006 年内蒙古某电厂励磁系统引入瑞典某公司原装设备，在进行

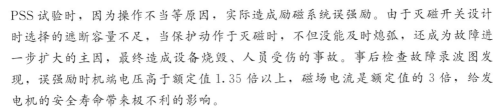

PSS 试验时，因为操作不当等原因，实际造成励磁系统误强励。由于灭磁开关设计时选择的遮断容量不足，当保护动作于灭磁时，不但没能及时熄弧，还成为故障进一步扩大的主因，最终造成设备烧毁、人员受伤的事故。事后检查故障录波图发现，误强励时机端电压高于额定值 1.35 倍以上，磁场电流是额定值的 3 倍，给发电机的安全寿命带来极不利的影响。

反事故措施要求的励磁系统的灭磁能力是现场多次事故的经验总结，也是血的教训换来的，应引起充分的重视。

条文 11.1.4　自并励系统中，励磁变压器不应采取高压熔断器作为保护措施。励磁变压器保护定值应与励磁系统强励能力相配合，防止机组强励时保护误动作。

在自并励系统设计中，励磁变压器应采用被实践证明比较可靠的保护设施，一方面要保证设备本体的安全，另一方面不能影响励磁系统的正常功能。

【案例 1】　20 世纪 90 年代后期，美国某公司设计的自并励系统在励磁变压器高压侧利用快速熔断器作为保护部件，因设计的工作频率与国内不一致等原因，使得正常运行时快速熔断器就有比较高的温度，结果在相关电厂正常停机和汽机甩负荷等试验中，多次发生熔断器熔断的故障，给电厂造成不必要的损失。

【案例 2】　在发电厂安全及技术监督检查中，相关专家多次发现作为励磁变压器主保护的过流保护反时限的整定设计，与励磁系统强励能力在时间上不匹配，不满足电网的要求。

根据国内现状，多数情况下励磁变压器采用过流保护作为其主保护（也有少数采用差动保护作为主保护），在这种情况下，过流保护还有间接作为发电机转子过负荷保护的功能，因此一方面应确保励磁变压器本身的安全性，另一方面也不能影响励磁系统强励能力，所以过流持续时间的选择只要不超过发电机转子的承受能力就应认为是合理的。

条文 11.1.5　励磁变压器的绕组温度应具有有效的监视手段，并控制其温度在设备允许的范围之内。有条件的可装设铁芯温度在线监视装置。

励磁系统中励磁变压器是运行中最容易发热的设备之一，发热的原因是其带有能产生高次谐波的整流负荷，而设备运行寿命在一般情况下与运行温度密切相关，应在设计阶段保证对未来投运的励磁变压器能有必要的温度监视手段。

【案例】　江苏某电厂采用意大利某公司励磁设备，由于设计谈判中对现场运行温度估算有偏差，造成夏天运行时，励磁变压器温升过高经常跳闸的情况，在发电机试运行的 72h 中，临时采用三台轴流风机冷却才通过考核。

本措施中严格规定对于"励磁变压器的绕组温度应具有有效的监视手段"，一般情况下可设置两段温度监视，一段用于报警，高于报警值 10～20℃可考虑设计为跳闸。措施中未对励磁变压器铁心温度监视作出硬性规定，只要求有条件时可以考虑。

条文 11.1.6 当励磁系统中过励限制、低励限制、定子过压或过流限制的控制失效后，相应的发电机保护应完成解列灭磁。

励磁系统的核心 AVR 中除有发电机正常运行的电压闭环控制外，还设计有其他的辅助限制环节：当发电机转子回路异常过电流时有过励限制，进相运行时有低励限制，当定子有异常的过无功电流时有过流限制，有些 AVR 中还含有过电压保护环节。这些环节功能的设计都是为保证发电机的安全及维持电网的稳定考虑的，但是发电机组的继电保护设备工作时有自身的独立性，不能因为励磁系统有相应的限制功能就忽略相关的监控职能，大型发电机组更应配置完善的保护设施。

【案例】 山西某电厂 100MW 机组安装了国产某公司励磁设备，该设备的特点是两套 AVR 并联运行，共同驱动交流励磁机励磁系统的整流设备。2005 年一台发电机运行中工作 AVR 故障，故障前运行在强励状态，进入强励状态后工作的数字 AVR 就死机了，而备用 AVR 则发出了工作 AVR 故障信号。运行人员误判断为备用 AVR 误发信号，关掉了备用 AVR 工作电源，结果发电机在强励状态运行了约 4min，最后靠发电机变压器组的负序保护才使机组解列停机，造成发电机转子过热烧毁的事故。

上述案例表明，不能因为励磁系统中有相关的限制，就放松了对机组保护的设计要求。因励磁系统标准中要求的 AVR 中的保护主要应用于"切换至备用"，尤其对于大型发电机组，设计完善的保护设施，使发电机故障或事故时，完成解列灭磁是根本性的保护措施。

条文 11.1.7 励磁系统电源模块应定期检查，且备有备件，发现异常时应及时予以更换。

励磁系统中 AVR 运行的安全与否，很大程度上取决于其中的电源模块。一般情况下除要求电源模块带负荷能力强、输出电压平稳外，还要求不发生异常。

【案例 1】 宁夏回族自治区某电厂引进国外某公司励磁设备，由于现场环境复杂、安装时又未按要求采用屏蔽电缆，结果运行中反复跳机。仔细检查后发现是 AVR 电源模块引入了异常干扰，最终在电厂和制造部门的共同努力下、采用将工作、信号和操作电源分开、各自屏蔽的方法才解决问题。

【案例 2】 日本某公司生产的励磁设备明确要求定期检查和更换 AVR 电源模块，河北某电厂在设备投运后严格执行该规定，保证了系统正常运行。

比较标准要求和故障及事故案例，措施中的"发生异常"有两方面含义，一方面可能来自电源模块的输入，另一方面可能来自电源模块本身。对于来自电源模块输入的异常，要求在设计和安装初期就应解决，而来自电源模块本身的异常可以依靠加强监视和更换部件来实现安全性管理。

条文 11.2 加强励磁系统的基建安装及设备改造的管理

发电厂设备运行环境的复杂性，导致了不同地区、不同地点电磁感应的强度差别。而发电机工况不同、遇到的故障或事故类型不同，也给励磁系统为保障主要设备安全稳定的运行增加了难度，因此对励磁系统基建安装过程及设备改造过程中，从设备安装地点的筹划到削弱电磁干扰的影响，再到主要运行软件的控制管理等方面都应加强关注，根据多方面的经验做出规范性要求。

条文 11.2.1 励磁变压器高压侧封闭母线外壳用于各相别之间的安全接地连接应采用大截面金属板，不应采用导线连接，防止不平衡的强磁场感应电流烧毁连接线。

到目前为止有关电路方面的设计可以做到比较完善，但电场和磁场方面的差异却不易控制，因此只能根据多方面积累的经验对安装工作的规范性作出要求。

【案例 1】 河北某电厂在设备安装后的发电机短路试验中，励磁变压器高压侧封闭母线附近浓烟滚滚，仔细检查后发现，是封闭母线外壳用于各相别之间的安全接地连接导线过热、绝缘外皮烧焦引起。现场各方专家分析后认为，连接导线过热是由发电机三相短路电流引起的电感强度分布不均匀所制，增加导线截面后才使得试验正常进行。

【案例 2】 天津某电厂在设备安装后的发电机试验中，发现励磁变压器封闭母线的安全临时接地开关烧红，分析原因也是电感强度分布不均匀造成了类似电磁炉的效果。

为避免类似事件的发生，本反措规定了上述条款，目的是使安装工作规范安全，减少不必要的损失。

条文 11.2.2 发电机转子一点接地保护装置原则上应安装于励磁系统柜。接入保护柜或机组故障录波器的转子正、负极采用高绝缘的电缆且不能与其他信号共用电缆。

发电机转子由灭磁开关下口的铝质母排实现与励磁系统的连接，一般情况下额定励磁电压为 400～500V，强励或逆变灭磁时电压可达 1000V 以上。为加强隔离保证设备安全、减少保护装置受干扰的程度，做出以上的规定是很有必要的。

【案例 1】 张家口地区某电厂发电机转子一点接地保护装置，安装在发电机变压器组保护盘柜上，由于采用普通电缆远距离输送电量信号，在投运初期经常受到电磁干扰而误动，后更换屏蔽电缆后才解决问题。

【案例 2】 天津某电厂引入意大利某公司励磁系统设备，由于该励磁系统强励能力为额定值的 2.7 倍，结果性能试验中在经历了几次扰动后，将机组故障录波器相关通道烧毁。

综合以上情况，本反措的要点实际有三个方面，其一，是用于保护的设备接线距离应尽可能短，这样对于注入式原理的保护设备可以减少干扰，提高动作可靠性。其二，对于直接与发电机转子连接而未采取隔离措施的故障录波器，要求相关通道有足够的承受过电压能力。其三，与发电机转子相连的电缆应采用高压屏蔽且相对独立的电缆：一方面是安全需要，另一方面可以避免影响其他电气信号。一般情况下装在发电机变压器组保护盘柜上的电量信号不超过250V，而励磁电压信号经常可达上千伏，因此要求转子一点接地保护装置安装于励磁系统柜是合理的。

条文 11.2.3　**励磁系统的二次控制电缆均应采用屏蔽电缆，电缆屏蔽层应可靠接地。**

按制造厂或设计院图纸要求，励磁系统中有相当数量的二次控制电缆应采用屏蔽电缆，并按要求可靠接地。但是有些安装部门由于预算或工程进度的某些原因，未按要求施工，给以后的设备调试及运行带来安全隐患，故反措要求的是严格按照设计图纸施工。

【案例1】　天津某电厂励磁系统部分控制回路采用24V继电器作为主要执行部件，在设备检修后未按设计要求采用屏蔽电缆仅用普通电缆代替，结果造成不能正常启动励磁的故障，检查后发现该电缆上有9V的感应电压，其后果是使启励回路中一个继电器误动、闭锁了启励功能。

【案例2】　江苏某电厂引入进口设备，安装时因丢失了制造厂配制的专用双屏蔽脉冲电缆而改用普通单屏蔽电缆，结果试运行过程中多次发生误报"可控硅整流器故障"的事件，造成不必要的停机，损失了机组正常带负荷能力。

为避免发生上述异常情况，应对励磁系统基建及设备改造后控制电缆的使用及安装作出规范要求。另外可借鉴进口设备的设计思路，将励磁系统电缆的接地分成三种情况、区别对待，分别是：部件外壳安全接地、抗干扰接地和TV及TA接地。

条文 11.2.4　**励磁系统设备改造后，应重新进行阶跃扰动性试验和各种限制环节、电力系统稳定器功能的试验，确认新的励磁系统工作正常，满足标准的要求。控制程序更新升级前，对旧的控制程序和参数进行备份，升级后进行空载试验及新增功能或改动部分功能的测试，确认程序更新后励磁系统功能正常。做好励磁系统改造或程序更新前后的试验记录并备案。**

励磁系统设备改造或控制程序更新升级后，因相关控制参数发生变化或某些控制逻辑发生变更，使得变动后的励磁系统某些特性存在不确定性。一方面可能会影响发电机的正常运行或引发异常故障；另一方面也可能会对生产调度和安全监督部门的分析结果带来影响。因此反措要求应加强励磁系统的施工管理特别是技术资料的保管。

【案例1】　唐山地区某电厂国产励磁调节器在控制程序更新升级前，因AVR

制造厂技术人员认为新程序没有问题，在未对旧的控制程序进行备份的情况下，就仓促进行新程序的功能试验，结果导致两套 AVR 不能切换，程序更新失败，造成机组投产时间延误的故障。

【案例 2】 前述的 2006 年内蒙古某电厂励磁系统事故中的另一个原因是：程序误写入其他不对应机组的运行参数，使得当前测量电气量与程序中设置参数不一致，造成励磁系统误强励。

许多情况表明，励磁系统中任何环节、任何参数的改变都可能使原来认为是安全的系统变成不确定的系统。因此加强设备更新改造的管理，使设备改造的技术方案、试验措施、新软件版本确认、旧版本存留、参数修正及功能检查等细节都落实到位，是保证设备运行安全的有效措施。

条文 11.3 加强励磁系统的调整试验管理

励磁系统调节性能的优劣及与发电机保护的匹配协调是否良好，很大程度上与设备投运现场的调整试验相关。现场技术人员除应按照规定做好相关的技术管理和试验准备工作外，重要的是掌握发电机电气性能和参数、熟知发电机相关保护的定值及动作特性，还应对励磁系统的基本工作原理、AVR 装置的组成结构、功能及软件控制逻辑等有相当程度理解，才能做到心中有数。因此，有一定资质的部门及相关技术人员方能胜任此项工作。

条文 11.3.1 电力系统稳定器的定值设定和调整应由具备资质的科研单位或认可的技术监督单位按照相关行业标准进行。试验前应制定完善的技术方案和安全措施上报相关管理部门备案，试验后电力系统稳定器的传递函数及自动电压调节器（AVR）最终整定参数应书面报告相关调度部门。

电力系统稳定器（PSS）对于抑制电网系统中，由于负阻尼因素带来的低频振荡具有显著功效已成为不争事实。但是若其参数控制不当，或未计及电网及设备中其他因素的影响，也可能使这种阻尼效果减弱，甚至带来相反的结果。故调整试验人员应熟练掌握 PSS 投运过程的技术关键点。

【案例】 某大型水电厂引入进口励磁系统设备，在完成 PSS 投运等系统试验后发现在机组运行的某些工况下，PSS 运行异常、不能发挥应有的作用。在调度部门介入后，将励磁设备送到相关部门进行详细检查，最终发现是 PSS 中转速计算环节的一个参数设置不合理，在指定单位大力协作下，修改该参数并再次进行现场试验后才解决问题。

虽然 PSS 有关定值及参数设定工作在国内已逐渐趋于成熟，但随着机组容量的增加、电网结构的复杂化、励磁系统中 AVR 的功能也不断增强，会不断发现新问题，制定本款措施的目的是加强管理及各部门的协作。

条文 11.3.2 机组基建投产或励磁系统大修及改造后，应进行发电机空载和

负载阶跃扰动性试验，检查励磁系统动态指标是否达到标准要求。试验前应编写包括试验项目、安全措施和危险点分析等内容的试验方案并经批准。

发电机组基建投产前，因安装后的励磁系统中各部件还未通电检验，不能确定其性能是否满足设计及指标的要求。而励磁系统大修及改造后，新更换的部件或修改的功能是否能满足技术要求都具有一定程度的不确定性。因此要求励磁系统进行相关试验是完全必要的。

【案例1】 内蒙古某电厂引进进口无刷励磁系统，在机组投产试验中因主要精力放在旋转二极管故障检测方面，未注意励磁系统动态性能，结果在后面的监督检查中发现发电机空载阶跃响应的动态性能不满足标准要求，给电网稳定运行造成隐患。

【案例2】 秦皇岛地区某电厂在机组大修后进行特性复核试验，由于试验前未协调好两个工作组的配合关系，也未进行试验中的危险点分析。试验过程中一个工作组进行发电机进相试验，另一个工作组进行发电机调差环节检查，因AVR未投低励限制环节而调差环节极性选择又刚好与发电机进相时一致，形成正反馈，结果造成机组失磁保护跳闸的事故。

实践与分析研究表明，发电机空载和负载阶跃扰动性试验，是检验励磁系统动态性能最有效的手段，而试验前编写包括试验项目、安全措施和危险点分析等，也是确保试验过程安全的最实用方法。

条文11.3.3 励磁系统的V/Hz限制环节特性应与发电机或变压器过励磁能力低者相匹配，无论使用定时限还是反时限特性，都应在发电机组对应继电保护装置动作前进行限制。V/Hz限制环节在发电机空载和负载工况下都应正确工作。

励磁系统中的V/Hz限制环节是保证发电机变压器组不发生过励磁或过电压的第一道防线，对于发电机的安全及电网电压的平稳具有重要意义，应充分关注与相关保护的配合关系。

【案例1】 河北地区某电厂发电机投产初期，励磁系统的V/Hz限制环节的定值为发电机额定电压的1.06倍，而机组过励磁保护的定值为1.07倍，晚间运行时由于系统不缺无功，经常导致机端电压偏高的情况，出现过数次保护跳机的事故。电厂技术人员经详细检查后发现，保护实际动作值也是额定电压的1.06倍，这样就发生了AVR的V/Hz限制环节延时未到而保护先动的情况，将保护定值修正后才解决问题。

【案例2】 山西某电厂使用国内某著名制造厂的励磁设备，发电机运行时发生过数次过励磁保护跳闸的事故。与制造厂沟通后才知道该型号励磁调节器在发电机并网后自动退出了V/Hz限制环节，在AVR软件更新前，电厂只能临时采取措施，即在电网负荷较轻的后半夜使几台机组进相运行，才保证了继电保护设备不动作。

考虑到各电厂使用的发电机或变压器容量不同、制造厂不同，过励磁能力也会不同，因此本反措没有硬性对 AVR 的 V/Hz 限制环节特性做出规定，但要求发电机无论是空载还是负载都必须发挥作用、必须与保护设备相匹配。结合标准还要求 V/Hz 限制环节动作应有一定的延时，以保证发电机动态过程的励磁调节不受该限制环节动作的影响。

条文 11.3.4 励磁系统如设有定子过压限制环节，应与发电机过压保护定值相配合，该限制环节应在机组保护之前动作。

某些励磁系统 AVR 中除有 V/Hz 限制环节外还设计了定子过压限制环节，其中有些有一定限制作用，但相当数量的 AVR 将其作为保护环节使用、动作后可能逆变灭磁直接引起发电机跳闸，因此本条款是 11.1.6 条的补充和延续。这里再次提出是要强调"励磁调节装置的内部保护应动作于切至备用。"即 AVR 的定子过压限制（或保护）环节的定值应低于发电机保护的定值，延时时间也应适当缩短，在保护动作前切至备用。而对于软件控制逻辑不能修改，只能进行逆变灭磁的 AVR 装置，应仔细考察 V/Hz 限制环节在发电机负载运行时是否有效，并考虑将过压限制（或保护）的跳闸功能退出。

条文 11.3.5 励磁系统低励限制环节动作值的整定应主要考虑发电机定子边段铁芯和结构件发热情况及对系统静态稳定的影响，并与发电机失磁保护相配合在保护之前动作。当发电机进相运行受到扰动瞬间进入励磁调节器低励限制环节工作区域时，不允许发电机组进入不稳定工作状态。

励磁系统低励限制环节是 AVR 中重要的限制环节，近年来随着机组容量的增大和电网连接的加强，该环节的作用愈发受到重视。与 AVR 中其他环节配合工作时，其性能的优劣直接影响发电机的安全和电网的稳定。

【**案例 1**】 扬州某电厂 600MW 机组引入进口励磁系统设备，机组基建调试中由于调试人员不熟悉 AVR 内部确定基准值的方法，误将低励限制环节（UEL）最大允许进相值整定为 -480Mvar，结果造成机组运行时失磁保护反复动作跳闸的事故，严重影响了机组的正常发电，以后经技术咨询专家指出造成事故的原因是 UEL 定值设置过低后才纠正了 AVR 的问题。

【**案例 2**】 内蒙古某电厂 600MW 机组引入进口励磁系统设备，在进行发电机进相试验时，误将与 AVR 电压控制主环组成串联结构的 UEL 环节增益整定为 0.5p.u，结果造成 AVR 内部失磁保护动作跳机的故障。事后查明，该 AVR 在机组进相试验时，UEL 环节已动作，但试验人员未发现，仍继续降低机组电压，而 AVR 内部的监控系统在工作 AVR 通道的 UEL 限制失效后，已切换到备用通道，但是试验人员仍未发现，最终通过 AVR 内部失磁保护动作于灭磁和跳闸。

实验室检测和分析研究表明，对于这种串联结构的 AVR 装置实际存在着一定范围的合理增益设置。增益小时，UEL 环节限制发电机进相的能力可能不足，但过大的增益又可能引起机组运行的不稳定。

【案例3】 河北下花园地区某电厂 200MW 机组配制了国内某著名厂家的励磁系统设备，在发电机进相运行期间多次发生机端电压不稳定的振荡故障。事后查明该 AVR 的 PID 调节属于并联结构，而 UEL 环节是以叠加方式参与励磁控制和调节的，且 UEL 环节输出由于存在限幅环节，使得其本身抑制发电机进相的能力不强，参数也难以调整合适，所以引起了机端电压的不稳定。

综上所述，对于 AVR 中 UEL 环节的调整试验管理有三个要点必须引起关注：其一是必须与机组的保护设备在动作定值上合理配合；其二是充分关注 UEL 环节本身的增益调整；其三是根据 UEL 环节和 AVR 的 PID 组成结构，认真仔细的调整其他控制参数，才能保证发电机的安全和电网的稳定。

条文 11.3.6 **励磁系统的过励限制（即过励磁电流反时限限制和强励电流瞬时限制）环节的特性应与发电机转子的过负荷能力相一致，并与发电机保护中转子过负荷保护定值相配合在保护之前动作。**

励磁系统的过励限制在 AVR 中称 OEL 环节，它的主要作用是保证发电机转子不发生危险的过电流情况；同时还应在发电机强励时充分发挥转子的短时过负荷能力，以满足电网电压的支撑要求。

【案例1】 近年来 600MW 机组已成为电网主力机组，随机引进的励磁系统多配置了国外设备。这些设备因可靠性高，调节品质良好，对电网稳定发挥了重要作用。但是安全监督检查中发现相当数量 AVR 中的 OEL 环节的限制特性不满足上述标准要求，其近似限制特性为：

$(I-1)^2 t = C$（式中：C 为过热系数；I 为电流；t 为时间）

该特性与国标相比，突出的问题是 AVR 的限制曲线与机组保护的限制曲线相交，尤其当满足强励需求时，在 1.5 倍额定电流下会发生保护先于励磁动作的情况，给发电机的安全运行带来隐患。

【案例2】 电厂的安全监督检查中还发现相当数量机组的转子过负荷保护用励磁变压器的过流保护代替，有两种情况也会给机组运行带来不安全因素：其一是瞬时过流定时限保护的定值偏高，远远大于发电机转子短时间过电流能力；其二是相当数量的励磁变反时限过流保护未投入运行（出口软连接片未投）。这些情况对于机网协调运行会产生非常不利的影响。

除上述对 AVR 中 OEL 环节动作定值和反时限延时的要求外，机网协调运行还要求当 OEL 环节动作后，机组能稳定运行，这就要求对其参数应有更加细致的调节。

条文 11.3.7 励磁系统定子电流限制环节的特性应与发电机定子的过电流能力相一致，但是不允许出现定子电流限制环节先于转子过励限制动作从而影响发电机强励能力的情况。

励磁系统的 AVR 中有些设计了发电机定子过电流限制环节，目的是限制发电机定子电流中的无功分量不超过规定值。但是由于在电网中运行的发电机故障的多样性及复杂性，对该限制环节的动作特性有较高的要求且参数不容易控制，因此规定了上述原则性要求。

众所周知，发电机定子电流中的有功分量是由原动机（汽轮机或水轮机）及调速系统确定的，无功分量是由励磁系统提供的。因此在 AVR 中设计定子电流限制环节（SCL）时，合理的控制方式是限制定子电流中的无功分量在数值上不超过规定值，在延时方面则应充分考虑定子绕组的过热承受能力。国内某些 AVR 利用过无功限制器代替 SCL 功能，未充分发挥发电机强励潜力而简单设置反时限延时的情况是不可取的；另一些 AVR 在限制发电机迟相无功电流（发电机向外输出无功的工况）时，过度调节至发电机深度进相的情况也是不允许的。

分析发电机制造厂提供的定子电流运行 V 形曲线可知，无论发电机运行在迟相工况还是进相工况，定子电流中无功分量均大于零无功运行工况。但是无功电流的方向不同，因此合理 SCL 环节应分别对应不同的无功电流方向进行限制。实验室研究表明，对应迟相工况，SCL 的增益可适当选择大一些，但是对于进相运行工况，SCL 的增益就应选择小一些，以保证该环节工作时，发电机能平稳运行。分析研究还表明，发电机远端故障时，SCL 环节容易正常动作，限制无功电流在合理范围内运行。然而在发电机近端故障时，往往出现定子过电流倍率高于转子过电流倍率的情况，在这种情况下，SCL 环节与 OEL 环节之间优先权选择的问题就显得尤为重要。因此，本措施条款规定："不允许出现定子电流限制环节先于转子过励限制动作从而影响发电机强励能力的情况。"因为发电机励磁系统只能负责发电机运行中的无功电流分量，而不是控制全电流。

条文 11.3.8 励磁系统应具有无功调差环节和合理的无功调差系数。接入同一母线的发电机的无功调差系数应基本一致。励磁系统无功调差功能应投入运行。

发电机运行时，发出迟相无功的作用是给机组提供同步力矩，为充分调动同一个电厂中各台机组的有功出力，避免在受到电网扰动时出现内部无功环流的不稳定情况，应尽量使各台机组在统一的功率因数下运行。

【案例 1】 北京地区一个老电厂在设备改造前，由于运行机组数量多，励磁系统种类复杂，造成运行中各发电机组实际无功调差系数差别较大。在电网出现扰动时，经常发生厂内机组电压剧烈波动的情况，运行人员观察相关表计发现，在这种情况下，电厂出口无功没有大的变化，但厂内机组有的在抢无功，有的是进相运行。经过设备改造后才彻底解决问题。

【案例 2】 福建地区某电厂采用两台发电机出口并联运行，经同一台变压器接入系统的方案，运行中经常发生无功环流，不易控制母线电压的情况。以后有关电力试验研究院改进了 AVR 的调差环节，采用两台发电机出口无功电流互补的措施，降低了无功环流，才使得机组运行平稳。

总结经验发现，凡是认真执行了"无功调差系数应基本一致"整定原则的电厂，在设备运行后都能获得运行稳定的较好效果。新近研究表明，并非所有的发电机组在投入无功调差环节后都能获得满意的稳定运行效果，特别对于弱联系电网系统更应谨慎。因此本措施条款要求有"合理的无功调差系数"。另外在机组进相运行时，作为补偿主变压器电抗压降的无功调差环节的作用与迟相运行时正好相反，会进一步降低机端电压，即可形成正反馈，使机组稳定运行工况恶化。

条文 11.4 加强励磁系统运行安全管理

励磁系统的核心是励磁调节器，AVR 的准确译名是"自动电压调节器"，顾名思义就是自动维持机端电压恒定，因 AVR 在自动方式下功能齐全、运行稳定；还因为励磁系统和其他设备的协调主要依靠 AVR 的定值配合及调整管理，故反措规定主要是针对 AVR 的运行监视和调整管理。除此以外对励磁系统的功率部分的均流、发热监视及防尘控制也是十分重要的。

条文 11.4.1 并网机组励磁系统应在自动方式下运行。如励磁系统故障或进行试验需退出自动方式，必须及时报告调度部门

本措施条款要求"如励磁系统故障或进行试验需退出自动方式，必须及时报告调度部门"是为使生产管理部门做好应急措施和技术准备，防止出现电网电压不稳定情况。

条文 11.4.2 励磁调节器的自动通道发生故障时应及时修复并投入运行。严禁发电机在手动励磁调节（含按发电机或交流励磁机的磁场电流的闭环调节）下长期运行。在手动励磁调节运行期间，在调节发电机的有功负荷时必须先适当调节发电机的无功负荷，以防止发电机失去静态稳定性

发电机除尽量避免在手动励磁调节方式运行外，还应在运行中加强自动通道故障时的及时修复管理，并在短期励磁手动运行期间加强发电机无功出力的协调，保证机组稳定运行。

【案例 1】 2011 年河北张家口某电厂 300MW 发电机组采用国产某改进型励磁系统运行时，发生励磁调节器至可控硅整流器光缆接口短时故障。故障期间实际形成调节器手动独立运行局面，又因接口恢复时的信号干扰，使得发电机电压有大幅波动，最终致使保护跳闸，即手动励磁调节器未达到简单可靠的要求。

【案例 2】 河北唐山地区某自备电厂，在 3 号发电机运行期间励磁调节器自动

通道故障。运行人员将其改为手动运行，在调整有功过程中，因未按运行规程要求及时调整无功，结果造成机端电压大幅波动，甚至使机组振荡的情况发生。又因机组容量小、保护设备不完善，在迫不得已的情况下只能使该机组退出运行。

虽然励磁系统近年来已普及了数字化的 AVR 装置，其运行性能及可靠性都有很大程度的提高，但若不注意运行时细化管理，仍有可能造成意想不到的故障后果。

条文 11.4.3 进相运行的发电机励磁调节器应投入自动方式，低励限制器必须投入。

除少数励磁调节器手动运行时有相应的无功进相限制功能，大多数 AVR 都将低励限制器（也称欠励限制器）UEL 环节设计为配合自动通道运行。因有 UEL 的限制功能才可以保证不发生发电机过度进相运行情况。

关于低励限制器的相关标准和故障及事故举例前面已有详细说明，本反措条款进一步明确了 UEL 环节与 AVR 自动通道的协调关系。在励磁系统运行管理中除应关注 UEL 环节静态时的动作定值是否满足要求外，还应注意受到动态扰动时发电机运行的稳定性。

条文 11.4.4 励磁系统各限制和保护的定值应在发电机安全运行允许范围内，并定期校验。

为保证发电机运行的安全，励磁系统各限制和保护的定值应在制造厂提供的 $P-Q$ 曲线限定范围内，图 11-1 对发电机安全运行范围进行了说明。

在图 11-1 中，由粗黑实线围成的面积是发电机允运行的范围。A 点是额定运行点，MTP 是原动机最大输出限制，曲线段 AG 是定子电流限制、AE 是磁场电流限制、由 G 点向下的折线是保证静态稳定的低励限制。

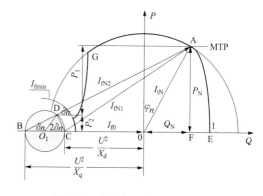

图 11-1 发电机运行 $P-Q$ 曲线图

直角三角形 ACF 的斜边线段 AC 是隐极同步发电机额定工况下的磁场电流值 I_{fN1}；

直角三角形 ABF 的斜边线段 AD 是凸极同步发电机额定工况下的磁场电流值 I_{fN2}。

本措施条款的意义就在于：

1）励磁系统各限制和保护的定值应使发电机在图 11-1 粗黑实线围成的面积中长期可靠的运行；

2）当发电机组受到各种扰动后，经一定的动态过程延时后也应回到该安全区域；

3）由于可靠性的要求，应对励磁系统各限制和保护的定值进行定期校验。

条文11.4.5 修改励磁系统参数必须严格履行审批手续，在书面报告有关部门审批并进行相关试验后，方可执行，严禁随意更改励磁系统参数设置。

投入运行的励磁系统参数是经过静态定值校核并通过发电机空载及负载各种工况、各种扰动检验的可靠参数，因此不允许擅自改动。

【案例1】 内蒙古某电厂引入进口设备，外方调试人员在未和中方技术人员沟通、未充分了解程序监控软件特性的情况下，擅自改变励磁变压器变比，使得监控软件认为励磁系统故障，造成发电机跳闸的事故。

【案例2】 陕西某发电厂使用美国某公司励磁设备，因投运后发现PSS效果不明显。在未充分了解AVR结构特点的情况下，某试验单位根据以往调试经验，增加了PSS增益，结果改变参数后的励磁系统运行时反而出现了情况不明的低频振荡。事后的分析研究表明，AVR中PSS输出与V/Hz限制环节比小后输出至PID调节，当PSS输出过大后被V/Hz限制环节屏蔽，很可能就失去了原设备对低频振荡的阻尼效果。

上述情况表明，对于励磁系统的参数管理必须细化和规范，否则会出现意想不到的结果，给发电机安全稳定运行带来隐患。

条文11.4.6 利用自动电压控制（AVC）对发电机调压时，受控机组励磁系统应投入自动方式。

AVR中除自动及手动运行方式外，许多制造厂还设计了其他控制方式供用户选择，如恒功率因数或恒无功功率控制方式。这些控制方式一般是叠加在AVR电压控制主环的辅助控制，由于程序处理中需要计算功率因数或无功功率，实际造成了控制滞后的局面，等效增加了信号处理时间，在某些情况下会给发电机稳定运行带来不利影响。

【案例1】 山西某水电厂四台机组均采用恒无功功率调节的方式，在AVC的协调下运行。某日电厂方面按调度要求增加机组有功出力，由于AVR未采用恒电压运行方式，随有功增加，机端电压逐步降低恶化了机组的运行工况，进一步降低了机组的阻尼，引发了机组对电网系统的大幅度低频振荡。

【案例2】 2006年国内某大型水电厂500kV母线电压发生513.78～553.36kV之间的大幅振荡，有关单位介入分析原因后发现，是由于AVR采用无功Q控制模式且与AVC不协调所制。以后提出的处理措施为：①优化机组监控装置（AVC）无功闭环参数，使其调节速度变慢；②将所有机组AVR的Q模式退出运行……。

近几年以来的实践和研究表明，属于二次电压控制的AVC自动电压控制系统必须与 AVR 协调运行，才能获得良好的效果，其中技术层面的要求主要有：

1）AVR 必须采用恒电压调节方式；

2）电厂中运行的各发电机组应尽量保持一致的无功电压调差特性，换言之，当各机组外特性不一致时，AVC 必须区别对待、细致配置运行参数；

3）AVC 下发的调压指令速率应尽可能缓慢，避免对 AVR 的正常调节产生不利影响。

条文 11.4.7 **加强励磁系统设备的日常巡视，检查内容至少包括：励磁变压器各部件温度应在允许范围内，整流柜的均流系数应不低于 0.9，温度无异常，通风孔滤网无堵塞。发电机或励磁机转子碳刷磨损情况在允许范围内，滑环火花不影响机组正常运行等。**

励磁系统设备在运行中容易发热的部件主要是提供励磁电流的功率部件及与功率部件接口位置等，而部件发热主要对运行寿命产生不利影响。另外通过对这些设备的巡视，也可为设备检修维护提供依据。

本措施条款基本涵盖了目前运行的自并励励磁系统和交流励磁机励磁系统中，容易发热的主要部件及接口部位，通过这些地方的日常巡视管理，可以掌握励磁系统运行有无危险点的大致情况，应当充分引起关注。

12

防止大型变压器损坏和互感器事故

总体情况说明：

为了加强变压器和互感器的专业管理，完善各项反事故措施，保障电网变压器的安全可靠运行，根据相关技术标准、规范、规定，制订本反事故措施。在原国家电力公司《防止电力生产事故二十五项重点要求》基础上进行了多处修改，其中增加了定期突发短路抽检、直流偏磁等 30 条新内容。

编写格式进行了较大调整，本次修订将变压器和互感器反事故措施分为 8 部分，内容包括：防止变压器出口短路事故、防止变压器绝缘事故、防止变压器保护事故、防止分接开关事故、防止变压器套管事故、防止冷却系统事故、防止变压器火灾事故、防止互感器事故。反事故措施基本包括设计、基建、运行三个不同阶段的要求。

条文说明：

条文 12.1　防止变压器出口短路事故

条文 12.1.1　加强变压器选型、订货、验收及投运的全过程管理。应选择具有良好运行业绩和成熟制造经验生产厂家的产品。240MVA 及以下容量变压器应选用通过突发短路试验验证的产品；500kV 变压器和 240MVA 以上容量变压器，制造厂应提供同类产品突发短路试验报告或抗短路能力计算报告，计算报告应有相关理论和模型试验的技术支持。220kV 及以上电压等级的变压器都应进行抗震计算。

变压器类设备（包括电力变压器、电抗器、互感器等）是电力系统中的重要设备。为了不断提高变压器类设备的健康水平，保证设备安全经济运行，应加强变压器类设备从设备选型、招标、制造、安装、验收到运行的全过程管理。同时在生产技术部门配置变压器专责人，明确其职责，并应使其参与变压器类设备选型、招标、监造、验收等全过程管理工作中，落实好各反事故措施，从而提高变压器类设备运行管理水平。

对变压器、并联电抗器的选型，要从实际运行出发，按照《电力变压器选用导则》（GB/T 17468—2008），选择合适的类型。如变压器是选择油浸式还是干式、气体绝缘式；是选择有载调压方式还是无励磁调压方式；是选择高阻抗还是选择常规阻抗。采购时，应选用通过国家权威部门的认定、型式试验和鉴定合格在有效期内以及有运行经验的设备，并且还要对制造厂的制造能力、设备质量、设备在电力系统的运行业绩等诸多方面进行考查，以保证质量好的产品进入系统。验收时，应严格按照国家标准、行业标准和合同中规定的技术条件对采购的设备进行验收。

条文 12.1.2 全电缆线路不应采用重合闸，对于含电缆的混合线路应采取相应措施，防止变压器连续遭受短路冲击。

电缆故障一般是永久性的，因此，要求全电缆线路不应采用重合闸。否则，在自动重合闸时，第一次短路电流的热效应将造成 2～3s 后二次短路时变压器绕组强度下降，对变压器危害尤其严重。

【案例】 某 110kV 变电站，313 线路 A、B 相间短路，持续 633ms 后 313 断路器跳开，故障切除。3s 后 313 重合闸动作，持续约 647ms，313 速断动作，变压器内部故障持续约 133ms，差动保护动作，跳开三侧断路器。313 线路 A、B 相存在相间故障，短路电流约为 5.5kA。23 时 50 分，现场检查 313 设备间隔、差动、瓦斯保护范围内一、二次设备，发现 1 号主变压器气体继电器动作。结合现场检查情况以及相关试验结果，综合分析认为，此台变压器产于 1998 年，抗短路设计裕量较小。故障的起因是出线电缆中间接头处发生放电，并且由于线路采用自投重合闸，加重了短路冲击，导致中压、低压绕组严重变形，变压器绕组内部发生放电。

条文 12.1.3 变压器在遭受近区突发短路后，应做低电压短路阻抗测试或绕组变形试验，并与原始记录比较，判断变压器无故障后，方可投运。

条文 12.2 防止变压器绝缘事故

条文 12.2.1 工厂试验时应将供货的套管安装在变压器上进行试验；所有附件在出厂时均应按实际使用方式经过整体预装。

套管是变压器上承受高电压的组部件，有些制造厂在工厂试验时采用专用的试验套管，使订货套管在试验中考核不到，如有问题难以发现。因此，强调将供货套管安装在变压器上进行试验，既考核了套管本身的质量，又考核了套管与变压器的安装配合（电气和机械两个方面的配合），具有重要意义。

条文 12.2.2 出厂局部放电试验测量电压为 $1.5U_\mathrm{m}/\sqrt{3}$ 时，220kV 及以上电压等级变压器高、中压端的局部放电量不大于 100pC。110kV（66kV）电压等级变压器高压侧的局部放电量不大于 100pC。330kV 及以上电压等级强迫油循环变压器应在油泵全部开启时（除备用油泵）进行局部放电试验。

局部放电虽是一种非贯穿电极的放电，但对变压器内部的油纸绝缘危害很大，因此不允许绝缘存在局部放电，也就是说，变压器应是无局部放电的。不仅要求测试 220kV 及以上变压器的局部放电量，而且还要求测试 110kV 变压器的局部放电量。

由于变压器在制造过程中的种种不良因素，有时在接地部位（如铁心或夹件）还会存在低强度的局部放电，这些局部放电通常不会给变压器的安全运行带来直接危害，但在局部放电测试中有时难以区别。另外，在变压器局部放电的测试中，往往不能完全消除或识别来自周围环境的各种干扰。

虽然如此，仍然提出了比国家标准更严格的变压器局部放电量指标。目前我国变压器制造厂的设计制造水平、组部件和材料的性能都有一定的提高，因此国内正规制造厂的制造工艺完全可以满足放电量不大于 100pC 的要求，同时兼顾 330kV，而且严格试验标准也利于提高变压器制造质量。国内开展局部放电试验检验多年，发现质量问题的事例并不罕见。

【案例 1】 某变电站主变压器，出厂试验调压绕组在感应耐压时击穿，更换绕组后局部放电试验又未通过，最后交货期延误 9 个月，给基建、生产带来了很大不便。

【案例 2】 某地区曾向某变压器厂订购 9 台主变压器，其中有 7 台因局部放电不合格而迟迟出不了厂，给用户造成巨大的经济损失。

严格变压器局部放电出厂试验标准，能够及时发现变压器在制造过程中的缺陷。虽然延误了交货期，但能在制造厂里消除事故隐患，保障设备的安全运行。因此有必要予以强调，并提高试验标准。

条文 12.2.3 生产厂家首次设计、新型号或有运行特殊要求的 220kV 及以上电压等级变压器在首批次生产系列中应进行例行试验、型式试验和特殊试验（承受短路能力的试验视实际情况而定）。

按照国家标准要求 220kV 变压器出厂试验进行短时感应耐压试验（ACSD）或操作冲击试验（SI）。建议当一批供货达到 6 台时，对从中抽取的 1 台变压器，短时感应耐压试验（ACSD）和操作冲击试验（SI）都要求进行。

条文 12.2.4 500kV 及以上并联电抗器的中性点电抗器出厂试验应进行短时感应耐压试验。

以往由于试验能力不足，短时感应耐压试验由雷电冲击试验代替，目前制造厂已具备短时感应耐压试验能力。《电力变压器 第 3 部分：绝缘水平、绝缘试验和外绝缘空气间隙》（GB 1094.3）中规定，短时感应耐压试验（ACSD）用来验证每个线端和它们连接的绕组对地，及其他绕组的耐受强度以及相间和被试绕组纵绝缘的耐受强度。

条文 12.2.5 新安装和大修后的变压器应严格按照有关标准或厂家规定进行抽真空、真空注油和热油循环，真空度、抽真空时间、注油速度及热油循环时间、温度均应达到要求。对采用有载分接开关的变压器油箱应同时按要求抽真空，但应

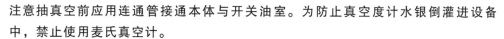

注意抽真空前应用连通管接通本体与开关油室。为防止真空度计水银倒灌进设备中，禁止使用麦氏真空计。

新安装和大修后的真空注油和热油循环的目的是消除安装和大修过程中吸入的水分和空气，对于恢复变压器的绝缘性能是十分重要的。测试数据表明，在30℃、80％相对湿度下，暴露空气24h，绝缘0.5mm深度的含水量为5％，1mm深度的含水量为2％，3mm以上深度的含水量保持原来水平0.3％不变。变压器器身暴露在空气中受潮，必须通过注油前的抽真空和热油循环进行处理。

有载分接开关的切换开关绝缘筒承受不住全真空状态，只有将其与主油箱联通，一起抽真空才能确保该绝缘筒的安全，还能去除绝缘中的水分和空气。

为防止真空计水银倒灌进设备中，禁止使用麦氏真空计，防止由此引起绝缘事故。

条文 12.2.6　变压器器身暴露在空气中的时间：相对湿度不大于65％为16h。空气相对湿度不大于75％为12h。对于分体运输、现场组装的变压器有条件时宜进行真空煤油气相干燥。

电力变压器可能会在现场组装时器身受潮，受潮后绝缘性能大幅下降。热风法、热油法、变压法等传统现场干燥技术均无法达到理想效果，而制造厂内采用的真空煤油汽相干燥方法因体积庞大、工艺复杂等诸多因素而尚未广泛应用于现场作业。近期，有些制造厂和运行单位已经研究掌握了现场真空煤油汽相干燥技术，并已有成功应用的案例，可以大大提高变压器绝缘状况，缩短停电时间，节省返厂运输费用，保证电网安全、可靠灵活地运行，具有客观的经济效益和社会效益。因此，本反措提出宜在有条件时进行该项目，保证变压器绝缘质量。

【案例】　某超高压公司变电站的500kV变压器备用相，型号为ZBYQ—АОДЦТН—267000/500，由乌克兰扎布罗什变压器厂于1985年生产，额定容量267MVA，绝缘重量约为6～8t。该变压器绝缘状况一般，极化指数不合格，因此在现场进行了真空煤油汽相干燥工艺处理。处理前，变压器绝缘状况一般，极化指数不合格；处理后高压绕组绝缘电阻 R_{600} 由5500MΩ提高到了48 000MΩ，极化指数转为合格，绕组连同套管的介质损耗 $\tan\delta$ 从0.279％降低至0.172％，绝缘含水量由2.1％下降至0.8％，变压器身洁净程度提高。

条文 12.2.7　装有密封胶囊、隔膜或波纹管式储油柜的变压器，必须严格按照制造厂说明书规定的工艺要求进行注油，防止空气进入或漏油，并结合大修或停电对胶囊和隔膜、波纹管式储油柜的完好性进行检查。

变压器（电抗器）储油柜内的油位，随油温高低而上下波动，油面上的胶囊必须呼吸畅通。胶囊呼吸不畅，会引起变压器内部压力上升，导致压力释放装置动作和喷油的故障。胶囊呼吸不畅多是因储油柜内残存空气，胶囊底部将其呼吸孔堵塞造成。变压器安装后期调整储油柜油位的方法不当，可能使储油柜进入空气。如从储油柜底部阀门注油，注油管的空气进入储油柜是常见的疏漏之一。

条文 12.2.8 充气运输的变压器运到现场后，必须密切监视气体压力，压力过低时（低于 0.01MPa）要补干燥气体，现场放置时间超过 3 个月的变压器应注油保存，并装上储油柜，严防进水受潮。注油前，必须测定密封气体的压力，核查密封状况，必要时应进行检漏试验。为防止变压器在安装和运行中进水受潮，套管顶部将军帽、储油柜顶部、套管升高座及其连管等处必须密封良好。必要时应测露点。如已发现绝缘受潮，应及时采取相应措施。

在气体压力表与油箱联通管阀门打开的情况下测量变压器箱体内的气体压力，当气压低于 0.01MPa 时，潮气、水分进入变压器内部的概率将增大，对变压器的绝缘可能造成不利影响。因此应按制造厂要求或运行经验及时补气，并重视变压器运行及放置过程中的密封问题。

条文 12.2.9 变压器新油应由厂家提供新油无腐蚀性硫、结构簇、糠醛及油中颗粒度报告，油运抵现场后，应取样在化学和电气绝缘试验合格后，方能注入变压器内。

绝缘油是变压器的重要组成部分，其质量直接影响变压器性能。这几年，国内外发现有的变压器油含硫较高，在变压器中生成硫化亚铜，对变压器绝缘构成危害。

条文 12.2.10 110kV（66kV）及以上变压器在运输过程中，应按照相应规范安装具有时标且有合适量程的三维冲击记录仪。主变压器就位后，制造厂、运输部门、监理单位、用户四方人员应共同验收，记录纸和押运记录应提供用户留存。

为了监测变压器在运输中发生冲撞而对变压器造成损伤的程度，要求安装三维记录仪。允许的加速度指标，应在订货合同中予以明确，以便验收时检查。

已发生多次大型变压器因运输过程中的严重冲撞而发生故障。如果发现冲撞纪录超标，应会同制造厂进行仔细检查分析，必要时应返回制造厂进行详细检查和检验。在检查受到严重冲撞变压器时，除重点检查各绝缘部件（包括线圈和绝缘零件）的损伤和位移外，还应注意各机械部件连接的损伤位移，包括磁屏蔽等部件的损伤位移。

【案例】 一台 360MVA、220kV 变压器在铁路运输时因急刹车，导致紧固铁丝断裂。返厂后仅检查发现导向油管路破裂，修复后，器身经干燥处理并通过耐压试验。在后来的多年的运行中虽未出现电气击穿故障，但油中色谱始终有少量乙炔，且总烃含量达 500μL/L 以上，导致多次吊罩检查和处理。最终发现的故障是油箱铝屏蔽板与油箱间放电，原因是那次强烈冲撞导致的铝屏蔽板位移和紧固螺栓松动。这个铝屏蔽板的位移和螺栓松动，正是返厂检查所忽略了的。

条文 **12.2.11**　　**110kV（66kV）及以上电压等级变压器、50MVA 及以上机组高压厂用电变压器在出厂和投产前，应用频响法和低电压短路阻抗测试绕组变形以留原始记录；110kV（66kV）及以上电压等级和 120MVA 及以上容量的变压器在新安装时应进行现场局部放电试验；对 110kV（66kV）电压等级变压器在新安装时应抽样进行额定电压下空载损耗试验和负载损耗试验；如有条件时，500kV 并联电抗器在新安装时可进行现场局部放电试验。现场局部放电试验验收，应在所有额定运行油泵（如有）启动以及工厂试验电压和时间下，220kV 及以上变压器放电量不大于 100pC。**

1. 绕组变形诊断新要求

以往仅要求采用频响法或者低电压短路阻抗法测试均可，两种方法都有很多成功的经验，也有不足的地方。因此，本次修改将频响法和低电压短路阻抗测试都被规定为必须进行的项目，两者应同时开展，以分析得到更为准确的诊断结果。

低电压短路阻抗法建议采用三相短路，单相测量的方法。

频响法绕组变形测试的外界影响因素较多，仪器差异、测试时的引线布置差异都可能对测试结果有影响，应注意测试方法一致性。

【案例 1】　对某 110kV 双绕组变压器进行了两种变形试验测试，频响曲线可见高、低压线圈都有明显变形，高压线圈相关系数为：$R_{AB}=1.0$，$R_{BC}=0.8$，$R_{CA}=0.7$；低压线圈相关系数为：$R_{ab}=1.5$，$R_{bc}=1.1$，$R_{ca}=1.0$。电抗法的测量数据结果为相间不超过 2%，最大为 1.66%，最小为 0.2%。解体检查发现 A、B 两相有局部变形，上部 5 饼线圈受力呈波浪状，线圈上部因轴向力作用致上压板断裂，压钉弯曲变形。其中 B 相铁心柱超出上铁扼近 1cm，是一例典型的线圈严重变形。

【案例 2】　某 220kV 变压器在突发短路试验前后进行了低电压短路阻抗测试和频响法绕组变形测试。从表 12-1 可以看到，高压—低压的电抗最大变化 1.21%，高压—中压的电抗最大变化 3.30%，均发生一定变化，但根据《电力变压器绕组变形的电抗法检测判断导则》（DL/T 1093—2008）中的规定，高—低电抗未超注意值，高—中电抗超过注意值。从表 12-2 可以看到，短路前后的频响法绕组变形结果也有一定变化，但根据《电力变压器绕组变形的频率响应分析法》（DL/T 911—2004）中的规定，并不能判断为绕组变形。然而，解体后发现，高压线圈完好，中压线圈发生了明显的凹陷，低压线圈发生明显的扭曲。如图 12-1 所示。

表 12-1　　　　　　　　突发短路试验前后的低电压短路阻抗变化率

测试对象	高压—低压			高压—中压		
	A 相	B 相	C 相	A 相	B 相	C 相
突发短路前（Ω）	94.33	94.11	94.25	52.18	52.18	—
突发短路后（Ω）	94.59	95.25	94.94	52.06	53.90	—
低电压短路阻抗变化率（%）	0.28	1.21	0.73	−0.23	3.30	—

表 12-2 突发短路试验前后的绕组变形情况对比表

判据对比相	相间差值 （短路前/短路后）	相间相关系数（短路前/短路后）		
		低频	中频	高频
OA&OB	0.48/0.65	2.40/1.92	3.56/2.50	1.22/0.30
OB&OC	0.70/0.67	2.10/2.12	3.12/3.14	0.73/0.91
OC&OA	0.49/0.91	2.55/2.31	3.12/2.37	0.53/0.36
$O_m A_m$&$O_m B_m$	0.84/1.41	2.16/1.55	2.09/1.61	0.84/0.89
$O_m B_m$&$O_m C_m$	0.63/1.60	2.13/1.73	2.30/1.66	1.06/0.35
$O_m C_m$&$O_m A_m$	0.73/2.00	3.58/2.72	2.20/1.38	1.18/0.24
ab&bc	0.48/1.77	2.51/2.14	2.50/1.38	1.98/1.64
bc&ca	0.69/1.61	3.36/2.93	2.14/1.42	1.94/1.72
ca&ab	0.64/1.44	2.67/2.15	2.22/1.56	1.74/1.60

(a) (b) (c)

图 12-1 某 220kV 变压器解体后各绕组图片

(a) 高压绕组；(b) 中压绕组；(c) 低压绕组

以上两个实例说明，低电压短路阻抗测试和频响法绕组变形测试均具有一定的有效性，同时也有局限性，因此两者应同时开展，综合判断。

2. 局部放电、空负载试验新要求

新安装变压器的现场局部放电试验对检验变压器经过运输和安装后的质量，有重要意义。实践表明，凡是现场局部放电性能优良的变压器，运行的安全可靠性也较高。110（66）kV 及以上变压器现场局部放电试验由"有条件时"改为"在新安装时应进行"，实际上目前已有很多单位执行得更为严格的是"在新安装时应进行"。并且对 500kV 并联电抗器在新安装时，如果具备现场局部放电试验的条件，可进行试验。

大型变压器的空载损耗和负载损耗是反映其用料和工艺品质的重要参数，个别

厂家偷工减料，用户承担了这种变压器长期运行的能耗和寿命损失。因此对 110
（66）kV 变压器，新增额定电压下的空载损耗试验和负载损耗试验要求。

【案例】　2010 年，某站 220kV 3 号主变压器，在新购产品交接试验时，查出
存在空载损耗偏大超出规定值问题。按照协议进行相应处理之后，2011 年期间，
该地区未出现空载损耗不符合协议要求的问题。

条文 12.2.12　加强变压器运行巡视，应特别注意变压器冷却器潜油泵负压区
出现的渗漏油，如果出现渗漏应切换停运冷却器组，进行堵漏消除渗漏点。

变压器冷却器油泵的入口属于负压区，该负压区包括油泵窥视孔、入口管路及
法兰、冷却器和油箱顶部等部位。这些部位在油泵不运行时有渗漏油，在油泵运行
时可能吸入空气或水分，危害变压器的绝缘。特别要注意油箱顶部的渗漏油现象。
该部位处于变压器储油柜正压和油泵运行时负压的联合作用，如遇突然下雨等降温
作用，容易吸入水分。

GB/T 6451、DL 272 中规定新装变压器不允许出现负压，对已运行的变压器，
一旦出现负压应进行改造。负压的检查方法可参照 GB/T 6451。

此外，变压器冷却器油泵负压区渗漏严重时，还会吸入大量空气，导致气体继
电器轻瓦斯保护频繁动作。

【案例 1】　一台 240MVA、220kV 强油循环变压器油箱顶部的联管有几处渗漏
油，预防性试验的绕组介质损耗因数已达 2.1%。在变压器吊罩大修时经常发现油
箱底部有水锈痕迹，大多也是从油箱顶部漏入的。

【案例 2】　一台 120MVA、220kV 强油循环变压器轻瓦斯保护频繁动作，24h
排出气体达 20 000mL，油和瓦斯的色谱分析无明显异常，仅氢气的组分稍增。经
反复查找发现系油泵窥视孔渗漏，油泵密封处理后，变压器经排油和重新真空注油
才解决了轻瓦斯保护频繁动作的问题。由于处理较及时，未使大量空气进入绝缘导
致局部放电持续发展，变压器未发生绝缘故障。

条文 12.2.13　对运行 10 年以上的变压器必须进行一次油中糠醛含量测试，
加强油质管理，对运行中油应严格执行有关标准，对不同油种的混油应慎重。

条文 12.2.14　对运行年限超过 15 年的储油柜胶囊和隔膜应更换。

运行年限超过 15 年的胶囊和隔膜已经基本达到其寿命，应考虑及时进行更换。

条文 12.2.15　对运行超过 20 年的薄绝缘、铝线圈变压器，不宜对本体进行
改造性大修，也不宜进行迁移安装，应加强技术监督工作并逐步安排更新改造。

20 世纪 70、80 年代生产的 220kV 变压器高压线圈匝绝缘厚度小于 1.95mm，
110kV 变压器高压线圈匝绝缘厚度小于 1.35mm 的老旧变压器称为薄绝缘变压器。
30 年前不少变压器线圈的导线是铝线。运行超过 20 年的变压器普遍存在绝缘强
度、抗短路能力低下，损耗高、噪声高和负荷能力不强的问题。薄绝缘变压器是工

艺质量较差的产品，绝缘已老化。如有严重缺陷，则已没有改造性大修的价值。更换下来的薄绝缘变压器，若再迁移安装，将给系统带来安全隐患。因此，要求薄绝缘变压器，如发现严重缺陷不宜再进行改造性大修，也不宜进行迁移安装，应加强技术监督工作并逐步安排更新改造。

条文 12.2.16　220kV 及以上电压等级变压器拆装套管需内部接线或进人后，应进行现场局部放电试验。

明确大修后现场局部放电试验是否开展的前提条件，拆装套管或进人后，都应进行局部放电试验并合格，以保证变压器中无损伤、遗留杂质或物品。如果拆装套管仅放掉部分油，也不需要在油箱里面接线等工作，可视情况自行规定是否开展局部放电试验。如果吊罩大修或进人后，必须开展局部放电试验。

条文 12.2.17　积极开展红外检测，新建、改扩建或大修后的变压器（电抗器），应在投运带负荷后不超过 1 个月内（但至少在 24h 以后）进行一次精确检测。220kV 及以上电压等级的变压器（电抗器）每年在夏季前后应至少各进行一次精确检测。在高温大负荷运行期间，对 220kV 及以上电压等级变压器（电抗器）应增加红外检测次数。精确检测的测量数据和图像应制作报告存档保存。

红外检测可快速查出变压器各种缺陷，如直流电阻超标、套管缺油、套管介质损耗超标、储油柜缺油或过满、油箱本体发热等，尤其是因绝缘劣化、受潮等引起的电压致热型缺陷，往往表现的温度变化仅有 1～3K，在运行中依靠其他手段难以发现，长期运行可能导致设备故障或事故，而正确地开展红外精确测温可以及时发现这种温度变化，从而采取处理措施。因此对红外检测提出了具体的要求，尤其强调红外精确检测。另外，红外检测还可以进行油位的校核和冷却器效率的检查。

图 12-2 所示为红外测温检测到的变压器缺陷图片：套管受潮、套管缺油、本体漏磁。

条文 12.2.18　铁心、夹件通过小套管引出接地的变压器，应将接地引线引至适当位置，以便在运行中监测接地线中有无环流，当运行中环流异常变化，应尽快查明原因，严重时应采取措施及时处理，电流一般控制在 100mA 以下。

变压器运行中接地线中有环流的情况时有发生，因此提出变压器运行中注意环流的异常变化情况。

条文 12.2.19　应严格按照试验周期进行油色谱检验，必要时应装设在线油色谱检测装置。

目前电力行业中在运的变压器设备出现油色谱异常的情况并不少见。多组分油中溶解气体在线监测装置能够准确的反应和记录变压器的运行状况，对 220kV 及以上油浸式变压器（电抗器）和位置特别重要或存在绝缘缺陷的 110（66）kV 油浸式变压器，应重视油中溶解气体的监测，及时发现和处理异常现象。

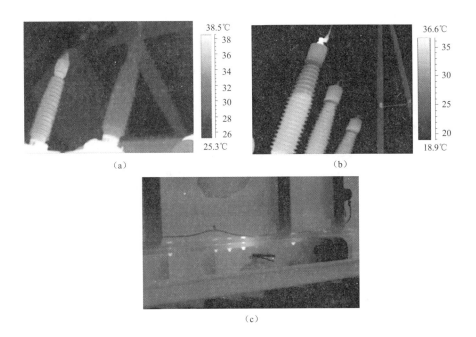

图 12-2　变压器缺陷红外图片

（a）套管受潮后温度升高 2K；（b）套管缺油及柱头发热；（c）漏磁引起油箱连接螺栓发热

由于油色谱在线监测装置的色谱柱有一定寿命，反复使用后，灵敏度、准确度会有所变化，因此每年应至少进行一次与离线检测数据的比对分析。

【案例】　某变压器安装的在线监测，可监测油中可燃性气体（H_2、C_2H_4、C_2H_2、CO 的混合气），并设定了总量报警值。2003 年 6 月 2 日发出报警，立即取油样进行色谱分析，结果发现与上次分析相比氢气含量从 $0\mu L/L$ 增长至 $42.7\mu L/L$，总烃浓度从 $57.09\mu L/L$ 增长至 $213.75\mu L/L$，已超注意值，且总烃相对产气速率达到 $110\%/$ 月，严重超标。三比值法判断为裸金属中温过热性故障。后经停电检查，发现高压引线耳接触不良，线耳开叉，长期受力，负荷电流使引线过载而发热发黑。

条文 12.2.20　大型强迫油循环风冷变压器在设备选型阶段，除考虑满足容量要求外，应增加对冷却器组冷却风扇通流能力的要求，以防止大型变压器在高温大负荷运行条件下，冷却器全投造成变压器内部油流过快，使变压器油与内部绝缘部件摩擦产生静电，油中带电发生变压器绝缘事故。

条文 12.3　防止变压器保护事故

条文 12.3.1　新安装的气体继电器必须经校验合格后方可使用；气体继电器应在真空注油完毕后再安装；瓦斯保护投运前必须对信号跳闸回路进行保护试验。

新安装的气体继电器、压力释放装置和温度计等非电量保护装置必须经运行部门校验合格后方可使用。运行中应结合检修（压力释放装置应结合大修）进行校验。为减少变压器的停电检修时间，压力释放装置、气体继电器宜备有经校验合格的备品。压力释放阀运行超过15年宜更换。气体继电器中的干簧管和浮球真空耐受能力低，在高真空下会损坏，因此气体继电器应在真空注油完毕后再安装，而不能带着气体继电器进行真空注油，以防真空注油过程中气体继电器损坏。

条文12.3.2 变压器本体保护应加强防雨、防振措施，户外布置的压力释放阀、气体继电器和油流速动继电器应加装防雨罩。

条文12.3.3 变压器本体保护宜采用就地跳闸方式，即将变压器本体保护通过较大启动功率中间继电器的两对触点分别直接接入断路器的两个跳闸回路，减少电缆迂回带来的直流接地、对微机保护引入干扰和二次回路断线等不可靠因素。

条文12.3.4 变压器本体、有载分接开关的重瓦斯保护应投跳闸。若需退出重瓦斯保护，应预先制订安全措施，并经总工程师批准，限期恢复。

条文12.3.5 气体继电器应定期校验。当气体继电器发出轻瓦斯动作信号时，应立即检查气体继电器，及时取气样检验，以判明气体成分，同时取油样进行色谱分析，查明原因及时排除。

气体继电器的轻瓦斯气体即使是空气也是不能允许的，要迅速查明原因，及时处理。

条文12.3.6 压力释放阀在交接和变压器大修时应进行校验。

根据对一些变压器压力释放装置的校验发现，不少产品质量存在问题，因此，必须加强对非电量保护装置的校验工作，同时要准备备品，发现不合格及时更换，以免影响停电时间。

条文12.3.7 运行中的变压器的冷却器油回路或通向储油柜各阀门由关闭位置旋转至开启位置时，以及当油位计的油面异常升高或呼吸系统有异常现象，需要打开放油或放气阀门时，均应先将变压器重瓦斯保护退出改投信号。

条文12.3.8 变压器运行中，若需将气体继电器集气室的气体排出时，为防止误碰探针，造成瓦斯保护跳闸可将变压器重瓦斯保护切换为信号方式；排气结束后，应将重瓦斯保护恢复为跳闸方式。

需将气体继电器集气室的气体排出时，应将变压器重瓦斯保护切换为信号方式；排气结束后，将重瓦斯保护恢复为跳闸方式，防止误碰探针使重瓦斯保护跳闸。

条文12.4 防止分接开关事故

条文12.4.1 无励磁分接开关在改变分接位置后，必须测量使用分接的直流电阻和变比；有载分接开关检修后，应测量全程的直流电阻和变比，合格后方可投运。

长期使用的无励磁分接开关，即使运行不要求改变分接位置，也应结合变压器停电，每 1～2 年主动转动分接开关，防止运行触点接触状态的劣化。

安装和检修时应检查无励磁分接开关的弹簧状况、触头表面镀层及接触情况、分接引线是否断裂及紧固件是否松动。为防止拨叉产生悬浮电位放电，应采取等电位连接措施。

检修后应测量全程的直流电阻和变比，合格后方可投运。测量直流电阻是为了检查触头接触情况，测量变比是为了防止分接切换错误。

条文 12.4.2   安装和检修时应检查无励磁分接开关的弹簧状况、触头表面镀层及接触情况、分接引线是否断裂及紧固件是否松动，机械指示到位后触头所处位置是否到位。

条文 12.4.3   新购有载分接开关的选择开关应有机械限位功能，束缚电阻应采用常接方式。

机械限位功能可以有效防止有载分接开关的越位发生，对于新购置设备应具备并使用此功能。

早期换流变压器的束缚电阻采用微动开关临时接入的方式，造成油色谱异常。为了彻底解决该现象，换流变压器的束缚电阻采用常接方式。

条文 12.4.4   有载分接开关在安装时应按出厂说明书进行调试检查。要特别注意分接引线距离和固定状况、动静触头间的接触情况和操作机构指示位置的正确性。新安装的有载分接开关，应对切换程序与时间进行测试。

【案例】 某换流站极 1 号换流变压器，1997 年 1 月 V 相调压开关在操作中发生爆炸起火。其事故原因是调压开关换向齿轮、滚珠轴承进水受潮生锈长死，以致滚珠脱落，造成伞形齿轮啮合不良引起机械错位，在切换开关切换时，极电压高而不能消弧，最后引起爆炸烧坏。

条文 12.4.5   加强有载分接开关的运行维护管理。当开关动作次数或运行时间达到制造厂规定值时，应进行检修，并对开关的切换程序与时间进行测试。

有载分接开关在安装及运行中，应按出厂说明书进行调试和定期检查。要特别注意分接引线距离和固定状况、动静触头间的接触情况和操作机构指示位置的正确性。

预防性试验中测试有载分接开关动作特性时要注意变压器铁心剩磁带来的影响，应在测试绕组直流电阻前进行该试验。

有些变压器的有载分接开关长期不用，有的分接开关经常只在很少几个分接位置上运行，长期不使用的分接开关挡位的触点会由于热和化学等因素的作用而生成氧化膜，使接触状态变差。

综上所述，对动作次数或运行时间达到制造厂规定值的有载分接开关，都应进行检修。

条文 12.5　防止变压器套管事故

条文 12.5.1　新套管供应商应提供型式试验报告，用户必须存有套管将军帽结构图。

条文 12.5.2　检修时当套管水平存放，安装就位后，带电前必须进行静放，其中 330kV 及以上套管静放时间应大于 36h，110～220kV 套管静放时间应大于 24h。事故抢修所装上的套管，投运后的 3 个月内，应取油样进行一次色谱试验。

套管通常应采取垂直或斜放保存，按制造厂规定可以水平放置的套管，安装就位后须按要求静放再带电，防止气泡进入电容芯。

条文 12.5.3　如套管的伞裙间距低于规定标准，应采取加硅橡胶伞裙套等措施，防止污秽闪络。在严重污秽地区运行的变压器，可考虑在瓷套涂防污闪涂料等措施。

条文 12.5.4　作为备品的 110kV（66kV）及以上套管，应竖直放置。如水平存放，其抬高角度应符合制造厂要求，以防止电容芯子露出油面受潮。对水平放置保存期超过一年的 110kV（66kV）及以上套管，当不能确保电容芯子全部浸没在油面以下时，安装前应进行局部放电试验、额定电压下的介损试验和油色谱分析。

条文 12.5.5　油纸电容套管在最低环境温度下不应出现负压，应避免频繁取油样分析而造成其负压。运行人员正常巡视应检查记录套管油位情况，注意保持套管油位正常。套管渗漏油时，应及时处理，防止内部受潮损坏。

套管制造过程中，如果常温下破真空后密封会造成低温负压现象，一旦密封失效，外部气体和水分会进入套管引起受潮，因此应在套管设计和制造的源头上杜绝负压现象。另外，运行维护过程中取油样过多也会造成负压。

三相套管油位升降应基本一致，若套管油位有异常变动，应结合红外测温、渗油等情况判断套管是内漏或外漏，并进行补油。对渗漏油的套管应及时进行处理。在正常运行维护时，要着重防止套管内部受潮和绝缘事故的发生。

【案例】　某 500kV 套管油位计已看不见油位，通过红外成像检查确认油位异常下降。在一段时间的跟踪检测中发现，套管油位随气温上升而下降，随气温下降而升高。该变压器储油柜的油位远低于套管的正常油位，当套管油漏入变压器本体后，套管底部的良好密封，使套管内部形成一定的真空，套管油位可稳定在高于变压器储油柜油位的位置。气温上升，套管内部气体膨胀，真空度下降，套管油位进一步下降，与储油柜油位形成一个新的平衡关系；气温下降，套管内部气体收缩，真空度上升，套管油位上升。这只套管在从变压器中吊出后发现，下瓷套底部的金属法兰破裂，套管"内漏"，证实了上述油位变化的原因。

条文 12.5.6　加强套管末屏接地检测、检修及运行维护管理，每次拆接末屏

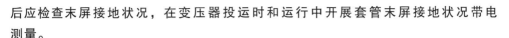

后应检查末屏接地状况，在变压器投运时和运行中开展套管末屏接地状况带电测量。

现场的一些试验，如套管介质损耗测量，电容量测量，局部放电试验中的信号检测等，都要利用末屏引出线来开展，因此末屏并非死接地，而是可以打开。往往由于弹簧弹力减小、尺寸配合不当、使用后恢复不当等原因，末屏接触不良，悬浮电位高达上万伏，从而产生轻微的末屏放电，持续发展会逐渐腐蚀电极，形成穿孔，腐蚀破坏零、末屏间绝缘层，使电场分布更不均匀，继续恶化下去将导致绝缘击穿事故。

每次拆接末屏后应使用万用表检查末屏接地状况。

条文 12.5.7　运行中变压器套管油位视窗无法看清时，继续运行过程中应按周期结合红外成像技术掌握套管内部油位变化情况，防止套管事故发生。

条文 12.6　防止冷却系统事故

条文 12.6.1　优先选用自然油循环风冷或自冷方式的变压器。

强油循环变压器的油泵故障率较高，也曾发生油泵故障导致的变压器事故，因此 240MVA 及以下的变压器可不采用强油循环冷却方式。

条文 12.6.2　潜油泵的轴承应采取 E 级或 D 级，禁止使用无铭牌、无级别的轴承。对强油导向的变压器油泵应选用转速不大于 1500r/min 的低速油泵。

条文 12.6.3　对强油循环的变压器，在按规定程序开启所有油泵（包括备用）后整个冷却装置上不应出现负压。

变压器冷却系统潜油泵的入口管段、出油管、冷却器进油口附近油流速度较大的管道以及变压器顶部等部位，虽然有储油柜油位的静压力，但由于潜油泵的吸力，在变压器温度剧烈变化时，可能会出现负压情况。检查负压的方法参照 GB/T 6451。

条文 12.6.4　强油循环的冷却系统必须配置两个相互独立的电源，并具备自动切换功能。

条文 12.6.5　新建或扩建变压器一般不采用水冷方式。对特殊场合必须采用水冷却系统的，应采用双层铜管冷却系统。

对于在役的水冷变压器，其水冷却器和潜油泵在安装前应逐台按照制造厂的安装使用说明书进行检漏试验，必要时可解体检查。应结合检修对变压器水冷却器的油管进行检漏。为了减少因水冷却器泄漏而造成变压器的进水，要求新建或扩建变压器一般不采用水冷却方式。

条文 12.6.6　变压器冷却系统的工作电源应有三相电压监测，任一相故障失电时，应保证自动切换至备用电源供电。

条文 12.6.7　强油循环冷却系统的两个独立电源应定期进行切换试验，有关信号装置应齐全可靠。

强油循环或自然循环风冷的冷却装置必须配置两个独立的电源，并能自动切换。要分别测取三相电压的异常情况，及时投入备用电源。如有一变电站的冷却装置电源仅失去一相电压，而备用自动投入的测取电压却在另一相，导致备用电源长时间不能投入，幸好运行人员从变压器顶层油温升异常升高发现了问题，险些酿成变压器故障。

条文 12.6.8 强油循环结构的潜油泵启动应逐台启用，延时间隔应在 30s 以上，以防止气体继电器误动。

强油循环结构，尤其是片式散热器的强油循环结构的潜油泵启动应逐台启用，自动控制的延时间隔应在 30s 以上，避免多台潜油泵同时投运，油流速度和油箱压力突变，造成重瓦斯保护动作。

条文 12.6.9 对于盘式电机油泵，应注意定子和转子的间隙调整，防止铁心的平面摩擦。运行中如出现过热、振动、杂音及严重漏油等异常时，应安排停运检修。

条文 12.6.10 为保证冷却效果，管状结构变压器冷却器每年应进行 1～2 次冲洗，并宜安排在大负荷来临前进行。

注意检查冷却器进出口温差，避免因冷却器（散热器）外部脏污、潜油泵效率下降等原因，使冷却器（散热器）的散热效果降低并导致油温上升，否则要适当缩短允许过负荷时间。变压器冷却器通常每年应至少进行 1 次冲洗或根据实际情况多次冲洗。

也可进行冷却器进出口的红外测温，对冷却器的冷却效率进行及时评价。当效率不足 80% 时，也应进行冲洗。

冷却器的风扇叶片应校平衡并调整角度，注意定期维护，保证正常运行。对振动大、磨损严重的风扇应进行更换。

条文 12.6.11 对目前正在使用的单铜管水冷却变压器，应始终保持油压大于水压，并加强运行维护工作，同时应采取有效的运行监视方法，及时发现冷却系统泄漏故障。

条文 12.7 防止变压器火灾事故

条文 12.7.1 按照有关规定完善变压器的消防设施，并加强维护管理，重点防止变压器着火时的事故扩大。

大型主变压器火灾事故时有发生，造成的后果极其严重，因此，如何采取有效措施，防止大型变压器火灾事故及事故扩大带来的经济损失和社会影响，是十分重要的课题。

变压器发生火灾需具备燃烧的 3 个必备条件：可燃物、氧化剂和温度，即燃烧三要素。扑灭变压器火灾，采取的方法是抑制上述燃烧三要素之一或一个以上，所有消防灭火设备之灭火机理均依据于此。

条文 12.7.2 采用排油注氮保护装置的变压器应采用具有联动功能的双浮球结构的气体继电器。

变压器使用的气体继电器型号很多。双浮球气体继电器是一种新型气体继电器，保护功能有 3 个：轻瓦斯动作（报信号）；重瓦斯动作（正常运行中投跳闸）；低油面动作（与重瓦斯共用触点，正常运行中投跳闸）。双浮球气体继电器的采用，使得注气和排油时均能动作。

条文 12.7.3 排油注氮保护装置应满足：

（1）排油注氮启动（触发）功率应大于 220V×5A（DC）。

（2）注油阀动作线圈功率应大于 220V×6A（DC）。

（3）注氮阀与排油阀间应设有机械连锁阀门。

（4）动作逻辑关系应满足本体重瓦斯保护、主变压器断路器跳闸、油箱超压开关（火灾探测器）同时动作时才能启动排油充氮保护。

大型变压器排油注氮消防系统的启动方式：非电量保护信号重瓦斯保护、速动油压继电器保护与断路器跳闸信号"与"逻辑后，启动消防灭火装置动作，起到防爆、防火作用。其误动率将降低，动作可靠性大幅提高。为了减少误动，目前采用的方式是增加排油注氮启动的触发功率，增加其他保护设备的关联度。

条文 12.7.4 水喷淋动作功率应大于 8W，其动作逻辑关系应满足变压器超温保护与变压器断路器跳闸同时动作。

条文 12.7.5 变压器本体储油柜与气体继电器间应增设断流阀，以防储油柜中的油下泄而造成火灾扩大。

大型变压器内部有大量的绝缘纸板和变压器油。变压器油在高温或电弧作用下，会分解出大量碳氢化合物等易燃性气体。这些易燃气体遇电弧放电就会发生爆炸，因而变压器油是变压器火灾事故的根源。

一旦变压器发生爆炸火灾事故，位于油箱顶部储油柜内的大量变压器油，会在自然油压的作用下，从箱体开裂处向外猛烈喷出，助长火势的蔓延，直至储油柜中的油全部泄放完。储油柜里的油起了"火上浇油"的作用，大大增加了变压器消防灭火的难度和扑灭火灾的时间。因而，变压器发生爆炸火灾事故时，采取措施及时切断储油柜中变压器油流向箱体，对防止变压器火灾事故的扩大和蔓延是非常有效的。因此变压器本体储油柜与气体继电器间应增设断流阀。

条文 12.7.6 现场进行变压器干燥时，应做好防火措施，防止加热系统故障或线圈过热烧损。

变压器的防火问题，不仅在干燥时要注意，在吊罩（或放油）检查和处理时也应注意，防止高压试验导致失火。国内已有过高压试验导致变压器失火的惨痛教训。

【案例1】 某220kV变压器放油后进行绕组直流电阻测试。由于内部临时拆下的高压引线放置不当，在直流电阻测试结束切断直流电源时对铁心放电，导致起火，致使变压器在油箱内全部烧损。

【案例2】 某220kV变压器放油检查铁心"多点接地"点，错误地采用加220V交流电观察冒烟的方法，致使B相线圈底部冒火，后虽经二氧化碳灭火，未酿成正台变压器烧毁，但B相底部绝缘烧损，进行了更换才恢复运行。

条文12.7.7 应结合例行试验检修，定期对灭火装置进行维护和检查，以防止误动和拒动。

条文12.8 防止互感器事故

条文12.8.1 防止各类油浸式互感器事故。

本反措中的各类"油浸式互感器"，包括油浸式电压互感器、电流互感器、油纸电容绝缘的电流互感器和电容式电压互感器等。

条文12.8.1.1 油浸式互感器应选用带金属膨胀器微正压结构型式。

互感器在设计时要求考虑，基建阶段时因试验要求取油样后仍能保证互感器，在最低环境温度下仍然处在微正压状态。

条文12.8.1.2 所选用电流互感器的动热稳定性能应满足安装地点系统短路容量的要求，一次绕组串联时也应满足安装地点系统短路容量的要求。

电流互感器一次绕组在使用不同变比时，可采用并联和串联的方式。在一次绕组使用串联方式时，动热稳定性能也应该满足短路容量的要求。

条文12.8.1.3 电容式电压互感器的中间变压器高压侧不应装设金属氧化物避雷器（MOA）。

正确方法是：采用阻尼回路在源头上防止谐振过电压的产生，而不是采用加装MOA的方式限制过电压。

【案例】 某500kV变电站，某线线路B相电容式电压互感器，型号：TYD3500/3-0.005H。2006年8月23日，发现电容式电压互感器的二次侧无电压信号，后经检查一次末端对地绝缘电阻为零，解体检查发现是电容式电压互感器电磁单元装设的氧化锌避雷器损坏而导致。据统计同厂家同型号设备已多次出现过失压现象。

条文12.8.1.4 110（66）～500kV互感器在出厂试验时，局部放电试验的测量时间延长到5min。

条文12.8.1.5 对电容式电压互感器应要求制造厂在出厂时进行$0.8U_n$、$1.0U_n$、$1.2U_n$及$1.5U_n$的铁磁谐振试验（注：U_n指额定一次相电压，下同）。

条文12.8.1.6 电磁式电压互感器在交接试验时，应进行空载电流测量。励

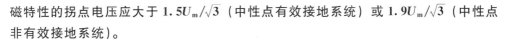

磁特性的拐点电压应大于 $1.5U_\mathrm{m}/\sqrt{3}$ （中性点有效接地系统）或 $1.9U_\mathrm{m}/\sqrt{3}$ （中性点非有效接地系统）。

进行电磁式电压互感器的空载电流测量意义与重要性在于：选用励磁特性饱和点较高的 TV，防止中性点非直接接地系统发生由于电磁式电压互感器饱和产生的铁磁谐振过电压；高限电压（$1.5U_\mathrm{m}/\sqrt{3}$或 $1.9U_\mathrm{m}/\sqrt{3}$）下空载电流的限制有助于控制 TV 在短时最高运行电压下的电流及温升；额定电压下及高限电压下空载电流值及其变化量有助于明确反映 TV 铁心特性，从而对制造厂家的设计、制造进行约束；历次试验空载电流的变化又有助于判断匝间绝缘是否完好。

条文 12.8.1.7　电流互感器的一次端子所受的机械力不应超过制造厂规定的允许值，其电气连接应接触良好，防止产生过热故障及电位悬浮。互感器的二次引线端子应有防转动措施，防止外部操作造成内部引线扭断。

防止互感器一次及二次端子在安装、检修时，进行拆接一次及二次引线工作时，对引线端子造成的损坏。互感器的二次引线端子应有防转动结构，避免因端子转动导致内部引线受损和断裂。

【案例】　某变电站母线 220kV 电流互感器进行检修后，投运时发生零序保护动作，造成严重后果。经检查发现是由于互感器检修工作时二次端子内部引线断裂引发事故。

条文 12.8.1.8　已安装完成的互感器若长期未带电运行（110kV 及以上大于半年；35kV 及以下一年以上），在投运前应按照《输变电设备状态检修试验规程》（DL/T 393—2010）进行例行试验。

条文 12.8.1.9　在交接试验时，对 110kV（66kV）及以上电压等级的油浸式电流互感器，应逐台进行交流耐受电压试验，交流耐压试验前后应进行油中溶解气体分析。油浸式设备在交流耐压试验前要保证静置时间，110kV（66kV）设备静置时间不小于 24h、220kV 设备静置时间不小于 48h、330kV 和 500kV 设备静置时间不小于 72h。

明确规定油浸式设备交流耐压试验前的静止时间要求，以保证在耐压试验时不会因为设备内部的气泡，造成局部放电而对设备绝缘造成损坏。

条文 12.8.1.10　对于 220kV 及以上等级的电容式电压互感器，其耦合电容器部分是分成多节的，安装时必须按照出厂时的编号以及上下顺序进行安装，严禁互换。

运输和安装互感器时，应严格按照生产厂家安装说明书上的方法进行运输和安装。尤其是电容式电压互感器，进行下节吊装时必须吊在中间变压器下部的专用吊点上，严禁吊在电容器部分的上部吊点。

对于 220kV 以上电压等级的电容式电压互感器，其耦合电容器部分是分成多节的，安装时必须按照出厂时的编号以及上下顺序进行安装，严禁互换。

对于多节的电容式电压互感器，如其中一节电容器出现问题不能使用，应整套CVT返厂更换或修理。出厂时应进行全套出厂试验，一般不允许在现场调配单节或多节电容器。在特殊情况下必须现场更换其中的单节或多节电容器时，必须对该CVT进行角差、比差校验。

【案例】 2005 年某 500kV 变电站某线路出口 CVT 精度试验时，发现三相CVT 的精度都不合格，检查后发现由于 500kV CVT 由三节组成，基建安装时未按照铭牌装配。

条文 12.8.1.11 电流互感器运输应严格遵照设备技术规范和制造厂要求，**220kV 及以上电压等级互感器运输应在每台产品（或每辆运输车）上安装冲撞记录仪，设备运抵现场后应检查确认，记录数值超过 5g 的，应经评估确认互感器是否需要返厂检查。**

条文 12.8.1.12 电流互感器一次直阻出厂值和设计值无明显差异，交接时测试值与出厂值也应无明显差异，且相间应无明显差异。

防止因一次端子引线内部工艺问题造成事故，需要特别注意负荷较大和负荷波动较大的线路上所使用的电流互感器。

【案例】 某供电公司风电接入的线路 B、C 两相 220kV 正立式电流互感器发生运行中喷油事故，解体后发现电流互感器一次导电杆与一次端子之间连接的铝排，成形工艺较差，不平整，且在铝排与导电杆连接的根部存在疑似高温导致变形的痕迹，见图 12-3。未解体前由接线端子上测量一次绕组直阻，与解体后由铝排端子上测量的一次绕组直阻值存在差别，同时与设计值差别较大。B 相解体后的主绝缘处的铝箔纸上存在多处浅色黄斑。分析原因认为风电接入线路负荷波动较大，负荷也很重，一旦一次存在局部过热点，容易导致绝缘介质迅速劣化，引发事故。

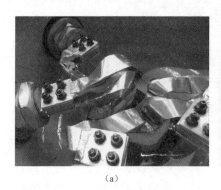

| (a) | (b) |

图 12-3 某 220kV 正立式电流互感器故障解体照片

(a) 一次导电杆与一次端子间连接铝排照片；(b) 一次导电杆与主体连接电流互感器处故障后照片

条文 12.8.1.13 事故抢修安装的油浸式互感器，应保证静放时间，其中330kV 及以上油浸式互感器静放时间应大于 36h，110～220kV 油浸式互感器静放时间应大于 24h。

条文 12.8.1.14 对新投运的 220kV 及以上电压等级电流互感器，1～2 年内应取油样进行油色谱、微水分析；对于厂家明确要求不取油样的产品，确需取样或补油时应由制造厂配合进行。

由于油净化工艺、绝缘件干燥不彻底等制造工艺造成的隐患，在电流互感器运行 1～2 年内发生问题的情况时有发生。因此，应在设备投运后 1～2 年内进行油色谱和微水的测试工作。互感器属于少油设备，倒立式电流互感器油更少，取油过多可能会影响微正压状态。因此，每次取油时应严密注意膨胀器油位。如需要补油，应由厂家补油或在厂家的指导下进行补油。

【案例】 某变电站内共有 18 台同类型 110kV 电流互感器，均为 2007 年 12 月投运，2 台 110kV 电流互感器在 2008 年 3 月 1 日和 2008 年 5 月 21 日发生喷油故障，油色谱试验判断该电流互感器内部可能存在局部放电。对站内其他同型号电流互感器进行色谱检验，发现其中 9 台色谱数据有不同程度的异常。经分析原因在于制造厂变压器油净化工艺存在问题，导致油中环己烷的含量超标，烷烃在裂化、脱氢的反应下，产生氢气。随着氢气的增加在膨胀器内产生压力，除了推动膨胀器升高外，同时加速氢气向互感器本体器身内扩散，氢气在电场的作用下，在油纸间产生局部放电。

条文 12.8.1.15 互感器的一次端子引线连接端要保证接触良好，并有足够的接触面积，以防止产生过热性故障。一次接线端子的等电位连接必须牢固可靠。其接线端子之间必须有足够的安全距离，防止引线线夹造成一次绕组短路。

互感器一次引线连接不良易引发过热性故障，造成互感器喷油乃至炸裂等故障。

【案例】 某站 101B 相电流互感器，型号：LCWB6-110W2，2007 年 4 月投运。2007 年 11 月在红外测试中发现其头部温度比其他两相高约 10℃。取油进行色谱分析，发现含有 $0.4\mu L/L$ 的乙炔。分析其内部一次连接部分有缺陷。同型号产品同样的缺陷在其他变电站也发生过。

条文 12.8.1.16 老型带隔膜式及气垫式储油柜的互感器，应加装金属膨胀器进行密封改造。现场密封改造应在晴好天气进行。对尚未改造的互感器应每年检查顶部密封状况，对老化的胶垫与隔膜应予以更换。对隔膜上有积水的互感器，应对其本体和绝缘油进行有关试验，试验不合格的互感器应退出运行。绝缘性能有问题的老旧互感器，退出运行不再进行改造。

条文 12.8.1.17 对硅橡胶套管和加装硅橡胶伞裙的瓷套，应经常检查硅橡胶表面有无放电或老化、龟裂现象，如果有应及时处理。

条文 12.8.1.18 运行人员正常巡视应检查记录互感器油位情况。对运行中渗漏油的互感器，应根据情况限期处理，必要时进行油样分析，对于含水量异常的互感器要加强监视或进行油处理。油浸式互感器严重漏油及电容式电压互感器电容单元漏油的应立即停止运行。

渗漏油的互感器可能会导致外界水分的进入，引发事故。应重视倒立式油浸式互感器的巡视，少油设备发生渗漏油情况应及时处理，避免发生事故。

条文 12.8.1.19 应及时处理或更换已确认存在严重缺陷的互感器。对怀疑存在缺陷的互感器，应缩短试验周期进行跟踪检查和分析查明原因。对于全密封型互感器，油中气体色谱分析仅 H_2 单项超过注意值时，应跟踪分析，注意其产气速率，并综合诊断：如产气速率增长较快，应加强监视；如监测数据稳定，则属非故障性氢超标，可安排脱气处理；当发现油中有乙炔时，按相关标准规定执行。对绝缘状况有怀疑的互感器应运回试验室进行全面的电气绝缘性能试验，包括局部放电试验。

条文 12.8.1.20 如运行中互感器的膨胀器异常伸长顶起上盖，应立即退出运行。当互感器出现异常响声时应退出运行。当电压互感器二次电压异常时，应迅速查明原因并及时处理。

条文 12.8.1.21 当采用电磁单元为电源测量电容式电压互感器的电容分压器 C1 和 C2 的电容量和介损时，必须严格按照制造厂说明书规定进行。

分节的 CVT 对于上节独立电容器应采用正接线测量 10kV 下的电容量和介损；对于下节 C1 和 C2，采用自激法测量时，应控制电磁单元一次侧电压一般不超过 2.5kV，且加压绕组不得过流。

条文 12.8.1.22 根据电网发展情况，应注意验算电流互感器动热稳定电流是否满足要求。若互感器所在变电站短路电流超过互感器铭牌规定的动热稳定电流值时，应及时改变变比或安排更换。

条文 12.8.1.23 严格按照《带电设备红外诊断应用规范》(DL/T 664—2008) 的规定，开展互感器的精确测温工作。新建、改扩建或大修后的互感器，应在投运后不超过 **1 个月内**（但至少在 **24h 以后**）进行一次精确检测。**220kV 及以上电压等级的互感器每年在夏季前后应至少各进行一次精确检测**。在高温大负荷运行期间，对 **220kV 及以上电压等级互感器应增加红外检测次数**。精确检测的测量数据和图像应归档保存。

型号规格相同的电压致热型设备，可根据其对应点温升值的差异来判断设备是否正常。电流致热型设备的缺陷宜用允许温升或同类允许温差的判断依据确定。对于 220kV 及以上电压等级的互感器，每年在迎峰度夏和迎峰度冬前后应进行精确测温。

条文 12.8.1.24 　加强电流互感器末屏接地检测、检修及运行维护管理。对结构不合理、截面偏小、强度不够的末屏应进行改造；检修结束后应检查确认末屏接地是否良好。

互感器在投运前应注意检查各部位接地是否牢固可靠，如电流互感器的电容末屏接地、电磁式电压互感器高压绕组的接地端（X 或 N）接地、电容式电压互感器的电容分压器部分的低压端子（δ 或 N）的接地及互感器底座的接地等，严防出现内部悬空的假接地现象。

结构不合理、截面偏小、强度不够的末屏在运输、吊装、运行时容易发生破损、放电、断裂的情况，严重时会引发互感器爆炸的情况。因此，对于这种结构的末屏应进行改造。

【案例】 　某电厂升压站某相倒立式电流互感器检修后运行中发生爆炸。对相邻相电流互感器进行油色谱分析，发现乙炔和总烃均严重超标，对邻相互感器解体后发现末屏连线较细，有磨损和放电的痕迹。事故原因：由于末屏结构不合理、截面偏小，在运输、吊装时发生破损，运行时引发放电，最终导致互感器爆炸。爆炸后电流互感器如图 12-4 所示。

图 12-4　某电厂升压站电流互感器爆炸后照片

条文 12.8.2 　防止 110（66）～500kV 六氟化硫绝缘电流互感器事故

条文 12.8.2.1 　应重视和规范气体绝缘的电流互感器的监造、验收工作。

近年来 SF_6 绝缘电流互感器已成为 220kV 及以上高压等级独立式电流互感器的主要产品，应用越来越多。进口产品、合资产品和国产设备均发生过事故，因此，应加强对气体绝缘的电流互感器的监造和验收工作。

条文 12.8.2.2 　如具有电容屏结构，其电容屏连接筒应要求采用强度足够的铸铝合金制造，以防止因材质偏软导致电容屏连接筒移位。

气体绝缘对于场强的均匀性比较敏感，相同条件下，均匀电场和不均匀电场情况下气体的绝缘特性相差较大。不均匀电场气体的绝缘耐受电压较低，当连接筒移位和变形后对电场的均匀性影响较大。建议进行振动试验，验证产品设计强度。

【案例】 　1999 年，某 500kV 变电站发生多起 SF_6 绝缘电流互感器运行中击穿，经解体分析认为其主要原因是该批产品的电容屏连接筒为铝板材压制，其强度不够。在运输、安装等环节中易发生移位或变形，后全部换成了强度高的铸铝合金材料。

条文 12.8.2.3　加强对绝缘支撑件的检验控制。

SF₆ 绝缘电流互感器内部绝缘支撑件承受机械应力和电气绝缘作用，是 SF₆ 绝缘电流互感器内的重要部件，应确保支撑件满足在全电压下 20h 无局部放电的要求。此外，装配时应保证绝缘支撑件的工艺清洁度，确保其沿面的绝缘性能可靠。

条文 12.8.2.4　出厂试验时各项试验包括局部放电试验和耐压试验必须逐台进行。

条文 12.8.2.5　制造厂应采取有效措施，防止运输过程中内部构件振动移位。用户自行运输时应按制造厂规定执行。

条文 12.8.2.6　110kV 及以下互感器推荐直立安放运输，220kV 及以上互感器必须满足卧倒运输的要求。运输时 110kV（66kV）产品每批次超过 10 台时，每车装 10g 振动子 2 个，低于 10 台时每车装 10g 振动子 1 个；220kV 产品每台安装 10g 振动子 1 个；330kV 及以上每台安装带时标的三维冲撞记录仪。到达目的地后检查振动记录装置的记录，若记录数值超过 10g 一次或 10g 振动子落下，则产品应返厂解体检查。

本条文提出了加强电流互感器运输的过程控制和保证的措施。国内有几次电流互感器（包括油浸倒置式电流互感器）的故障与运输中受到强烈冲撞有关。这些互感器虽然又回到制造厂通过了相关试验，但仍在运行中发生爆炸事故。例如，运输中汽车翻倒或包装箱主梁断裂时，应考虑将电流互感器的主绝缘重绕，避免存在工厂常规试验中发现不了局部缺陷（如绝缘局部裂纹或二次引线管的局部移位开裂）。

条文 12.8.2.7　运输时所充气压应严格控制在允许的范围内。

条文 12.8.2.8　进行安装时，密封检查合格后方可对互感器充六氟化硫气体至额定压力，静置 24h 后进行六氟化硫气体微水测量。气体密度表、继电器必须经校验合格。

由于气体设备内部绝缘部件中含有水分的析出，设备内部水分分布达到平衡需要时间，因此，SF₆ 气体微水测量应在充 SF₆ 气体至额定压力、静置 24h 后进行，以保证测试的准确性。

【案例】　北京某变电站某相气体电流互感器安装时，气体充至额定压力后，立即进行微水试验，测试结果为 $80\mu L/L$，而第二天进行老炼试验前又进行微水测试，发现微水含量达到 $550\mu L/L$。

条文 12.8.2.9　气体绝缘的电流互感器安装后应进行现场老炼试验。老炼试验后进行耐压试验，试验电压为出厂试验值的 80%。条件具备且必要时还宜进行局部放电试验。

在安装后进行现场老炼试验和耐压试验，以进行投运前最后的把关，排除运输、安装过程中可能造成的内部部件移位、变形和进入杂质等隐患。主要原因在于现场进行互感器类的局部放电测量，升压设备和现场干扰问题都不易解决，强制执行确有困难。同时局部放电和介损试验与电流互感器结构有关，如非电容屏结构可不进行介损试验。

条文 12.8.2.10 运行中应巡视检查气体密度表，产品年漏气率应小于 0.5%。

条文 12.8.2.11 若压力表偏出绿色正常压力区时，应引起注意，并及时按制造厂要求停电补充合格的六氟化硫新气。一般应停电补气，个别特殊情况需带电补气时，应在厂家指导下进行。

补充气体时需要注意充气管路的除潮干燥。为防止在补气时由于管路泄漏、接头漏气、逆止阀损坏而导致设备本体漏气，影响设备运行安全，一般情况下应停电补气。

条文 12.8.2.12 补气较多时（表压小于 0.2MPa），应进行工频耐压试验。

由于泄漏原因导致补气较多时，为防止设备内绝缘部件由于泄漏而受潮，投运前应对设备进行耐压试验。

条文 12.8.2.13 交接时六氟化硫气体含水量小于 250μL/L。运行中不应超过 500μL/L（换算至 20℃），若超标时应进行处理。

条文 12.8.2.14 设备故障跳闸后，应进行六氟化硫气体分解产物检测，以确定内部有无放电。避免带故障强送再次放电。

设备故障跳闸后，应先使用 SF_6 分解气体快速测试装置（分解产物测试仪、特征气体检气管或色谱分析仪均可），对设备内气体进行检测，以确定内部有无放电，避免带故障强送再次放电；带故障强送将对电网造成冲击，设备内再次放电将进一步破坏内部结构。

条文 12.8.2.15 对长期微渗的互感器应重点开展六氟化硫气体微水量的检测，必要时可缩短检测时间，以掌握六氟化硫电流互感器气体微水量变化趋势。

13

防止 GIS、开关设备事故

💬 **总体情况说明：**

本章针对当前 GIS（金属封闭组合电器）在电力系统中应用越来越广泛，且 GIS 设备事故类型与敞开式开关设备有较大不同，具有一定的特殊性。本反措增加了防止金属封闭组合电器（GIS）设备事故，将原《二十五项反措》"防止开关设备事故"更名为"防止 GIS、开关设备事故"，从设计制造、基建安装和运行等各个环节提出防止 GIS、开关设备事故的措施。

本章参考并引用了原《二十五项反措》，新颁布国家、行业和国网十八项反事故措施及各发电集团公司反事故措施的内容，并结合近年开关设备运行中一些事故状况，对原条文中已不适应当前电网实际情况的条款进行调整和补充。

📖 **条文说明：**

条文 13.1 防止 GIS（包括 HGIS）、六氟化硫断路器事故

条文 13.1.1 加强对 GIS、六氟化硫断路器的选型、订货、安装调试、验收及投运的全过程管理。应选择具有良好运行业绩和成熟制造经验生产厂家的产品。

对于 GIS 设备和 SF_6 断路器，由于一旦设备安装，设备布置、设备基础、二次接线等都全部确定，运行中如果出现设备整体质量问题，则更换改造极为困难，因此在选型时应选择具有良好运行业绩和成熟制造经验生产厂家的产品。

条文 13.1.2 新订货断路器应优先选用弹簧机构、液压机构（包括弹簧储能液压机构）。

目前高压断路器基本上为三种机构形式，即弹簧机构、液压机构和气动机构。由于弹簧机构现场维护量小，液压机构运行较为平稳而优先选用，气动机构由于存在操作介质不洁造成阀体、管路等部件的生锈、气动机构压缩机逆止阀使用寿命短等问题而避免采用。

条文 13.1.3 GIS 在设计过程中应特别注意气室的划分，避免某处故障后劣化的六氟化硫气体造成 GIS 的其他带电部位的闪络，同时也应考虑检修维护的便捷性，保证最大气室气体量不超过 8h 的气体处理设备的处理能力。

GIS 在设计阶段对于气室的划分第一应考虑功能模块上的气室分隔，在某一部分闪络故障切除后，应避免故障后劣化的气体扩散到正常带电运行的隔室，造成事故扩大。另外，对于 GIS 中的气室，特别是母线气室，生产厂家从成本角度考虑减少隔离绝缘盆的使用，使 GIS 的部分气室容积过大，对于故障后的修复、SF_6 气体处理等带来很大不便。因此提出考虑检修维护的便捷性，保证最大气室气体量不超过 8h 的气体处理设备的处理能力。

【案例】 某厂家 GIS 双母线设计对于任一间隔的双母线隔离开关处于同一气室中，运行中某一隔离开关闪络故障极易造成另一隔离开关也对地闪络，造成双母线同时停电。

条文 13.1.4　GIS、六氟化硫断路器设备内部的绝缘操作杆、盆式绝缘子、支撑绝缘子等部件必须经过局部放电试验方可装配，要求在试验电压下单个绝缘件的局部放电量不大于 3pC。

GIS 和 SF_6 断路器中的绝缘拉杆、盆式绝缘子、支持绝缘子等绝缘部件，可能由开关制造厂生产也可能由制造厂外部购入，在绝缘件正式装配前，应保证 GIS 和 SF_6 断路器内的各绝缘件均通过了局部放电检测试验，且要求单个绝缘件局部放电量不大于 3pC。

条文 13.1.5　断路器、隔离开关和接地开关出厂试验时应进行不少于 200 次的机械操作试验，以保证触头充分磨合。200 次操作完成后应彻底清洁壳体内部，再进行其他出厂试验。

近年发生过多起因为 GIS 中的断路器、隔离开关操作产生的触头金属碎屑引发的对地故障，GIS 出厂时对各部件进行操作磨合是减小这类故障产生的有效手段。同时 200 次磨合也能对操动机构进行充分润滑，磨合后打开检查触头情况，清扫壳体内部，避免残存的金属碎屑导致运行中的对地故障。

条文 13.1.6　六氟化硫密度继电器与开关设备本体之间的连接方式应满足不拆卸校验密度继电器的要求。

密度继电器应装设在与断路器或 GIS 本体同一运行环境温度的位置，以保证其报警、闭锁触点正确动作。

220kV 及以上 GIS 分箱结构的断路器每相应安装独立的密度继电器。

户外安装的密度继电器应设置防雨罩，密度继电器防雨箱（罩）应能将表、控制电缆接线端子一起放入，防止指示表、控制电缆接线盒和充放气接口进水受潮。

对 SF_6 气体密度继电器应定期校验，以防止密度继电器动作值不准或偏离造成断路器误报警或不报警。在设备订货时，应要求密度继电器连接设计应满足不拆卸校验的要求，这样就可能避免拆卸造成的密封不严、气体泄漏等问题的发生。

密度继电器或其感温部分必须与断路器本体处于相同环境中，这样才能避免密度继电器误补偿、误动作。早期部分型号的 SF_6 断路器密度继电器安装在机构箱中，机构箱中有加热器及密封保温措施，当断路器所处的温度下降时，密度继电器会因误补偿而报警或闭锁动作。

曾发生过多起因密度继电器接线部位进水而引发控制直流接地、误动作的故障，因此对于密度继电器及其接线部位必须加装适当的防雨罩。

条文 13.1.7 为便于试验和检修，**GIS 的母线避雷器和电压互感器、电缆进线间隔的避雷器、线路电压互感器应设置独立的隔离开关或隔离断口；架空进线的 GIS 线路间隔的避雷器和线路电压互感器宜采用外置结构。**

GIS 中的避雷器、电压互感器耐压水平与 GIS 设备不一致，一般较 GIS 中断路器、隔离开关等元件的额定耐压水平低。如果设计时没有相应的隔离开关或断口，则必须在耐压试验前将其拆卸，对原部位进行一定均压处理后方可进行 GIS 耐压试验，耐压试验通过后再进行避雷器和电压互感器安装，这样使得耐压试验周期变得很长，且现场处理的密封面、对接面变多，不利于 GIS 内部清洁度的控制。因此对于 GIS 的母线避雷器和电压互感器应设置独立的隔离开关或隔离断口。

对于架空进线的 GIS 间隔，考虑试验的方便性及设备可靠性，应将线路避雷器和电压互感器设计为外置式常规设备，不放入 GIS 设备中。

条文 13.1.8 为防止机组并网断路器单相异常导通造成机组损伤，**220kV 及以下电压等级的机组并网的断路器应采用三相机械联动式结构。**

条文 13.1.9 机组并网断路器宜在并网断路器与机组侧隔离开关间装设带电显示装置，在并网操作时先合入并网断路器的母线侧隔离开关，确认装设的带电显示装置显示无电时方可合入并网断路器的机组/主变压器侧隔离开关。

对于发变组断路器和起联络作用的断路器，在并网前及解列后应现场核对其机械位置，且根据互感器或带电显示装置确认触头状态，防止非全相并网及非全相解列。

【案例】 2003 年，内蒙古某电厂发电机变压器组断路器在启动过程中，因为一相断路器绝缘拉杆断裂实际处于合入位置，但其机构及二次辅助接点均表现为分闸位置。当运行人员合入两侧隔离开关后，发电机单相被系统拖动运行，造成发电机轴系的严重损坏。

条文 13.1.10 用于低温（最低温度为－30℃及以下）、重污秽 e 级或沿海 d 级地区的 220kV 及以下电压等级 GIS，宜采用户内安装方式。

目前大量使用的 GIS 设备在设计、试验中未充分考虑户外使用环境的影响。在福建、浙江等地区发生过大量的 GIS 外壳、机构箱锈蚀、脱皮的现象，因此，在上述运行条件下 GIS 设备宜采用户内安装方式。

条文 13.1.11 开关设备机构箱、汇控箱内应有完善的驱潮防潮装置，防止凝露造成二次设备损坏。

开关设备的机构箱、汇控箱一般应设有两种加热器电源：一种为驱潮防潮设计，应长期投入，功率一般较小；另一种为加热电源，在温度低于设定值投入。

条文 13.1.12 室内或地下布置的 GIS、六氟化硫开关设备室，应配置相应的六氟化硫泄漏检测报警、强力通风及氧含量检测系统。

条文 13.1.13 GIS、罐式断路器及 500kV 及以上电压等级的柱式断路器现场安装过程中，必须采取有效的防尘措施，如移动防尘帐篷等，GIS 的孔、盖等打开时，必须使用防尘罩进行封盖。安装现场环境太差、尘土较多或相邻部分正在进行土建施工等情况下应停止安装。

GIS、罐式断路器安装现场洁净度的控制是防止设备运行后绝缘故障的重要手段。GIS 的孔、盖打开时应使用防尘罩，否则可能有飞虫、灰尘等进入。

【案例 1】 某变电站 500kV 罐式断路器发生内部绝缘故障，设备解体时发现内部有不少飞虫尸体。经查实该断路器为夏季安装，安装人员在傍晚进行罐体内工作时，使用的照明灯光吸引周围飞虫进入罐体内部，且未清理干净导致内部放电。

【案例 2】 内蒙古某单位在罐式断路器解体检修时发现内部有较多的黄沙，为安装时未采取有效防尘措施所致。

条文 13.1.14 六氟化硫开关设备现场安装过程中，在进行抽真空处理时，应采用出口带有电磁阀的真空处理设备，且在使用前应检查电磁阀动作可靠，防止抽真空设备意外断电造成真空泵油倒灌进入设备内部。并且在真空处理结束后应检查抽真空管的滤芯有无油渍。为防止真空度计水银倒灌进行设备中，禁止使用麦氏真空计。

GIS 设备在安装过程中抽真空处理时间较长，且一般安装现场施工电源不可靠，可能随时断电。如果真空处理设备电磁阀不可靠，极有可能将真空泵油倒吸入 GIS 设备内部，真空泵油进入 GIS 设备时会呈雾状散布于 GIS 内部各零部件表面，极难处理干净，国内曾发生过几起由于真空泵油而导致的 GIS 绝缘故障。同样，在真空处理过程中禁止使用麦氏真空计，防止水银进入设备内部，此类事件网内发生过多起。

【案例】 2010 年，某站 GIS 设备在切除线路故障过程中出线隔离开关气室内部闪络，分析认为安装过程中由于真空泵油进入设备，附着在绝缘表面，在通过较大电流时发生对地故障。某站 GIS 设备出线隔离开关气室闪络图见图 13-1。

图 13-1 某站 GIS 设备出线隔离开关气室闪络图

条文 13.1.15 GIS 安装过程中必须对导体是

否插接良好进行检查，特别对可调整的伸缩节及电缆连接处的导体连接情况应进行重点检查。

GIS 安装过程中调节伸缩节可能造成内部导体接触不良，运行中伸缩节处导体发热可能造成绝缘击穿。对于母线伸缩节可以通过两个 GIS 出线间隔带母线伸缩节进行导电回路电阻试验来检查。

GIS 与电缆连接处一般采用可拆卸式导体，待 GIS 和电缆耐压试验完成后进行该导体安装，但该导体是否安装到位不能直观检查，可能发生插接不到位现象。因此，对于 GIS 与电缆连接可以将本侧接地开关合入，从电缆另一侧通过相间接触电阻试验来检查。

【案例 1】 2008 年，某变电站 GIS 发生内部绝缘事故，查明原因是由于 GIS 电缆出线处有一可拆卸式导体，待 GIS 和电缆耐压试验完成后进行该导体安装，但该导体是否安装到位不能直观检查，带负荷运行后导体发热造成绝缘击穿。

【案例 2】 2007 年，某站因为 GIS 伸缩节处导体插接不良造成带负荷后发热导致绝缘击穿，如图 13-2 所示。

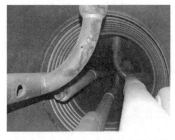

图 13-2 某站 GIS 伸缩节处导体
插接不良造成的发热损坏

条文 13.1.16 严格按有关规定对新装 GIS、罐式断路器进行现场耐压试验，耐压试验过程中应进行局部放电检测，有条件时可对 GIS 设备进行现场冲击耐压试验。GIS 出厂试验、现场交接耐压试验中，如发生放电现象，不管是否为自恢复放电，均应解体或开盖检查、查找放电部位。对发现有绝缘损伤或有闪络痕迹的绝缘部件均应进行更换。

GIS 现场耐压试验可采用交流电压试验，也可以采用冲击电压进行试验。两种方法对发现 GIS 内部的不同类型缺陷灵敏度不同，但由于交流电压试验现场较容易实施，故一般采用交流电压试验。在交流电压施加的同时，应该采用超声波或超高频等不同手段进行局部放电测量，该局部放电测量是交流耐压试验的一个极好的补充。

对于具有现场冲击耐压试验设备的单位也可增加在现场对 GIS 进行冲击电压试验。

条文 13.1.17 断路器安装后必须对其二次回路中的防跳继电器、非全相继电器进行传动，并保证在模拟手合于故障条件下断路器不会发生跳跃现象。

如果断路器二次回路中的防跳继电器动作时间大于断路器分闸时间，则在手合于故障时会发生断路器跳跃现象，传动时应采用正确的方法进行传动。以往采用的传动方法为：断路器在分闸位置，持续给断路器一个合闸命令，待断路器合好后再给一个分闸命令，断路器执行分闸后不再进行合闸即认为防跳功能正常，这种方法没有考虑防跳继电器也需要一定时间才能动作。如果动作时间较长，在断路器手合于故障时，防跳继电器线圈带电触点还未动作时断路器已经完成分闸转入准备合闸状态，防跳继电器线圈会失电，其触点得不到保持电流，防跳功能失去，在持续的合闸命令下，断路器会再次合入。

条文 13.1.18　加强断路器合闸电阻的检测和试验，防止断路器合闸电阻缺陷引发故障。在断路器产品出厂试验、交接试验及例行试验中，应对断路器主触头与合闸电阻触头的时间配合关系进行测试，有条件时应测量合闸电阻的阻值。

目前，500kV 及以上电压的断路器可能配有合闸电阻，因为合闸电阻结构复杂，故障率较高，在交接和例行试验中都应进行与主触头的配合时间测试，有条件时还应测试电阻的阻值，防止合闸电阻故障。

【案例 1】　某 500kV 柱式断路器，由于合闸电阻触头撞击变形，在断路器分闸后电阻断口未分闸到位。当断路器两侧隔离开关合闸时，合闸电阻断口被击穿，合闸电阻片长时间通流造成瓷套爆开，如图 13-3 所示。

【案例 2】　某 500kV 罐式断路器，在线路故障重合的过程中发生内部对罐体绝缘故障，解体分析发现该断路器合闸电阻片压紧件变形。事故原因为合闸电阻由于压紧不足，整体阻值变大，在经过线路重合的大电流过程中发热，电阻片碎裂，落入罐底，引发内部绝缘事故，如图 13-4 所示。

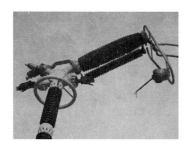 

图 13-3　某 500kV 柱式断路器　　　图 13-4　某 500kV 罐式断路器
　　　　　合闸电阻损坏　　　　　　　　　　　　合闸电阻损坏

条文 13.1.19　六氟化硫气体必须经六氟化硫气体质量监督管理中心抽检合格，并出具检测报告后方可使用。

条文 13.1.20　六氟化硫气体注入设备后必须进行湿度试验，且应对设备内气体进行六氟化硫纯度检测，必要时进行气体成分分析。

目前，由于 SF_6 气体来源较多，质量参差不齐，所以 SF_6 气体使用前必须经气体管理中心抽检合格方可使用。国家电网公司在各地区均设立了相应的 SF_6 气体质量监督管理中心。对于注入设备后的气体除按规定进行湿度检测外，还应检测 SF_6 气体纯度，防止设备内 SF_6 气体纯度不足而引发故障。

【案例】 某站 GIS 设备现场安装过程中，安装人员未对断路器气室进行抽真空处理，直接在设备内原带气体（一般为制造厂的试验气体，纯度较低）的基础上充入新的 SF_6 气体，随后检测中发现 SF_6 纯度偏低。因此，现场安装中气体充入前必须进行设备的抽真空处理，方可充入 SF_6 新气。

条文 13.1.21 应加强运行中 GIS 和罐式断路器的带电局放检测工作。在大修后应进行局放检测，在大负荷前、经受短路电流冲击后必要时应进行局放检测，对于局放量异常的设备，应同时结合六氟化硫气体分解物检测技术进行综合分析和判断。

条文 13.1.22 为防止运行断路器绝缘拉杆断裂造成拒动，应定期检查分合闸缓冲器，防止由于缓冲器性能不良使绝缘拉杆在传动过程中受冲击，同时应加强监视分合闸指示器与绝缘拉杆相连的运动部件相对位置有无变化，或定期进行合、分闸行程曲线测试。对于采用"螺旋式"连接结构绝缘拉杆的断路器应进行改造。

目前，断路器因缓冲器不良而引起的事故较多，建议运行、检修单位要重点巡视、检查，特别要防止缓冲器因液压油泄漏（弹簧疲劳、衬垫脱离）而不起作用。

早期 LW6 型断路器的绝缘拉杆接头采用"螺旋式"结构，多次操作中由于机构工作缸活塞运动时可能引入的旋转运动，会造成绝缘拉杆松脱，已有大量事实证明了这一点。因此对于 LW6 型断路器的绝缘拉杆接头应实施改造，并在运行和维修中注意检查有关运动部件相对位置有无变化。

其他型号的 SF_6 断路器也发生过此类故障，定期进行机械特性试验也是发现故障的一种手段。

图 13-5 某 500kV 四断口断路器螺旋式连接结构的绝缘拉杆

【案例】 2006 年，某单位运行的 500kV 四断口断路器在预防性试验时发现断路器分闸位置时北侧两个断口处于合位，拆解发现北柱绝缘拉杆断开，北侧机构为分位但断口处于合位。该绝缘拉杆接头为螺旋式连接结构，如图 13-5 所示。

条文 13.1.23 当断路器液压机构突然失压时应申请停电处理。在设备停电前，严禁人为启动油泵，防止断路器慢分。

液压机构失压后，如果人为启动液压泵，断路器可能会因工作缸活塞两端油压差而造成慢分。如果运行中发生慢分。必然造成灭弧室爆炸。因此，断路器液压机构失压后，应利用系统其他设备使该断路器停电再进行处理，严格禁止液压机构失压后人为启动液压泵。

条文 13.1.24 对气动机构应加装汽水分离装置和排污装置，对液压机构应注意液压油油质的变化，必要时应及时滤油或换油。

气动机构的操作介质为压缩空气，来源于大气。压缩过程中空气中的水分会变成液态，存于储气罐中，所以对气动机构应安装汽水分离装置和自动排污装置，并应进行定期排水。寒冷地区冬季运行时应防止压缩空气回路结冰造成拒动。液压机构的油质变化可能造成液压阀密封不严、阀芯动作不畅等问题。

【案例1】 2003年，山西某电厂冬季进行连接变压器停电操作时发生单相拒分，现场人员立即手压该相分闸按钮后开关依然拒动，运行人员立即进行了合闸操作，保持三相合位（气动操动机构为气动分闸和弹簧合闸），后以电吹风对空气管路、机构阀体进行加热，并进行排水，证明管路及阀体中结冰，引起拒动，加热及放水后分闸操作正常。

【案例2】 某变电站曾发生因液压机构油质乳化，油中杂质多，在分闸后断路器机构自行合闸的故障。

条文13.1.25 加强开关设备外绝缘的清扫或采取相应的防污闪措施，当并网断路器断口外绝缘积雪、严重积污时不得进行启机并网操作。

发电机在同期并网过程中，该断路器一端承受系统电压，另一端承受发变组侧电压，断口间电压可达到2倍的系统相电压。在断路器积雪或严重积污情况下，断路器断口外绝缘应发生闪络。同时，由于该闪络故障电流较小，且零序保护动作延迟时间较长，因此一般无法及时切除断路器外绝缘闪络故障，直至引发母线接地或相间短路后才能切除故障。

【案例】 2011年4月1日晚华北地区普降春雪，4月2日上午某电厂一台550kV断路器在机组同期并网时断口外绝缘发生雪闪，电弧持续2s以上导致一侧断口的瓷套管炸裂。炸裂一侧的引线垂落导致一台电流互感器对地闪络，导致该段母线停电进一步引发机组跳闸事故。

条文13.1.26 当断路器大修时，应检查液压（气动）机构分、合闸阀的阀针脱机装置是否松动或变形，防止由于阀针松动或变形造成断路器拒动。

条文13.1.27 弹簧机构断路器应定期进行机械特性试验，测试其行程曲线是否符合厂家标准曲线要求。

机械特性参数是断路器的主要性能参数，包括分（合）闸速度、分（合）闸时间、分（合）闸不同期性、机械行程和超程，这些参数与断路器的开断性能密切相关。行程特性曲线的测试尤为重要，它能连续反映断路器分、合闸全行程中的时间—行程特性。以前由于测试设备的限制未能测试，目前测试设备的发展和标准的强制性要求，因此新装和大修后断路器应进行测量。对于弹簧机构，其操作能量来源于合闸和分闸弹簧，而合闸和分闸弹簧长期处于储能状态，而非自由状态，其弹簧的性能决定了断路器的合分闸性能。目前已经发现多起因为弹簧材质等原因产生的弹簧性能下降，而此种性能变化不能在断路器运行中及时发现，必须通过过程特性曲线的测试来发现。

条文 13.1.28 对处于严寒地区、运行 10 年以上的罐式断路器，应结合例行试验检查瓷质套管法兰浇装部位防水层是否完好，必要时应重新复涂防水胶。

条文 13.1.29 加强断路器操动机构的检查维护，保证机构箱密封良好，防雨、防尘、通风、防潮等性能良好，并保持内部干燥清洁。

条文 13.1.30 加强辅助开关的检查维护，防止由于辅助触点腐蚀、松动变位、转换不灵活、切换不可靠等原因造成开关设备拒动。

条文 13.2 防止敞开式隔离开关、接地开关事故

条文 13.2.1 220kV 及以上电压等级隔离开关和接地开关在制造厂必须进行全面组装，调整好各部件的尺寸，并做好相应的标记。

隔离开关和接地开关在工厂内整体组装，在各项性能指标调试合格后，应对传动、转动等部位以及绝缘子配装做醒目标记，其主要目的是：①隔离开关到达现场后就根据标识进行组装，保证产品性能与出厂时一致；②避免在现场对传动杆等进行切割、焊接等工作，影响设备组装精度；③可大大减少现场安装、调试工作量。

条文 13.2.2 隔离开关与其所配装的接地开关间应配有可靠的机械闭锁，机械闭锁应有足够的强度。

足够强度的机械闭锁装置是防止误分、合接地开关最重要的技术手段。可靠的机械闭锁包括强度的要求和配合精度的要求，这两方面任一不满足，都可能造成误操作事故。

【案例】 1999 年，某变电站人员在操作隔离开关分闸过程中误按压对应接地开关机构箱中的合闸接触器，而且两者之间的机械半锁强度不足，闭锁半月板的轴销被剪断，造成带电合入接地开关。

条文 13.2.3 同一间隔内的多台隔离开关的电机电源，在端子箱内必须分别设置独立的开断设备。

同一间隔内隔离开关设置独立电源开关，可以有效避免因电源原因造成的隔离开关误动作。

【案例】 2010 年，某电厂在进行倒间隔内设备母线操作时，正常操作应先合上Ⅰ母线隔离开关再分开Ⅱ母线隔离开关。但该厂本间隔内隔离开关共用一个操作电源，在合入操作电源准备进行合Ⅰ母线隔离开关时，Ⅰ母线隔离开关突然分闸，造成带负荷拉隔离开关，全厂停电。事后查明，其Ⅱ母线隔离开关分闸接触器粘连，在给入电源后自动执行分闸操作。

条文 13.2.4 应在隔离开关绝缘子金属法兰与瓷件的浇装部位涂以性能良好的防水密封胶。

隔离开关的支柱或操作绝缘子的集中受力点在绝缘子下法兰的胶装处。根据绝缘子断裂的事故统计，绝大多数的断裂事故均发生在绝缘子下法兰处。通常是因为

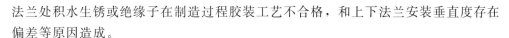

法兰处积水生锈或绝缘子在制造过程胶装工艺不合格，和上下法兰安装垂直度存在偏差等原因造成。

如果绝缘子瓷件下法兰胶装处由于下雨积水，造成金属件生锈、冬季积水结冰膨胀，可能造成绝缘子损伤，因此应在其法兰处涂以防水密封胶。

条文 13.2.5　新安装或检修后的隔离开关必须进行导电回路电阻测试。

条文 13.2.6　新安装的隔离开关手动操作力矩应满足相关技术要求。

条文 13.2.7　加强对隔离开关导电部分、转动部分、操动机构、瓷绝缘子等的检查，防止机械卡涩、触头过热、绝缘子断裂等故障的发生。隔离开关各运动部位用润滑脂宜采用性能良好的二硫化钼锂基润滑脂。

隔离开关的运动部位应定期检查与润滑，普通的润滑剂耐气候能力不足，温度适应范围窄，润滑剂冬季易凝固，夏季易变稀流出，造成润滑不良，新型的锂基润滑脂克服了这些缺点，能够做到长期保持良好润滑。

条文 13.2.8　为预防 GW6 型等类似结构的隔离开关运行中"自动脱落分闸"，在检修中应检查操动机构蜗轮、蜗杆的啮合情况，确认没有倒转现象；检查并确认刀闸主拐臂调整应过死点；检查平衡弹簧的张力应合适。

GW6 型隔离开关为单柱双臂垂直伸缩式结构（即剪刀式），曾经发生过运行中因为蜗轮蜗杆齿轮脱开啮合，机构倒转，造成运行中带负荷分隔离开关。所以对于 GW6 型隔离开关应在检修中检查蜗轮蜗杆齿轮，并应检查机构拐臂是否过死点，以及平衡弹簧的张力，防止 GW6 隔离开关出现"自动脱落分闸"。

【案例】　2007 年 8 月，某站 2212—4 隔离开关自行断开。经检查，判定为 2212—4 隔离开关在合闸后未到"死点"，运行中由于剪刀头的重力及风的影响造成隔离开关突然自行脱落。

条文 13.2.9　在运行巡视时，应注意隔离开关、母线支柱绝缘子瓷件及法兰无裂纹，夜间巡视时应注意瓷件无异常电晕现象。

条文 13.2.10　隔离开关倒闸操作，应尽量采用电动操作，并远离隔离开关，操作过程中应严格监视隔离开关动作情况，如发现卡滞应停止操作并进行处理，严禁强行操作。

隔离开关操作中发生卡滞时，如果进行强行操作，可能会造成绝缘子、触头等部位异常受力，可能造成绝缘子断裂、触头脱落，并可能引发严重的人身伤害及母线停电事故。因此，对于操作卡滞现象，应严格对待，发现时应停止操作进行处理。

条文 13.2.11　定期用红外测温设备检查隔离开关设备的接头、导电部分，特别是在重负荷或高温期间，加强对运行设备温升的监视，发现问题应及时采取措施。

红外测温是发现设备过热的重要的有效手段，特别是对于设备接头、隔离开关导电回路等，目前各运行单位均已有相应的红外测温制度，均规定了正常的红外测温的周期及高温、大负荷期间的测温周期。部分运行单位规定在变电站设备停电前三天内应进行红外测温，发现问题停电时一并处理，值得推广。

条文 13.2.12 对新安装的隔离开关，隔离开关的中间法兰和根部进行无损探伤。对运行 10 年以上的隔离开关，每 5 年对隔离开关中间法兰和根部进行无损探伤。

条文 13.3 防止开关柜事故

条文 13.3.1 高压开关柜应优先选择 LSC2 类（具备运行连续性功能）、"五防"功能完备的产品，其外绝缘应满足以下条件：

空气绝缘净距离：不小于 125mm（对 12kV），不小于 300mm（对 40.5kV）。

爬电比距：不小于 18mm/kV（对瓷质绝缘），不小于 20mm/kV（对有机绝缘）。

如采用热缩套包裹导体结构，则该部位必须满足上述空气绝缘净距离要求；如开关柜采用复合绝缘或固体绝缘封装等可靠技术，可适当降低其绝缘距离要求。

开关柜"五防"的核心是通过开关柜的机械和电气的强制性连锁功能（误分合断路器为提示性），防止运行人员误操作，避免人身及设备受到伤害。因此，高压开关柜必须采用"五防"功能完备的产品。

由于原有的外绝缘距离在开关柜凝露或者严重积污情况下，不能达到其应有的绝缘水平，因此，在试验验证的基础上，提出了对开关柜内空气绝缘净距离及爬电比距的要求。

目前由于开关柜设备尺寸设计越来越小，其内部空气净距不满足标准要求，部分厂家采用了热缩套包裹导体来加强绝缘。运行经验表明，该技术不能满足安全运行要求。因此对采用热缩型式的，其设计尺寸按裸导体要求，如开关柜采用复合绝缘或固体绝缘封装等可靠技术，可适当降低其绝缘距离要求，但还应通过凝露和污秽试验。

条文 13.3.2 开关柜应选用 IAC 级（内部故障级别）产品，制造厂应提供相应型式试验报告（报告中附试验试品照片）。选用开关柜时应确认其母线室、断路器室、电缆室相互独立，且均通过相应内部燃弧试验，内部故障电弧允许持续时间应不小于 0.5s，试验电流为额定短时耐受电流，对于额定短路开断电流 31.5kA 以上产品可按照 31.5kA 进行内部故障电弧试验。封闭式开关柜必须设置压力释放通道。

内部燃弧试验是考核开关柜防护能力的重要手段，对于开关柜内部可能产生电弧的隔室均应进行燃弧试验，燃弧时间根据保护系统故障切除的最大时间取 0.5s。内部燃弧的试验电流应等于开关柜内断路器的额定短路耐受电流，对于 31.5kA 以上的产品由于试验能力的影响，可暂时按 31.5kA 进行试验。

封闭式开关柜应设计、制造压力释放通道，以防止开关柜内部发生短路故障时，高温高压气体将柜门冲开，造成运行人员人身伤害事故。

【案例】 2009 年 9 月 30 日，某供电公司某 220kV 变电站一 10kV 开关柜内部三相短路，电弧产生高温高压气浪冲开柜门，造成 2 人在开关柜外进行现场检查的运行值班员被电弧灼伤，其中 1 人经抢救无效死亡。该事故造成人身伤亡事故的主要原因是该开关柜出厂时未设计制造压力释放通道，当开关柜内部发生三相短路时，高温高压气体将前柜门冲开，造成人身伤害。

条文 13.3.3 高压开关柜内避雷器、电压互感器等柜内设备应经隔离开关（或隔离手车）与母线相连，严禁与母线直接连接。其前面板模拟显示图必须与其内部接线一致，开关柜可触及隔室、不可触及隔室、活门和机构等关键部位在出厂时应设置明显的安全警告、警示标识。柜内隔离金属活门应可靠接地，活门机构应选用可独立锁止的结构，防止检修时人员失误打开活门。

【案例】 2009 年，江西某运行单位人员在对开关柜内电压互感器上进行更换时，由于电压互感器与母线避雷器共处一个隔室，在隔离手车已退出情况下，运行人员误触母线避雷器，造成多名人员伤亡。经检查发现，其与母线直接连接，未通过隔离手车隔离，人员在拉出手车后，误认为避雷器、电压互感器等均不带电，造成误触带电部位。

条文 13.3.4 高压开关柜内的绝缘件（如绝缘子、套管、隔板和触头罩等）应采用阻燃绝缘材料。

高压开关柜内的绝缘材料应采用阻燃型材料，防止开关柜内起火燃烧。

条文 13.3.5 应在开关柜配电室配置通风、除湿防潮设备，防止凝露导致绝缘事故。

由于热缩材料、复合绝缘材料、固体绝缘材料在开关柜中的大量应用，开关柜对地、相间尺寸大大减小，低于空气绝缘下的设计标准，且部分材料存在质量不稳定，未经过高低温试验、老化试验、凝露污秽等试验考核，造成运行中开关柜时常发生绝缘故障。因此，通常运行单位在高压配电室加装通风、除湿设备，改善开关柜运行环境，减少凝露引起的绝缘事故。

条文 13.3.6 开关柜中所有绝缘件装配前均应进行局放检测，单个绝缘件局部放电量不大于 3pC。

条文 13.3.7 基建中高压开关柜在安装后应对其一、二次电缆进线处采取有效封堵措施。

条文 13.3.8 为防止开关柜火灾蔓延，在开关柜的柜间、母线室之间及与本柜其他功能隔室之间应采取有效的封堵隔离措施。

高压开关柜由于是成排布置，一般柜体内部各隔室均有完整分隔，但部分母线间未采用有效封堵。一旦柜内发生火灾，则可能通过母线处发生延燃，造成"火烧连营"的严重后果。

条文 13.3.9 高压开关柜应检查泄压通道或压力释放装置，确保与设计图纸保持一致。

泄压通道和压力释放装置是防止开关柜内部电弧后，对运行操作人员造成伤害的重要保障。

【案例】 2010 年，某公司某变电站运行操作人员在开关柜附近工作，开关柜内部发生故障，故障电弧冲出开关柜前柜门，造成人员受伤。事后分析认为该型开关柜未设置压力释放通道。

条文 13.3.10 手车开关每次推入柜内后，应保证手车到位和隔离插头接触良好。

条文 13.3.11 定期开展超声波局部放电检测、暂态地电压检测，及早发现开关柜内绝缘缺陷，防止由开关柜内部局部放电演变成短路故障。

超声波局部放电测试和暂态地电压测试能够有效发现开关柜内存在的因导体尖角、屏蔽不良等产生的空气中的放电现象。通过对测量数值的比较分析可以对开关柜内部绝缘情况进行评估，及时发现绝缘缺陷。

条文 13.3.12 开展开关柜温度检测，对温度异常的开关柜强化监测、分析和处理，防止导电回路过热引发的柜内短路故障。

目前开关柜测温有多种方法，可以采取测量开关柜表面温度间接反映开关柜内发热情况，也可采用无线、光纤等技术手段。对开关柜内带电导体部位直接测温，也可在开关柜体上加装的红外测量玻璃，再通过红外热测温设备进行测量。

条文 13.3.13 加强带电显示闭锁装置的运行维护，保证其与柜门间强制闭锁的运行可靠性。防误操作闭锁装置或带电显示装置失灵应作为严重缺陷尽快予以消除。

条文 13.3.14 加强高压开关柜巡视检查和状态评估，对操作频繁的开关柜要适当缩短巡检和维护周期。

14

防止接地网和过电压事故

💬 **总体情况说明：**

原二十五项反措中针对接地网问题造成的事故从设计、基建、运行、试验提出了"防止接地网事故"的措施，本次修订根据近年来相关技术标准、规范，以及近几年的一些接地网和过电压事故情况，将本章修改为"防止接地网和过电压事故"的反事故措施。

本次修订将防止接地网和过电压事故措施分为六部分，即防止接地网事故、防止雷电过电压事故、防止谐振过电压事故、防止变压器过电压事故、防止弧光接地过电压事故、防止无间隙金属氧化物避雷器事故，反事故措施尽量按照设计、基建、运行三个不同阶段分别提出。有关防止并联电容器组的过电压的内容在第 10 章"防止串联电容器补偿装置和并联电容器装置事故"中体现。有关防止输电线路雷击过电压的内容在本章中"防止雷电过电压事故"中体现。根据目前电力系统的实际情况，金属氧化物避雷器基本完全取代阀式避雷器，因此，本章中不再涉及有关对阀式避雷器的反措要求。

📖 **条文说明：**

条文 14.1 防止接地网事故

条文 14.1.1 在输变电工程设计中，应认真吸取接地网事故教训，并按照相关规程规定的要求，改进和完善接地网设计。

应采用实测土壤电阻率作为接地设计依据，土壤电阻率测量应采用四极法。如条件允许，变电站土壤电阻率测量最大的极间距宜取拟建接地装置最大对角线的 2/3。

应重点考虑接地装置（包括设备接地引下线）的最小截面、有高电位引外或低电位引内、接触电压或跨步电压超过规程规定等问题，采取相应措施。

条文 14.1.2 对于 110kV（66kV）及以上新建、改建变电站，在中性或酸性土壤地区，接地装置选用热镀锌钢为宜，在强碱性土壤地区或者其站址土壤和地下水条件会引起钢质材料严重腐蚀的中性土壤地区，宜采用铜质、铜覆钢（铜层厚度不小于 0.8mm）或者其他具有防腐性能材质的接地网。对于室内变电站及地下变电站应采用铜质材料的接地网。铜材料间或铜材料与其他金属间的连接，须采用放热焊接，不得采用电弧焊接或压接。

本条文所要求对象界定为新建、改建变电站，对已运行变电站不要求。

对新建、改建变电站接地网材质选择，"在中性或酸性土壤地区，接地装置选用热镀锌钢为宜，在强碱性土壤地区或者其站址土壤和地下水条件会引起钢质材料严重腐蚀的中性土壤地区，宜采用铜质、铜覆钢或者其他具有防腐性能材质的接地网，具体应根据站址的土壤腐蚀特性确定"。

虽然铜材料价格较贵，但是综合考虑到铜质材料的耐腐蚀性较钢质材料好，热稳定系数远大于钢质材料，且使用寿命长，因此对于 110kV 及以上重要变电站在钢质材料腐蚀严重时，宜选用铜质材料的接地网。

由于室内变电站及地下变电站的接地网难以进行接地网改造，所以要求"室内变电站及地下变电站应采用铜质材料的接地网"。

条文 14.1.3 在新建工程设计中，校验接地引下线热稳定所用电流应不小于远期可能出现的最大值，有条件地区可按照断路器额定开断电流考核；接地装置接地体的截面面积不小于连接至该接地装置接地引下线截面面积的 75%。并提出接地装置的热稳定容量计算报告。

近几年随着国民经济的发展，电网容量不断增加，各地区的原设计接地装置热容量不满足实际运行容量要求的矛盾越来越突出。

在发生短路故障时，流过接地引下线的电流是全部的故障电流，而地网干线有分流作用，流过主接地网干线的电流是接地引下线的 50% 或者更小，本条文要求接地装置接地体的截面积不小于连接至该接地装置接地引下线截面积的 75% 是考虑有一定裕度。

根据《交流电气装置的接地》（DL/T 621—1997）附录 C 设备接地引下线截面与主网干线截面的配合原则如下：

根据热稳定条件，未考虑腐蚀时，接地线（接地引下线）的最小截面应符合式（14-1）要求

$$S_g \geqslant I_g / c \times \sqrt{t_e} \qquad (14\text{-}1)$$

式中　S_g——接地引下线的最小截面，mm^2；

　　　I_g——流过接地线的短路电流稳定值，A；

　　　t_e——短路的等效持续时间；

　　　c——接地线材料的热稳定系数，钢材取 70，铜材取 210。

根据热稳定条件，未考虑腐蚀时，接地装置接地极（主网干线）的截面不宜小于连接至该接地装置的接地线截面的 75%。

条文 14.1.4 在扩建工程设计中，除应满足 **14.1.3** 中新建工程接地装置的热

稳定容量要求以外，还应对前期已投运的接地装置进行热稳定容量校核，不满足要求的必须进行改造。

工程扩建可能造成短路容量水平变化，目前在扩建工程中部分设计单位仅对扩建工程部分进行热稳定容量校核，而对于原有接地装置的影响未加以考虑。因此为了解决该问题，要求同时应对前期已投运的接地装置进行热稳定容量校核，不满足要求的必须进行改造。

条文 14.1.5 变压器中性点应有两根与接地网主网格的不同边连接的接地引下线，并且每根接地引下线均应符合热稳定校核的要求。主设备及设备架构等宜有两根与主接地网不同干线连接的接地引下线，并且每根接地引下线均应符合热稳定校核的要求。连接引线应便于定期进行检查测试。

当设备故障时，单根接地引下线严重腐蚀造成截面减小或者非可靠连接条件下，易造成设备失地运行。因此变压器中性点应有两根与主接地网不同地点（地网主网格的不同边）连接的接地引下线，且每根接地引下线均应符合热稳定的要求。主设备指 110kV 及以上的断路器、电压互感器、电流互感器、隔离开关、避雷器等。

连接引线要明显、直接和可靠，且便于定期测试、检查，应符合《交流电气装置的接地》（DL/T 621—1997）的规定。如截面（还应考虑防腐）不够应加大，并应首先加大易发生故障设备（如变压器、断路器、电压及电流互感器等）的接地引下线截面或条数。

【案例】 电网内曾发生过变压器中性点接地引下线由于热稳定容量不足，导致在单相接地故障时烧断的情况，造成变压器失地运行而引起设备损坏的事故。

条文 14.1.6 施工单位应严格按照设计要求进行施工，预留设备、设施的接地引下线必须经确认合格，隐蔽工程必须经监理单位和建设单位验收合格，在此基础上方可回填土。同时，应分别对两个最近的接地引下线之间测量其回路电阻，测试结果是交接验收资料的必备内容，竣工时应全部交甲方备存。

接地装置存在的问题之一就是施工未按照设计要求进行，造成接地装置埋深不够，使得接地阻抗不合格或者接地装置易发生腐蚀。因此对于接地装置的施工应加强监理，隐蔽工程应经监理单位和建设单位验收合格后方可回填，并要求留有影像资料存档。同时在交接时要求进行接地引下线之间的导通测试，保证导通良好，测试结果应作为接地网交接报告的一部分交甲方存档。

条文 14.1.7 接地装置的焊接质量必须符合有关规定要求，各设备与主接地网的连接必须可靠，扩建接地网与原接地网间应为多点连接。接地线与接地极的连接应用焊接，接地线与电气设备的连接可用螺栓或者焊接，用螺栓连接时应设防松螺母或防松垫片。

考虑接地线与接地极的连接时，特别应注意检查焊接部分的焊接质量并做好防腐措施，当采用搭接焊接时，其搭接长度应为扁钢宽度的 2 倍或圆钢直径的 6 倍。

接地装置在安装施工时，焊接质量一定要保证完好，否则会因焊接不好造成焊接处腐蚀速度加快，甚至在故障点时成为易断点，致使事故因接地不好而扩大。各种电气设备与主接地网的连接，是各种电气设备安全、稳定运行的技术保障，若连接不良，将导致设备失地运行。为保证扩建接地网与原接地网间等电位，必须多点连接。

条文 14.1.8 对于高土壤电阻率地区的接地网，在接地阻抗难以满足要求时，应采用完善的均压及隔离措施，防止人身及设备事故，方可投入运行。对弱电设备应有完善的隔离或限压措施，防止接地故障时地电位的升高造成设备损坏。

短路电流引起的地电位升高超过 2kV 时，接地网应符合以下要求：

（1）为防止转移电位引起的危害，对可能将接地网的电位升高引向厂、站外或将低电位引向厂、站内的设施，应采取隔离措施。

例如，对外的通信设备加隔离变压器；向厂、站外供电的低压线采用架空线，其电源中性点不在厂、站内接地，改在厂、站外适当的地方接地；通向厂、站外的管道采用绝缘段，铁路轨道分别在两处加绝缘鱼尾板等。

（2）考虑短路电流非周期分量的影响，当接地网电位升高时，发电厂、变电站内的 3~10kV 阀式避雷器不应动作或动作后应承受被赋予的能量。

（3）应验算接触电位差和跨步电位差，对不满足规定要求的，应采取局部增设水平均压带或垂直接地极，以及铺设砾石地面或沥青地面等措施，防止对人身安全造成威胁。

（4）对有可能由于雷击造成发电厂弱电设备损坏事故发生的，应对其采取隔离措施或装设专用的浪涌保护器。

条文 14.1.9 变电站控制室及保护小室应独立敷设与主接地网紧密连接的二次等电位接地网，在系统发生近区故障和雷击事故时，以降低二次设备间电位差，减少对二次回路的干扰。

本条款提出对应于二次保护对接地网的要求。敷设区域界定为控制室及保护小室。

条文 14.1.10 对于已投运的接地装置，应每年根据变电站短路容量的变化，校核接地装置（包括设备接地引下线）的热稳定容量，并结合短路容量变化情况和接地装置的腐蚀程度有针对性地对接地装置进行改造。对于变电站中的不接地、经消弧线圈接地、经低阻或高阻接地系统，必须按异点两相接地校核接地装置的热稳定容量。

对于变电站中的不接地、经消弧线圈接地、经低阻或高阻接地等小电流接地系统，由于其异相不同点接地时短路电流最严重，是决定该系统接地装置的热容量的重要指标。所以该类系统必须按异点两相接地短路来校核接地装置的热稳定容量。

条文 14.1.11　**应根据历次接地引下线的导通检测结果进行分析比较，以决定是否需要进行开挖检查、处理。**

设备引下线导通测量结果的变化趋势反映了接地网的腐蚀情况和连接状况，因此，应定期进行接地装置导通情况的检测。测试中禁止使用万用表进行接地引下线之间的回路电阻测量，应采用测量电流大于 1A 的接地引下线导通测量装置。通过检测并经过历次试验数据的比较判断腐蚀程度或连接状况，并决定是否进行开挖。

接地装置引下线的导通检测工作建议 1～3 年进行一次 [220kV 及以上变电站1 年，110（66）kV 变电站 3 年]，并进行记录、分析；还应按照规程要求定期选择条件恶劣处进行典型的直接检查，记录被腐蚀的厚度及年限等，以积累腐蚀数据。对于腐蚀严重的部分应采取补救措施。

【案例】　1999 年 7 月 20 日，某 220kV 变电站发生重大设备事故，事故造成一台 220kV 变压器（150MVA）烧毁，10kV 的 B 段配电设备、主控室全部二次设备等严重烧损，并扩大到电网，致使部分发电厂共计 10 台发电机组发生相继跳闸的系统事故。其事故起因就是 8023 插头柜三相短路，但是由于开关柜接地线与主接地网未连接，造成开关柜高电位，开关柜的高电位经开关柜内控制和合闸电缆直接蹿入直流系统，导致直流电源消失，从而导致事故扩大。

条文 14.1.12　**定期（时间间隔应不大于 5 年）通过开挖抽查等手段确定接地网的腐蚀情况，铜质材料接地体的接地网不必定期开挖检查。若接地网接地阻抗或接触电压和跨步电压测量不符合设计要求，怀疑接地网被严重腐蚀时，应进行开挖检查。如发现接地网腐蚀较为严重，应及时进行处理。**

目前来看，接地网开挖检查是检查接地装置材料腐蚀性的有效手段，通过定期开挖抽查可有效判断整个接地网的腐蚀情况。在开挖检查的 5 年期限之内，土壤或者地下水质可能导致接地网腐蚀严重的地区，可根据接地网接地阻抗或接触电压和跨步电压测量结果适当缩短接地网开挖时间。

对于接地装置，第一次按规程开挖以后，应坚持不超过 5 年开挖 1 次。

（1）对于已运行 10 年的接地网，接地装置腐蚀情况通过周围的环境及开挖检查研究。根据电气设备的重要性和施工的安全性，通过选择 5～8 个点沿接地引下线进行开挖，要求不得有开断、松脱或严重腐蚀等现象，如有疑问还应扩大开挖的范围。

（2）对于运行 10 年以上的接地网，以后每 3～5 年要继续开挖检查一次，发现接地网腐蚀较为严重时，应及时进行处理。

由于铜质材料防腐性能非常好，因此针对铜质材料接地体的接地网可以不必定期开挖检查。

条文 14.2　防止雷电过电压事故

条文 14.2.1　设计阶段应因地制宜开展防雷设计，除地闪密度小于 0.78 次/（km²·年）的雷区外，220kV 及以上线路一般应全线架设双地线，110kV 线路应全线架设地线。

近年来随着雷电活动日益强烈，部分地区雷击跳闸在线路跳闸中的比例有增加趋势，而且主要表现形式是绕击跳闸。在线路投运后，降低绕击跳闸的手段非常有限。因此对于新建线路，在设计阶段减小边导线保护角（地线保护角）是行之有效的根本措施。新建输电线路应按照当地雷区分布图，逐步采用雷害评估技术取代传统雷电日和雷击跳闸率经验计算公式，并按照线路在电网中的位置、作用和沿线雷区分布，区别重要线路和一般线路进行差异化防雷设计。

（1）重要线路地线保护角。重要线路应沿全线架设双地线，地线保护角一般按表 14-1 选取。

表 14-1　　　　　　　　　　重要线路地线保护角选取一览表

雷区分布	电压等级（kV）	杆塔型式	地线保护角（°）
A～B2	110	单回路铁塔	≤10
		同塔双（多）回铁塔	≤0
		钢管杆	≤20
	220～330	单回路铁塔	≤10
		同塔双（多）回铁塔	≤0
		钢管杆	≤15
	500～750	单回路	≤5
		同塔双（多）回	≤0
C1～D2	对应电压等级和杆塔型式可在上述基础上，进一步减小地线保护角		

对于绕击雷害风险处于Ⅳ级区域的线路，地线保护角可进一步减小。两地线间距不应超过导地线间垂直距离的 5 倍。如超过 5 倍，经论证可在两地线间架设第 3 根地线。

（2）一般线路地线保护角。除 A 级雷区外，220kV 及以上线路一般应全线架设双地线。110kV 线路应全线架设地线，在山区和 D1、D2 级雷区，宜架设双地线，双地线保护角需按表 14-2 配置。220kV 及以上线路在金属矿区的线段、山区特殊地形线段宜减小保护角，330kV 及以下单地线路的保护角宜小于 25°。运行线路一般不进行地线保护角的改造。

334

表 14-2　　　　　　　　　　　　　　一般线路地线保护角选取

雷区分布	电压等级（kV）	杆塔型式	地线保护角（°）
A～B2	110	单回路铁塔	≤15
		同塔双（多）回铁塔	≤10
		钢管杆	≤20
	220～330	单回路铁塔	≤15
		同塔双（多）回铁塔	≤0
		钢管杆	≤15
	500～750	单回路	≤10
		同塔双（多）回	≤0
C1～D2	对应电压等级和杆塔型式可在上述基础上，进一步减小地线保护角		

条文 14.2.2　对符合以下条件之一的敞开式变电站应在 110～220kV 进出线间隔入口处加装金属氧化物避雷器：

（1）变电站所在地区年平均雷暴日不小于 50 日或者近 3 年雷电监测系统记录的平均落雷密度不小于 3.5 次/（km²·年）。

（2）变电站 110～220kV 进出线路走廊在距变电站 15km 范围内穿越雷电活动频繁（平均雷暴日数不小于 40 日或近 3 年雷电监测系统记录的平均落雷密度大于等于 2.8 次/（km²·年）的丘陵或山区。

（3）变电站已发生过雷电波侵入造成断路器等设备损坏。

（4）经常处于热备用状态的线路。

按照原有设计规范，110kV 及 220kV 变电站仅有母线避雷器，无出线避雷器。处于热备用运行的线路在遭受雷击时，或变电站进出线断路器在线路遭雷击闪络跳闸后，在断路器重合前的时间内，线路再次遭受雷击时，雷电侵入波在断路器断口处发生全反射。产生的雷电过电压超过了设备的雷电耐受绝缘强度，母线避雷器对出线断路器等设备不能有效保护，造成内绝缘或外绝缘击穿，因此在 110～220kV 进出线间隔入口处加装金属氧化物避雷器。

变电站进出线间隔入口金属氧化物避雷器应根据变电站总平面布置，在满足设计安全距离的前提下，优先考虑装设在变电站内进出线间隔的线路侧或进线门形架上；变电站内不具备安装条件的，可以将避雷器装设在进线终端塔上。

（1）装设在变电站内的间隔入口避雷器。应选用无间隙金属氧化物避雷器，其性能参数和型号应与变电站母线避雷器保持一致，避雷器的保护距离见表 14-3。

（2）装设在进线终端塔上的避雷器。应选用带串联间隙的金属氧化物避雷器，避雷器本体的性能参数应与变电站母线 MOA 相同（不能直接选用线路用避雷器）。110、220kV 带间隙金属氧化物避雷器的雷电冲击 50% 放电电压应分别不大于 250kV 和 500kV，终端塔接地装置的工频接地电阻值应小于 10Ω。避雷器的保护距离见表 14-3。

表 14-3 避雷器的保护距离一览表

系统标称电压（kV）	安装位置	设备雷电冲击耐受电压（kV）	最大保护距离（m）
110	站内	450	60
		550	95
220		850	80
		950	105
110	终端塔	450	55
		550	90

综上所述，为了预防断开断路器因雷电侵入波造成断路器损害的事故发生，最安全经济有效的办法就是在易遭受雷击的线路入口（断路器的线路侧附近）装设MOA。

【案例】 2007 年 7 月 29 日晨，某供电公司 220kV 变电站某线 B 相开关遭受雷击损坏，造成 220kV 北母线的母线保护动作，开关跳闸，全站停电。现场检查，B 相开关灭弧室瓷套损坏。巡线检查，发现 4 号塔合成绝缘子有放电痕迹，雷电定位系统显示故障时，在 4～5 号塔间有连续落雷。

应优先安排重要变电站、重要线路出口段加装避雷器，提高线路、变电站防雷水平，防范雷击过电压对变电站设备造成损坏。

条文 14.2.3 架空输电线路的防雷措施应按照输电线路在电网中的重要程度、线路走廊雷电活动强度、地形地貌及线路结构的不同，进行差异化配置，重点加强重要线路以及多雷区、强雷区内杆塔和线路的防雷保护。新建和运行的重要线路，应综合采取减小地线保护角、改善接地装置、适当加强绝缘等措施降低线路雷害风险。针对雷害风险较高的杆塔和线段宜采用线路避雷器保护。线路杆塔地线宜同期加装接地引下线，并与变电站内地网可靠连接。

【案例】 某供电公司某一变电站 220kV 侧仅由同塔双回线甲乙线供电。2006 年 10 月 19 日 220kV 乙线因雷击跳闸，造成变电站全停。9 时 9 分，220kV 甲乙线双套分相差动保护动作、距离 I 段保护动作，A 相开关跳闸，重合成功。9 时 11 分，220kV 甲乙线双套分相差动保护动作，三相开关跳闸，造成变电站全停，并影响三座 66kV 变电站停电。该变电站 220kV 侧仅由同塔双回线甲乙线供电，雷击后，同塔双回线同时闪络跳闸的可能性较大。对于同塔双回线路可进行差异化防雷配置，减少雷击后同时跳闸的概率。

条文 14.2.4 加强避雷线运行维护工作，定期打开部分线夹检查，保证避雷线与杆塔接地点可靠连接。对于具有绝缘架空地线的线路，要加强放电间隙的检查与维护，确保动作可靠。

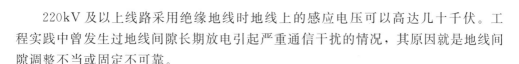

220kV 及以上线路采用绝缘地线时地线上的感应电压可以高达几十千伏。工程实践中曾发生过地线间隙长期放电引起严重通信干扰的情况，其原因就是地线间隙调整不当或固定不可靠。

条文 14.2.5 严禁利用避雷针、变电站构架和带避雷线的杆塔作为低压线、通信线、广播线、电视天线的支柱。

当低压线、通信线、广播线、电视天线等搭挂在避雷针、变电站构架和带避雷线的杆塔上时，雷击会造成低压、弱电设备损坏，甚至威胁人身安全，因此严禁搭挂。

避雷针遭受雷击或雷电侵入波沿避雷线进站，所引起局部接地网电位抬升，高电位的窜入可能造成低压、弱电设备损坏。对有可能由于雷击造成弱电设备损坏事故发生的，应对其采取隔离措施或装设专用的浪涌保护器。

发电厂、变电站的接地装置应与线路的避雷线相连，且有便于分开的连接点。当不允许避雷线直接和发电厂、变电站配电装置构架相连时，发电厂、变电站接地网应在地下与避雷线的接地装置相连接，连接线埋在地中的长度不应小于 15m。

条文 14.2.6 在土壤电阻率较高地段的杆塔，可采用增加垂直接地体、加长接地带、改变接地型式、换土或采用接地模块等措施降低杆塔接地电阻值。

在土壤电阻率较高的地区，可采用增加垂直接地体、加长接地带、改变接地型式、换土或采用接地新技术（如接地模块）等措施，新建线路原则上不使用化学降阻剂。已使用降阻剂的杆塔接地，要缩短开挖检查周期。在盐碱腐蚀较严重的地段，接地装置应选用耐腐蚀性材料或者采用导电防腐漆防腐。

条文 14.3 防止变压器过电压事故

条文 14.3.1 切合 110kV 及以上有效接地系统中性点不接地的空载变压器时，应先将该变压器中性点临时接地。

因断路器非同期操作、线路非全相断线等原因造成变压器中性点电位异常抬升，可能导致变压器中性点绝缘损坏，或中性点避雷器（如有）发生爆炸。

条文 14.3.2 为防止在有效接地系统中出现孤立不接地系统并产生较高工频过电压的异常运行工况，110～220kV 不接地变压器的中性点过电压保护应采用棒间隙保护方式。对于 110kV 变压器，当中性点绝缘的冲击耐受电压不大于 185kV 时，还应在间隙旁并联金属氧化物避雷器，间隙距离及避雷器参数配合应进行校核。间隙动作后，应检查间隙的烧损情况并校核间隙距离。

（1）在有效接地系统中当变压器中性点不接地运行时，因断路器非同期操作、线路非全相断线等原因造成中性点不接地的孤立系统。单相接地运行时产生较高工频过电压，为防止中性点绝缘损坏，变压器中性点应采用棒间隙保护。

棒间隙距离应按照电网具体情况而定，原则上 220kV 选用 250～300mm（当

接地系数 $K \geqslant 1.87$ 时，选用 $285 \sim 300mm$）；110kV 选用 $105 \sim 115mm$。

棒间隙可使用直径 14mm 或 16mm 的圆钢，棒间隙应采用水平布置，端部为半球形，表面加工细致无毛刺并镀锌，尾部应留有 $15 \sim 20mm$ 螺扣，用于调节间隙距离。

在安装时，应考虑与周围物体的距离，棒间隙与周围接地物体距离应大于 1m，接地棒长度应不小于 0.5m，离地面距离应不小于 2m。

应定期检查棒间隙的距离，尤其是在间隙动作后应进行检查间隙烧损情况，如不符合要求应进行调整或更换。

对于低压侧和中压侧无电源的新投变压器，中性点间隙可不设零序 TA 保护；如需要设零序 TA 保护的，保护整定时间可以比 0.5s 适当延长，但应小于 3s。

（2）对于 110kV 变压器，当中性点绝缘的冲击耐受电压不大于 185kV 时，还应在间隙旁并联金属氧化物避雷器，间隙距离及避雷器参数配合应进行校核，间隙、避雷器应同时配合保证工频和操作过电压都能防护。

此条主要针对部分老旧变压器其中性点绝缘水平为 35kV 等级（工频耐压 85kV，冲击耐受电压 180kV）时，还应在并联间隙旁并联 MOA，其 $U_{1mA} > 67kV$，1kA 雷电残压不大于 120kV。

【案例】 2007 年 7 月 7 日某变电公司 220kV BDL 站因某线路被雷击引起 1、2 号主变压器间隙保护动作跳闸，变电站全停。雷击同时造成 XZ 站 2 号变压器及 BDL1、2 号变压器中性点击穿，击穿电流达到变压器间隙电流保护定值。变压器间隙电流保护时间按照《继电保护和安全自动装置技术规程》（GB/T 14285—2006）中相关要求整定为 0.5s。在 510ms 左右，XZ2 号变压器间隙电流保护动作，约 543ms 跳开变压器各侧断路器。511ms BDL1、2 号变压器间隙电流保护动作，约 560ms 跳开变压器三侧断路器。600ms 左右某线重合送出。暴露的问题是在主变压器间隙保护设置上，未能统筹考虑在特殊情况下的设定。

由于某线路部分通过山区，夏季遭受雷击的概率较高。为了避免类似的情况的再次发生，经过调研，参考某公司在变压器中性点间隙所做出的研究，暂时将变压器间隙时间改为 1.5s。经过了几次雷击考验，没有出现类似问题。间隙零序电流保护宜设置适当延时，避免在间隙动作后造成误跳变压器。

条文 14.3.3 对于低压侧有空载运行或者带短母线运行可能的变压器，宜在变压器低压侧装设避雷器进行保护。

对于低压侧有空载运行或者带短母线运行可能的变压器，为防止高压侧非全相或者非同期合闸，以及高压侧有沿架空线路入侵的雷电波时，由于高低压绕组之间的静电感应而在变压器的低压侧出现危及绕组绝缘的过电压。因此宜在变压器低压侧装设避雷器进行保护，以防止传递过电压造成变压器绝缘损坏。

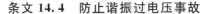

条文 14.4　防止谐振过电压事故

条文 14.4.1　为防止 110kV 及以上电压等级断路器断口均压电容与母线电磁式电压互感器发生谐振过电压，可通过改变运行和操作方式避免形成谐振过电压条件。新建或改造敞开式变电站应选用电容式电压互感器。

避免断路器断口电容和空母线 TV（电磁式电压互感器）铁磁谐振过电压造成危害的根本措施，是采用电容式电压互感器。对有发生断路器断口电容和空母线 TV 铁磁谐振过电压是可能的，可采取以下措施：在出现带断口电容断路器投切空母线时，首先拉开母线 TV 刀闸，或者运行人员密切监视空母线电压，在带断口电容断路器切空母线操作时，如果出现谐振现象，尽快拉开断路器两侧隔离开关的其中一侧隔离开关。而在投空母线时，如果在断路器两侧隔离开关合入后出现谐振现象，应尽快合入断路器。严禁在发生长时间谐振后，合入断路器，将母线 TV 重新投入运行。TV 谐振消除后（特别是长时间谐振后），应认真全面地检查 TV，防止 TV 带故障隐患投入运行。检查项目包括：外观检查是否渗漏油、测试绕组直流电阻、取油做色谱试验等。

条文 14.4.2　为防止中性点非直接接地系统发生由于电磁式电压互感器饱和产生的铁磁谐振过电压，可采取以下措施：

（1）选用励磁特性饱和点较高的，在 $1.9U_m/\sqrt{3}$ 电压下，铁芯磁通不饱和的电压互感器。

（2）在电压互感器（包括系统中的用户站）一次绕组中性点对地间串接线性或非线性消谐电阻、加零序电压互感器或在开口三角绕组加阻尼或其他专门消除此类谐振的装置。

（3）10kV 及以下用户电压互感器一次中性点应不直接接地。

以上措施是防止电磁式电压互感器饱和引发谐振的有效措施，目前在电力系统应用较多。在一次绕组中性点对地间串接线性或非线性消谐电阻、加零序电压互感器或在开口三角绕组加阻尼或其他专门消除此类谐振的装置，可以在不更换电压互感器的前提下有效地消除谐振过电压。

条文 14.5　防止弧光接地过电压事故

条文 14.5.1　对于中性点不接地的 6～35kV 系统，应根据电网发展每 3～5 年进行一次电容电流测试。当单相接地故障电容电流超过《交流电气装置的过电压保护和绝缘配合》（DL/T 620—1997）规定时，应及时装设消弧线圈；单相接地电流虽未达到规定值，也可根据运行经验装设消弧线圈，消弧线圈的容量应能满足过补偿的运行要求。在消弧线圈布置上，应避免由于运行方式改变出现部分系统无消弧线圈补偿的情况。对于已经安装消弧线圈、单相接地故障电容电流依然超标的应当采取消弧线圈增容或者采取分散补偿方式；对于系统电容电流大于 150A 及以上的，也可以根据系统实际情况改变中性点接地方式或者在配电线路分散补偿。

发电厂6～10kV厂用系统的结构发生变化时，应进行电容电流测试。

当10、35kV系统的电容电流较大，采用在变电站集中补偿的方式有困难时，宜根据就地平衡的原则，采用在变电站集中补偿和在下一级开闭站分散补偿相结合的补偿方式。

部分地区由于消弧线圈设置不合理，造成负荷站在负荷切换时消弧线圈补偿未及时切换，使得出现部分系统无补偿的现象，严重影响系统的安全稳定运行，因此在消弧线圈布置上补偿容量宜与主要负荷运行在一起，切换时宜实现一起切换到电源点。

【案例】 2008年6月23日某供电公司220kV某变电站因线路故障过电压，202—2隔离开关放电造成2号变压器差动动作跳闸。因雷雨大风天气，某线2～3号杆塔导线对树木放电，10kV系统受到扰动。由于系统电容电流较大，使10kV—5母线系统产生的接地电流不易熄灭，产生弧光接地过电压，此过电压在系统202—2隔离开关绝缘薄弱处发生绝缘击穿，导致三相短路故障，造成202—2隔离开关烧损。故障原因主要是由于雷雨天气某线对树放电，造成线路故障；10kV系统未采取限制接地过电压的有效措施。

条文14.5.2 对于装设手动消弧线圈的**6～35kV非有效接地系统，应根据电网发展每3～5年进行一次调谐试验，使手动消弧线圈运行在过补偿状态，合理整定脱谐度，保证电网不对称度不大于相电压的1.5%，中性点位移电压不大于额定电压的15%。**

近几年，配电网6～35kV系统发展非常快，电缆的使用越来越多，配电网电容电流越来越大。单相短路时，电容电流难以熄灭，造成单相短路时易引发相间短路故障，因此应根据电网发展每3～5年进行一次电容电流测试。

由于消弧线圈的电感电流部分或者全部地补偿了电容电流，使故障电流减小，对熄灭故障电弧或限制重燃大为有利。消弧线圈的接入还可以大大降低故障间隙的恢复电压上升速度，从而有力地抑制了产生间歇性电弧的几率。消弧线圈的脱谐度越小（补偿度越大），这种作用就越显著。然而太小的脱谐度将导致正常运行中较大的中性点位移，因此必须综合两方面的要求确定合适的脱谐度。

目前，我国过电压保护规程规定，中性点经消弧线圈接地系统采用过补偿方式，其脱谐度不超过10%；即使由于消弧线圈容量不够而不得不采用欠补偿方式时，脱谐度也不要超过10%；同时还要求中性点位移电压一般不超过相电压的15%。

非有效接地系统包括不接地、谐振接地、低电阻接地和高电阻接地系统。

条文14.5.3 对于自动调谐消弧线圈，在订购前应向制造厂索取能说明该产品可以根据系统电容电流自动进行调谐的试验报告。自动调谐消弧线圈投入运行

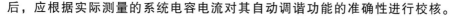

后，应根据实际测量的系统电容电流对其自动调谐功能的准确性进行校核。

条文 14.5.4 不接地和谐振接地系统发生单相接地时，应采取有效措施尽快消除故障，降低发生弧光接地过电压的风险。

防止产生弧光接地过电压的根本途径是消除间歇电弧，可根据电力系统实际运行状况，采取相应的措施：

（1）将系统中性点直接接地（或经小电阻接地）。系统在单相接地时引起较大的短路电流，继电保护装置会迅速切除故障。故障切除后，线路对地电容中储存的剩余电荷直接经中性点入地，系统中不会出现弧光接地过电压。但配电网发生单相接地的概率较大，中性点直接接地，断路器将频繁动作开断短路电流，大大增加检修维护的工作量，并要求有可靠的自动重合闸装置与之配合。故应权衡利弊，经技术经济比较后选定。

（2）中性点经消弧线圈接地。正确运用消弧线圈可补偿单相接地电流和减缓弧道恢复电压上升速度，促使接地电弧熄灭，大大减小出现高幅值弧光接地过电压的概率。

（3）在中性点不接地系统中，若线路过长，当运行条件许可，可采用分网运行的方式，减小接地电流，有利于接地电弧的自熄。

条文 14.6 防止无间隙金属氧化物避雷器事故

条文 14.6.1 对金属氧化物避雷器，必须坚持在运行中按规程要求进行带电试验。当发现异常情况时，应及时查明原因。**35kV 及以上电压等级金属氧化物避雷器可用带电测试替代定期停电试验，但对 500kV 金属氧化物避雷器应 3～5 年进行一次停电试验。**

带电试验包括泄漏电流（全电流、阻性电流）测试及红外精确测温，带电试验可以发现避雷器运行中的受潮和电阻片的劣化情况，因此应坚持在运行中进行带电测试。

带电试验应严格按周期进行，并加强试验数据的分析，对于阻性电流增长超过 50％的应进行复测，对于阻性电流超过 100％的应停电进行直流试验。

考虑到 500kV 避雷器的重要性，还应进行定期停电试验。

【案例】 2006 年 9 月 28 日某供电公司 220kV 某变电站 1 号主变压器 220kV 侧 B 相避雷器爆炸，造成两侧开关跳闸。暴露的问题是避雷器装配工艺不当，未能将密封盖板完全压紧，致使上节避雷器绝缘筒受潮，主变压器运行后，上节避雷器绝缘筒击穿，发生爆炸，引起主变压器差动保护动作跳闸。日常运行巡视中应加强避雷器泄漏电流监测，发现异常应立即采取相应措施。

条文 14.6.2 严格遵守避雷器交流泄漏电流测试周期，雷雨季节前后各测量一次，测试数据应包括全电流及阻性电流。

条文 14.6.3   110kV 及以上电压等级避雷器应安装交流泄漏电流在线监测表计。对已安装在线监测表计的避雷器，有人值班的变电站每天至少巡视一次，每半月记录一次，并加强数据分析。无人值班变电站可结合设备巡视周期进行巡视并记录，强雷雨天气后应进行特巡。

避雷器泄漏电流在线监测应严格按照周期进行，试验数据应有专人进行分析，全电流增长超过 20％时应进行带电测试，测量全电流和阻性电流，并进行分析、判断，必要时进行停电直流试验。

对有人值班和无人值班站建议采用不同巡视周期。对于无人值班变电站，可结合设备巡视周期进行巡视，强雷雨天气后应进行特巡。有人值班变电站可以做到"每天至少巡视一次"。

15

防止输电线路事故

总体情况说明：

原二十五项反措针对输电线路事故倒塔及断线等事故提出了"防止倒杆塔和断线事故"措施，随着输电线路规模不断扩大，极端恶劣气候时有发生，输电线路外部环境日益复杂，导致输电线路出现新的故障型式。输电线路运维出现新特征，迫切需要结合近年出现的输电线路隐患、缺陷及故障型式，对原有内容进行扩充、修编。本次修订根据事故类型，从防止倒塔事故，防止断线事故，防止绝缘子和金具断裂事故，防止风偏闪络事故，防止覆冰、舞动事故，防止鸟害闪络事故，防止外力破坏事故七个方面提出措施和要求，将反措题目修改为"防止输电线路事故"。

条文说明：

条文 15.1　防止倒塔事故

条文 15.1.1　在特殊地形、极端恶劣气象环境条件下重要输电通道宜采取差异化设计，适当提高重要线路防冰、防洪、防风等设防水平。

本条文的提出是为防止在特殊地形、极端恶劣气象环境条件下重要输电通道完全中断，造成较大损失。这种差异化设计可以体现在同一通道多回线路之间，也可体现在一回线路的不同区段之间。

【案例1】　某水电站4条500kV外送线路，东线和西线各两回线路。2011年1月5日，受全省大范围雨雪冰冻灾害天气影响，一、二线发生两处倒塔，三、四线架空地线断线，电厂2500MW负荷无法送出。灾情发生后，经紧急抢修，先行恢复三、四线，缓解供电燃眉之急。针对上述四回线路同期覆冰跳闸的实际情况，相关单位综合考虑投资、电网安全等因素，确定了差异化改造方案。

【案例2】　2012年3月西电东送重要通道之一的某500kV紧凑型双回线位于恶劣气象环境条件下的某微地形、微气象区段，因严重覆冰雪反复跳闸，双回线被迫转入检修，送端电厂全停。在全面分析该故障的基础上，确定差异化改造方案如下：双回线中的故障区段一回采用常规的导线水平排列线路（杯形塔）；另一回线适当增加相间间隔棒数量，优化相间间隔棒的排列，如图15-1所示。

图 15-1　运行环境相同、配置
相同的双回紧凑型线路（图右侧）

条文 15.1.2　线路设计时应预防不良地质条件引起的倒塔事故，应避让可能引起杆塔倾斜、沉陷、不均匀沉降的矿场采空区及岩溶、滑坡、泥石流等不良地质区；不能避让的线路，应进行稳定性评估，并根据评估结果采取地基处理（如灌浆）、合理的杆塔和基础型式（如大板基础）、加长地脚螺栓等预防塌陷措施。

本条文针对不良地质条件的线路提出。架空线路要完全避让不良地质区域存在较大困难，针对难以完全避开踩空塌陷区的线路杆塔，采取必要的预防塌陷措施一定程度上可以减小或延缓杆塔倾斜造成的损失。

【案例】　山西省长治地区盛产煤炭，含煤面积约 8500km²，占总面积的 60%，近年来由于煤炭被大量开采，煤矿采空区塌陷引起的地面沉降已导致某供电公司数十基输电线路杆塔倾斜。220kV 漳长线 14 号杆，2002 年时塔头垂直线路方向倾斜 2.1m，顺线路方向倾斜 0.6m，导线对地距离仅 4.8m；110kV 侯襄 I 线 24～25 档地面沉降，杆塔倾斜，导线对地距离仅 3.0m。

条文 15.1.3　对于易发生水土流失、洪水冲刷、山体滑坡、泥石流等地段的杆塔，应采取加固基础、修筑挡土墙（桩）、截（排）水沟、改造上下边坡等措施，必要时改迁路径。分洪区和洪泛区的杆塔必要时应考虑冲刷作用及漂浮物的撞击影响，并采取相应防护措施。

本条文针对可能发生水土流失，基础遭受冲击的杆塔提出预防要求。

【案例】　2006 年 7 月，500kV 某直流线路 1557、1570 塔基础挡土墙、边坡垮塌，其中 1557 塔建在山体的斜坡位置，A 腿位于外侧，下边坡垮塌前距 A 腿基础较远，因此，下边坡原设计无挡土墙及护坡。该边坡垮塌后，A 腿基础距垮塌处仅 6m，且土质为疏松、无黏性的沙质土，对 A 腿基础构成了威胁；1570 塔位于某市廖家湾乡，该塔也建在山体的斜坡位置，为高低腿结构。A、B 腿基础外侧原构筑有挡土墙，本次 A 腿外侧的挡土墙被冲垮长约 6m，且挡土墙其他部位出现贯穿性裂纹。A 腿基础距垮塌处不足 5m，对 A 腿基础构成威胁。此外，1570 塔的 D 腿上边坡部分垮塌，塌落土将 D 腿掩埋至接地引下线部位，如图 15-2 所示。设计单位提出处理方案，针对两基塔的 A 腿外侧边坡、挡土墙的垮塌处理方案均为分两段向山坡下修筑护坡，两段护坡之间构筑一道挡土墙将两段护坡联结起来。第二段护坡下侧再构筑一道挡土墙，这样整个护坡及挡土墙一直从较陡峭的斜坡上延伸至沟底较平缓处，以确保 A 腿基础的安全。对于 1570 塔的 D 腿上边坡的垮塌，要求清理堆积在 D 腿处的垮塌土体，修整垮塌山坡，并在修整后的山坡上构筑护坡，以确保 D 腿安全。

图 15-2　因水土流失被埋的塔脚

条文 15.1.4　对于河网、沼泽、鱼塘等区域的杆塔，应慎重选择基础型式，基础顶面应高于 5 年一遇洪水位，如有必要应配置基础围堰、防撞和警示设施。

本条文针对位于水中的杆塔基础提出要求。关于基础顶面的高度设计存在性能价格比的问题，经综合考虑线路安全、造价等因素，最终采用了基础顶面高度高于 5 年一遇洪水位的标准。

条文 15.1.5　新建 110kV（66kV）及以上架空输电线路在农田、人口密集地区不宜采用拉线塔。已使用的拉线塔如果存在盗割、碰撞损伤等风险应按轻重缓急分期分批改造，其中拉 V 塔不宜连续超过 3 基，拉门塔等不宜连续超过 5 基。

本条文针对位于农田、人口密集地区的杆塔提出不宜采用拉线塔要求。拉线塔以其节省钢材，有较好的承载能力，一度成为降低线路本体造价的首选塔型，且据运行单位反映在 2008 年华中冰灾期间，拉线杆塔表现出良好的防倒塔性能。但拉线塔实际占地面积较大，不利于农田机械化耕种作业，且随着小型剪切工具的普及，拉线被盗割、被损伤故障频繁出现，而拉线塔因自身无自立条件，需要靠拉线保持平衡，一旦拉线损伤或被盗，易失稳倾倒，新建线路应慎用拉线塔，已使用的拉线塔如果存在盗割、碰撞损伤风险应按轻重缓急分期分批改造。

【案例】　1996 年以来，某省电网因拉线塔 UT 型线夹被盗发生倒塔事故 5 起，倒塔 6 基，因锯断拉线棒造成严重隐患达 20 余起。

条文 15.1.6　隐蔽工程应留有影像资料，并经监理单位和运行单位质量验收合格后方可掩埋。

本条文针对隐蔽工程的验收提出要求，隐蔽工程是线路施工的重要环节，掩埋并组立杆塔、放线后，检查不便，即使发现问题也很难采取补救措施。因此，竣工验收时应加强隐蔽工程的检查验收，必须留有影像资料。考虑到目前输变电设备建设的实际情况，由运行单位配合监理单位共同负责隐蔽工程验收工作。

【案例】　某运行单位巡视一条架空线路时，发现拉线松弛，紧固无效后挖开拉线，发现拉线末端卷绕成圈埋在地下，拉线盘不能起到固定拉线的作用。

条文 15.1.7 新建 35kV 及以上线路不应选用混凝土杆；新建线路在选用混凝土杆时，应采用在根部标有明显埋入深度标识的混凝土杆。

条文 15.1.8 运行维护单位应结合本单位实际制订防止倒塔事故预案，并在材料、人员上予以落实；并应按照分级储备、集中使用的原则，储备一定数量的事故抢修塔。

条文 15.1.9 应对遭受恶劣天气后的线路进行特巡，当线路导、地线发生覆冰、舞动时应做好观测记录，并进行杆塔螺栓松动、金具磨损等专项检查及处理。

条文 15.1.10 加强铁塔基础的检查和维护，对塔腿周围取土、挖沙、采石、堆积、掩埋、水淹等可能危及杆塔基础安全的行为，应及时制止并采取相应防范措施。

条文 15.1.11 应用可靠、有效的在线监测设备加强特殊区段的运行监测；积极推广直升机航巡，包括成熟的无人机航巡。

本条文针对在线监测设备等新技术提出要求。随着电网规模的逐步扩大，对于气象条件相对恶劣的高山大岭等微地形、微气象区域以及外部环境复杂的外力破坏易发区域等，通过逐步完善的输变电设备状态监测系统，实现对线路本体或通道的状态实时监测。对于线路故障分析、线路改造及新建线路的合理设计具有重要意义。此外，根据目前直升机巡视技术的发展水平，积极开展直升机巡视，加强重要通道的巡视，对于发现地面巡视的死角，减轻重复劳动强度，提升输电线路运行维护效率，具有重要意义。

【案例】 2006 年 12 月 21 日，直升机航巡发现华北某 500kV 线路 79 号杆塔 B 相复合绝缘子下端有发热现象，相对温升为 3℃。2007 年 1 月 13 日，跟踪监测时发现相对温升已达 17℃。更换后发现该绝缘子高压侧已有严重缺陷。

条文 15.1.12 开展金属件技术监督，加强铁塔构件、金具、导地线腐蚀状况的观测，必要时进行防腐处理；对于运行年限较长、出现腐蚀严重、有效截面损失较多、强度下降严重的，应及时更换。

条文 15.1.13 加强拉线塔的保护和维修。拉线下部应采取可靠的防盗、防割措施；应及时更换锈蚀严重的拉线和拉棒；对于易受撞击的杆塔和拉线，应采取防撞措施。

本条文针对拉线塔的保护和维修提出要求。由于农村机械化耕种作业的普及，小型剪切工具在社会上的流行，在农田、人口密集地区，拉线被盗割、被损伤故障频繁出现，而拉线塔因自身无自立条件，需要靠拉线保持平衡。一旦拉线损伤或被盗，易失稳倾倒，对于人身安全及架空线路构成较严重威胁。因此已使用的拉线塔

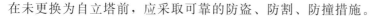

在未更换为自立塔前，应采取可靠的防盗、防割、防撞措施。

条文 15.2　防止断线事故

条文 15.2.1　应采取有效的保护措施防止导地线放线、紧线、连接及安装附件时损伤。

条文 15.2.2　架空地线复合光缆（OPGW）外层线股 110kV 及以下线路应选取单丝直径 2.8mm 及以上的铝包钢线；220kV 及以上线路应选取单丝直径 3.0mm 及以上的铝包钢线，并严格控制施工工艺。

本条文针对架空地线复合光缆（OPGW）的外层线股参数提出要求。近年来，雷击导致的架空地线复合光缆（OPGW）外层铝合金股熔断现象时有发生。对光缆（OPGW）及通信设施的安全运行造成影响，如某省电力公司多条 500kV 线路使用的 OPGW2 型光缆外层的 2.5mm 铝合金股因雷击导致熔断，而某省电力公司 500kV 线路使用的 OPGW 外层铝合金股外径普遍为 3mm，至今未出现雷击导致的熔断现象。试验及分析表明，部分 OPGW 断股原因为 OPGW 外层铝合金股直径偏小所致。为提升光缆耐雷击水平，结合试验数据、近年来 OPGW 运行经验、各电压等级导地线的参数配合以及可供选择的 OPGW 参数，提出了光缆外股的材料和线径参数要求。

条文 15.2.3　加强对大跨越段线路的运行管理，按期进行导地线测振，发现动、弯应变值超标应及时分析、处理。

本条文针对大跨越线路的振动防治提出要求。一方面，大跨越线路往往运行环境相对复杂、恶劣，如：易形成垂直线路走向的风，易形成导线风振；另一方面，一旦大跨越线路发生断线、倒塔等故障，恢复难度远远高于常规线路，损失更为巨大。因此，加强大跨越线路的运行管理十分必要。

条文 15.2.4　在腐蚀严重地区，应选用防腐性能较好的导地线，并应根据导地线运行情况进行鉴定性试验。出现多处严重锈蚀、散股、断股、表面严重氧化时应及时换线。

条文 15.2.5　重要跨越档内不应有接头；后期形成且尚未及时处理的接头应采用预绞式金具加固。

条文 15.3　防止绝缘子和金具断裂事故

条文 15.3.1　风振严重区域的导地线线夹、防振锤和间隔棒应选用加强型金具或预绞式金具。

本条文要求风振严重区域的导地线线夹、防振锤和子导线间隔棒应选用耐磨加强型金具或预绞式金具，以防止松动和损伤。运行经验表明预绞式金具是防止金具松脱的有效措施。

【案例】　2011 年，华北位于海边风振多发区域的某 220kV 线路，部分与主导线风向垂直的线路区段防振锤反复松动并沿导线跑位，复位后又再松动，线路巡视时可观察到明显的振动。改造方案中除加强抑制振动措施，还采用预绞式防松型防振锤，防止松动、跑位、损伤导线和金具。

条文 15.3.2 按照承受静态拉伸载荷设计的绝缘子和金具，应避免在实际运行中承受弯曲、扭转载荷、压缩载荷和交变机械载荷而导致断裂故障。

一般情况下，线路绝缘子及其配套金具是按承受静态拉伸载荷设计的，但复合绝缘子近年来出现一系列不同以往的线路故障。基本原因是适宜承受静态拉伸载荷、按照承受静态拉伸载荷设计的刚性复合绝缘子及配套金具在实际运行中的恶劣气象环境条件下，经常性承受弯曲载荷、交变/冲击机械载荷而导致疲劳断裂。随着近年来极端恶劣气候的频繁出现，因承受弯曲载荷和交变/冲击载荷导致的刚性复合绝缘子及金具故障呈现上升趋势，如 V 串复合绝缘子疲劳断裂、复合相间间隔棒钢脚和安装支架断裂等。针对上述故障，仅依靠加强绝缘子及配套金具的拉伸机械强度仅能有所延长故障发生时间；应从避免弯曲载荷和交变机械载荷的角度以彻底解决问题，如采用环式连接金具替代以往普遍应用的球头（钢脚）/球窝式连接金具，以增大连接结构的自由度和灵活性。一定程度上避免弯曲载荷、应力集中；近年来出现的架空线路用柔性复合绝缘子原理，也可作为治理高山大岭等运行环境恶劣区域线路绝缘子和金具弯曲/扭转破坏，以及交变/冲击载荷下机械疲劳破坏的重要措施，利用其绝缘元件的柔软特性自然卸载弯曲和扭转载荷。利用其绝缘元件的弹性可有效吸收交变/冲击载荷对绝缘子和金具产生的冲击能量、自动调节/平衡双串绝缘子的受力，且不占用额外绝缘距离。

【案例 1】 2009 年底某 500kV 紧凑型线路 V 串复合绝缘子断串，主要原因是刚性芯棒承受了设计上未予考虑的弯曲载荷，特别是长期承受拉压（弯）交变应力从而导致的疲劳断裂。

目前大量应用各种复杂承力方式的复合绝缘材料产品一定程度上构成电网安全运行的威胁。如图 15-3～图 15-6 所示。

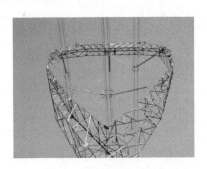

图 15-3　500kV 紧凑型线路 V 串
复合绝缘子疲劳断裂

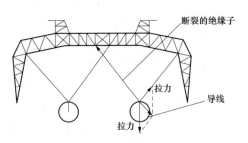

图 15-4　无风情况下 V 串
复合绝缘子的受力

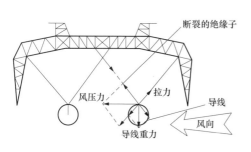

图 15-5　大风情况下 V 串
复合绝缘子的受力

图 15-6　2009 年某 500kV 紧凑型线路
V 串复合绝缘子疲劳断裂断口

【**案例 2**】　某 500kV 紧凑型线路在易舞动区安装刚性复合相间间隔棒，2009～2010 年期间的舞动导致 6 根相间间隔棒钢脚断裂，2 个安装支架断裂，其中包括替代铝合金支架的加强型钢支架，而弯曲载荷和交变载荷是金具断裂的重要因素，如图 15-7～图 15-11 所示。

图 15-7　发生故障的刚性复合相间间隔棒

图 15-8　断裂的钢脚

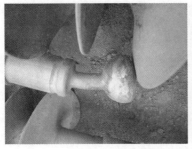

图 15-9　弯曲的钢脚

图 15-10　断裂的相间间隔棒安装支架

图 15-11　断裂的相间间隔棒安装支架

条文 15.3.3　在复合绝缘子安装和检修作业时应避免损坏伞裙、护套及端部密封，不得脚踏复合绝缘子。在安装复合绝缘子时，不得反装均压环。

本条文针对复合绝缘子的安装及检修作业提出要求，以避免绝缘子硅橡胶材料损伤。复合绝缘子的伞裙护套与芯棒的连接界面相对窄小，一旦人员直接沿复合绝缘子上下，人体重量及伞裙护套重量将全部由界面承受，可能导致界面出现缺陷；复合绝缘子反装均压环时，不仅不能降低绝缘子根部的场强，甚至导致该处场强畸变、增大。可导致该部位硅橡胶较快老化，影响绝缘子长期运行效果，甚至导致脆断等事故。

【案例 1】　2006 年华北接连发生三起 500kV 线路复合绝缘子断串掉线事故。分析表明：端部密封破坏是影响复合绝缘子脆断的主要原因。如图 15-12 所示。

【案例 2】   华东某 500kV 线路复合绝缘子
脆断。经反复分析，是因为该批复合绝缘子的
均压环反装，导致该均压环不仅不能有效降低
端部硅橡胶护套处的场强，还对该处场强起畸
变作用，导致该处更易出现电晕放电，护套老
化，端部密封破坏，最终导致绝缘子芯棒脆断。

条文 15.3.4   **积极应用红外测温技术监测
直线接续管、耐张线夹等引流连接金具的发热
情况，高温大负荷期间应增加夜巡，发现缺陷
及时处理。**

图 15-12   2006 年某 500kV 线路
复合绝缘子脆断断口

本条文针对线路金具应用红外测温技术的条件提出要求。在负荷较低条件下，
即使接续金具存在接触不良问题，温升可能也不明显，红外设备难以检出缺陷。因
此充分利用大负荷时机积极开展红外检测接续金具。

【案例】   2007 年 7 月夏季大负荷期间，运行单位对某 500kV 双回线路进行红
外测温时发现一线 730 号、二线 673 号引流板发热，与正常温度相比，温差达
60℃，属危急缺陷。

条文 15.3.5   **加强对导、地线悬垂线夹承重轴磨损情况的检查，导地线振动
严重区段应按 2 年周期打开检查，磨损严重的应予更换。**

条文 15.3.6   **应认真检查锁紧销的运行状况，锈蚀严重及失去弹性的应及时
更换；特别应加强 V 串复合绝缘子锁紧销的检查，防止因锁紧销受压变形失效而
导致掉线事故。**

本条文针对锁紧销的运行状况提出要求。锁紧销作为配套金具，尺寸小价格
低，但其对线路安全运行的作用不可忽视，应用不当可导致掉串、掉线等事故，如
图 15-13、图 15-14 所示。因此要求使用前加强验收，确保材质、尺寸符合要求，

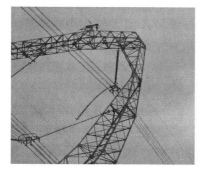

图 15-13   某 500kV 紧凑型线路 V 串
复合绝缘子球头脱出

图 15-14   V 串复合绝缘子
锁紧销受压变形

运行中加强检查，确保无变形、脱出、丢失。

【案例】 2004年7月某500kV紧凑型线路N761塔C相导线V串绝缘子掉串，2005年10月某500kV紧凑型线路93塔C相导线V串绝缘子掉串，2007年8月某500kV紧凑型线路531塔C相V串绝缘子掉串，此外某750kV紧凑型线路均曾发生V串绝缘子掉串故障，均属于复合绝缘子和连接金具承受压缩/弯曲载荷，锁紧销受挤压变形失去限位功能，导致球头从碗头脱出并掉串。

条文15.3.7 对于直线型重要交叉跨越塔，包括跨越110kV及以上线路，铁路和高速公路，一级公路，一、二级通航河流等，应采用双悬垂绝缘子串结构，且宜采用双独立挂点；无法设置双挂点的窄横担杆塔可采用单挂点双联绝缘子串结构。同时，应采取适当措施使双串绝缘子均匀受力。

本条文对于直线型重要交叉跨越塔的绝缘子串提出要求。对于重要的交叉跨越，一旦发生掉线可能导致重大损失，如对线下线路、道路、房屋、建筑、居民等造成伤害。直线塔一般为单串设计，以双串绝缘子替代单串绝缘子可有效提高安全性，避免导线落地，在实际运行中已多次获得验证。

图15-15 某500kV架空输电线路球头挂环断裂（双串绝缘子断一串）

【案例】 2007年3月31日，某500kV线路301号左相双串绝缘子的大号侧玻璃绝缘子串球头挂环断裂，如图15-15所示，导致该串绝缘子倒挂在下挂点金具上，未造成导线落地。

条文15.3.8 加强瓷、玻璃绝缘子的检查，及时更换零值、低值及破损绝缘子。

零值、低值绝缘子指内绝缘性能已劣化，处于击穿或半击穿状态的瓷绝缘子。一旦包含零值、低值绝缘子的瓷绝缘子串发生闪络，短路电流将通过零值、低值绝缘子内部，导致绝缘子头部瞬间发热、膨胀、炸裂，并可能造成掉串、掉线事故。

条文15.3.9 加强复合绝缘子护套和端部金具连接部位的检查，端部密封破损及护套严重损坏的复合绝缘子应及时更换。

条文15.4 防止风偏闪络事故

条文15.4.1 新建线路设计时应结合已有的运行经验确定设计风速。

条文15.4.2 500kV及以上架空线路45°及以上转角塔的外角侧跳线串宜使用双串绝缘子并可加装重锤；15°以内的转角塔内外侧均应加装跳线绝缘子串；15°及以上、45°以内的转角塔的外角侧应加装一串或双串跳线绝缘子。对于部分微地形微气象地区，转角塔外角侧可采用硬跳线方式。

本条文对转角塔的跳线绝缘子串的防风偏性能提出要求。输电线路杆塔位于风口等微地形、微气象区域时，45°及以上的大角度耐张转角塔外角侧的跳线易对塔身风偏放电，应采取防风偏措施；15°以内的小角度耐张转角塔的内/外角侧跳线均存在对塔身风偏放电风险，因此，本次修订增加了针对15°以内的小角度耐张转角塔的防风偏要求。

条文15.4.3 沿海台风地区，跳线应按设计风压的1.2倍校核。

本条文针对沿海台风地区跳线风偏的校核提出要求，关于跳线设计风压的取值存在性能价格比的问题。经综合考虑线路安全、造价等因素，最终采用了1.2倍的跳线设计风压。

条文15.4.4 运行单位应加强山区线路大档距的边坡及新增交叉跨越的排查，对影响线路安全运行的隐患及时治理。

条文15.4.5 线路风偏故障后，应检查导线、金具、铁塔等受损情况并及时处理。

条文15.4.6 更换不同型式的悬垂绝缘子串后，应对导线风偏角重新校核。

本条文针对悬垂绝缘子串的风偏校核提出要求，特别是重量相对较轻的复合绝缘子应重点校核。复合绝缘子具有优良防污闪性能，但因绝缘长度、电位分布、重量、芯棒耐老化性能等问题，复合绝缘子的防雷、防风偏、防鸟害（鸟啄）等性能相对于瓷、玻璃绝缘子串有所偏低，在选用时应综合考虑。

条文15.4.7 设计单位应在终勘定位以后进行塔头风偏校验，并将计算书与竣工图一起归档备查。

条文15.5 防止覆冰、舞动事故

条文15.5.1 线路路径选择应以冰区分布图、舞动区分布图为依据，宜避开重冰区及易发生导线舞动的区域。

条文15.5.2 新建架空输电线因路径选择困难无法避开重冰区及易发生导线舞动的局部区段应提高抗冰设计及采取有效的防舞措施，如采用线夹回转式间隔棒、相间间隔棒等，并逐步总结、完善防舞动产品的布置原则。

随着极端恶劣气候的频繁出现，线路覆冰故障和舞动故障时有发生，严重威胁电网安全。而输电走廊日益紧缺，使线路完全避开重冰区及舞动易发区极其困难，只能通过提高线路抗冰设计及采取有效的防舞措施加以解决。

【案例1】 2008年1月11日~2月6日，华中地区出现历史罕见的持续低温、雨雪、冰冻天气，特别是湖南、江西和湖北三省最为严重，为50年一遇的极端灾害天气。造成大量输电线路覆冰、舞动，最大覆冰厚度达50~80mm，远远超过杆塔和导线、地线的受力强度，造成了大量和大范围的倒塔断线，以致冰灾期间电网结构多次发生变化。据统计，华中500kV电网共有319基倒塔，104基杆塔受损，断线 717 处；220kV 电网共有 777 基倒塔，209 基杆塔受损，断线 1246 处；110kV 电网共有 1945 基倒塔，432 基杆塔受损，断线 2823 处；35kV 电网共有 1870 基倒塔，受损 1009 基，断线 3646 处。针对该冰灾，相关单位迅速颁布了《重覆冰架空输电线路设计技术规程》（DL/T 5440—2009），以有效规范重冰区架空线路的设计工作。

【案例 2】 某 500kV 紧凑型双回线自投运以来，截至 2011 年底，共发生 7 条次因导地线覆冰造成的线路跳闸：2007 年 2 月 7 日，一线因导地线覆冰雪造成导线对地线放电；2007 年 3 月 4 日，一、二线多处因导线覆冰雪造成线路大范围舞动，双回线停运达 15h；2007 年 4 月 30 日，二线因导线覆冰雪造成多处相间放电；2008 年 4 月 22 日，因导线覆冰雪舞动造成一、二线多处相间放电，双回线停运达 30h；2011 年 12 月 5 日，大雪导致一线单相接地故障。针对故障情况，相关单位对该紧凑型双回线进行分批分期防舞改造，2008 年 12 月、2009 年 10 月、2011 年 10 月，安装相间间隔棒、回转式子导线间隔棒等，有效提高了线路的防舞动性能。此外，覆冰故障和舞动故障的防治措施不尽相同，因此对于覆冰故障和舞动故障的分析判断应严谨、深入、准确，避免误判，以免后续采取的改造措施缺乏针对性。

【案例 3】 2012 年 3 月蒙电东送重要通道某 500kV 紧凑型双回线位于恶劣气象环境条件下的某区段，因严重覆冰雪反复跳闸，双回线被迫转入检修，送端电厂 2 台机组停运。该故障区域线路 2008 年已进行防舞改造，因本次故障持续时间长且启动应急预案及时，首次跳闸当日上午 9 时已有抢修人员抵达现场。当日中午和下午二线两次试送跳闸时，现场均未发现导线舞动迹象。此外，运行检修人员掌握现场气象条件也不支持舞动结论，因此可确定该次故障不属于舞动故障。经深入分析，相邻档导地线不均匀覆冰雪导致相间、相地距离大幅度缩小是该次故障的主要原因。在上述分析基础上，国家电网公司批复了更具针对性的、且与该线路以往多次采取的防舞措施不同的改造措施。

条文 15.5.3 为减少或防止脱冰跳跃、舞动对导线造成的损伤，宜采用预绞丝护线条保护导线。

条文 15.5.4 舞动易发区的导地线线夹、防振锤和间隔棒应选用加强型金具或预绞式金具。

本条文要求舞动易发区的导地线线夹、防振锤和子导线间隔棒应选用耐磨加强型金具或预绞式金具，以防止松动和损伤。运行经验表明预绞式金具是防止金具松脱的有效措施。

条文 15.5.5 应加强沿线气象环境资料的调研收集，加强导地线覆冰、舞动的观测，对覆冰及舞动易发区段，安装覆冰、舞动在线监测装置，全面掌握特殊地形、特殊气候区域的资料，充分考虑特殊地形、气象条件的影响，合理绘制舞动区分布图及冰区分布图，为预防和治理线路冰害提供依据。

本条文要求全面掌握沿线气象环境资料，绘制舞动区分布图及冰区分布图是合理设计架空线路，有效预防和治理线路冰害的有效措施。

条文 15.5.6 对设计冰厚取值偏低、且未采取必要防覆冰措施的重冰区线路应逐步改造，提高抗冰能力。

条文 15.5.7 防舞治理应综合考虑线路防微风振动性能，避免因采取防舞动措施而造成导地线微风振动时动弯应变超标，从而导致疲劳断股、损伤；同时应加强防舞效果的观测和防舞装置的维护。

在导线上安装防舞装置的同时也在导线上形成应力集中点，易造成微风振动时安装点动弯应变超标，从而可能在长期运行条件下导致导线疲劳损伤、断股。因此，在满足防舞动需求条件下应将防舞装置的应用量降至最低。

条文 15.5.8 覆冰季节前应对线路做全面检查，落实除冰、融冰和防舞动措施。

条文 15.5.9 线路覆冰后，应根据覆冰厚度和天气情况，对导地线采取交流短路融冰、直流融冰及安全可靠的机械除冰等措施以减少导地线覆冰。对已发生倾斜的杆塔应加强监测，可根据需要在直线杆塔上设立临时拉线以加强杆塔的抗纵向不平衡张力能力。

本条文强调在架空线路提高"抗冰"设计的同时，还应积极采取有效的"融冰"等措施，以降低覆冰事故率，减少损失。自20世纪80年代开始，国内电网开始积极研究应用导线融冰措施，包括早期的"高电压交流短路融冰法"，近年来采用的"低压交流短路融冰法"、"移动式直流融冰法"、"固定式直流融冰法"等，在2010年、2011年防冻融冰期间发挥了重要作用。

条文 15.5.10 线路发生覆冰、舞动后，应根据实际情况安排停电检修，对线路覆冰、舞动重点区段的导地线线夹出口处、绝缘子锁紧销及相关金具进行检查和消缺；及时校核和调整因覆冰、舞动造成的导地线滑移引起的弧垂变化缺陷。

条文 15.6 防止鸟害闪络事故

条文 15.6.1 鸟害多发区的新建线路应设计、安装必要的防鸟装置。110（66）、220、330、500kV悬垂绝缘子的鸟粪闪络基本防护范围为以绝缘子悬挂点为圆心，半径分别为0.25、0.55、0.85、1.2m的圆。对于带有超大均压环的复合绝缘子，防护范围应作适当调整。

上述鸟害防护范围参数源于华北电科院模拟鸟粪闪络实验的结果和多年来的电网运行经验。

条文 15.6.2 基建阶段应做好复合绝缘子防鸟啄工作，在线路投运前应对复合绝缘子伞裙、护套进行检查。

部分鸟类在复合绝缘子不带电条件下有啄硅橡胶护套伞裙的习性，而一旦啄破护套，绝缘子芯棒外露，则复合绝缘子有脆断、内绝缘击穿的隐患。因此，要求新建线路投运前及运行线路停电检修等情况下，应避免复合绝缘子长时间不带电；如果不带电时间较长，带电前应做检查，有护套严重受损的应予以更换。

条文 15.6.3　鸟害多发区线路应及时安装防鸟装置，如防鸟刺、防鸟挡板、悬垂串第一片绝缘子采用大盘径绝缘子、复合绝缘子横担侧采用防鸟型均压环等。对已安装的防鸟装置应加强检查和维护，及时更换失效防鸟装置。

本条文针对架空线路的防鸟害装置提出要求，即鸟害多发区线路应及时安装防鸟害装置并加强检查、维护。此外，特别强调在选用防鸟害装置时，应全面调研、分析装置的材质、有效性、持久性等，确保装置的防鸟害效果。

条文 15.6.4　及时拆除线路绝缘子上方的鸟巢，并及时清扫鸟粪污染的绝缘子。

条文 15.6.5　应加强沿线植被环境资料的调研收集，加强鸟种的行为习性，包括繁殖习性和迁徙规律观测与记录，为预防和治理线路鸟害提供依据。

条文 15.7　防止外力破坏事故

条文 15.7.1　新建线路设计时应采取必要的防外力破坏措施，验收时应检查防外力破坏措施是否落实到位。

近年来各地基建工程的增加，一定程度上导致架空线路的外力破坏事故频繁发生，已对架空线路的安全运行构成严重威胁，因此从设计阶段采取防外力破坏措施十分必要。

此外，偷盗塔材是近年来常见现象，近地面的塔材是偷盗重灾区，因此近地面的塔材连接、紧固应采用防盗措施，一定程度上可减少偷盗损失。根据安全性、经济性等因素综合考虑，近地面的高度最终确定为 8m，即铁塔 8m 以下采用防盗螺栓等防盗措施，8m 以上也需采用双螺母等防松措施。

条文 15.7.2　架空线路跨越森林、防风林、固沙林、河流坝堤的防护林、高等级公路绿化带、经济园林等，宜根据树种的自然生长高度采用高跨设计。

《110kV～750kV 架空输电线路设计规范》（GB 50545—2010）规定对于防护林带、经济作物林等不应砍伐出通道，而应采用高跨设计。根据安全性、经济性等因素综合考虑，确定按森林、防风林、固沙林、河流坝堤的防护林、高等级公路绿化带、经济园林树种的自然生长高度以确定高跨杆塔的呼称高度。

条文 15.7.3　加强输电线路外力破坏隐患排查治理工作，建立外力破坏隐患台账，运行维护责任单位对外力破坏隐患实行闭环管理。加强与地方政府及行政执法部门的联系协调，建立完善的群众护线制度，建立外力破坏隐患治理联动机制。

条文 15.7.4　充分发挥地方政府及行政执法部门的作用，通过行政执法手段

严厉打击破坏、盗窃、收购线路器材的违法犯罪活动，及时拆除危及线路安全运行的违章建筑物和构筑物。加强巡视和宣传，及时制止线路附近的烧荒、烧秸秆、放风筝、开山炸石、爆破作业等行为。

近年来，输电线路通道环境有复杂、恶化趋势，其中有自然环境因素，也有众多人为因素。因此即使线路本体健康状况良好，也难以完全避免因外部因素导致的线路故障。线路运行维护单位应通过加强巡视和宣传，最大限度地抑制山火等外部因素导致的线路故障。

【案例】　2011年某运行单位所维护的500kV线路发生3起山火引起的线路跳闸，故障点所在线路区段均为林木茂密的山区，林区树木不能清理、发生火灾难以控制。针对上述事故，运行维护单位建立健全防山火的应急预案，深入开展火灾隐患排查、梳理火灾隐患点，组织易燃物处理，充分发挥群众护线员力量，提高防火意识和信息上报速度，以及时准确掌握山火等级；同时确保人员、车辆、设备落实到位，明确人员出发前现场情况掌握流程、明确事中不同灾情程度的处置方法和措施，明确事后查线和处置的关键点。

条文15.7.5　应在线路保护区或附近的公路、铁路、水利、市政施工现场等可能引起误碰线的区段设立限高警示牌或采取其他有效措施，防止起重机等施工机械碰线。

条文15.7.6　及时清理线路通道内的树障、堆积物等，严防因树木、堆积物与电力线路距离不够引起放电事故。

条文15.7.7　易遭外力碰撞的线路杆塔，应设置防撞墩、并涂刷醒目标志漆、粘贴防撞贴等。

16

防 止 污 闪 事 故

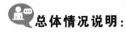**总体情况说明：**

根据近年来最新颁布实施的防止输变电设备污闪相关国家、行业标准，以及近年来国内防污闪新技术的发展，对防止输变电设备污闪事故提出重点要求。随着防污闪技术的日益成熟，本次修订的内容适当加强了"采用硅橡胶类防污闪产品"及防污闪配置"一步到位"的要求。

条文说明：

条文 16.1　新建和扩建输变电设备应依据最新版污区分布图进行外绝缘配置。中重污区的外绝缘配置宜采用硅橡胶类防污闪产品，包括线路复合绝缘子、支柱复合绝缘子、复合套管、瓷绝缘子（含悬式绝缘子、支柱绝缘子及套管）和玻璃绝缘子表面喷涂防污闪涂料等。选站时应避让 d、e 级污区；如不能避让，变电站（含升压站）宜采用 GIS、HGIS 设备或全户内变电站。

本条文重点强调中重污区的外绝缘配置优先采用硅橡胶类防污闪产品。硅橡胶表面的憎水性及憎水迁移性可大幅度提高绝缘子的污闪放电电压，与瓷、玻璃表面相比，憎水性良好状态下可提高 1 倍甚至 2 倍（即达到原放电电压的 2 倍甚至 3 倍）。一定程度上实现防污闪配置的"一步到位"，避免随环境污染加剧而反复调爬，浪费人力物力，该措施已在国家电网公司系统获得实质性验证。

条文 16.2　污秽严重的覆冰地区外绝缘设计应采用加强绝缘、V 型串、不同盘径绝缘子组合等型式，通过增加绝缘子串长、阻碍冰凌桥接及改善融冰状况下导电水帘形成条件，防止冰闪事故。

本条文针对绝缘子覆冰（雪）闪络、大（暴）雨闪络提出要求。由于覆冰（雪）、大（暴）雨可直接桥接绝缘子伞裙，相当于绝缘子爬距大幅度缩小，易导致绝缘子闪络，与常规的大雾中的污闪具有较大差异，防治措施也不尽相同。即使是硅橡胶材料在该条件下也难以有效发挥防污闪作用，一般是从改善绝缘子串外形及放置方式上采取措施，以阻碍冰棱桥接及改善连续水帘形成条件，从而达到防止闪络效果，如图 16-1、图 16-2 所示。

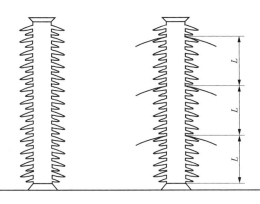

图 16-1 支柱瓷绝缘子和硅橡胶伞裙支柱
绝缘子覆冰雪闪络对比试验

图 16-2 无伞裙支柱瓷绝缘子闪络，
硅橡胶伞裙绝缘子无明显放电

【案例】 2005 年 4 月某电厂 500kV 升压站 2 台设备套管闪络，该闪络属于严重的降水降雪型快速积污伴随快速受潮导致的污闪掉闸。长时间无降水条件下，大气中的污染物日益增多。随后的第一场降水降雪将空气中的污染物大量带落，使原本洁净的雨雪尚未落地已成为夹带大量污秽的脏雨脏雪。虽然上述绝缘子配置（三级的基本爬距喷涂防污闪涂料）能够轻松防治四级以上污区的雾中污闪，但脏雨脏雪落下时导致绝缘子表面短时间内快速积污且严重受潮。特别是在风力作用下沿绝缘子迎风侧形成桥接伞裙的连续积雪，仍可导致污闪。

输变电设备污闪须具备两大要素：污秽条件与潮湿条件。IEC 标准将污秽类型分为 A 类和 B 类。A 类一般为固态污秽，包括自然污秽（如沙漠型污秽）和人类活动导致的污秽（如工业型污秽）。该类污秽一般对应于常规的"缓慢积污"；B 类一般为高导电性的液态污秽，目前主要指海雾型等自然污秽，该类污秽一般对应于沿海区域的"快速积污"。我国电力系统广泛采用的防污闪标准均主要基于缓慢积污概念制订，相应的防污闪措施也主要针对缓慢积污型式设计。所谓"缓慢积污"指绝缘子表面污秽是经过一个相对较长的积累过程逐步形成的，如《污秽条件下使用的高压绝缘子的选择和尺寸确定第一部分：定义、信息和一般原则》（GB/T 26218.1—2010）及《电力系统污区分级与外绝缘选择标准》（Q/GDW 152—2006）规定的三年积污期；而绝缘子污闪所需的潮湿条件由降水（雾、雨、露、冰、雪等）提供，通常认为降水由地面水蒸发形成，因此其污秽含量较低。总体认为：缓慢积污型污闪的污秽条件和潮湿条件是分先后具备的；针对缓慢积污闪络的最有效防治措施是采用硅橡胶类防污闪产品（包括复合绝缘子、防污闪涂料等）。由于污秽是缓慢积累所得，因此硅橡胶材料可在潮湿条件到来之前使污秽具备憎水性，即通过改变表面性能使绝缘子具备优良的抵御缓慢积污型污闪的能力。与"缓慢积污"相对应的"快速积污"通常指沿海的、自然的、海雾型污秽。但近年来内陆重污区频繁发生快速积污，特别是快速积污伴随快速受潮导致的严重污闪掉闸，这些可出现于内陆地区的、降水降雪型"快速积污"，虽然与海雾型"快速积污"具有相似特征——均为高导电性液体，但却是环境污染严重国家和地区的特有现象，一定程度上比海雾型"快速积污"更具危害性。在环境不能有效改善的较长一段时期内，该快速积污型污闪有增长趋势，应予以重视。

条文 16.3 中性点不接地系统的设备外绝缘配置至少应比中性点接地系统配置高一级，直至达到 e 级污秽等级的配置要求。

本条文针对中性点不接地系统的设备外绝缘配置提出要求。当中性点不接地系统单相接地后，允许继续运行一段时间，另两相绝缘子将承受线电压，因此要求中性点不接地系统的设备外绝缘配置应比中性点接地系统配置适当提高。

条文 16.4 加强绝缘子全过程管理，全面规范绝缘子选型、招标、监造、验收及安装等环节，确保使用伞形合理、运行经验成熟、质量稳定的绝缘子。

本条文针对绝缘子全过程管理提出要求。虽然一般情况下产品在正式应用前需通过全面的型式试验、入网试验等，即制造企业具备生产合格产品的能力。但因具体批次产品的原材料进货渠道不同，生产人员不同，批次产品之间的质量存在一定的甚至较大的差异，因此需通过抽检或监造以确保每批产品质量。

条文 16.5 电力系统污区分布图的绘制、修订应以现场污秽度为主要依据之一，并充分考虑污区图修订周期内的环境、气象变化因素，包括在建或计划建设的潜在污源，极端气候条件下连续无降水日的大幅度延长等。

本条文要求防污闪工作应适当考虑气候环境的变化。

【案例】 某 500kV 变电站在规划设计阶段属于 c 级污区，建设阶段站址周边大量上马小水泥厂，导致该区域污秽等级大幅度上升至 e 级，原有外绝缘配置已不能满足防污闪需求，因此仅投运约一年进行了全站调爬。

条文 16.6 外绝缘配置不满足污区分布图要求及防覆冰（雪）闪络、大（暴）雨闪络要求的输变电设备应予以改造，中重污区的防污闪改造应优先采用硅橡胶类防污闪产品。

条文 16.7 应避免局部防污闪漏洞或防污闪死角，如具有多种绝缘配置的线路中相对薄弱的区段，配置薄弱的耐张绝缘子，输、变电结合部等。

本条文针对防污闪漏洞或防污闪死角提出要求。

【案例】 某电网曾经发生过多起因存在防污漏洞或死角而导致的污闪事故，如整条线路均为复合绝缘子，仅交叉跨越使用双串瓷绝缘子；变电设备的阻波器放置在出线第一基塔上，变电与线路运行、检修人员均忽略了该设备的维护；更换设备后未及时补涂防污闪涂料等。此外，应关注 35kV 及以下电压等级设备及用户设备的防污闪问题，避免因低电压等级设备及用户设备污闪影响主网安全稳定运行。

条文 16.8　清扫（含停电及带电清扫、带电水冲洗）作为辅助性防污闪措施，可用于暂不满足防污闪配置要求的输变电设备及污染特殊严重区域的输变电设备，如：硅橡胶类防污闪产品已不能有效适应的粉尘特殊严重区域，高污染和高湿度条件同时出现的快速积污区域，雨水充沛地区出现超长无降水期导致绝缘子的现场污秽度可能超过设计标准的区域等，且应重点关注自洁性能较差的绝缘子。

本条文针对绝缘子清扫措施提出要求。清扫曾经是输变电设备防污闪的主要措施，但设备大量增加、运行维护人员增加有限、环境污染加剧以及硅橡胶外绝缘产品的成熟应用，清扫从主要防污闪措施退居为辅助措施。

条文 16.9　加强零值、低值瓷绝缘子的检测，及时更换自爆玻璃绝缘子及零、低值瓷绝缘子。

条文 16.10　防污闪涂料与防污闪辅助伞裙

条文 16.10.1　绝缘子表面涂覆防污闪涂料和加装防污闪辅助伞裙是防止变电设备污闪的重要措施，其中避雷器不宜单独加装辅助伞裙，宜将防污闪辅助伞裙与防污闪涂料结合使用；隔离开关动触头支持绝缘子和操作绝缘子使用防污闪辅助伞裙时要根据绝缘子尺寸和间距选择合适的辅助伞裙尺寸、数量及安装位置。

条文 16.10.2　宜优先选用加强 RTV-Ⅱ型防污闪涂料，防污闪辅助伞裙的材料性能与复合绝缘子的高温硫化硅橡胶一致。

条文 16.10.3　加强防污闪涂料和防污闪辅助伞裙的施工和验收环节，防污闪涂料宜采用喷涂施工工艺，防污闪辅助伞裙与相应的绝缘子伞裙尺寸应吻合良好。

条文 16.10.1～条文 16.10.3 针对防污闪涂料与防污闪辅助伞裙的应用提出要求。

防污闪涂料通过将瓷、玻璃绝缘子表面由亲水性变为憎水性，大幅度提高绝缘子污闪电压，可有效防止大雾、毛毛雨等气象条件下的污闪；防污闪辅助伞裙通过改善绝缘子外形，可有效防止严重覆冰、覆雪及大雨、暴雨等气象条件下沿绝缘子串形成连续导电通道，避免冰闪、雪闪、雨闪。虽然二者十分适合我国电网防污闪实际状况，尤其适合变电设备绝缘子应用，但其发展过程十分曲折，受认可程度大大落后于线路复合绝缘子等产品，主要原因是其从研发应用之初就被定位为临时性、补救性防污闪产品。长期以来产品的生产、检验、应用等环节不规范，质量良莠不齐，且必须经过现场施工环节才能形成完整产品，这些特点严重限制了产品的发展。近年来上述产品在产品性能、产品检测、标准制订等各方面已取得很大进步。特别是部分防污闪涂料在综合性能上，已达到复合绝缘子所用高温硫化硅橡胶的要求，且在防污闪领域已发挥巨大，且一定程度上不可替代的作用。因此适当提高其产品定位，作为防止变电设备污闪的重要措施是必然的结果。

如上所述，目前部分防污闪涂料在综合性能上已达到复合绝缘子所用高温硫化硅橡胶的要求，即符合持久性产品的性能指标。该部分产品被《绝缘子用常温固化硅橡胶防污闪涂料》（DL/T 627）定义为 RTV-Ⅱ型防污闪涂料，因此为确保防污闪涂料的持久作用，条文 16.10.2 提出"宜优先选用 RTV-Ⅱ型防污闪涂料"；"防污闪辅助伞裙的材料性能与复合绝缘子的高温硫化硅橡胶一致"的提出，也是出于相同目的，即要求产品质量向正式性、持久性产品看齐。

条文 16.11 户内绝缘子防污闪要求

户内非密封设备外绝缘与户外设备外绝缘的防污闪配置级差不宜大于一级。应在设计、基建阶段考虑户内设备的防尘和除湿条件，确保设备运行环境良好。

户内非密封设备外绝缘应按照《户内绝缘子运行条件电气部分》（DL/T 729—2000）的要求配置，但该标准主要强调配置与户内实际条件相适应，如通风情况、防潮条件、防尘条件等。具体实施人员如果不具备较强的专业水平，一定程度上难以实际操作。本条文明确了户内非密封设备外绝缘配置要求，使条文更具可操作性，便于设计单位和运行单位应用。

17

防止电力电缆损坏事故

总体情况说明:

本章"防止电力电缆损坏事故"部分为本次修订增加的内容,修订工作主要参照《国家电网公司十八项电网重大反事故措施》(修订版)"防止电力电缆损坏事故"内容修订而来。在分析历年电力电缆损坏事故的基础上,针对防止电缆绝缘击穿事故、防止电缆火灾、防止外力破坏和设施被盗、防止单芯电缆金属护层绝缘故障四类问题,从规划设计、基建施工、运行等环节提出反事故措施,对《十八项反措》中第13.2节防止电缆火灾部分做了较大幅度的修订、补充。重新划分到第2章防止火灾事故的2.2节防止电缆着火事故。参考并引用了新颁布的国家、行业标准的内容。

条文说明:

条文 17.1 防止电缆绝缘击穿事故

条文 17.1.1 应根据线路输送容量、系统运行条件、电缆路径、敷设方式等合理选择电缆和附件结构型式。

电缆线路必须符合电力系统的输送容量,即所选用的电缆应具有满足系统需求的长期载流量。在确定电缆截面时,应充分考虑地区电网发展、负荷增长及周围运行环境等因素,同时结合造价的综合经济性进行选择。避免较短时期后电缆载流量即不能满足负荷增长需求,形成电网瓶颈。同时还要符合电缆全寿命管理要求,在其寿命期内发挥其最大作用,努力实现效益最大化。

结合电缆敷设路径,如在缆线密集区域,应重点考虑防火要求,选择相应阻燃等级的阻燃电缆,避免火灾发生;在人员密集或有防爆需要的场所宜采用复合套管式终端,避免瓷套式终端故障产生的飞溅物伤及行人。

为了适应各种不同敷设环境要求,如直埋、排管以及隧道等,电缆的铠装层与外护套应选用相应的结构材料,如含化学腐蚀环境应采用铅套,易受水浸泡的电缆,应采用聚乙烯外护套,以达到全寿命周期管理要求。

终端和接头应满足环境对其机械强度与密封性能的要求,户外终端还应具有足够的泄漏比距、抗电蚀和耐污闪性能，同时考虑地区污秽等级变化对设备适用性的要求。

条文 17.1.2 应避免电缆通道邻近热力管线、腐蚀性、易燃易爆介质的管道，确实不能避开时，应符合《电气装置安装工程 电缆线路施工及验收规范》（GB 50168）第 5.2.3 条、第 5.4.4 条等的要求。

邻近热力管线散发出的热量会造成电缆通道内温度升高，影响电缆线路的载流量。如果电缆线路长期运行在高温环境中，还会加速绝缘老化，缩短电缆的使用寿命。在设计阶段，应全面调查电缆通道周围管线情况，避免邻近热力管线。

腐蚀性介质管道中的物质一旦泄漏到电缆通道内，会造成电缆腐蚀，即电缆外护套、铠装层、铅护套或铝护套的腐蚀。酸或碱性溶液、氯化物、有机物腐蚀物质等都会使电缆遭受腐蚀。

【案例 1】 2011 年，某市热力管线泄漏，热水渗入电缆隧道。该隧道内有多路 10、110kV 在运电缆，当时隧道内环境温度超过 60℃，远高于电缆正常运行温度，严重影响电网安全，电力公司被迫采取排水、通风降温、调整电网运行方式等应急措施。

【案例 2】 2009 年，某公司 220kV 电缆隧道在与热力管道的交叉距离不满足规程要求，导致电缆沟内温度不满足运行要求，将该交叉点井内温度与线路其他电缆井内温度进行对比，最大温差高达 21.4℃，负荷高峰时期电力公司不得不采取降温、负荷控制措施。

条文 17.1.3 应加强电力电缆和电缆附件选型、订货、验收及投运的全过程管理。应优先选择具有良好运行业绩和成熟制造经验的制造商。

加强全过程管理，订货阶段应确保选择成熟产品，这也是加强电缆产品入网管理的有效手段，有助于从源头把住电缆产品的质量关。电缆及附件招投标时，必须进行严格的技术审查，同型号产品必须通过型式试验。验收环节应严格按照验收相关要求进行把关，确保电缆线路健康投运。电力电缆主要采取固体绝缘材料，运行过程中状态检测困难、维修代价很高，所以应杜绝家族性设备缺陷问题。如果制造工艺不成熟、质量控制不完备，电缆、附件极易存在可见或不可见缺陷，在后期运行过程中将出现批量性问题。

【案例】 2010 年，某公司 110kV 电缆在施工期间发现制造质量问题，该批次约 50km 电缆全部退货，已发电线路的电缆和附件也全部更换，大大增加了工程周期、费用和电网运行风险。

条文 17.1.4 同一受电端的双回或多回电缆线路宜选用不同制造商的电缆、附件。110kV（66kV）及以上电压等级电缆的 GIS 终端和油浸终端宜选择插拔式。

双路或多路电源电缆选用同制造商产品，将承担较大批次性问题风险，同时一

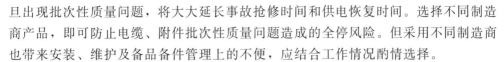

且出现批次性质量问题，将大大延长事故抢修时间和供电恢复时间。选择不同制造商产品，即可防止电缆、附件批次性质量问题造成的全停风险。但采用不同制造商也带来安装、维护及备品备件管理上的不便，应结合工作情况酌情选择。

选择插拔式终端便于单独对电缆进行交流耐压试验，同时电缆仓的 SF$_6$ 气体或绝缘油的处理工作可以同步开展，利于缩短安装时间，利于抢修。

【案例】 2005 年，某公司 9.6km 长的 220kV 线路，在投运 11 个月后，接头连续发生击穿，后经检测判定为附件制造质量问题。18 组接头全部更换，抢修工区历时半年，在此期间由一座 220kV 变电站单电源供电。

条文 17.1.5 10kV 及以上电力电缆应采用干法化学交联的生产工艺，110kV 及以上电力电缆应采用悬链或立塔式工艺。

干法化学交联形成的交联聚乙烯材料电气性能优良，目前制品额定电压等级已达 500kV，而辐照交联和硅烷化学交联法一般仅用于低压电缆。

条文 17.1.6 运行在潮湿或浸水环境中的 110kV（66kV）及以上电压等级的电缆应有纵向阻水功能，电缆附件应密封防潮；35kV 及以下电压等级电缆附件的密封防潮性能应能满足长期运行需要。

水害对于电力电缆的安全稳定运行影响很大。针对固体绝缘电缆，一旦水分进入电缆绝缘表面或导体表面，都会使绝缘在比产生电树低得多的电场强度下引发水树，并逐步向绝缘内部延伸，导致绝缘加速老化，直至击穿。针对油浸纸绝缘电缆，一旦水分进入其中，其电气性能将显著降低，绝缘电阻下降，击穿场强下降，介质损耗角正切增大；水分的存在，可以使油浸纸绝缘电缆中的铜导体对电缆油的催化活性提高，从而加快绝缘油老化过程的氧化反应。尤其针对直埋线路，如果电缆附件密封性能不符合要求，易造成附件进水，进而导致事故的发生。

条文 17.1.7 电缆主绝缘、单芯电缆的金属屏蔽层、金属护层应有可靠的过电压保护措施。统包型电缆的金属屏蔽层、金属护层应两端直接接地。

可靠的过电压保护措施可以防止故障情况下金属护层上产生的过电压，造成电缆损坏或危及人身安全。护层绝缘可起到过电压保护作用，同时对金属护套是良好的防腐蚀层。因为非接地点的金属护套有感应电压时，当护层绝缘不良时，会引起交流腐蚀。大长度 10、35kV 单芯电缆也应考虑采取过电压保护措施。

统包型电缆如果三相电流平衡时，则在金属护套中不会产生感应电动势，也没有感应电流，应将金属屏蔽层、金属护层两端直接接地。

条文 17.1.8 合理安排电缆段长，尽量减少电缆接头的数量，严禁在变电站电缆夹层、桥架和竖井等缆线密集区域布置电力电缆接头。

电缆接头是电缆绝缘的薄弱环节，据统计因电缆头故障而导致的电缆火灾、爆炸事故占电缆事故总量的 70% 左右。由于电缆接头处于电缆沟内，不易巡检，因此应尽量避免电缆接头敷设在变电站夹层等缆线密集区，防止一路接头故障波及其他电缆，造成事故的扩大。

【案例】 2006年，某公司一路220kV电缆跳闸，1h后相同隧道内66kV电缆相间短路跳闸，1.5h后发现电缆隧道内起火冒烟。隧道内缆线燃烧近4h，共烧毁220kV电缆5路、66kV电缆3路，经过分析，判断事故直接原因为高压电缆接头安装质量问题，运行一段时间后绝缘强度降低，导致故障。

条文17.1.9 对220kV及以上电压等级电缆、110kV（66kV）及以下电压等级重要线路的电缆，应进行工厂验收。

电缆各部分的原材料质量、生产工艺的控制等因素将直接影响电缆的质量。原材料的质量不良、工装设备缺陷、生产工艺控制不当等都会给电缆长期运行埋下致命隐患。进行监造和工厂验收，可确保电缆线路生产环节可控、在控，确保电缆出厂时处于健康状态，避免电缆进入安装或运行环节后出现问题。

【案例】 2001年，某市一路110kV电缆线路GIS终端爆炸，直接击穿点位于应力锥部位。经解体检测认定该终端核心元件存在制造缺陷，随后该批次产品全部进行了更换。

条文17.1.10 应严格进行到货验收，并开展到货检测。

结合电缆及附件的生产、安装、运行和试验经验，对于电缆及附件长期运行性能密切相关的结构尺寸、电气、物理等关键性能，应进行到货验收及检测，尽可能杜绝不合格品进入安装环节、投入运行。

【案例】 2008年以来，某公司根据国家标准、行业标准、订货技术条件，对10kV及以下电缆开展到货质量检测，两年内交联电缆检测不合格率从开始阶段的12.5%降到了1%，杜绝了导体直流电阻率超标、绝缘中存在杂质、阻燃性能不合格等问题产品投入运行。

条文17.1.11 在电缆运输过程中，应防止电缆受到碰撞、挤压等导致的机械损伤，严禁倒放。电缆敷设过程中应严格控制牵引力、侧压力和弯曲半径。

应用电缆盘搬运和储放电缆，不允许电缆盘平放，避免电缆挤压变形或松开。电缆盘应有牢固的封板，在运输车上必须可靠固定，防止电缆盘移位、滚动及相互碰撞或翻到。

电缆敷设过程中应严格控制牵引力，避免导体、护套或绝缘变形、损坏；应控制侧压力，避免电缆在敷设通道转弯处被挤伤。电缆弯曲时，电缆外侧被拉伸，内侧被挤压，由于电缆材料和结构特性的原因，电缆承受弯曲有一定的限度。过度的弯曲将造成绝缘层和护套的损伤，甚至使该段电缆完全破坏。因此，在电缆敷设过程中，应根据电缆绝缘材料和护层结构不同，严格控制弯曲半径。

【案例1】 2008年，某抽水蓄能电站500kV电缆挤压变形。经分析主要原因是，电缆盘超高，运输过程将电缆盘平放，导致电缆挤压变形。

【案例2】 2008年，某变电站运行中站用变压器低压电缆绝缘击穿。经分析，主要原因为电缆转弯处局部绝缘层因挤压、摩擦导致严重损伤。

条文 17.1.12 施工期间应做好电缆和电缆附件的防潮、防尘、防外力损伤措施。在现场安装高压电缆附件之前，其组装部件应试装配。安装现场的温度、湿度和清洁度应符合安装工艺要求，严禁在雨、雾、风沙等有严重污染的环境中安装电缆附件。

严格控制施工环境，避免影响施工质量，留下事故隐患。采取防潮、防尘、防外力损伤措施，主要为避免施工过程中绝缘部件污染或损伤，导致绝缘性能降低。高压电缆附件安装应有可靠的防尘措施，在室外作业，要搭建防尘棚，施工人员宜穿防尘服；在湿度较大的环境中，应进行空气调节，施工现场应保持通风。

安装前的试装配避免因部件不全、不匹配、不合格等造成的窝工或损失。

【案例】 2002年，某110kV电缆在交接试验中发生户外终端击穿。经分析认定为施工期间环境控制措施不当所导致。附件组装期间气温在零下，同时有4～5级大风和扬尘，施工现场未采取有效防护措施，导致绝缘件被污染。

条文 17.1.13 应检测电缆金属护层接地电阻、端子接触电阻，必须满足设计要求和相关技术规范要求。

当电缆发生故障时，电缆金属护套、接地系统会流经故障电流，接触电阻过大可能导致触点烧毁，甚至导致次生故障。单芯电缆正常运行过程中，金属护层接地回路中往往有感应电流，如接触电阻过高会造成发热缺陷，甚至故障。

条文 17.1.14 金属护层采取交叉互联方式时，应逐相进行导通测试，确保连接方式正确。金属护层对地绝缘电阻应试验合格，过电压限制元件在安装前应检测合格。

采用交叉互联系统目的在于降低电缆运行时金属护套产生的感应电压，如果交叉互联系统接线方式错误，将使系统失效，进行交叉互联系统逐相导通测试，主要为防止安装错误引发事故。

测量线路绝缘电阻是检查电缆线路绝缘状况最简便的方法。

【案例1】 2002年，某110kV线路接地系统电流异常。拆检发现接地系统施工错误，同一交叉互联段的两个互联箱内金属连扳接线方式相反，导致交叉互联混乱，感应电流很大。

【案例2】 2007年，某110kV电缆线路接地电流异常。经使用万用表对2个交叉互联箱内6条交叉互联线进行导通测试，发现1号接头互联线的B相线芯与屏蔽线相互导通、2号接头互联线的C相屏蔽线与箱体导通。

【案例3】 2008年，某电缆护套环流测量中发现，该段线路中金属护套环流最大值高达 224A，已达到电缆负荷电流的 95％。经过对环流测量值、电气回路的分析及环流计算软件的验证，确定了导致本次环流异常的根本原因：2 号接头井 C 相引出同轴电缆的线芯与护套接反，导致 C 相电源侧与负荷侧反接，破坏了正常的交叉互联系统电气接线。

条文 17.1.15 运行部门应加强电缆线路负荷和温度的检（监）测，防止过负荷运行，多条并联的电缆应分别进行测量。巡视过程中应检测电缆附件、接地系统等的关键接点的温度。

电缆运行温度与负荷密切相关，但仅仅检查负荷并不能保证电缆不过热，所以必须检查电缆表面实际温度，以确定电缆有无过热现象。线路的额定载流量与环境温度密切相关，测负荷时应测量最高环境温度。

多条并联的电缆应分别进行测量。因为多条电缆并列运行时会出现负荷分配严重不均的现象，总负荷未超限，但其中一条可能因负荷分布不均已过载。

电缆线路原则上不允许过负荷，过负荷将缩短电缆的使用寿命，造成导体接点的损坏，或是造成终端外部接点的损坏，或是导致电缆绝缘过热，进而造成固体绝缘变形，降低绝缘水平，加速绝缘老化。过负荷还可能会使金属铅护套发生龟裂现象，使电缆终端和接头外保护盒胀裂（因为灌注在盒内的沥青绝缘胶受热膨胀所致）。

电缆附件、接地系统的关键接点在长期负荷和故障电流的影响下，发生问题概率较大。在线路发生故障时，接点处流过故障电流，更会烧断接点，因此在不停电条件下测量接点温度，是检查接点状况的有效措施。

【案例】 2001 年，某公司发现一 220kV 电缆线路终端头局部发热不均，经停电拆检发现套管底部的硅油内已有黑色沉淀物。经过处理有效地避免了一次运行故障。

条文 17.1.16 严禁金属护层不接地运行。应严格按照运行规程巡检接地端子、过电压限制元件，发现问题应及时处理。

统包电缆线路的金属屏蔽和铠装应在电缆线路两端直接接地，电缆具有塑料内衬层或隔离套时，金属屏蔽层和铠装层应分别引出接地线，且两者之间宜采取绝缘措施。单芯电缆金属屏蔽（金属套）在线路上至少有一点直接接地，任一点非直接接地处的正常感应电压应符合：采取能防止人员任意接触金属屏蔽（金属套）的安全措施时，在满载情况下不得大于 300V；未采取能防止人员任意接触金属屏蔽（金属套）的安全措施时，在满载情况下不得大于 50V。

条文 17.1.17 66kV 及以上采用电缆进出线的 GIS，宜预留电缆试验、故障测寻用的高压套管。

条文 17.1.18 66kV 及以上电缆穿越桥梁等振动较为频繁的区域时，应采用可缓冲机械应力的固定装置。

条文 17.2　防止外力破坏和设施被盗

条文 17.2.1　同一负载的双路或多路电缆，不宜布置在相邻位置。

降低一次外力造成多路电缆受损的概率，降低中断供电的可能性。

【案例】　某变电站三路 110kV 外电源同沟敷设，2002 年夏，附近一建筑施工单位打侧向锚定孔时，钻头一次破坏两路电缆，造成部分用户停电。

条文 17.2.2　电缆通道及直埋电缆线路工程、水底电缆敷设应严格按照相关标准和设计要求施工，并同步进行竣工测绘，非开挖工艺的电缆通道应进行三维测绘。应在投运前向运行部门提交竣工资料和图纸。

电缆线路是隐蔽工程，竣工资料及图纸是电缆设备最为重要的基础信息来源，对电缆运行及检修工作起指导性的作用。此外，由于电缆通道和直埋线路施工的实际线路与设计图纸可能有偏差或变更，为准确地反映通道和直埋电缆的实际敷设路径，便于电缆及通道的运维、检修，必须绘制竣工图纸。

非开挖工艺是在不开挖地表的条件下完成通道建设的一种方法，为确保日后通道安全运行，必须对通道进行三维测绘，掌握通道的走向、高程等信息。

【案例】　2009 年，某 110kV 电缆事故抢修，因图纸有误，按照所示位置和深度一直找不到顶管位置，无法确认电力设施受外力破坏的损伤程度，最后只能采取其他的检修方案，近一个月才修复完毕。

条文 17.2.3　直埋电缆沿线、水底电缆应装设永久标识或路径感应标识。

直埋电缆及水底电缆易发生外力破坏事故，设置永久标识，起到警示和告知的作用，减少外力事故的发生；同时，便于运行人员开展巡视工作。

条文 17.2.4　电缆终端场站、隧道出入口、重要区域的工井井盖应有安防措施，并宜加装在线监控装置。户外金属电缆支架、电缆固定金具等应使用防盗螺栓。

为避免通道资源被随意占用、电线电缆发生偷盗或人为破坏，应做好出入设备区的技术防范措施，确保电力电缆安全稳定运行。通过采用出入口在线监控装置，不但可以起到非法进入报警功能，还可以实现出入设备区的有效管控，杜绝违章施工现象以及设备破坏事件的发生。在户外地区，针对易被偷盗的部件，应采用防盗螺栓，避免支架、固定金具被盗后，影响电缆的安全稳定运行。

【案例】　某公司 2006 年电力隧道内盗窃案件多达 10 余起，2007～2009 年完善安防措施后，盗窃事件得到遏制，同时作业人员的出入也实现了可控在控。

条文 17.2.5　电缆路径上应设立明显的警示标志，对可能发生外力破坏的区段应加强监视，并采取可靠的防护措施。

电缆线路作为隐蔽设备，易被外力破坏，设置警示标志可以在一定程度上避免外力破坏。运行单位应及时了解和掌握电缆线路通道周边的施工情况，查看电缆线路路面上是否有人施工，有无挖掘痕迹，全面掌控路面施工状态；对于在电缆线路保护范围内的危险施工行为，运行人员应立即进行制止。

【案例1】 2005年，某施工单位进行写字楼施工时，在现场没有进行管线调查和挖探，直接在某35kV电缆线路路径上向地下打钢管支撑，其中一根钢管直接打在电缆本体上，电缆绝缘被破坏而发生击穿。

【案例2】 2005年，某变电站西出线电力隧道工程项目部进场开始施工，在变电站墙外西南角打降水井，在打第二口降水井至1.5m深时发现降水井内有气泡冒出，后立即停止施工。开挖事故点发现，此处地下直埋敷设的35kV某电缆线路被降水打眼机器破坏，有两相被破坏。

条文17.2.6 工井正下方的电缆，宜采取防止坠落物体打击的保护措施。

工井作为人员进出电缆通道的唯一途径，也有可能成为重物等危险物进入隧道的途径，对井口下电缆应加装刚性保护，一旦有重物跌落井口内，不会对电缆造成损伤。

【案例】 2002年，某110kV电缆安装工作已完成，但在井下尚未安装电缆保护凳。在人员撤离过程中，一根钢钎从井口坠落，扎伤电缆。施工方被迫延误送电，局部更换电缆、制作接头。

条文17.2.7 应监视电缆通道结构、周围土层和临近建筑物等的稳定性，发现异常应及时采取防护措施。

电缆通道是电缆敷设的重要路径，一旦通道发生事故，通道内的电缆均会遭受不同程度的损伤，电缆及通道抢修工作将十分困难，同时将会对周边区域供电带来严重影响。电缆通道周围土层、临近建筑的稳定性都会对电缆通道的结构带来影响，通过对其进行监视，可以提前发现电缆通道潜在的隐患，通过提早采取必要措施，避免严重事故的发生。

【案例1】 2005年，某隧道因周围自来水泄漏造成塌方，砸伤多路10kV电缆。在抢修过程中造成附近高层建筑、居民小区长时间停电。

【案例2】 2008年，某公司电缆运行人员巡视发现，某地铁盾构施工路段突然发生十几米的道路下陷，导致该路段敷设的3路110kV电缆线路基础下陷，6根110kV电缆承受上方土方压力，该公司立即组织进行抢修。

条文17.2.8 敷设于公用通道中的电缆应制订专项管理措施。

随着城市化建设的不断发展，公用通道逐步被应用于城市地下管线的综合走廊。公用通道中，往往同时运行着电力、热力、上下水等市政管线，必须避免在其他管线正常状态和发生渗漏等异常时，危及电缆安全运行，同时还需防止由于电缆正常运行和故障时的电磁场、热效应、电动力等危及其他管线，进而造成次生事

故。因此，敷设于公用通道中的电缆，应有专项管理措施。

条文 **17.2.9**   **应及时清理退运的报废缆线，对盗窃易发地区的电缆设施应加强巡视。**

电缆通道内的退运、报废缆线经常是盗窃目标，同时在盗窃过程中窃贼可能破坏在运电缆或支架、地线等辅助设置。所以必须及时清理退运报废线缆。

【案例】   2001 年，某市电力隧道内一路数千米长退运 10kV 油纸电缆被盗，盗窃人员为便于运输将电缆就地剥开，仅拿走芯线，隧道内堆积大量油浸绝缘纸，造成严重火灾隐患。

条文 **17.3**   **防止单芯电缆金属护层绝缘故障**

条文 **17.3.1**   **电缆通道、夹层及管孔等应满足电缆弯曲半径的要求，110kV（66kV）及以上电缆的支架应满足电缆蛇形敷设的要求。电缆应严格按照设计要求进行敷设、固定。**

由于电缆材料和结构特性的原因，电缆承受弯曲有一定的限度，过度的弯曲将造成绝缘层和护套的损伤，因此作为电缆线路敷设的通道，无论隧道、夹层以及管井等，结构本体的转弯半径都应不小于电缆线路的转弯半径，确保电缆不受损伤。

电力电缆在运行状态下因负载和环境温度变化引起导体和绝缘热胀冷缩，产生机械应力，所以在隧道中敷设高压电缆时采用蛇形敷设，电缆支架横档长度、强度及电缆布置都应满足电缆蛇形敷设要求。

电缆固定的作用在于把电缆因热胀冷缩产生的蠕动量、机械应力进行分散，避免电缆、接头受到机械损伤。

【案例】   2003 年，某公司一路运行中 110kV 电缆本体击穿，原因是通道拐弯处的电缆固定方式不当，电缆在较高负荷时蠕动伸长，挤压角钢制电缆支架，电缆护层、绝缘受损，导致故障。

条文 **17.3.2**   **电缆支架、固定金具、排管的机械强度应符合设计和长期安全运行的要求，且无尖锐棱角。**

电缆支架应具备足够的机械强度和耐腐蚀性能，避免由于支架老化、锈蚀导致电缆发生故障。电缆固定金具以及接头托架也应具备足够的机械强度和耐腐蚀性能，避免金具失效导致电缆、接头移位和故障。排管应具备一定的机械强度及耐久性，具备承受一定抗外力破坏的能力。

条文 **17.3.3**   **应对完整的金属护层接地系统进行交接试验，包括电缆外护套、同轴电缆、接地电缆、接地箱、互联箱等。交叉互联系统导体对地绝缘强度应不低于电缆外护套的绝缘水平。**

高压电缆护层绝缘必须完整良好才能保证电缆稳定运行，如果外护套破损，电缆线路将形成多点接地，金属护套上将产生环流，并可能导致故障。对金属护层接地系统进行交接试验，能够提早发现接地系统中存在的问题，避免接地系统绝缘缺陷以及施工缺陷引发事故。

【案例1】 2010年，某公司试验发现某220kV电缆接头交叉互联线短路，后经检查判定为错误施工所致。

【案例2】 2003年，试验发现某厂商提供的接头铜壳内部短路，造成绝缘接头两侧金属护层导通，交叉互联混乱。

条文17.3.4 应监视重载和重要电缆线路因运行温度变化产生的蠕变，出现异常应及时处理。

电缆蠕动后极易与支架等部件紧密接触，长期受力下可损伤电力电缆，进而引发事故。因此，应重点监视重载线路的蠕动情况，发现异常及时采取措施，避免电缆受损。

条文17.3.5 应严格按照试验规程对电缆金属护层的接地系统开展运行状态检测、试验。

接地系统是电缆系统中较为薄弱和缺陷易发环节，经验表明，一般在电缆线路的交叉互联系统出现缺陷时，电缆护套接地电流将较明显变化，在日常运行工作中应给予重点关注。目前电缆金属护套接地系统常采用的试验方法主要有在线测接地电流、红外测温以及停电开展外护套直流耐压、测试护层保护器绝缘电阻等。

【案例1】 某110kV电缆线路自变电站第一个交叉互联段的接地电流异常，最大值达到124A，而负荷为190A。接地电流与负荷比超过50%，按照国家电网公司状态检修试验规程要求需要停电处理和查明原因。经过故障测寻，共发现故障点9处，其中外护套缺陷7处，交叉互联线缺陷2处。

【案例2】 由于南方地区属于白蚁高发区，并且电缆运行中温暖、潮湿、阴暗的环境也为白蚁提供了最适宜的生活条件，所以电缆外护套受白蚁蛀蚀的问题也相当严重。2006年，某地区发现多路电缆外护套、铜屏蔽被白蚁蛀蚀，严重影响了电缆的安全稳定运行。

条文17.3.6 应严格按试验规程规定检测金属护层接地电流、接地线连接点温度，发现异常应及时处理。

通过测试金属护层接地电流，可以发现接地电流不平衡现象，进而判断接地系统缺陷。常用的检测方式是直接使用钳形电流表直接测量外护层接地线电流值。根据电缆负载情况，以及历次检测数据、相间数据的对比判断外护层绝缘情况。目前，部分公司也采用了在线监测的手段，可以实时掌握接地电流数据。

在电缆接地系统失效的情况下，金属护套将会产生较高的感应电压，在感应电压作用下金属护套可能对临近金属放电，最终引起电缆主绝缘发生击穿。接地线连接点温度异常也往往说明线路接地系统存在问题，需要及时解决。

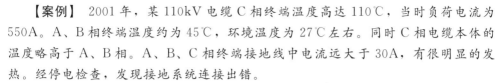

【案例】 2001 年，某 110kV 电缆 C 相终端温度高达 110℃，当时负荷电流为 550A。A、B 相终端温度约为 45℃，环境温度为 27℃左右。同时 C 相电缆本体的温度略高于 A、B 相。A、B、C 相终端接地线中电流远大于 30A，有很明显的发热。经停电检查，发现接地系统连接出错。

条文 17.3.7 电缆线路发生运行故障后，应检查接地系统是否受损，发现问题应及时修复。

电缆线路发生故障时，过电压和接地电流可能损坏电缆外护套、过电压保护装置等。所以在查线过程中应仔细检查接地系统，必要时还应进行耐压试验，避免电缆带缺陷投运后发生次生故障。

【案例】 2010 年，某公司一路 220kV 线路故障造成电缆多处护层保护器击穿，抢修人员对护层保护器全部进行了更换，同时对整个交叉互联系统进行了耐压试验。

18

防止继电保护事故

总体情况说明：

本章反措内容将原 2000 年版二十五项反措中的"13 防止继电保护事故"根据总体目录进行修订为"18 防止继电保护事故"。

本次修订对原文中的部分段落进行了修改及调整，在以往规程、规定、反措和相关技术标准的基础上，更新了相关规程、规定的最新版本，并结合反馈意见，以及近年来继电保护发展的变化进行了部分增删和结构调整。

编写结构按照继电保护的规划、配置、设计、基建、运行等阶段以及部分重要事项如双重化配置、二次回路、等电位地网、定值管理等分为 10 个部分内容。

条文说明：

条文 18.1 在一次系统规划建设中，应充分考虑继电保护的适应性，避免出现特殊接线方式造成继电保护配置及整定难度的增加，为继电保护安全可靠运行创造良好条件。

条文 18.2 涉及电网安全、稳定运行的发电、输电、配电及重要用电设备的继电保护装置应纳入电网统一规划、设计、运行、管理和技术监督。

条文 18.3 继电保护装置的配置和选型，必须满足有关规程规定的要求，并经相关继电保护管理部门同意。保护选型应采用技术成熟、性能可靠、质量优良的产品。

继电保护是电网的重要组成部分，上述条款强调了电力系统一、二次设备的相关性，要求将涉及电网安全、稳定运行的发电、输电、配电及重要用电设备的继电保护装置纳入电网统一规划、设计、运行、管理和技术监督；要求在规划阶段就做好一、二次设备选型的协调，充分考虑继电保护的适应性，避免出现特殊接线方式造成继电保护配置和整定计算困难，保证继电保护设备能够正确地发挥作用；明确了专业主管部门在设备选型工作中的责任和义务，强调继电保护装置的选型必须按照相关规定进行，选用技术成熟、性能可靠、质量优良的产品。

条文 18.4 电力系统重要设备的继电保护应采用双重化配置。双重化配置的

继电保护应满足以下基本要求：

条文 18.4.1 依照双重化原则配置的两套保护装置，每套保护均应含有完整的主、后备保护，能反应被保护设备的各种故障及异常状态，并能作用于跳闸或给出信号；宜采用主、后一体的保护装置。

条文 18.4.2 330kV 及以上电压等级输变电设备的保护应按双重化配置；220kV 电压等级线路、变压器、高压电抗器、串联补偿装置、滤波器等设备微机保护应按双重化配置；除终端负荷变电站外，220kV 及以上电压等级变电站的母线保护应按双重化配置。

条文 18.4.3 220kV 及以上电压等级线路纵联保护的通道（含光纤、微波、载波等通道及加工设备和供电电源等）、远方跳闸及就地判别装置应遵循相互独立的原则按双重化配置。

条文 18.4.4 100MW 及以上容量发电机—变压器组应按双重化原则配置微机保护（非电量保护除外）；大型发电机组和重要发电厂的启动变压器保护宜采用双重化配置。

条文 18.4.5 两套保护装置的交流电流应分别取自电流互感器互相独立的绕组；交流电压宜分别取自电压互感器互相独立的绕组。其保护范围应交叉重叠，避免死区。

条文 18.4.6 两套保护装置的直流电源应取自不同蓄电池组供电的直流母线段。

条文 18.4.7 有关断路器的选型应与保护双重化配置相适应，220kV 及以上断路器必须具备双跳闸线圈机构。两套保护装置的跳闸回路应与断路器的两个跳闸线圈分别一一对应。

条文 18.4.8 双重化配置的两套保护装置之间不应有电气联系。与其他保护、设备（如通道、失灵保护等）配合的回路应遵循相互独立且相互对应的原则，防止因交叉停用导致保护功能的缺失。

条文 18.4.9 采用双重化配置的两套保护装置应安装在各自保护柜内，并应充分考虑运行和检修时的安全性。

本节明确规定了继电保护双重化配置的基本原则。

重要设备按双重化原则配置保护是现阶段提高继电保护可靠性的关键措施之一。所谓双重化配置不仅仅是应用两套独立的保护装置，而且要求两套保护装置的电源回路、交流信号输入回路、输出回路、直至驱动断路器跳闸，两套继电保护系统完全独立，互不影响，其中任意一套保护系统出现异常，也能保证快速切除故障，并能完成系统所需要的后备保护功能。

实施继电保护双重化配置的目的：一是在一次设备出现故障时，防止因继电保护拒动给设备带来进一步的损坏；二是在保护装置出现故障、异常或检修时避免因一次设备缺少保护，而导致不必要的停运。前者是提高保护的完备性，有效防止设备损害；后者主要是保证设备运行的连续性，提高经济效益。

以单一主设备作为双重化保护的基本配置单元，既能保证保护设备的可依赖性，同时一旦其中一套保护装置发生误动作，其所带来后果影响范围最小。

一般220kV及以上的设备都应按双重化的原则配置保护，220kV的终端负荷变电站，由于处于系统末端，相对于220kV及以上电压等级的其他设备而言，其母线快速切除故障的要求可适当弱化。因此从节约投资的角度出发，可不强制要求必须按双重化要求配置保护。在单套配置的母差保护因故退出运行期间，可利用加大上一级线路后备保护的动作范围、缩短对无保护母线有灵敏度的后备保护动作时间等办法对母线实施保护。

条文18.5　智能变电站的保护设计应遵循相关标准、规程和反事故措施的要求。

智能变电站是近几年随着科学技术发展而出现的新型式的变电站，虽然变电站二次系统的构成与传统变电站相比发生了一些变化，但赋予继电保护的基本任务没有改变，智能变电站的保护装置仍然必须遵守继电保护的"四性"原则。

条文18.6　继电保护设计与选型时须注意以下问题：

条文18.6.1　保护装置直流空气开关、交流空气开关应与上一级开关及总路空气开关保持级差关系，防止由于下一级电源故障时，扩大失电元件范围。

保护屏柜上直流空气开关与直流分电屏的总开关是串联关系，当某保护屏内直流回路发生短路时，该保护屏柜上直流电源回路的空气开关应先于直流分电屏总开关动作，以防止保护屏柜内保护装置失去电源。

保护屏柜上交流电压回路空气开关与交流电压回路的总开关是串联关系，当某保护屏内电压回路发生断路时，该保护屏柜上交流电压回路的空气开关应先于电压回路总开关动作，以减少对其他保护装置的影响。

条文18.6.2　继电保护及相关设备的端子排，宜按照功能进行分区、分段布置，正、负电源之间、跳（合）闸引出线之间以及跳（合）闸引出线与正电源之间、交流电源与直流回路之间等应至少采用一个空端子隔开。

为提高保护装置的动作速度，在现代保护装置中，大多数采用了动作速度较快的出口继电器。当站用直流系统中串入交流信号时，将可能会影响保护装置的动作行为，特别是对于直接采用站用直流作为动作电源，经常电缆直接驱动的出口继电器，更容易误动作。近年来由于交流串入直流回路而造成误动的事故屡见不鲜。

条文18.6.3　应根据系统短路容量合理选择电流互感器的容量、变比和特性，满足保护装置整定配合和可靠性的要求。新建和扩建工程宜选用具有多次级的电流

互感器，优先选用贯穿（倒置）式电流互感器。

条文 18.6.4　差动保护用电流互感器的相关特性宜一致。

互感器的选型与安装位置会直接影响到继电保护的功能及保护范围，因此应予以全面、充分的考虑。

（1）应保证母线保护范围与母线上各电气设备的保护范围互有交叉，防止出现保护死区；例如：当选用两侧均装有电流互感器的罐式断路器时，为防止断路器内部故障时失去保护，母线保护应选用线路（或变压器）的电流互感器，线路（或变压器）保护应选用母线侧的电流互感器；又如：当线路选用装设于断路器线路侧的外附电流互感器时，为保证互感器发生内部故障时不失去保护，应按母线保护与线路保护范围有交叉原则选用二次绕组。母线、线路按双重化原则配置保护时，应注意在任意一套保护装置退出时，仍能不出现保护范围的"死区"。贯穿（倒置）式电流互感器，其二次绕组位于互感器顶部，二次绕组之间的一次导线发生故障可能性较小，因此建议优先选用。

（2）差动保护原理的基础是：无故障时被保护设备各侧的差电流为零。虽然目前生产的差动保护可利用软件对互感器的误差进行适度的修正，但修正范围有限。为保证差动保护动作的正确性，应尽量保证差动保护各侧电流互感器暂态特性、相应饱和电压的一致性，以提高保护动作的灵敏性，避免保护的不正确动作。

（3）所有保护装置对外部输入信号适应范围都有一定的要求，合理地选择电流互感器容量、变比和特性，有助于充分发挥保护功能，利于整定配合，提高继电保护选择性、灵敏性、可靠性和速动性。

条文 18.6.5　应充分考虑电流互感器二次绕组合理分配，对确实无法解决的保护动作死区，在满足系统稳定要求的前提下，可采取启动失灵和远方跳闸等后备措施加以解决。

电流互感器的安装位置决定了继电保护装置的保护范围，当采用外附电流互感器时，不可避免会存在快速保护的"死区"。如当电流互感器装设于断路器的线路侧时，断路器与互感器之间的故障，虽然母差保护能将断路器断开，但对于线路保护而言属区外故障，故障点会依然存在。此时应通过远方跳闸保护将线路对侧断路器跳开切除故障。

电流互感器二次绕组的装配位置同样也决定了继电保护装置的保护范围，选择电流互感器的二次绕组，应考虑保护范围的交叉，避免在互感器内部发生故障时出现"死区"。

条文 18.6.6　双母线接线变电站的母差保护、断路器失灵保护，除跳母联、分段的支路外，应经复合电压闭锁。

双母线接线的变电站，一旦母差保护或断路器失灵保护动作，势必会损失负荷，加装复合电压闭锁回路是防止母差或失灵保护误动的重要措施。对于微机型的母差、失灵保护，复合电压闭锁可有效地防止电流互感器二次回路断线等外部原因造成保护误动。

条文 18.6.7 变压器、电抗器宜配置单套非电量保护，应同时作用于断路器的两个跳闸线圈。未采用就地跳闸方式的变压器非电量保护应设置独立的电源回路（包括直流空气小开关及其直流电源监视回路）和出口跳闸回路，且必须与电气量保护完全分开。当变压器、电抗器采用就地跳闸方式时，应向监控系统发送动作信号。

落实本项反措应注意以下要点：

（1）主变压器的非电量保护应防水、防振、防油渗漏、密封性好。要防止由于转接端子绝缘破坏造成保护误动。

（2）非电量保护的跳闸回路应同时作用于两个跳闸线圈，且驱动两个跳闸线圈的跳闸继电器不宜为同一个继电器。

（3）非电量保护不启动失灵保护，主变压器非电量保护的工作电源（包括直流空气小开关及其直流电源监视回路）及其出口跳闸回路不得与电气量保护共用。

条文 18.6.8 非电量保护及动作后不能随故障消失而立即返回的保护（只能靠手动复位或延时返回）不应启动失灵保护。

非电量保护不启动失灵保护，个别进口保护在动作后只能靠手动复位或装置内设定延时复位，易造成失灵保护误动。

条文 18.6.9 500kV 及以上电压等级变压器低压侧并联电抗器和电容器、站用变压器的保护配置与设计，应与一次系统相适应，防止电抗器和电容器故障造成主变压器的跳闸。

变电站内用于无功补偿的电容器、电抗器以及站用变压器等设备，应通过各自的断路器接至主变压器低压侧母线，并配备相应的保护。保护定值与主变压器的低压侧保护相配合，应注意防止低压侧设备故障时由于主变压器保护越级而扩大事故停电范围。

在某些变电站的设计中，站用变压器通过一次熔断器直接接至主变压器低压侧母线，站用变压器低压直接通过电缆接至站用电小室母线。此种设计存在以下问题：其一，主变压器低保护无法与站用变压器高压侧的熔断器配合较为困难。站用变压器发生故障时，主变压器保护可能会越级而造成事故停电范围的扩大。其二，站用变压器低压侧电缆单相故障时，没有任何保护装置可以反应，只有发展至相间故障时，才有可能由熔断器切除站用变压器。

条文 18.6.10 线路纵联保护应优先采用光纤通道。双回线路采用同型号纵联保护，或线路纵联保护采用双重化配置时，在回路设计和调试过程中应采取有效措施防止保护通道交叉使用。分相电流差动保护应采用同一路由收发、往返延时一致的通道。

　　与其他通道相比，光纤通道具有不受空间电磁干扰影响，不受气象条件变化影响等特点。随着科学技术的发展，无中继光纤传输距离已达到数百千米。光缆（包括 OPGW）的价格与其面世之初相比大大下降；加之信息传送量巨大，使之在包括电力系统在内的各行各业得到了极为广泛的应用。

　　线路的纵联保护是由线路两侧的保护装置和通道构成一个整体，如不同纵联保护交叉使用通道，将会造成保护装置不正确动作。

　　目前的线路纵差保护大都利用信号在通道上的往返时间计算单程通道传输时间，线路两侧的保护装置分别根据单程通道传输时间确定各自采样值的存储时间，以保证进行差电流计算的两侧采样值取自同一时刻。如果线路纵差保护的往返路由不一致，通道往返延时不同，则有可能产生计算错误，在重负荷或区外故障时，造成保护误动。

　　【案例】 2008 年 4 月 22 日，由 B 站至 K 站的 220kV 双回线中的 BKⅠ线因故停电检修，当运行人员拉开 BKⅠ线 K 站侧断路器时，BK 双回线的线路纵差保护均动作，K 站侧 BKⅡ线断路器、B 站侧 BKⅠ线断路器、BKⅡ线断路器均跳开，造成 BK 双回线停电。经检查发现：BK 双回线纵差保护的通道在 K 站侧被误交叉使用，当 BKⅠ线 K 站侧断路器拉开时，双回线的纵差保护均只感受到线路一侧有电流，故动作跳闸。

　　条文 18.6.11　**220kV 及以上电气模拟量必须接入故障录波器，发电厂发电机、变压器不仅录取各侧的电压、电流，还应录取公共绕组电流、中性点零序电流和中性点零序电压。所有保护出口信息、通道收发信情况及开关分合位情况等变位信息应全部接入故障录波器。**

　　故障录波报告是进行事故分析的重要依据，特别是在进行复杂事故分析或保护不正确动作分析时更是如此。为全面反映发电机组在事故或异常情况下运行工况，机组录波除接入相关电气量、接点信号外，还需接入励磁系统相关电流、电压，接入热工保护跳闸触点等与机组运行相关的信息。除此之外，机组录波还应适当接入电网侧的相关信息，以便对应分析机组在电网发生故障或出现异常时的运行状况及保护动作行为。

　　条文 18.6.12　**对闭锁式纵联保护，"其他保护停信"回路应直接接入保护装置，而不应接入收发信机。**

　　对于闭锁式的线路纵联保护，当故障发生在电流互感器与断路器之间时，本侧由母差保护动作，对侧需要通过"停信"来促使线路对端的保护跳闸，以切除故障。为此，在线路保护与收发信机均设有"其他保护停信"的开入端。

一般在保护装置上的"其他保护停信"开入信号会经过抗干扰处理后，通过保护内部的停信回路向收发信机发出停信命令；而收发信机则直接利用"其他保护停信"开入信号停信。在运行中曾多次发生由于未对干扰信号进行有效处理，收发信机误停信造成线路保护误动的事故。

条文 18.6.13 220kV 及以上电压等级的线路保护应采取措施，防止由于零序功率方向元件的电压死区导致零序功率方向纵联保护拒动。

按照双重化要求配置的保护，其每一套保护都应能够独立完成切除故障的任务，有系统稳定要求时，线路保护须保证其每一套保护对于各种类型故障均能实现全线速动，且须保证采用单相重合闸方式的线路在发生单相高阻接地故障时能够正确选相跳闸及重合。

远距离、重负荷的线路，以及同一断面其他线路跳闸后会承受较大转移负荷的线路，其距离保护的后备段如不采取措施，可能会发生误动作。国外数次电网大停电事故多次证明：严重时还可能会造成系统稳定破坏事故，为防止此类事故的发生，应要求距离保护后备段能够对故障和过负荷加以区分，设置负荷电阻线是行之有效的措施之一。

零序功率方向元件一般都有一定的零序电压门槛，对于一侧零序阻抗较小的长线路，在发生经高阻接地故障时，可能会由于该侧零序电压较低而形成一定范围的死区，从而造成纵联零序方向保护拒动。为实现全线速动，当采用纵联零序方向保护时，应采取有效措施消除该死区。但由于正常运行时存在不平衡电压，不能采取过分降低零序电压门坎的方法，否则可能会造成保护误动。

条文 18.6.14 发电厂升压站监控系统的电源、断路器控制回路及保护装置电源，应取自升压站配置的独立蓄电池组。

升压站内应设置独立蓄电池组，且不能与厂内机组、外围附属设备共用，防止由于其他系统设备直流隐患（如交、直流混线，直流接地等），造成全站停电事故。

条文 18.6.15 发电机—变压器组的阻抗保护须经电流元件（如电流突变量、负序电流等）启动，在发生电压二次回路失压、断线以及切换过程中交流或直流失压等异常情况时，阻抗保护应具有防止误动措施。

阻抗保护作为发电机—变压器组的后备保护，具有保护范围广、动作时间相对较长及动作切除设备多的特点，如果误动或拒动，都会造成多回路停电或停电事故扩大化。因此，阻抗保护须经电流突变、负序电流等启动，保证其在发生区内故障时可靠动作；另外，为防止电压互感器二次回路断线及直流消失造成的阻抗保护误动作，应设置交流电压断线闭锁功能及直流电源消失闭锁装置动作出口的措施。

条文 18.6.16 200MW 及以上容量发电机定子接地保护宜将基波零序过电压保护与三次谐波电压保护的出口分开，基波零序过电压保护投跳闸。

因绝缘损坏而造成定子绕组发生单相接地是发电机较为常见的故障之一。发电机通常采用基波零序保护作为发电机定子接地故障的主保护，但该保护的范围为由机端至中性点的95%左右。虽然，由于发电机中性点附近电压较低，发生绝缘损坏的故障概率可能较低，但在定子水内冷机组中，由于漏水等原因造成中性点附近定子接地的可能依然存在，如果未被及时发现，再发生第二点接地时，将造成发电机的严重损坏。为此，发电机通常采用由基波零序保护和三次谐波电压保护共同构成100%定子接地保护。

发电机的三次谐波与机组及外部设备等多因素有关，特别是在投产初期，很难将其整定值设置正确。考虑到中性点附近发生接地故障时，接地电流较小，零序电压较低，为防止三次谐波电压保护误动切机，建议将发电机定子接地保护的基波零序保护与三次谐波电压保护的出口分开，基波零序保护投跳闸，三次谐波电压保护投信号。

【案例】 某电厂2号发电机两套保护均发出"100%定子接地保护启动"，信号不保持，时有时无。退出保护后检查，发电机中性点TV根部二次线垫圈松动，导致测量的三次谐波电压在2.6～3.8V之间变化。更换垫圈后故障消除。若此时此保护投跳闸很可能会引起误动。

条文 18.6.17 采用零序电压原理的发电机匝间保护应设有负序功率方向闭锁元件。

对未引出双星形中性点的发电机，在发电机出口装设一组专用全绝缘电压互感器，其一次绕组中性点直接与发电机中性点相连接而不接地，用零序电压原理构成发电机匝间保护。当发电机内部发生匝间短路或对中性点不对称的各种相间短路时，产生对中性点的零序电压，使匝间保护动作。当发电机外部短路故障时，中性点的零序电压中三次谐波电压随短路电流增大，有可能造成匝间保护误动作。因此，根据短路故障时产生的负序功率方向，作为发电机匝间保护的闭锁条件，防止其在区外故障时发生误动作。

条文 18.6.18 并网发电厂均应制定完备的发电机带励磁失步振荡故障的应急措施，300MW及以上容量的发电机应配置失步保护，在进行发电机失步保护整定计算和校验工作时应能正确区分失步振荡中心所处的位置，在机组进入失步工况时根据不同工况选择不同延时的解列方式，并保证断路器断开时的电流不超过断路器允许开断电流。

电力系统运行中，不可避免会发生一些扰动，较大的扰动还有可能引发系统振荡；有些振荡能够自行恢复至稳态，有些振荡则须靠继电保护、安全自动装置，甚至人工进行干预方可消除。

系统发生振荡，如果处理不当，或处理不及时，则有可能导致事故扩大，严重时，可能造成系统瓦解。

系统振荡后的处理方法与引发振荡的起因、振荡中心的位置等因素有关。不同情况的系统振荡，处理方法不尽相同；当系统发生振荡时，必须统筹考虑才能确保整个电力系统的安全稳定运行。

系统发生振荡，尤其是振荡中心位于发电机端或升压变范围内时，会造成机端电压周期性摆动，若不及时处理，则可能使机组或辅机系统严重受损；振荡若造成机组与系统之间的功角大于90°，将会导致机组失步。

装设失步保护是机组和电力系统安全的重要保障，机组失步保护的动作行为应满足本反措机网协调部分的相关要求。

机组一般具有一定的耐受振荡能力，当振荡中心在发变组外部时，电厂要做好预案，积极配合调度统一指挥，消除振荡。

机组失步保护动作时，应考虑出口断路器的断弧能力；当同一母线多台机组对系统振荡时，机组宜顺序切除。

条文 18.6.19 发电机的失磁保护应使用能正确区分短路故障和失磁故障的、具备复合判据的方案。应仔细检查和校核发电机失磁保护的整定范围和低励限制特性，防止发电机进相运行时发生误动作。

发电机失磁后无论对系统还是对机组自身都有可能造成一定的危害，还可能导致机组失步。因此，发电机组应装设失磁保护。失磁保护的动作行为应符合本反措机网协调部分的相关规定。

值得注意的是：当机组与系统联系较紧密时，单台发电机组失磁很少可能造成高压母线电压严重下降。为保证失磁保护能够正确动作，失磁保护中的三相电压低判据应取机端电压。

【案例】 某电厂 2 号机组发生失磁事故，升压站 500kV 母线电压约降为 480kV （$>0.9U_n$）。由于发电机失磁保护采用母线电压闭锁，其定值为 $0.9U_n$，延时 2s，导致失磁保护拒动。失磁情况下发电机异步运行，从系统吸收大量无功功率、发出有功功率，引起当地负荷中心 500kV 枢纽站电压降低至 473kV。

条文 18.6.20 300MW 及以上容量发电机应配置起、停机保护及断路器断口闪络保护。

在未与系统并列运行期间，某些情况下，处于非额定转速的发电机被施加了励磁电流，机组的电气频率与额定值存在较大偏差。部分继电保护因受频率影响较大，在机组启、停机过程转速较低时发生定子接地短路或相间短路故障，不能正确动作或灵敏度降低，导致故障扩大。因此需装设对频率变化敏感性较差的继电器构成的启、停机保护。专用的启、停机保护应作用于停机，在机组并网运行期间宜退出。

机组出口断路器未合，机组已施加励磁等待同期并网期间，施加在断路器断口两端的电压，会随着待并发电机与系统之间电压角差变化而不断变化，最大值为两电压之和。可能会造成断路器断口闪络事故，不仅造成断路器损坏，处理不及时还可能引起电网事故，因此需装设断路器断口闪络保护。断路器断口闪络保护应作用于停机，并做启动失灵保护。

条文 18.6.21　200MW 及以上容量发电机—变压器组应配置专用故障录波器。

故障录波报告是进行事故分析的重要依据，特别是在进行复杂事故分析或保护不正确动作分析时更是如此。为全面反映发电机组在事故或异常情况下运行工况，200MW 及以上容量发电机—变压器组应配置专用故障录波器，以便对应分析机组在发生故障或出现异常时的运行状况及保护动作行为。

条文 18.6.22　发电厂的辅机设备及其电源在外部系统发生故障时，应具有一定的抵御事故能力，以保证发电机在外部系统故障情况下的持续运行。

发电厂辅机设备运行的稳定性、可靠性直接影响发电机组的安全稳定运行。一旦这些关键辅机设备由于变频器原因而非正常停机，会造成发电机组负荷大幅下降，甚至造成锅炉灭火、停机等事故。对于外部系统发生故障时，要求发电厂关键辅机设备对外部故障引起的电压、电流异常具备一定的承受能力，并保证发电机组持续运行。

条文 18.7　继电保护二次回路应注意以下问题：

条文 18.7.1　装设静态型、微机型继电保护装置和收发信机的厂、站接地电阻应按《计算机场地通用规范》（GB/T 2887—2011）和《计算机场地安全要求》（GB 9361—2011）规定；上述设备的机箱应构成良好电磁屏蔽体，并有可靠的接地措施。

实践证明：全封闭的金属机箱是电子设备抵御空间电磁干扰的有效措施，除此之外，金属机箱还必须可靠接地。20 世纪 90 年代，我国某保护收发信机生产厂，由于改变生产工艺，致使其产品机箱未能构成全封闭的电磁屏蔽体，从而造成大量投入运行的设备由于抗干扰能力严重不足而发生误动。

条文 18.7.2　电流互感器的二次绕组及回路，必须且只能有一个接地点。当差动保护的各组电流回路之间因没有电气联系而选择在开关场就地接地时，须考虑由于开关场发生接地短路故障，将不同接地点之间的地电位差引至保护装置后所带来的影响。来自同一电流互感器二次绕组的三相电流线及其中性线必须置于同一根二次电缆。

条文 18.7.3　公用电压互感器的二次回路只允许在控制室内有一点接地，为保证接地可靠，各电压互感器的中性线不得接有可能断开的开关或熔断器等。已在控制室一点接地的电压互感器二次绕组，宜在开关场将二次绕组中性点经放电间隙

或氧化锌阀片接地，其击穿电压峰值应大于 $30I_{max}$ V（I_{max} 为电网接地故障时通过变电站的可能最大接地电流有效值，单位为 kA）。应定期检查放电间隙或氧化锌阀片，防止造成电压二次回路多点接地的现象。

所有互感器的电气二次回路都必须且只能有一点接地是历次反措的明确规定。互感器二次回路的接地是安全接地，防止由于互感器及二次电缆对地电容的影响而造成二次系统对地产生过电压；但是，①如果电压互感器二次回路出现两个及以上的接地点，则将在一次系统发生接地故障时，由于参考点电位的影响，造成保护装置感受到的二次电压与实际故障相电压不对应。②如果电流互感器二次回路出现两个及以上的接地点，则将在一次系统发生接地故障时，由于存在分流回路，使通入保护装置的零序电流出现较大偏差。因此，为防止保护装置在系统发生接地故障时的不正确动作，无论是电压互感器还是电流互感器，其二次回路均不能出现两个及以上的接地点。

电压互感器的二次中性线回路在正常运行时仅有较小不平衡电压，不便监视其完好性，故应尽量减少可能断开的中间环节。

当电压互感器二次回路的接地点设在控制室时，在开关场将二次绕组中性点经放电间隙或氧化锌阀片接地，目的在于防止控制室内的接地点不可靠而造成电压互感器二次回路过电压。

条文 18.7.4　来自同一电压互感器二次绕组的三相电压线及其中性线必须置于同一根二次电缆，不得与其他电缆共用。来自同一电压互感器三次绕组的两（或三）根引入线必须置于同一根二次电缆，不得与其他电缆共用。应特别注意：电压互感器三次绕组及其回路不得短路。

条文 18.7.5　交流电流和交流电压回路、交流和直流回路、强电和弱电回路，均应使用各自独立的电缆。

在系统发生短路故障时，发电厂、变电站内空间电磁干扰明显，大部分干扰信号是通过二次回路侵入保护装置。为减小对同一电缆内其他芯线的干扰，交流电流和交流电压应安排在各自独立的电缆内；交流信号的相线与中性线应安排在同一电缆内；来自同一电压互感器的三次绕组的所有回路应安排在同一电缆内；直流回路应安排在同一电缆内；直流回路的正极与负极应尽量安排在同一电缆内；强电回路和弱电回路应分别安排在各自独立的电缆内。由于电压互感器的三次绕组在正常运行时二次电压为零，或接近于零，此时在三次绕组及其回路发生短路时不易被发现。当系统发生不对称故障时，三次绕组及其回路产生故障电压，此时，电压互感器的三次绕组及其回路发生短路会造成电压互感器及其回路发生故障，并引起保护不正确动作或拒动。

条文 18.7.6　严格执行有关规程、规定及反事故措施，防止二次寄生回路的形成。

为防止继电保护误动事故，消除寄生回路历来都是二次系统的重要"反措"之一。无论是工程设计、产品制造、基建调试还是运行维护都必须从严、从细、从实地采取措施，认真消除二次寄生回路。

条文 18.7.7 直接接入微机型继电保护装置的所有二次电缆均应使用屏蔽电缆，电缆屏蔽层应在电缆两端可靠接地。严禁使用电缆内的空线替代屏蔽层接地。

为抑制空间电磁干扰通过耦合的方式侵入保护装置，与继电保护相关的二次电缆应采用屏蔽电缆，屏蔽层原则上应在电缆两端接地。

条文 18.7.8 对经长电缆跳闸的回路，应采取防止长电缆分布电容影响和防止出口继电器误动的措施。在运行和检修中应严格执行有关规程、规定及反事故措施，严格防止交流电压、电流窜入直流回路。

由于长电缆有较大的对地分布电容，从而使得干扰信号较容易通过长电缆窜入保护装置，严重时可导致保护装置不正确动作。在现代保护装置中通常对外部侵入的干扰有一定的防护措施，而对于出口继电器，则通常采用加大继电器动作功率或延长动作时间的方法抵御外部干扰。为提高保护装置的动作速度，在现代保护装置中，大多数采用了动作速度较快的出口继电器，当站用直流系统中窜入交流信号时，将可能会影响保护装置的动作行为，特别是对于直接采用站用直流作为动作电源、经常电缆直接驱动的出口继电器，更容易误动。近年来由于交流窜入直流回路而造成误动的事故屡见不鲜。

条文 18.7.9 如果断路器只有一组跳闸线圈，失灵保护装置工作电源应与相对应的断路器操作电源取自不同的直流电源系统。

断路器失灵保护是装设在变电站的一种近后备保护，当保护装置动作，而断路器拒动时，失灵保护通过断开与拒动断路器有直接电气联系的断路器而隔离故障。如此要求是考虑在站内失去一组直流电源时，应仍能将故障点与运行系统隔离。

条文 18.7.10 主设备非电量保护应防水、防振、防油渗漏、密封性好。气体继电器至保护柜的电缆应尽量减少中间转接环节。

本条款所述的主设备非电量保护主要是指瓦斯保护和温度等直接作用于跳闸的保护。通常安装在被保护设备上，环境条件较差，如不注意加强密封防漏及防水、防振、防油渗漏措施，可能会导致保护误动跳闸。减少电缆转接的中间环节可减少由于端子箱进水、端子排污秽、接地或误碰等原因造成的保护误动作。

条文 18.7.11 保护室与通信室之间信号优先采用光缆传输。若使用电缆，应采用双绞双屏蔽电缆并可靠接地。

对于线路纵联保护而言，通道是其重要的组成部分之一，特别是在变电站近端发生不对称故障时，对纵联保护通道的干扰（包括由工频信号引起的高频通道阻塞），将可能导致继电保护装置的不正确动作。因此，无论纵联保护采用何种通道方式，无论是专用通道还是复用通道，均应高度重视通道设备（含连接电缆）的抗干扰问题，采用与继电保护专业相一致的抗干扰措施。

条文 18.8   应采取有效措施防止空间磁场对二次电缆的干扰，应根据开关场和一次设备安装的实际情况，敷设与厂、站主接地网紧密连接的等电位接地网。等电位接地网应满足以下要求：

条文 18.8.1   应在主控室、保护室、敷设二次电缆的沟道、开关场的就地端子箱及保护用结合滤波器等处，使用截面面积不小于 $100mm^2$ 的裸铜排（缆）敷设与主接地网紧密连接的等电位接地网。

条文 18.8.2   在主控室、保护室柜屏下层的电缆室（或电缆沟道）内，按柜屏布置的方向敷设 $100mm^2$ 的专用铜排（缆），将该专用铜排（缆）首末端连接，形成保护室内的等电位接地网。保护室内的等电位接地网与厂、站的主接地网只能存在唯一连接点，连接点位置宜选择在保护室外部电缆沟道的入口处。为保证连接可靠，连接线必须用至少 4 根以上、截面面积不小于 $50mm^2$ 的铜缆（排）构成共点接地。

条文 18.8.3   沿开关场二次电缆的沟道敷设截面面积不少于 $100mm^2$ 的铜排（缆），并在保护室（控制室）及开关场的就地端子箱处与主接地网紧密连接，保护室（控制室）的连接点宜设在室内等电位接地网与厂、站主接地网连接处。

条文 18.8.4   由开关场的变压器、断路器、隔离开关和电流、电压互感器等设备至开关场就地端子箱之间的二次电缆应经金属管从一次设备的接线盒（箱）引至电缆沟，并将金属管的上端与上述设备的底座和金属外壳良好焊接，下端就近与主接地网良好焊接。上述二次电缆的屏蔽层在就地端子箱处单端使用截面面积不小于 $4mm^2$ 多股铜质软导线可靠连接至等电位接地网的铜排上，在一次设备的接线盒（箱）处不接地。

条文 18.8.5   采用电力载波作为纵联保护通道时，应沿高频电缆敷设 $100mm^2$ 铜导线，在结合滤波器处，该铜导线与高频电缆屏蔽层相连且与结合滤波器一次接地引下线隔离，铜导线及结合滤波器二次的接地点应设在距结合滤波器一次接地引下线入地点 $3\sim5m$ 处；铜导线的另一端应与保护室的等电位地网可靠连接。

进入电子化时代后，导致继电保护保护不正确动作的干扰问题引起了专业人员的高度重视。众所周知，变电站是一个空间电磁干扰很强的场所，特别是在系统发生短路故障时更为明显；实验和研究表明：大部分干扰信号是通过二次回路侵入保护装置的，而在干扰源中，空间磁场干扰占相当大的份额。目前所采取提高干扰的方法大致可以分为三大类：降低干扰源的强度；抑制干扰信号的侵入；提高保护装置自身抵御干扰的能力。在二次回路上所采取的抗干扰措施，基本上属于第二类。

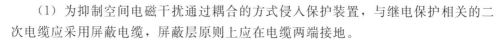

（1）为抑制空间电磁干扰通过耦合的方式侵入保护装置，与继电保护相关的二次电缆应采用屏蔽电缆，屏蔽层原则上应在电缆两端接地。

为防止由于一次系统接地电流经屏蔽层入地而烧毁二次电缆，由变压器、断路器、隔离开关和电流、电压互感器等设备至开关场就地端子箱之间二次电缆经金属管引至电缆沟，利用金属管作为抗干扰的防护措施，二次电缆的屏蔽层应仅在就地端子箱处单端接地。

保护柜屏、开关场就地端子箱内均应装设专用的接地铜排，铜排应分别与保护室内的等电位地网或沿电缆沟敷设的 $100mm^2$ 保护专用铜缆可靠相连，保护装置的接地端子、二次电缆的屏蔽层均通过接地铜排接地。

（2）在主控室、保护室柜屏下层的电缆室（或电缆沟道）中敷设等电位地网，目的在于构建一个等电位面，所有保护装置的参考电位都设置在同一个等电位面上，可有效减少由于参考电位差异所带来的干扰。

为保证该等电位地网的可靠连接，减小地网任意两点之间的阻抗，电缆夹层（室内电缆沟）中沿柜屏布置的方向敷设的 $100mm^2$ 专用铜排，应首尾相连构成目字形的封闭框，等电位地网应可靠接地，但为保证"等电位"，保护室内的等电位接地网与厂、站的主接地网只能存在唯一连接点。连接点位置宜选择在电缆竖井处，室内等电位地网与敷设在电缆沟内 $100mm^2$ 保护专用铜缆的连接点也应与室内等电位地网的接地点设同一位置。

（3）沿电缆沟敷设的 $100mm^2$ 保护专用铜缆可在地电位差较大时起分流作用，防止因较大电流流经屏蔽层而烧毁电缆；同时，该铜缆可减小两点之间的电位差，并能对与其并排敷设的电缆起到对空间磁场的屏蔽作用。

（4）保护柜屏、就地端子箱的外壳均应可靠与主地网相连。

条文 18.9　新建、扩、改建工程与验收工作中应注意的问题：

条文 18.9.1　应从保证设计、调试和验收质量的要求出发，合理确定新建、扩建、技改工程工期。基建调试应严格按照规程规定执行，不得为赶工期减少调试项目，降低调试质量。

高标准的基建、调试质量是安全运行的重要保障。无论是新建、扩建工程还是技改工程，均应严格执行相关规程规定，合理安排工期和流程，严禁以赶工期为目的而降低基建施工和调试质量标准。

条文 18.9.2　新建、扩、改建工程除完成各项规定的分步试验外，还必须进行所有保护整组检查，模拟故障检查保护连接片的唯一对应关系，模拟闭锁触点动作或断开来检查其唯一对应关系，避免有任何寄生回路存在。

条文 18.9.3　双重化配置的保护装置整组传动验收时，应采用同一时刻，模拟相同故障性质（故障类型相同，故障量相别、幅值、相位相同）的方法，对两套

保护同时进行作用于两组跳闸线圈的试验。

整组试验是继电保护系统在完成基、改建工程或在保护装置,二次回路上进行工作、改动之后的重要把关项目,通过整组试验可对保护系统的相关性、完整性及正确性进行最终的全面检验。在进行整组试验时应着重注意以下几方面:

(1)各保护连接片(包括软连接片及远方投退功能)的正确性,在相关连接片退出后,不应存在不经控制的迂回回路;

(2)保护功能整体逻辑的正确性,包括与相关保护、安全自动装置、通道以及对侧保护装置的配合关系;

(3)单一保护装置的独立性,既要保证单套保护装置能按照预定要求独立完成其功能,也要保证两套或以上保护装置同时动作时,相互之间不受影响;

(4)保护装置动作信号、异常告警的完整性和准确性,对于由远方进行监视或控制的保护装置,还应检查、核对其远方信息的完整、准确与及时性,确保集控站值班员、调度人员能够对其健康状况、动作行为实施有效监控。

条文 18.9.4 所有差动保护(线路、母线、变压器、电抗器、发电机等)在投入运行前,除应在能够保证互感器与测量仪表精度的负荷电流条件下,测定相回路和差回路外,还必须测量各中性线的不平衡电流、电压,以保证保护装置和二次回路接线的正确性。

利用实际负荷电流校核差动保护的相电流回路和差回路电流,可以发现接入差动保护的电流回路是否存在相别错误、变比错误、极性错误或接线错误等,因此,在第一次投入前对其进行检查是十分必要的。但是,如果实际通入装置的电流过小,则可能由于偏差不明显而难以发现所存在的问题,因此,要求在进行检查时,实际通入装置的负荷电流应大于额定电流的10%。上述检查的结果正确,仅只能保证装置外部回路接线的正确性,装置内部的电流回路如存在接线错误,则需在三相电流平衡接入的情况下,通过测量中性线不平衡电流的方法予以检查,必要时,可在退出保护的前提下,采用封短保护屏端子排一相电流的方法检查中性线回路完好性。

条文 18.9.5 新建、扩、改建工程的相关设备投入运行后,施工(或调试)单位应按照约定及时提供完整的一、二次设备安装资料及调试报告,并应保证图纸与实际投入运行设备相符。

一般情况下,工程设计的计算参数与实际参数均存在一定的偏差,为保证保护定值的准确性,应尽量采用实测参数。

继电保护的定值计算,是一个系统工程,不仅涉及本工程的相关设备,还要涉及系统中其他设备的保护定值,需要一定的计算周期,因此,为保证工程进度,建设单位应按照相关规定,按时提交相关参数、报告。

条文 18.9.6　验收方应根据有关规程、规定及反措要求制定详细的验收标准。新设备投产前应认真编写保护启动方案，做好事故预想，确保新投设备发生故障能可靠被切除。

验收工作是基建、改扩建工程的最后一道关口，必须予以高度重视。工程建设单位应严肃对待、认真组织验收工作，确保不让任何一个隐患流入运行之中。验收工作应以保证验收质量为前提，合理安排验收工期。

条文 18.9.7　新建、扩、改建工程中应同步建设或完善继电保护故障信息管理系统，并严格执行国家有关网络安全的相关规定。

现场的故障录波报告与继电保护动作信息是进行事故分析，特别是复杂事故分析的重要基础材料，继电保护故障信息和故障录波远传系统的建立，有助于调度端加快对事故情况的了解，提高事故处理的准确性，缩短事故处理时间。为保证电力系统的信息安全，在继电保护故障信息和故障录波远传系统的建设与维护中应严格遵守国家电监会、国家电网公司的有关规定，做好网络安全的防护工作。

当需要实施保护装置的远方投退或远方变更定值时，必须有保证操作正确性的措施和验证机制，严防发生保护误投和误整定事故。

条文 18.10　继电保护定值与运行管理工作中应注意的问题：

条文 18.10.1　依据电网结构和继电保护配置情况，按相关规定进行继电保护的整定计算。当灵敏性与选择性难以兼顾时，应首先考虑以保灵敏度为主，防止保护拒动，并备案报主管领导批准。

继电保护的配置和整定计算都应充分考虑系统可能出现的不利情况，尽量避免在复杂、多重故障的情况下继电保护不正确动作，同时还应考虑系统运行方式变化对继电保护带来的不利影响。

当电网结构或运行方式发生较大变化时，应对现运行保护装置的定值进行核查计算，不满足要求的保护定值应限期进行调整。

当遇到电网结构变化复杂、整定计算不能满足系统运行要求的情况下，应按整定规程进行取舍，侧重防止保护拒动，备案注明并报主管领导批准。

安排运行方式时，应分析系统运行方式变化对继电保护带来的不利影响，尽量避免继电保护定值所不适应的临时性变化。

条文 18.10.2　发电企业应按相关规定进行继电保护整定计算，并认真校核与系统保护的配合关系。加强对主设备及厂用系统的继电保护整定计算与管理工作，安排专人每年对所辖设备的整定值进行全面复算和校核，注意防止因厂用系统保护不正确动作，扩大事故范围。

继电保护的定值计算是一个系统工程，电力系统中各运行设备的保护定值必须实现协调配合，才能完成保证电网安全稳定运行的任务；发电厂是电力系统的重要组成部分，发电厂电气设备的继电保护定值也必须与电网其他设备的保护定值相配合。

发电厂电气设备的继电保护定值计算工作，大多由电厂继电保护专业管理部门负责，调度部门应根据系统变化情况，定期向所辖调度范围内的电厂下达接口定值及系统等值参数。发电厂应及时根据最新的接口定值及系统等值参数进行继电保护装置定值的校核、调整，以保证发电厂各运行设备保护定值对系统的适应性及与系统保护配合关系的正确性。

厂用电系统是发电厂的重要组成部分，应切实做好厂用系统电气设备的继电保护定值计算与管理工作，保证保护装置动作的正确性，以确保发电设备的安全。

当电网结构或运行方式发生较大变化时，继电保护整定计算人员应对现运行保护装置的定值进行核查计算，不满足要求的保护定值应限期进行调整。安排运行方式时，应分析系统运行方式变化对继电保护带来的不利影响，尽量避免继电保护定值所不适应的临时性变化。

条文 18.10.3　大型发电机高频、低频保护整定计算时，应分别根据发电机在并网前、后的不同运行工况和制造厂提供的发电机性能、特性曲线，并结合电网要求进行整定计算。

发电机组低频保护应与电网低频减载装置配合，低频保护定值应低于低频减载装置最后一轮定值。

发电机组高频保护应与电网高频切机装置配合，遵循高频切机先于高频保护动作的原则。

为避免全厂停电事故，同一电厂高频保护应采用时间元件与频率元件的组合，分轮次动作。

条文 18.10.4　过励磁保护的启动元件、反时限和定时限应能分别整定，其返回系数不宜低于 0.96。整定计算应全面考虑主变压器及高压厂用变压器的过励磁能力，并与励磁调节器 V/Hz 限制特性相配合，按励磁调节器 V/Hz 限制首先动作、再由过励磁保护动作的原则进行整定和校核。

系统电压升高或频率下降，会使变压器出现过励磁现象，而过励磁的程度和时间的积累，将促使变压器绝缘加速老化，影响变压器寿命。变压器的过励磁能力是指变压器耐受系统过电压，或系统低频的能力，不同变压器的过励磁能力有所不同，每台变压器出厂文件都包含有描述该变压器过励磁能力的特性曲线。

变压器的过励磁保护主要由启动元件、V/Hz 判别元件和时间元件构成，其中时间元件包含反时限和定时限两部分。过励磁保护的整定应根据被保护变压器的过励磁曲线进行，使保护的动作特性曲线与变压器自身的过励磁能力相适应。

条文 18.10.5　发电机负序电流保护应根据制造厂提供的负序电流暂态限值

（A 值）进行整定，并留有一定裕度。发电机保护启动失灵保护的零序或负序电流判别元件灵敏度应与发电机负序电流保护相配合。

发电机负序电流产生的负序磁场对转子感应的倍频电流会使转子表面件温度升高，影响转子使用寿命。应根据发电机制造厂提供的转子表层允许负序过负荷能力曲线对负序电流保护进行整定，并留有一定裕度，避免造成发电机长期承受负序电流而引起的转子过热甚至损坏。

发电机保护启动失灵保护的零序起负序电流判别元件一般按照躲过发电机正常运行时最大不平衡电流整定，其值应低于发电机负序电流保护启动值。

条文 18.10.6 发电机励磁绕组过负荷保护应投入运行，且与励磁调节器过励磁限制相配合。

过励限制及保护与发电机转子绕组过负荷保护配合的原则是：过励限制先于过励保护、过励保护先于转子绕组过负荷保护动作。

条文 18.10.7 严格执行工作票制度和二次工作安全措施票制度，规范现场安全措施，防止继电保护"三误"事故。相关专业人员在继电保护回路工作时，必须遵守继电保护的有关规定。

在电力系统的继电保护事故中，由于人员"三误（误碰、误接线、误整定）"所造成的事故有一定的比例。

实践证明，严格执行继电保护现场标准化作业指导书，按照规范化的作业流程及规范化的质量标准，执行规范化的安全措施，完成规范化的工作内容，是防止继电保护人员"三误"事故的有效措施。

条文 18.10.8 微机型继电保护及安全自动装置的软件版本和结构配置文件修改、升级前，应对其书面说明材料及检测报告进行确认，并对原运行软件和结构配置文件进行备份。修改内容涉及测量原理、判据、动作逻辑或变动较大的，必须提交全面检测认证报告。保护软件及现场二次回路变更须经相关保护管理部门同意并及时修订相关的图纸资料。

继电保护是保证电网安全运行、保护电气设备的主要装置，是整个电力系统不可缺少的重要组成部分。保护装置配置使用不当或不正确动作，必将引起事故或事故扩大，造成电气设备损坏，甚至导致整个电力系统崩溃瓦解。

对于微机型保护装置而言，软件是保证其正确动作的核心之一，同型号的保护装置，因配置要求或地域习惯的不同，软件版本不尽相同，保护的动作行为也可能存在一定的差异。通常，继电保护管理部门均对进入所辖电网的微机型保护装置及其软件版本进行检测试验，证实其满足本网要求后方予以选用。因此要求所有进入电网内运行的微机保护装置软件版本，必须符合软件版本管理规定的要求，并与继电保护管理部门每年下发文件所规定的软件版本相一致。

图纸与实际设备的一致性是提高运行中设备运行、维护及检修工作安全的重要保障，当需要对现场二次回路进行变更时，必须及时修订现场、保护管理部门等所保存的相关图纸，做到图实相符。

条文 18.10.9 加强继电保护装置运行维护工作。装置检验应保质保量，严禁超期和漏项，应特别加强对基建投产设备及新安装装置在一年内的全面校验，提高继电保护设备健康水平。

虽然目前现场运行的微机型保护装置大都具有自诊断功能，能通过自检程序发现装置内部的大部分异常缺陷，但是，不可避免地存在一些自检盲区，如装置的跳、合闸回路等。此外，传统型式变电站的保护装置二次回路也存在一些无法监视的部位，因此，即使是施行状态检修，从保证继电保护设备健康水平的角度出发，也不能放松运行维护工作。

新设备投产后的一段时间内，是故障的高发期，特别是由基建单位移交的设备，在运行一年后，进行全面的检验。有助于发现验收试验未发现的遗留问题，有助于运行维护人员掌握保护设备的缺陷处理和检验方法，对保证保护设备在全寿命周期内的健康水平十分有益。

条文 18.10.10 配置足够的保护备品、备件，缩短继电保护缺陷处理时间。微机保护装置的开关电源模件宜在运行 6 年后予以更换。

为保证电网的安全稳定运行，相关技术规程规定："任何电力设备（线路、母线、变压器等）都不允许在无继电保护的状态下运行"。但是，运行中的继电保护装置难免发生元器件损坏的情况，运行单位应根据所维护保护装置的类型、数量以及损坏的频度，配置一定数量的备品、备件，以使保护装置得以尽快修复。

条文 18.10.11 加强继电保护试验仪器、仪表的管理工作，每 1～2 年应对微机型继电保护试验装置进行一次全面检测，确保试验装置的准确度及各项功能满足继电保护试验的要求，防止因试验仪器、仪表存在问题而造成继电保护误整定、误试验。

继电保护微机型试验装置的精度关系到继电保护的调试和检修质量，应加强对继电保护试验仪器、仪表的管理，认真进行仪器仪表的定期检验工作。尤其要注重继电保护微机型试验装置的检验与防病毒工作，防止因试验设备性能、特性不良而引起对保护装置的误整定、误试验。微机型试验装置的检验周期应为 1～2 年。

条文 18.10.12 继电保护专业和通信专业应密切配合，加强对纵联保护通道设备的检查，重点检查是否设定了不必要的收、发信环节的延时或展宽时间。注意校核继电保护通信设备（光纤、微波、载波）传输信号的可靠性和冗余度及通道传输时间，防止因通信问题引起保护不正确动作。

对于线路纵联保护而言，通道是其重要的组成部分之一，通信设备的异常同样

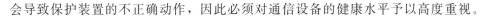

会导致保护装置的不正确动作，因此必须对通信设备的健康水平予以高度重视。

对于采用复用通道的允许式保护装置，通道传输时间将直接影响保护装置的动作时间；如果通信设备在传输信号时设置了过长的展宽时间，则可能在区外故障功率方向转移的过程中，导致允许式保护装置误动作。为此，应尽量减少不必要的延时或展宽时间，防止造成保护装置的不正确动作。

条文 18.10.13　未配置双套母差保护的变电站，在母差保护停用期间应采取相应措施，严格限制母线侧隔离开关的倒闸操作，以保证系统安全。

相对于其他主设备故障，母线故障的后果更为严重，如不能快速予以切除，则可能导致严重的系统稳定破坏事故。

当配置了双套母差保护时，变电站无母差保护运行的可能较少；如仅配置了一套母差保护，则可能在保护装置异常、二次回路异常或其他原因影响下将母差保护退出，导致站内母线无快速保护运行。

因此，无快速保护切除故障，在无母差保护运行期间，应尽量避免母线的倒闸操作，以减少母线发生故障的几率。如在无母差保护期间必须进行母线侧隔离开关的倒闸操作，则应请示本单位主管领导并征得值班调度的同意，在加强监护的情况下稳妥进行操作，在操作过程中如发现异常，应立即停止操作，并向值班调度汇报。

条文 18.10.14　针对电网运行工况，加强备用电源自动投入装置的管理，定期进行传动试验，保证事故状态下投入成功率。

备用电源自动投入装置是保证供电可靠性的重要设备之一，应采用与继电保护装置同等的管理机制，加强运行维护与管理工作，确保在一旦需要时，能够可靠地发挥其作用。

条文 18.10.15　在电压切换和电压闭锁回路，断路器失灵保护，母线差动保护，远跳、远切、联切回路以及"和电流"等接线方式有关的二次回路上工作时，以及 3/2 断路器接线等主设备检修而相邻断路器仍需运行时，应特别认真做好安全隔离措施。

为保证继电保护装置的安全运行，在电压切换和电压闭锁回路，断路器失灵保护，母线差动保护，远跳、远切、联切回路以及"和电流"等接线方式有关的二次回路上工作时，以及 3/2 断路器接线等主设备检修而相邻断路器仍需运行时，应认真核对设计图纸，在设计正常运行的相关二次回路做好安全隔离措施，作业时严格按照工作票和操作票执行，防止在停电设备及二次回路工作造成运行设备停电。

条文 18.10.16　新投运或电流、电压回路发生变更的 220kV 及以上保护设备，在第一次经历区外故障后，宜通过打印保护装置和故障录波器报告的方式校核保护交流采样值、收发信开关量、功率方向以及差动保护差流值的正确性。

新投运微机型继电保护装置无法验证其交流采样值、收发信开关量、功率方向以及差动保护差流值的正确性。因此，有必要对新投运或电流、电压回路发生变更的 220kV 及以上保护设备，在第一次经历区外故障后，通过检查保护装置和故障录波器报告，校核保护装置交流采样值、收发信开关量、功率方向以及差动保护差流值的正确性。

19

防止电力调度自动化系统、
电力通信网及信息系统事故

总体情况说明：

本章内容为此次修订中新增加内容，在原二十五项反措中未涉及。本章反措分为三个部分，即防止电力调度自动化系统事故、防止电力通信网事故及防止信息系统事故。

条文说明：

条文 19.1 防止电力调度自动化系统事故

本节内容为新增加内容，主要是考虑到电力调度自动化系统是电力系统的重要组成部分。电力调度自动化技术发展越来越快，电力系统的安全稳定经济运行对电力调度自动化系统的依赖程度越来越深，电力调度自动化系统的可靠性对安全生产的直接和间接影响越来越大。

根据近年来发生的电力调度自动化系统相关事故，本节内容突出二次安全防护的重要性；突出调度自动化闭环控制功能的重要性；突出电源系统、时钟系统的重要性；突出基础数据（运行数据和电网模型）的重要性；突出电力系统动态过程监测分析的重要性；突出新能源监测分析的重要性。

条文 19.1.1 调度自动化系统的主要设备应采用冗余配置，互为热备，服务器的存储容量和中央处理器负载应满足相关规定要求。

为避免系统单点故障而影响系统可靠性，调度自动化系统的主要设备在技术设计上，必须采取冗余技术配置来提高运行可靠性；为了保证系统的处理能力，服务器的存储容量必须空余一定比例，中央处理器（CPU）负载必须低于一定指标，在不同条件下的具体指标遵从相关规定。

《电力系统调度自动化设计技术规程》（DL/T 5003—2005）中明确规定：调度端调度自动化系统硬件配置应遵循冗余化配置原则，整个系统宜采用双重化网络结构，承担主要功能的服务器宜采用双机或多机集群方式互为热备用，主要功能的服务器每套宜配置 2 个及以上中央处理单元。计算机中央处理单元平均负荷率在电力系统正常情况下，任意 30min 内，应小于 20％。在电力系统事故状态下，10s 内应小于50％。在确定计算机内、外存容量时，应考虑在满足设计水平年要求的基础上留有一定的备用容量，以利于系统的扩充。对厂站端设备，单机容量300MW及以上的发电厂和枢纽变电站可采用主要模块冗余配置的远动系统。

条文 19.1.2　主网500kV及以上厂站、220kV枢纽变电站、大电源、电网薄弱点、风电等新能源接入站（风电接入汇集点）、通过35kV及以上电压等级线路并网且装机容量40MW及以上的风电场均应部署相量测量装置。其测量信息应能满足调度机构需求，并提供给厂站进行就地分析。相量测量装置与主站之间应采用调度数据网络进行信息交互。

本条文强调电力系统动态过程监测分析对电力系统安全的重要性，突出对新能源监测分析的要求。相量测量装置应具备同时向多个主站实时传送动态数据的能力；装置应能接受多个主站的召唤命令，实时传送部分或全部测量通道的动态数据。同时，厂站本地也应部署有动态监测分析终端，具备一定的就地监测分析功能。根据电力行业标准《电力系统同步相量测量装置通用技术条件》（DLT 280—2012）的要求，相量测量子站和主站之间的通信方式应采用网络方式。为提高可靠性，WAMS主站应具备同时从调度数据网一平面和二平面接收数据的能力。

条文 19.1.3　调度自动化主站系统应采用专用的、冗余配置的不间断电源供电，不应与信息系统、通信系统合用电源，不间断电源涉及的各级低压开关过流保护定值整定应合理。交流供电电源应采用两路来自不同电源点供电。发电厂、变电站远动装置、计算机监控系统及其测控单元、变送器等自动化设备应采用冗余配置的不间断电源或站内直流电源供电。具备双电源模块的装置或计算机，两个电源模块应由不同电源供电。相关设备应加装防雷（强）电击装置，相关机柜及柜间电缆屏蔽层应可靠接地。

调度自动化主站各系统的可靠运行特性要求电源供电的质量和可靠性，所以必须配备专用的不间断电源装置。不间断电源应采用冗余配置，为了避免单个交流供电电源因检修或其他因素失电后导致风险，要求采用两路来自不同电源点供电，某些关键单位还应配备柴油发电机组等应急电源。子站系统的供电电源包括UPS、直流电源或一体化电源，子站系统的供电电源也应冗余配置，保证数据采集和监控的不间断。具备双电源模块的装置或计算机，两个电源模块应由不同电源供电。冗余配置的单电源设备，应由不同电源供电。为保证子站设备及其供电电源的安全、可靠运行，对相关设备应装备防雷（强）电击装置。

为降低电场和磁场的干扰，二次控制系统中广泛使用屏蔽电缆。屏蔽层也会耦合电磁噪声，所以需要屏蔽层接地。根据《电力工程电缆设计规范》（GB 50217—1994），控制电缆金属屏蔽的接地方式，应符合下列规定：

（1）计算机监控系统的模拟信号回路控制电缆屏蔽层，不得构成两点或多点接地，宜用集中式一点接地。

（2）除（1）项等需要一点接地情况外的控制电缆屏蔽层，当电磁感应的干扰较大，宜采用两点接地；静电感应的干扰较大，可用一点接地。双重屏蔽或复合式总屏蔽，宜对内、外屏蔽分用一点，两点接地。

（3）两点接地的选择，还宜考虑在暂态电流作用下屏蔽层不致被烧熔。

【案例】

1. 事故经过

某电力公司调度大楼 UPS 系统由两台 300kVA 美国 GE 公司全冗余并机组成，为自动化机房、调度台、部分信息系统和通信机房部分 PC 服务器提供工作电源。正常单台 UPS 负载为额定容量的 32％，两台合计负荷达到 200kVA 左右。某日，2 号 UPS 因风扇故障停运，负载全部自动切至 1 号 UPS。7 天后安排消缺，完成 2 号 UPS 风扇更换工作。经检测正常后，1、2 号 UPS 并机运行，1h 后确认无异常告警，开始 2 号 UPS 全负荷加载能力测试，测试中发生 2 号 UPS 逆变器模块击穿短路，大楼配电房 UPS 供电主开关过流越级跳闸，1、2 号 UPS 旁路电源切换失败，造成 UPS 所带负载失电。

2. 事故原因

（1）2 号 UPS 主机逆变器模块老化导致耐负荷冲击能力下降，全载能力测试过程中瞬间冲击负荷击穿逆变模块晶闸管 B、C 相，造成单相短路，是故障发生的直接原因。

（2）UPS 供电主开关和分路开关保护定值整定不匹配。短路瞬间对市电交流部分产生冲击，导致配电房 UPS 供电主开关越级跳闸，是故障发生的主要原因（注：UPS 供电主开关额定电流 1600A，过流保护整定值为 800A，0.5s；UPS 分路开关额定电流 1000A，过流保护整定值为 1000A，1s）。

条文 19.1.4　厂站内的远动装置、相量测量装置、电能量终端、时间同步装置、计算机监控系统及其测控单元、变送器及安全防护设备等自动化设备（子站）必须是通过具有国家级检测资质的质检机构检验合格的产品。

《电力调度自动化系统运行管理规程》（DL/T 516—2006）中明确规定：RTU 主机、配电网自动化系统远方终端、电能量远方终端、各类电工测量变送器、交流采样测控装置、PMU、关口电能表、安全防护装置等设备，应取得国家有资质的电力设备检测部门颁发的质量检测合格证后方可使用。

电力系统时间同步的准确性是保障电力系统运行控制和故障分析的重要基础条件，在 DL/T 516—2006 中列举的设备之外，本条文明确要求时间同步装置也必须通过具有国家级检测资质的质检机构检验合格。

条文 19.1.5　调度范围内的发电厂、110kV 及以上电压等级的变电站应采用

开放、分层、分布式计算机双网络结构，自动化设备通信模块应冗余配置，优先采用专用装置，无旋转部件，采用专用操作系统；至调度主站（含主调和备调）应具有两路不同路由的通信通道（主/备双通道）。

发电厂、变电站自动化系统在功能逻辑上宜由站控层、间隔层组成，对于智能变电站，还应有过程层。两层（三层）之间用分层、分布、开放式网络系统实现连接。全站网络在逻辑功能上可由站控层网络和过程层网络组成。为适应调度自动化子站相对恶劣的运行环境，确保数据可靠传输，自动化设备通信模块应冗余配置，优先采用专用装置，无旋转部件（如风扇、旋转硬盘等），采用专用操作系统。自动化设备至调度主站（含主调和备调）应具有独立的两路不同路由的通信通道或一路专线一路调度数据网通道。

条文 19.1.6 在基建调试和启动阶段，生产单位技术监督部门应在启动前检查现场调度自动化设备安装验收情况，调度自动化设备有关的运行规程、操作手册、系统配置图纸等应完整正确并与现场实际接线相符，调度自动化系统主站、子站、调度数据网等二次系统（设备）必须提前进行调试，确保与一次设备同步投入运行。

《电力调度自动化系统运行管理规程》（DL/T 516—2006）规定调度自动化子站设备应与一次系统同时设计、同时建设、同时验收、同时投入使用。

《电网运行准则》（DL/T 1040—2007）对厂站并网程序规定：在首次并网日 7 日前，拟并网方与相关调控机构共同完成调度自动化系统的联调。经调控机构组织认定，拟并网方不满足并网技术条件时，拒绝其并网运行。

条文 19.1.7 发电厂、变电站基（改、扩）建工程中调度自动化设备的设计、选型应符合调度自动化专业有关规程规定，并须经相关调度自动化管理部门同意。现场设备的信息采集、接口和传输规约必须满足调度自动化主站系统的要求。

条文 19.1.8 建立基础数据"源端维护、全网共享"的一体化维护使用机制和考核机制，利用状态估计等功能，督导考核基础数据维护工作，不断提高基础数据（尤其是 220kV 及以上电压等级电网模型参数和运行数据）的完整性、准确性、一致性和维护的及时性。

自动化基础数据的运行维护质量（尤其是 220kV 以上变电站、开关站、直流换流站、发电厂等基础数据的质量）直接关系到运行监测和各项高级应用功能的可靠性和可信性。应从以下几个方面提高基础数据质量：一是提高量测覆盖率，提高基础数据完整性，满足全网可观测的要求并具备一定的冗余度。二是通过各种技术手段开展厂站量测数据检测与校核，全面提高基础数据准确性。三是协同调度自动化及其他各专业推进电网模型和设备参数的统一管理、分级维护工作，促进各级调度中心基础数据的"源端维护、全网共享"，提高基础数据一致性。四是进一步提高基础数据及时性，为分析预警功能提供及时的基础数据；加强模型参数管理，及时准确地维护基础模型和设备参数。五是进一步加强 IEC61970、IEC61850、IEC61968 等系列标准的推广应用，推进调度自动化、变电站自动化、配网自动化的数据模型和程序接口的标准化，实现基础数据和基本功能的标准化交互与共享。

条文 19.1.9　发电厂自动发电控制和自动电压控制子站应具有可靠的技术措施，对接收到的所属调度自动化主站下发的自动发电控制指令和自动电压控制指令进行安全校核，对本地自动发电控制和自动电压控制系统的输出指令进行校验，拒绝执行明显影响电厂或电网安全的指令。除紧急情况外，未经调度许可不得擅自修改自动发电控制和自动电压控制系统的控制策略和相关参数。厂站自动发电控制和自动电压控制系统的控制策略更改后，需要对安全控制逻辑、闭锁策略、二次系统安全防护等方面进行全面测试验证，确保自动发电控制和自动电压控制系统在启动过程、系统维护、版本升级、切换、异常工况等过程中不发出或执行控制指令。

调度自动化主站对发电厂下发的自动发电控制（AGC）指令和自动电压控制（AVC）指令是根据电网运行情况对机组有功出力和无功出力（或母线电压等）进行调整的遥调指令。正常情况下，AGC 和 AVC 调整指令均在规定范围内。并网发电厂机组监控系统或 DCS 应及时、可靠地执行所属电力调度机构自动化主站下发 AGC 和 AVC 指令，同时应具有可靠的技术措施，对接收的 AGC、AVC 指令和本地输出指令进行安全校核，拒绝执行超出机组或电厂规定范围等异常指令，避免因各种异常引起的错误指令影响到电厂和电网的安全运行。

《电力调度自动化系统运行管理规程》（DL/T 516—2006）规定：凡参与电网 AGC 调整的机组（发电厂），在新机组投产前和机组大修后，必须经过对其有调度管辖权的调度机构组织进行的系统联合测试。测试前发电厂应向调度机构提出进行系统联合测试的申请，并提供机组（发电厂）有关现场试验报告；系统联合测试合格后，由调度机构以书面形式通知发电厂。凡参加 AGC 运行的单位必须保证其设备的正常投入。除紧急情况外，未经调度许可不得将投入 AGC 运行的机组（发电厂）擅自退出运行或修改参数。

【案例 1】　2013 年 3 月 21 日，某水电厂 AGC 发出错误控制指令，导致全厂有功出力从 2072MW 大幅降至 259MW，系统频率降至 49.941Hz。事故发生 4min 后，全厂出力开始逐渐恢复；9min 后，恢复至正常水平。经相关调控机构、水电厂和 AGC 生产厂等单位现场联合分析，认定此次电厂运行异常主要由电厂 AGC 软件缺陷造成。电厂在进行 AGC 本地维护时，因实时库数据异常、防误逻辑不完善等原因导致 AGC 出口发出错误的控制命令，最终引发全厂出力大幅下降和跨区电网功率转移。已知的软件缺陷包括实时库过渡状态数据异常、数据访问接口未处理错误返回值、控制功能启用时直接使用历史设定值、控制值未与当前出力校验等。

【案例2】 2013 年 6 月 20 日，某火电厂 AGC 发出错误控制指令导致 3 号机组跳闸。该厂于 2012 年 7 月开始启动 3 号机组进行 AGC 控制功能优化调整工作，2013 年 6 月底完成软件优化。本次事故前，3 号机组有功功率为 600MW，AGC 投运优化模式，机组运行正常。此时，因 AGC 指令比实际负荷小但汽轮机调门不动，运行人员手动退出 AGC 优化模式，退出 AGC 优化模式 2s 后总阀位指令开始下降，调门开始关小，退出 AGC 优化模式 4s 后总阀位指令降至 3%，退出 AGC 优化模式 5s 后高调门全关，中调门关至 10%，汽轮机有功功率由 600MW 降至 22MW，运行人员手动停机。经分析，此次事故主要原因：

1）电厂擅自修改本地 AGC 控制系统的策略和参数；

2）控制策略不合理，且两种控制模式配合不当，控制模式切换时未对两种控制模式的控制值进行校验；

3）控制值未与当前出力进行校验。

条文 19.1.10 调度自动化系统运行维护管理部门应结合本网实际，建立健全各项管理办法和规章制度，必须制定和完善调度自动化系统运行管理规程、调度自动化系统运行管理考核办法、机房安全管理制度、系统运行值班与交接班制度、系统运行维护制度、运行与维护岗位职责和工作标准等。

条文 19.1.11 应制定和落实调度自动化系统应急预案和故障恢复措施，系统和运行数据应定期备份。

应急预案用于调度自动化系统发生各种灾难情况下的处理流程；故障恢复措施是指导调度自动化系统，在发生可恢复故障情况下的系统恢复办法；应急预案和故障恢复措施应定期演练，对演练中发现的应急处理流程、软硬件缺陷、备品备件管理等方面的问题要及时予以完善。系统和数据事先按规定定期备份，提供在发生信息被破坏（如硬盘故障、数据丢失等）情况下的恢复信息源。

条文 19.1.12 按照有关规定的要求，结合一次设备检修或故障处理，定期对调度范围内厂站远动信息（含相量测量装置信息）进行测试。遥信传动试验应具有传动试验记录，遥测精度应满足相关规定要求。

DL/T 516—2000 中规定：与一次设备相关的子站设备（如变送器、测控单元、电气遥控和 AGC 遥调回路、相量测量装置、电能量远方终端等）的检验时间应尽可能结合一次设备的检修进行，并配合发电机组、变压器、输电线路、断路器、隔离开关的检修，检查相应的测量回路和测量准确度、信号电缆及接线端子，并做遥信和遥控的联动试验。遥测的总准确度应不低于 1.0 级，即从变送器入口（采用交流采样方式的应从交流采样测控单元的入口）至调度显示终端的总误差以引用误差表示的值不大于 +1.0%，且不小于 −1.0%。随着相量测量装置（PMU）

布点的增多，以及基于 PMU 动态数据的监测分析控制功能不断实用，对 PMU 的精度要求也越来越受到重视。PMU 的精度要求及检测方法参见《电力系统同步相量测量装置通用技术条件》（DL/T 280—2012）以及《电力系统同步相量测量装置检测规范》（GB/T 26862—2011）。

条文 19.1.13 调度端及厂站端电力二次系统安全防护满足《电力二次系统安全防护总体规定》（国家电力监管委员会令第 5 号）及配套方案，确保电力二次系统安全防护体系完整可靠，具有数据网络安全防护实施方案和网络安全隔离措施，分区合理、隔离措施完备、可靠。

条文 19.1.14 电力二次系统安全防护策略从边界防护逐步过渡到全过程安全防护，禁止选用经国家相关管理部门检测存在信息安全漏洞的设备，安全四级主要设备应满足电磁屏蔽的要求，全面形成具有纵深防御的安全防护体系。

在以边界防护为主的栅格状电力二次系统安全防护体系基础上，采用国产化设备、国产安全操作系统、国产数据库和自主开发的应用软件，深化应用安全防护，建成电力二次系统纵深安全防御体系，落实等级保护要求。

四级系统应对关键区域实施电磁屏蔽；四级系统要采用两道门禁。

【案例】 2009 年 3 月 11 日 10 时 20 分，某厂 3 号机组 MMI 人机接口站（除了大屏，包括工程师站和操作员站）突然全部死机，数据无法刷新，无法进行操作，仅能通过大屏进行监控。对操作员站关机后重新启动，前几分钟基本正常，但之后数据又无法刷新，CPU 负荷率达到 100%，scvhost.exe 进程占用大量资源。用 WINDOWS 清理助手扫描发现 IRIWWL.DLL 文件含未知木马程序风险并隔离，重启后操作员站正常，并安装了 symantec 防火墙。更新了 symantec 病毒库后进行扫描查毒，发现了 w32.downadup 病毒（感染文件较多），依次对各操作站分别进行了杀毒操作。杀毒完成后，重启主机并恢复网络，不久后 symantec 防火墙又发现新的感染文件。为此进行试验，选择 1 台操作站重新杀毒后重新启动，较长时间单独运行正常；后连接 A/B 网，不久即发现病毒。因而可以认为该 w32.downadup 蠕虫病毒在网络中迅速传播。

在联系了 DCS 技术服务人员至现场后，热工所人员及电厂设备部、信息技术部人员一同对 3 号机组 DCS 故障的原因进行了分析，认为：

（1）此次 3 号机组 DCS 发生的网络通信故障，主要是由于上位机中存在蠕虫病毒，在网络通信过程中，蠕虫病毒大量发数据包，致使 C 网网络通信量巨大，而使 DCS 数据通信交换堵塞。

（2）3 号机组 DCS 的上位机中，仅安装了 Windows 操作系统的初始版，未安装任何系统补丁（server pack），Windows 操作系统存在安全漏洞，一旦病毒侵入，windows 操作系统不能有效进行防止，影响上位机的正常工作。大屏所连接的操作站正是由于之前更换主机时安装了带 SP4 补丁的新操作系统，因而在此次故障中仍正常运行。目前 3 号机组的上位机均安装了 windows 操作系统系统补丁（server pack 4），对于病毒的控制（输入与输出）作用较强，起到了系统安全的保障作用。同时安装了新的上位机以便其他上位机故障时备用。

（3）进一步分析其病毒可能的来源有两路，一路是 DCS 工程师站的 USB 外接储存设备，由于外接储存设备可能存在病毒而感染上位机；一路是 DCS 与 SIS 系统在通信建立的初期，在双方进行数据交换过程中，病毒可以由 SIS 系统向 DCS 侵入。

条文 19. 1. 15 生产控制大区内部的系统配置应符合规定要求，硬件应满足要求；生产控制大区一和二区之间应实现逻辑隔离，防火墙规则配置应严格；连接生产控制大区和管理信息大区间应安装单向横向隔离装置；发电厂至上一级电力调度数据网之间应安装纵向加密认证装置，以上两装置应经过国家权威机构的测试和安全认证。

"安全分区、网络专用、横向隔离、纵向认证"是电力二次系统安全防护的基本原则。

（1）安全分区。电力生产企业、电网企业、供电企业内部基于计算机和网络技术的业务系统，原则上划分为生产控制大区和管理信息大区，生产控制大区可以分为控制区（又称安全区 I）和非控制区（又称安全区 II）。

（2）网络专用。电力调度数据网应在专用通道上使用独立的网络设备组网，在物理层面上实现与电力企业其他数据网及外部公共信息网的安全隔离。

（3）横向隔离。在生产控制大区与管理信息大区之间必须设置经国家指定部门检测认证的电力专用横向单向安全隔离装置。

（4）纵向认证。在生产控制大区与广域网的纵向边界处，应设置经过国家指定部门检测认证的电力专用纵向加密认证装置，或者加密认证网关及相应设施。

条文 19. 1. 16 调度端及厂站端应配备全站统一的卫星时钟设备和网络授时设备，对站内各种系统和设备的时钟进行统一校正。主时钟应采用双机冗余配置。时间同步装置应能可靠应对时钟异常跳变及电磁干扰等情况，避免时钟源切换策略不合理等导致输出时间的连续性和准确性受到影响。被授时系统（设备）对接收到的对时信息应做校验。

电力系统时间同步的准确性是保障电力系统运行控制和故障分析的重要基础条件，其核心功能是为暂态、动态、稳态数据采集和电网故障分析提供时间同步服务。调控机构、变电站、发电厂涉网设备均应配置统一的时间同步装置，主时钟应采用双机冗余配置。

电力系统时间同步应以天基授时为主，地基授时为辅，逐步形成天地互备的时

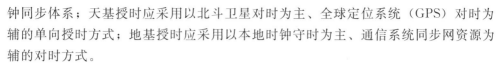

钟同步体系；天基授时应采用以北斗卫星对时为主、全球定位系统（GPS）对时为辅的单向授时方式；地基授时应采用以本地时钟守时为主、通信系统同步网资源为辅的对时方式。

时间同步装置应具有合理的时钟源切换策略，在进行时间源选择和切换时，应采用多源判决机制，结合本装置时间、北斗、GPS和地面时间源进行综合判断，确保时间同步装置输出时间的连续性和准确性。

时间同步装置应满足厂站电磁防护和环境要求，确保在电磁干扰及现场物理环境下，保持时间信号输出的正确性和稳定性。

条文 19.2　防止电力通信网事故

伴随电网的快速发展和通信技术的革命，现代电力通信网已经成为现代电网安全运行的重要组成部分。线路继电保护和安全自动装置信息、调度自动化信息等依赖现代电力通信网的传输进行信息的交互，电网实时调度和电力企业信息化更是离不开现代电力通信网的支持，因而电力通信网的事故可能导致电网事故。

本章内容针对历年通信网事故，结合当前电网发展趋势，以及电网通信系统运行中出现的新问题，从规划设计、基建安装和运行等各个环节提出防止电力通信网事故的措施。参考并引用了国家能源局近三年颁布的部分电力行业标准、《国家电网公司十八项电网重大反事故措施（修订版）》和安全性评价条款的内容。

条文 19.2.1　电力通信网的网络规划、设计和改造计划应与电网发展相适应，充分满足各类业务应用需求，强化通信网薄弱环节的改造力度，力求网络结构合理、运行灵活、坚强可靠和协调发展。同时，设备选型应与现有网络使用的设备类型一致，保持网络完整性。

条文 19.2.2　电网调度机构与其调度范围内的下级调度机构、集控中心（站）、重要变电站、直调发电厂和重要风电场之间应具有两个及以上独立通信路由，应具有两种及以上通信方式的调度电话，满足"双设备、双路由、双电源"的要求，且至少保证有一路单机电话。省调及以上调度及许可厂、站必须至少具备一种光纤通信手段。

条文 19.2.3　网、省调度大楼应具备两条及以上完全独立的光缆通道。电力调度机构、集控中心（站）、重要变电站、直调发电厂、重要风电场和通信枢纽站的通信光缆或电缆应采用不同路由的电缆沟（竖井）进入通信机房和主控室；避免与一次动力电缆同沟（架）布放，并完善防火阻燃、阻火隔离、防小动物封堵等各项安全措施，绑扎醒目的识别标志；如不具备条件，应采取电缆沟（竖井）内部分隔离等措施进行有效隔离。新建通信站应在设计时与全站电缆沟、架统一规划，满足以上要求。

条文 19.2.4　同一条 220kV 及以上线路的两套继电保护和同一系统的有主/备

关系的两套安全自动装置通道应由两套独立的通信传输设备分别提供，并分别由两套独立的通信电源供电，重要线路保护及安全自动装置通道应具备两条独立的路由，满足"双设备、双路由、双电源"的要求。

条文19.2.5　线路纵联保护使用复用接口设备传输允许命令信号时，不应带有附加延时展宽。

条文19.2.6　电力调度机构与直调发电厂及重要变电站调度自动化实时业务信息的传输应具有两路不同路由的通信通道（主/备双通道）。

条文19.2.7　通信机房、通信设备（含电源设备）的防雷和过电压防护能力应满足电力系统通信站防雷和过电压防护相关标准、规定的要求。通信机房环境温度、湿度符合要求，机房空调工作正常；对机房空调、机房温、湿度具有控制措施。

条文19.2.1至条文19.2.7强调了在通信网设计阶段应注意的问题。在通信网设计中若遗留电力通信网事故发生的隐患，则在基建中很难有资金进行改造，电力通信网将带病运行。

电力通信网的前期规划应本着适度超前的原则，满足电网安全生产和企业经营管理不断增长的需求。电网调度机构与其调度范围内的下级调度机构、重要变电站、直调电厂和重要风电场之间应具有两个及以上独立通信路由，省调及以上调度及许可厂、站必须至少具备1种光纤通信手段。尤其强调在新建通信站时全站电缆沟（架）统一规划，满足通信光缆或电缆采用不同路由的电缆沟（竖井）进入通信机房和主控室。

DL548—1994《电力系统通信站防雷运行管理规程》对通信设备和通信机房的防雷要求进行了明确的规定，在前期设计审查时必须重视，防止以后运行中因遭雷击造成设备损坏，电网实时业务中断。

在设计阶段，除部分新能源电场因受客观条件限制不能完全满足双路由接入电网通信系统外，其他220kV及以上变电站、火电厂和燃气电厂线路保护信息和安全自动装置信息及自动化信息应按"双设备、双路由、双电源"进行双向交互设计，避免单一通信设备故障，造成电网事故的扩大。

条文19.2.8　电网一次系统配套通信项目，应随电网一次系统建设同步设计、同步实施、同步投运，以满足电网发展需要。

条文19.2.9　通信设备应在选型、安装、调试、入网试验等各个时期严格执行电力系统通信运行管理和工程验收等方面的标准、规定。

条文19.2.10　应从保证工程质量和通信设备安全稳定运行的要求出发，合理安排新建、改建和技改工程的工期，严格把好质量关，满足提前调试的条件，不得为赶工期减少调试项目，降低调试质量。

条文 **19.2.11** 在基建或技改工程中，若电网建设改造工作改变原有通信系统的网络结构、设备配置、技术参数时，工程建设单位应委托设计单位对通信系统进行设计，深度应达到初步设计要求，并要按照基建和技改工程建设程序开展相关工作。通信系统选型应符合通信专业有关规程规定，并需相关通信管理部门同意后，才能实施。现场设备的接口和协议必须满足通信系统的要求。必要时应根据实际情况制定通信系统过渡方案。

条文 **19.2.12** 用于传输继电保护和安控装置业务的通信通道投运前应进行测试验收，其传输时间、可靠性等技术指标应满足《光纤通道传输保护信息通用技术条件》（DL/T 364—2010）等的要求。传输线路分相电流差动保护的通信通道应满足收、发路径和时延相同的要求。

条文 **19.2.13** 安装调试人员应严格按照通信业务运行方式单的内容进行设备配置和接线。通信调度应在业务开通前与现场工作人员核对通信业务运行方式单的相关内容，确保业务图实相符。

条文 **19.2.14** 严格按架空地线复合光缆（OPGW）及其他光缆施工工艺要求进行施工。架空地线复合光缆、全介质自承式光缆（ADSS）等光缆在进站门型架处的引入光缆必须悬挂醒目光缆标示牌，防止一次线路人员工作时踩踏接续盒，造成光缆损伤。光缆线路投运前应对所有光缆接续盒进行检查验收、拍照存档，同时，对光缆纤芯测试数据进行记录并存档。应防止引入缆封堵不严或接续盒安装不正确造成管内或盒内进水结冰导致光纤受力引起断纤故障的发生。

条文 **19.2.15** 通信设备应采用独立的空气开关或直流熔断器供电，禁止多台设备共用一只分路开关或熔断器。各级开关或熔断器保护范围应逐级配合，避免出现分路开关或熔断器与总开关或熔断器同时跳开或熔断，导致故障范围扩大的情况发生。

条文 19.2.8 至条文 19.2.15 强调了在通信网基建阶段应注意的问题。在通信网基建中若遗留电力通信网事故发生的隐患，如通信运行方式安排不当等，则在运行中很难暴露和更改，成为电力通信网运行中的不定时炸弹。

随电网配套的通信项目，应随电网一次系统建设同步设计、同步实施、同步投运，合理安排工期，不得为赶工期减少调试项目，降低调试质量。简化调试程序不能发现隐藏的系统缺陷，导致运行后故障频发，很难界定故障性质。

基建施工过程中，严格按照《光纤通道传输保护信息通用技术条件》等要求，要确保通信运行方式科学、合理，满足电网安全稳定要求。基建施工人员严格按通信运行方式进行配线，确保图实相符。光缆施工过程中应防止导引光缆封堵不严、防止光缆施工中弯曲半径过小，防止光缆接头盒放置不正确。

条文 **19.2.16** 各通信机构负责监视及控制所辖范围内的通信网的运行情况，

及时发现通信网故障信息，指挥、协调通信网故障处理。

条文 19.2.17　地（市）级及以上通信机构应设置通信调度，设置通信调度岗位，并实行24h有人值班。应加强通信调度管理，发挥通信调度在电力通信网运行指挥方面的作用。通信调度员必须具有较强的判断、分析、沟通、协调和管理能力，熟悉所辖通信网络状况和业务运行方式，上岗前应进行培训和考核。

条文 19.2.18　通信站内主要设备的告警信号（声、光）及装置应真实可靠。通信机房动力环境和无人值班机房内主要设备的告警信号应接到有人值班的地方或接入通信综合监测系统。

条文 19.2.19　通信检修工作应严格遵守电力通信检修管理规定相关要求，对通信检修票的业务影响范围、采取的措施等内容应严格进行审查核对，对影响一次电网生产业务的检修工作应按一次电网检修管理办法办理相关手续。严格按通信检修票工作内容开展工作，严禁超范围、超时间检修。

条文 19.2.20　通信运行部门应与一次线路建设、运行维护部门建立工作联系制度。因一次线路施工或检修对通信光缆造成影响时，应提前上报年度、月度检修计划。一次线路建设、运行维护部门应提前5个工作日通知通信运行部门，并按照电力通信检修管理规定办理相关手续，如影响上级通信电路，必须报上级通信调度审批后，方可批准办理开工手续。防止人为原因造成通信光缆非计划中断。

条文 19.2.21　线路运行维护部门应结合线路巡检每半年对架空地线复合光缆进行专项检查，并将检查结果报通信运行部门。通信运行部门应每半年对全介质自承式光缆和普通光缆进行专项检查，重点检查站内及线路光缆的外观、接续盒固定线夹、接续盒密封垫等，并对光缆备用纤芯的衰耗进行测试对比。

条文 19.2.22　每年雷雨季节前应对接地系统进行检查和维护。检查连接处是否紧固、接触是否良好、接地引下线有无锈蚀、接地体附近地面有无异常，必要时应开挖地面抽查地下隐蔽部分锈蚀情况。独立通信站、综合大楼接地网的接地电阻应每年进行一次测量，变电站通信接地网应列入变电站接地网测量内容和周期。微波塔上除架设本站必需的通信装置外，不得架设或搭挂可构成雷击威胁的其他装置，如电缆、电线、电视天线等。

条文 19.2.23　制定通信网管系统运行管理规定，服从上级网管指挥，未经许可，各网元不得进行无关的配置、修改。落实数据备份、病毒防范和安全防护工作。

条文 19.2.24　通信设备运行维护部门应每季度对通信设备的滤网、防尘罩进行清洗，做好设备防尘、防虫工作。通信设备检修或故障处理中，应严格按照通信设备和仪表使用手册进行操作，避免误操作或对通信设备及人员造成损伤，特别是采用光时域反射仪测试光纤时，必须断开对端通信设备。

条文 19.2.25 调度交换机运行数据应每月进行备份，调度交换机数据发生改动前后，应及时做好数据备份工作。调度录音系统应每月进行检查，确保运行可靠、录音效果良好、录音数据准确无误，存储容量充足。

条文 19.2.26 因通信设备故障以及施工改造和电路优化工作等原因需要对原有通信业务运行方式进行调整时，应在 **48h** 之内恢复原运行方式。超过 **48h**，必须编制和下达新的通信业务运行方式单，通信调度必须与现场人员对通信业务运行方式单进行核实。确保通信运行资料与现场实际运行状况一致。

条文 19.2.27 应落实通信专业在电网大面积停电及突发事件时的组织机构和技术保障措施；应制订和完善通信系统主干电路、电视电话会议系统、同步时钟系统和复用保护通道等应急预案。应制订和完善光缆线路、光传输设备、**PCM** 设备、微波设备、载波设备、调度及行政交换机设备、网管设备以及通信专业管辖的通信专用电源系统的突发事件现场处置方案；应通过定期开展反事故演习来检验应急预案的实际效果，并根据通信网发展和业务变化情况对应急预案及时进行补充和修改，保证通信应急预案的常态化，提高通信网预防、控制和处理突发事件的能力。

条文 19.2.16 至条文 19.2.27 强调了在通信网运行阶段应注意的问题。在通信网运行中若不能及时发现通信网存在的隐患，采取有力措施，则可能造成隐患集中爆发，电力通信网 $N-2$ 故障发生就有可能因通信网事故引发电网事故。

强调地（市）级及以上通信机构应设置通信调度，负责其所属通信网运行监视、电路调度、故障处理。通信设备的主要告警应引至有人值班的地方，保障及时发现故障。

严格执行电力通信检修管理规定，涉及电网调度通信业务的通信检修，原则上应与电网检修同步实施。不能与电网检修同步实施，且涉及电网通信业务甚至影响电网调度通信业务的通信检修，应避开各级电网负荷高峰时段。建立与相关部门的沟通联系渠道，确保检修工作顺利开展。

做好应急预案和应急抢修，保证故障的快速处理。

条文 19.3 防止信息系统事故

本项反措为新增内容，本节参考了国家电网公司《十八项反措》相关内容，主要内容结合电网企业与发电企业的特点，对信息系统的建设与运行管理提出了安全要求，对信息系统的基础设备及网络资源管理也提出了相应的要求。

条文 19.3.1 建立并完善信息系统安全管理机构，强化管理确保各项安全措施落实到位。

电力企业是关系国民经济命脉和国家能源安全的国有重点骨干企业，因此必须建立并完善信息系统安全管理机构，组织有效、措施得力，才能保障各项安全措施得到贯彻落实。

条文 19.3.2   配备信息安全管理人员，并开展有效的管理、考核、审查与培训。

只有通过信息安全管理人员的有效工作，才能保障各项信息安全工作得到顺利开展，要保障工作开展的效果，必须加强信息安全管理人员的能力建设，保障信息安全工作开展的效果。

条文 19.3.3   定期开展风险评估，并通过质量控制及应急措施消除或降低评估工作中可能存在的风险。

信息系统的风险评估工作不可能开展一次，就能保证一直有效，由于信息技术的飞速发展，信息安全问题的不断暴露，必须通过定期开展风险评估工作，并采取措施才能尽可能的降低风险。

【案例】　2013 年 10 月 29 日 08 时 01 分，某电力公司发生营销系统数据库服务器双机设备故障，部分营销服务中断 32h 31min。经查，事故的原因是由于光纤通道卡故障触发的主机操作系统磁盘写入异常导致。在事故处理过程发现，数据库单点隐患是导致本次事件的重要原因，且系统从未进行过系统的风险评估和突发事件时的应急演练，导致故障分析、决策和解决方案制定耗时较长，对营销业务造成了一定的负面影响。事后，该省公司在全省范围内开展了针对营销系统的风险隐患排查和应急预案的制定与演练。

条文 19.3.4   通过灾备系统的实施做好信息系统及数据的备份，以应对自然灾难可能会对信息系统造成毁灭性的破坏。网络节点具有备份恢复能力，并能够有效防范病毒和黑客的攻击所引起的网络拥塞、系统崩溃和数据丢失。

使用灾备系统定期完成数据备份对信息系统的安全具有重要意义。灾备通常需要包含数据备份、系统备份、恢复预案、资源需求、灾备中心管理、业务影响分析、业务恢复预案等，可以通过 RTO（恢复时间目标）和 RPO（恢复点目标）两个关键指标来评估灾备方案。合理的灾备方案可以使信息系统在遭受到毁灭性破坏后，其数据和系统配置可以在短时期内重建并恢复至可运行水平，将业务中断时间控制在可接受范围内。通过对关键网络节点实施备份，可以使网络在遭受到恶意攻击并发生破坏后恢复至可用水平。

条文 19.3.5   在技术上合理配置和设置物理环境、网络、主机系统、应用系统、数据等方面的设备及安全措施；在管理上不断完善规章制度，持续改善安全保障机制。

为保障信息系统的安全，除了应在技术层面部署和正确配置相应的硬件及软件，还应加强相应的管理措施。在技术层面，应针对信息系统的规模和业务特征，为其合理配备和设置软硬件，并通过实施匹配的安全解决方案（既包括部署安全设备，也包括实施软件安全解决方案）完成系统保护；除了技术上的安全措施，还应设置与之匹配的安全管理机制，如完善的设备登记制度、合理的系统安全扫描周期等，从而可以更好发挥安全技术解决方案的效用，进一步提高网络信息系统的安全水平。

条文 19.3.5.1　信息网络设备及其系统设备可靠，符合相关要求；总体安全策略、设备安全策略、网络安全策略、应用系统安全策略、部门安全策略等应正确，符合规定。

保护网络信息系统，应对信息网络设备及其系统设备进行评估，以保障其建设和配置符合相关要求。对完整的信息系统，应对其各个组成部分的实际安全状况和安全风险进行评估，并根据评估结果，分别设置合理的总体安全策略、设备安全策略、网络安全策略、应用系统安全策略和相关管理层面安全策略等。制定这些策略时，除了结合信息系统本身的安全防护需求，还应考虑相关标准、规定的要求。

条文 19.3.5.2　构建网络基础设备和软件系统安全可信，没有预留后门或逻辑炸弹。接入网络用户及网络上传输、处理、存储的数据可信，杜绝非授权访问或恶意篡改。

应对网络基础设施和配套软件系统实施全生命周期的安全管控，为包括规划设计、制造开发、部署安装、上线运行、下线销毁等在内的全部环节实施相应的安全管理和风险控制手段，以防止安全漏洞隐患的出现，实现网络架构和数据的可信。可信网络中的行为和行为结果可预知并可控制，且网络内的系统符合相应安全策略的要求。在进行安全可信管理时，应从有效管理和整合现有安全资源，构筑可信网络安全便捷和实现网络内部信息保护等几个视角来考虑网络的整体防御能力。

条文 19.3.5.3　路由器、交换机、服务器、邮件系统、目录系统、数据库、域名系统、安全设备、密码设备、密钥参数、交换机端口、IP 地址、用户账号、服务端口等网络资源统一管理。

网络资源的统一管理是保障网络环境和业务系统运行稳定的重要基础，管理权限的混乱将带来严重的安全隐患，一旦高级管理员权限泄露将造成难以估量的后果。同时，在发生紧急事件时，对网络资源的分散管理会大幅降低响应速度和处理效率。

条文 19.3.6　信息系统的需求阶段应充分考虑到信息安全，进行风险分析，开展等级保护定级工作；设计阶段应明确系统自身安全功能设计以及安全防护部署设计，形成专项信息安全防护设计。

信息系统的"安全开发生命周期"提出了一种从安全角度指导软件开发过程的管理模式。在需求分析阶段，需确定系统的安全标准和相关要求，通过威胁建模，分析软件或系统的安全威胁；在设计阶段，需分析攻击面，设计相应的功能和策略，降低不必要的安全风险，制定相应的安全防护方案。

条文 19.3.7   加强信息系统开发阶段的管理，建立完善内部安全测试机制，确保项目开发人员遵循信息安全管理和信息保密要求，并加强对项目开发环境的安全管控，确保开发环境与实际运行环境安全隔离。

信息系统的开发应在严格的质量管理机制和多重测试环节的保障下进行，实施全过程的安全审查，对过程、文档、工具等进行安全审计，保证开发和运行环境的安全可靠。

【案例】 某财务软件厂商回传财务数据事件：2009 年 12 月 14 日，某电力公司接到中国信息安全测评中心信息安全漏洞通报，称某财务软件公司在财务管理系统交付使用后，仍掌握多家电力公司数据库的访问权限，可通过互联网远程回传电力行业财务数据，该公司文件服务器上保存了大量电力行业的财务数据，含有公司 21 家单位以及 10 个项目的业务数据，数据总量超过 1.5TB，并涉及到公司大部分区域与网省单位。该软件公司违反了在与研发单位签订的保密协议中"严禁在对互联网提供服务的网络和系统中存储公司业务系统运行数据"等相关要求，已责令整改。

条文 19.3.8   信息系统上线前测试阶段，应严格进行安全功能测试、代码安全检测等内容；并按照合同约定及时进行软件著作权资料的移交。

信息系统在正式投入运行前需经过严格的安全性测试，测试内容一般包括功能安全性测试、代码安全性测试、配置安全性测试、底层架构安全性测试等。由于信息系统开发人员的信息安全意识水平高低不同，导致一些利己行为在信息系统建设阶段出现，如为了便于修改代码在信息系统上安装后门程序、非法数据库接口、增加管理员用户等，这些行为成为信息系统运行的重大安全隐患。信息系统上线前测试就是为了杜绝类似的隐患，保证信息系统安全可靠的运行，所进行的必要步骤。此外，信息系统开发过程中所形成的诸如软件著作权资料，应按合同规定，归甲方所有，在信息系统正式上线后，交由甲方管理。

条文 19.3.9   信息系统投入运行前，应对访问策略和操作权限进行全面清理，复查账号权限，核实安全设备开放的端口和策略，确保信息系统投运后的信息安全；信息系统投入运行须同步纳入监控。

信息系统在投运前，应按照要求对信息系统分区分域的要求和主机安全防护措施的要求，建立访问控制策略，管理员权限的账号进行复查，清理无用账号和权限配置不合理账号。信息系统在正式投运后须纳入信息运行维护监控。

条文 19.3.10   在信息系统运行维护、数据交互和调试期间，认真履行相关流程和审批制度，执行工作票和操作票制度，不得擅自进行在线调试和修改，相关维护操作在测试环境通过后再部署到正式环境。

工作票和操作票制度是电力行业的一项重要工作保障制度，是防止系统检修过程中发生事故的必要组织措施和技术措施。业务部门在执行对业务应用系统或软件进行修改、调整、更新、升级等维护操作时，要严格落实执行、履行规定的审批流程，执行工作票制度。

条文 19.3.11　**加强网络与信息系统安全审计工作，安全审计系统要定期生成审计报表，审计记录应受到保护，并进行备份，避免删除、修改或破坏。**

近些年来，电网企业加快了覆盖全集团的集成化信息系统建设，对这些系统的高可靠性要求重新定义了针对信息系统的审计内容，即收集并评估一个信息系统是否有效做到保护资产、维护数据完整、完成组织目标，同时实现最经济的资源使用等。对信息系统的安全审计可以实现对内部环境的有效控制，发现未经授权的数据修改和潜在的出现欺诈和错误的风险点，降低系统故障和宕机的可能性，显著提升系统综合安全水平。

【案例】　2010 年 2 月 9 日，中国信息安全测评中心通报可以通过互联网访问某市电力公司外网邮件系统，可获取该市举世瞩目重要活动园区电力供应敏感信息，涉及该园区供电方案、保障方案、场馆变电站建筑结构图、电气主接线图等敏感信息。经查，某市公司外网邮箱系统并未进行有效的安全审计，存在 IBM DOMINO 服务安全漏洞，通过该漏洞可获取邮件系统中的通信录信息。同时通过暴力破解个别人员邮件账户弱口令，可获取该项活动期间相关敏感资料。事后，该市电力公司要求加强邮件系统收发日志审计和敏感内容拦截功能，同时提高信息安全专业人员技能水平，提升对外网站安全监测与防护，加强邮件内容审计与监督能力，确保此类事故不再发生。

20

防止串联电容器补偿装置和并联
电容器装置事故

总体情况说明：

　　本章内容是《二十五项反措》修订版新增加的章节，分为防止串联电容器补偿装置事故和防止并联电容器装置事故两部分，有针对性地对近年来串联电容器补偿装置和并联电容器装置运行中，发现的主要问题提出相应的反事故措施，以及在设计、制造、调试、运行、检修等诸多环节需要重点关注的技术要点。由于串联电容器补偿装置和并联电容器装置所应用的场合不同，其技术条件、试验要求等内容存在较大差异，故针对这两类装置的防止事故措施进行了分别阐述及解释。

条文说明：

　　条文 20.1　防止串联电容器补偿装置事故

　　为防止串联电容器补偿装置（以下简称串补装置）事故，应严格执行《电力系统用串联电容器》（GB/T 6115）及其他有关规定，并提出以下重点要求：

　　条文 20.1.1　应进行串补装置接入对电力系统的潜供电流、恢复电压、工频过电压、操作过电压等系统特性的影响分析，确定串补装置的电气主接线、绝缘配合与过电压保护措施、主设备规范与控制策略等。

　　本条文要求明确了串补装置设计阶段应针对一次设备应用开展的必要研究工作。

　　串补装置的投入会增加潜供电流的暂态分量，降低线路单相重合闸成功的概率。通过开展相关的电磁暂态特性分析，确定抑制潜供电流的技术措施，如采取线路断路器与串补旁路联动。串补装置对线路两侧断路器暂态恢复电压（TRV）具有较大的影响，过高的 TRV 水平会导致线路断路器重击穿。当设计阶段验证 TRV 会超过断路器的开断能力时，应采取必要的措施适应 TRV（如更换断路器）或降低 TRV（如使用分闸电阻、使用避雷器等）。

　　输电线路加装串补装置后，沿线的电压应较加装串补装置前得到适当改善，且不致出现某些位置电压升高过快的情况。设计阶段应对带串补运行的线路工频过电压沿线分布进行分析，从而确定串补装置以及线路高压并联电抗器的最佳安装位置，以及采取其他必要的防止工频过电压的措施。

在超高压电网中，工频过电压的大小是绝缘配合的基础，直接影响系统的操作过电压水平。串补装置相对地电压分布高于系统正常电压，需要适当加强串补平台和其临近处的线路绝缘，如在紧邻串补平台处对地加装避雷器，可以有效限制雷电和操作所产生的过电压。

条文 20.1.2 **应进行串补装置接入对线路继电保护、线路不平衡度等的影响分析，应确定串补装置的控制和保护配置、与线路继电保护的配合方式等措施，避免出现系统感性电抗小于串补容性电抗等继电保护无法适应的串补接入方式。**

该条要求明确了串补装置设计阶段应针对控制保护设备应用开展的必要研究工作。

当输电线路上的串补装置正常投入时，线路阻抗会减小；当串补装置退出后，线路阻抗会变大；当串补装置的 MOV、火花间隙、旁路断路器在动作过程中时，线路阻抗的变化为非线性状态。当双回线路带串补装置运行后，线路互感的影响增加了线路保护判断的复杂性。因此，线路发生故障时，故障电流与故障电压的幅值以及两者之间的相位关系非常复杂，甚至会出现电流和电压反向的情况，方向过流保护和距离保护容易出现误判断。就是适应性很好的纵联电流差动保护，受到串补安装位置的影响，仍要考虑与串补控制及保护之间的配合关系。

输电线路或串补装置发生单相故障时，旁路断路器会单相旁路串补电容器，从而导致线路相间阻抗不平衡。带串补运行的线路不平衡度较不带串补的线路严重。因此需要研究并考验出现这种情况时，线路保护（尤其是零序电流保护）是否可以准确判断故障状态。

条文 20.1.3 **应进行串补装置接入对发电机组次同步振荡的影响分析，判断发电机组是否存在感应发电机效应、扭矩互作用或扭矩放大，并确定抑制次同步振荡的措施。**

大容量电源点远距离外送时，应用串补装置可以提高输电能力，但串补电气系统中若存在一个或多个自然频率等于汽轮发电机的一个或多个轴系机械自然频率的同步补充频率，将会引发严重的次同步振荡问题。设计阶段必须针对其工程特点开展细致的仿真研究，并采取必要的抑制次同步振荡措施。

条文 20.1.4 **应通过对电力系统区内外故障、暂态过载、短时过载和持续运行等顺序事件进行校核，以验证串补装置的耐受能力。**

该条要求明确了串补装置设计阶段应针对电网运行开展的必要研究工作。

通过校核串补装置对区内、区外故障的耐受能力，验证电容器过电压保护性手段（如 MOV）能有效限制过电压水平、吸收短路电流能量而不致自身损坏，确定串补控制及保护的动作有效性（即区内故障动作，区外故障不动作）。

通过校核串补电容器组的过载能力，验证电容器的容量、耐压水平、耐爆能力等是否能满足暂态过载、短时过载和持续运行等不同工况下的运行要求，验证输电线路带串补运行后是否满足相应稳定极限的要求。

条文 20.1.5　电容器组。

条文 20.1.5.1　串联电容器应采用双套管结构。

如果采用单套管结构的串补电容器单元，其外壳作为电容器的一极，接外壳的引线与电容器单元靠底部的一端相连，套管的引线与电容器单元靠顶部的一端相连。由于受结构工艺所限，这两根引线通常会交叉。尽管电容器壳体内部经抽真空及注油浸渍，且两根引线外都加套绝缘套管，但这个交叉点仍是电容器单元的绝缘薄弱点。尤其在电容器单元承受系统故障电流时，引线交叉点瞬间局部场强过高，电压的陡度很大，易引起绝缘击穿，从而导致电容器单元两极间短路。

对单套管电容器单元进行绝缘检查时，只能做极间耐压试验，出厂试验值是工频电压耐受 $2.15U_n$、10s（如串补电容器采用 10kV 电压等级的单套管电容器，则其极间耐压值约为 21.5kV）。而双套管电容器单元的出厂极壳工频电压耐受值按照《高压并联电容器使用技术条件》（DL/T 840—2003）中第 5.6 项表 4 的规定，10kV 电压等级电容器的极壳耐压（出厂耐受，中性点不接地）为 42kV、1min。由此可见，双套管电容器单元的耐压能力明显强于单套管电容器单元。串补电容器单元示意图如图 20-1 所示。

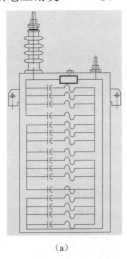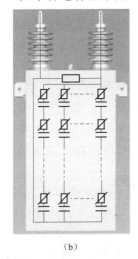

（a）　　　　　　　　（b）

图 20-1　串补电容器单元示意图

（a）单套管电容器单元；（b）双套管电容器单元

条文 20.1.5.2　串联电容器绝缘介质的平均电场强度不宜高于 57kV/mm。

通过综合考虑近年来电容器运行情况以及串补装置的制造成本等因素，确定电容器绝缘介质的平均电场强度不宜高于 57kV/mm，不高于 57kV/mm 场强的电容器单元平均故障率较低。电容器单元场强高的好处是电容器单元的重量减轻，制造成本降低，串补平台载荷减轻，有利于对抗地震和大风等自然灾害；但电容器单元场强高会造成单元内部绝缘减弱，威胁串补装置的正常运行。例如，当电容器单元场强大于 59.5kV/mm 时，部分制造厂就无法承诺完成单元耐受 U_{lim}（即过电压保护装置动作前瞬间和动作期间出现在电容器单元端子之间的极限电压）下 10s 的出厂试验，这种结果很容易在串补装置通过系统故障电流且火花间隙没有动作之前，

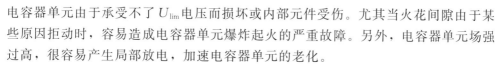

电容器单元由于承受不了 U_{lim} 电压而损坏或内部元件受伤。尤其当火花间隙由于某些原因拒动时，容易造成电容器单元爆炸起火的严重故障。另外，电容器单元场强过高，很容易产生局部放电，加速电容器单元的老化。

条文 20.1.5.3　单只电容器的耐爆容量应不小于 18kJ，电容器的并联数量应考虑电容器的耐爆能力。

本条文规定的串联电容器的耐爆容量，比并联无功补偿用电容器的耐爆容量大于 15kJ 的要求要严，主要考虑到当串联电容器单元在出现内部故障时，不但要承受与其并联的电容器单元对其放电能量的冲击，而且还要承受系统电流，甚至系统故障电流的冲击。此处提出的串联电容器的耐爆容量数值，仅是对串补所用电容器耐爆容量的最低要求，在实际工程应用中需要结合串联电容器组的设计结构对该条要求做出进一步的计算评估。

电容器单元故障后所吸收的能量主要由两部分组成：一部分是从发生故障开始到故障切除由电源提供的能量；另一部分是电容器组向故障电容器单元所释放的能量。从以往故障时序分析，故障电容器单元需首先承受来自并联电容器单元所释放的能量。

以 3 个电容器单元并联为例计算耐爆能力，计算电压 $U=6.16\text{kV}$，单台电容器单元电容量 $C=65\mu\text{F}$，极限电压 $U_{lim}=2.3U$，外部回路效率系数 $\eta_1=0.7$，其他串联段释放能量效率系数 $\eta_2=0.64$，则：

（1）单只电容能量 $E=\dfrac{1}{2}CU_{lim}^2=6.52$（kJ）。

（2）并联段释放能量 $W_P=3\times\dfrac{1}{2}CU_{lim}\eta_1=13.69$（kJ）。

（3）其他串联段释放能量 $W_S=\eta_2\times\dfrac{1}{2}CU_{lim}^2\eta_1=2.92$（kJ）。

（4）总的由电容器组所吸收的能量 $W_T=W_P+W_S=16.61$（kJ）。

从计算结果可见，多只电容器单元并联对电容器单元的耐爆能力会有很高的要求。

条文 20.1.5.4　串联电容器应满足《电力系统用串联电容器　第 1 部分：总则》（GB/T 6115.1—2008）第 5.13 条放电电流试验要求。

在 GB/T 6115.1—2008《电力系统用串联电容器　第 1 部分：总则》第 5.13 条中，对放电电流试验提出的具体试验要求，主要是用于考核串联电容器单元耐受系统故障电流的能力。其具体描述如下：

该试验包括在两组不同参数下的放电试验。第一个试验是用来证明单元能耐受住在发生闪络时将阻尼电路旁路这样少有的情况下产生的应力。第二个试验是用来证明单元能耐受住由间隙动作或旁路开关闭合所产生的放电电路。

对于第一个试验，电容器单元应充电到直流 lim 2U 的电压，然后通过一个具有尽可能低的阻抗的回路放电一次。放电回路可以用一个小熔丝或短路开关来构成。

对于第二个试验，同一个单元应接着被充电到 $1.6U_{lim}$ 的直流电压（即 $1.1 \times 2U_{lim}$），并通过能够满足下列条件的回路放电：

（1）放电电流的峰值应不低于由间隙导通或旁路开关闭合引起的电流的 110%；

（2）放电电流的 I^2t 应至少比由间隙导通或旁路开关闭合引起的 I^2t 大 10%（参见 GB/T6115.2—2002《电力系统用串联电容器　第 2 部分：串联电容器组用保护设备》）。

这种放电应以小于 20s 的时间间隔重复 10 次，在最后一次放电之间后的 10min 内，单元应经受一次 GB/T 6115.1—2008 中第 5.5 节规定的"端子间的电压试验"（条文：当采用 K 型和 M 型过电压保护装置时，电容器单元应经受 $1.7U_{lim}$ 直流电压试验。试验电压值应不低于 $4.3U_n$。试验的持续时间为 10s。试验过程中应既不发生击穿也不发生闪络）。

在系统故障时，串联电容器装置内的单元，首先在点火间隙和旁路开关动作之前，与其并联的金属氧化物避雷器共同承受系统故障电流的冲击。当点火间隙动作和旁路开关合闸瞬间，要承受系统故障电流和串联电容器组自放电电流的叠加冲击。

条文 20.1.5.5　电容器之间的连接线应采用软连接。

当串补装置运行在气候冷热变化较大的环境中时，电容器连接线会产生明显的热胀冷缩。若采用硬连接线，其胀缩应力易导致绝缘套管损坏或密封损坏。此外，采用软连接线可有效降低电容器流过较大电流时连接线产生的电动力对电容器绝缘套管造成的破坏。

条文 20.1.5.6　电容器组接线宜采用先串后并的接线方式。

本条文要求主要是从串补电容器组的结构特点考虑，以减少电容器单元故障时与其并联的电容器单元产生过大的放电能量冲击。采用先串后并的接线方式，会增加电容器组配平的难度，但可以有效降低串补电容器组的内部故障风险，建议此项工作尽量在电容器工厂内完成。

【案例 1】某 500kV 补装置，串联电容器单元内部两膜一箔、三串，平均场强 67kV/mm、单套管，单元一极联在单元外壳上，单元容量 760kvar。串联电容器组采用先 9 并或 10 并再 12 串接线型式。每一并联段容量为 6840kvar 或 7600kvar。额定电压 6kV，额定电流 127A。整套串补装置额定电流 2kA。

图 20-2 所示为电容器组 10 并 12 串接线型式及故障放电路径。

与该串补装置相连接的 500kV 系统发生区外接地故障，故障电流不大于 4.9kA，共损毁电容器单元 26 台。经对故障电容器单元解体检查，判定由以下原因造成故障：

（1）设计场强过高、单套管结构、内部两膜三串结构使绝缘裕度过低。

（2）并联电容器过多，完好电容器对故障电容器放电能量过大，经计算，当电容器单元故障时，通过其冲击电流超过额定电流 1.2 倍时，冲击能量远远超过 15kJ。

另外，对未使用过的电容器元件备品进行 $U_{\lim}$ 耐压试验，被试品 5s 后出现元件击穿现象。

【案例 2】 某 500kV 串补装置，在投运前进行模拟单相接地故障，故障电流 23kA，点火间隙动作时，电容器组放电电流 63kA（峰值）。故障录波显示，当故障电流出现 3ms 时刻，有 1 台电容器单元损坏，电容器单元上、下盖体完全崩裂，与电容器单元完全分离飞出。与该电容器单元并联的其他 4 台并联的电容器单元，由于承受不了向

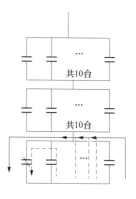

图 20-2　电容器组
10 并 12 串接线

爆壳电容器放电电流的冲击，出现套管断裂，套管内引下线断开现象。

通过对故障电容器外壳内小面积（两侧）解体，均发现闪络放电痕迹，说明电容器两只套管引下线在承受故障电流时，由于强大的电动力作用而摇摆，均对外壳放电，形成单元两极之间短路。

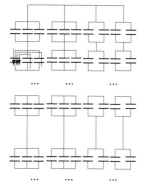

图 20-3　电容器组 3 并
（或 2 并）9 串接线型式及
故障放电路径

因此，串补电容器组，其每一并联段的电容器单元数量，不宜超过 2 台，可有效减小故障电流对电容器的冲击强度。图 20-3 所示为电容器组 3 并（或 2 并）9 串接线型式及故障放电路径。

条文 20.1.5.7　电容器组不平衡电流应进行实测，且测量值应不大于电容器组不平衡电流告警定值的 20%。

由于串补电容器组各分支电容器单元在配平过程中，除了存在电容器个体差异引起的容抗值不平衡外，还存在电容器连接线产生的阻抗不平衡，因此有必要在串补装置投运前实测电容器组不平衡电流。

为了能在运行中敏锐发现电容器出现的异常情况，要求采用高精度电容器组不平衡电流 TA，有条件将电容器组不平衡电流初始值控制在较低范围内，对于预防、减少串补电容器故障具有重要作用。

条文 20.1.5.8　运行中应特别关注电容器组不平衡电流值，当确认该值发生突变或越限告警时，应尽早安排串补装置检修。

运行中电容器组不平衡电流值发生突变或越限告警等情况，通常是发生了电容器熔断器熔断或电容器故障等情况，从以往出现的运行故障分析，单只电容器的损坏，容易引起其他正常运行的电容器出现过电压情况，会加速电容器的老化或故障

速度，因此需要运行及检修人员，对电容器组不平衡电流值发生突变或越限告警等情况予以高度重视，以利于提早发现设备隐患或故障。

条文 20.1.6 金属氧化物限压器（MOV）的能耗计算应考虑系统发生区内和区外故障（包括单相接地故障、两相短路故障、两相接地故障和三相接地故障）以及故障后线路摇摆电流流过金属氧化物限压器过程中积累的能量，还应计及线路保护的动作时间与重合闸时间对金属氧化物限压器能量积累的影响。金属氧化物限压器外部应完整无缺损，封口处密封应良好；硅橡胶复合绝缘外套伞裙应无破损或变形。金属氧化物限压器绝缘基座及接地应良好、牢靠，接地引下线的截面应满足热稳定要求；接地装置连通应良好。

MOV 是串补电容器组最重要的过电压保护性手段，串补装置配置的 MOV 限压值、总容量及数量应结合实际工程要求由厂家提供详细的 MOV 能耗计算报告。不仅要考虑区内和区外各种故障（包括单相接地故障、两相短路故障、两相接地故障和三相接地故障）情况下 MOV 的能量积累需满足运行要求，还要考虑 MOV 与触发间隙、旁路断路器、线路保护、线路重合闸之间的配合。通常要求 MOV 热备用的容量裕度应不少于 10%。

条文 20.1.7 火花间隙。

条文 20.1.7.1 火花间隙的强迫触发电压应不高于 1.8p. u.，无强迫触发命令时拉合串补装置相关隔离开关不应出现间隙误触发。

火花间隙是保障串补装置自身安全的最主要技术手段，在满足强迫触发条件下或自触发条件下火花间隙能可靠、快速导通，从而有效避免串补电容器组和 MOV 产生过电压情况。而在不满足强迫触发条件或自触发条件时，火花间隙因受扰触发导通，将导致串补装置无故障退出。因此要求串补装置厂在火花间隙设计阶段就要考虑串补平台杂散电容对火花间隙分布电压的影响，保证在设备出厂前进行必要的型式试验，在类似拉合串补相关隔离开关的试验条件下不应出现间隙误触发的情况。

火花间隙的强迫触发电压不高于 1.8p. u.：①考虑确保区内故障时能成功触发火花间隙；②避免强迫触发电压过高导致的火花间隙动作减缓，给电容器组带来更大的故障电流冲击。但如果强迫触发电压过低（如低于 0.3p. u.），火花间隙的自放电电压也将大幅降低，增加了区外故障火花间隙误击穿的可能性，也不利于火花间隙在流过故障电流后迅速去游离、恢复介质强度。

条文 20.1.7.2 火花间隙动作次数超过厂家规定值时应进行检查。

火花间隙在多次动作后，将出现灼痕和损伤，应依据厂家提供的规定动作次数，并综合判断间隙电流的大小，对间隙触头进行必要的处理或更换。

条文 20.1.7.3 应检查串补装置保护触发火花间隙功能，验证间隙能可靠击穿。

通过串补保护强制触发火花间隙是保护串补电容器等平台上设备避免或减少故

障冲击影响的重要手段。因此要求进行从串补保护至间隙可靠击穿的完整触发回路的检测。

条文 **20.1.8**   电流互感器和平台取能设备。

条文 **20.1.8.1**   串补装置平台上控制保护设备电源应能在激光电源供电、平台取能设备供电之间平滑切换。线路故障时，串补装置平台上的控制保护设备的供电应不受影响。

串补装置通常要求串补有较大负荷电流流过时（如不低于线路额定电流的5％），采用平台取能设备单独供电；而在串补轻载或处于检修状态时，采用激光电源单独供电；在处于边界工况时，激光电源和平台取能设备可以同时混合供电。运行要求这几种供电方式必须能进行平滑切换，且不能存在任何供电死区，以确保串补平台上测量及控制保护设备均能正常工作。

为串补平台上的测量及控制保护设备供电的电源单元应具有性能可靠的稳压模块，以保证在遇到线路故障、断路器操作等情况时，用于平台上控制保护设备供电的电流互感器，或平台取能设备出现短时输出波动或异常时（如线路单相瞬时跳开时，该相上的电流值为0A），控制保护的测量、动作不能受到任何影响。

条文 **20.1.8.2**   电流互感器宜安装在串补装置平台相对低压侧。

如图 20-4 所示，串补装置平台上一、二次设备以串补装置平台作为参考地，靠近或连接平台的一侧称为"平台相对低压侧"，另一侧称为"平台相对高压侧"。电流互感器安装在串补装置平台相对低压侧，可以改善电流互感器的绝缘外环境，减少受扰影响。

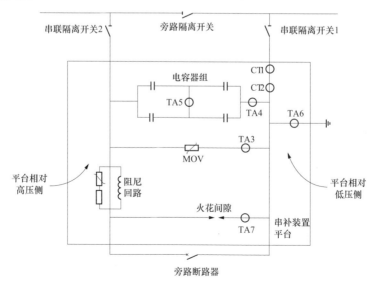

图 20-4   串补装置平台相对低压侧和高压侧示意图

条文 20.1.9　光纤柱。

条文 20.1.9.1　光纤柱中包含的信号光纤和激光供能光纤不宜采用光纤转接设备，并应有足够的备用芯数量。

串补装置实际投运前，由于光缆的铺设、光纤的熔接、光纤接头的连接会受到施工环境的影响，会增加额外的光纤衰耗，因此不建议在光纤柱中的光纤采用光纤转接设备，以免影响控制保护中数据传输的稳定性；同时要保留足够（建议不少于实际使用数量的 1/3）的光纤备用芯。

条文 20.1.9.2　光纤柱内光缆长度小于 250m 时，损耗不应超过 1dB；光缆长度为 250～500m 时，损耗不应超过 2dB；光缆长度为 500～1000m 时，损耗不应超过 3dB。

串补装置实际投运前，应对平台上下光纤收发设备的发送和接收电平进行实际测量，光纤柱内光缆长度与允许最大损耗的关系应满足规定要求。

条文 20.1.10　串补装置平台抗干扰措施。

条文 20.1.10.1　串补装置平台上测量及控制箱的箱体应采用密闭良好的金属壳体，箱门四边金属应与箱体可靠接触，避免外部电磁干扰辐射进入箱体内。

串补装置平台上具有恶劣的电磁环境，测量及控制保护设备均为弱电板卡，集中放置在测量及控制箱中。如箱门以及箱体不能密闭，外部电磁干扰将会辐射进入箱内，容易引起测量及控制板卡的逻辑异常或元器件损坏。

条文 20.1.10.2　串补装置平台上各种电缆应采取有效的一、二次设备间的隔离和防护措施，如电磁式电流互感器电缆应外穿与串补装置平台及所连接设备外壳可靠连接的金属屏蔽管；电缆头制作工艺应符合要求；应尽量减少电缆长度；串补装置平台上采用的电缆绝缘强度应高于控制室内控制保护设备采用的电缆强度；接入串补装置平台上测量及控制箱的电缆应增加防扰措施。

该条规定明确要求串补装置平台上各种电缆应采取有效的一、二次设备间的隔离和防护措施，并列举了几个重要的措施。

如要求"电磁式 TA 电缆外穿与串补装置平台及所连接设备外壳可靠连接的金属屏蔽管"，这是由于电磁式 TA 电缆通常是平行于串补装置平台安装布置，如电缆不采取有效的全屏蔽措施，串补装置平台带电后电缆会因分布电容影响以及两端"接地"（即接平台）不良等原因极易受扰，在以往的运行中多次出现串补装置平台附近拉合隔离开关而引起串补装置保护测量异常，造成串补误动作。

此外，在设计串补装置平台上各 TA 的安放位置时应尽量将其靠近测量及控制箱，这是因为电磁式 TA 的电缆越长，其分布电容带来的不良影响就越大。因此，在串补装置平台上采用电子式 TA 或纯光 TA，以光纤代替电缆传输电流数据，将会明显改善串补测量的抗干扰能力。

【案例】　某 500kV 串补站，其他线路出现区外故障，本线路串补旁路。通过对串补站及串补监控 SOE 进行动作时序分析，对线路及串补故障录波文件进行动作情况分析，串补装置没有接收到远方触发信号，串补各保护均未达到其整定值，实际录波显示电容器不平衡电流出现异常数据导致串补电容器不平衡保护动作，造成火花间隙误触发。经分析判断，该故障多是由于平台上采用的常规电磁式 TA 二次电缆受到强电磁场干扰，记录了不真实的电流数据，引起串补保护误动。

条文 20.1.11　控制保护系统。

条文 20.1.11.1　宜采用实时（数字）网络仿真工具验证控制保护系统的各种功能和操作的正确性。220kV 及以上电压等级的串补装置控制及保护设备按双重化配置，其电源、继电器、二次回路等应相互独立。

串补装置是由串补电容器组、MOV、火花间隙、阻尼设备、旁路开关等一次设备以及测量及控制保护等二次设备组成的复杂设备群组，其控制保护逻辑的合理性和保护动作定值的准确性，还受到外部电网结构及运行方式的影响。结合我国电网控制保护及安全自动装置的应用特点，采用实时仿真工具（如 RTDS）对串补控制保护系统进行检测，可以有效消除设备自身缺陷隐患，增加符合实际运行要求的功能，并可以检查串补设备与其他运行设备（如线路保护）之间的动作配合。

条文 20.1.11.2　控制保护系统应采取必要的电磁干扰防护措施，串补装置平台上的控制保护设备所采用的电磁干扰防护等级应高于控制室内的控制保护设备。控制及保护设备应就地与等电位接地网可靠连接。

由于串补装置平台距离断路器、隔离开关、接地开关、母线、输电线很近，一次设备操作或故障时引起的电磁干扰更容易窜入平台上的二次设备中；平台上一、二次设备受到分布电容影响更为明显；由于操作顺序不同也会导致平台电位的异常波动。尽管目前尚未对串补装置平台上的电磁环境影响做出精确定量分析，但从大量工程实践现象可以确定的是串补装置平台上的电磁环境较控制室恶劣许多。作为防范措施，应要求串补装置平台上控制保护设备的电磁干扰防护等级至少高于控制室内的控制保护设备一个等级，或采用相应试验的最高要求。这项要求在特高压串补装置的研制和实际应用中得到了初步印证。

条文 20.1.11.3　在线路保护跳闸经长电缆联跳旁路断路器的回路中，应在串补装置控制保护开入量前一级采取防止直流接地或交直流混线时引起串补控制保护开入量误动作的措施。

因在线路保护跳闸经长电缆联跳旁路断路器的回路中，无电气量判据，故需要采取防止直流接地或交直流混线时引起串补控制保护开入量误动作的措施，通常采用加装大功率中间继电器的办法。对大功率中间继电器的要求是：110V 或 220V 直流启动，启动功率大于 5W，动作电压应在额定直流电源电压 55%～70%范围内，额定直流电源电压下动作时间为 10～35ms，应具有抗 220V 工频干扰电压的能力。

条文 20.1.11.4 控制保护设备产生、复归告警事件以及解除重投闭锁等功能应正确。

应采取必要的检测手段，验证控制保护设备采取的抗干扰措施，能有效防止在串补装置遇到区内外故障，或拉合串补相关隔离开关时误动作或误发告警。

条文 20.1.11.5 串补装置故障录波设备应准确反映串补装置各模拟量和开关量状态，能够向故障信息子站及时、正确上送录波文件。

由于通常情况下，串补装置平台上无法安装故障录波设备，当串补装置运行中出现异常情况时，控制室内配备的串补装置故障录波设备会起到至关重要的分析作用，因此必须要求串补装置故障录波设备遵循相应的故障录波设备技术准则（DL/T 553—1994《220～500kV 电力系统故障动态记录技术准则》），并能将 Comtrade 格式的录波文件及时、正确传送到电网调度的故障信息子站。

条文 20.1.11.6 在串补装置遇到区内外故障或拉合串补相关隔离开关时，串补装置控制保护不应出现误动作或误发告警的情况。

在串补装置基建调试及验收阶段，应对串补装置平台上及串补控制小室内的各种串补控制保护设备进行必要的抗干扰验证检查，避免在区内外故障或拉合隔离开关等工况时，串补装置保护出现误动作或误发告警的情况。

条文 20.1.11.7 具备串补装置保护联跳线路断路器功能时，动作应正确、信号准确。

当发生串补装置旁路断路器合失灵等紧急情况时，需要采取串补装置保护联跳线路断路器的紧急措施。串补装置安装在线路单侧时，模拟串补联跳线路功能试验联动信号，串补装置保护联动线路断路器的输出信号应正确；串补装置安装在线路中间时，模拟串补装置联跳线路功能试验联动信号，串补装置保护经通信接口设备联动线路两侧断路器的输出信号应正确。

条文 20.1.11.8 安装串补装置的线路区内故障时，线路保护联动串补装置旁路断路器和强制触发间隙功能正确、信号准确。

加装了串补装置的线路，在出现单相故障时，如不退出相应相的串补电容器组，在某些运行工况下当线路开关重合时可能引起暂态过电压（TRV）。因此从运行安全出发，目前应用的串补装置通常都增加了线路保护联动串补装置旁路断路器和强制触发间隙功能。串补装置安装在线路单侧时，模拟线路保护联动串补信号，线路保护联动串补保护的输出信号应正确；串补装置安装在线路中间时，模拟线路保护联动串补信号，线路保护经通信接口设备联动串补装置保护的输出信号应正确。

条文 20.1.12　串补运行方式操作。

条文 20.1.12.1　在串补装置从热备用运行方式向冷备用运行方式操作过程中，应先拉开平台相对高压侧串补隔离开关，后拉开平台相对低压侧串补隔离开关。

条文 20.1.12.2　在串补装置从冷备用运行方式向热备用运行方式操作过程中，应先合入平台相对低压侧串补隔离开关，后合入平台相对高压侧串补隔离开关。

串补运行方式通常分为正常、热备用、冷备用、检修四种，其一、二次设备的运行状态应符合表 20-1 规定。

表 20-1　　　　　　　　　　　　串补装置的四种运行方式

操作设备 运行方式	旁路断路器 （BCB）	旁路隔离开关 （MBS）	串联隔离开关 （DS）	串补接地开关 （ES）	控制及 保护设备
正常方式	断开	断开	合入	断开	投入
热备用方式	合入	断开	合入	断开	投入
冷备用方式	任意	任意	断开	断开	任意
检修方式	任意	任意	断开	合入	退出

串补装置的典型电气主接线如图 20-5 所示。

在串补装置从热备用运行方式向冷备用运行方式操作过程中，先拉开平台相对高压侧串补隔离开关，此时平台相对地面的电位无变化，因平台上所有测控设备的"接地"点都在平台上，故各种平台上的二次设备的绝缘水平不变；如先拉开平台相对低压侧串补隔离开关，平台相对高压侧与地面间的相对电位不变，但平台相对地面的电

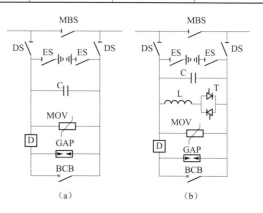

图 20-5　串补装置的典型电气主接线图
（a）固定串补装置；（b）可控串补装置

位会发生变化，施加在各种平台上二次设备的电位将出现变化，某些工况下将发生共模振荡，从而破坏二次设备的绝缘水平，引发绝缘材料过热、老化等。

在串补装置从冷备用运行方式向热备用运行方式操作过程中，先合入平台相对低压侧串补隔离开关，将平台上二次设备的电位钳制在与平台相对一致的水平上，再合入平台相对高压侧串补隔离开关，则平台上二次设备承受的电压水平不会发生变化。如先合入平台相对高压侧串补隔离开关，则会出现平台相对高压侧与地面间

的相对电位不变，但平台相对地面的电位会发生变化，施加在各种平台上二次设备的电位将出现变化，某些工况下将发生共模振荡，从而破坏二次设备的绝缘水平，引发绝缘材料过热、老化等。

【案例】 某 500kV 串补站，多次出现串补装置在正常操作投入运行后不久，串补 A 套和 B 套保护分别且无规律报出"平台通信故障"，经串补退出后对平台上设备进行检查发现，平台取能设备的隔离变压器绝缘涂层出现烧灼痕迹，个别隔离变压器严重烧损。经分析，在拉合隔离开关的过程中，平台上各种设备相对平台的电位会发生异常波动，加之隔离变压器设计的耐压等级不够，造成隔离变压器因绝缘强度不够而出现过热烧灼现象。

条文 20.1.12.3 串补装置停电检修时运行人员应将二次操作电源断开，将相关联跳线路保护的连接片断开。

该条规定是强调一、二次专业人员在检修时务必进行必要的沟通与配合。断开二次操作电源，目的是要防止二次人员传动串补保护时不会引起一次设备误动伤人；断开相关联跳本侧和对侧线路保护的连接片，目的是要防止二次人员传动串补保护时不会引起相关线路保护误动。

条文 20.1.13 按照《输变电设备状态检修试验规程》（DL/T 393—2010）开展红外检测，定期进行红外成像精确测温检查，应重点检查电容器组引线接头、电容器外壳、金属氧化物限压器端部以及串补装置平台上电流流过的其他主要设备。

由于串补装置平台上设备发生过热或起火事件后，从串补停电到处缺时间较长，因此该条规定要强调应对串补装置会流过大电流的电容器组、MOV 等重点设备开展红外检测，以利于提早发现设备隐患或故障，及时采取预防性措施。

条文 20.2 防止高压并联电容器装置事故

为防止高压并联电容器装置（以下简称并联电容器装置）事故，应严格执行《标称电压 1kV 以上交流电力系统用并联电容器》（GB/T 11024）及其他有关规定，并提出以下重点要求：

条文 20.2.1 并联电容器装置用断路器。

条文 20.2.1.1 加强并联电容器装置用断路器（包括负荷开关等其他投切装置）的选型管理工作。所选用断路器型式试验项目必须包含投切电容器组试验。断路器必须为适合频繁操作且开断时重燃率极低的产品。如选用真空断路器，则应在出厂前进行高压大电流老炼处理，厂家应提供断路器整体老炼试验报告。

该条规定主要是考核真空断路器投、切容性电流的能力，并消除真空泡内残存金属杂质，以避免由于残存金属杂质而产生开关分闸重燃。建议应强化对真空断路器出厂试验结果的检查。在大批量应用同型号真空断路器时，应开展设备抽检。

【案例】 某 220kV 变电站，共 4 组 10kV 集合式电容器组，投运前，使用某型

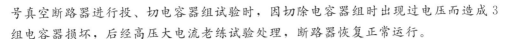

号真空断路器进行投、切电容器组试验时，因切除电容器组时出现过电压而造成 3 组电容器损坏，后经高压大电流老练试验处理，断路器恢复正常运行。

条文 20.2.1.2 交接和大修后应对真空断路器的合闸弹跳和分闸反弹进行检测。**12kV 真空断路器合闸弹跳时间应小于 2ms，40.5kV 真空断路器小于 3ms；分闸反弹幅值应小于断口间距的 20%。一旦发现断路器弹跳、反弹过大，应及时调整。**

真空断路器一般都采用弹簧操动结构，在调整不好的情况下，将极易产生复燃或重燃，其引起的过电压必然造成电容器损坏。

【案例 1】 某 35kV 集合分相式电容器组，在合闸时，电容器有一相损坏减容。经检测，真空断路器合闸弹跳超过 2ms，经调整结构后恢复正常运行。

【案例 2】 某新投运的 35kV 并联电容器组，真空断路器在一周时间内分开电容器组的多次操作过程中，分别连续出现 7 次重燃现象，造成电容器损毁。通过波形分析：两相复燃至两相或三相重燃，第一次复燃离真空断路器拉开电流灭弧不大于 3ms，这说明真空断路器还没有完全分闸到位就出现复燃，分析真空断路器真空泡内有残存杂物燃烧。后两次时间已大于 10ms，真空断路器出现反弹现象。

【案例 3】 某 35kV 电容器组，出现真空断路器分闸时电容器损毁，经试验检测，此真空断路器反弹超过触头行程的 29%。

条文 20.2.2 高压并联电容器。

条文 20.2.2.1 加强高压并联电容器工作场强控制，在压紧系数为 1（即 $K = 1$）条件下，全膜电容器绝缘介质的平均场强不得大于 57kV/mm。

该条规定是根据电网企业集中规模采购招标的有关要求制定的。根据近年来电网企业运行电容器的故障率统计，电容器采用 57kV/mm 的场强是一临界点，高于此值的电容器故障率相对较高，低于此值的电容器故障率相对较低。此外，电容器采用 57kV/mm 的场强，也是产品生产工艺复杂度与产品造价之间权衡的结果。

条文 20.2.2.2 电容器组每相每一并联段并联总容量不大于 3900kvar（包括 3900kvar）；单台电容器耐爆容量不低于 15kJ。

该条规定是 GB 50227—2008《并联电容器装置设计规范》中第 4.1.2 条第 3 项的规定，要求互相关联。

假设单台电容器容量为 417kvar，内部由 3 串元件构成，9 台并联，总容量为 3753kvar。当单台电容器承受 $1.3U_n$ 短时稳态允许过电压而造成内部有一串联段短路时，另外 8 台电容器所存能量对故障电容器放电，故障电容器的注入能量 E 可由下式近似得到

$$E = \frac{1}{2}U^2C = \frac{Qk^2}{2\omega} = \frac{(3753 - 417) \times 1.3^2}{2 \times 314} = 8.977(\text{kJ})$$

式中，过电压倍数 $k=1.3$，$\omega=314$。

因此，电容器组每一并联段总容量不超过 3900kvar 时，单台电容器发生故障时，其爆破能量不会超过 15kJ。

条文 20.2.2.3　同一型号产品必须提供耐久性试验报告。对每一批次产品，制造厂需提供能覆盖此批次产品的耐久性试验报告。有关耐久性试验的试验要求，按照《标称电压 1kV 以上交流电力系统用并联电容器　第 2 部分　耐久性试验》(GB/T 11024.2) 中有关规定进行。

该条规定主要是考虑电容器产品长期运行的稳定性而针对电容器单元的制造工艺提出的型式试验要求，应按照 GB/T 11024.2《标称电压 1kV 以上交流电力系统用并联电容器　第 2 部分　耐久性试验》中有关规定开展电压周期试验和老化试验。过电压周期试验是为了验证在从额定最低温度到室温的范围内，反复的过电压周期不致使介质击穿。老化试验是为了验证在提高的温度下，由增加电场强度所造成的加速老化不会引起介质过早击穿。

条文 20.2.2.4　加强电容器设备的交接验收工作。

条文 20.2.2.4.1　生产厂家应在出厂试验报告中提供每台电容器的脉冲电流法局部放电试验数据，放电量应不大于 50pC。

该条规定是保证电容器出厂时工艺质量的一项关键技术指标。现行国内电容器制造厂的出厂局部放电试验（极间和极对外壳），通常采用超声波法测量局部放电。通过对超声波法试验结果与脉冲电流法试验结果进行对比，发现超声波法存在灵敏度低、难以发现隐藏的绝缘缺陷。

【案例 1】 2008 年根据对国内 7 个主要电容器生产厂家的调研结果统计，出厂试验中对同一型号规格的电容器做超声波法极对壳（常温）局部放电试验，所测局放量不超过 10pC。通过对其中某厂家的电容器使用脉冲电流法抽查测量局部放电，试验环境不变的情况下，有的电容器局放量达到上百皮库。

【案例 2】 某制造厂 2006 年的电容器产品运行不到两年，当差压保护动作后，经检查发现有 24% 的电容器损坏。通过对故障电容器解体查看，电容器内部元件在场强分布较低的元件大面，出现击穿点。其主要原因是：元件卷绕工艺粗糙，有大量皱褶；这些元件在压紧后，抽真空及注油浸渍不良；内部气泡在运行中产生局部放电，很短时间就造成元件绝缘击穿。这些电容器在出厂试验中采用超声波法测量局部放电，未能在出厂环节有效检测出产品的重大质量隐患。

【案例 3】 某制造厂某批次出厂的 140 台 334kvar 电容器，出厂的超声波局放试验报告都标为合格，但在交接验收试验时，采用脉冲电流法测量电容器的局部放电量，有 70 多台电容器局放超标。

条文 20.2.2.4.2　电容器例行试验要求定期进行电容器组单台电容器电容量的测量，应使用不拆连接线的测量方法，避免因拆装连接线条件下，导致套管受力而发生套管漏油的故障。对于内熔丝电容器，当电容量减少超过铭牌标注电容量的 3% 时，应退出运行，避免电容器带故障运行而发展成扩大性故障。对用外熔断器保护的电容器，一旦发现电容量增大超过一个串段击穿所引起的电容量增大，应立即退出运行，避免电容器带故障运行而发展成扩大性故障。

采用内熔丝的电容器，当实际运行中减容超过 3% 时，由于内部熔丝熔断，剩下完好的与其并联的电容元件会因容抗升高而承受过电压运行，很容易发生损坏。从 2008 年以来，通过在交接验收试验时要求采用脉冲电流法抽测电容器局放，在现场预试中将减容超过 3% 的电容器退出运行这两项有效措施，至今尚未发生大量电容器损坏的现象。

【案例】　某制造厂的电容器产品，在现场预试中检查出有部分电容器减容超过 3%。再运行一个月后，电容器组主保护动作，电容器装置退出运行。经检查发现有 23 台电容器损坏。

条文 20.2.3　外熔断器。

条文 20.2.3.1　应加强外熔断器的选型管理工作，要求厂家必须提供合格、有效的型式试验报告。型式试验有效期为 5 年。户内型熔断器不得用于户外电容器组。

条文 20.2.3.2　交接或更换后外熔断器的安装角度应符合产品安装说明书的要求。

条文 20.2.3.3　及时更换已锈蚀、松弛的外熔断器，避免因外熔断器开断性能变差而复燃导致扩大事故。

条文 20.2.3.4　安装 5 年以上的户外用外熔断器应及时更换。

目前，国内生产的外熔断器的性能、质量差别较大，甚至相同型号、不同批次的产品质量差别也较大，因此，要求通过每隔 5 年开展型式试验，对外熔断器的产品质量加强管理。

外熔断器的安装角度必须按制造厂的说明书来安装、运行。如角度安装不合适，当电容器发生故障时，外熔断器将不能可靠动作，从而引起电容器故障扩大，如出现套管折断、电容器爆壳等严重后果。户外用外熔断器，已运行 5 年以上，根据实际运行观测，由于受风雨、污秽侵蚀，已大批失效，必须进行更换。

【案例】　某 220kV 变电站 10kV 电容器组故障，由于外熔断器安装角度不满足厂家要求，出现熔丝管破裂，造成多台电容器套管断裂故障。

条文 20.2.4　串联电抗器。

条文 20.2.4.1　电抗器的电抗率应根据系统谐波测试情况计算配置，必须避免同谐波发生谐振或谐波过度放大。运行中谐波电流应不超过标准要求。已配置抑制谐波用串联电抗器的电容器组，禁止减容量运行。

该条规定主要是避免带有串联电抗器的电容器组产生谐波谐振或谐波过度放大。

【案例】 某 110kV 变电站 10kV 电容器组，串联 5% 电抗，10kV 母线没有安装配 12% 串联电抗的电容器组，运行中出现串联电抗器（干式铁心）过热烧损故障。经 48h 连续监测，由于负荷存在谐波源，投入 5% 串联电抗的电容器组，在某一时段，存在对三次谐波电压严重放大的情况，造成串抗烧损。

条文 20.2.4.2 室内宜选用铁心电抗器。

干式空心电抗器的漏磁很大，如果安装在户内，会对安装在同一建筑物内的通信、继电保护设备产生很大的电磁干扰。

【案例】 某变电站内二楼装有一组空心串抗，运行期间，安装在三楼的通信设备无法正常运行，监视器图像扭曲、模糊无法正常使用。

条文 20.2.4.3 新安装干式空心电抗器时，不应采用叠装结构，避免电抗器单相事故发展为相间事故。

该条规定是由于叠装结构的空心串抗相间距离较近，如小动物或较大的鸟类窜入电抗器内，会造成相间短路故障，严重时会引起主变压器跳闸，造成大面积停电。由于并联电容器组通常安装在主变压器的低压侧，与变电站的主电压等级无关，因此，这项规定适用于任何电压等级的变电站。

【案例 1】 某 500kV 变电站 35kV 电容器组，由于鸟类的窜入，导致多起相间短路故障，引起隔离开关瓷柱折断。

【案例 2】 多个 220kV 变电站 10kV 电容器组，当小动物窜入电抗器相间间隔内，引起相间短路故障。

条文 20.2.4.4 干式空心电抗器应安装电容器组首端，在系统短路电流大的安装点应校核其动稳定性。

该条规定是当电容器组（尤其是采用上下叠装结构的三相电容器）出现相间短路故障时，避免过大的短路电流对主变压器的冲击。因此，在设计时必须考虑电抗器动稳定特性，避免烧损电抗器。

条文 20.2.4.5 干式空心电抗器出厂应进行匝间耐压试验，当设备交接时，具备条件时应进行匝间耐压试验。

电抗器匝间绝缘击穿短路是引起干式空心电抗器损坏的重要原因。现有的电抗器保护无法提供快速有效的保护。实际运行中通常是运行人员发现电抗器着火后，由运行人员操作跳开断路器。因此，通过匝间耐压试验严把电抗器制造质量，是一项行之有效的质量保障措施。需要强调的是，进行匝间耐压试验的设备必须能提供足够的匝间耐压试验能量或足够大的电压陡度。目前通常利用雷电冲击法进行空心电抗器匝间耐压试验，鼓励采用振荡波法或其他新方法进行空心电抗器匝间耐压试验。

【案例】 某厂生产的为 35kV 电压等级、容量 60Mvar 的并联电容器组配套的串抗，在 2010 年连续发生两起串抗着火烧毁故障。事故调查过程中，对该厂生产的串抗进行雷电冲击试验，在施加 180kV 雷电冲击波时，串抗出现匝间击穿。

条文 20.2.5 放电线圈。

条文 20.2.5.1 放电线圈首末端必须与电容器首末端相连接。

该条规定是为了避免放电线圈回路把串抗也包含进去的错误接线方式。

条文 20.2.5.2 新安装放电线圈应采用全密封结构。对已运行的非全密封放电线圈应加强绝缘监督，发现受潮现象应及时更换。

该条规定是为了逐步淘汰非全密封式放电线圈。

条文 20.2.6 避雷器。

条文 20.2.6.1 电容器组过电压保护用金属氧化物避雷器接线方式应采用星形接线，中性点直接接地方式。

除了条文中要求采用的接线方式外，以往还常采用"3+1"的接线方式，即其中三只避雷器首端分别接电容器各相首端，尾端接在一起后，再通过另一只避雷器接地的方式。由于"3+1"的接线方式对通流容量要求较大，实际避雷器生产工艺难以满足要求。

条文 20.2.6.2 电容器组过电压保护用金属氧化物避雷器应安装在紧靠电容器组高压侧入口处位置。

只有按照该条规定要求安装金属氧化物避雷器，才能保证电容器组在有效的过电压保护范围之内。如果将金属氧化物避雷器接在电源到电容器组进线侧，串联电抗器布置在首端，则加在电抗和容抗上的电动势方向相反，电容器的电压比电源电压高，当出现过电压工况时，避雷器将难以起到限压保护作用。

条文 20.2.6.3 选用电容器组用金属氧化物避雷器时，应充分考虑其通流容量的要求。

电容器组用金属氧化物避雷器，主要是防止操作过电压对电容器的危害。考虑通流容量的要求，主要是指 2ms 方波的冲击电流容量。

条文 20.2.7 电容器组保护。

条文 20.2.7.1 采用电容器成套装置及集合式电容器时，应要求厂家提供保护计算方法和保护整定值。

因为电容器组的主保护定值受电容器的内部结构、设计场强、膜的几何尺寸、元件串并数量等诸多因素相互影响，制造厂对电容器装置的设计参数掌握更准确，其计算提供的定值也较为合理。

条文 20.2.7.2 电容器组安装时应尽可能降低初始不平衡度，保护定值应根据电容器内部元件串并联情况进行计算确定。500kV 变电站电容器组各相差压保护定值不应超过 0.8V，保护整定时间不宜大于 0.1s。

该条规定是保障当电容器故障时，电容器保护装置能够及时动作，最大限度地减少电容器的损坏台数。2007 年以前，由于受电容器制造工艺的影响，差压保护定值为躲避合闸瞬间在电容器组每相的上、下臂出现的不平衡过渡过程，其动作时间都≥0.2s；为避免电容器组每相的上、下臂的原始不平衡，其动作电压都≥2V。这种保护定值的设定原则具有不良后果：动作延时过长会导致电容器内部元件承受过电压时间过长；个别电容器内部多熔丝熔断会因为保护灵敏度不够而不能及时发现。

目前，国内电容器的工艺水平已能保证，电容器组每相的上、下臂的原始不平衡电压值保证不大于 0.6V，电容器组投入合闸瞬间，不平衡超定值电压持续时间不超过 0.065s。

【案例】 某 500kV 变电站配备 35kV 电压等级容量为 64.128Mvar/334kvar 的电容器组，差压保护定值为：动作时间 0.5s，动作电压 5V。当电容器故障导致差压保护动作时，一组电容器已有超过 12.4% 的电容器单元损坏。从 2007 年底，该变电站采用本条"500kV 变电站电容器组各相差压保护定值不应超过 0.8V，保护整定时间不宜大于 0.1s"的技术要求后，更换后的电容器未再出现大面积损坏。

21

防止直流换流站设备损坏和单双极强迫停运事故

💬 **总体情况说明：**

本项反措为新增内容，本章参考了国家电网公司《十八项反措》相关内容。直流输电系统输送容量大，停运后对两侧电网影响很大，因此在本反措中除了防止直流设备损坏外，还要防止单双极强迫停运，在编制"防止直流输电系统设备损坏和单双极强迫停运事故"反措过程中，根据近年来有关直流输电系统事故情况，按照直流换流站主要设备提出了相关重点反措要求。

换流站对站用电的要求很高，若全站失去站用电时间超过 10s，就会引起双极闭锁，损失数千兆瓦的功率。因此本反措增加了"防止失去站用电事故"一节。

防止换流变压器（平波电抗器）事故既要参考防止变压器事故措施执行，也结合换流变压器（平波电抗器）事故特点提出了针对性反事故措施。

由于直流断路器与单相交流断路器类似，本反措中"防止直流断路器故障"可参考"防止 GIS、开关设备事故"内容，未单独对直流断路器提出反事故措施。

防止直流穿墙套管事故、绝缘子放电事故在本反措中统称为"防止外绝缘事故"，结合直流系统外绝缘特点提出了针对性反事故措施。

📖 **条文说明：**

条文 21.1　防止换流阀损坏事故

条文 21.1.1　加强换流阀及阀控系统设计、制造、安装、投运的全过程管理，明确专责人员及其职责。

为确保工程的安全、质量以及投运后换流阀的安全可靠运行，有必要在换流阀的设计、制造、安装、试验、现场调试到投运等方面实施全过程管理。目前国内主要换流阀厂家已掌握了换流阀的设计、制造、安装、调试等方面的技术，但对阀控系统的设计制造技术的掌握程度还有待深入，特别是不同厂家的换流阀与不同厂家的控制保护系统配合时，阀控系统接口问题较多。在高岭、灵宝、复奉特高压直流、宁东、林枫等工程的阀控系统设计和制造上都或多或少存在一些问题。因此将2005 年版《十八项反措》中"加强换流阀设计、制造、安装到投运的全过程管理"

修改为"加强换流阀及阀控系统设计、制造、安装到投运的全过程管理"。

【案例1】 2009年某直流换流站在系统调试期间，50Hz保护动作，闭锁直流。检查发现其阀控系统监视信号设计不完善，存在频繁丢失触发脉冲的现象。

【案例2】 2010年某特高压直流工程系统调试和试运行期间，不定期发生直流电流忽然跌落到零然后迅速恢复的情况。分析检查发现其阀控系统某参数设置不当，导致偶尔丢失触发脉冲。

条文21.1.2 对于高压直流系统换流阀及阀控系统，应进行赴厂监造和验收。监造验收工作结束后，赴厂人员应提交监造报告，并作为设备原始资料分别交建设运行单位存档。

换流阀是直流输电系统中的主要设备，因此要加强对换流阀的全过程监督管理。在监造验收工作结束后，赴厂人员应提交监造报告，所有在监理过程中出现的异常情况，以及整改的措施和结果均应作为监造验收报告附件列出，并作为设备原始资料存档。应向制造厂收集有关换流阀设备的资料包括：

（1）换流阀的重要原材料的物理、化学特性和型号及必要出厂检验报告；

（2）换流阀的重要零部件和附件的验收试验报告及全部出厂试验报告；

（3）换流阀的出厂试验报告；

（4）换流阀的型式试验报告；

（5）换流阀的产品改进和完善的技术报告；

（6）制造厂与分包商的技术协议和分包合同副本；

（7）换流阀设备的组装图、引线布置图、装配图及其他技术文件；

（8）换流阀设备的生产进度表；

（9）换流阀设备制造过程中出现的质量问题的备忘录。

监造报告作为重要的设备原始资料，也应交运行单位存档，以方便设备全寿命管理和故障分析处理。

【案例】 2011年某运行单位在对所辖各换流站进行的阀塔防火隐患排查过程中，发现多个厂家未提供换流阀型式试验报告和阀元件阻燃特性报告。

条文21.1.3 各阀冗余晶闸管级数应不小于12个月运行周期内损坏的晶闸管级数的期望值的2.5倍，最少不少于2~3个晶闸管级数。

晶闸管阀通过一定数量晶闸管级的串联达到规定的电压承受能力。为了提高换流阀的可靠性，单阀必须配置一定数量的冗余晶闸管，作为两次计划检修之间损坏元件的备用。

【案例】 某换流站一个单阀由6个阀段组成，含33个晶闸管。其晶闸管冗余保护配置了2套保护，一套的判据为"单阀超过2个晶闸管故障则闭锁"，另一套的判据为"单个阀段超过1个晶闸管故障则闭锁"，2套保护配置自相矛盾。现场取消了阀段无冗余晶闸管判据。

条文 21.1.4 **在换流阀的设计和制造中应采用阻燃材料,并消除火灾在换流阀内蔓延的可能性。阀厅应安装响应时间快、灵敏度高的火情早期检测报警装置。**

换流阀由大量合成材料和非导电体组成,长期运行于高电压和大电流下,任何元部件的故障或电气连接不良,都可能导致局部过热,绝缘损坏,从而产生电弧并引起失火。因此换流阀的设计和制造中应采用阻燃材料,并消除火灾在换流阀内蔓延的可能性。阀厅应安装响应时间快、灵敏度高的火情早期检测报警装置,一旦发生个别元器件起火,报警装置应尽早提醒运行人员尽快处理,避免火势蔓延。

【案例】 2011 年某换流站在调试期间发生部分阀塔烧损事件,事件原因为:①阻尼电容元件内部材料阻燃性能不满足要求;②未采取隔离措施阻止火势横向纵向蔓延;③阀厅烟雾报警系统反应不灵敏,C 相阀塔有明火后约 3min 后 VESDA 才报警。

条文 21.1.5 **换流阀安装期间,阀塔内部各水管接头应用力矩扳手紧固,并做好标记。换流阀及阀冷系统安装完毕后应进行冷却水管道压力试验。**

换流阀漏水是引起换流阀故障停运的主要因素之一,标准化水管安装工艺要求,可以减少类似问题的发生。

【案例 1】 2003 年某换流站极 IIC 相左半层的第 7 层的电抗器的冷却水管接头处漏水,申请将极Ⅱ手动停运。

【案例 2】 2006 年某站极 IIC 相阀塔大量漏水,C 相 VBE 柜内"漏水告警/跳闸灯亮",极Ⅱ紧急停运。

【案例 3】 2007 年某站 220kV 侧 LTT 阀冷却系统水管接口脱落漏水,导致膨胀罐液位低保护动作跳闸、直流系统闭锁。

【案例 4】 2010 年某站极Ⅱ低端阀组 Y/YA 相接头大量漏水,导致部分光纤、TFM 板卡及卡槽严重烧毁,直流系统闭锁。

条文 21.1.6 **换流阀冷却控制保护系统至少应双重化配置,并具备完善的自检和防误动措施。当阀冷保护检测到严重泄漏、主水流量过低或者进阀水温过高时,应自动闭锁换流器以防止换流阀损坏。**

换流阀冷却系统控制保护故障是引起换流阀故障停运的另一主要因素。冗余配置、完善的自检、正确配置阀冷系统保护、保护防误动措施是提高换流阀冷却系统控制保护可靠性的有效措施。

【案例 1】 2005 年某站冷却水电导率高造成闭锁。换流阀内冷系统是一个封闭系统,在正常维护下电导率不会急剧变化。为避免电导率传感器故障引起电导率保护误动,经专家评审后现场取消了电导率跳闸功能,电导率异常仅投报警。

【案例 2】 2005 年某站主泵切换过程中两台主泵均过载跳闸,造成单元停运。

433

故障原因为增加的过滤网使主泵启动电流变大。事后取消了过滤网并重新整定主泵过流保护定值。

【案例3】 2007年两台主泵先后故障，引起单极闭锁。故障原因为1台主泵变频器故障，另一台主泵过热保护误动。

【案例4】 2009年某站阀冷系统泄漏保护误动，故障原因为泄漏保护过于灵敏。之后优化了泄漏保护算法并重新整定了定值。

【案例5】 2009年某站极2MCC切换开关故障，造成极Ⅱ外冷全停，内冷进水温度开高，保护动作闭锁极Ⅱ。经分析故障原因为切换开关故障，备自投配合时间不当。

【案例6】 2010年某站主泵切换期间进线断路器相继跳闸，其原因为主泵变频启动后转工频运行，主泵电流达到额定电流的14倍，对于采用变频器启动的主泵，禁止启动后退出变频器转工频运行。

【案例7】 2011年某站冷却塔M12风机安全开关接线盒进水，5QF26空气断路器跳开，两套控制系统24V信号电源丢失，造成极Ⅰ冷却塔喷淋泵全停，进阀温度高保护动作，闭锁极Ⅰ。

【案例8】 2011年某站水冷B系统输入板卡故障，处理期间主泵切换不成功，流量保护动作，闭锁该阀组。故障原因为阀冷控保系统板卡工作电源和主泵信号电源共用，流量保护定值偏低。

条文21.1.7 换流阀内冷系统主泵切换延时引起的流量变化应满足换流阀对水冷系统最小流量的要求。

站用电、阀冷系统主泵异常或者在主泵定期切换时，换流阀内水冷系统的主水流量都会发生一定的扰动。要求换流阀及阀冷系统应能承受该扰动，避免最小流量不满足而闭锁直流。

【案例】 2011年某换流站厂家提供的阀冷系统流量保护定值如下：额定流量：72L/s；慢速跳闸：70L/s，延时11s；快速跳闸：35L/s，延时0.5s。即流量达到额定流量的97%时延时11s跳闸，达到额定流量的49%时立即跳闸。而实测主泵切换过程中最低流量为30L/s，流量保护在主泵切换期间会闭锁相应阀组。

条文21.1.8 对于阀外风冷系统，设计阶段应充分考虑环境温度、安装位置等的影响，保证具备足够的冷却裕度。

位于北方干旱地区的换流站一般通过外风冷系统对内冷水进行冷却。外风冷系统通过空气冷却，其冷却效率受环境影响较大。在迎峰度夏期间，输电容量大换流阀产热大，环境温度高，风冷系统散热慢，容易出现外风冷系统容量不足的问题。

【案例1】 2009年8月某换流站外风冷设备区域环境温度超过40℃（外风冷系统设计最高环境温度为39.8℃），外冷系统全部投入运行，冷却水进阀温度仍超过 40°C，其中单元 1 进阀温度逼近跳闸值 50°C，现场不得不采用水喷淋的辅助降温措施。

【案例 2】 2011 年 8 月某换流站外风冷系统满负荷运行，冷却水进阀温度频繁报警，实测进阀温度逼近进阀温度保护跳闸值。

条文 21.1.9 冷却系统管道不允许在换流站阀冷系统安装施工现场切割焊接。现场安装前及水冷分系统试验后，应充分清洗直至换流阀冷却水满足水质要求。

条文 21.1.10 阀控系统应双重化冗余配置，并具有完善的晶闸管触发、保护和监视功能，准确反映晶闸管、光纤、阀控系统板卡的故障位置和故障信息。阀控系统应全程参与直流控制保护系统联调试验。当直流控制系统接收到阀控系统的跳闸命令后，应先进行系统切换。

阀控系统的可靠性和可维护性对换流阀的状态监测和运行维护至关重要。阀控系统全程参与直流控制保护系统联调有助于提前发现并解决阀控系统的问题。极控收到阀控系统的跳闸命令后先切换再跳闸，可以有效防止阀控系统单一元件故障错误闭锁换流阀。

【案例 1】 2009 某厂家在阀控系统配置了"热字保护"使其在换相失败、阀短路等情况下闭锁换流阀。该保护与直流系统保护中的相关保护设置重复，且无抗干扰措施，在系统调试期间多次误动。

【案例 2】 2011 年某厂家生产的换流阀阀控系统在三个直流工程中，均发生了漏报误报事件的现象，不能准确反映晶闸管、光纤和阀控系统的故障信息，严重影响换流阀的运行维护。后发现其事件报文存在断帧丢帧的情况。

【案例 3】 2011 年某站阀控系统自检正常，但阀控 B 系统在无任何故障报文的情况下，其跳闸继电器励磁，发出了跳闸令。后改为阀控系统的跳闸指令先送极控主机，由极控主机视极控阀控可用情况，进行切换或执行跳闸。

条文 21.1.11 换流阀外冷水水池应配置两套水位监测装置，并设置高低水位报警。

外冷平衡水池为外水冷喷淋泵提供水源。若外冷水水池水位过低，则阀外冷水系统即使正常工作也不能起到冷却换流阀的作用。

【案例】 2009 年某换流站检修期间，平衡水池被排干，水位监视未报警，直流系统启动后由进阀温度高保护闭锁直流。

条文 21.1.12 换流阀外风冷电动机、换流阀外水冷塔风扇电动机及其接线盒应采取防潮防锈措施。

阀外冷系统尤其是外风冷系统，风扇电动机长期在户外运行，运行环境较为严酷，所以本条增加了阀外冷系统电动机防潮防锈方面的要求。

【案例】 2007 年某站发现所有 18 台外风冷电动机存在轴封老化开裂、轴承锈蚀、电动机绝缘下降等现象，造成电动机频繁故障。后加装了防雨伞裙，更换了电动机轴封，并将轴承检查、电动机加油等列入外风冷系统常规检修项目。

条文 21.1.13　高寒地区阀外冷系统应考虑采取保温、加热措施、避免在直流停运期间外冷管道冻结。

条文 21.1.14　阀厅设计应根据当地历史气候记录，适当提高阀厅屋顶的设计与施工标准，防止大风掀翻屋顶。阀厅设计及施工中应保证阀厅的密闭性。

目前国内使用的换流阀均为户内阀，其对阀厅的清洁程度、温湿度等都有一定要求。若阀厅建筑存在问题，则会对换流阀的绝缘或者冷却造成不利影响。

【案例 1】　2011 年某站调试期间，发现其阀厅压型钢板内密封薄膜未搭接，自攻螺丝数量及等级不足，阀厅密封不良、阀厅空调出口风压低，造成阀厅积灰较多，严重影响阀厅安全运行。

【案例 2】　2008 年 6 月 6 日某站主楼顶部波纹板被大风吹起，控制设备室、通信设备室屋顶漏水，极Ⅱ阀厅有轻微渗漏点。

条文 21.1.15　阀厅屋顶设计应考虑可靠的安全措施，避免运维人员检查屋顶时跌落。

条文 21.1.16　运行期间应记录和分析阀控系统的报警信息，掌握晶闸管、光纤、板卡的运行状况。当单阀内仅剩余 1 个冗余晶闸管时，或者短时内发生多个晶闸管连续损坏时，应及时申请停运直流系统，避免发生雪崩击穿导致整阀损坏。

条文 21.1.17　应定期对换流阀设备进行红外测温，建立红外图谱档案，进行纵、横向温差比较，便于及时发现隐患并处理。

条文 21.1.18　检修期间应对内冷水系统水管进行检查，发现水管接头松动、磨损、渗漏等异常要及时分析处理。

条文 21.1.19　晶闸管换流阀运行 15 年后，每 3 年应随机抽取部分晶闸管进行全面检测和状态评估。

老旧换流阀的晶闸管等主要元件可能会出现一定程度的老化，其性能会有所下降。对于这样的换流阀，有必要定期进行抽检和状态评估，及时采取措施，避免晶闸管大量损坏。

【案例】　2008 年某投运 20 年的换流站在长时间停运后重新解锁时，桥差保护动作闭锁直流，检查发现 C 相阀塔 120 只晶闸管均被击穿。

条文 21.2　防止换流变压器（平波电抗器）事故

防止换流变压器（平波电抗器）事故参考"防止大型变压器损坏和互感器事故"措施执行，还应注意以下方面。

条文 21.2.1　换流变压器及平波电抗器阀侧套管不宜采用充油套管。换流变压器及平波电抗器的穿墙套管的封堵应使用非导磁材料。换流变压器及平波电抗器

阀侧套管类新产品应充分试验后再在直流工程中使用。

换流变压器阀侧套管和平波电抗器直流套管曾在多个工程中出现故障。为保证直流套管的质量，应加强监造和试验，建议换流变压器及平波电抗器阀侧套管类新产品应充分试验后再在直流工程中使用。

【案例 1】 2007 年 4 月 29 日，某站 022B 换流变压器 C 相套管故障，接地过流保护闭锁直流。检查发现于套管应力锥端部、末屏屏蔽铜线、套管与法兰交接部位三处放电，套管下部电容锥插入屏蔽筒处破裂，且屏蔽筒内有放电痕迹。

【案例 2】 2009 年 12 月 1 日，某站在试运行期间，平波电抗器套管爆炸。故障原因为产品设计及材料使用不当。

【案例 3】 2010 年 4 月 23 日某站 10 台换流变压器阀侧套管均有漏油鼓包现象，分析确认漏油原因为将军帽与支撑铝管上部法兰间密封结构存在设计缺陷，鼓包原因为环氧树脂与硅橡胶之间黏接不良。经试验发现温局放等多项数据不合格，后整批次更换。

【案例 4】 2010 年 12 月至 2011 年 6 月期间，多站平波电抗器极母线侧套管距顶部 1/3 处发生间歇性放电，停运后检查在绝缘子柱面和伞裙间发现多处放电点。经返厂解剖发现同批次的套管存在严重的设计隐患，对该批次的套管进行了更换。

条文 21.2.2 换流变压器应配置带气囊的油枕，油枕容积应不小于本体油量的 8%～10%。换流变压器应配置两套基于不同原理的油枕油位监测装置。

换流变压器储油柜（油枕）内应配置起油气隔离作用的合成橡胶气囊，应配有油位计并附高低油位报警。现场曾发生储油柜内气囊破裂，破裂的气囊影响油位计使其不能正确反映油位，造成油位过低气体保护动作。若换流变压器配置两套基于不同原理的储油柜油位监测装置，则运行人员可以及时发现油位异常。

【案例】 2011 年 5 月 2 日某站极 II 高端 Y/YC 相换流变压器轻瓦斯报警，10min 后重瓦斯动作，闭锁该阀组。检查发现该变压器因储油柜气囊破裂储油柜漏油导致重瓦斯动作。

条文 21.2.3 换流变压器电流互感器、电压互感器二次绕组应满足保护冗余配置的要求。换流变压器非电量保护跳闸触点应满足非电量保护三取二配置的要求，按照"三取二"原则出口。

条文 21.2.4 换流变压器和平波电抗器的非电量保护继电器及表计应安装防雨罩。换流变压器分接开关不应配置浮球式的油流继电器。

为防止换流变压器非电气保护误动，要求作用于跳闸的换流变压器非电量保护继电器应配置三个跳闸触点，按三取二逻辑出口。要注意换流变压器非电量保护继电器的选型，换流变压器分接开关应采用流速继电器或压力继电器，不应配置浮球式的油流继电器。要给继电器加装防雨罩，避免触点受潮造成继电器误动。

【案例1】 2004年5月25日某站极Ⅱ Y/YC 相换流变压器有载分接开关压力继电器误动，导致极闭锁。检查发现该继电器接线盒内存在大量水珠，误动由继电器触点受潮引起。

【案例2】 2009年2月21日某站单元2换流变压器C相有载分接开关重瓦斯保护动作，单元2闭锁。其原因为有载分接开关选型不当，使用了双浮球带挡板的气体继电器。

【案例3】 2010年12月9日某站极Ⅰ Y/DA 相换流变压器有载分接开关油流继电器误动导致极Ⅰ闭锁。检查发现该油流继电器干簧触点与吸合磁铁的安全距离偏小，其传动螺丝上有磨损缺口，振动加大导致触点误动。

【案例4】 2011年3月13日某站极Ⅰ换流变压器C相重瓦斯误动闭锁极Ⅰ。检查发现气体继电器浮球存在微小缝隙，变压器油逐渐渗入浮球内，浮球下沉造成气体继电器触点接通。3月20日因同样原因气体保护再次误动。

条文21.2.5 换流变压器保护应采用三重化或双重化配置。采用三重化配置的换流变压器保护按"三取二"逻辑出口，采用双重化配置的换流变压器保护，每套保护装置中应采用"启动＋动作"逻辑。

为防止换流变压器电气量保护误动，换流变压器保护一般按三重化或者双重化配置，且要求每套保护的电流测量值取自独立的二次绕组，所以换流变压器TA应配置足够的二次绕组，且绕组特性应满足保护要求。

【案例】 某站换流变压器阀侧套管电流互感器有4个绕组，但仅有一个为TPY级，两套直流保护使用的是两个0.5FS5型绕组。2008年8月13日该站发生交流侧出线单相故障时，FS型绕组传变特性变差，测量电流严重畸变，引起桥差保护误动，闭锁极Ⅰ。2006年6月21日同样原因曾造成双极闭锁。

条文21.2.6 采用六氟化硫气体绝缘的换流变压器及平波电抗器套管、穿墙套管、直流分压器等应配置六氟化硫气体密度监视装置，监视装置的跳闸节点应不少于3对，并按"三取二"逻辑跳闸。六氟化硫气体密度监视装置应将气体密度信息发送到运行人员监视系统。

换流变压器及平波电抗器套管、穿墙套管、直流分压器等应配置 SF_6 气体密度监视装置，实时监视 SF_6 气体密度，及时发现气体泄漏，避免设备损坏。

【案例1】 2008年5月27日某站极Ⅰ Y/YC 相换流变压器套管 SF_6 气体压力监测装置误动闭锁极Ⅰ。现场检查套管实际压力正常，该 SF_6 气体压力监测装置采用交流220V供电，在交流系统出现瞬时扰动时工作异常，跳闸触点闭合。

【案例2】 2011年5月7日某站极Ⅰ高端 Y/DB 相阀侧套管 SF_6 气体压力低报警，及时发现套管漏气问题。因该套管位于阀厅内，无法进行在线补气，申请停运后处理。

条文 **21.2.7** 换流变压器和平波电抗器内部故障跳闸后，应自动切除油泵。

防止潜油泵将变压器内部故障形成的碎屑带入绕组及铁心内部，给故障处理造成困难。

条文 **21.2.8** 应确保换流变压器和平波电抗器就地控制柜的温湿度满足电子元器件对工作环境的要求。

换流变压器和平波电抗器就地控制柜位于户外高温灰尘环境中，不利于柜内板卡及元件的可靠运行，设计时应注意采取必要的措施，改善柜内温湿度。

【案例】 某工程的换流变压器和平波电抗器就地控制柜 ETCS，ERCS 板卡故障率较高，加盖保温小室并安装空调后，故障明显减少。

条文 **21.2.9** 换流变压器铁芯及夹件引出线采用不同标识，并引出至运行中便于测量的位置。

条文 **21.2.10** 换流变压器应配置成熟可靠的在线监测装置，并将在线监测信息送至后台集中分析。

为了满足状态检修的要求，换流变压器和平波电抗器应配置成熟可靠的在线监测装置，并将在线监测信息送至后台集中分析，以实时掌握设备状态，在实时连续检测过程中若观察到并非瞬间发生的故障先兆，则可及时处理，从而减少设备损坏。

【案例】 2010 年 6 月 6 日，某换流站 010B 换流变压器 B 相本体气体在线监测装置报气体含量超高告警。后经确认发现对应换流变压器网侧线圈外表面有大面积发黑现象。该案例证明在线监测装置能及时监测出故障征兆，有效地保障了换流站核心设备运行的稳定性。

条文 **21.2.11** 运行期间，换流变压器和平波电抗器的重瓦斯气体继电器，以及换流变压器有载分接开关油流继电器应投跳闸。

条文 **21.2.12** 当换流变压器和平波电抗器在线监测装置报警、轻瓦斯报警或出现异常工况时，应立即进行油色谱分析并缩短油色谱分析周期，跟踪监测变化趋势，查明原因及时处理。

条文 **21.2.13** 监视换流变压器和平波电抗器本体及套管油位。若油位有异常变动，应结合红外测温、渗油等情况及时判断处理。

条文 **21.2.14** 应定期对换流变压器套管进行红外测温，并进行横向比较，确认有无异常。

条文 **21.2.15** 当换流变压器有载调压开关位置不一致时应暂停功率调整，并检查有载调压开关拒动原因，采取相应措施进行处理。

当换流变压器有载调压开关位置不一致时，如果继续大幅调整输送功率，可能引起换流变压器零序保护动作，闭锁直流，所以应暂停功率调整，并检查有载调压开关拒动原因，采取相应措施进行处理。

【案例1】 2010年9月23日某站极IY/DB相换流变压器分接开关调整到29挡，其他相换流变压器分接头位置在26挡，造成三相不一致，变压器零序保护动作闭锁极I。

【案例2】 2011年4月14日某站020B换流变压器分接开关调整过程中，故障录波频繁启动，录波显示角侧零序电流较大。检查发现020B换流变压器B相分接开关传动轴固定螺钉、螺杆脱落。

条文21.2.16 换流变压器（平波电抗器）投运前应检查套管末屏接地良好。

条文21.3 防止失去站用电事故

条文21.3.1 换流站的站用电源设计应配置3路独立、可靠电源，其中一路电源应取自站内变压器或直降变压器，一路取自站外电源，另一路根据实际情况确定。

换流阀内冷却系统的主泵，外冷系统的电动机和风扇都通过站用电供电。若多路站用电源均故障，阀冷系统停运，则换流阀将在数秒内闭锁。因此换流站一般均应配置3路独立、可靠的电源，其中一路电源应取自站内变压器或直降变压器，一路取自站外电源，另一路根据实际情况确定。

【案例】 2005年4月9日某换流站站用电4路10kV进线全停，阀冷系统主泵停运，流量保护动作，闭锁双极。该站4路10kV进线取自同一个220kV变电站，该变电站失电就会引起双极闭锁。为提高站用电的可靠性，加装了一台550kV/10kV直降变压器。

条文21.3.2 换流站站用电系统10kV母线和400V母线均应配置备用电源自动投切装置。

条文21.3.3 换流阀内冷却系统两台主泵应冗余配置、主泵电源应相互独立并取自不同的400V母线段。换流阀外冷却系统由两路400V电源经电源切换装置分塔分段供电。换流变压器冷却系统由两路400V电源经电源切换装置供电。

条文21.3.4 10kV及400V备自投、换流阀外冷却系统电源切换装置的动作时间应逐级配合，保证不因站用电源切换导致单双极闭锁。

合理配置换流站10kV及400V备用电源自动投切装置，可以在失去一路或者两路站用电电源的情况下，由剩余的站用电源为双极换流阀冷却系统供电，从而提高换流站的可靠性。

【案例】 2009年8月16日，某站35kV站用电进线遭受雷击，10kV开关H103低压报警，1.05s后H103低压报警复归，但极II阀外冷系统喷淋泵和冷却塔风扇故障未复归，8min后II由内冷水进阀温度高保护闭锁。检查发现该站换流阀外冷系统电源切换装置切换延时为1s，与10kV和400V备自投装置的动作时

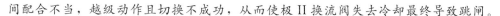

间配合不当，越级动作且切换不成功，从而使极Ⅱ换流阀失去冷却最终导致跳闸。

条文 21.3.5　站用电系统及水冷系统应在系统调试前完成各级站用电源切换、定值检定、内冷水主泵切换试验。

系统调试前或阀冷系统设计变更后，应完成站用电切换试验，通过模拟站用电进线故障，检验各级备自投是否正确动作，阀冷系统主泵是否工作正常，阀冷系统流量温度是否满足要求。

条文 21.3.6　直流换流站直流电源应采用三台充电、浮充电装置，两组蓄电池组、三条直流配电母线（直流 A、B 和 C 母线）的供电方式。A、B 两条直流母线为电源双重化配置的设备提供工作电源，C 母线为电源非双重化的设备提供工作电源。双重化配置的二次设备的信号电源应相互独立，分别取自直流母线 A 段或者 B 段。

条文 21.3.7　换流站应加强站用电系统保护定值以及备自投定值管理。

条文 21.3.8　当失去一路站用电源时应尽快恢复其供电。

条文 21.4　**防止外绝缘事故**

条文 21.4.1　在设计阶段，设计单位应充分考虑当地污秽等级及环境污染发展情况，并结合直流设备易积污的特点，参考当地长期运行经验来设计直流场设备外绝缘强度。

直流设备外绝缘配置应充分考虑直流设备污秽吸附效应，选择直流设备外绝缘配置时应高于当地污秽等级的要求。

条文 21.4.2　对于新电压等级的直流工程，应通过绝缘配合计算合理选择避雷器参数。

条文 21.4.3　密切跟踪换流站周围污染源及污秽度的变化情况，据此及时采取相应措施使设备爬电比距与所处地区的污秽等级相适应。

条文 21.4.4　每年应对喷涂了绝缘子防污闪涂料（RTV）的直流场设备绝缘子进行憎水性检查，及时对破损或失效的涂层进行重新喷涂。若复合绝缘子或喷涂了绝缘子防污闪涂料的瓷绝缘子的憎水性下降到 3 级，宜考虑重新喷涂。

条文 21.4.5　定期对直流场设备进行红外测温，建立红外图谱档案，进行纵、横向温差比较，便于及时发现隐患并处理。

条文 21.4.6　恶劣天气下加强设备的巡视，检查跟踪设备放电情况。发现设备出现异常放电后，及时汇报，必要时申请降压运行或停电处理。若发现交流滤波器开关有放电现象，应申请调度暂停功率调整，减少交流滤波器开关分合操作。

恶劣天气条件下若发现交流滤波器开关有放电现象，应申请调度，暂停功率调整，避免功率升降过程引起交流滤波器投切，减少交流滤波器开关分合操作，降低交流滤波器开关断口放电的风险。

【案例】 2010 年 1 月 19 日，某站 5621A 相、5633C 相、5642B 相交流滤波器开关分别在浓雾条件下进行分闸操作时，发生均压电容外绝缘闪络，保护动作跳开 62 号母线、63 号母线和 64 号母线。

条文 21.4.7 应按照厂家要求，使用中性清洗剂定期对直流分压器绝缘子表面进行清洗。

每年应对直流场设备绝缘子，尤其是直流分压器，进行憎水性检查，并按照厂家要求定期清洗。恶劣天气下应加强设备的巡视，发现设备出现异常放电后，及时汇报，必要时申请降压运行或停电处理。

【案例 1】 2004 年 11 月 6 日某站极 I 直流分压器在大雾天气下发生闪络，极母线差动保护动作，闭锁极 I。现场检查发现直流分压器底部有放电痕迹，均压环有两个电击穿小孔。

【案例 2】 2009 年 2 月 26 日某站极 I 直流分压器在雨夹雪天气下发生闪络，极母线差动保护动作，闭锁极 I。现场检查发现直流分压器外绝缘表面有明显放电痕迹，均压环有三个电击穿小孔。

【案例 3】 2010 年 1 月 18 日至 19 日，某站直流分压器在大雾天气下存在多处放电点，红外测温发现直流分压器表面多处温度异常，紫外放电监测发现放电量较大，申请降压运行后放电情况改善。

条文 21.5 防止直流控制保护设备事故

条文 21.5.1 直流系统控制保护应至少采用完全双重化配置，每套控制保护应有独立的硬件设备，包括专用电源、主机、输入输出电路和保护功能软件。

条文 21.5.2 直流保护应采用分区重叠布置，每一区域或设备至少设置双重化的主、后备保护。

条文 21.5.3 直流控制保护系统的结构设计应避免单一元件的故障引起直流控制保护误动跳闸。采用双重化配置的保护装置，每套保护应采用"启动＋动作"逻辑，启动和动作元件及回路应完全独立。采用三重化配置的保护装置，应按三取二逻辑后出口，任一"三取二"模块故障也不应导致保护误动和拒动。

为了保证直流保护装置任何单一元件故障不会引起保护的不正确动作，保护装置故障退出及检修时不影响直流系统的正常运行，直流保护一般采用完全双重化或者三重化的结构。双重化配置的保护，或者"启动＋动作"的策略，或者采用系统切换来避免保护装置本身故障引起的误动。三重化配置的保护，采用"三取二"逻辑出口来避免保护装置本身故障引起的误动。

【案例 1】 2005 年 5 月 7 日某站极 I 换流变压器保护 B 测量板卡故障，保护 B 绕组差动保护动作，闭锁极 I。该站换流变压器保护按双重化配置，但保护装置既未采用"启动＋动作"逻辑，也不通过保护切换避免误动，存在保护装置单一元件故障引起直流系统停运的风险。

【案例 2】 2009 年 10 月 24 日某站极Ⅱ阀冷控制系统 CCPA 的 PS868 测量板卡故障，自检逻辑同时发出跳闸指令和系统切换指令。但由于阀冷控制保护系统的切换需要约 20ms 的延时，跳闸指令的执行时间远小于系统切换时间，因此首先执行了跳闸指令，闭锁极 2。事后修改了阀冷控制系统自检逻辑，当检测到测量板卡故障时，首先发出系统切换指令，延时 100ms 再发出跳闸指令。

条文 21.5.4 直流控制保护系统应具备完善、全面的自检功能，自检到主机、板卡、总线故障时应根据故障级别进行报警、系统切换、退出运行、闭锁直流系统等操作，且给出准确的故障信息。

自诊断或者自检功能，是提高控制保护装置可靠性的有效措施之一。直流控制保护装置应在运行期间，持续检测装置各部位的状态，发现装置故障部位，根据故障严重程度和可能的后果，及时发出报警，并自动采取系统切换、闭锁部分功能、退出运行、闭锁直流等操作。

【案例】 2008 年 7 月 9 日某换流站极Ⅰ控制保护主机 P1PCPB1 的 PCI 板卡故障，换流变压器大差保护动作，闭锁极Ⅰ。分析后认为本次保护误动由 DSP3、DSP4 之间的 LinkPort 故障引起，为此增加了对 DSP 之间通信通道 LinkPort 的自检，检测到 LinkPort 通信故障时，闭锁相关保护，并将该主机退出运行。

条文 21.5.5 直流控制保护系统的参数应通过仿真计算给出建议值，经过控制保护联调试验验证。

直流保护的定值建议值应由控制保护厂家通过仿真计算给出，并经出厂试验校核。

条文 21.5.6 直流光电流互感器二次回路应简洁、可靠，光电流互感器输出的数字量信号宜直接输入直流控制保护系统，避免经多级数模、模数转化后接入。

直流电流的测量一般采用光电流互感器或者零磁通电流互感器。从历年的运行情况看，零磁通电流互感器比较可靠，光电流互感器故障率较高。直流光电流互感器二次回路的可靠性，包括远端模块、光纤、合并单元或者光接口板的可靠性，对直流保护的可靠性影响很大。因此设计期间应遵循光电流互感器通道冗余配置、光电流互感器通道自检异常闭锁相应保护等原则。目前还存在光电流互感器输出在合并单元由数字信号转换为模拟信号，再由控制保护系统再次进行模数转换的情况，这也大大降低了直流电流测量回路的可靠性。

【案例】 2008 年 11 月 26 日某换流站单元二阀短路保护动作闭锁了单元 2。本次保护误动是由光电流互感器通道关闭引起的。该站原设计方案中，直流电流光电流互感器配置两路测量通道，而保护按三重化配置，所以一路测量通道故障就会引起两路保护装置动作，进而闭锁换流单元。本次跳闸进一步证明了该站光电流互感器三重化改造的必要性和迫切性。

条文 21.5.7　换流站控制保护系统的安装、调试应在控制室、继电器小室土建工作完成、环境条件满足要求后方可进行，严禁边土建施工边安装控制保护设备。

条文 21.5.8　换流站所有跳闸出口触点均应采用常开触点。

所有可能引起直流系统闭锁的跳闸触点，应尽可能使用常开触点，其电源应使用站直流电源，防止常闭触点在电源故障或者继电器故障时发出跳闸指令。

【案例】　2008 年 5 月 27 日某站极Ⅰ换流变 Y/YC 相套管 SF_6 压力变送器误动导致极Ⅰ闭锁。该压力变送器 220V 交流电源取自站用电 400V 交流母线 A 相，当时该站为雷雨天气，站用电进线电压有较大波动，而该 SF_6 压力检测装置在电源低于 108V 不稳定时会工作异常，监测面板无显示，报警和跳闸触点均闭合。

条文 21.5.9　换流站户外端子箱、接线盒防护等级应达到 IP54 等级。

条文 21.5.10　现场注意控制直流控制保护系统运行环境，监视主机板卡的运行温度、清洁度，运行条件较差的控制保护设备可加装小室、空调或空气净化器。

条文 21.5.11　加强换流站直流控制保护系统软硬件管理，直流控制保护系统的软件、硬件及定值的修改须履行软硬件修改审批手续，经主管部门的同意后方可执行。

条文 21.5.12　直流系统一极运行一极检修时，检修极中性隔离开关应处于分闸状态，不允许对检修极的中性隔离开关进行检修工作。

条文 21.5.13　直流控制保护系统故障处理完毕后，应检查并确认无报警、无保护出口后才可切换到运行状态。

直流控制保护系统采用冗余配置，单系统故障时不影响直流系统的运行，但是单系统运行时若剩余系统再发生故障则会引起直流闭锁，所以直流控制保护系统处理前应做好隔离，避免影响健康系统的运行。处理后应做好检查系统状态和出口信号，避免系统在不正常状态或者有跳闸信号的情况下投入运行。

【案例】　2006 年 6 月 27 日某站处理主机故障后，由于现场 I/O 设备电源丢失，在将极ⅡPPRA 由"测试"状态转到"运行"状态时，由于直流滤波器状态信号没有输入到 P2PCPA，P2PCPA 判断直流滤波器条件不满足，发出了快速停运命令。

条文 21.5.14　开展直流控制保护系统主机板卡故障率统计分析，对突出的问题要及时联系厂家分析处理。

22

防止发电厂、变电站全停及重要客户停电事故

💬 **总体情况说明：**

发电厂、变电站全停事故将会造成较大的电网经济损失，甚至可能造成不良的社会影响和政治影响，在《电力安全事故应急处置和调查处理条例》（中华人民共和国国务院令第 599 号）中，发电厂、变电站全停事故是重点防范的电力安全事故。

本章反措内容将 2000 年版《二十五项反措》中的"防止枢纽变电站全停事故"及"防止全厂停电事故"合并，并增加了"防止重要客户停电"的要求。其中由于厂、站直流系统事故对防止全厂和全站停电较为重要，所以将有关反措补充在本项反措中。修改为"防止发电厂、变电站全停及重要客户停电事故"。编写结构分为防止发电厂全停事故、防止变电站和发电厂升压站全停事故和防止重要客户停电事故三部分。

"防止发电厂全停事故"部分：

原二十五项反措中"防止全厂停电事故"共提出 11 条重点要求，本次修改对原反措中继电保护相关要求，由于在"防止继电保护事故"有具体要求，因此，在本章中不再强调。对原反措中电缆防火的要求，由于本次修订对电缆防火提出了具体要求，因此，在本章中不再强调。

"防止变电站和发电厂升压站全停事故"部分：

原《二十五项反措》中"防止枢纽变电站全停"部分从"完善枢纽变电站的一、二次设备建设"、"强化电网的运行管理和监督"两个方面提出了 19 条要求。

本次修订在原反措的基础上，结合近年一些全站停电特点，在防止变电站、发电厂升压站全停事故方面从"完善变电站一、二次设备"、"防止污闪造成的变电站和发电厂升压站全停"、"加强直流系统配置及运行管理"、"加强站用电系统配置及运行管理"、"强化变电站、升压站的运行、检修管理"五个方面提出了 45 条反措。

"防止重要客户停电事故"部分：

重要客户是指在国家或者一个地区（城市）的社会、政治、经济生活中占有重要地位，对其中断供电将可能造成人身伤亡、环境污染、政治影响、经济损失、社会公共秩序严重混乱的用电单位，或对供电可靠性有特殊要求的用电场所。防止重

要客户停电事故的有关要求是本次修订新增内容，目的是通过反事故措施的制定与实施，防止重要客户停电事故，防止由此而引发的社会突发事件及次生灾害，维护社会公共安全。

为了细化对重要客户的管理，在本反措中将重要客户根据供电可靠性的要求以及中断供电危害程度分为特级、一级、二级重要电力客户和临时性重要电力客户四类。

为了防止重要客户停电，本反措主要从以下三个方面提出了重点要求：

（1）重要客户分级管理原则：对重要客户入网管理、非线性、不对称负荷性质的重要客户入网管理提出了要求。

（2）重要客户电源配置原则：根据供电可靠性的要求，对四类重要客户电源配置、供电电源切换时间和切换方式提出了具体要求。

（3）重要客户自备电源管理要求：对重要客户自备应急电源容量配置、自备应急电源启动时间、自备应急电源闭锁、自备应急电源投入切换装置、自备应急电源运行等提出了要求。

📖条文说明：

条文 22.1　防止发电厂全停事故

条文 22.1.1　加强厂用电系统运行方式和设备管理。

条文 22.1.1.1　根据电厂运行实际情况，制订合理的全厂公用系统运行方式，防止部分公用系统故障导致全厂停电。重要公用系统在非标准运行方式时，应制定监控措施，保障运行正常。

电厂公用系统出现故障，往往会导致两台以上机组停运，因此，需要制订合理的全厂公用系统运行方式以及保证公用系统设备的可靠性。

【案例】　某电厂装机 8×300MW，2005 年 4 月 7 日，因 DCS 公用控制系统故障，3、4 号机组运行中 3 台循环泵同时跳闸，导致两台机组同时低真空停运，并造成两台机组凝汽器循环水出水管道垫子因发生水锤损坏多处的严重事故。

条文 22.1.1.2　重视机组厂用电切换装置的合理配置及日常维护，确保系统电压、频率出现较大波动时，具有可靠的保厂用电源技术措施。

厂用电母线（特别是带重要辅机的）应装有备用电源自动投入装置，并保证有足够的自投容量；且应坚持定期试验，确保需要时能自动投入，设备改造后如启动容量增大的母线，应进行自启动电压和有关保护定值的验算。新投产的设备，厂用备用电源自动投入装置不完善的，不能投入运行。

条文 22.1.1.3　带直配电负荷电厂的机组应设置低频率、低电压解列装置，确保机组在发生系统故障时，解列部分机组后能单独带厂用电和直配负荷运行。

厂用电系统与系统电网解列时，厂用电系统将出现较大的有功功率缺额和无功功率缺额。如不采取措施减少有功功率缺额，保持有功功率平衡，将会造成频率和电压严重下降，导致汽轮机等机械设备损坏。因此，制定相应的保厂用电方案，并按运行方式要求变更低频解列的装置、低压解列点。保证在事故情况下，能解列部分机组单带内厂用电和直配线负荷。事故时如解列装置拒动，应以手动代替，断开解列点断路器，保住厂用电。低频减载装置应按规定投入，确保在事故情况下能够切除部分直配线路，以保厂用电机组能够正常运行。

条文 22.1.2 自动准同期装置和厂用电切换装置宜单独配置。

自动准同期装置和厂用电切换装置宜单独配置是为了保证该装置的可靠性。发电机非同期合闸或合闸角较大时会引发发电机组轴系统出现扭振问题，甚至引起转子轴系的严重损坏。目前有的发电厂自动准同期装置和厂用电切换装置的功能在DCS中实现。有关资料表明：由于DCS存在约0.5s延时，会出现自动准同期装置指示与实际角度差存在较大误差。因此，如使用DCS的集成功能，应做好调试和试验工作，保证自动准同期和厂用电切换功能的可靠性。

条文 22.1.3 在汽轮机油系统间加装能隔离开断的设施并设置备用冷油器，定期化验油质，防止因冷油器漏水导致油质老化，造成轴瓦过热熔化被迫停机。

冷油器是电厂中的一种辅机设备，电厂中的许多转动设备，为了保证润滑可靠性，大多使用了冷油器，像汽轮机的主冷油器、给水泵和风机冷油器、磨煤机冷油器等。冷油器发生泄漏后会导致油质劣化，影响润滑效果，因此要加强对油质的定期化验，以防止油质劣化导致的轴瓦过热熔化被迫停机。

条文 22.1.4 厂房内重要辅机（如送引风，给水泵，循环水泵等）电动机事故控制按钮必须加装保护罩，防止误碰造成停机事故。

【案例】 广西某发电厂（2 台 36 万 kW 燃煤机组）因江边水泵房设备的控制和通信完全中断，造成两台机组停运，全厂对外停电。事故的直接原因是，循环冷却水泵站 48V 直流系统整流充电器的投退控制开关，没有防止误动作的保护罩，被通风系统维护人员误碰断开，使蓄电池长时间放电造成循环冷却水泵站直流系统低电压故障。而直流系统设计存在缺陷、安全防护不足，故障信号没有传送到机组控制室报警，贻误了处理时机，造成事故的发生。

条文 22.1.5 加强蓄电池和直流系统（含逆变电源）及柴油发电机组的运行维护，确保主机交直流润滑油泵和主要辅机小油泵供电可靠。

发电厂均有为避免全厂停电事故造成机组失控、设备损坏而设置的向事故负荷供电的事故保安电源，事故保安电源分直流和交流两种，直流事故保安电源采用蓄电池，向控制、信号和自动装置等控制负荷及直流油泵、交流不停电电源等动力负荷和事故照明负荷供电。交流事故保安电源通常选用能快速启动的柴油发电机组，供给在全厂停电时保证安全停机时的盘车、顶轴油泵等交流事故保安负荷，因此，应加强其维护工作，保证其在事故时可靠供电。

条文 22.1.6 积极开展汽轮发电机组小岛试验工作，以保证机组与电网解列后的厂用电源。

当电网事故造成网内大面积停电时，往往导致相关电厂所有机组同时发生甩负荷事故。此时，如果部分机组具有小岛运行能力，就可以避免全厂停电的严重后果。火电机组小岛运行系指火电机组在电网事故的情况下，机组与电网解列（出线开关跳闸）自带厂用电运行，以便在电网恢复正常后，根据电网调度要求立即并网运行。这对于电厂在电网事故后期尽快恢复向电网供电极为有利，因此，对在役机组开展甩负荷后的小岛运行试验研究，具有重要的现实意义。

由于小岛运行是机组在异常工况下的一种特殊运行方式，因此，要求机组主、辅机协调配合及控制策略应能对机组特殊工况下的动态特性，具备较为完善的热工、继电保护与自动调节功能，包括：电气保护功能；高压低旁路控制系统；汽轮机 DEH 调节控制功能；自动调节系统及锅炉低负荷工况下的稳定燃烧。

【案例】 某热电厂发电机组的油断路器因控制回路故障，误跳闸，导致该机从系统 110kV 母线脱离，带 35kVⅢ段母线部分负荷脱网运行。事故前，电网频率为 50Hz。5 号机有功为 57.07MW，35kVⅢ段上负荷为 45MW 左右，通过 7 号主变压器向 110kV 母线送电 12MW 左右。油断路器跳闸后，该机负荷大幅摆动前后 20 余次，负荷由 57MW 跌至 21.74MW，转速由 2999r/min 降至 2400r/min。事故发生后，电厂提出稳定机组孤立电网运行的需求。

条文 22.2 防止变电站和发电厂升压站全停事故

条文 22.2.1 完善变电站一、二次设备。

分析近年来变电站全停事故，造成的原因有多方面，既有外界原因（如自然灾害），也有设备原因及安全管理因素。造成变电站全停的原因主要是系统一次设备原因、继电保护原因、直流系统原因、误操作原因等。为防止发生变电站特别是枢纽变电站全停的风险，应加强变电站一、二次设备（包括直流系统）建设和加强一、二次设备（包括直流系统）日常运行维护管理。

条文 22.2.1.1 省级主电网枢纽变电站在非过渡阶段应有 3 条及以上输电通道，在站内部分母线或一条输电通道检修情况下，发生 N−1 故障时不应出现变电站全停的情况；特别重要的枢纽变电站在非过渡阶段应有 3 条以上输电通道，在站内部分母线或一条输电通道检修情况下，发生 N−2 故障时不应出现变电站全停的情况。

加强电网建设，优化电网结构是防止发生变电站特别是枢纽变电站全停的重要条件。近年来，受灾害性天气影响（强台风、强雷电、强降雨、大雾、暴风雪、低

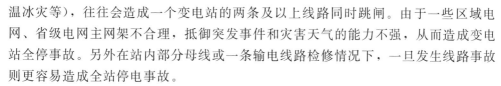

温冰灾等），往往会造成一个变电站的两条及以上线路同时跳闸。由于一些区域电网、省级电网主网架不合理，抵御突发事件和灾害天气的能力不强，从而造成变电站全停事故。另外在站内部分母线或一条输电线路检修情况下，一旦发生线路事故则更容易造成全站停电事故。

【案例】 2007 年 3 月 4～5 日，东北某省大部分地区出现 1951 年以来最严重的特大暴风雪，共造成该省电网 2 条 500kV 线路跳闸 8 条次，35 条 220kV 线路跳闸 92 条次，造成 14 座 220kV 变电站全停。

条文 22.2.1.2 枢纽变电站宜采用双母分段接线或 3/2 接线方式，根据电网结构的变化，应满足变电站设备的短路容量约束。

枢纽变电站主接线应满足可靠、安全、操作方便和灵活、维护方便等要求。从国内变电站设计、运行情况看，枢纽变电站采用双母线分段接线或 3/2 接线方式，是目前超高压配电装置可靠性较高的接线方式，可以保证运行和检修方式的灵活性。500kV 变电站的 220kV 母线宜采用双母线双分段接线。

条文 22.2.1.3 330kV 及以上变电站和地下 220kV 变电站的备用站用电源不能由该站作为单一电源的区域供电。

"备用站用电源不能由该站作为单一电源的区域供电"的要求，是为了保证站用电源的可靠性，防止在变电站全停事故情况下，不失去备用站用电源，从而为迅速处理事故，缩短恢复时间提供必要的保障。

条文 22.2.1.4 严格按照有关标准进行开关设备选型，加强对变电站断路器开断容量的校核，对短路容量增大后造成断路器开断容量不满足要求的断路器要及时进行改造，在改造以前应加强对设备的运行监视和试验。

由于电网结构的不断变化，变电站短路容量不断增加，因此，对变电设备（如断路器、隔离开关、电流互感器、变压器、母线等）要根据系统的变化进行额定开断容量及动、热稳定的核算，对不能满足要求的应采取相应措施。

近年来，由于断路器开断容量不足造成的变电站全停电事故尚无案例，但是断路器机构故障造成全变电站停电事故在全国很多地区都发生过。因此，要求各电力企业应严格按照有关的标准进行开关设备的选型。对于不符合标准的开关设备应进行改选，还要加强其的监视和试验工作。

【案例】 2005 年 10 月 24 日 19 时 37 分，某电网变电站 A 至变电站 B 联络线 ABI 回线路 8 号铁塔 A 相绝缘子对杆塔闪络放电，ABI 回线路变电站 A 侧 041 断路器保护动作跳闸，ABI 回线路变电站 B 侧 045 断路器因机构卡涩引起跳闸线圈烧坏，断路器拒动，未能将故障快速切除，故障进一步由单相接地发展为三相短路。作为相邻线路的 ABII 回线路，某两回线路故障电流在此故障情况下达不到后备保护定值，保护无法动作，长时间不能切除故障，部分厂站主变压器过流保护动作跳闸，发电机组相继高频切机，直至电网瓦解。该事故起因是由于线路故障，但局部电网瓦解是由于开关拒动故障造成。

条文22.2.1.5　为提高继电保护的可靠性，重要线路和设备按双重化原则配置相互独立的保护。传输两套独立的主保护通道相对应的电力通信设备也应为两套完整独立的、两种不同路由的通信系统，其告警信息应接入相关监控系统。

随着电网建设的不断发展，我国各大电网的结构得到进一步的加强，因此电网稳定问题已上升为主要矛盾。一旦继电保护在系统发生事故时不能可靠动作，则将会直接威胁电网的安全稳定运行，甚至会给电网带来灾难性的后果。为此，必须强调提高重要线路和设备的继电保护装置可靠性，而装设双套主保护是提高继电保护装置可靠性的较好办法。但为防止由于共用部分异常造成双套主保护拒动的"瓶颈效应"，双套主保护的交流输入、直流电源以及跳闸回路应尽可能相互独立，以提高冗余度。虽然双套主保护采用相同厂家的同一产品可使备品备件相对简化，但在现阶段，特别是大量采用静态型保护之后，采用不同原理和不同厂家的产品可形成互补，以防止由于保护装置（特别是装置内部回路）设计考虑不周而造成保护的拒动现象。对于重要线路及设备，应采取必要的后备保护方案，以防止由于主保护拒动而导致系统稳定破坏事故。

条文22.2.1.6　在确定各类保护装置电流互感器二次绕组分配时，应考虑消除保护死区。分配接入保护的互感器二次绕组时，还应特别注意避免运行中一套保护退出时可能出现的电流互感器内部故障死区问题。

具有方向性的继电保护装置的保护范围与电流互感器的安装位置有着密不可分的关系，因此，在选取电流互感器的安装位置时必须认真进行分析。继电保护所用的电流互感器宜将被保护设备的断路器包络在保护范围之内。

当两个以上被保护设备共用一组断路器时，如断路器两侧均有可能设置电流互感器，则非常理想。如母差保护使用断路器线路侧的电流互感器；线路保护使用断路器母线侧的电流互感器，两套保护的保护范围互有交叉，断路器本身及两组电流互感器之间发生故障时，母差保护与线路保护均可动作，即对两套保护而言，均无所谓"死区"问题。

当两个以上被保护设备共用一组断路器且只能设置一组电流互感器时，则应按被保护设备的重要程度确定电流互感器的位置。如当母差保护与线路保护共用一组电流互感器时，考虑到母线较线路更为重要，宜将电流互感器设置在断路器的线路侧，此时对母差保护而言，无论是母线本身故障，还是断路器故障，均不存在死区。但如果故障发生在电流互感器与断路器之间，尽管母差保护动作后将断路器跳开，但此时的故障对于线路保护来说是属于保护范围之外，因此快速保护装置本身不动作，但对侧断路器如不跳开，系统将仍然带故障点运行。因此对于此类故障应该利用母差保护停信或远方跳闸的方式迅速将对侧断路器跳开，从而尽快切除故障。

条文 22.2.1.7　继电保护及安全自动装置应选用抗干扰能力符合有关规程规定的产品，在保护装置内，直跳回路开入量应设置必要的延时防抖回路，防止由于开入量的短暂干扰造成保护装置误动出口。

静态型特别是微机型的继电保护、安全自动装置在电力系统中得到了非常广泛的应用。其快速性、灵活性以及调试整定便利等优点，深受现场运行人员的好评。但部分产品由于设计者对现场运行恶劣环境条件认识不足，装置的抗干扰能力较弱，在区外故障或变电站内倒闸操作时，出现装置异常甚至误动，对系统的安全稳定运行造成较大的威胁。因此，投入运行的继电保护及安全自动装置必须符合有关规程对抗干扰的规定要求，同时还应要求任何人员不得在保护控制室内使用移动电话、步话机，以保证电网的安全稳定运行。

【案例】　2008 年 1 月 13 日某变电站因站内 AB 双回线双开断进某 500kV 变电站工程需要更换该 2 条线路保护。工作结束后，调度下令停用 220kV 母差保护，用 CD 一线 2217 对线路充电。18 时 04 分合上 2217 断路器时，失灵保护误动造成 220kV Ⅰ、Ⅱ母线，1、2 号主变压器全停事故，损失负荷 170MW。经过事故分析，该变电站 220kV 失灵保护是 2001 年 11 月投运的一套集成电路型保护装置，该装置存在分立电子元器件特性差异大、抗干扰能力差、受外界因素影响较大、不具备故障记忆功能等缺陷。

条文 22.2.2　防止污闪造成的变电站和发电厂升压站全停。

条文 22.2.2.1　变电站和发电厂升压站外绝缘配置应以污区分布图为基础，综合考虑环境污染变化因素，并适当留有裕度，爬距配置应不低于 d 级污区要求。

由于发电厂升压站的重要性（一些升压站还承担站电网枢纽变电站的作用），一旦发生污闪事故，可能会导致全厂停电事故，因此，发电厂升压站外绝缘配置应满足不低于 d 级污区要求。

条文 22.2.2.2　对于伞形合理、爬距不低于三级污区要求的瓷绝缘子，可根据当地运行经验，采取绝缘子表面涂覆防污闪涂料的补充措施。其中防污闪涂料的综合性能应不低于线路复合绝缘子所用高温硫化硅橡胶的性能要求。

在采用不低于三级污区要求的瓷绝缘子配置时，采取绝缘子表面涂覆防污闪涂料的措施，可以提高升压站在恶劣气候下的防污闪性能，防污闪涂料性能应符合电力行业标准《绝缘子用常温固化硅橡胶防污闪涂料》（DL/T 627）要求。

条文 22.2.2.3　硅橡胶复合绝缘子（含复合套管、复合支柱绝缘子等）的硅橡胶材料综合性能应不低于线路复合绝缘子所用高温硫化硅橡胶的性能要求；树脂浸渍的玻璃纤维芯棒或玻璃纤维筒应参考线路复合绝缘子芯棒材料的水扩散试验进行检验。

条文 22. 2. 2. 4　对于易发生黏雪、覆冰的区域，支柱绝缘子及套管在采用大小相间的防污伞形结构基础上，每隔一段距离应采用一个超大直径伞裙（可采用硅橡胶增爬裙），以防止绝缘子上出现连续黏雪、覆冰。110kV、220kV 及 500kV 绝缘子串宜分别安装 3、6 片及 9～12 片超大直径伞裙。支柱绝缘子所用伞裙伸出长度 8～10cm；套管等其他直径较粗的绝缘子所用伞裙伸出长度 12～15cm。

根据有关研究结果采用支柱绝缘子及套管上加装硅橡胶增爬裙，可以有效防止粘雪、覆冰所发生的闪络，但是应注意对站用绝缘子单独使用大盘径硅橡胶伞裙，可有效防范快速积污闪络。防止缓慢积污闪络的效果低于防污闪涂料，且在绝缘子表面受潮条件下，电场严重畸变、电压集中于几个硅橡胶伞裙上，对避雷器、CVT 等设备的运行不利。因此，同时使用大盘径硅橡胶伞裙和防污闪涂料可以起到取长补短的效果，即大盘径伞裙和防污闪涂料在使用上不应相互对立，而是相辅相成的关系。中重污区的站用绝缘子应将大盘径硅橡胶伞裙和防污闪涂料组合使用，以达到最佳防污闪效果。

【案例】　某电厂粘雪闪络事故。2005 年 4 月 8 日上午，当地地区形成雨夹雪天气，伴有东南风，升压站设备绝缘子上的积雪量逐渐增加，并在迎风侧逐渐形成连通状态。因 4 月昼间气温在 0℃以上，堆积在绝缘子上的积雪很快出现融化现象，形成湿度较大的粘雪。13 时 57 分 32 秒及 14 时 17 分 45 秒，该厂 500kV 升压站先后发生两次闪络掉闸。事故后，经对升压站设备检查，发现 500kV Ⅳ母的分段 5044-41 隔离开关 A 相 TA 侧动触头的支持绝缘子、转动绝缘子及其法兰、均压环以及 500kV Ⅱ母的某出线 5051-2 隔离开关 B 相静触头侧的引线支柱绝缘子及其法兰、均压环有明显放电痕迹，分别是两次闪络的故障点。同时，其他设备绝缘子上的迎风面均堆积有较厚的积雪，填塞在伞裙之间，使绝缘子的高低压侧相连通，且积雪处于半融化状态。

条文 22. 2. 3　加强直流系统配置及运行管理。

条文 22. 2. 3. 1　在新建、扩建和技改工程中，应按《电力工程直流系统设计技术规程》（DL/T 5044）和《蓄电池施工及验收规范》（GB 50172）的要求进行交接验收工作。所有已运行的直流电源装置、蓄电池、充电装置、微机监控器和直流系统绝缘监测装置都应按《蓄电池直流电源装置运行与维护技术规程》（DL/T 724）和《电力用高频开关整流模块》（DL/T 781）的要求进行维护、管理。

变电站的直流系统在交接试验验收、运行、维护管理过程中要严格按照国家、电力行业标准的有关要求进行。

如对充电、浮充电装置在交接、验收时，要严格按照《电力工程直流系统设计技术规程》（DL/T 5044）中有关稳压精度 0.5%，稳流精度 1%，纹波系数不大于

0.5%的要求进行。交接验收时，查验制造厂所提供的充电、浮充电装置的出厂试验报告。现场具备条件的话，要对充电、浮充电装置进行现场验收试验，测试设备的稳压、稳流、纹波系数等指标，有关出厂试验报告、交接试验报告作为技术档案保存好，并作为今后预防性试验的原始依据。有的制造厂的出厂测试报告只提供高频模块的测试报告，未提供充电、浮充电装置的整机测试报告，造成现场检测整机稳压精度与出厂测试数据严重不符。

对于蓄电池组，在交接时，应按标准要求进行 10h 放电率放电电流，100% 容量的核对性充、放电试验。试验时，先对蓄电池组进行补充充电，以补充蓄电池组在运输、在现场安装、静置过程中自放电所损失的容量。一次放、充电的试验结果，容量测试不小于额定容量的 90%，就可认为容量达到要求。测试时，一定要测记蓄电池组安装位置的环境温度，实测容量要进行 25℃ 标准温度下的容量核算。

条文 22.2.3.2　发电机组用直流电源系统与发电厂升压站用直流电源系统必须相互独立。

机组（包括外围设备）用直流系统应与升压站直流系统相互独立，不能有任何的电气连接。这项规定是为了机组直流系统如果出故障时，把故障范围减少到最小，不影响电网的稳定性，保证电网安全可靠运行。

【案例】 2004 年×月×日，河北省某电厂在做直流油泵启动试验时，误跳开 220kV 升压站母联断路器。后查明由于该厂 3 台机组和升压站直流系统是一个系统，馈出线采用环路接线，非常紊乱。在启动直流油泵时，同时在 220kV 升压站母联断路器跳闸线圈中记录到跳闸电流。

因此，保证机组（包括外围设备）用直流系统应与升压站直流系统相互独立，是非常必要的。

条文 22.2.3.3　变电站、发电厂升压站直流系统配置应充分考虑设备检修时的冗余，330kV 及以上电压等级变电站、发电厂升压站及重要的 220kV 变电站、发电厂升压站应采用 3 台充电、浮充电装置，两组蓄电池组的供电方式。每组蓄电池和充电机应分别接于一段直流母线上，第三台充电装置（备用充电装置）可在两段母线之间切换，任一工作充电装置退出运行时，手动投入第三台充电装置。变电站、发电厂升压站直流电源供电质量应满足微机保护运行要求。

由于高电压等级变电站在电网的重要性，因此应考虑设备检修时的冗余性。如果采用"2+2"的模式配置充电机，当一台设备退出运行时，一般都采用一台充电、浮充电装置和一组蓄电池组带两段直流母线运行。因为现在重要设备的继电保护装置，都采用双重化方式，如果 1+1 的直流母线运行方式，双重化保护的电源只是单一的，其可靠性大大降低了。

另外，虽然现在高频开关电源都是 N+1 运行方式，但充电、浮充电装置的监控器却只有一套，监控器故障时，充电、浮充电装置的许多功能都不能实现了。据统计，近年来，每年直流设备故障中，监控器的故障占50％以上。

条文22.2.3.4　发电厂动力、UPS及应急电源用直流系统，按主控单元，应采用3台充电、浮充电装置，两组蓄电池组的供电方式。每组蓄电池和充电机应分别接于一段直流母线上，第三台充电装置（备用充电装置）可在两段母线之间切换，任一工作充电装置退出运行时，手动投入第三台充电装置。其标称电压应采用220V。直流电源的供电质量应满足动力、UPS及应急电源的运行要求。

机组直流系统3＋2配置方式，并且直流母线分段运行，是避免机组失去直流电源的非常必要的措施。3＋2方式也保证了当任一台充电装置因检修或故障退出运行时，保证每段直流母线还有一台充电装置运行。

机组直流系统3＋2配置，也保证了充电装置和蓄电池组退出维护和检修的需求。

条文22.2.3.5　发电厂控制、保护用直流电源系统，按单台发电机组，应采用2台充电、浮充电装置，两组蓄电池组的供电方式。每组蓄电池和充电机应分别接于一段直流母线上。每一段母线各带一台发电机组的控制、保护用负荷。直流电源的供电质量应满足控制、保护负荷的运行要求。

条文22.2.3.6　采用两组蓄电池供电的直流电源系统，每组蓄电池组的容量，应能满足同时带两段直流母线负荷的运行要求。

本条款要求是指每组蓄电池容量要按事故状态下，能保证两段直流母线的供电容量，以保证事故状态直流系统的供电要求。

条文22.2.3.7　变电站、发电厂升压站直流系统的馈出网络应采用辐射状供电方式，严禁采用环状供电方式。

直流系统的馈出接线方式应采用辐射供电方式，而不采用非辐射供电方式（例如，环路供电），是为了保证直流系统两段母线相互独立运行，避免互相干扰，以保障上、下级开关的级差配合，提高了直流系统供电可靠性。例如，采用环路供电时，当一段母线或馈出接地时，两段母线绝缘监察装置都会出现接地信号，使查找接地点很困难。另外，采用环路供电也会引起操作某直流设备时，引起其他设备误动。

【案例】　同条文22.2.3.2的案例。

条文22.2.3.8　变电站直流系统对负荷供电，应按电压等级设置分电屏供电方式，不应采用直流小母线供电方式。

对于具体对负荷供电方式，例如继电保护室内负荷，应按一次设备的电压等级配置分电屏，如500kV/220kV等级，或330kV/110kV等级，分别高/低电压，馈出屏接各自分电屏，再接负荷屏。保护屏机顶小母线的供电方式应淘汰。这样接线的优点，如果负荷处电源开关下口出现故障，仅跳负荷断路器，或者最多跳分屏对这一路输出的断路器，避免了直流小母线负荷断路器下口故障。由于小母线总进线断路器，很难实现与下级负荷断路器的级差配合而误动，造成停电范围扩大。另外由于直流小母线往往在保护柜顶布置，接线复杂，连接点多，其裸露部分易造成误碰或接地故障。

35、10kV 开关柜现有采用直流小母线方式供电，应改造为分电屏供电方式，以避免由于当负荷开关下口故障，造成小母线总进线开关无法应对级差配合而误动，扩大停电范围。环状供电方式，对稳定运行危害很大，尤其是当两段母线都出现接地时，很容易由于接地环流的影响，造成重要用电设备如开关误动。

【案例】 某 220kV 变电站的 220kV 母线联络断路器，由于直流母线接地环流影响，造成该断路器多次误动。

条文 22.2.3.9 发电机组直流系统对负荷供电，应按所供电设备所在段配设置分电屏，不应采用直流小母线供电方式。

直流小母线进线断路器，很难实现与下级负荷断路器的级差配合而误动，造成停电范围扩大。

【案例】 某 300MW 发变组主保护 A、B、C 三套，设计时以小母线供电方式。A 保护装置供电直流电源断路器下口出现短路故障，造成直流小母线进线断路器误动，使这三套保护装置全部失电。

条文 22.2.3.10 直流母线采用单母线供电时，应采用不同位置的直流开关，分别带控制用负荷和保护用负荷。

本条文主要根据继电保护有关"控保分开"对直流电源的要求，即要求继电保护装置的控制负荷和保护负荷的电源要分别独立进线。

条文 22.2.3.11 新建或改造的直流电源系统选用充电、浮充电装置，应满足稳压精度优于 0.5%、稳流精度优于 1%、输出电压纹波系数不大于 0.5% 的技术要求。在用的充电、浮充电装置如不满足上述要求，应逐步更换。

本条文是按照《电力工程直流系统设计技术规程》（DL/T 5044）中有关要求而提出的。

这项规定主要是现在微机型继电保护装置对直流电源稳压精度和纹波系数的要求。电源电压不稳定，纹波系数大会影响继电保护装置对电流等模拟量的采样精度。

现代阀控密封铅酸蓄电池对浮充电压的稳定度也有严格要求，浮充电压长期不稳定，会使蓄电池欠充或过充电。而稳流精度的好坏，直接影响阀控密封铅酸蓄电池充电质量。

条文 22.2.3.12 新、扩建或改造的直流系统用断路器应采用具有自动脱扣功

能的直流断路器，严禁使用普通交流断路器。

条文 22.2.3.13 蓄电池组保护用电器，应采用熔断器，不应采用断路器，以保证蓄电池组保护电器与负荷断路器的级差配合要求。

条文 22.2.3.14 除蓄电池组出口总熔断器以外，逐步将现有运行的熔断器更换为直流专用断路器。当负荷直流断路器与蓄电池组出口总熔断器配合时，应考虑动作特性的不同，对级差做适当调整。

直流专用断路器在断开回路时，其灭弧室能产生与电流方向垂直的横向磁场（容量较小的直流断路器可外加一辅助永久磁铁，产生一横向磁场），将直流电弧拉断。普通交流断路器应用在直流回路中，存在很大的危险性，普通交流断路器在断开回路中，不能遮断直流电流，包括正常负荷电流和故障电流。这主要是由于普通交流断路器，其灭弧机理是靠交流电流自然过零而灭弧的，而直流电流没有自然过零过程，因此，普通交流断路器不能熄灭直流电流电弧。当普通交流断路器遮断不了直流负荷电流时，容易将使断路器烧损，当遮断不了故障电流时，会使电缆和蓄电池组着火，引起火灾。加强直流断路器的上、下级的级差配合管理，目的是保证当一路直流馈出线出现故障时，不会造成越级跳闸情况。

变电站直流系统馈出屏、分电屏、负荷所用直流断路器的特性、质量一定要满足《家用及类似场所用过电流保护断路器　第 2 部分：用于交流和直流的断路器》（GB 10963.2—2008）的相关要求。继电保护装置电源，开关柜上、现场机构箱内的直流储能电动机，直流加热器等设备用断路器，建议采用 B 型开关；分电屏对负荷回路的断路器，建议采用 C 型开关。两个断路器额定电流有 4 级左右的级差，根据实测的统计试验数据结果，就能保证可靠的级差配合。

条文 22.2.3.15 直流系统的电缆应采用阻燃电缆，两组蓄电池的电缆应分别铺设在各自独立的通道内，尽量避免与交流电缆并排铺设，在穿越电缆竖井时，两组蓄电池电缆应加穿金属套管。

由于交流电缆过热着火后，引起并行直流馈线电缆着火，可能会造成全站直流电源消失情况，从而导致全站停电事故。本条文主要是针对直流电缆防火而提出的电缆选型、电缆铺设方面具体要求，竖井中直流电缆穿金属管也是避免火灾的必要措施。

【案例】 2003 年 4 月 16 日，某电厂 500kV 升压站一段 0.4kV 交流电缆阴燃。由于直流系统馈出的两根主电缆在电缆沟里与阴燃电缆混装，没有隔离措施，电缆沟出口紧连一电缆竖井，竖井中直流电缆没有用穿金属管隔离，造成电缆全部烧损，事故扩大。使全站失去直流电源，500kV 两条输电线路失去继电保护，被迫跳开。4 台发电机退出运行。

条文 22.2.3.16 及时消除直流系统接地缺陷，同一直流母线段，当出现同时两点接地时，应立即采取措施消除，避免由于直流同一母线两点接地，造成继电保护或断路器误动故障。当出现直流系统一点接地时，应及时消除。

发电厂和变电站的直流系统是控制、保护和信号的工作电源，直流系统的安全、稳定运行对防止发电厂和变电站全停起着至关重要的作用。直流系统作为不接地系统，如果一点及以上接地，可能引起保护及自动装置误动、拒动，引发发电厂和变电站停电事故。因此，当发生直流一点及以上接地时，应在保证直流系统正常供电情况下及时、准确排除故障。

【案例】 某220kV重要负荷站，220kVⅣ母线带180MVA和120MVA主变压器各1台。2010年11月某日，220kV进线断路器非全相跳闸，继电保护没有任何动作信号记录，后非全相保护动作，跳开断路器。经查，一继电保护柜中一根直流电缆出现两点接地。造成环流流过中间继电器线圈，造成保护误动。当时Ⅳ母线负荷100MW。这次两点接地现象早已存在，没有引起重视。

条文22.2.3.17　两组蓄电池组的直流系统，应满足在运行中两段母线切换时不中断供电的要求，切换过程中允许两组蓄电池短时并联运行，禁止在两个系统都存在接地故障情况下进行切换。

在直流系统倒操作过程中，在任何时刻，不能失去蓄电池组供电，原因是充电、浮充电装置在倒操作过程中，有可能失电。

当倒闸操作时，如果两段母线都分别有接地情况时，合直流母联断路器后，就会出现母线两点接地。

条文22.2.3.18　充电、浮充电装置在检修结束恢复运行时，应先合交流侧断路器，再带直流负荷。

充电、浮充电装置在恢复运行时，如果先合直流侧断路器，再合交流断路器，很容易引起充电、浮充电装置启动电流过大，而引起交流进线断路器跳闸。这时，容易引起操作人员误判充电、浮充电装置故障，延误送电。

【案例】 某500kV枢纽变电站在检修充电、浮充电装置检修结束恢复运行时，带直流负荷启动充电、浮充电装置时，交、直流侧断路器由于启动电流过大，引起同时跳开。有关人员当时对这个现象处理不当，误认为直流母线出现短路故障，就拉开蓄电池组熔断器，造成一段直流母线完全失去直流电源故障。

条文22.2.3.19　新安装的阀控密封蓄电池组，应进行全核对性放电试验。以后每隔2年进行一次核对性放电试验。运行了4年以后的蓄电池组，每年做一次核对性放电试验。

定期进行阀控密封蓄电池组核对性放电试验目的，是及时发现蓄电池组容量不足的问题，以便及时对相关设备进行维护改造，确保变电站蓄电池组容量满足事故处理要求。

【案例1】 某35kV变电站事故处理过程中，发现该站阀控密封铅酸蓄电池组端电压下降较快，约10h后就降至160V，严重影响事故处理。经核查该站蓄电池自2009年10月安装至今，未进行过维护检测且查看其电压记录数据不全面，而该站蓄电池组自2009年装设后未能按要求进行核对性放电试验，也就无法及时发现电池容量不足这一缺陷。

【案例2】 2004年5月，河北省唐山某电厂有一组机组用蓄电池组，做核对性放电试验，有些电池按10h放电率放电，5min后电池端电压就降到最低允许放电电压以下了。经对多个蓄电池打开安全阀检查，其内部电解液已干涸。这组蓄电池运行还不到5年，期间没有进行任何大容量放电使用，且浮充状态良好，后经调查发现，其运行环境恶劣，长期超过35℃，而没有有效的通风降温措施。这是造成蓄电池组运行寿命过早终结的主要原因。此案例说明做核对性放电试验必要性，同时也说明应严格保证蓄电池组运行环境符合要求。

条文 22.2.3.20 浮充电运行的蓄电池组，除制造厂有特殊规定外，应采用恒压方式进行浮充电。浮充电时，严格控制单体电池的浮充电压上、下限，每个月至少一次对蓄电池组所有的单体浮充端电压进行测量记录，防止蓄电池因充电电压过高或过低而损坏。

条文 22.2.3.19 和条文 22.2.3.20 是针对近几年，蓄电池组的运行寿命缩短所采取的运行维护措施，以保障蓄电池组满容量可靠运行。阀控密封铅酸蓄电池组，运行中检测其好坏的主要指标，就是蓄电池的端电压。当检测端电压异常时，要及时分析处理。

【案例】 某35kV变电站事故处理过程中，发现该站阀控密封铅酸蓄电池组端电压下降较快，约10h后就降至160V，严重影响事故处理。经核查该站蓄电池自2009年10月安装至今，未进行过维护检测且查看其电压记录数据不全面。

条文 22.2.3.21 加强直流断路器上、下级之间的级差配合的运行维护管理。新建或改造的发电机组、变电站、发电厂升压站的直流电源系统，应进行直流断路器的级差配合试验。

进行直流断路器的级差配合试验目的是检验直流断路器上下级配合是否合理，避免在运行中出现越级跳闸情况。

条文 22.2.3.22 严防交流窜入直流故障出现。

条文 22.2.3.22.1 雨季前，加强现场端子箱、机构箱封堵措施的巡视，及时消除封堵不严和封堵设施脱落缺陷。

本条要求严防现场端子箱、机构箱漏水。现场端子箱、机构箱漏水可能会导致端子排绝缘降低，端子间短路情况，从而导致操动机构误动作情况和交流窜入直流故障的发生。

【案例】 2011 年 8 月 19 日，某供电局一座 330kV 变电站因雨水进入断路器操作机构箱，引起 220V 交流电源窜入直流系统，致使主变压器断路器操作屏中非电量出口中间继电器触点受电动力影响持续抖动，引起断路器跳闸，造成 330kV××变电站 2 台主变压器及 110kV 母线失压，15 座 110kV 变电站全停，减供负荷 147GW，停电用户数 44 008 户。

条文 22.2.3.22.2 现场端子箱不应交、直流混装，现场机构箱内应避免交、直流接线出现在同一段或串端子排上。

本条要求现场端子箱必须严格交、直流分开装配。现场机构箱内对交、直流避免出现在同一段或串端子排上，交、直流电缆不能并排架设。交、直流电源端子中间没有隔离措施，混合使用，容易造成检修、试验人员由于操作失误导致交直流短接，导致交流电源混入直流系统，进而发生发电机组、发电厂升压站线路继电保护动作，导致全厂停电事故。因此，电源端子的设计方式，交、直流电源端子应在端子排的不同区域，应具有明显的区分标志，电源端子之间要有隔离。

由于目前所了解到的交流窜入直流引发的事故，多是在检修或试验中发生的，后果可能造成系统事故，因此，应加强检修、试验管理。

【案例 1】 2005 年 10 月 25 日 13 时 52 分 55 秒开始，某电厂 1、4、5 号机组相继跳闸，当时 2、3 号机组处于检修状态，6 号机组未并网，1、2 号联络变压器同时被切除，500kV 三条线路仍在运行。事故原因为检修维护人员工作不规范，在未取得运行人员同意并查清图纸的情况下，仅根据自己的判断任意短接端子，误使 500kV 网控 220V 直流混入交流所致。

【案例 2】 1996 年 5 月 28 日某电厂高压试验人员在进行某 220kV 开关试验时，误将交流接入直流系统，造成三条 500kV 线路掉闸，220kV 系统发生振荡，系统频率大幅度降低，最低达到 49.5Hz，致使该电厂及另一电厂发生全停事故。

条文 22.2.3.23 加强直流电源系统绝缘监测装置的运行维护和管理。

条文 22.2.3.23.1 新投入或改造后的直流电源系统绝缘监测装置，不应采用交流注入法测量直流电源系统绝缘状态。在用的采用交流注入法原理的直流电源系统绝缘监测装置，应逐步更换为直流原理的直流电源系统绝缘监测装置。

基于低频注入原理的直流电源绝缘监测装置，因直流系统绝缘并没有破坏，低频电流与地形成不了回路，无法定位接地支路，故无法检测出故障。

条文 22.2.3.23.2 直流电源系统绝缘监测装置，应具备检监测蓄电池组和单体蓄电池绝缘状态的功能。

条文 22.2.3.23.3 新建或改造的变电站，直流电源系统绝缘监测装置，应具备交流窜直流故障的测记和报警功能。原有的直流电源系统绝缘监测装置，应逐步进行改造，使其具备交流窜直流故障的测记和报警功能。

在两段直流母线对地应各安装一台电压记录（录波）装置，当出现交流窜直流现象时，能够及时录波、报警，为现场分析故障提供第一手可靠的分析依据。

条文 22.2.4 加强站用电系统配置及运行管理。

条文 22.2.4.1 站用电系统空气开关、熔断器配置建议参照直流系统空气开关、熔断器配置要求。

条文 22.2.4.2 对站用电屏设备订货时，应要求厂家出具完整的试验报告，确保其站用电系统过流跳闸、瞬时特性满足系统运行要求。

条文 22.2.4.3 对于新安装、改造的站用电系统，高压侧有继电保护装置的，应加强对站用变压器高压侧保护装置定值整定，避免站用变压器高压侧保护装置定值与站用电屏断路器自身保护定值不匹配，导致越级跳闸事件。

条文 22.2.4.4 加强站用电高压侧保护装置、站用电屏总路和馈线空气开关保护功能校验，确保短路、过载、接地故障时，各级空气开关能正确动作，以防止站用电故障越级动作，确保站用电系统的稳定运行。

交流站用电系统是变电站的重要组成部分，该系统运行的可靠性直接影响变电站整体的安全运行。因此，应加强站用电系统配置及运行管理，确保站用电系统上下级开关保护配合合理，防止由于配合不当引起交流站用电全失事故。

条文 22.2.5 强化变电站、发电厂升压站的运行、检修管理。

条文 22.2.5.1 运行人员必须严格执行运行有关规程、规定。操作前要认真核对接线方式，检查设备状况。严格执行"两票三制"制度，操作中禁止跳项、倒项、添项和漏项。

恶性误操作事故对电网安全影响严重，大量误操作事故表明，不严格执行"两票三制"制度，无票或不按票工作，操作中跳项、倒项、添项和漏项，随意解锁，监护不力或失去监护，操作人员不核对位置和编号都可能造成恶性误操作事故，造成变电站全停事故。

【案例】 2007 年 4 月 12 日某高压供电公司 220kV 某开闭站在进行监控系统改造过程中，工作监护不到位，安全措施不完善。施工人员在传动信号前，没有认真核对端子编号，误将遥控端子当做遥信端子进行传动测试，造成带接地开关合隔离开关，引起全站失电，同时造成该站所连接的某电厂一台 300MW 机组解列。

条文 22.2.5.2 加强防误闭锁装置的运行和维护管理，确保防误闭锁装置正常运行。闭锁装置的解锁钥匙必须按照有关规定严格管理。

防误闭锁装置是防止误操作事故发生的最后一道防线，因此，做好防误闭锁装置日常维护，才能保证防误闭锁装置始终处于良好运行状态。一旦发生误操作时，起到防误闭锁作用。

【案例】 2007 年 4 月 4 日，某超高压公司 330kVA 变电站在进行站用变压器开关操作过程中，由于接地开关对小车开关的机械闭锁装置弹簧定位销扣入深度不够，机械闭锁装置失效，隔离开关指示灯显示错误，操作人员又未认真核对隔离开关的实际分合位置，发生带接地开关合断路器的恶性误操作事故。

条文 22.2.5.3　对于双母线接线方式的变电站、发电厂升压站，在一条母线停电检修及恢复送电过程中，必须做好各项安全措施。对检修或事故跳闸停电的母线进行试送电时，具备空余线路且线路后备保护齐备时应首先考虑用外来电源送电。

双母线接线方式的变电站，在一条母线停电检修时，一旦发生另一条母线故障会造成较大范围的停电事故，因此，对此类接线方式的变电站，在一条母线停电检修时做好事故预想十分重要，并应尽量减少倒闸操作。

【案例】　2007 年 7 月 11 日某供电公司 330kV 变电站，因隔离开关线夹断裂闪络，造成 6 座 110kV 变电站失压。事故前，该站 330kV I、II 段母线运行，1、2 号主变压器运行，110kV 乙母线运行，110kV 甲母线停电更换母联隔离开关。7 月 11 日 15 时 47 分，该站某 110kV 出线隔离开关 A 相乙母线侧线夹断裂，A 相引流对隔离开关头拉弧，电弧引起 A、B 相短路，110kV 母差保护动作，110kV 乙母线失压，造成该母线所带 6 座 110kV 变电站失压损失电量 73MW。

条文 22.2.5.4　隔离开关和硬母线支柱绝缘子，应选用高强度支柱绝缘子，定期对枢纽变电站、发电厂升压站支柱绝缘子，特别是母线支柱绝缘子、隔离开关支柱绝缘子进行检查，防止绝缘子断裂引起母线事故。

瓷支柱绝缘子是发电厂和变电站的重要设备，在运行中遭受着电、热、机械应力以及恶劣气候的影响。近年来，每年都会发生由于母线支柱绝缘子或母线侧隔离开关支柱绝缘子断裂而导致的发电厂、变电站停电事故，甚至造成人员伤亡事故。

造成支柱绝缘子断裂的主要原因如下。

(1) 绝缘子质量有问题。经检测有的绝缘子达不到所要求的强度，有的绝缘子上下法兰或法兰与瓷件不同心，有的法兰与瓷件间的连接不牢固。

(2) 安装、检修、运行质量有问题。特别是隔离开关支柱绝缘子，在动、静触头调整不当时，操作时可能会使支柱绝缘子受力增大而造成断裂。

(3) 一年中温差变化较大，容易造成法兰与瓷件间的连接产生缝隙，进水导致强度下降，水泥膨胀应力释放，瓷绝缘子法兰处开裂，进而发生断裂事故。

因此，要求对母线支柱绝缘子或母线侧隔离开关支柱绝缘子进行定期检查，特别是对法兰与瓷件间密封情况进行检查，母线支柱绝缘子、隔离开关支柱绝缘子宜更换为高强度绝缘子。

【案例 1】　2008 年 3 月 20 日某电力公司 220kV 变电站按年度运行方式安排进行倒闸操作，当拉开 4 号主变压器 220kV 侧 I 母线隔离开关时，隔离开关 11204-

1A 相母线侧支柱绝缘子从根部断裂坠地。220kV 母差及母差失灵保护动作，跳开 220kV 母线所有断路器，造成该变电站全停，损失负荷 8MW，引起三座电气化铁道牵引变电站供电中断 21min。事故原因及暴露问题是支柱绝缘子抗弯强度不够，导致正常操作时发生支柱绝缘子断裂事故，从而造成变电站全停，而由于三座电气化铁道牵引变电站不满足双电源供电的要求，造成重要用户停电。

【案例 2】 2007 年 12 月 27 日，某电业局 220kV 变电站在进行 220kV2331 线路充电操作时，由于设备老化，隔离开关 A 相靠母线侧支持绝缘子断裂，造成该站 220kV 系统及馈供的 220kVB 变电站失压，损失负荷约 100MW。

【案例 3】 某电厂按计划进行老厂 220kV 4、5 号母线联络断路器的检修工作。同日 8 时 3 分，220kV 该厂 2 号线 2213-5 隔离开关负荷侧 C 相支柱绝缘子突然折断（当时 2213-5 隔离开关处于分闸位置），C 相接地短路，后又发展为 A、B 相接地短路，220kV 母差保护动作。220kV 母线所带 1~4 号机和 4 条 220kV 线路断路器跳闸，3 条 220kV 线路断路器没动，经 3.38s，对侧保护动作切除线路。该电厂 220kV 故障引起系统振荡，新厂 5、6 号机跳闸，至此，该电厂 6 台机组全部停运。

条文 22.2.5.5 变电站、发电厂升压站带电水冲洗工作必须保证水质要求，并严格按照《电力设备带电水冲洗导则》（GB 13395—2008）规范操作，母线冲洗时要投入可靠的母差保护。

带电水冲洗的目的是防止污闪事故、减少停电时间的一项措施，但如果使用不当，反而会发生闪络事故。

通过对带电水冲洗时发生的闪络事故分析，发生闪络的主要原因如下：

（1）水质不合格。

（2）冲洗操作方法不对。

（3）带电水冲洗避雷器造成的事故。

（4）带电水冲洗伞间距比较小的设备造成的事故。

（5）带电水冲洗大直径的设备造成的事故。

因此，为了防止带电水冲洗事故的发生，变电站带电水冲洗使用的水电阻率应大于 5000Ω·cm，并且严格按照《电力设备带电水冲洗规程》（GB/T 13395—2008）的规定进行操作，避免由于操作不当造成闪络事故。

条文 22.3 防止重要客户停电事故

本章节为新增部分，目的是通过反事故措施的制定实施，防止重要客户停电事故引发社会突发事件及次生灾害，维护社会公共安全。

为了细化对重要客户的管理，在本反措中将重要客户分为四类，定义如下：

重要客户是指在国家或者一个地区（城市）的社会、政治、经济生活中占有重要地位，对其中断供电将可能造成人身伤亡、环境污染、政治影响、经济损失、社会公共秩序严重混乱的用电单位或对供电可靠性有特殊要求的用电场所。

根据供电可靠性的要求以及中断供电危害程度，重要电力客户可以分为特级、一级、二级重要电力客户和临时性重要电力客户。

（1）特级重要客户，是指在管理国家事务中具有特别重要作用，中断供电将可能危害国家安全的电力客户。

（2）一级重要客户，是指中断供电将可能产生下列后果之一的：

1）直接引发人身伤亡的。

2）造成严重环境污染的。

3）发生中毒、爆炸或火灾的。

4）造成重大政治影响的。

5）造成重大经济损失的。

6）造成较大范围社会公共秩序严重混乱的。

（3）二级重要客户，是指中断供电将可能产生下列后果之一的：

1）造成较大环境污染的。

2）造成较大政治影响的。

3）造成较大经济损失的。

4）造成一定范围社会公共秩序严重混乱的。

（4）临时性重要电力客户，是指需要临时特殊供电保障的电力客户。

条文 22.3.1　完善重要客户入网管理。

条文 22.3.1.1　供电企业应制定重要客户入网管理制度，制度应包括对重要客户在规划设计、接线方式、电源配置、短路容量、电流开断能力、设备运行环境条件、安全性等各方面的要求。

要求严把重要客户入网管理关，防止在规划设计、接线方式、短路容量、电流开断能力、设备运行环境条件、安全性等方面、设备验收标准及要求不满足重要客户安全用电的要求，造成停电事故的发生。特别对于供电距离小于 1.5km 的客户也应纳入重要客户入网管理。供电企业应编制重要客户入网管理制度，按照反措条目要求确定制度中应包含内容并予以认真执行。

条文 22.3.1.2　供电企业对属于非线性、不对称负荷性质的重要客户应进行电能质量测试评估，根据评估结果，重要客户应制订相应电能质量治理方案并提交供电企业评审，保证其负荷产生的谐波成分及负序分量不对电网造成污染，不对供电企业及其自身供用电设备造成影响。

主要目的是为了加强非线性、不对称负荷性质的重要客户入网管理，以减少或避免此类客户入网以后产生的谐波成分影响电网的安全运行。

重要客户如冶金、煤炭、化工、电气化铁路等企业，由于企业属于非线性、不对称负荷，其在用电过程中将产生谐波成分注入电网，造成电网供电质量下降，供电设备安全运行可靠性下降、运行寿命缩短。严重时可以造成保护装置误动作，造成电网事故，导致重要客户停电事故。为此应重点做好非线性、不对称负荷性质的重要客户入网电能质量评估管理。按照评估结果，贯彻国家"谁污染、谁治理"的原则，督促重要客户采取相关治理措施，确保其入网后不产生超出国家标准的谐波成分注入电网。

【案例1】 某地电气化铁路通车后，曾发生过由于牵引变电站注入系统大量的谐波和负序电流，引起供电系统电能质量指标严重恶化，多次造成发电机的负序电流保护误动，主变压器的过电流保护装置误动，线路的距离保护振荡闭锁装置误动，高频保护收发信机误动，母线差动保护误动和故障录波器误动的事故。

【案例2】 国内某大型钢铁企业发生过因电弧炉产生谐波的影响，造成谐波电流对数字型差动保护产生干扰，使差动保护动作跳闸的事故。

条文22.3.1.3 供电企业在与重要客户签订供用电协议时，应按照国家法律法规、政策及电力行业标准，明确重要客户供电电源、自备应急电源及非电保安措施配置要求，明确供电电源及用电负荷电能质量标准，明确双方在电气设备安全运行管理中的权利义务及发生用电事故时的法律责任，明确重要客户应按照电力行业技术监督标准，开展技术监督工作。重要客户应制订停电事故应急预案。

强调重要客户应认真开展对自身设备技术监督，避免出现由于技术监督工作不到位造成设备事故的发生。

要求供电企业在与重要客户签订供用电协议时，重点要求重要客户应开展技术监督工作。因为国内已发生过由于重要客户技术监督开展不力，客户的用电设备事故造成供电企业输变电设备事故，影响了供电企业供电可靠性。

重要客户技术监督工作开展应重点做好电能质量监督（电压质量指标包括允许偏差、允许波动和闪变、三相电压允许不平衡度和正弦波形畸变率）、绝缘监督（电气设备的绝缘强度，过电压保护及接地系统）、电测监督（电压、电流、功率、相位及其测量装置）、继电保护监督（电力系统继电保护和安全自动装置及其投入率、动作正确率）。供电企业要强化对重要客户技术监督开展情况监督、检查工作。

条文22.3.2 合理配置供电电源点。

供电企业要根据重要客户重要性等级，结合电网实际，合理配置重要客户供电电源点，避免由于供电电源点配置不合理、可靠性低等原因造成重要客户停电事故。

条文22.3.2.1 特级重要电力客户具备三路电源供电条件，至少有两路电源应当来自不同的变电站，且变电站应由不同电源供电。当任何两路电源发生故障时，第三路电源能保证独立正常供电。

条文 22.3.2.2　一级重要电力客户具备两路电源供电条件，两路电源应当来自两个不同的变电站，当一路电源发生故障时，另一路电源能保证独立正常供电。

条文 22.3.2.3　二级重要电力客户具备双回路供电条件，供电电源可以来自同一个变电站的不同母线段。

条文 22.3.2.4　临时性重要电力客户按照供电负荷重要性，在条件允许情况下，可以通过临时架线等方式具备双回路或两路以上电源供电条件。

条文 22.3.2.1～条文 22.3.2.4 提出特级、一级、二级、临时性重要电力客户电源点配置原则，重要电力客户应尽量避免采用单电源供电方式。

以下是根据不同供电电源配置的实际情况和可靠性的高低列出了重要客户供电方式的典型模式：

按照供电电源回路数分为Ⅰ、Ⅱ、Ⅲ三类供电方式，分别代表三电源、双电源、双回路供电。

（1）三电源供电，方式Ⅰ。

1）三路电源来自三个变电站，全专线进线。

2）三路电源来自两个变电站，两路专线进线，一路环网/手拉手公网供电进线。

3）三路电源来自两个变电站，两路专线进线，一路辐射公网供电进线。

（2）双电源供电，方式Ⅱ。

1）双电源（不同方向变电站）专线供电。

2）双电源（不同方向变电站）一路专线、一路环网/手拉手公网供电。

3）双电源（不同方向变电站）一路专线、一路辐射公网供电。

4）双电源（不同方向变电站）两路环网/手拉手公网供电进线。

5）双电源（不同方向变电站）两路辐射公网供电进线。

6）双电源（同一变电站不同母线）一路专线、一路辐射公网供电。

7）双电源（同一变电站不同母线）两路辐射公网供电。

（3）双回路供电，方式Ⅲ。

1）双回路专线供电。

2）双回路一路专线、一路环网/手拉手公网进线供电。

3）双回路一路专线、一路辐射公网进线供电。

4）双回路两路辐射公网进线供电。

条文 22.3.2.5　重要电力客户供电电源的切换时间和切换方式要满足国家相关标准中规定的允许中断供电时间的要求。

根据国家电监会电监安全［2008］43 号文《关于加强重要电力用户供电电源

及自备应急电源配置监督管理的意见》，重要电力客户供电电源的切换时间和切换方式，要满足重要客户允许中断供电时间的要求。如供电电源的切换时间和切换方式不能满足重要客户允许中断供电时间要求，势必会造成重要客户停电事故。供电企业要全面了解掌握重要客户的允许中断供电时间，对于不能满足重要客户允许中断供电时间要求的供电电源，要及时进行技术改造，使其切换时间及切换方式满足重要客户的允许中断供电时间的要求。

条文 22.3.3　加强为重要客户供电的输变电设备运行维护。

条文 22.3.3.1　供电企业应根据国家相关标准、电力行业标准，针对重要客户供电的输变电设备制定相应的运行规范、检修规范、反事故措施。

条文 22.3.3.2　根据对重要客户供电的输变电设备实际运行情况，缩短设备巡视周期、设备检修周期。

供电企业要根据对承担重要客户供电的输变电设备制定专门的运行检修规范、反事故措施。要全面了解、掌握设备运行状况，防止由于运行维护不到位出现供电设备事故造成重要客户停电事故。防止由于反事故措施制定不到位，造成重要客户停电事故扩大化。

供电企业为进一步提高为重要客户供电的输变电设备运行可靠性，要加强对重要客户供电的输变电设备的设备巡视、状态检修工作。设备巡视周期、设备状态检修周期可视情况缩短。

【案例】　某供电公司 330kV 变电站 330kV 断路器 TA 一次绝缘击穿，造成 330kV 铝厂变电站全停，损失负荷 459MW。事故分析结果是故障 TA 设备工艺、绝缘强度等方面存在质量问题。为此供电公司对此类设备采取了加强设备巡视、加强设备油气监督、缩短试验周期、采用红外热成像技术加强绝缘监视及运行监控，以避免类似事故的再次发生。

条文 22.3.4　加强对重要客户自备应急电源检查工作。

重要客户自备应急电源应在供电企业登记备案，供电企业应对重要电力客户配置的自备应急电源进行定期检查，重点检查重要客户自备应急电源配置使用应符合以下要求：

条文 22.3.4.1　重要客户自备应急电源配置容量标准应达到保安负荷的 **120%**。

供电企业通过加强对重要客户应急电源检查工作，督促重要客户合理配置自备应急电源，对提高重要客户的供电可靠性和自救能力，维护社会公共安全，以较低的社会综合成本减少重要客户的断电损失具有重要意义。

原则上重要电力客户均应自行配置应急电源，并且电源容量至少应满足全部保安负荷正常供电的要求。但为满足保安负荷供电容量具备一定的冗余度，要求自备应急电源容量应达到其保安负荷 120%，对于有条件的重要客户还可设置专用应急母线。

条文 22.3.4.2　重要客户自备应急电源启动时间应满足安全要求。

重要客户自备应急电源主要为满足客户保安负荷的安全要求，部分重要客户保安负荷允许停电时间见表 22-1。

表 22-1　　　　　　　　部分重要客户保安负荷允许停电时间

重要客户		保安负荷名称	允许停电时间（min）
[A1] 煤矿及非煤矿山		应急照明、消防用电、通风设备、制氮设备、副井提升设备、矿井监测监控系统、井下消防洒水给水系统	小于 1
		排水设备	小于 10
[A2] 危险化学品	[A2.1] 石油、化工	应急照明、消防用电、监视设备	小于 1
		紧急停车及安全连锁系统、DCS 设备	几个周波
	[A2.2] 盐化工	应急照明、消防用电、监视设备、氯处理环节	小于 1
		紧急停车及安全连锁系统、DCS 设备	几个周波
		化学品库	小于 10
	[A2.3] 煤化工	应急照明及疏散照明、消防用电、车间监控设备、循环泵	小于 1
		DCS、紧急停车系统	几个周波
	[A2.4] 精细化工	应急照明及疏散照明、消防设施、车间监控设备	小于 1
		纯净水制备系统、空气净化设备	小于 10
		反应釜	几个周波
[A3] 冶金		应急照明、消防设施	小于 1
		紧急停车系统	秒级
[A4] 电子及制造业	[A4.1] 芯片制造	应急照明及疏散照明、消防设施	小于 1
		IT CIM 设备、自动送板机、刮锡机、焊膏印刷机、高速贴片机、波峰焊炉	几个周波
		应急照明及疏散照明、消防设施	小于 1

续表

重要客户		保安负荷名称	允许停电时间（min）
[A4] 电子及制造业	[A4.2] 显示器生产	光刻工艺（涂布机曝光机）、取向排列工艺（摩擦机）、丝印制盒工艺（丝网印刷机、喷粉机、贴合机、热压机）、切割工艺（切割机和裂片机）、液晶灌注及封口工艺（液晶灌注机和整平封口机）、贴片工艺（切片机、贴片机、偏光片除泡机）	几个周波
		净化系统的空调（冷冻机、冷却泵、热水泵、空气处理）	小于10
	[A4.3] 机械制造	应急照明及疏散照明、消防设施	小于1
		测试台	几个周波
		高频炉	小于10

从表 22-1 中可以看到，不同的客户类型，不同的保安负荷允许停电时间各不相同。自备应急电源启动时间如不能满足保安负荷允许停电时间要求，会造成客户保安负荷设备无法正常工作，给事故应急处理带来危害。供电企业检查客户配置自备应急电源时，要充分了解自备应急电源规格、型号、技术参数，确保客户所配备自备应急电源启动时间能够完全满足客户保安负荷的安全要求。

条文 22.3.4.3 重要客户自备应急电源与电网电源之间应装设可靠的电气或机械锁装置，防止倒送电。

条文 22.3.4.4 重要客户自备应急电源设备要符合国家有关安全、消防、节能、环保等技术规范和标准要求。

条文 22.3.4.5 重要客户新装自备应急电源投入切换装置技术方案要符合国家有关标准和所接入电力系统安全要求。

条文 22.3.4.6 重要电力客户应按照国家和电力行业有关规程、规范和标准的要求，对自备应急电源定期进行安全检查、预防性试验、启机试验和切换装置的切换试验。

条文 22.3.4.7 重要客户不应自行变更自备应急电源接线方式。

条文 22.3.4.8 重要客户不应自行拆除自备应急电源的闭锁装置或者使其失效。

条文 22.3.4.9 重要客户的自备应急电源发生故障后应尽快修复。

条文 22.3.4.10 重要客户不应擅自将自备应急电源转供其他客户。

条文 22.3.4.3～条文 22.3.4.10 针对重要客户自备应急电源运行维护提出了明确要求。供电企业对重要客户自备应急电源运行情况进行检查时应重点检查重要

客户是否存在以下问题：

自行变更自备应急电源接线方式、自行拆除自备应急电源的闭锁装置或者使其失效、自备应急电源发生故障后长期不能修复并影响正常运行、擅自将自备应急电源引入，转供其他用户、其他可能发生自备应急电源向电网倒送电的。

对于有自备电厂的重要客户在其未与供电企业签订并网调度协议的自备发电机组，严禁并入公共电网运行。已签订并网调度协议的应严格执行电力企业的调度安排和安全管理规定。

条文 22.3.5　督促重要客户整改安全隐患。

条文 22.3.5.1　供电企业生产部门、调度部门应建立重要电力客户电网侧安全隐患排查机制，定期（至少半年一次）对重要电力客户供电情况进行排查，对发现的电网责任安全隐患进行整改。

条文 22.3.5.2　供电企业应督促重要客户编制反事故预案，定期开展反事故演习，每年组织开展电网和重要客户端的联合演习。

条文 22.3.5.3　对属于客户责任的安全隐患，供电企业用电检查人员应以书面形式告知客户，积极督促客户整改，同时向政府主管部门沟通汇报，争取政府支持，建立政府主导、客户落实整改、供电企业提供技术服务的长效工作机制。

对属于客户责任的安全隐患，供电企业用电检查人员应以书面形式告知客户，积极督促客户整改。同时向政府主管部门沟通汇报，争取政府支持，做到"通知、报告、服务、督导"四到位，实现客户责任隐患治理"服务、通知、报告、督导"到位率100%，建立政府主导、客户落实整改、供电企业提供技术服务的长效工作机制。

供电企业要加强对重要客户设备安全运行隐患排查工作及督促重要客户整改其存在的安全运行隐患。

防止水轮发电机组（含抽水蓄能机组）事故

总体情况说明：

为加强水电厂（站）的水轮发电机组（含抽水蓄能机组）专业管理，完善各项反事故措施，保障水轮发电机组（含抽水蓄能机组）的安全可靠运行，针对水电厂（站）的情况，结合国家、行业的法律、标准、规范和规定的要求，以及电监会的《关于吸取俄罗斯萨扬水电站事故教训进一步加强水电站安全监督管理的意见》（电监安全〔2010〕2号），在本次修编过程中增加了防止水轮发电机组（含抽水蓄能机组）事故的反事故措施。

本章主要从"防止机组飞逸"、"防止水轮机损坏"、"防止水轮发电机重大事故"、"防止抽水蓄能机组相关事故"四个大方面提出了反事故措施。

条文说明：

条文 23.1　防止机组飞逸

条文 23.1.1　设置完善的剪断销剪断（破断连杆）、调速系统低油压、电气和机械过速等保护装置。过速保护装置应定期检验，并正常投入。对水机过速 140% 额定转速、事故停机时剪断销剪断（破断连杆破断）等保护在机组检修时应进行传动试验。

（1）液压调速器系统低油压。由于机组压油系统油泵故障或管路漏油，甚至跑油导致机组压油系统油压急剧下降，一旦此时发生机组事故，调速器因油压不足而不能及时快速关闭水轮机导叶，就会引起机组过速甚至发生飞逸，使机组遭受重大破坏。

（2）剪断销剪断。导叶传动机构发卡或者导叶之间夹杂异物，将引起导叶在调整过程中剪短销剪断，导致水轮机转轮的水力不平衡，使机组振动加大。尤其是机组事故停机中发生导叶剪断销剪断，使机组停机时间过长，影响机组事故的正常处理。

（3）机组过速。运行中的水轮发电机突然甩掉所带负荷，由于调速器关闭导叶时间和机组转动惯性的作用，将会引起机组转速升高。

水机保护误动引起机组非计划停运，带来水电厂不必要的经济损失；拒动会引起设备损坏甚至更为严重的后果。所以在各项水电厂检查和考核指标中，都明确要求水机保护投入率和动作正确率均为100%。

【案例】 某水电站4号水轮发电机组的调速器压油装置，在1999年5月25日和6月17日接连2次发生低油压，致使4号机组发生甩掉220MW负荷的跳闸事故。天生桥二级电站4号机组由于投运时使用国产油难以达到进口调速器对油质量的要求，致使调速器机械部件加快磨损，导致漏油量增大，压油装置油泵每间隔7min启动1次，油泵启动过分频繁。再加上装于压油罐上的压力控制器的控制电压为直流48V，电压相对较高，每次断开瞬间的拉弧较大，造成压力控制器的接点烧磨严重。异常情况下压力控制器的接点就有可能被粘住或动作后闭合接触不良等现象出现，这就造成了2次发生低油压跳闸的停机事故。

条文 23.1.2 机组调速系统安装、更新改造及大修后必须进行水轮机调节系统静态模拟试验、动态特性试验和导叶关闭规律等试验，各项指标合格方可投入运行。

调速器应进行的试验：

（1）调速器静特性转速死区的测定与核查。试验目的为测量调速器的静态特性关系曲线，求取调速器的转速死区。

（2）电源、CPU、导叶控制状态切换试验与核查。试验目的为检验与核查微机调速器在电源、CPU、导叶控制状态切换及故障下的稳定性能。

（3）转速信号消失及越限试验与核查。在测频信号消失时，校验调速器的设计思路与实际控制动作情况。

（4）反馈断线试验与核查。当导叶接力器反馈信号断线时，检查调速器的相应控制与动作情况。

（5）接力器关闭与开启时间测定试验。

（6）操作回路检查及模拟动作试验与核查。当调速器恢复在等待开机状态下，模拟机组转速上升与下降、开关分合、负荷增减等，记录观察导叶的动作情况，以检查调速器各操作回路信号及动作情况是否符合设计要求。

（7）低油压下的调速器动作试验。为检查调速器液压随动系统在低油压下的工作情况，在调速器处于"自动"工况运行时，手动降低工作油压至事故低油压值，观察压力信号继电器是否动作发出关机信号，并检查调速器的动作情况。

（8）电气装置抗干扰试验。调速器在等待开机状态下，输入干扰信号，观察调速器有无被干扰的动作情况，以检验微机调速器的抗干扰能力。

（9）油压控制装置试验核查。测定调速器的总耗油量、漏油量，进行油压装置密封性试验及其油压、油位信号整定值的校验，核查和进行油泵、安全阀的试验。

（10）手自动开停机及紧急停机试验。调速器在等待开机状态下，进行相应手、自动开、停机，以及紧急停机等操作，观察记录调速器的动作控制情况，以检查调速器手自动开停机调节过程的正确性，及紧急停机保护动作的可靠性。

（11）空载试验。选定空载运行参数及测量空载时手自动运行下的转速摆动值，并观察测量机组在投运水头下的空载运行稳定性。

（12）变负荷试验。测量机组增、减负荷的过渡过程，观察负载调节参数的整定合理性，同时检查机组的负载运行稳定性。

（13）甩负荷试验。检验调速器的速动性及其动态品质，测定出接力器不动时间、调节时间等，并对可能存在的异常程序、参数进行修改与修订。

调速器的常见故障：

（1）调速器速动性差。转速摆度值超标，调节时间过长，不动时间太长。

（2）调速器稳定性差。PID 参数整定不合理导致转速最大超调量过大，波动次数及关闭时间超标。

（3）故障调速器静、动特性指标。调节参数最佳组合不理想，死区偏大，缓冲强度不均，转速上升率、压力上升率和尾水管最大真空度之一超标。

（4）调速系统运行故障。电液转换器发卡，运行负荷下滑，接力器摆动，协联关系故障，不稳定，导叶分段关闭的节流和拐点定位不准，低油压运行等。

条文 23.1.3　新机组投运前或机组大修后必须通过甩负荷和过速试验，验证水压上升率和转速上升率符合设计要求，过速整定值校验合格。

水轮机调保计算是研究机组突然甩负荷或超负荷时调节系统过渡过程特征，计算机组的转速变化和蜗壳压力变化以及尾水管最大真空度，选定合理的导叶关闭时间及规律，推荐合理的飞轮力矩 GD^2 值，解决压力输水系统水流惯性力矩、机组惯性力矩和调节系统稳定三者之间的矛盾，使机组既经济合理，又安全可靠。

水轮机在单独或任何组合的启动、运行、停机或甩负荷工况下，蜗壳末端最大水压（包括压力上升值在内）、转速上升和尾水管真空符合设计要求。

条文 23.1.4　工作闸门（主阀）应具备动水关闭功能，导水机构拒动时能够动水关闭。应保证工作闸门（主阀）在最大流量下动水关闭时，关闭时间不超过机组在最大飞逸转速下允许持续运行的时间。

在水轮机前面装设蝴蝶阀、球阀或快速闸门是防飞逸的有效措施。中、低水头电站一般装设平板快速闸门或蝴蝶阀；高水头电站一般装球阀。当机组过速达到额定转速的 140% 或各厂设计值时，关闭蝴蝶阀（球阀）或快速闸门，截断水流，使机组停机，以缩短水轮机在过速或飞逸转速下运行的时间，起到对水轮机的保护作用。

在工作闸门的动水关闭过程中，闸门门体水动力荷载受闸门体形、作用水头、流速、启闭速度及通气和补气等诸多因素的影响，变化非常复杂。目前还很难通过理论进行准确计算，一直是闸门水力设计及研究的重点和难点。以往针对闸门水动力荷载及启闭力的问题，在低水头条件下研究的较多，且现行工作闸门启闭力计算的相关规范中，闸门的底缘体形设计和水动力荷载计算也主要参照水头相对较低的闸门动水关闭试验成果。

条文 23.1.5 进口工作门（事故门）应定期进行落门试验。水轮发电机组设计有快速门的，应当在中控室能够进行人工紧急关闭，并定期进行落门试验。

进行闸门现地、远方和事故落门，以手动或自动方式进行工作闸门静水启动试验，调整和记录闸门启闭时间和压力表读数，大修后应做中控室紧急停机按钮落门实验，检查后备回路。

条文 23.1.6 对调速系统油质进行定期化验和颗粒度超标检查，加强对调速器滤油器的维护保养工作，寒冷地区电站应做好调速系统及集油槽透平油的保温措施，防止油温低、黏度增大，导致调速器动作不灵活，在油质指标不合格的情况下，严禁机组启动。

调速系统油质颗粒度超标、黏度增大会导致调速系统性能下降甚至调速系统事故。

【案例1】 2010年，某水电厂1号机进行了调速器空载扰动试验，手动开1号机，并将转速控制在200r/min后，调速器控制方式切至自动，试验人员在发48～52Hz扰动试验开始的命令后，机组转速急速上升，紧急停机电磁阀动作停机。原因之一就是油质差导致调速器引导阀发卡。

【案例2】 某水电厂调速系统压油泵烧毁原因之一是冬季油温低，油质黏稠，卸载电磁阀活塞动作不灵活。

条文 23.1.7 机组检修时做好过速限制器的分解检查，保证机组过速时可靠动作，防止机组飞逸。

过速限制器上装有电磁配压阀、油阀、事故配压阀。事故配压阀是一种二位六通型换向阀，用于水电站水轮发电机组的过速保护系统中，当机组转速过高，调速器关闭导水机构操作失灵时，事故配压阀接受过速保护信号动作，其阀芯在差压作用下换向，紧急关闭导水机构，防止机组过速。

在实际检修工作中，不仅要检查各阀的动作情况，还应检查各阀在各种工况（包括事故低油压等极端情况）的联动情况。

【案例】 某水电厂过速限制器中的差动阀因油压下降误动，导致事故配压阀动作，机组在开机过程中导叶紧急关闭。

条文 23.1.8 大中型水电站应采用"失电动作"规则，在水轮发电机组的保护和控制回路电压消失时，使相关保护和控制装置能够自动动作关闭机组导水机构。

在机组控制和保护电源因故障而消失时，一般有两种处理方式：

（1）由自动装置发出报警信号，通知值班人员前去处理。

（2）由自动装置发出停机命令，使机组回到安全状态——静止。

我国传统上采用第一种处理方式。这样做的前提条件是值班人员能够快速干预。有的国家为了实现无人值班，采用了第二种处理方式，即失电动作于停机的方式。这种方式能够更可靠地保证机组的安全，因为失去操作电源是一种虽不经常发生但后果严重的故障。

如很多国家在调速器和进水阀门采用失电动作原则。例如，美国标准 IEEE—1010《水力发电厂控制导则》中列举了供选择的开停机电磁阀的两种操作方式：①通电开机投动，失电关导叶停机；②失电开机投运，通电关导叶停机。但"导则"指出了第二种方式在电压消失时不能自动防止故障。

我国在这种情况下的通常做法则是维持导叶在原开度运行，同时发出报警信号。法国的水电厂普遍采用无人值班方式，因而失电动作成为一项基本设计原则，在规程和典型接线中对此都有明确规定。20 世纪 70 年代初制定了典型接线后，新设计的水电厂不管当时是否为无人值班，都按此原则设计，这样，在电厂从有人值班向无人值班过渡时，避免了修改接线和改造设备的麻烦。

条文 23.1.9 **电气和机械过速保护装置、自动化元件应定期进行检修、试验，以确保机组过速时可靠动作。**

机械过速开关及电气转速信号装置在转速上升或下降时，应在规定的转速发出信号。

（1）对机械过速开关，同一触点的动作误差≤3%。

（2）对电气转速信号装置，同一触点的动作误差≤1%（零转速触点除外）。

（3）同一触点的返回系数 F：对于转速上升时发信号的触点，$F \geqslant 0.9$；对于转速下降时发信号的触点，$F \leqslant 1.1$（零转速触点除外）。

（4）电气转速信号装置至少应有 4 对 0～2 倍额定转速可调的常开触点，及一对零转速触点。

（5）电气转速信号装置应同时采用残压和齿盘两种测频方式冗余输入。采用单一测频信号输入的机组，应优先采用齿盘测频信号。对于采用残压测频方式的电气转速信号装置应适应 0.2V 残压值。

（6）对于残压测频的转速信号装置应适应残压值＜0.2V。

条文 23.1.10 **机组过速保护的转速信号装置采用冗余配置，其输入信号取自不同的信号源，转速信号器的选用应符合规程要求。**

机组转速信号装置一般采用齿盘和残压两种信号，互相冗余以防止出现发电机测频丢失等情况。对电气型转速信号器，要求具有可调整的 5 种及以上的定值；对机械型转速信号装置，应满足机组过速保护的要求。

条文 23.1.11 调速器设置交直流两套电源装置，互为备用，故障时自动转换并发出故障信号。

条文 23.1.12 每年结合机组检修进行一次模拟机组事故试验，检验水轮机关闭进水口工作闸门或主阀的联动性能。

进水口工作阀门或主阀能否在紧急情况下实现动水关闭，是水轮发电机组或水泵能否正常可靠运行的关键。《大中型水轮机进水阀门基本技术条件》中规定："机组在任何工况下，进水阀门应能动水关闭"。机组运行过程中，紧急状态下关球阀既是对球阀工作情况的考验，也是对机组引水系统及相关设备承载能力的考验。

水轮机进水口工作闸门或主阀正常闭门、快速闭门时间符合设计要求，闸门应既能在现地控制又能在远方控制。

条文 23.1.13 新投产机组或机组大修后，应结合机组甩负荷试验时转速升高值，核对水轮机导叶关闭规律是否符合设计要求，并通过合理设置关闭时间或采用分段关闭，确保水压上升值不超过规定值。

导叶分段关闭：为了降低过渡过程中的压力上升的幅度，防止事故抬机，将导叶直线关闭过程分成速率不同的几段。分段关闭时间不正确会严重影响机组的安全稳定运行。

【**案例**】 某水电厂 5 号机组在 2003 年安装调试期间进行过速试验时发生剧烈振动，水轮机活动导叶拉断销 4 次被拉断，导致紧急关闭进水口快速门。经过 3 个月的试验、分析，其主要原因是机组过速停机时，当导叶关闭至 5% 左右开度、机组转速约 100% 额定转速时，通过导流部件的水流由顺流变成射流的瞬间，流道内产生较强的水力脉动，其频率与水轮机部分机械部件的频率接近 20Hz，从而引起某种程度的共振。为了解决振动问题，对导叶分段关闭规律也进行了调整。

条文 23.2 防止水轮机损坏

条文 23.2.1 防止水轮机过流及重要紧固部件损坏。

条文 23.2.1.1 水电站规划设计中应重视水轮发电机组的运行稳定性，合理选择机组参数，使机组具有较宽的稳定运行范围。水电站运行单位应全面掌握各台水轮发电机组的运行特性，划分机组运行区域，并将测试结果作为机组运行控制和自动发电控制（AGC）等系统运行参数设定的依据，电力调度机构应加强与水电站的沟通联系，了解和掌握所调度范围水轮发电机组随水头、出力变化的运行特性，优化机组的安全调度。

电气原因造成的的机组不稳定：①气隙不均匀；②分槽数产生的次谐波；③定子铁心冲片松动及定子铁心翘曲；④不对称三相负荷运行；⑤发电机出口短路。

机械原因造成的的机组不稳定：①轴线不正；②转动部分重量不平衡；③机组支撑结构或轴系刚度不足；④导轴承缺陷或间隙调整不当；⑤推力轴承制造、调整不良。

造成的机组不稳定水力原因：①叶道涡；②卡门涡；③尾水管涡带；④小开度压力脉动；⑤高负荷压力脉动；⑥导叶和叶片间的干涉；⑦超负荷运行区的水力不稳定；⑧过渡过程中的不稳定现象。

机组的稳定运行范围：国家标准 GB/T 15468—2006《水轮机基本技术条件》，对不同型式的水轮机规定了保证稳定运行的负荷范围。

运行单位改善机组稳定性运行的部分途经：

（1）机组运行初期进行现场测试。以动应力测试、噪声测试及其频谱分析为核心的现场测试，是小浪底和大朝山水电站解决转轮裂纹事故的重要手段。三峡机组运行初期，选择代表性的水头进行转轮等重要部件动应力、水轮机压力脉动、主要部件振动、摆度和机组噪声的全面测试，保证了机组的安全运行。

在稳定性能方面，水轮机的模型与真机做不到完全相似，同一水电站不同机组的布置也有差别，各机组的稳定性表现必然会有不同。建议大型机组投运初期即选择有资质的测试单位进行转轮、顶盖、下机架动应力、水轮机压力脉动、主要部件的振动、摆度和机组噪声的全面测试。既可保证机组初期运行安全，又能为以后划分运行区、扩大稳定运行范围提供依据。

（2）向尾水管涡带区补气。

（3）避开振动区运行。根据有关资料，世界各国都根据水轮机特性和电网状况，对大型混流式水轮机规定了一定的运行范围和运行时间。如：

1）伊泰普 715MW 的水轮机，可在 60%～100% 额定负荷范围内无限制连续运行；也可在有限时间内 715MW 至允许的超负荷 740MW 范围内运行；从空载到10% 额定负荷范围内的运行总时间不得超过机组年运行总时间的 3%；不允许在导叶开度 30%～60% 低负荷区连续运行；应避免开度 10%～30% 的极低负荷下运行。为使巴拉圭侧的机组能在极低负荷下运行，采取通过顶盖和底环从无叶区连续补气的办法，并规定运行 1000h 后即应进行检修。

2）俄罗斯克拉斯诺雅尔斯克 508MW 水轮机，规定机组必须在 60% 额定负荷以上运行。

3）美国的大古力第三电厂对 600～700MW 机组规定，尽可能在 60%～80%额定负荷范围内运行，30%～60% 额定负荷范围内限制运行，30% 负荷以下不允许运行。

4）国内小浪底水电站则严格按照合同规定的正常运行范围运行；万家寨、二滩、隔河岩、三峡等水电站，在现场试验的基础上，划定了机组的安全运行范围：

①隔河岩按水导摆度超过 0.3mm 为标准，划定任何水头下 80～180MW 为禁运区；②二滩根据实测振动值和现场经验规定 20～40MW 为禁运区；③万家寨规定尾水管压力脉动绝对值超过 10m 的工况为禁运区；④三峡 700MW 机组按照现场试验成果，综合考虑机组振动、摆度、水轮机压力脉动值，以及主要部件的变形和动应力等划定安全运行区，原则上在 70% 以上负荷运行。采取划分不同区域、避开振动区运行的措施后，这些水电站均收到良好效果。机组运行稳定，基本没有发生水轮机转轮裂纹和其他因运行不稳定引发的事故。

条文 23.2.1.2 水轮发电机组设计制造时应重视机组重要连接紧固部件的安全性，并说明重要连接紧固部件的安装、使用、维护要求。水电站运行单位应经常对水轮发电机组重要设备部件（如水轮机顶盖紧固螺栓等）进行检查维护，结合设备消缺和检修对易产生疲劳损伤的重要设备部件进行无损探伤，对已存在损伤的设备部件要加强技术监督，对已老化和不能满足安全生产要求的设备部件要及时进行更新。

随着近年技术的进步，水轮发电机组重要部件的材质、运行工况也更加复杂，使得机组重要部件的失效风险和因失效造成的损失也越来越大。

【案例】 2009 年 8 月 17 日，俄罗斯萨扬-舒申斯克水电站（装机 10×64 万 kW）发生特别重大安全事故，造成 75 人死亡，13 人受伤，2、7、9 号发电机组几近报废，厂房结构严重破坏。事故发生的原因和暴露的问题是多方面的：机组运行中水轮机轴承振动幅值严重超标而未按规定"卸荷并停机"；在制造厂商文件和电站运行文件中，均无保证检查紧固件状况的标准和紧固件的使用期限；在机房受淹、保护和控制回路电压消失时，导水机构不能自动关闭；中控室没有关闭进水口快速事故闸门的控制开关等。但 2 号机组 49 颗顶盖紧固螺栓失效却是酿成这一悲剧的直接原因：49 个螺栓断口逐个检验后发现，有 41 个螺栓螺纹断裂的疲劳断口面积平均达 64.9%。断口面积占螺栓面积 70% 以上的螺栓有 14 个，甚至有 8 个螺栓断口断裂面积超过 90%。

因此电站运行管理就显得十分重要了，除了加强特种设备及金属监督管理外，其他监督管理、运行方式的管理与调整等都关系到部件的安全运行。油、水品质的好坏直接关系到油、水介质流通系统内部件的结垢、腐蚀等问题；运行方式及运行管理关系到重要部件的实际运行工况的好坏；巡检则关系到缺陷的及时发现和事故的提前预警。

状态检修和诊断检修以及加强巡回检查是及时发现运行中新产生的缺陷的必要手段，也是评估主要部件状态的有效手段，对发现的问题及时更换、维修，同时应做好对问题的分析及预防措施的制定，对不必处理或不具备处理手段的重要部件提出监督运行措施和反事故预案。

条文 23.2.1.3 水轮机导水机构必须设有防止导叶损坏的安全装置，包括装设剪断销（破断连杆）、导叶限位、导叶轴向调整和止推等装置。

条文 23.2.1.4 水电站应当安装水轮发电机组状态在线监测系统，对机组的运行状态进行监测、记录和分析。对于机组振动、摆度突然增大超过标准的异常情况，应当立即停机检查，查明原因和处理合格后，方可按规定程序恢复机组运行。水轮机在各种工况下运行时，应保证顶盖振动和机组轴线各处摆度不大于规定的允许值。机组异常振动和摆度超过允许值应启动报警和事故停机回路。

为保证电厂的高效和安全运行，电厂主要应从两个方面对水轮机系统相关物理量和参数展开状态监测：

（1）水轮机稳定性方面：主要包括主轴摆度，机组结构振动、水压力脉动的状态监测。

（2）水轮机状态方面：包括水轮机能量效率、水轮机空化与泥沙磨损状态、水轮机主要部件的应力与裂纹的状态监测。

水轮机状态监测：能量效率监测已有研究，主要对机组过流量、工作水头、有功功率、接力器行程、无功功率、蜗壳进出口断面压力等参数进行采集测量。除流量外，其他参数在大中型水电厂已实现了自动监测采集，数据具有较高的精确度。主要传感器有功率变送器、差压传感器、转速传感器等。国内水电厂的效率监测已初步实现，但需要在实用性和精确性上做进一步的开发和完善。近年来，超声波测流技术在水轮机流量的监测方面已有应用，但在测量精度和稳定性方面有待提高，应加强流量在线监测方法和技术的研究。目前水轮机空化、泥沙磨损、水轮机主要部件的应力与裂纹监测技术尚属空白，有待进一步研究。由于受到监测手段和监测方法的限制，国内外对水轮机、顶盖等关键部件疲劳裂纹的监测，还停留在根据机组异常振动停机观察的随机察看阶段，还没有相对比较完善的监测技术。

条文 23.2.1.5 水轮机水下部分检修应检查转轮体与泄水锥的连接牢固可靠。

泄水锥的作用是引导经叶片流道出来的水流迅速而又顺利地向下宣泄，防止水流相互撞击，以减少水力损失，提高水轮机的效率。

【案例】 紧水滩水电站 4 号机泄水锥脱落，导致下导、水导摆度及顶盖、上下机架振动增大，机组停机。

条文 23.2.1.6 水轮机过流部件应定期检修，重点检查过流部件裂纹、磨损和汽蚀，防止裂纹、磨损和大面积汽蚀等造成过流部件损坏。水轮机过流部件补焊处理后应进行修型，保证型线符合设计要求，转轮大面积补焊或更换新转轮必须做静平衡试验。

过流部件损坏的原因主要有以下 2 个方面：

（1）机组长期在不良工况区运行。理论与实践证明机组在非最优工况下运行时，水轮机会产生严重的汽蚀，水压脉动严重并伴有较强的振动和噪声，尾水管压力脉动引起振动。当压力脉动的频率接近水流弹性体的自然频率时，即产生共振，从而引起转轮大幅度振动，剧烈的振动引起引水板板材疲劳破坏。当机组在低负荷工况下运行时，转轮出口的水流有一定的圆周速度分量，水流不对称，使尾水管中形成螺旋状空腔涡带，产生周期性的低频压力脉动。受尾水管低频压力脉动的影响，蜗壳压力、转轮引水板上侧压力也发生周期性脉动，压力脉动加速了引水板的损坏。同时低负荷工况下，尾水管内的空腔涡带直径较粗，运行中在尾水管造成很大的旋转摆动水柱，造成压力脉动，产生水力振动。使管壁发生汽蚀侵蚀，汽蚀造成了里衬材料的破坏，破坏加剧了里衬的撕裂、掉块，最后引起里衬混凝土淘蚀，出现空腔。

（2）设计、制造缺陷。水轮发电机组过流部件运行稳定性的因素很多，包括水轮机的参数选择、各通流部件的匹配关系、转轮出口涡带、叶片正背面脱流、叶道涡、特殊压力脉动、空化、自激、振动、机械缺陷等，而这些影响因素在具体的各个电站引起的后果也不尽相同。

【案例1】 某水电站的5号机在高水头区运行时，在较宽的负荷范围内，尾水管的压力脉动均比较大，负荷小于50MW时尾水管压力脉动双幅值最大为13.22m；2号机在负荷小于55MW时尾水管压力脉动双幅值最大达6.06m，对水轮机部件有较大影响。

【案例2】 某水电站模型水轮机尾水管压力脉动最大幅值为10.48%，但真机在高水头低负荷区，导叶开度40%～45%工况，尾水管压力脉动幅值超过20%，最大时达36.9%～44.9%，频率为0.26～3.26Hz。

【案例3】 某水电厂12台机组由于经常处于低负荷工况运行，在尾水管产生低频空腔涡带，在长期的空腔涡带的作用下，有6台机组发生尾水管里衬脱落的事故。

【案例4】 某水电站2000年对1号机组进行大修时发现有7块叶片出现贯穿性裂纹。

【案例5】 某水电站2号机2005年大修时发现水轮机过流部件的磨损较大，过流部件（导水叶与抗磨板）的磨损普遍严重；过流部件中导叶及抗磨板的磨损程度重于转轮，而抗磨板的破坏程度又大于导叶。

条文23.2.1.7 水轮机桨叶接力器与操作机构连接螺栓应符合设计要求，经无损检测合格，螺栓预紧力矩符合设计要求，止动装置安装牢固或点焊牢固。

桨叶接力器与操作机构连接螺栓失效脱落将严重损害水轮机。

【案例】 2005年，某水电厂1号发电机组在开机过程中，发现在导叶打开到30%开度的时候，桨叶没有转到相应设定的0°。发电机并网发电运行后，桨叶一直不能正确与导叶协联运行，机组没能像正常的水头流量一样发电。转轮活塞上用来连接桨叶的连轴和连杆上的多个孔加工不均布（与厂家设计图纸不符），多个零件组装存在积累误差，导致连杆与连杆销在运动中有蹩劲现象，使不应转动的连杆销转动了，从而切断了螺钉，继而限位板脱落，最后切断了止动销。

条文 23.2.1.8 水轮机的轮毂与主轴连接螺栓和销钉符合设计标准，经无损检测合格，螺栓对称紧固，预紧力矩符合设计要求，止动装置安装或点焊牢固。

轮毂是转轮的枢纽，也是与叶片、主轴的主要连接件。所有从叶片传来的力，都要通过轮毂传递到传动系统，再传到驱动的对象。轮毂除有以上作用外，同时也起到控制叶片桨距（使叶片作俯仰转动）的作用，而这些均是通过螺栓连接来实现的。由于转轮在正常工作状态下是转动的，连接叶片与轮毂、轮毂与主轴的螺栓，都要承受巨大的动载荷。由此可见轮毂连接螺栓的重要性。

条文 23.2.1.9 水轮机桨叶接力器铜套、桨叶轴颈铜套、连杆铜套应符合设计标准，铜套完好无明显磨损，铜套润滑油沟油槽完好，铜套与轴颈配合间隙符合设计要求。

桨叶接力器铜套、桨叶轴颈铜套、连杆铜套磨损可产生以下危害：①效率明显降低；②精度丧失；③出现异常的声音和振动；④密封失效；⑤漏油。

【案例】 某水电厂 2007 年 1 号机组在运行时，出现调速器回油箱油位异常下降现象，发现轮毂排油时含有大量金属粉末，解开泄水锥后发现：轮毂内壁附有一层铜末；5 片桨叶径向间隙均大于设计值，其中 3 号桨叶径向间隙达到 1.38mm，超过设计值 5 倍；桨叶和轮毂间 D 形密封条存在 1~2mm 磨损。进一步检查确认，桨叶根部 $\phi360$mm 和 $\phi500$mm 轴枢处限位铜套已严重磨损，铜套和轴枢存在较大轴向和径向窜动量，桨叶操作时挤压 D 形密封条造成压力油泄漏。

条文 23.2.1.10 水轮机桨叶接力器、桨叶轴颈密封件应完好无渗漏，符合设计要求，并保证耐压试验、渗漏试验及桨叶动作试验合格。

桨叶接力器、桨叶轴颈密封渗漏会不仅影响转轮、调速器等设备，还会造成污染。

【案例】 某水电站运行中发现当尾水位低时不能可靠地防止轮毂腔中的油泄到尾水中；当尾水位比受油器位置高工况下，该密封又不能止住河水往轮毂腔中灌。这样，使转轮腔中变成透平油、河水和泥沙的混合物。更为严重的是因水和泥沙通过轴的空腔侵入到集油槽，随之进入调速器液压系统。

条文 23.2.1.11 水轮机所用紧固件、连接件、结构件应全面检查，经无损检测合格，水轮机轮毂与主轴等重要受力、振动较大的部位螺栓经受过两次紧固拉伸后应全部更换。

水轮机所用紧固件、连接件、结构重要金属部件一旦出现问题，它所造成的后

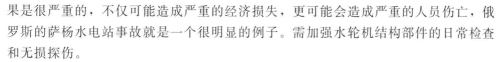

果是很严重的，不仅可能造成严重的经济损失，更可能会造成严重的人员伤亡，俄罗斯的萨杨水电站事故就是一个很明显的例子。需加强水轮机结构部件的日常检查和无损探伤。

水电厂无损探伤目前存在的问题：

（1）无损探伤的记录材料不全面。

（2）厂家材料普遍出现质量问题。

（3）金属技术监督体系不完善。

（4）不定期检测重要部位的金属部件。

条文 23.2.1.12 水轮机转轮室及人孔门的螺栓、焊缝经无损检测合格，螺栓紧固无松动，密封完好无渗漏。

水轮机转轮室及人孔门的螺栓、焊缝失效可能造成水淹厂房等重大事故。

【案例】 某混流式水轮发电机组，用于人孔门的紧固螺栓发生断裂失效。由于发现及时才避免了水淹厂房事故。

条文 23.2.1.13 水轮机伸缩节所用螺栓符合设计要求，经无损检测合格，密封件完好无渗漏，螺栓紧固无松动，预留间隙均匀并符合设计值。

水轮机伸缩节的作用是为混凝土基础及转轮室提供一个受热膨胀、受冷收缩空间，同时还能在安装过程中调整安装误差。为确保伸缩缝密封，在伸缩缝外的轴向和竖直径向各设有一道橡胶条密封，轴向密封由外部压环进行压缩。

【案例】 某些水电站的机组安装后运行时，它们的伸缩节不同程度地存在漏水现象。检查发现，由于机组运转时水流或机组转动产生的较大振动，直接或间接地传递给转轮室，转轮室下游端将振动传递给伸缩节，使压环的位置发生改变，导致密封失效。有的振动会使压环螺栓剪断，压环局部松退，橡胶条被水压力压出。

条文 23.2.1.14 灯泡贯流式水轮机转轮室与桨叶端部间隙符合设计要求，桨叶轴向窜动量符合设计要求。混流式机组应检查上冠和下环之间的间隙符合设计要求。

灯泡贯流式水轮机转轮室与桨叶端部间隙不符合设计要求，将导致机组运行时转轮室内水流态不均衡，桨叶受力出现不均衡，引起桨叶接力器受力不平衡。桨叶在正常运行工况下，对桨叶的影响不是很明显。但是机组运行工况改变时或尾水水流流态不均衡时，存在紊乱与撞击，引起各部桨叶受力不均。

【案例】 某水电厂 10 号机 1 号桨叶与转轮室偏小，1 号桨叶在运行中转臂变形，其限位块变形严重。

条文 23.2.1.15 水轮机真空破坏阀、补气阀应动作可靠，检修期间应对其进行检查、维护和测试。

安装高程低于下游正常尾水位的真空破坏阀、补气阀及其管路漏水将是机组大轴返水、水淹厂房、转子接地的重要危险源之一。

【案例1】 某水电厂2007年例行检查11号机组转子绝缘不合格。在检查大轴内部电气回路过程中，未发现其他异常，但发现11号机组大轴与补气管之间有积水，深度近1m。积水产生的水雾使转子励磁引线部分受潮，导致转子绝缘不合格。经过抽水检查，发现水轮机大轴中心补气管与锥形平台的密封损坏漏水，导致大轴内产生积水。

【案例2】 某水电厂2008年1、2号机组补气阀相继失效，甩水严重，漏水经滑环流入上导、转子、水车室。机组停机抢修。

条文23.2.2 防止水轮机导轴承事故。

条文23.2.2.1 油润滑的水导轴承应定期检查油位、油色，并定期对运行中的油进行油质化验。

质量标准：

（1）油中微水：运行中200MW及以上小于或等于100mg/L，200MW及以下小于或等于200mg/L。

（2）酸值（mgKOH/g）：未添加防锈剂的油≤0.2，添加防锈剂的油≤0.3。

（3）闪点：与新油原始测值相比不低于15℃。

（4）外观：透明、无杂质或悬浮物。

（5）运动黏度：与新油原始测值偏离≤20%。

条文23.2.2.2 水润滑的水导轴承应保证水质清洁、水流畅通和水压正常，压力变送器和示流器等装置工作正常。

水润滑橡胶轴瓦对润滑水质要求高，要求水中含有悬浮物不超过0.1g/L，即使清水电站，在洪水期也会混有一定的泥沙。尤其橡胶弹性大，与泥沙悬浮物有一定的亲和作用，致使轴瓦与轴颈磨损。橡胶导热性差，热量只能传给大轴，并由冷却润滑水带走；另一方面橡胶瓦耐温低，为防止橡胶软化，设计要求温度低于100C。实际上50℃橡胶已经开始软化，所以它对冷却润滑水要求特别高，断润滑水即使立即停机，水导轴瓦也要烧损。如果断冷却润滑水时间稍长，要引起轴颈的严重磨损或裂纹。新安江电厂曾发生水导橡胶瓦烧损4次；丰满电厂烧损水导橡胶瓦3次。

水润滑弹性金属塑料瓦耐磨性能好，具有一定的自润滑性能，比橡胶轴瓦耐磨、耐高温。

条文23.2.2.3 技术供水滤水器自动排污正常，并定期人工排污。

技术供水系统滤水器是机组供水的关键设备，直接影响机组的安全运行。

【案例】 某水电厂机组技术供水系统滤水器采取转动排污措施。运行中，机组滤水器多次出现排污管堵塞导致排污不畅的问题，堵塞部位从排污总阀开始，慢慢扩展到弯头部分。由于排污总阀的出口在下游尾水位以下，发生堵塞后，处理起来异常困难，需要潜水至水下封堵排水管出口，再拆下排污总阀进行处理，增加了处理难度并严重威胁机组的安全稳定运行。检查发现，蝶阀作为排污阀不合适，蝶阀在全开时阀瓣会占据其有效过流面积而形成瓶颈，过流部分宽度过窄，杂质极易在此聚积。对此，将排污总阀（蝶阀）更换成弹性座闸阀，保证了排污管的畅通，效果良好。

条文 23.2.2.4 应保证水轮机导轴承测温元件和表计显示正常，信号整定值正确。对设置有外循环油系统的机组，其控制系统应正常工作。

水轮机导轴承测温元件经常出现的问题有测值跳变、测温数据不准或没有温度显示等，导致在运行过程中无法准确监测机组各部轴瓦温度，对机组的安全稳定运行构成了严重的威胁。

测温元件问题产生的主要原因：①RTD 测温元件运行时间长、不易维护。②运行环境恶劣。③普通测温电阻引出线电缆易折断或外皮开裂。④测温电阻安装不规范。⑤普通测温电阻尾部结构问题。

【案例】 某水电厂 6 台机组在运行过程中先后出现多次导轴承测温电阻跳变。有的导轴承 8 块瓦温只剩下 3 块瓦温能够正常监控，其余的测温电阻在运行过程中损坏而不得不退出运行。致使机组稳定运行受到严重威胁。

条文 23.2.2.5 水轮机导轴承的间隙应符合设计要求，轴承瓦面完好无明显磨损，轴承瓦与主轴接触面积符合设计标准。

水轮机导瓦间隙调整不当或运行中变化可能导致机组振动增大，瓦温升高甚至烧瓦。

【案例】 2011 年，某水电厂 6 号机组开机并网，运行 38min 后，发现水导轴承 1 号和 15 号瓦（两瓦空间布置位置基本成 180°）瓦温均为 51℃，与前一天机组稳定运行时水导瓦温（1 号瓦温为 44℃，15 号瓦温为 49℃）相比突然上升较大，且还有缓慢上升趋势。上导瓦、下导瓦的温度曲线，没有发现异常。停机检查 1 号瓦楔子板的调整螺杆，发现该调整螺杆与楔子板已经松脱，楔子板已落下，轴瓦与轴领的间隙为 0。检查其余轴瓦的楔子板调整螺杆，未见松动。对 1 号水导抽瓦后，发现瓦面中部已经有轻微的磨损现象，15 号瓦面检查无异常。由于 1 号瓦间隙的减小，造成轴瓦总间隙变小，从而造成对侧的 15 号瓦温也升高。

条文 23.2.2.6 水轮机导轴承紧固螺栓应符合设计要求，经无损检测合格，对称紧固，止动装置安装牢固或焊死。

水轮机导轴承紧固螺栓失效可能导致导轴承整体失效，增大机组振动摆度，破坏其他部件。

【案例】 某水电厂 1、2 号机在运行时水导摆度极不稳定并超标。经停机检查，测量轴瓦与大轴各方向的间隙，存在与大修后调整的配合间隙不规律变动的问题。原因为部分水导轴承体与轴承架间的连接螺栓松动。

条文 23.2.2.7 水轮机顶盖排水系统完好，防止顶盖水位升高导致油箱进水。

在水电厂的设备布置上，顶盖相对机组的其他部件较低，为了及时排出大轴工作密封的排水和其他部位的漏水，避免水淹水导，必须设置顶盖排水系统。表面看来，顶盖排水系统原理简单、功能单一，但是由于得不到设计、制造、施工、运行等各有关方面足够的重视，顶盖排水系统故障造成水淹水导被迫停机的事件，在全国范围内时有发生，小小故障往往造成不应有的巨额损失。

【案例】 某水电厂顶盖排水孔被杂物、滤水器排出的泥浆、机组轴承油雾产生的油污以及其他部件的磨损产生物堵塞，如果安装临时水泵排水将会水淹水导和水车室。

条文 23.2.3 防止液压装置破裂、失压。

条文 23.2.3.1 压力油罐油气比符合规程要求，对投入运行的自动补气阀定期清洗和试验，保证自动补气工作正常。

压油罐补气系统故障会引起压油罐油压、油位异常。对于这种故障应通过故障信号的报警和加强巡视等手段，及时发现，及时解决。

【案例】 某水电厂调速器压油罐自动补气完成后，补气阀自动关闭不严，引起压油罐持续补气现象，造成压油罐油压过高。

条文 23.2.3.2 压力油罐及其附件应定期检验检测合格，焊缝检测合格。压力容器安全阀、压力开关和变送器定期校验，动作定值符合设计要求。

以下为《固定式压力容器安全技术监察规程》要求：

定期检验：

(1) 报检使用单位应于压力容器定期检验有效期届满前 1 个月，向特种设备检验机构提出定期检验要求。检验机构接到定期检验要求后，应及时进行检验。

(2) 检验机构与人员检验机构应严格按照核准的检验范围从事压力容器的定期检验工作，检验检测人员应取得相应的特种设备检验检测人员证书。检验机构应接受质量技术监督部门的监督，并且对压力容器定期检验结论的正确性负责。

(3) 定期检验周期。定期检验是指压力容器停机时进行的检验和安全状况等级评定。压力容器一般应于投用后 3 年内进行首次全面检验。下次的全面检验周期，由检验机构根据压力容器的安全状况等级按照以下要求确定：

1) 安全状况等级为 1、2 级的，一般每 6 年一次。

2) 安全状况等级为 3 级的，一般 3～6 年一次。

3) 安全状况等级为 4 级的，应监控使用，其检验周期由检验机构确定，累计监控使用时间不得超过 3 年。

4）安全状况等级为 5 级的，应对缺陷进行处理，否则不得继续使用。

5）压力容器安全状况等级的评定按《压力容器定期检验规则》进行。符合规定条件的，可适当缩短或者延长检验周期。

6）应用基于风险的检验（RBI）技术的压力容器，按照规程的要求确定检验周期。

（4）定期检验的内容：检验人员应根据压力容器的使用情况、失效模式制定检验方案。定期检验的方法以宏观检查、壁厚测定、表面无损检测为主，必要时可以采用超声检测、射线检测、硬度测定、金相检验、材质分析、涡流检测、强度校核或者应力测定、耐压试验、声发射检测、气密性试验等。

条文 23.2.3.3　机组检修后对油泵启停定值、安全阀组定值进行校对并试验。油泵运转应平稳，其输油量不小于设计值。

调速系统压油泵是水轮发电机组最重要的辅助设备之一，压油泵故障将严重影响电厂安全运行。

条文 23.2.3.4　液压系统管路应经耐压试验合格，连接螺栓经无损检测合格，密封件完好无渗漏。

以下为《压力管道安全技术监察规程——工业管道》要求。

液压试验应符合以下要求：

（1）一般使用洁净水，当对奥氏体不锈钢管道或者对连有奥氏体不锈钢管道或者设备的管道进行液压试验时，水中氯离子含量不得超过 0.005%。如果对管道或者工艺有不良影响，可以使用其他合适的无毒液体。当采用可燃介质进行试验时，其闪点不得低于 50℃。

（2）试验时的液体温度不得低于 5℃，并且高于相应金属材料的脆性转变温度。

（3）承受内压的管道除本叙述下面所列第（5）项要求外，系统中任何一处的液压试验压力均不低于 1.5 倍设计压力。当管道的设计温度高于试验温度时，试验压力不得低于式（23-1）的计算值，当 p_T 在试验温度下产生超过管道材料屈服强度的应力时，应将试验压力 p_T 降至不超过屈服强度时的最大压力

$$p_T = 1.5p \frac{S_1}{S_2} \tag{23-1}$$

式中　p_T——试验压力，MPa；

p——设计压力，MPa；

S_1——试验温度下管子的许用应力，MPa；

S_2——设计温度下管子的许用应力，MPa。

当 $\dfrac{S_1}{S_2}$ 大于 6.5 时，取 6.5。

（4）承受外压的管道，其试验压力应为设计内、外压差的 1.5 倍，并且不得低于 0.2MPa。

（5）当管道与容器作为一个系统统一进行液压试验，管道试验压力小于或等于容器的试验压力时，应按照管道的试验压力进行试验。当管道试验压力大于容器的试验压力，并且无法将管道与容器隔开，同时容器的试验压力大于或等于按本条第（3）项计算的管道试验压力的 77% 时，经过设计单位同意，可以按容器的试验压力进行试验。

（6）夹套管内管的试验压力按照内部或者外部设计压力的高者确定，夹套管外管的试验压力按本条第（3）项确定。

（7）试验缓慢升压，待达到试验压力后，稳压 10min，再将试验压力降至设计压力，保压 30min，以压力不降、无渗漏为合格。

（8）试验时必须排净管道内的气体，试验过程中发现泄漏时不得带压处理，试验结束排液时需要防止形成负压。

条文 23.2.4　防止机组引水管路系统事故。

条文 23.2.4.1　结合引水系统管路定检、设备检修检查，分析引水系统管路管壁锈蚀、磨损情况，如有异常则及时采取措施处理，做好引水系统管路外表除锈防腐工作。

引水系统常见腐蚀：

（1）磨损腐蚀。磨损腐蚀是指压力钢管金属表面同时受到流体造成的腐蚀和磨损双重破坏。

（2）气泡腐蚀。气泡腐蚀是一种特殊形态的磨损腐蚀，又称空蚀或者气蚀，它主要发生在有压力变化环境，且有高速流体运转的设备。

（3）缝隙腐蚀。

条文 23.2.4.2　定期检查伸缩节漏水、伸缩节螺栓紧固情况，如有异常及时处理。

伸缩节是水电站引水压力钢管的重要安全装置。其主要用途使厂坝之间压力钢管管段能自由伸缩，以适应钢管在使用条件下可能出现的轴向伸缩、弯曲和错动，减少或消除压力钢管由于上述变位而引起的应力。满足电站发生异常事故时，水锤压力瞬间波动引起的压力钢管变形，使钢管安全可靠运行。伸缩节漏水将严重影响电厂安全运行。

【案例】　2000 年，某水电厂 5、6 号机组伸缩节漏水量突然增大，停机检查发现伸缩节止水压环变形呈波浪状，部分 M16 螺栓已经脱落，漏水量有进一步扩大趋势。为了不影响机组运行，电站采用了临时措施，用千斤顶将压环与密封盘根一起沿压力钢管一周压紧后，在止水压环后面焊接多个三角铁止推块，防止压环进一

步退出导致变形。

条文 23.2.4.3　及时监测拦污栅前后压差情况，出现异常及时处理。结合机组检修定期检查拦污栅的完好性情况，防止进水口拦污栅损坏。

拦污栅是设在水电厂引水道口与尾水口，用来拦阻水流所挟带固体杂物的设施，使杂物不易进入水道内，以确保闸门、水轮机等不受损害，确保机组的正常运行。拦污栅前后水位差过大的危害：一是水位差过大会导致拦污栅变形、破损，严重时导致拦污栅脱离栅槽，进入蜗壳和转轮室，对过水流道造成严重的破坏，迫使机组非计划停机检修；二是影响机组出力，拦污栅水位差大，致使机组运行的有效水头降低。

【案例】 2008 年 7 月下旬，由于澜沧江上游连续降雨，来水量增大，各种漂浮物非常多，而某水电厂 1 号机进水口处于水库弯道处，漂浮物聚集较严重，又离溢流表孔较远不易排渣，再加上 1 号机进水口底板高程较高，漂浮物容易吸附在拦污栅上，导致拦污栅前后水位差较大。1 号机在带 250MW 负荷的情况下，拦污栅前后水位差最高已达 5.4m，严重威胁机组的安全稳定运行，为确保安全，对 1 号机不得不限带负荷运行，最低已达到限制在 100MW 的出力情况下，才满足拦污栅水位差小于设计值 4.0m。

条文 23.2.4.4　当引水管破裂时，事故门应能可靠关闭，并具备远方操作功能，在检修时进行关闭试验。

有关水电站压力钢管破裂的科技文献很少。这主要是因为人们不愿报道这类信息。1950 年，日本的大井川电站，由于碟阀突然关闭，所产生的水锤使压力钢管破裂，造成水轮机损坏，厂房受淹，3 人死亡。美国奥奈达水电站压力钢管破裂，都是由关闭阀门使压力升高引起的，死亡 5 人。

为了确保水电站的安全运行，在设计现代化和运行过程中，应注意一些问题。这些问题包括：

（1）切断水流的速度和在水流系统中所产生的最大压力升高；

（2）在水流系统中几何形状不规则的元件，例如在压力钢管叉管中使应力集中加剧；

（3）焊接或铆接的质量不好。

条文 23.3　防止水轮发电机重大事故

条文 23.3.1　防止定子绕组端部松动引起相间短路（参见 10.1）。

发电机正常运行时，转子带励磁电流高速旋转，因此在发电机上形成 2 种频率的振动效应，一种为转频效应，振动源在大轴，相应振动最大处是轴承和座，振动频率与转速相关；另一种是由转子磁场在定子铁心和定子绕组线棒上引起的倍频（100Hz）振动，振动力与电流的平方成正比。故容量大的发电机此种振动问题更为突出，设计合理并且制造工艺良好的发电机，应能使振动幅值限制在规定范围内，长期连续运行而不会影响发电机的寿命。大量的事故统计分析表明，发电机定子绕组端部是发电机安全运行的薄弱部位。端部类似悬臂梁结构，难于像槽中线棒那样牢固固定，较易于受到电磁力的破坏。当发电机存在设计和制造质量隐患时，有可能在线路突然短路故障电流的冲击下或长期处于调峰运行时热应力循环作用下，逐渐发生端部紧固结构的松动，从而使绕组端部结构件振动出现异常，进而使线棒绝缘磨损，若不及时处理，最终将发展成灾难性的相间或对地短路事故。因为定子绕组端部的短路事故具有突发性和难于简单修复的特点，损失往往极为巨大，因此必须采取有效措施加以防止。

【案例】 某电厂一台俄罗斯生产发电机停机检查，发现定子励侧端部大量绑块已松动、脱落、磨小，2个下层线棒多处主绝缘磨损露铜，其中一根线棒磨损最严重处空心铜导线已磨出裂纹。进一步检查所有线棒，共发现有12处支架松动，2块绑块松动，8根线棒绝缘磨损。由于故障发现及时，幸未发生相间短路事故。因线棒绝缘故障比较严重，该发电机在现场更换了全部定子线棒，重做了定子绕组端部的紧固系统，为此共停机118天，其经济损失非常大。事故分析表明，事故直接原因是端部线棒绑扎工艺不良，绑线细，绑块棱角锋利，在绑块松动时易割断绑线造成绑块脱落，脱落的绑块因振动磨损绝缘。

条文 23.3.1.1 定子绕组在槽内应紧固，槽电位测试应符合要求。

高压发电机定子绕组槽电位稳定性是人们所关心的问题。槽电位过高会使槽部产生电晕，严重时会产生"电腐蚀"，危及发电机安全运行。随着发电机单机容量的增大，电机额定电压的提高，槽电位稳定性问题显得更加重要。影响槽电位的因素很多，主要有发电机的额定电压；定子线棒槽部主绝缘厚度；定子线棒槽部截面周长；主绝缘的介电系数；定子线棒槽部防晕的表面电阻系数；定子线棒嵌线后与铁心槽壁接触点的长度等。对于某一特定的发电机，电压、绝缘结构等均以确定，实际上定子绕组表面槽电位取决于定子线棒表面电阻系数的稳定，以及线棒与槽部的接触状态。也可以说取决于定子线棒防晕和槽部固定的有效性和可靠性。

条文 23.3.1.2 定期检查定子绕组端部有无下沉、松动或磨损现象。

发电机在运行时产生电磁振动是不可避免的，而且随机组的容量增大而增大。采用传统的垫条式固定结构，固定的有效性和可靠性是不够的。定子线棒在槽内与垫条的接触是硬性接触，处于局部面接触或点线接触状态。虽然在嵌线时力求打紧槽楔，但由于是局部接触，这种"紧"只能是相对的。在电机运行时，各硬性接触点处有可能产生摩擦，使之磨合服帖，受力点重新分布，促使楔下压力降低，槽楔变松。这就有可能使线棒磨损，首先破坏防晕层，使线棒表面电位增高，严重时会产生"电腐蚀"。

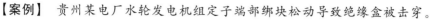

【案例】　贵州某电厂水轮发电机组定子端部绑块松动导致绝缘盒被击穿。

条文 23.3.2　防止定子绕组绝缘损坏。

条文 23.3.2.1　加强大型发电机环形接线、过渡引线绝缘检查，并定期按照《电力设备预防性试验规程》（DL/T596—1996）的要求进行试验（参见 10.2.1）。

条文 23.3.2.2　定期检查发电机定子铁芯螺杆紧力，发现铁芯螺杆紧力不符合出厂设计值应及时处理。定期检查发电机硅钢片叠压整齐、无过热痕迹，发现有硅钢片滑出应及时处理（参见 10.10）。

条文 23.3.2.3　定期对抽水蓄能发电/电动机线棒端部与端箍相对位移与磨损进行检查，发现端箍与支架连接螺栓松动应及时处理。

抽水蓄能能机组的特点是开停机和工况转换十分频繁，日平均多达 4～5 次，双向交替旋转。在泵工况变频启动过程中不存在同步拖动过程，相对于常规水电机组而言，蓄能机组定子线棒端部受力情况更为复杂，频繁地改变方向、负荷大小和频繁地受到冲击，若机组正常运行时线棒端部和端箍、支架、定子铁心间的整体性不好，粘接不强、刚度不足，线棒端部与端箍在振动过程中就容易发生相对位移和磨损。

线棒端部固有频率测试及调整工作对于水电机组，由于其转速较低，一般厂家考虑较少。但对于高转速汽轮机组而言，这是很重要的，必需的，也是极其关键的工作。线棒端部固有频率是否避开其正常运行共振频率区，与线棒寿命及运行安全性有着直接关系。若线棒端部固有频率落在共振区将会加剧线棒与绑线间端箍的相对位移和磨损，减低机组运行的可靠性。但蓄能机组转速通常介于低速常规水电机组和高速火电机组之间，其安装过程中是否需要进行线棒端部固有频率测试和调整也还是值得讨论与研究的课题。

【案例】　某抽水蓄能电站对机组进行常规性检查时发现部分定子线棒下端部底层线棒，与端箍连接绑线结合处附有少量呈淡黄色油泥状或粉状物体，附着物呈油泥状部位通常也附有少量油迹，而附着物呈粉状部位则较为干燥。经统计和比对，缺陷主要集中于底层线棒下端箍，即与定子铁心下齿压板距离最远的一道绑线处，在发现有附着物的绑线部位通常也存在缝隙，全面清除其表面附着物后，部分线棒与绑线接合处可用 0.02mm 塞尺局部塞入，最严重部位是 2 号机组第 169 槽线棒下端箍部位绑线已经完全松开，其中部填充环氧绦纶已开始磨损线棒主绝缘，这说明机组在正常运行过程绑线与线棒出现了磨损，填充环氧涤纶与绑线失去黏合并出现了自由振动。

条文 23.3.2.4　卧式机组应做好发电机风洞内及引线端部油、水引排工作，定期检查发电机风洞内应无油气，机仓底部无积油、水。

条文 23.3.3　防止转子绕组匝间短路。

条文 **23.3.3.1**　调峰运行机组参见 **10.4.2**。

条文 **23.3.3.2**　**加强运行中发电机的振动与无功出力变化情况监视。如果振动伴随无功变化，则可能是发电机转子有严重的匝间短路。此时，首先控制转子电流，若振动突然增大，应立即停运发电机。**

水轮发电机的转子经常处于动态，励磁绕组长期受电、热的作用，由于绝缘容易破损等原因发生匝间短路故障。匝间短路故障会造成励磁电流显著增加、无功输出明显降低、发电机转子电磁力不平衡，使机组振动幅值增大。轻微的匝间短路不会影响机组的正常运行，但是短路点处的局部过热还可能使故障演化为转子绕组对地绝缘损坏，发展为一点甚至两点接地故障，将会导致转子铁心损坏、转子大轴磁化，甚至烧毁轴颈和轴瓦的后果，严重危险机组安全运行。

条文 **23.3.4**　**防止发电机局部过热损坏。**

条文 **23.3.4.1**　**发电机出口、中性点引线连接部分应可靠，机组运行中应定期对励磁变压器至静止励磁装置的分相电缆、静止励磁装置至转子滑环电缆、转子滑环进行红外成像测温检查。**

水轮发电机温度主要通过预埋在发电机内部及其冷却系统的测温元件进行监视和测量。由于测温元件不能预埋在带电部位（特别是带有高电压部位），因此不能对带电部位进行测温。以前判断带电部位温度是否过高的方法是在相应的部位（特别是电气接头）粘贴示温蜡片，根据示温蜡片是否熔化来判断该部位温度是否过高。红外测温能够在远距离不接触设备的情况下精确测量设备表面的温度，非常适合测量水轮发电机带电部位的温度。

水轮发电机产生过热的原因主要有：

（1）电气接头接触不良，接触电阻偏大，致使产生热量过大。

（2）通过电流过大，致使产生热量过大。

（3）产生相对运动的部件摩擦力增大使产生的热量增大。

（4）铁心由于超强的交变电磁场作用或绝缘不好产生过大的涡流。

（5）设备冷却效果不好，热量不能及时散发，产生累积。

水轮发电机可能产生过热的主要部位及其原因：

（1）发电机出口引线和中性点引线电气接头。连接螺栓松动、接头表面氧化等原因引起的接头接触电阻过大。

（2）定子线棒之间的接头（并头套、跨接线接头等）、转子磁极之间的接头。接头焊接不良等原因引起接触电阻过大。

（3）定子铁心端部。电磁场较大产生涡流较大；铁心绝缘不良（短路）引起涡流过大。

（4）滑环和电刷。滑环表面不光滑、恒力弹簧压力过大等原因引起摩擦损耗过

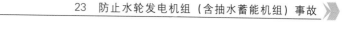

大；滑环与电刷之间接触不良引起电刷电损耗过大。

（5）发电机励磁柜的大功率可控硅、接触器等大功率元件。电气接头接触电阻过大，通风散热不良。

【案例】 某水电站 5 号机进行红外测温时发现滑环热像异常。当时环境温度为 22.1℃，测得滑环最高温度为 119.1℃，温升高达 97℃，超过最高允许温升。经停机检查，发现大部分恒力弹簧因老化而压力不足，引起滑环与电刷接触不良，致使滑环温度过高，更换恒力弹簧后进行红外测温，滑环温度恢复正常。

条文 23.3.4.2 定期检查电制动隔离开关动静触头接触情况，发现压紧弹簧松脱或单个触指与其他触指不平行等问题应及时处理。

由于弹簧压力减小等原因，使隔离开关动、静触头接触电阻增大，发热增加。而发热增加，使触头氧化，接触电阻增大，形成恶性循环。最严重情况，使触头熔化脱落，引起弧光短路，造成设备跳闸，甚至可能扩大事故。

因此，发现隔离开关触头接触不良必须迅速地针对不同情况、不同部位，采取有效措施，尽快消除事故隐患。

条文 23.3.4.3 发电机绝缘过热装置报警时参见 10.6.1。

条文 23.3.4.4 新投产机组或机组检修，都应注意检查定子铁芯压紧以及齿压指有无压偏情况，特别是两端齿部，如发现有松弛现象，应进行处理后方能投入运行。对铁芯绝缘有怀疑时，应进行铁损试验。

当定子铁心两端施加的预紧力减弱、消失或冷却通风条件降低，上、下两端冲片鸽尾槽的应力将明显增大，冲片鸽尾槽处因应力集中而出现碎裂，在电磁拉力作用下发生冲片外移事故。

铁损试验：发电机定子铁心堆积叠装、紧压完毕，具备铁损试验条件后，在定子铁心上均匀缠绕专用的励磁线圈，通入工频交变电流，使定子铁心及定子机座产生涡流而将其温度升高。然后利用在测量线圈中接入的功率表测量定子铁心损耗，并用热成像仪、预埋的温度计和预埋的热电偶配合定子铁损试验，同步测量发电机定子铁心中各个部位温度及温升。把测量结果与规定标准进行比较，来判断定子铁心齿最高温升、定子铁心齿最大温差、定子铁心单位损耗是否超标，定子铁心是否存在局部过热问题，进一步判断发电机定子铁心的堆积叠装质量是否符合工艺规范、质量标准。

【案例】 某水电厂 6 号机在停机过程中发现"定子接地保护动作"、"6 号机中性点电压跃上上限"等信号，经检查 31 号槽下层线棒绝缘层下端部有一 10mm× 7mm 的割破口，31 号槽至 43 号槽由下至上的第 2 片冲片外移，并割破线棒绝缘层。

条文 23.3.4.5 制造、运输、安装及检修过程中，应注意防止焊渣或金属屑等微小异物掉入定子铁心通风槽内。

条文 23.3.5 防止发电机机械损伤。

条文 23.3.5.1 在发电机风洞内作业，必须设专人把守发电机进人门，作业人员须穿无金属的工作服、工作鞋，进入发电机内部前应全部取出禁止带入物件，带入物品应清点记录。在工作时，不得踩踏线棒绝缘盒及连接梁等绝缘部件，工作产生的杂物应及时清理干净，工作完毕撤出时清点物品正确，确保无遗留物品。重点要防止螺钉、螺母、工具等金属杂物遗留在定子内部，特别应对端部线圈的夹缝、上下渐伸线之间位置作详细检查。

发电机定子、转子上遗留或进入异物，可能发生扫膛事故。

【案例】 某水电站机组运行过程中，1号发电机的导瓦温度故障报警，1号发电机定子中冒出胶木气味，并伴有闪光和火花，同时转子滑环与炭刷间也发生放电现象。对该发电机进行检查，发现定子局部有明显烧伤痕迹，下导轴承和水导轴承偏磨。解体发现定子绕组中部有6个线槽机械擦伤，上部有几条明显的擦痕，擦伤处中间的两个槽，槽楔烧毁，线棒外层绝缘烧伤，但无放电痕迹；定子磁极磨损部位局部已出现高温烧蓝现象；转子仅有几个高点擦伤，磨损部位无烧伤、放电痕迹，转子挡风板上的灰垢严重，其余完好。经检查发电机定子及转子的烧伤痕迹为机械擦碰所致，确认发电机发生了扫膛事故。

条文 23.3.5.2 主、辅设备保护装置应定期检验，并正常投入。机组重要运行监视表计和装置失效或动作不正确时，严禁机组启动。机组运行中失去监控时，必须停机检查处理。

条文 23.3.5.3 应尽量避免机组在振动负荷区或气蚀区运行。

机组若在振动区长时间运行，将会导致如下危害：

（1）引起零部件或焊缝的疲劳形成并扩大裂缝甚至断裂。

（2）使机组各连接部件松动，使各转动部件与静止部件之间产生摩擦，甚至扫膛而损坏。如大轴剧烈摆动可使大轴与轴瓦摩擦加剧温度升高，导致轴瓦烧毁；发电机转子振动过大将增加滑环与电刷磨损程度，致使电刷产生火花并不断增大甚至发生发电机着火事故。

（3）尾水管中形成的涡流脉动压力可使尾水管壁产生裂缝，严重时可使整体尾水设施遭到破坏。

（4）当其频率与发电机或电力系统的自振频率接近时，将发生共振，引起机组出力大幅度波动，可能会造成机组从电力系统中解列，甚至使厂房及水工建筑物遭到不同程度的损坏。

【案例】 某抽水蓄能电站2号机组带200MW负荷发电运行，当负荷快速增加到300MW后不久，发生机组强烈振动、抬机，且维持运行约10min后才自动落下，造成水轮机转轮和顶盖止漏环严重损坏、发电机推力轴承盖板加强筋焊缝开裂、推力头表面出现划痕。

条文 **23.3.5.4**　大修时应对端部紧固件（如连接片紧固的螺栓和螺母、支架固定螺母和螺栓、引线夹板螺栓、汇流管所用卡板和螺栓等）紧固情况以及定子铁芯边缘硅钢片有无断裂等进行检查。

条文 **23.3.6**　**防止发电机轴承烧瓦。**

条文 **23.3.6.1**　带有高压油顶起装置的推力轴承应保证在高压油顶起装置失灵的情况下，推力轴承不投入高压油顶起装置时安全停机无损伤。应定期对高压油顶起装置进行检查试验，确保其处于正常工作状态。

条文 **23.3.6.2**　润滑油油位应具备远方自动监测功能，并定时检查。定期对润滑油进行化验，油质劣化应尽快处理，油质不合格禁止启动机组。

条文 **23.3.6.3**　冷却水温、油温、瓦温监测和保护装置应准确可靠，并加强运行监控。

机组测温系统包括机组轴承、发电机定子、空气冷却器、油槽、水冷却器、油冷却器等温度测量点。每个测点均设置上限温度并能越限报警。

【案例】　某水电厂由于测温电阻安装不牢固、测温电阻的电缆不耐油、测温电阻电缆转接不良等问题，导致频繁出现机组瓦温测量系统误报导致停机的情况发生。

条文 **23.3.6.4**　**机组出现异常运行工况可能损伤轴承时，必须全面检查确认轴瓦完好后，方可重新启动。**

【案例】　某水电厂9号水轮发电机组运行中顶盖水平振动明显增加，由$18\mu m$增加到$800\mu m$，同时，水导摆度也有明显的增加，且该振动运行方式一直保持1h。因水导油位计管路断裂，同时水导轴承体连接螺栓松动，水导油槽迅速漏油从而导致水导瓦无冷却润滑而烧损。

条文 **23.3.6.5**　**定期对轴承瓦进行检查，确认无脱壳、裂纹等缺陷，轴瓦接触面、轴领、镜板表面粗糙度应符合设计要求。对于巴氏合金轴承瓦，应定期检查合金与瓦坯的接触情况，必要时进行无损探伤检测。**

【案例】　某水电厂水轮发电机在运行中突然推力瓦温急骤上升，发生了烧瓦现象，机组立即停机，检查发现镜板与推力瓦均不同程度地出现了刮痕。现场在拆除推力瓦后，用平尺初步检测镜面发现水平倾斜0.20mm，推力头与镜面结合面用塞尺检测间隙0.05～0.16mm。根据检测的结果说明镜板与推力头之间螺栓在机组长期运行过程中局部出现了松动，导致两者组合面之间出现了缝隙，在机组运行时，镜板与推力瓦在局部接触出现了干摩擦，导致了烧瓦现象的发生。

条文 **23.3.6.6**　**轴电流保护回路应正常投入，出现轴电流报警必须及时检查**

处理，禁止机组长时间无轴电流保护运行。

水轮发电机运行时，由于定子、转子之间气隙磁阻不相等，以及定子铁心分片和磁极配置不对称等原因，引起磁通不平衡。该不平衡磁通与轴切割产生的电动势（轴电压），其值沿发动机转子至转轮方向逐渐减小。当大轴上的电动势累计到一定程度后，轴电压就会击穿轴承油膜，使大轴与轴承和轴座之间构成回路，轴电流就可能达到很大数值（数百安到数千安），将导致油质劣化、轴承振动增大、轴瓦烧毁等事故。当轴电流密度超过 $0.2A/cm^2$ 时，发电机组轴颈滑转子和轴瓦就可能损坏，为此必须装设轴电流保护。

【案例】 某水电站 2 号机组并网运行，负荷为 35MW。监控系统画面上连续出现"2 号机轴电流告警"、"2 号机轴电流跳闸"、"2 号机自动停机"等信号，同时 2 号机保护屏上显示轴电流保护动作跳闸信号，2 号机组跳闸停机。次日，2 号机组在并网运行时又因同样的现象的故障出现跳闸停机。从机组跳闸和检修处理的情况来看，主要是由于集电环外罩内的轴电流互感器表面炭粉较多，在运行过程中造成主轴和金属外壳经炭粉接地，引起轴电流保护动作。

条文 23.3.7 防止水轮发电机部件松动。

条文 23.3.7.1 旋转部件连接件应做好防止松脱措施，并定期进行检查。发电机转子风扇应安装牢固，叶片无裂纹、变形，引风板安装应牢固并与定子线棒保持足够间距。

发电机风扇是风路中的重要部件之一，其安装、强度及疲劳寿命十分重要。因风扇安装与强度问题引起的事故时有发生。

【案例 1】 某水电厂 1 号机正常开机时，由于调速器控制不灵，机组发生过速（最大转速为 $144\%n_N$），机组过速保护动作，紧急停机。在停机过程中，突然听到从机组内传出碰撞声，同时伴有焦味。待机组全停后进入机组内检查发现：转子 24 个下风扇全部折断，14 个磁极有碰撞的痕迹，定子线圈下端部多处被刮伤。据统计，线圈铜芯部分刮断 124 条，绝缘损坏 102 条，发电机下灭火环管及其固定支架断裂。同时进一步检查发现 1、2 号机组转子部分上风扇及 2 号机组转子 24 个下风扇折弯处全部都有裂纹现象。事故发生后，对风扇座的弯折工艺进行分析，发现此凹槽的表面粗糙度不够。因为理论上的应力集中系数与凹槽的粗糙度有一定的关联，如果粗糙度不够，就会对凹槽的应力分布发生变化，从而使实际应力远大于理论计算应力。另外由于凹槽尖角的存在，在风扇座弯折成形过程中，沟槽底部的尖角处容易产生局部的内应力引至微观的损伤或微小裂纹。机组运行时，在风扇自重及离心力的作用下，加上运行时的振动，使凹槽尖角处的微观损伤或裂纹不断地延伸、扩大，最终使风扇发生断裂。

【案例 2】 某水电厂坝后扩容的水轮发电机组在试运行期间，曾发现发电机的上部立式小挡风板普遍出现裂缝，并有少量连接螺栓被剪断，断落的螺栓在机组运转时损坏了定子线圈的主绝缘，立式小挡风板的损坏起因于安装位置不当，立式小挡风板在强劲的通风途径上，易产生强烈的振动，加之结构本身薄弱，造成了结构性损坏。

条文 23.3.7.2　定子（含机座）、转子各部件、定子线棒槽楔等应定期检查。水轮发电机机架固定螺栓、定子基础螺栓、定子穿芯螺栓和拉紧螺栓应紧固良好，机架和定子支撑、转动轴系等承载部件的承载结构、焊缝、基础、配重块等应无松动、裂纹、变形等现象。

发电机定子、上下机架、转动轴系刚度不足或松动也是机组振动的重要原因之一，将会诱发机组事故。

【案例】　铜街子电站2号发电机在机组大修时检查发现：

（1）下压指焊接处焊点开焊237处，达总数的1/3多，严重处的开焊裂缝达2mm；

（2）铁心有松动现象；

（3）定子铁心波浪度明显增大；

（4）有一处压指严重偏斜，威胁线棒主绝缘安全。

原因为：定子铁心定位筋采用固定式双鸽尾结构，定位筋与托块间的间隙不足，长期受到机械力和材料热涨冷缩的作用，使得下压指在铁心收缩时严重受拉，导致下压指焊点开焊、铁心变形。由于铁心变形形成的磁振动增大了机组的振动，机组长期在这种状态下运行将导致铁心片松动，片间绝缘损坏，最终形成电腐蚀、压指脱焊及铁心出现波浪情况。

条文 23.3.7.3　水轮发电机风洞内应避免使用在电磁场下易发热材料或能被电磁吸附的金属连接材料，否则应采取可靠的防护措施，且强度应满足使用要求。

条文 23.3.7.4　定期检查水轮发电机机械制动系统，制动闸、制动环应平整无裂纹，固定螺栓无松动，制动瓦磨损后须及时更换，制动闸及其供气、油系统应无发卡、串腔、漏气和漏油等影响制动性能的缺陷。制动回路转速整定值应定期进行校验，严禁高转速下投入机械制动。

水轮发电机机械制动系统误动会导致机组长时间低速运行，破坏轴瓦油膜，加速轴瓦磨损甚至烧毁；制动系统误动会导致制动系统甚至机组的严重损坏。

【案例】　某水电厂2002年3号机组并网运行时，出现风闸误动现象，由于机组控制程序中已考虑到"机组转速大于17%额定转速若风闸在投时则撤风闸"的防范措施，3号机组控制程序在监测到有"风闸投入"信号后，马上自动撤下了风闸，从而避免了一起严重事故。此次风闸误动原因就是监控加开出通道故障所致。此类问题的出现，根本原因就是现地回路未考虑开出通道及继电器误开出时的情况，没有硬件防误输出闭锁措施。这一方面须在风闸控制回路上完善，另一方面监控系统硬件开出板块也应设防误措施。

条文 23.3.8 防止发电机转子绕组接地故障（参见 10.11）。

条文 23.3.9 防止发电机非同期并网（参见 10.9）。

条文 23.3.10 防止励磁系统故障引起发电机损坏。

条文 23.3.10.1 严格执行调度机构有关发电机低励限制和 PSS 的定值要求，并在大修进行校验。

励磁控制系统是发电机的重要组成部分，其主要功能有：维持机端或者其他控制点电压在给定水平；控制并联运行机组无功功率分配；提高系统的功角稳定性和电压稳定性；保护机组自身的安全等。励磁控制系统对于机组和电网的安全稳定影响重大。现代大型机组的励磁控制系统的性能比以往有了很大的改进，并且具备了多项辅助的功能，其中一种重要的功能是低励限制，用于防止励磁水平过低威胁机组自身和系统的安全。以往在工程实际中曾多次出现因低励限制功能设置不当导致机组运行异常，甚至掉机的严重后果。

设置低励限制线的一般原则可概括为：在有功出力全范围合理定义、满足定子端部热稳定限制要求、满足静态稳定限制要求、根据机端电压变化进行调整、与失磁保护协调配合。

电力系统稳定器（PSS）是保证和提高系统动态稳定水平最基本的措施，从保证系统始终具有足够的动态稳定性的需求出发，要求低励限制器动作时不应严重影响 PSS 正常的作用。对于叠加接入方式的低励限制器，由于低励限制器输出信号是叠加在含有 PSS 输出信号的励磁调节器正常调压信号之上的，因此不会切断PSS 作用通道。但是有的选择门接入方式的低励限制器设计不尽合理，将 PSS 输出信号接入到比较门之前，这样在低励限制器动作后会切断 PSS 信号通道，直至低励限制器控制作用退出。在此期间机组相当于没有投入 PSS，会降低与该机相关机电振荡模式的阻尼，存在引发低频振荡的风险。对此情况，应采用将 PSS 输出信号接入到比较门之后的方法予以改进。

【案例】 澳大利亚西部 Mungarra 电站安装的两台机组，在运行中曾因低励限制原因出现机组的有功功率、无功功率、电压等电气量持续振荡。

条文 23.3.10.2 自动励磁调节器的过励限制和过励保护的定值应在制造厂给定的容许值内，并定期校验。

定励磁系统过励限制和保护定值是一个关系到机组安全和电力系统稳定的重要问题。美国 1996 年和 2003 年 2 次大停电，在电网瓦解的最后时刻都有过励保护动作。说明在避免电网瓦解过程中需要大量无功支持，正确的励磁系统过励限制和过励保护，可以在保证发电机组安全可靠运行的条件下，最大限度地发挥发电机的作用，从而提高电网的稳定裕度。

励磁系统过励限制包含顶值电流瞬时限制和过励反时限限制两种功能。静止励磁系统和有刷交流励磁机励磁系统采用发电机磁场电流作为过励限制的控制量，无刷交流励磁机励磁系统采用励磁机励磁电流作为过励限制的控制量。过励反时限特性函数类型与发电机磁场过电流特性函数类型一致。因励磁机饱和难以与发电机磁场过电流特性匹配时，宜采用非函数形式的多点表述反时限特性。

GB/T 7409.1—2008 中的过励保护包含调节器的顶值电流保护和过励反时限保护两种。励磁调节器内的过励保护主要完成通道切换，保持闭环控制运行。完善的监测可以提前发现和处理过励问题，过励保护实际起后备保护作用。

条文 23.3.10.3　**励磁调节器的运行通道发生故障时应能自动切换通道并投入运行。严禁发电机在手动励磁调节下长期运行。在手动励磁调节运行期间，调节发电机的有功负荷时必须先适当调节发电机的无功负荷，以防止发电机失去静态稳定性。**

两套励磁调节器之间相互切换的目的：当某一套自动励磁调节器发生故障的情况下，另一套自动励磁调节器能顺利切换至工作正常的调节器上，以保证励磁系统不因自动励磁调节器的故障而导致发电机不能正常工作。因此励磁调节器能否准确给出故障信号，表决系统能否正确动作就成为切换的两个必要条件。目前国内外有多种型号的自动励磁调节器，主要分为两通道及三通道自动励磁调节器。

手动励磁调节可能存在的危害：

（1）不能及时保证发电机端电压恒定不变。

（2）不能稳定分配并列发电机组间的无功功率。

（3）不能提高发电机并列运行的稳定性。

（4）不能防止发电机组甩负荷时机端过电压。

（5）不能抑制发电机的自励磁现象。

（6）不能加速电力系统短路故障后的电压恢复过程，不能改善厂用电动机自启动条件。

（7）不能改善大型设备的启动条件。

（8）不能改善发电机并列运行时其他并列运行的发电机失磁时转入异步运行的条件。

条文 23.3.10.4　**在电源电压偏差为＋10%～－15%、频率偏差为＋4%～－6%时，励磁控制系统及其继电器、开关等操作系统均能正常工作。**

条文 23.3.10.5　**在机组启动、停机和其他试验过程中，应有机组低转速时切断发电机励磁的措施。**

带励磁机组转速下降时：

（1）要引起发电机励磁系统（包括转子绕组）过电流。

（2）引起主变压器励磁电流猛增。

（3）电流互感器产生饱和，使二次回路出现负序。

【案例】 1988年，某水电厂2号机停机操作中，机组出口开关解列机组带电压单机空转时，由于出现误操作将水轮机导水叶由空载开度关闭到零，引起机组转速下降。随之，机组电磁声异常增大，无功功率表由0上升到250Mvar，发电机转子电流表由空载时的0.87kA上升到满刻度，励磁电压上升到750V（额定时仅为475V），发电机定子电压由15.4kV下降到11.2kV。保护装置打出了"转子过负荷"和"负序过负荷"信号，手动事故按钮停机灭磁。

条文23.3.10.6 励磁系统中两套励磁调节器的电压回路应相互独立，使用机端不同电压互感器的二次绕组，防止其中一个短路引起发电机误强励。

除23.3.10.6款外，还必须考虑双电压互感器断线时有闭锁的方法，防止误强励。

条文23.4 防止抽水蓄能机组相关事故

条文23.4.1 防止机组调相工况运行时主轴密封、迷宫环温度过高损坏

条文23.4.1.1 机组技术供水的压力、流量等应满足各种工况及工况转换的要求。

条文23.4.1.2 机组调相运行应重点关注机组主轴密封、迷宫环的温度以及机组振动情况。

水泵水轮机的主轴密封是转动部件与固定部件之间的封水装置，其作用是在机组发电、抽水和停机工况时，阻止尾水经主轴与顶盖构成的间隙上溢，以防水导轴承和顶盖被淹；在调相工况时，阻止转轮室的压缩空气经主轴与内顶盖构成的间隙冒出，减小机组吸收功率。密封环工作温度高，主要发生在抽水调相启动工况。在其他工况稳定运行时，也发生主轴密封温度高而报警，甚至在空载启动时，也发生温度过高现象。表现为由正常20℃急剧上升到50℃，密封环有明显的烧损现象。

【案例1】 某抽水蓄能电站当负荷自200MW增至280MW后约7min，主轴密封温度自16℃突然升高至33.6℃而报警，运行人员打开主轴密封操作腔排气，主轴密封温度下降恢复至16℃左右。其后，在抽水工况正常运行125min后，主轴密封温度在不到1min时间内突然自17℃升高至36.5℃而报警，打开操作腔排气阀一定开度后，温度仍能恢复到17℃左右。但在拆卸主轴密封装置检查时发现：

（1）纤维增强树脂复合材料密封环表面已烧焦，移动环已将密封环磨出深槽。

（2）移动环导向键和键槽之间因发生较重的磨损而卡涩，导致移动环上下移动困难，同时主轴密封温度探测元件也严重损坏，密封环磨损量机械指示器无法检测确切的磨损量。

（3）由于主轴密封操作腔内外端盖刚度不够，变形较大，造成移动环外侧的O形密封圈失效，内外环端盖结合面密封不严致使尾水或调相压水用气泄漏。上述故

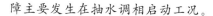

障主要发生在抽水调相启动工况。

水轮机转轮止漏环的作用是用来减小转动部分与固定部分之间的漏水损失，如果发生止漏环烧损故障，则不仅会降低机组的效率，而且会对机组运行的稳定性产生较大影响，因此必须对其运行情况加强监视。

【案例2】 2005年，某抽水蓄能电站按计划开始对5号水泵水轮机进行大修工作，将转轮吊出检查转轮及下止漏环等过流部件时，发现下止漏环已被严重烧损。造成机组下止漏环烧损的原因是：在2003年初，B厂4台机组在调相工况下长时间运行时因水环释放管路故障导致转轮室温度过高，下固定止漏环受热向机组中心方向膨胀，导致止漏环间隙过小，进而烧损止漏环。故障发生时从尾水管管壁外表面测得转轮室温度在130℃，实际温度应该比该值高得多。经计算，在不考虑转轮受热膨胀的假设下，当转轮室温度达到200℃时，下固定止漏环的收缩量便达到3.1mm，与转轮体的下止漏环相擦碰而烧损。

条文 23.4.2 防止机组相关紧固件、连接件及预埋件损坏。

针对抽水蓄能机组高压力、高水头、高转速、开机频繁特点，应定期进行紧固件、连接件及预埋件的检查。

条文 23.4.3 防止水库水位过低，输水流道进入空气。

条文 23.4.3.1 定期对上下库水位监测装置进行校验，保证数据与现场一致。

条文 23.4.3.2 根据上下水库的死水位，制定上下水库的水位限幅值，并进行水位限幅试验。

条文 23.4.3.3 设置上下库水位最低运行报警值，定期检验报警装置是否能正常动作。

条文 23.4.4 防止进水球阀水力振荡。

条文 23.4.4.1 机组应避免在"S"区运行或振动区运行。

在低水头段采用导叶全同步开启方式启动时，均存在水轮机工况空载并网不能成功的现象，就是机组存在明显的"S"形特性，即不稳定"S"区。除导致机组不能成功并网外，这种特性还影响机组的调相和紧急停机等操作，对机组的安全、稳定运行非常重要。

在机组进入不稳定的"S"区内其运行状态，压力脉动相对幅值增大，长时间运行严重影响进水球阀安全运行。

条文 23.4.4.2 进水球阀在设计上应能防止振荡发生时产生位移。

条文 23.4.4.3 机组在发生水力振荡时，应迅速查明水力不平衡的原因，并尽量降低机组有功出力或停机。

条文 23.4.5 防止背靠背（BTB）启动事故。

大型抽水蓄能电站常规设置的启动方式是以静止变频器启动为主，背靠背启动为备用。背靠背启动过程是水、机、电三种时变非线性系统相互作用的异常复杂的综合过渡过程。

背靠背启动作为水泵启动的一种备用方式，如果能提高启动成功率，尤其对于只有一套SFC启动装置的抽水蓄能电厂，在SFC启动装置出现故障时其作用是非常显著的。虽然影响背靠背启动的因素很多，但在启动过程中，由于同步加速前的振荡是无法避免且影响较大的，在系统调试时，必须对水轮机的调速控制和发电机、电动机的励磁控制策略进行优化，尽量减小机组的振荡过程，使机组能快速恢复稳定，提高启动成功率。

条文23.4.5.1 机组背靠背启动涉及原动机和被拖机控制和配合，机组启动过程中应有确保机组自动开机而非单步开机的安全措施，同时应实现静止变频器（SFC）抽水启动、背靠背抽水启动之间的相互闭锁。

条文23.4.5.2 抽水蓄能机组背靠背启动过程中，应确保在启动过程中发生事故时，启动原动机和被拖机事故停机。

条文23.4.5.3 抽水蓄能机组背靠背启动过程中，原动机和被拖机转速应保持同步。原动机和被拖机转差大于设定值（根据实际试验情况确定）时，启动原动机和被拖机事故停机。

背靠背（BTB）启动，对原动机而言是一个"势能→机械能→电能"的过程，而对被拖机而言是一个"电能→机械能"的过程。两台机在启动过程中要保持同步运转，因此合理选择原动机导叶开启开度及导叶开启速率，是保证机组能否拖动及拖动后两台机组能否同步运转的关键。

BTB是由原动机拖动被拖机旋转，因此原动机总是早于被原动机启动，这两者之间就存在一个转差问题，转差率定值太小，将可能导致拖动过程中由于转差率超标而跳机；而转差率定值太大，又有可能导致被拖机组并不上网。

条文23.4.5.4 抽水蓄能机组背靠背抽水启动过程中，应设置机组启动一定时间（根据实际情况确定）内未能检测到原动机/被拖机转速的保护，启动原动机和被拖机事故停机。

在BTB启动前期阶段（$f=0\sim20Hz$），两台机定子绕组上将流过低频电流，如果此阶段中任何一台机组发生故障，原动机出口开关应瞬时跳闸，但频率越低，开关开断故障低频电流的能力越差，跳闸时选择不当将可能导致开关爆炸，同时切断故障电流的时间越长，对机组的损害就越严重，可能导致机组报废的严重后果。

条文23.4.6 防止抽水启动及水泵运行事故。

在水泵启动及运行过程中，可靠投入溅水功率保护、低功率保护，防止机组启动及运行事故。机组调相运行时，要求具有完善的压水控制流程及相关保护，能够根据监控命令可靠地开启或关闭压水补气阀，当出现水位异常上升时，相关保护能正确动作停机。

条文 **23.4.7** 防止静止变频器故障，机组无法进行水泵及水泵调相工况启动。

条文 **23.4.7.1** 静止变频器应满足启动发电电动机至额定转速的时间和频率变化的要求。

静止变频器启动控制系统的主要作用是根据转子的真实位置和转速，按一定的控制策略产生控制信号，控制变频器输出三相电流（电压）的频率、幅值和相位大小，达到电动机转速跟踪转子转速的目的。

条文 **23.4.7.2** 任意两台机组之间应能满足背靠背启动要求，在启动回路上，背靠背启动和静止变频器启动时应配置相应闭锁。

条文 **23.4.7.3** 定期对静止变频器冷却水系统进行检查，对存在漏水、水量减少、水压降低的缺陷应及时消除。

条文 **23.4.7.4** 静止变频器设备间应配置温湿度调节设备，应有防止静止变频器系统长时间停运时冷却水管路结露的措施。

条文 **23.4.7.5** 要定期对静止变频器对励磁电流设定值的变送器和励磁电流反馈的变送器进行校验，防止因励磁不启动或者是励磁电流没能达到静止变频器启动的要求，造成静止变频器转子位置测量错误，导致静止变频器启动不成功。

只有检测出转子实际空间位置后，自控式同步电动机调速才能决定变频器的通电方式、控制模式以及输出电流的频率和相位，从而保证静止变频器的输出功率和电动机转速始终保持同步，而不产生失步和振荡。

条文 **23.4.7.6** 静止变频器工作时所产生的谐波电流和谐波电压值应不影响发电电动机保护、励磁、调速器、自动准同期装置、中性点接地装置及其他设备的正常运行。

在抽水蓄能电站中，主要谐波源为静止变频器，静止变频器将影响其他电气设备，通过主变压器传递到高压侧，影响高压侧下其他用户的正常运行。静止变频器产生的谐波危害主要有：

（1）使电动机转矩产生脉冲，特别是电动机低速运行时，可能产生机械共振。

（2）电压畸变、高频分量造成用电和输电设备的热过载，损耗加大。

（3）影响继电保护和自动化设备运行的可靠性。

（4）干扰通信系统信号。

（5）降低测量仪表精度。

抽水蓄能电站必须有效滤波，主要有以下两种方式：

（1）增加变流装置或脉冲数。

（2）在谐波源处就近装设滤波器，将谐波分流，从而吸收一定比例的高次谐波。

条文 **23.4.7.7** 静止变频器输入变压器保护装置必须完善可靠，严禁变压器无保护投入运行。

条文 **23.4.7.8** 静止变频器输入及输出变压器为油变者要定期进行油色谱分析，严禁超标运行。对有水冷却器系统的要有防止变压器本体结露的措施。

变压器油的色谱分析法，是对运行中的变压器油取样，分析油中所溶解气的成分和数量，来判断变压器内部是否存在潜伏性故障以及属于何种故障，并判定这些故障是否会危及变压器的安全运行。

条文 **23.4.8** 防止蓄能机组运行时球阀事故。

条文 **23.4.8.1** 定期对球阀控制回路及回路上的相关元器件进行检查，保证回路绝缘合格、各元器件工作正常。

条文 **23.4.8.2** 对于球阀紧停阀为失电动作的机组，其控制电源需冗余配置，并与其他回路隔离。

条文 **23.4.8.3** 当机组抽水工况运行，球阀突然自动关闭时，保护系统的抽水工况低功率与溅水功率保护应能可靠动作停机。

条文 **23.4.8.4** 确保进水球阀密封能正常投退，球阀能自动关闭。

24

防止垮坝、水淹厂房及厂房坍塌事故

💬 **总体情况说明：**

本章反事故措施在原"防止垮坝、水淹厂房事故"内容的基础上，对原条文中已不适应当前电网实际部分进行修改或删除，对已写入新规范、新标准的条款进行调整。对大坝、厂房事故的分析表明，大多数事故除和运行管理中的差错等因素有关外，设计失误、施工留下的隐患也是诱发事故发生的内在因素，应强化设计、施工、运行全过程的风险意识和安全管理。对运行中的大坝、厂房也要站在工程的全过程考虑，特别是改建、扩建等工程的设计、施工对运行厂站安全至关重要，因此，为防止垮坝、水淹厂房重大事故的发生。本章反事故措施在原内容的基础上增加设计阶段应注意的问题和基建阶段应注意的问题。

📖 **条文说明：**

条文 24.1 加强大坝、厂房防洪设计

条文 24.1.1 设计应充分考虑不利的工程地质、气象条件的影响，尽量避开不利地段，禁止在危险地段修建、扩建和改造工程。

在设计阶段，坝址确定、总体布置、坝型选择、洪水演算等重大问题的决策若有失误，将会给建成以后的大坝，带来难以更改的先天不足，甚至铸成重大事故。

【案例1】 某连拱坝在勘测选址时，对右岸的地质、地貌判断失当，将右岸坝基置于一个三面临坡的单薄山脊处，而右坝座基岩被三组裂隙交叉切割，破坏了岸体的整体性，这就为库水渗入，裂隙扬压力增加，抗剪强度降低，引起坝体侧向错动创造了条件；在右岸裂隙发育区，未设直排水孔排水减压，导致渗压聚集到十分巨大的程度，最终超过抗滑力而发生基岩错动，这一失误的教训，对于其他类似大坝都有借鉴作用。

【案例2】 某水电工程的总体布置，对泄洪水雾飘移危害认识不足，厂房和开关站置于水雾密集区，又无有效防范措施，这是造成水淹厂房事故的重要原因。

条文 24.1.2 大坝、厂房的监测设计需与主体工程同步设计，监测项目内容和设施的布置在符合水工建筑物监测设计规范基础上，应满足维护、检修及运行要求。

大坝监测设施是保证大坝安全运行的耳目，其作用十分重要，大坝监测是水工建筑物设计的一项标准设计，但很多设计观测项目不全，厂房的观测项目更是不够规范，个别甚至没有布设监测设施。部分观测项目布局、选型不合理，运行过程中不便于维护和检修，缩短了使用寿命，有的甚至不可用。大部分内部观测布置设计看似合理，实际施工保护困难，造成施工期就已经失效，达不到观测的目的。据统计约有 80% 的大坝，存在监测项目不全，监测设施陈旧，监测结果精度低、可靠性差等问题。

条文 24.1.3　水库设防标准及防洪标准应满足规范要求，应有可靠的泄洪等设施，启闭设备电源、水位监测设施等可靠性应满足要求。

设计规划阶段就应该严密论证水库设防标准，对影响后期运行中的泄洪等设施，启闭设备电源、水位监测设施等设计应满足可靠性要求。特别是泄洪等设施，启闭设备电源、水位监测设施在防洪调度中作用突出。泄洪期间因闸门、电源问题造成的事故案例很多，水库防洪调度中水位计故障导致水库防汛水位超限，水库漫坝等事件时有发生。尽管水位计事故的发生与运行管理、设备状况密切相关，但也与设计时设备选用、布设不当等因素有相当的联系。

【案例】　某大坝 1969 年汛期提升闸门的关键时刻，闸门开启 2/3 时电源中断，因无备用电源，闸门不能全开，影响了泄洪，是造成洪水漫坝事故的原因之一。

条文 24.1.4　厂房设计应设有正常及应急排水系统。

条文 24.1.5　运行单位应在设计阶段介入工程，从保护设施、设备运行安全及维护方便等方面提出意见。设计应根据运行电站出现的问题，统筹考虑水电站大坝和厂房等工程问题的解决方案。

厂房设计一般只有厂房运行过程中的正常排水系统，已建电厂很少设有应急排水系统。发电厂房运行过程中出现水淹厂房的案例很多，原因较多，如山洪尾水抬高、管道断裂等。厂房设计时应考虑厂房运行过程中出现的特殊工况。下面工程案例，反映出设计不当给工程带来的安全隐患。

【案例】　某水库 2010 年泄洪时由于下游河道堵塞，尾水雍高，下游洪水通过厂房门倒灌；2011 年局部地区暴雨造成厂房外地面积水过高，雨水沿厂房排水管倒灌，母线室进水，两起事件因发现及抢险及时才避免了水淹厂房的事故发生。

条文 24.2　落实大坝、厂房施工期防洪、防汛措施

条文 24.2.1　施工期应成立防洪度汛组织机构，机构应包含业主、设计、施工和监理等相关单位人员，明确各单位人员权利和职责。

电网企业建设工程的防汛管理要严格按"防汛检查大纲"的要求进行，施工过程应有完善的防汛组织机构，业主项目部、设计、监理、施工等单位的防汛责任明确，分工协作，配合有力。各级防汛工作岗位责任制明确。

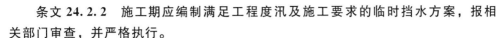

条文 24.2.2 施工期应编制满足工程度汛及施工要求的临时挡水方案，报相关部门审查，并严格执行。

施工是实现设计蓝图的重要阶段，从基础开挖、坝体浇筑、设计安装到竣工清理的一道道工序中，某一道工序出现失误，都可能遗留下产生事故的隐患，更多的是在施工过程中，施工措施不当或缺失，降低施工标准等，这些都给运行期带来安全隐患或对设备安全构成威胁，甚至酿成事故。

【案例】 某电厂二期扩建中，老厂房安装间拆除，原上游排水沟和扩建的基坑相同，施工过程中围堰渗漏，造成水淹基坑。由于缺乏临时挡水措施，基坑渗水倒灌厂房，险些造成水淹厂房的事故。

条文 24.2.3 大坝、厂房改（扩）建过程中应满足各施工阶段的防洪标准。

施工建设过程中业主单位应按相应的防洪标准设防。施工过程中施工单位往往为节省资金或缩短工期，按施工防洪标准实施的防洪措施达不到标准要求而导致事故。严重的给后期运行造成先天缺陷，特别是大型建筑项目施工单位众多，单项工程交叉作业，防汛工作尤为复杂。尤其在大坝、厂房改（扩）建过程中对原有工程的防汛安全带来威胁。

条文 24.2.4 项目建设单位、施工单位应制定工程防洪应急预案，并组织应急演练。

防汛管理办法中对施工防洪有明确说明，已建厂、站的加固、扩建和改造工程的防汛安全，直接影响到厂、站运行期的安全。工程单位往往重视建筑、安装，轻视防汛工作，对于突发洪水缺乏应急手段，因此，项目建设单位应按防汛管理办法的要求开展应急预案工作。

条文 24.2.5 施工单位应单独编制观测设施施工方案并经设计、监理、运行单位审查后实施。

观测设施在施工过程中，施工单位往往只重视安装进度，轻视安装质量，忽视安装结果，因此，造成观测设施单项观测数据缺失，运行寿命短暂，观测设施没有保护，特别是内部观测设备，很多由于施工保护不够，造成观测设备失效，无法恢复。

条文 24.2.6 设计单位应于汛前提出工程度汛标准、工程形象面貌及度汛要求。

条文 24.2.7 施工单位应于汛前按设计要求和现场施工情况制订防汛措施报监理单位审批后成立防汛抢险队伍，配置足够的防汛物资，做好防洪抢险准备工作。建设单位应组织做好水情预报工作，提供水文气象预报信息，及时通告各参建单位。

条文 24.3 加强大坝、厂房日常防洪、防汛管理

条文 24.3.1 建立、健全防汛组织机构，强化防汛工作责任制，明确防汛目

标和防汛重点。

做好防汛工作必须认真贯彻执行《中华人民共和国防汛条例》等相关法规、制度，同时这些法规、制度也是编制本措施的依据。《中华人民共和国防汛条例》第八条明确规定，"石油、电力、邮电、铁路、公路、航运、工矿以及商业、物资等有防汛任务的部门和单位，汛期应当设立防汛机构，在有管辖权的人民政府防汛指挥部统一领导下，负责做好本行业和本单位的防汛工作"。防汛工作要实行"安全第一，常备不懈，以防为主，全力抢险"的方针，建立组织机构，确立防汛责任明确防汛目标和重点，在组织、责任、目标上确保大坝、厂房的安全。

每年汛前，各发电、供电单位应提早做好汛前检查。通过对水库大坝、库区山体、进水口、调压井、溢洪道、尾水渠、工厂排水设备和设施、灰坝排水设备和设施、变电站和开关站的排水沟、厂区四周山体等相应部位的检查，制定技术上可行、措施上具体、切实符合实际的防汛预案；每年汛后还应及时总结当年的防汛工作，对防汛工作存在的隐患要及时、认真的修改，并将有关情况上报上级主管单位。

条文 24.3.2 **加强防汛与大坝安全工作的规范化、制度化建设，及时修订和完善能够指导实际工作的《防汛手册》。**

防汛和大坝安全管理是水电厂管理工作的重中之重，工作的标准化和制度化规范了各厂站的防汛工作内容和要求，解决了防汛工作做什么，怎么做的问题。但由于各厂、站工程的单一性，决定了工程规模不同，工程型式不同，工程环境条件不同，设备不同、承担的防汛任务不同，防止事故发生的重点部位不同等特点，因此，各单位在防范措施的细节上都各有侧重。又由于保障体系的人、财、物的动态变化，要求防汛保障体系与时俱进，及时修订和完善防汛制度十分必要。为能指导本单位防汛人员做好防汛工作，方便上级防汛指挥部门了解防汛工作情况，特在本条文中强调编制适合当前工作要求的《防汛手册》，以指导防汛工作。

条文 24.3.3 **做好大坝安全检查（日常巡查、年度详查、定期检查和特种检查）、监测、维护工作，确保大坝处于良好状态。对观测异常数据要及时分析、上报和采取措施。**

大坝主管部门对其管辖的大坝应按期进行注册，建立技术档案。定期开展大坝安全性评价和大坝日常安全检查工作，及时掌握水工建筑物运行情况，发现异常现象或工程隐患。大坝安全检测项目的内容，不能随意更改，通过对测量资料的分析，掌握其变化规律，指导大坝运行，进而提高水工建筑物的运行管理水平。

我国自 1987 年开始的水电站大坝安全定期检查（定检），是对大坝结构性态和安全状况的全面检查和评价，至 1998 年底，按计划完成了 96 座水电站大坝的首轮定检。在首轮定检中，根据设计复核、施工复查、运行总结和现场检查的情况，从

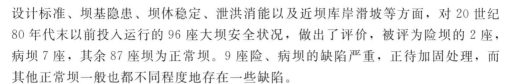

设计标准、坝基隐患、坝体稳定、泄洪消能以及近坝库岸滑坡等方面，对 20 世纪 80 年代末以前投入运行的 96 座大坝安全状况，做出了评价，被评为险坝的 2 座，病坝 7 座，其余 87 座坝为正常坝。9 座险、病坝的缺陷严重，正待加固处理，而其他正常坝一般也都不同程度地存在一些缺陷。

大坝监测设施是保证大坝安全运行的耳目，其作用十分重要，据统计约有 80％的大坝，存在监测项目不全，监测设施陈旧，监测成果精度低，可靠性差等问题，个别坝甚至没有布设监测设施。观测是一项确保大坝安全的行之有效的重要措施，必须保证观测设备的完好，对观测数据及时分析、上报并采取措施。

大坝管理单位应认真遵守《水库大坝安全管理条例》，建立、健全安全管理制度。大坝的安全检查按规定分为日常检查、年度详查、定期检查和特种检查四种类型。每种类型的检查应遵循《水电站大坝安全检查施行细则》，结合现场具体情况，制定本单位《坝体安全检查施行细则》和《坝体安全检查管理办法》。对大坝进行安全监测，能够及时掌握水工建筑物运行情况，发现异常现象或工程隐患，通过补强加固等措施达到消除缺陷的目的，从而确保大坝处于良好状态。

【案例 1】　某电站混凝土碾压坝 2001 年 1 月经国家大坝中心组织专家定检，发现坝体漏水严重并析出氢氧化钙，专家组确认为病坝。2003～2004 年电站对大坝进行灌浆补强加固，2004 年国家大坝中心组织专家进行验收合格，经专家组确认为正常坝。

【案例 2】　某水库溃坝教训之一就是水库没有完善的观测设施，缺乏有效的安全监测。某水库观测设施设计时并未考虑现有的观测设施均由水库管理单位自建。由于管理人员业务水平的限制，没有考虑工程地质、砂砾石坝料以及混凝土面板的特点进行孔隙水压力或测压管水位的观测、监视坝体渗流动态。周边缝、面板之间的位移测量，采用普通机械式测缝装置，不适于水下观测而报废。此外，在坝面上的沉陷、位移标点，有的设在地面灯柱上，显然不符设置要求。该坝如果观测项目齐全，定期进行观测，及时分析资料，则可以及早了解坝体浸润线情况，控制蓄水水位抬高，避免溃坝。

条文 24.3.4　应认真开展汛前检查工作，明确防汛重点部位、薄弱环节，制订科学、具体、切合实际的防汛预案，有针对性的开展防汛演练，对汛前检查及演练情况应及时上报主管单位。

按防汛检查大纲规定，每年汛前都要对本单位开展系统的防汛检查，检查防汛组织是否建立，责任是否落实，规章制度是否健全和完善，防汛度汛方案、预案及措施是否明确，对防汛重点部位、薄弱环节，是否制定科学、具体、切合实际的防汛预案，有针对性地开展演练，对汛前检查及演练情况应及时上报主管单位。

防汛演练是检验一个队伍判断、确立、执行应急事件的手段。通过演练可以检验抢险人员的反应力、组织力、执行力和事故应急处理能力，是应急事件处理的有效方法，从中也可以提高全员的应急意识。

【案例】"75·8"大水，某水库缺乏防汛和应急准备。由于雨前当地正在积极抗旱，3号台风在地区上空形成低气压后，气象部门并未对这种形势变化及时预报，以引起人们警惕。在经济上，板桥当年防汛经费仅4000元。在器材上，则没有草袋、炸药、备置砂石土料，没有备用电源和在恶劣气候下能使用的可靠通信设备。以致两座水库的下游电厂被迫停电后，坝上失去照明，水库上下一片漆黑，立即丧失抢救能力。

条文24.3.5 水电厂应按照有关规定，对大坝、水库情况、备用电源、泄洪设备、水位计等进行认真检查。既要检查厂房外部的防汛措施，也要检查厂房内部的防水淹厂房措施，厂房内部重点应对供排水系统、廊道、尾水进人孔、水轮机顶盖等部位的检查和监视，防止水淹厂房和损坏机组设备。

通过汛前安全检查，能够掌握防汛重点，对查出的薄弱环节可及时采取补救加固措施。同时坚持汛中检查和汛后检查，随时掌握防汛工作的主动权。本条反措重点强调了汛前检查和汛中检查的重点部位。

实践证明，备用电源、泄洪设备、水位计等主要防汛设备是造成垮坝、漫坝、水淹厂房等水电厂重大事故的主要原因之一。

【案例1】 某一级大坝1985年被地震严重损坏后，为了能在短时段内恢复发电，只对大坝做了修复，受损闸体未做根本处理，给1998年大洪水泄洪时遗留下重大隐患，是造成溃坝的主要原因之一；

【案例2】 某大坝因为无可靠电源和闸门操作不规范，先后两次造成洪水漫过闸门顶。

【案例3】 某水电站2010年洪水过程中，由于水位计故障，险些造成漫坝事故。

条文24.3.6 汛前应做好防止水淹厂房、廊道、泵房、变电站、进厂铁（公）路以及其他生产、生活设施的可靠防范措施，防汛备用电源汛前应进行带负荷试验，特别确保地处河流附近低洼地区、水库下游地区、河谷地区排水畅通，防止河水倒灌和暴雨造成水淹。

汛前制订切实可行的防止水淹厂房、泵房、变电站、进厂铁路、公路及其他生产、生活设施以及一切可能进水沟道的封堵措施；对火电厂还包括零米以下部位和灰场排水设施的防范措施，否则，上述部位一旦出现事故，后果损失和影响极大。

应遵照反事故措施和防洪措施要求，认真做好供排水设备的检修、维护工作，特别是对处于低洼地区的生产、生活建筑设施，应按防洪措施要求，采取周密可靠的防范措施。

【案例 1】 2000 年 10 月 25 日 21 时 45 分，某蓄能电站因 5 号机组消水环管上的手动操作阀，由于质量问题发生炸破，运行人员未能及时关闭机组供水，现有排水泵排水容量不够，直至第二天在增加排水泵后，才阻止了厂房内的水位上升，最终水淹到发电机层，发电机仅露出机头，其他设备均被淹。

【案例 2】 2000 年 8 月 5 日，某水电站 50MW 小机组供水管道上的自动阀门不满足质量要求，由于水击现象引起破裂，导致发生水淹厂房事故。

【案例 3】 某电站为了加强大坝监测，在大坝灌浆廊道 6 号导流孔处钻孔（ϕ59mm）埋设温度计，当钻至 6m 深时，发现大量漏水，拔出钻头，压力水喷出（经后来确认为水库来水），水全部涌入坝内 2 号集水井，超过了集水井两台 $36m^3/h$ 排水泵的排水量，造成 2 号集水井被淹。

条文 24.3.7 汛前备足必要的防洪抢险器材、物资，并对其进行检查、检验和试验，确保物资的良好状态。确保有足够的防汛资金保障，并建立保管、更新、使用等专项使用制度。

防汛专项资金是防汛工作的保障，以往各单位防汛资金都很不规范，没水清淡，大水现拨，给防汛物资的全面落实带来难度。很多部门物资缺乏，防汛设施老化、设备陈旧、缺乏必要的防汛备品。对防汛物资没有专项检验和试验的要求，很多单位汛前对防汛器材不进行检验和试验，当发生应急使用时，发挥不了器材的作用，给防汛工作带来困难。因此，必须设立专项的防汛资金，储备足够的防汛器材，按防汛要求备足备齐防汛物资，做到专款专用，专物专用。

条文 24.3.8 在重视防御江河洪水灾害的同时，应落实防御和应对上游水库垮坝、下游尾水顶托及局部暴雨造成的厂坝区山洪、支沟洪水、山体滑坡、泥石流等地质灾害的各项措施。

在做好防御江河洪水灾害的同时，特别要注重防御局部集中暴雨造成的山洪、山体滑坡、泥石流等山地灾害。对山体附近发输变电设备、厂房、溢洪道、坝体等部位要制订出详细的防范措施，必要时采取喷锚、松动体挖除、植被等必要的防护措施；对火电厂灰坝必须加强日常巡视检察，重点检查灰坝的排水设施是否畅通，靠近山体的灰场，应有防止局部暴雨产生山洪、山体滑坡、泥石流等山地灾害措施。

【案例 1】 1997 年 8 月 5 日凌晨，某地区因局部暴雨形成山洪泥石流。洪水裹着大量泥石压垮某电厂门厅，冲进厂房，所有机组被淹，对外交通全部中断，造成重大损失。

【案例 2】 某电厂于 1991 年 8 月 1 日，因局部集中暴雨造成厂生产区 13 处山体滑坡。

【案例3】 某电厂曾发生过因局部暴雨造成全厂停电事故。

【案例4】 某流域2010年洪水期间，下游河道堵塞，泄洪期间尾水顶托，造成某电厂厂房水泵室尾水倒灌，险些造成水淹厂房的事故。

条文24.3.9 加强对水情自动系统的维护，广泛收集气象信息，确保洪水预报精度。如遇特大暴雨洪水或其他严重威胁大坝安全的事件，又无法与上级联系，可按照批准的方案，采取非常措施确保大坝安全，同时采取一切可能的途径通知地方政府。

水雨情信息是防洪度汛的耳目，洪水预报是防洪决策的依据，所以必须保证防汛预报系统的完好可靠，建立适合本区域洪水预报方案，根据水雨情信息完善预报模型，提高预报精度。水电厂要建立并完善水情自动测报系统并和地方气象、水文部门建立信息联系；火电厂、蓄能电站、开关站等要根据实际，开展防洪、防止恶劣天气的信息采集和预报工作，提高防洪工作的预见性以及电力设施防御和抵杭洪涝灾害能力。

实践证明，通信中断对突发事件的灾害的扩大、决策的延误影响甚大，1995、2010年松花江洪水时，某电厂均出现不同程度的通信问题。河南"75·8"大水板桥、石漫滩水库，在防汛最紧张的时候，电信中断，失去联系，指挥不灵，给抗洪抢险造成极大的被动局面。

条文24.3.10 强化水电厂水库运行管理，必须根据批准的调洪方案和防汛指挥部门的指令进行调洪，严格按照有关规程规定的程序操作闸门。

汛前要对各类闸门启闭设备、泄洪闸门启闭设备进行全面检修、维护，特别是泄洪闸门的启闭机应配备可靠的备用电源，以确保其安全稳定运行。汛中，应强化水电厂运行管理，严格根据批准的调洪方案和防汛指挥部门的指令进行调洪方案的调度，并按规程规定的程序操作闸门。特别是坝后式厂房中溢洪道与发电厂房相连者，必须严格按设计单位提供的闸门操作顺序和闸门开度关系进行，否则有可能造成不同闸门之间水流的相互撞击而产生水流偏移进入发电（变电）区域。

【案例1】 1979年，某水库发生洪水漫顶垮坝事故，事故原因之一，就是没有按照调洪方案执行水库调度。少数领导不尊重科学，不按客观规律办事，片面强调多蓄水多发电，指示水库的蓄水量不少于1000万 m^3。省、地防汛部门发现后，曾用电话、电报通知，要求立即泄放超蓄的水量。7月20日地区水电局派工作组到水库检查，当晚向县主要负责领导汇报，指出大汛期间，超限蓄水非常危险，要求尽快将库水位降到汛限水位以下。当时县主要领导口头同意3天后放水，实际并未执行。从7月20~25日反而又多蓄水390万 m^3，使超蓄水量高达460万 m^3，侵占防洪库容59%，以致洪水到来时，造成漫顶垮坝。

【案例 2】 1995 年，某流域洪水调度过程中，因上游水库没有完全执行调度命令，造成下游库不明来水 4 亿 m³，给调度决策带来影响。

条文 24.3.11 对影响大坝、灰坝安全和防洪度汛的缺陷、隐患及水毁工程，应实施永久性的工程措施，优先安排资金，抓紧进行检修、处理。对已确认的病、险坝，必须立即采取补强加固措施，并制订险情预计和应急处理计划。检修、处理过程应符合有关规定要求，确保工程质量。隐患未除期间，应根据实际病险情况，充分论证，必要时采取降低水库运行特征水位等措施确保安全。

坝体的安全与否，直接关系到下游人民生命财产的安全。通过安全检查，对查出的缺陷、隐患及遭受洪水破坏的水毁工程，应研究确定永久性工程来加以处理。施工方案设计必须请具有相应设计资格的设计单位设计，并按基建程序审批后，方可组织施工。施工中要严格遵守工序验收制度，严格把好施工质量关。特别是对于定期检查中被确认的病、险坝，必须立即采取补强加固措施，并制定险情预计和应急处理计划，必要时采取非工程措施，确保安全。

【案例】 某大坝施工质量差，运行年代长，遭受冻融破坏严重，混凝土老化脆弱，需要及时维护和补强加固。电厂曾多次申报，但因方案久议不决，资金来源渠道不畅等原因，未能防范在先。直到溢流面混凝土 1986 年大面积冲刷破坏后，才被迫除险抢修。

2008 年，某大坝被评为"病坝"后采取的安全措施之一就是降低汛限水位运行。该水库原汛限水位为 260.5m，降低到现在的 257.9m，降低了 2.6m。水库在降低汛限水位后成功调节了 2010 年超百年一遇的洪水，最高洪水位为264.94m。

条文 24.3.12 汛期加强防汛值班，确保水雨情系统完好可靠，及时了解和上报有关防汛信息。防汛抗洪中发现异常现象和不安全因素时，应及时采取措施，并报告上级主管部门。

水雨情系统是防汛工作的基础，只有及时掌握水雨情，才能判断洪水，预测洪水，为防洪决策提供及时、可靠的支持。防汛值班是实现上述工作的条件和保障，各部门往往重视大水期的值班，轻视枯水期的值班，天有不测风云，灾害也往往是在人们松懈时发生。因此，防汛管理办法等诸多防汛工作制度中都对防汛值班有明确规定，由此引发的事故案例表明，防汛管理不能轻视。

【案例 1】 1973 年，某水库（中型）只有 1 名管理人员，6 月大汛期间，调出参加会议，垮坝前无人看库，发生漫坝失事。

【案例 2】 巴西大肯哈坝，由于工程的主要功能是发电，所以水库操作是尽量多蓄水保持高水位运行，因而低估了防洪度汛的安全。除此之外，管理人员失职，泄洪闸门不能及时开启也是重要原因。当时（1997 年 1 月），该流域连续降雨 3

周，已使大片农田淹没。19日中午值班闸门操作人员离开电厂，去进午餐。不料洪水猛涨淹没了归路无法回厂，以致库水漫过坝顶，水库失事。

条文 24.3.13 汛期严格按水库汛限水位运行规定调节水库水位，在水库洪水调节过程中，严格按批准的调洪方案调洪。当水库发生特大洪水后，应对水库的防洪能力进行复核。

相对于设计和施工阶段，运行阶段是受益阶段，但在发挥工程效益的过程中，一定要贯彻"安全第一"的方针，汛期严格按照批准的调洪方案调洪实施水库调度，否则，不仅不能获得效益，反而可能会造成重大灾害，或者使大坝遭受严重损坏。

洪水是一种自然现象，目前的科学还不能控制洪水，只能根据其规律或成灾特点，研究对策并采取各种措施，加以防止或减轻灾害。根据近40年来初步统计，由于漫顶失事的水库1100余座（未含由于调度运用失误漫坝失事的，如甘肃省党河水库等），其中由于超过设计洪水标准而失事的有300余座，约占1/3。对水库大坝安全来说，除了合理的调度运用外，还要定期对水库大坝进行安全鉴定，特别是水库遭遇特大洪水后，可能导致水库特征值的变化。因此，要进行水文计算并对水库的防洪能力复核。

【案例1】 某大坝1969年发生漫坝事故，其重要原因就是因为盲目追求灌溉效益，不了解洪水出现的随机特性，汛期不适当地抬高运行水位，减少了防洪库容。

【案例2】 某流域2010年前连续多年枯水，地方水库为追求灌溉效益，汛前水库超蓄，因此造成2010年大洪水时部分大坝漫坝、溃坝事故，据统计"20100729"次洪水造成小型水库水毁为51座。大河水库垮坝，最大溃坝流量约5800m^3/s，400万m^3洪水进入某水库。

当流域遭遇特大洪水后设计洪水将发生变化，将会影响水库的防洪能力。据河北"63·8"洪水和垮坝事故分析表明，防洪标准低和施工质量差是水库失事的主要原因，标准越低失事的概率越大（见表24-1）。

表 24-1 防洪标准与水库失事情况

防洪标准	300 年	200 年	100 年	50 年	10 年	5 年
原有水库数（座）	1	18	21	21	10	3
失事水库数（座）	0	3	4	8	4	2
失事比例（%）	0	16.6	19.0	38.0	40.0	67.0

综上案例必须重视防洪标准的复查工作，首先，失事的坝多数都是20世纪50年代末"大跃进"中修建的，设计时缺少水文实测资料，少数即使有实测资料，也

历时很短，所依据的水文数据显著偏低，以致一般防洪标准仅相当于 10～20 年一遇，只有少数能达到 50～100 年一遇标准。所以随着运行时期增加、水文系列延长，必须重视水库防洪标准的复核。

条文 24.3.14　汛期后应及时总结，对存在的隐患进行整改，总结情况应及时上报主管单位。

防止重大环境污染事故

总体情况说明：

为防止重大环境污染事故的发生，本反措对火电厂烟尘、烟气治理；废（污）水治理；噪声治理以及灰场大坝安全和灰渣的综合利用与处置，提出反事故措施要求。

要求各项污染物排放必须严格按照环评要求执行，尽量回收利用，无法回收利用的污染物必须达标排放。

条文说明：

条文 25.1　严格执行环境影响评价制度与环保"三同时"原则。

"三同时"制度是建设项目环境管理的一项基本制度，是我国以预防为主的环保政策的重要体现。即，建设项目中环境保护设施必须与主体工程同时设计、同时施工、同时投产使用。"三同时"制度的适用范围包括：新、改、扩建项目；技术改造项目；可能对环境造成污染和破坏的工程项目。

条文 25.1.1　电厂废水回收系统应满足环境影响评价报告书及其批复的要求，废水处理设备必须保证正常运行，处理后废水测试数据指标应达到设计标准及《污水综合排放标准》（GB 8978）相关规定的要求。

环境影响评价报告书及其批复的要求是建设项目竣工环境保护验收时的衡量标准，因此必须满足其要求，方可通过验收。

条文 25.1.2　电厂宜采用干除灰输送系统、干排渣系统。如采用水力除灰电厂应实现灰水回收循环使用，灰水设施和除灰系统投运前必须做水压试验。

为保证灰水设施和除灰系统的安全运行，灰水设施和除灰系统投运前必须做水压试验。

条文 25.1.3　电厂应按地方烟气污染物排放标准或《火电厂大气污染物排放标准》（GB 13223—2011）规定的各污染物排放限制，采用相应的烟气除尘（电除尘器、袋式除尘器、电袋复合式除尘器等）、烟气脱硫与烟气脱硝设施，投运的环保设施及系统应运行正常，脱除效率应达到设计要求，各污染物排放浓度达到地方

或国家标准规定的要求。

条文 25.1.4　电厂的锅炉实际燃用煤质的灰分、硫分、低位发热量等不宜超出设计煤质及校核煤质。

因煤质是影响烟气污染物排放重要因素之一，为保证机组安全、稳定运行，保证烟气污染物排放达标，所以必须提高对入炉煤的要求。

条文 25.1.5　灰场大坝应充分考虑大坝的强度和安全性，大坝工程设计应最大限度地合理利用水资源并建设灰水回用系统，灰场应无渗漏设计，防止污染地下水。

灰场大坝的强度直接关系到灰场及坝下村庄的安全，所以大坝工程设计应最大限度地合理利用水资源并建设灰水回用系统。

为防止污染地下水，应对灰场进行无渗漏设计，对渗漏系数不达标的灰场，建设时应铺设土工膜。

条文 25.2　加强灰场的运行维护管理

条文 25.2.1　加强电厂的灰坝坝体安全管理。已建灰坝要对危及大坝安全的缺陷、隐患及时处理和加固。

灰场的安全管理工作是发电厂安全生产的重要环节，但同时也是生产管理的薄弱环节。由于灰场的地理环境以及所在生产环节中的地位，灰场的管理比较简单化，容易被忽视。如管理不当，不但灰场的正常储灰要受到影响，而且使周围的大气环境，水体和土壤受到严重的污染，使灰场附近的农副业生产和居民生活受到危害，严重时威胁灰场大坝的安全，造成恶性垮坝和环境污染事故。

条文 25.2.2　建立灰场（灰坝坝体）安全管理制度，明确管理职责。应设专人定期对灰坝、灰管、灰场和排、渗水设施进行巡检。应坚持巡检制度并认真做好巡检记录，发现缺陷和隐患及早解决。汛期应加强灰场管理，增加巡检频率。

灰场的防洪防汛、环境保护、取灰利用，是灰场的安全运行管理及环境保护工作的重要环节。

条文 25.2.3　加强灰水系统运行参数和污染物排放情况的监测分析，发现问题及时采取措施。

条文 25.2.4　定期对灰管进行检查，重点包括灰管的磨损和接头、各支撑装置（含支点及管桥）的状况等，防止发生管道断裂事故。灰管道泄漏时应及时停运，以防蔓延形成污染事故。

条文 25.2.5　对分区使用或正在取灰外运的灰场，必须制定落实严格的防止扬尘污染的管理制度，配备必要的防尘设施，避免扬尘对周围环境造成污染。

条文 25.2.6　灰场应根据实际情况进行覆土、种植或表面固化处理等措施，防止发生扬尘污染。

条文 25.3 加强废水处理，防止超标排放

条文 25.3.1 电厂内部应做到废水集中处理，处理后的废水应回收利用，正常工况下，禁止废水外排。环评要求厂区不得设置废水排放口的企业，一律不准设置废水排放口。环评允许设置废水排放口的企业，其废水排放口应规范化设置，满足环保部门的要求。同时应安装废水自动监控设施，并严格执行《水污染源在线监测系统安装技术规范（试行）》（HJ/T 353—2007）。

工业废水通常有两种处理方式：一种是集中处理，另一种是分类处理。集中处理是指将各种来源的废水集中收集，然后进行处理。这种方式的特点是处理工艺和处理后的水质相同。分类处理是指将水质类型相似的废水收集在一起进行处理。不同类型的废水采用不同的工艺处理，处理后的水质可以按照不同的标准控制。

条文 25.3.2 应对电厂废（污）水处理设施制定严格的运行维护和检修制度，加强对污水处理设备的维护、管理，确保废（污）水处理运转正常。

大部分电厂将废水处理设施的运行维护和检修导则，归纳在化学专业的相关导则中。

条文 25.3.3 做好电厂废（污）水处理设施运行记录，并定期监督废水处理设施的投运率、处理效率和废水排放达标率。

做好对废水处理设施的投运率、处理效率和废水排放达标率的监督，方可保证废水达标排放。

条文 25.3.4 锅炉进行化学清洗时，必须制订废液处理方案，并经审批后执行。清洗产生的废液经处理达标后尽量回用，降低废水排放量。酸洗废液委托外运处置的，第一要有资质，第二电厂要监督处理过程，并且留下记录。

化学清洗废液中含有大量的废酸等污染物，切记不可外排。

条文 25.4 加强除尘、除灰、除渣运行维护管理

条文 25.4.1 加强燃煤电厂电除尘器、袋式除尘器、电袋复合式除尘器的运行、维护及管理，除尘器的运行参数控制在最佳状态。及时处理设备运行中存在的故障和问题，保证除尘器的除尘效率和投运率。

烟尘排放浓度不能达到国家、地方的排放标准规定浓度限制的应进行除尘器提效等改造。

前几年新投产燃煤机组普遍采用静电除尘器，近期采用布袋或电袋复合式除尘器的电厂有所增加，平均除尘效率有进一步的提高。

条文 25.4.2 电除尘器（包括旋转电极）的除尘效率、电场投运率、烟尘排放浓度应满足设计的要求，同时烟尘排放浓度应符合地方烟气污染物排放标准和《火电厂大气污染物排放标准》（GB 13223—2011）规定排放限制。新建、改造和大修后的电除尘器应进行性能试验，性能指标未达标不得验收。

为保证空气质量，电除尘器性能指标若不达标，可导致超标排放，所以不得验收。

条文 25.4.3　袋式除尘器、电袋复合式除尘器的除尘效率、滤袋破损率、阻力、滤袋寿命等应满足设计的要求，同时烟尘排放浓度达到地方、国家的排放标准规定要求。新建、改造和大修后的袋式除尘器、电袋复合式除尘器应进行性能试验，性能指标未达标不得验收。

袋式除尘器、电袋复合式除尘器运行期间出现滤袋破损应及时处理。

袋式除尘器、电袋复合式除尘器的滤袋质量较以前有所提高，使用寿命增加，尤其是除尘效率的提高，使得近几年袋式除尘器、电袋复合式除尘器应用比较广泛。运行过程应关注烟温对滤袋寿命的影响等。

条文 25.4.4　防止电厂干除灰输送系统、干排渣系统及水力输送系统的输送管道泄漏，应制定紧急事故措施及预案。

条文 25.4.5　锅炉启动时油枪点火、燃油、煤油混烧、等离子投入等工况下，电除尘器应在闪络电压以下运行，袋式除尘器或电袋复合式除尘器的滤袋应提前进行预喷涂处理。

同时防止除尘器内部、灰库、炉底干排渣系统的二次燃烧，要求及时输送避免堆积。

目的是避免燃油直接粘在滤袋上，造成滤袋板结，导致系统阻力增大，影响运行。

条文 25.4.6　袋式除尘器或电袋复合式除尘器的旁路烟道及阀门应零泄漏。

减少漏灰导致系统阻力加大，也杜绝漏灰对作业环境的影响。

条文 25.5　**加强脱硫设施运行维护管理**

二氧化硫控制措施包括石膏—石灰石湿法、半干法、干法等脱硫工艺。

条文 25.5.1　制定完善的脱硫设施运行、维护及管理制度，并严格贯彻执行。

条文 25.5.2　锅炉运行其脱硫系统必须同时投入，脱硫系统禁止开旁路挡板运行，脱硫效率、投运率应达到设计的要求，同时二氧化硫排放浓度达到地方、国家的排放标准。

无旁路及已进行旁路烟道封堵的脱硫系统应确保脱硫系统高效稳定运行。

脱硫系统运行不能达到地方、国家颁布的二氧化硫浓度排放标准的应进行提效改造。

为达到 GB 13223—2011《火电厂大气污染物排放标准》的要求，大部分电厂对循环流化床锅炉的脱硫方式进行了提效改造。

条文 25.5.3　脱硫系统运行时必须投入废水处理系统，处理后的废水指标满足国家或电力行业标准。

由于脱硫废水中含有重金属等污染物，所以必须对脱硫废水进行处理，处理后的废水指标应满足国家或地方排放标准的要求。

条文 25.5.4 新建、改造和大修后的脱硫系统应进行性能试验，指标未达到标准的不得验收。

条文 25.5.5 加强脱硫系统维护，对脱硫系统吸收塔、换热器、烟道等设备的腐蚀情况进行定期检查，防止发生大面积腐蚀。

【案例】 脱硫系统 GGH 常见问题一直是结垢造成的堵塞问题，某电厂因此针对此问题更换了换热元件，但又出现了以下问题。

某电厂 10 月 28 日 1、2 号脱硫停运检查时发现，换热器（GGH）换热元件损坏严重（这批换热元件至今才运行了 8 个月时间）。外围四个仓板箱波纹板大部分腐蚀松散，有些元件整箱松散后掉落到下部烟道，同时检查了吊出的靠内侧四个仓尚未松散的波纹板，发现有定位隔板搪瓷脱落，进而产生腐蚀、穿孔等现象。

1、2 号机组烟气脱硫 GGH 换热元件先后更换成豪顿华生产的换热元件，较好地解决了 GGH 快速堵塞的问题，但停机检查时，发现 2 号机组 GGH 换热元件损坏严重，其损坏程度超过 95%，已完全报废。

对 1、2 号机组 GGH 换热元件损坏的原因从波纹板箱结构、搪瓷喷涂工艺、蒸汽吹灰压力、GGH 的设计等方面进行了详细的分析，分析认为 1、2 号机组 GGH 换热元件损坏的直接原因有两点：一是波纹板箱压紧力不够；二是该批换热元件搪瓷喷涂工艺存在问题。而导致换热元件损坏的根本原因是换热元件的设计存在问题。

条文 25.5.6 对未安装烟气换热器（GGH）加热设备的脱硫设施，应定期监测脱硫后的烟气中的石膏含量，防止烟气中带出脱硫石膏。

若脱硫系统未安装 GGH 加热设备，除雾器又堵塞，或烟气在除雾器处的流速超设计值，均会造成石膏雨现象。因此，应定期监测脱硫后的烟气中的石膏含量，防止烟气中带出脱硫石膏。

条文 25.5.7 防止出现脱硫系统输送浆液管道的跑冒滴漏现象，发生泄漏及时处理。

条文 25.5.8 脱硫系统的副产品应按照要求进行堆放，避免二次污染。

对普遍采用的石膏—石灰石湿法脱硫工艺而言，脱硫副产品是石膏，可作为建材进行综合利用，不能进行综合利用的石膏，应堆放在灰场。

条文 25.5.9 脱硫系统的上游设备除尘器应保证其出口烟尘浓度满足脱硫系统运行要求，避免吸收塔浆液中毒。

脱硫系统的上游设备除尘器应保证其出口烟尘浓度满足设计要求，以保证吸收塔浆液的纯度，进而保证脱硫效率符合环保及设计要求。

条文 25.6 加强脱硝设施运行维护管理

氮氧化物控制措施包括采用低氮燃烧技术、SCR 和 SNCR 烟气脱硝技术。

条文 25.6.1 制订完善的脱硝设施运行、维护及管理制度，并严格贯彻执行。

条文 25.6.2 脱硝系统的脱硝效率、投运率，应达到设计要求，同时氮氧化物排放浓度满足地方、国家的排放标准，不能达到标准要求应加装或更换催化剂。

条文 25.6.3 设有液氨储存设备、采用燃油热解炉的脱硝系统应进行制订事故应急预案，同时定期进行环境污染的事故预想、防火、防爆处理演习每年至少一次。

液氨在火力发电厂脱硝系统中应用较为广泛，液氨的危险特性以及液氨接卸工作、脱硝氨站的运行和检修过程中的安全管理措施，氨站漏氨的应急预案与处置措施以及其他安全规定应十分全面、严谨，以供氨站运行管理人员借鉴并应定期进行演练。

条文 25.6.4 氨区的设计应满足《建筑设计防火规范》（GB 50016—2006）、《储罐区防火堤设计规范》（GB 50351—2005）、地方安全监督部门的技术规范及有关要求，氨区应有防雷、防爆、防静电设计。

设计施工注意：

（1）灯具要防爆、穿线管防爆。

（2）严禁使用与氨反应的橡胶类垫片。

（3）阀门、表计、法兰用导线可靠跨接。

条文 25.6.5 氨区的卸料压缩机、液氨供应泵、液氨蒸发槽、氨气缓冲罐、氨气稀释罐、储氨罐、阀门及管道等无泄漏。

卸氨有 5 必备：

（1）首次卸氨，氨系统必须进行氮气置换，含氧量小于 2%。

（2）槽车必须熄火。

（3）槽车必须接地，卸氨结束应静置 10min 方可拆除静电接地线。

（4）液氨储罐充装量不得超过储罐总容积的 85%。

（5）卸氨过程消防到位：自动消防投入，槽车处有消防水备用。

条文 25.6.6 氨区的喷淋降温系统、消防水喷淋系统、氨气泄漏检测器，定期进行试验。

携便携式氨检测仪环绕氨区一周，确认有无氨气泄漏。

条文 25.6.7 氨区应具备风向标、洗眼池及人体冲洗喷淋设备，同时氨区现场应放置防毒面具、防护服、药品以及相应的专用工具。

入氨区，必须例行 3 件事：

（1）触摸静电释放器；

（2）观看风向标，确定异常情况逃离方向；

（3）确定洗眼器、淋洗器位置，以备急需之用。

条文 25.6.8　氨气吹扫系统应符合设计要求，系统正常运行。

条文 25.6.9　氨区配备完善的消防设施，定期对各类消防设施进行检查与保养，禁止使用过期消防器材。

条文 25.6.10　新建、改造和大修后的脱硝系统应进行性能试验，指标未达到标准的不得验收。

条文 25.6.11　输送液氨车辆在厂内运输应严格按照制定的路线、速度行进，同时输送车辆及驾驶人员应有运输液氨相应的资质及证件等。

查安全阀是否正常；

（1）定期检查防护用品；

（2）定期检查洗眼器、洗淋器是否正常；

（3）氨区日常维护操作使用铜质工具，例如铜扳手，若使用铁质的应涂上黄油以免引起火花；

（4）定期进行稀释罐水置换。

条文 25.6.12　锅炉启动时油枪点火、燃油、煤油混烧、等离子投入等工况下，防止催化剂产生堆积可燃物燃烧。

条文 25.7　加强烟气在线连续监测装置运行维护管理

按照环保部颁布的《固定污染源烟气排放连续监测技术规范》（HJ/T 75—2007）及《固定污染源烟气排放连续监测系统技术要求及检测方法》（HJ/T 76—2007）标准相关内容执行。

该系统对固定污染源颗粒物浓度和气态污染物浓度及污染物排放总量进行连续自动监测，并将监测数据和信息传送到环保主管部门。

使用 CEMS 设备的单位和部门应对 CEMS 设备使用说明书、HJ/T 75—2007、HJ/T 76—2007 标准编制仪表运行管理规范，以此确定系统运行维护人员的工作职责。维护人员应有国家环保部颁发的上岗证。